데이터 사이언스 디자인 매뉴얼

초보자를 위한 직관적 설명

The Data Science Design Manual

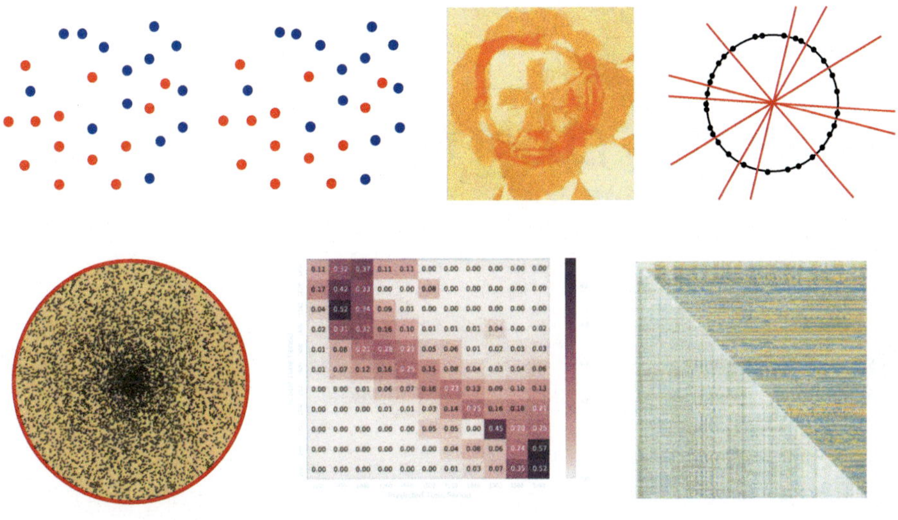

Steven S. Skiena 지음

나연묵 · 황창하 · 황수찬 옮김

홍릉과학출판사

Data Science Design Manual

by Steven S. Skiena

데이터 사이언스 디자인 매뉴얼

인 쇄: 2019년 10월 21일 초판 1쇄
발 행: 2019년 10월 30일 초판 1쇄

역 자: 나연묵 · 황창하 · 황수찬
발행인: 송 준
발행처: 홍릉과학출판사
주 소: 01093 서울시 강북구 인수봉로 50길 10
등 록: 1976년 10월 21일 제5-66호

역자와의
협의하에
인지생략

전 화: 02-999-2274~5, 903-7037
팩 스: 02-905-6729
e-mail: hongpub@hongpub.co.kr
http://www.hongpub.co.kr
ISBN: 979-11-5600-701-2(93000)

정 가: 32,000원

낙장 및 파본은 구입처나 본사에서 교환하여 드립니다.

저자 서문

우리를 둘러싼 세상을 이해하려면 우리의 환경으로부터 데이터를 획득하고 분석하는 과정을 거쳐야 한다. 최근에 여러 기술이 합쳐지면서 데이터 분석 지식을 기존보다 더 큰 도전적 과제들에 대해 적용할 수 있는 새로운 기회를 제공하고 있다.

컴퓨터 스토리지 용량은 지수적으로 증가하였고, 기억을 위한 비용이 너무 저렴해져서 컴퓨터 시스템이 기억을 못한다는 것은 거의 불가능해지고 있다. 센싱 장치도 점차적으로 증가하여 관찰 가능한 모든 것, 비디오 스트림, 소셜 미디어 상호작용, 이동체의 위치 등을 감시하고 있다. 클라우드 컴퓨팅은 대규모의 컴퓨터의 파워를 이용해 이러한 데이터를 조작하도록 하고 있다. 정말로 수백대의 컴퓨터가 여러분이 Google 검색을 요청할 때마다, 다음에 여러분에게 보여줄 최고의 광고를 결정하기 위해 여러분의 사전 활동을 정밀 분석하고 있다.

이러한 모든 것의 결과가 방대한 정보의 집합으로부터의 가치를 극대화하기 위한 새로운 학문 분야인 데이터 사이언스(data science)의 출현을 가져왔다. 학문적으로 데이터 사이언스는 통계학, 컴퓨터 과학, 기계 학습이 교차하는 어딘가에 놓여 있지만, 자신만의 무게와 특성을 갖추어나가고 있다. 이 서적은 데이터 사이언스에 대한 입문으로, 데이터를 수집, 분석, 해석하기 위한 시스템 구축에 필요한 스킬과 원리에 치중한다.

연구자 및 교육자로서의 저자의 전문 경력을 통해 느낀 데이터 사이언스의 한 중요한 도전 과제는 이 학문이 생각보다 더 정밀하다는 것이다. 자신들의 학점(GPA)을 계산해본 학생이라면 기초적인 통계를 수행해본 것으로 생각할 수 있고, 간단한 산포도를 그려본 학생이라면 자신의 이력서에 데이터 시각화 경험을 언급할 수 있다. 그러나 데이터를 의미있게 분석하고 해석하는 일은 기술적 전문성과 지혜를 필요로 한다. 너무나 많은 사람들이 이러한 기초적인 부분을 제대로 갖추지 못하고 있어서 이 책을 저술하게 되었다.

독자에게

1997년에 초기 출판된 저자의 서적인 *알고리즘 디자인 매뉴얼*(*The Algorithm Design Manual*) [Ski08]에 보내준 따뜻한 성원에 감사드린다. 이 알고리즘 책은 종종 실무적으로 발생하는 문제를 풀기위해 알고리즘 기반의 기법을 사용하는 유일한 가이드로 인정받고 있다. 여러분이 지금 들고 있는 책은 매우 상이한 내용을 다루지만 동일한 동기를 가지고 있다.

특히, 저자는 다음의 기본적 원리들을 데이터 과학자가 되기 위한 기초라고 강조하고자 한다.

- 단순한 일을 옳게 수행하는 것에 가치를 둠: 데이터 사이언스는 로켓 과학이 아니다. 학생과 실무자들은 종종 가장 진보된 기계 학습 방법, 가장 최신의 오픈 소스 라이브러리, 또는 가장 화려한 시각적 방법을 추구하면서 기술적 공간에서 길을 잃고는 한다. 그러나, 데이터 사이언스의 본질은 단순한 일을 옳게 수행하는 것에 가치를 두는데 있다. 즉, 응용 도메인을 이해하고, 관련된 데이터 소스를 정제하고 통합하며, 그 결과를 명확하게 다른 사람들에게 보여주는 것이다.

  그러나, 단순하다는 것이 쉽다는 것은 아니다. 올바른 질문을 하고, 정확한 대답과 행동가능한 통찰력으로 향해가고 있다는 것을 감지하기 위해서는 상당한 수준의 통찰력과 경험이 필요하다. 교육이 가능하다는 이유만으로 여기에서 명확한, 기술적인 내용을 깊이있게 다루려는 유혹에 저항하려 한다. 기계 학습 알고리즘이나 통계적 가설 검증의 복잡함을 다루는 책들은 수도 없이 많다. 여기서의 내 임무는 데이터 분석에서 정말로 문제가 되는 것의 발판을 다지는데 있다.

- 수학적 직관을 개발: 데이터 사이언스는 수학의 기초, 특히 통계학과 선형 대수에 의존하고 있다. 이러한 내용을 직관적 수준으로 이해하는 것이 중요하다. 즉, 왜 이러한 개념이 개발이 되었으며, 이것들이 어떻게 유용한지, 이들이 언제 가장 잘 적용이 되는지를 알아야 한다. 행렬에 조작을 가할 때 행렬에 어떤 일이 생기는 지를 보여주는 방식으로 선형대수의 연산을 설명하고, 예제와 모순적 결과를 통한 반증(reducto ad absurdum) 논쟁을 통해 통계적 개념을 설명한다. 여기서의 내 목표는 직관력을 독자에게 이식하는 것이다.

  그러나, 이러한 내용을 보여주는 과정에서 공식적인 수학의 양을 최소화하기 위해 노력하려 한다. 정말로 이책에서는 오직 하나의 공식적 증명만을 제시할 것이다. 이 증명은 관련된 이론이 명확히 거짓이어서 잘못된 증명이다. 여기서의 교훈은, 수학적 정밀함이 중요하지 않다는 것이 아니라 진정한 정밀함은 이해가 있기 이전에는 불가능하다는 것이다.

- 컴퓨터 과학자처럼 생각하고, 통계학자처럼 행동: 데이터 사이언스는 컴퓨터 과학자, 통계학자, 도메인 전문가를 연결하는 우산 역할을 한다. 그러나 각각의 커뮤니티는 그 멤버들의 마음에 각인된 그들만의 독특한 사고와 행동 방식을 가지고 있다.

  이 책에서는 데이터의 알고리즘적 조작, 기계 학습의 사용, 규모의 숙달 등 컴퓨터 과학자에게 가장 자연스럽게 다가오는 접근방법을 강조한다. 그러나, 여기서는 또한 응용 도메인의 이해의 필요성, 작은 값에 대한 적절한 고려, 중요한 것에 대한 의문, 탐구에 대한 갈망 등 통계학적 사고의 핵심 가치를 전달하고자 노력한다.

  어떠한 학문도 진실을 독점할 수는 없다. 최고의 데이터 과학자는 다양한 영역의 도구들을 수용할 수 있어야 하며, 이 책은 라이벌적 철학들이 함께 사고를 할 수 있도록 상대적 중립을 지키려 한다.

이 책에서 발견하지 못하는 것이 동등하게 중요하다. 저자는 특정한 언어나 데이터 분석 도구를 강조하지 않는다. 이 대신, 이 책에서는 주요 디자인 원리에 대한 고수준의 논의를 제공한다. 기술적인 수준보다는 개념적인 수준에서 운용하려 한다. 이 매뉴얼의 목적은 여러분이 어떠한 소프트웨어 도구를 사용하던 간에 여러분을 가능한 한 빨리 올바른 방향으로 유도하는 것이다.

강사에게

이 책은 "*데이터 사이언스 입문*" 과목에 대한 학부 또는 대학원 초급 과정 수준의 교육 내용을 제공한다. 독자들이 적어도 하나의 프로그래밍 과목 또는 이와 동등한 것을 이수하고 확률이나 통계에 대한 사전 지식을 갖추고 있기를 바라고, 더 많은 것이 항상 더 적은 것보다 좋다.

교육을 위한 강사용 슬라이드를 `http://www.data-manual.com`에 만들어 놓았다. 강사를 돕기 위해 프로젝트와 과제에 대한 데이터 자원도 제공한다. 또한 전-학기 데이터 과학자 코스를 위해 이 슬라이드를 이용한 온라인 비디오 강의도 제공하고 있다. 웹의 마법을 통해 저자가 여러분의 클래스 교육을 돕도록 해달라!

이 책의 교육학적 특징은 다음 사항을 포함한다.

- **전쟁 이야기:** 데이터 사이언스 기술이 실제 세계에 적용되는 방법에 대한 더 좋은 개관을 제공하기 위해 "전쟁 이야기"의 묶음, 즉 실제 문제에 대한 우리의 경험에서 우러난 이야기들을 제공한다. 이러한 이야기들을 통해 주고자 하는 교훈은 이러한 방법들이 단지 이론에 불과한 것이 아니며, 중요한 도구들을 필요한 만큼 뽑아서 사용할 필요가 있다는 것이다.
- **거짓 시작:** 대부분의 교재들은 제시하는 방법들을 기정 사실로 제공해서 그 방법을 디자인하는데 관련된 아이디어, 다른 방법들이 실패한 이유를 명확하게 드러내지 못한다. 전쟁 이야기는 주어진 응용 문제에 대한 저자의 추론 과정을 설명하며, 이러한 논의를 핵심 내용으로 이어간다.
- **가정 학습:** 각 장을 통해 흩어놓은 강조 표시된 "가정" 학습 상자는 각 장에서 학습해야 할 큰 그림에 해당하는 개념을 강조한다.
- **과제 문제:** 과제와 자기 학습을 위한 다양한 연습문제를 제공한다. 다수의 문제는 전통적인 연습 스타일의 문제이지만, 학생들이 직업을 구하는 과정에서 접할수 있는 질문들을 반영한 대규모 구현 과제나 소규모 인터뷰 질문도 포함된다. 모든 문제에 대해 난이도 등급을 표시해 놓았다.

  해답 키 대신에 해답 Wiki를 설정해 모든 짝수 문제에 대한 솔루션을 크라우드소싱으로 제공하도록 하였다. 저자의 *알고리즘 디자인 매뉴얼*의 유사한 시스템이 일관성 있는 해답을 제공한 것으로 들어 알고 있다. 저자의 철학에 따라 직접 확인하지는 않고 있으므로 독자들이 주의해주기 바란다.
- **캐글 도전 과제:** 캐글(www.kaggle.com) 사이트는 데이터 과학자들의 경쟁을 위한 포럼으

로 도전적 실세계 문제와 매력적인 데이터 세트를 제공하고, 여러분의 모델을 경쟁자의 모델과 비교해 시험하기 위한 점수를 제공한다. 각 장의 연습문제는 3개의 관련 캐글 도전 과제를 포함하며, 이를 통해 영감을 얻고, 자습을 하고, 다른 프로젝트나 조사를 위한 데이터를 얻을수 있도록 한다.

- 데이터 사이언스 텔레비전: 데이터 사이언스는 폭넓은 대중들에게는 신비스럽고 심지어는 위협적인 존재로 인식되고 있다. The Quant Shop은 데이터 사이언스 리얼리티 쇼에 대한 아마추어 버전이다. 학생 팀들은 다양한 유형의 실세계 예측 문제에 대응을 해보고 미래 사건에 대한 결과 예측을 시도해보기 바란다. http://www.quant-shop.com을 참고하라.

  8개의 30분 분량 에피소드 시리즈가 준비되어 있고 각각 특정 실세계 예측 문제를 다루고 있다. 도전과제는 경매에서 예술품 가격 결정, 미스 유니버스 대회에서 승자 결정, 유명 인사의 사망일 예측 등이다. 각각의 경우에, 학생 팀이 문제를 파악하고 학습을 통해 예측 모델을 구축하는 과정을 살펴보게 된다. 그들은 예측값을 만들어내고, 시청자들은 그들이 옳은지 그른지를 살펴보게 된다.

  이 책에서 The Quant Shop은 예측 도전과제에 대한 구체적인 사례를 제공하고 데이터 수집에서 평가에 이르는 데이터 사이언스 모델링 파이프라인에 대한 논의의 틀을 제공하기 위해 사용이 된다. 이러한 내용이 재미있기를 바라며 이러한 내용이 여러분 자신의 모델링 도전과제를 인지하고 수행하기 위한 격려가 되기를 바란다.

- 장 노트: 마지막으로, 각 튜토리얼 장들은 독자들에게 주요 소스와 추가 참고문헌을 알려주는 간략한 노트 섹션으로 결론을 맺는다.

헌정

저자의 밝고 사랑스러운 딸들인 보니와 애비는 만발한 십대 아이들이며, 이는 이들이 항상 내가 원하는 만큼 진지하게 통계적 증거를 처리하지는 않음을 의미한다. 나는 이들이 항상 나와 동의하는 정도의 지점까지 이들의 분석 스킬이 개선되기를 바라며 이 책을 내 아이들에게 헌정한다.

나는 또 이 책을 나와 동의하지 않을 때에도 나와 동의를 해주며 모든 신뢰적 증거의 지지를 넘어서서 나를 사랑해주는 내 아름다운 아내 르네에게 바친다.

감사의 글.

내가 감사할 사람들의 리스트는 너무 많아서 아마도 그 일부를 놓쳤을지도 모른다. 이러한 누락을 피하기 위해 그분들을 체계적으로 나열하기 위해 노력하겠지만 혹시나 불공평하게 누락한 분들이 있다면 양해를 바란다.

우선 이 책의 완성을 위해 명확한 기여를 해준 분들에게 감사한다. Yeseul Lee는 이 프로젝트의 초보자로서 2016년 여름과 그 이후에 그림, 연습문제, 그 이상에 도움을 주었다. 그녀의 작품은 거의 모든 페이지에서 볼 수 있고 그녀의 도움과 희생에 크게 감사한다. Aakriti Mittal과 Jack Zheng도 몇 개의 그림에 도움을 주었다.

2016년 가을학기의 *데이터 사이언스 입문*(CSE 519) 과목의 학생들이 원고의 오탈자 수정에 도움을 주었고 많은 오탈자를 발견해주었다. 특히 100개 이상의 수정 사항을 발견한 Rebecca Siford에게 감사한다. 여러 데이터 사이언스 동료들이 특정 장들을 검토해주었고 이러한 노력에 대해 Anshul Gandhi, Yifan Hu, Klaus Mueller, Francesco Orabona, Andy Schwartz, Charles Ward에게 감사한다.

2015년 가을의 모든 *Quant Shop* 학생들에게 그들의 비디오와 모델링 노력에 대해 감사한다. 특히 기대 이상의 편집 작업을 수행해 내가 중죄인인 것처럼 느끼게 한 Jan (Dini) Diskin-Zimmerman에게 감사한다.

Springer의 편집자 Wayne Wheeler와 Simon Rees는 같이 작업하는데 즐거움이 되었다. 이 책을 여러분들에게 전달하는데 도움을 준 Adrian Pieron과 Annette Anlauf를 포함한 모든 제작 및 마케팅 직원들에게 감사한다.

여러 연습문제들은 동료들에 의해 제공되거나 다른 소스로부터 영감을 받았다. 원래 소스들을 몇 년후에 재구성하는 것은 도전적인 일이 될 것이나, 각 문제에 대한 출처는 웹사이트에 표시되어 있다.

데이터 사이언스에 대해 내가 알고 있는 것의 많은 부분은 다른 사람들과 작업을 하면서 알게된 것이다. 이들은 내 박사과정 학생들인 Rami al-Rfou, Mikhail Bautin, Haochen Chen, Yanqing Chen, Vivek Kulkarni, Levon Lloyd, Andrew Mehler, Bryan Perozzi, Yingtao Tian, Junting Ye, Wenbin Zhang과 박사후연구원인 Charles Ward이다. 나는 리디아(Lydia) 프로젝트의 모든 석사과정 학생들을 기억하며 특히 그 딸의 이름을 사용하게 해준 첫 번째 학생에게 나의 상을 전하고 싶다. 얘기할 스토리들을 만들어준 Bruce Futcher, Justin Gardin, Arnout van de Rijt, Oleksii Starov 등의 협력자들에게 감사한다.

나는 General Sentiment/Canrock 유니버스의 모든 멤버를 기억하며 특히 저자와 스타트업 꿈을 공유하고 데이터가 실세계에 타격을 가했을 때 어떤일이 발생하는 지를 경험하게 해준 Mark Fasciano를 기억한다. 이 책의 많은 부분을 잉태시킨 2015-2016 안식년 동안의 Yahoo Labs/Research의 동료들에게 감사한다. 회사의 역사상 특히 힘들었던 한해 동안에 나를 Yahoo에 있게 해준 Amanda Stent에게 특별히 감사한다. 나는 관련 데이터 사이언스 과목을 강의한 Andrew Ng, Hans-Peter Pfister 등에게 중요한 사실들을 배웠고, 그들 모두의 도움에 대해 감사한다.

> 당신이 10개의 매개변수를 가진 프로시저를 가지고 있다면, 아마도 당신은 일부를 놓쳤을 것이다.
>
> – 앨런 펄리스(Alan Perlis)

경고

책의 부족한 부분에 대해 전통적으로는 저자가 모든 비난을 받는다. 나는 그렇지 않다. 이 책의 모든 오류, 부족한 부분, 문제점들은 다른 누군가의 잘못이지만, 누구의 잘못인지를 파악하기 위해 그러한 점들을 알게 되는 것은 환영한다.

스티븐 스키에나(Steven S. Skiena)
컴퓨터과학과
스토니브룩대학교
스토니브룩, 뉴욕 11794-2424
`http://www.cs.stonybrook.edu/~skiena`
2017년 5월

역자 서문

2018년 초반에 홍릉과학출판사의 요청으로 '데이터 사이언스 디자인 매뉴얼(The Data Science Design Manual)'이라는 제목의 이 책을 번역하는 작업을 시작하게 되었다. 교수들이 모두 바빠서 역자진을 구성하기가 어려웠다. 특히 데이터 사이언스 분야는 컴퓨터학, 기계학습, 인공지능, 통계학 등이 만나는 다학제적 학문이라 특히 그러했다. 다행히 컴퓨터학, 데이터 마이닝, 기계학습, 통계학 등에 전문성을 지닌 교수들의 참여 승인을 받아 번역 작업에 착수하게 되었다.

이 책은 뉴욕시에 위치한 스토니부룩대학교에 재직중인 저자가 데이터 사이언스 입문(CSE 519) 과목의 강의 경험, 데이터 사이언스 대학원 연구실의 지도 경험, 데이터 분석 전문 스타트업 회사의 창업 및 데이터 분석 프로젝트 수행 경험을 녹여서 만든 흥미로운 서적이다. 어린 시절부터 야구 승자 예측 프로그램 작성 등 데이터 분석 관련 작업에 흥미와 관심이 많았던 저자의 서적이라서 기존의 이론 위주의 전공 서적에 비해 상당히 흥미롭고 읽기가 수월한 편이다. 또한 이론적인 전개 보다는 최소한의 이론적 요약을 기반으로 한 실세계 문제의 해결에 초점을 두고 있다. 전쟁 이야기(War Story), 캐글 도전 과제, 데이터 사이언스 텔레비전(The Quant Shop) 등을 통해 데이터 분석 과제에 대한 데이터 소스, 데이터 분석 프로젝트 수행 경험 등을 공유하기 쉽도록 하고 있어서 데이터 분석 실무 분야로 진출하려는 학생들에게는 상당히 큰 도움이 될 것으로 보인다.

수치 해석, Java 자료 구조, 데이터 마이닝 분야 전공 서적의 번역 경험을 토대로 가능하면 기존의 한글화된 용어를 살리려고 노력하며 이 책의 번역 작업을 수행하였다. 컴퓨터학 분야와 통계학 분야의 내용이 섞이다 보니 용어를 통일하기가 어려웠다. 대표적인 예로 컴퓨터 분야에서는 모델, 테스트, 샘플, 샘플링 등 영어 발음 위주의 표기를 사용하는 반면, 통계 분야에서는 모형, 검정, 표본, 표본 추출 등 한자 기반으로 한글화된 단어를 다수 사용하고 있다. 따라서 본 서적의 번역 과정에서는 의도적으로 컴퓨터 분야의 장에서는 컴퓨터 분야의 한글 용어로 번역을 하고, 통계학 분야의 장에서는 통계학 분야의 한글 용어로 번역을 하였다. 하나의 단일 분야의 용어로 일관성 있는 번역을 할 수도 있었으나, 해당 분야의 느낌을 살려두고 주력 분야가 어딘지 파악하기 쉽도록 하기 위해 이러한 용어의 혼용을 허용한 사실을 독자들이 너그럽게 이해해주기 바란다.

번역 작업 분담은 다음과 같다. 1, 2, 3, 4장은 황수찬 교수, 5, 7, 9, 11장은 황창하 교수, 6, 8, 10, 13장은 나연묵 교수가 번역을 수행하였다. 12장은 황수찬 교수와 나연묵 교수가 공동으로 수행하였다. 이 책은 데이터 사이언스, 데이터 마이닝 분야의 교재로 대학 학부 과정 3,4학년, 대학원 초급 과정의 교재로 활용이 가능할 것으로 보인다.

2018. 11.
유난히 더운 여름에 이어서 다가온 짧은 가을을 보내며
황수찬, 나연묵, 황창하 역자 일동

목차

CHAPTER

1

데이터 사이언스란 무엇인가?

컴퓨팅의 목적은 숫자가 아닌 통찰력이다.

– 리차드 M 해밍

데이터 사이언스란 무엇인가? 다른 떠오르는 분야들과 마찬가지로 데이터 사이언스는 아직 완벽하게 정의되지는 않았다. 하지만 여러분은 이미 관심을 가질 만큼 충분히 알고 있으며, 그렇기 때문에 지금 이 책을 읽고 있을 것이다.

저자는 데이터 사이언스가 컴퓨터 공학, 통계, 실제 응용 도메인의 교차점에 있다고 생각한다. 대규모 데이터를 취급하는 기계학습과 고성능 컴퓨팅 기술은 컴퓨터 공학에서 나온다. 오랜 전통을 갖는 탐구적인 데이터 분석과 중요도 시험, 시각화 등은 통계에서 나온다. 비즈니스와 과학 응용 도메인에서는 도전할만한 가치와 해결되었을 때 평가할 수 있는 기준이 나온다.

하지만 이러한 분야들은 이미 잘 확립되어 있는데 왜 데이터 사이언스가 지금 관심을 받는 걸까? 이런 갑작스러운 움직임의 이유를 저자는 다음 세 가지로 생각한다.

- 새로운 기술은 방대한 양의 소셜 미디어, 로그 기록(logging), 센서 데이터를 수집하고, 주석을 달며, 저장할 수 있게 한다. 이 모든 데이터를 모으고 나면, 이걸로 무엇을 할 수 있는지 궁금해지기 시작한다.

- 컴퓨팅 발전은 데이터를 새로운 방법으로 분석할 수 있고, 또 끊임없이 그 양이 증가하는 대규모 데이터를 분석할 수 있게 해주었다. 클라우드 컴퓨팅 구조는 심지어 일반인들도 그들이 필요할 때 엄청난 컴퓨팅 파워에 접근할 수 있게 해준다. 기계학습에 대한 새로운 접근법들은 컴퓨터 비전과 자연언어 처리와 같은 오랜 문제에 대해 놀라운 발전을 끌어냈다.

- 구글, 페이스북과 같은 유망한 기술 기업과 르네상스 테크놀로지(Renaissance Technologies) 및 투시그마(TwoSigma)와 같은 양적 헤지 펀드(quantitative hedge funds)는 현대 데이터 분석의 힘을 입증했다. 스포츠 경영(*Moneyball* [Lew04])이나 선거 예측(Nate Silver [Sil12])과 같은 다양한 영역에 데이터를 적용하여 성공한 사례들은 데이터 사이언스를 많은 사람에게 소개한 역할 모델이 되었다.

이 장에는 세 가지 목적이 있다. 첫째, 훌륭한 데이터 과학자들은 어떤 생각을 하고, 그 생각이 전통적인 프로그래머와 소프트웨어 개발자들의 사고방식과 어떻게 다른지에 대해 설명하려고 한다. 둘째, 데이터 세트를 어디에 사용할 수 있는지에 대한 잠재력을 살펴보고 답변이 가능한 광범위한 질문 방법을 배울 것이다. 마지막으로, 이 책 전반에 걸쳐 동기부여를 위한 사례로 데이터 분석 과제들을 소개할 것이다.

1.1 컴퓨터 과학, 데이터 사이언스, 실제 과학

컴퓨터 과학자들은 천성적으로 데이터를 존중하지 않는다. 전통적으로 알고리즘이 중요하다고 배워왔고, 데이터는 그저 소시지 분쇄기에 전달될 고기에 지나지 않는다고만 알고 있다.

그래서 효과적인 데이터 과학자가 되기 위해서는 먼저 실제 과학자(real scientist)가 생각하는 법을 배워야 한다. 실제 과학자들은 복잡하고 지저분한 현실 세계를 이해하려고 노력하는 데 비해, 컴퓨터 과학자들은 그들만의 깨끗하고 체계적인 가상 세계를 만들고 그 안에 안주하려는 경향이 있다. 컴퓨터 과학자들은 발견보다는 발명을 하지만 과학자들은 무언가를 발견하는 것에 집착한다.

사람들의 사고방식은 그들이 생각하고 행동하는 방식에 큰 영향을 미치고, 우리가 다른 사람과 소통하려고 할 때 오해를 불러일으키곤 한다. 이러한 근본적인 편견들은 우리가 잘 알아차리지 못한다. 컴퓨터 과학과 실제 과학의 문화적 차이의 예는 다음과 같은 것들이 있다.

- 데이터 중심 대 방법 중심주의: 과학자들은 데이터 중심이고, 컴퓨터 과학자들은 알고리즘 중심이다. 실제 과학자들은 그들이 관심을 가지는 질문에 답을 구하기 위해 데이터를 수집하는 데 엄청난 노력을 기울인다. 그들은 복잡한 측정 장치를 고안하고, 실험을 위해 밤을 새우며, 대부분 시간을 필요한 데이터를 얻는 방법에 대해 고민하며 보낸다.

  반면, 컴퓨터 과학자들은 방법에 집착한다. 어떤 알고리즘이 더 나을까, 어떤 프로그래밍 언어가 작업에 가장 적합할까, 어떤 프로그램이 다른 프로그램보다 나은지 등을 고민한다. 그들의 작업 대상인 데이터 세트의 세부사항에 대해서는 큰 관심을 두지 않는다.

- 결과에 대한 관심: 실제 과학자들은 답에 관심을 가진다. 그들은 데이터 분석을 통해 세상이 어떻게 돌아가는지에 대해 알아낸다. 좋은 과학자들은 그 결과들이 합리적인지 대해 많은 관심을 둔다. 왜냐하면, 답이 무엇을 의미하는지에 관심을 두기 때문이다.

  반면 나쁜 컴퓨터 과학자들은 그럴싸한 숫자를 만들어 내는 것에 대해서만 걱정을 한다. 숫자들이 엄청나게 잘못된 것처럼 보이지만 않으면, 옳다고 추정해 버린다. 이는 그들이 빠르고 효율적으로 수행하는 것에만 신경을 쓰고, 계산을 통해 무엇을 배울 수 있는지에 대해서는 개인적으로 신경을 쓰지 않기 때문이다.

- 견고성: 실제 과학자들은 데이터에 오류가 있다는 것을 당연하게 받아들인다. 그러나 일반적으로 컴퓨터 과학자들은 그렇지 않다. 과학자들은 데이터에서 편향이나 오류가 발생

한 원인이 무엇이고 이러한 데이터에서 도출된 결론에 어떤 영향을 주었는지에 대해 생각한다. 우수한 프로그래머는 포매팅 오류를 방지하기 위해 강력한 데이터 타입과 구문 분석 방법을 사용하지만, 관심 사항은 다르다.

데이터에 오류가 있을 수 있다는 것을 아는 것은 큰 도움이 된다. 컴퓨터 과학자들은 비난을 막기 위해 쓰레기가 들어가면, 쓰레기가 나온다(garbage in, garbage out)라는 방어 주문을 외치는데, 그 일은 내 일이 아니라고 말하는 것과 같다. 실제 과학자들은 냄새를 맡을 수 있을 정도로 데이터에 가까이 접근하여, 그것이 쓰레기가 될 가능성이 있는지를 결정하는 냄새흡입 테스트(sniff test)를 한다.

- 정밀성(precision): 컴퓨터 과학이나 수학에서는 모든 것이 진실이거나 거짓 중 하나지만, 과학에서는 완벽한 진실이나 거짓은 없다.

  일반적으로, 컴퓨터 과학자들은 가능한 한 많은 자릿수까지 부동 소수점 수를 나타내는 것을 좋아한다(예로 $8/13 = 0.61538461538$). 실제 과학자들은 중요한 두 자리 숫자까지만 사용한다($8/13 \approx 0.62$). 컴퓨터 과학자들은 숫자가 무엇인지에 신경을 쓰는 반면, 실제 과학자들은 숫자가 무엇을 의미하는지에 관심을 가진다.

데이터 과학자가 되려면 실제 과학자들처럼 생각하는 법을 배워야 한다. 여러분의 임무는 숫자를 통찰력으로 바꾸는 것이다. *방법*만큼 *이유*를 이해하는 것도 중요하다.

공정하게 얘기하면, 데이터 과학자처럼 생각하는 것이 실제 과학자에게도 도움이 된다. 생물학에서 완전한 유전자 서열(full-genome sequencing) 구성과 천문학에서 망원경을 이용한 전체 우주 조사처럼, 새로운 실험 기술은 이전보다 훨씬 큰 규모의 측정 시스템을 가능하게 만들었다. 시야를 넓히면 새로운 비전이 따라온다.

전통적인 *가설 중심의 과학*(*hypothesis-driven science*)은 세상에 대한 특정 질문을 하고 그것을 확인하거나 부인하는데 필요한 특정 데이터를 생성하는 것에 기초했다. 이 방법은 이제 이전에 상상도 할 수 없었던 규모나 해상도로 데이터를 생성하는 데이터 중심 과학(*data-driven science*)으로 발전했다. 새로운 발견은 그것을 조사하는 순간 이루어질 것이라는 믿음을 바탕으로 하고 있다. 이 두 가지 사고방식 모두 우리에게는 중요하다.

- 문제가 주어지면, 어떤 이용 가능한 데이터가 답을 구하는 데 도움을 주는가?
- 주어진 데이터 세트에 대해, 우리가 적용할 수 있는 흥미로운 문제는 무엇인가?

소프트웨어 공학과 데이터 사이언스 사이의 기본적인 차이점을 찾는 또 다른 방법이 있다. 소프트웨어 개발자들은 시스템을 구축하기 위해 고용되는 반면, 데이터 과학자들은 통찰력을 제공하기 위해 고용된다는 것이다.

이 의견은 일부 개발자들에 대해서는 논쟁의 여지가 있다. 페이스북이나 트위터 수준의 규모를 갖는 소셜 미디어 데이터나 금융거래를 저장하고 분석하는 데 필요한 대규모 분산 인프라를 구축하는 중요한 부류의 엔지니어들이 있다. 빅 데이터 인프라에 관한 문제는 12장에서 설명할 것이다. 이러한 엔지니어들은 비록 그들이 다루는 데이터를 직접 마이닝 하지는 않더라도 데이터 사이언스를 지원하기 위한 도구와 시스템을 구축하고 있다. 이들이 데이터 과학자의 자격이 있는가?

저자는 엔지니어가 전체 데이터 분석 과정을 더 잘 이해할수록, 중요한 통찰력을 제공할 수 있는 강력한 도구를 더 잘 구축할 수 있을 것으로 생각한다. 이 책의 주요 목표 중 하나는 빅 데이터 엔지니어에게 빅 데이터 과학자처럼 생각할 수 있도록 하는 지능적 도구를 제공하는 것이다.

1.2 | 데이터에 대해 흥미로운 질문 던지기

좋은 데이터 과학자들은 그들 주변에 관한 호기심, 특히 그들의 일과 관련된 영역과 응용에 대해 호기심을 품는다. 데이터 관련된 일을 하는 사람들과 논의하는 것도 즐긴다. 그들은 늘 다음과 같은 질문을 던진다. 당신이 이 분야에서 배운 것 중 가장 멋진 것은 무엇인가? 왜 그것에 관심을 두게 되었나? 데이터 세트를 분석하여 무엇을 배우고 싶었는가?

좋은 데이터 과학자는 광범위한 분야에 관심을 갖는다. 관심 분야의 식견을 넓히기 위해 매일 신문을 읽는다. 그들은 세상이 흥미로운 곳이라는 것을 알고 있다. 어떤 것을 조금 안다는 것은 그들이 다른 사람의 분야에서 작업할 준비를 한 것이다. 그들은 편안한 영역을 벗어나 새로운 분야에 도전해서 더 많은 것을 배울 용기를 가진 것이다.

소프트웨어 개발자에게는 그다지 질문을 권장하지는 않지만, 데이터 과학자들에게는 권장한다. 우리는 다음과 같은 질문을 한다.

- 주어진 데이터 세트에서 무엇을 배울 수 있는가?
- 세상에 대해서 정말로 알고 싶은 것은 무엇인가?
- 일단 알게 된다면 그것은 당신에게 어떤 의미를 갖는가?

컴퓨터 과학자들은 전통적으로 데이터를 제대로 인식하지 않는다. 알고리즘 성능을 실험적으로 측정하는 방법에 대해 생각해 보자. 보통 무작위 데이터로 프로그램을 실행해서 시간이 얼마나 걸리는지 확인한다. 그들은 계산이 정확하고 효율적인지를 확인하는 것 외에 계산의 결과는 거의 검토하지 않는다. 데이터가 무의미하므로 결과도 중요하지 않다. 이와는 반대로, 실제 데이터 세트는 그것을 구하기 위해 어려운 작업과 상상력이 필요한 귀중한 자원이다.

데이터 과학자가 되기 위해서는 데이터에 대해 질문하는 법을 배워야 한다. 따라서 많은 연습이 필요하다. 다음 소절에서는 흥미로운 데이터를 소개할 것이다. 어떤 종류의 정보를 사용할 수 있는지 이해한 다음, 이 데이터 세트에 대해 여러분이 탐구하거나 답할 수 있는 5가지의 흥미로운 질문을 생각해 보자.

핵심은 넓게 생각하는 것이다. 크고 일반적인 질문에 대한 답은 종종 미리 의도되지 않은 매

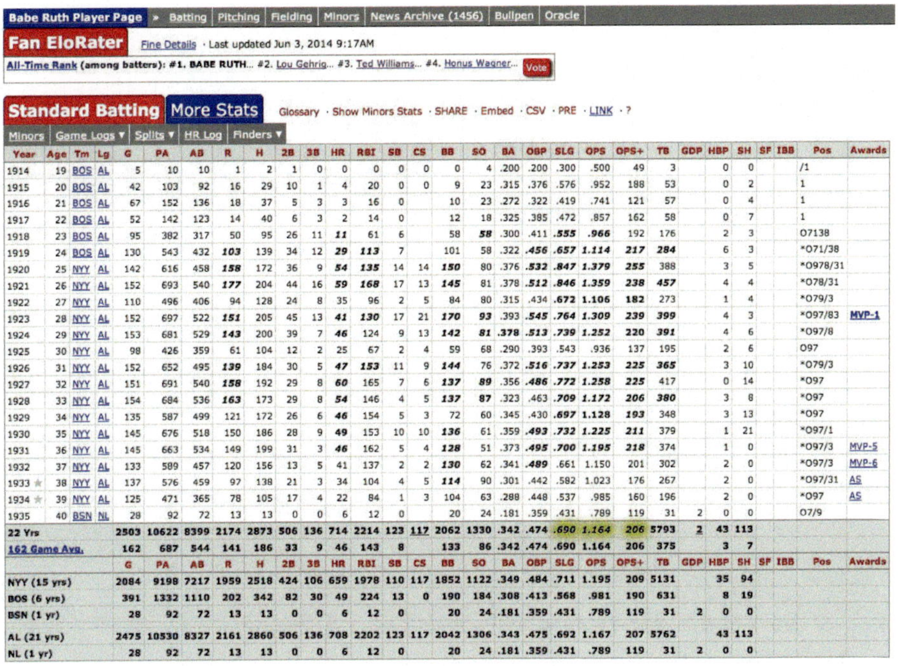

Babe Ruth Player Page » Batting | Pitching | Fielding | Minors | News Archive (1456) | Bullpen | Oracle

Fan EloRater Fine Details · Last updated Jun 3, 2014 9:17AM

All-Time Rank (among batters): #1. BABE RUTH... #2. Lou Gehrig... #3. Ted Williams... #4. Honus Wagner... Vote

Standard Batting | More Stats Glossary · Show Minors Stats · SHARE · Embed · CSV · PRE · LINK · ?

Minors | Game Logs ▾ | Splits ▾ | HR Log | Finders ▾

Year	Age	Tm	Lg	G	PA	AB	R	H	2B	3B	HR	RBI	SB	CS	BB	SO	BA	OBP	SLG	OPS	OPS+	TB	GDP	HBP	SH	SF	IBB	Pos	Awards
1914	19	BOS	AL	5	10	10	1	2	1	0	0	0	0	0	0	4	.200	.200	.300	.500	49	3		0	0			/1	
1915	20	BOS	AL	42	103	92	16	29	10	1	4	20	0	0	9	23	.315	.376	.576	.952	188	53		0	2			1	
1916	21	BOS	AL	67	152	136	18	37	5	3	3	16	0		10	23	.272	.322	.419	.741	121	57		0	4			1	
1917	22	BOS	AL	52	142	123	14	40	6	3	2	14	0		12	18	.325	.385	.472	.857	162	58		0	7			1	
1918	23	BOS	AL	95	382	317	50	95	26	11	**11**	61	6		58	**58**	.300	.411	**.555**	**.966**	192	176		2	3			O7138	
1919	24	BOS	AL	130	543	432	**103**	139	34	12	**29**	**113**	7		101	58	.322	**.456**	**.657**	**1.114**	**217**	**284**		6	3			*O71/38	
1920	25	NYY	AL	142	616	458	**158**	172	36	9	**54**	**135**	14	14	**150**	80	.376	**.532**	**.847**	**1.379**	**255**	388		3	5			*O978/31	
1921	26	NYY	AL	152	693	540	**177**	204	44	16	**59**	**168**	17	13	**145**	81	.378	**.512**	**.846**	**1.359**	**238**	**457**		4	4			*O78/31	
1922	27	NYY	AL	110	496	406	94	128	24	8	35	96	2	5	84	80	.315	.434	**.672**	**1.106**	**182**	273		1	4			*O79/3	
1923	28	NYY	AL	152	697	522	**151**	205	45	13	**41**	**130**	17	21	**170**	**93**	.393	**.545**	**.764**	**1.309**	**239**	**399**		4	3			*O97/83	MVP-1
1924	29	NYY	AL	153	681	529	**143**	200	39	7	**46**	124	9	13	**142**	**81**	**.378**	**.513**	**.739**	**1.252**	**220**	**391**		4	6			*O97/8	
1925	30	NYY	AL	98	426	359	61	104	12	2	25	67	2	4	59	68	.290	.393	.543	.936	137	195		2	6			O97	
1926	31	NYY	AL	152	652	495	**139**	184	30	5	**47**	**153**	11	9	**144**	76	.372	**.516**	**.737**	**1.253**	**225**	**365**		3	10			*O79/3	
1927	32	NYY	AL	151	691	540	**158**	192	29	8	**60**	165	7	6	**137**	**89**	.356	**.486**	**.772**	**1.258**	**225**	417		0	14			*O97	
1928	33	NYY	AL	154	684	536	**163**	173	29	8	**54**	146	4	5	**137**	**87**	.323	.463	**.709**	**1.172**	**206**	**380**		3	8			*O97	
1929	34	NYY	AL	135	587	499	121	172	26	6	**46**	154	5	3	72	60	.345	.430	**.697**	**1.128**	**193**	348		3	13			*O97	
1930	35	NYY	AL	145	676	518	150	186	28	9	**49**	153	10	10	**136**	61	.359	**.493**	**.732**	**1.225**	**211**	379		1	21			*O97/1	
1931	36	NYY	AL	145	663	534	149	199	31	3	**46**	162	5	4	**128**	51	.373	**.495**	**.700**	**1.195**	**218**	374		1	0			*O97/3	MVP-5
1932	37	NYY	AL	133	589	457	120	156	13	5	41	137	2	2	**130**	62	.341	**.489**	.661	1.150	201	302		2	0			*O97/3	MVP-6
1933 ★	38	NYY	AL	137	576	459	97	138	21	3	34	104	4	5	**114**	90	.301	.442	.582	1.023	176	267		2	0			*O97/31	AS
1934 ★	39	NYY	AL	125	471	365	78	105	17	4	22	84	1	3	104	63	.288	.448	.537	.985	160	196		2	0			*O97	AS
1935	40	BSN	NL	28	92	72	13	13	0	0	6	12	0		20	24	.181	.359	.431	.789	119	31	2	0	0			O7/9	
22 Yrs				2503	10622	8399	2174	2873	506	136	714	2214	123	117	2062	1330	.342	.474	.690	1.164	206	5793	2	43	113				
162 Game Avg.				162	687	544	141	186	33	9	46	143	8		133	86	.342	.474	.690	1.164	206	375		3	7				
				G	PA	AB	R	H	2B	3B	HR	RBI	SB	CS	BB	SO	BA	OBP	SLG	OPS	OPS+	TB	GDP	HBP	SH	SF	IBB	Pos	Awards
NYY (15 yrs)				2084	9198	7217	1959	2518	424	106	659	1978	110	117	1852	1122	.349	.484	.711	1.195	209	5131		35	94				
BOS (6 yrs)				391	1332	1110	202	342	82	30	49	224	13	0	190	184	.308	.413	.568	.981	190	631		8	19				
BSN (1 yr)				28	92	72	13	13	0	0	6	12	0		20	24	.181	.359	.431	.789	119	31	2	0	0				
AL (21 yrs)				2475	10530	8327	2161	2860	506	136	708	2202	123	117	2042	1306	.343	.475	.692	1.167	207	5762		43	113				
NL (1 yr)				28	92	72	13	13	0	0	6	12	0		20	24	.181	.359	.431	.789	119	31	2	0	0				

그림 1.1: 베이브 루스의 성적에 대한 통계와 정보는 사이트 `http://www.baseball-reference.com`에서 찾을 수 있다.

우 특정한 데이터 세트 속에 깊숙이 숨어 있다.

1.2.1 야구 백과사전

야구는 데이터 사이언스 분야에서 오랫동안 가장 중요한 분야였다. 야구는 미국의 국민 취미라고 불려왔다. 실제로, 프랑스 역사학자 자크 바르준(Jacques Barzun)은 누구든 미국의 마음과 정신을 알고 싶은 사람은 야구를 배우는 것이 좋다고 말했다. 많은 독자가 미국인이 아니고 심지어 스포츠에 완전히 관심이 없을 수도 있지만 일단 믿고 따라오길 바란다.

데이터 사이언스에서 야구가 중요한 것은 100년 이상 잘 기록된 경기 통계 기록 때문이다. 야구는 이산 사건(discrete event)들의 스포츠다. 투수들은 공을 던지고 타자들은 공을 치려고 한다. 그 자체가 유용한 통계이다. 팬들은 어릴 때부터 이러한 통계 자료에 몰두하면서 양적 분석의 장점과 한계에 대한 직관력을 키운다. 이 아이 중 일부가 자라서 데이터 과학자가 된다. 머니볼(Moneyball)이란 영화에서 브래드 피트가 운영하는 통계적 성향의 야구팀이 성공한 이야기는 미국 대중들에게 데이터 사이언스에 대한 가장 생생한 만남으로 남아 있다.

이러한 역대 야구 기록들은 `http://www.baseballreference.com`에서 찾아볼 수 있다. 여기서 여러분은 경기에 참가했던 모든 선수에 대한 통계 자료를 찾을 수 있을 것이다. 여기에는 그림 1.1과 같이 각 시즌의 타격, 투구, 필드 기록에 대한 요약 통계와 팀 및 각종 상에 관한 정보도 포함되어있다.

단순한 통계 외에도 그림 1.2와 같이 메이저리그 모든 야구선수의 삶과 경력에 대한 메타데

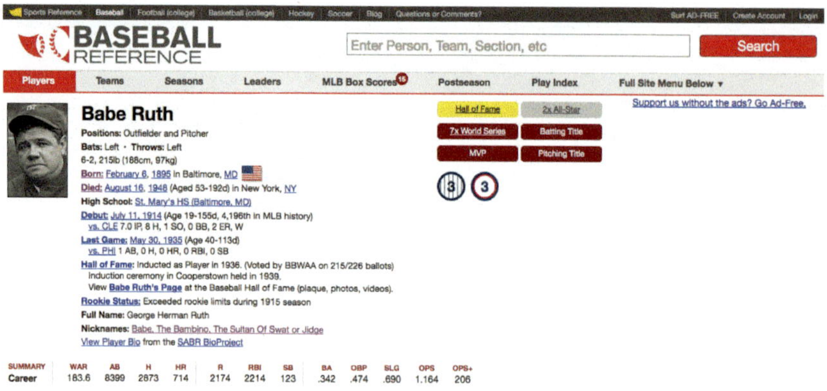

그림 1.2: 모든 메이저리그 야구선수의 개인 정보는 사이트 `http://www.baseball-reference.com`에서 찾을 수 있다.

이터도 포함하고 있다. 각 선수의 신체 통계(키, 몸무게, 잘 쓰는 손)와 수명(태어나서 죽은 시기, 장소)을 알 수 있다. 또한, 연봉 정보(매 시즌 얼마씩 지급 받았는가)와 거래 데이터(그들이 뛰었던 팀에 어떤 자산이 되었는가)도 있다.

여러분 중 많은 사람이 야구에 대해 전혀 알지 못하거나 관심이 없다는 것을 안다. 도움이 될지는 모르겠지만 야구는 크리켓을 연상시킨다. 하지만 데이터 과학자로서 여러분 주변의 세상에 관심을 두는 것이 여러분의 직업이라는 것을 기억하고, 무언가를 배울 기회라고 생각해 보라.

그렇다면 이 야구 데이터 세트로 어떤 흥미로운 질문에 답할 수 있는가? 더 읽기 전에 다섯 개의 질문을 적어보라.

이 데이터로 답할 수 있는 가장 명확한 유형의 질문은 야구와 직접 관련된 것이다.

- 개인 선수의 능력이나 가치를 가장 잘 측정하는 방법은 무엇인가?
- 팀 간에 트레이드를 공정하게 하는 방법은 무엇인가?
- 나이가 들며 성숙해지는 선수의 성적 수준이 보이는 궤적은 어떻게 되는가?
- 타격 성적과 수비 위치는 어느 정도 관련 있는가? 예를 들어 외야수들이 내야수보다 정말로 더 뛰어난 타자인가?

흥미로운 질문들이다. 그러나 훨씬 더 흥미로운 것은 인구통계학 및 사회적 이슈에 관한 질문들이다. 지난 150년 동안 약 20,000명의 메이저리그 야구선수들이 존재하였다. 그들은 제대로 문서화되지 않은 많은 사람의 대리인 임무를 수행하여 철저하게 문서화된 큰 집단(cohort)을 제공했다. 실제로 우리는 이 야구선수 데이터를 사용하여 다음과 같은 질문에 답할 수 있다.

- 왼손잡이들이 오른손잡이보다 수명이 짧은가? 대부분의 인구통계학적 데이터 세트에는

사람이 어느 손잡이인지에 대한 정보는 포함되어 있지 않지만, 여기에는 기록되어 있다. 실제로 이 데이터 세트의 분석을 통해 오른손잡이 사람들이 왼손잡이보다 더 오래 산다는 것을 보여주는 데 이용되었다[HC88]!

- 얼마나 많은 사람이 태어난 곳에 돌아가 생활하는가? 이 데이터 세트에는 출생과 사망 위치가 철저히 기록되어있다. 그뿐만 아니라, 선수들 대부분은 적어도 자신의 경력 중 일부를 집에서 멀리 떨어진 곳에서 활동했고 젊은 시절의 중요한 시기를 더 넓은 세상에서 지냈었다.
- 선수의 연봉은 일반적으로 과거, 현재, 또는 미래의 성적을 반영하는가?
- 일반적으로 모집단에서 키와 무게는 어느 정도 증가했나?

여기서 알아두어야 할 두 가지 특별한 주제가 있다. 첫째는 식별자와 참조 태그(메타데이터)는 종종 데이터 세트에서 우리가 신경 써야 하는 경기의 통계 기록보다 더 관심을 끄는 것으로 입증되었다.

두 번째는 *통계 대용물*(*statistical proxy*)에 대한 아이디어이다. 통계 대용물은 실제로 원하는 것을 대체해서 사용하는 데이터 세트를 말한다. 여러분이 바라는 데이터 세트는 존재하지 않거나, 있다 하더라도 기업의 벽 뒤에 숨겨져 있을 수 있다. 좋은 데이터 과학자는 실용주의자로, 손에 넣을 수 없다는 것을 한탄하는 대신 구할 수 있는 것으로 무엇을 할 수 있는지를 아는 것이다.

1.2.2 인터넷 영화 데이터베이스(IMDb)

모든 사람은 영화를 좋아한다. 인터넷 영화 데이터베이스(Internet Movie Database, IMDb)는 영화 산업의 모든 면에 대해 크라우드 소싱되고 엄선된 데이터를 `www.imdb.com`에서 제공한다. IMDb는 현재 330만 개 이상의 영화와 TV 프로그램에 대한 데이터를 포함하고 있다. IMDb는 영화마다 제목, 상영 시간, 장르, 개봉 날짜, 출연진과 제작진 전체 목록을 포함한다. 또한, 영화 제작 예산과 박스오피스에서 어떤 실적을 거뒀는지를 포함한, 제작에 대한 재무 데이터도 있다.

마지막으로, 각 영화에는 관람객과 평론가들로부터 받은 평점도 있다. 이 평점 데이터는 0~10개의 별점으로 구성되며, 나이와 성별에 따른 평균이 크로스탭 형태의 표로 표현되어 있다. 때로는 특정 평론가가 왜 그 별점을 주었는지를 설명하는 서면 평론도 포함하고 있으며, 영화 사이의 링크도 포함되어 있다. 예를 들어, *It's a Wonderful Life*라는 영화의 시청자들이 가장 많이 본 다른 영화를 가리키는 것과 같은 링크이다.

영화와 관련된 모든 배우, 감독, 제작자, 제작진들은 IMDb에 가입할 자격이 있으며, 현재 650만 명이 가입되어 있다. 저자의 형제, 가족들도 가입되어 있다. 각 배우는 출연한 모든 영화에 역할과 크레디트에 나타나는 순서와 함께 연결된다. 각 유명인에 대한 데이터는 생일, 사망일, 키, 수상 내역, 가족 관계 등을 포함하고 있다.

그러면 이 영화 데이터로 어떤 질문에 답할 수 있을까?

그림 1.3: 인터넷 영화 데이터베이스의 대표적인 영화 데이터.

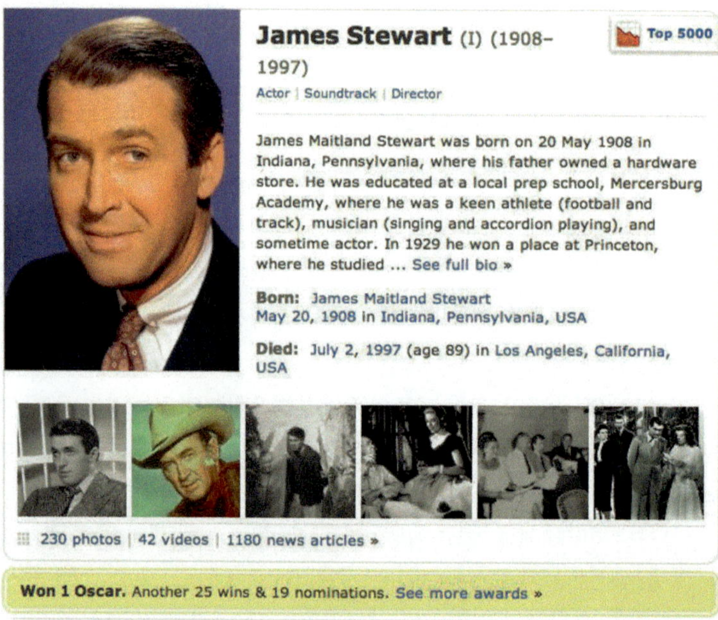

그림 1.4: 인터넷 영화 데이터베이스의 대표적인 배우 데이터.

아마도 IMDb에게 물어볼 가장 자연스러운 질문은 영화와 배우에 대한 극단적인 내용을 확인하는 것일 것이다.

- 가장 많은 영화에 출연한 배우는 누구인가? 누가 가장 많이 돈을 벌었는가? 누가 가장 낮은 등급의 영화에 출연했는가? 경력이 가장 긴 배우는? 가장 짧은 생을 산 사람은?
- 매년 가장 높은 평가를 받은 영화는, 또는 각 장르에서 최고인 영화는? 어떤 영화가 가장 손해를 많이 보았고, 가장 강력한 캐스팅을 했는가, 아니면 가장 좋지 않은 평가를 받았는가?

그리고 영화 산업의 본질을 물어볼 수 있는 더 큰 규모의 질문들도 있다.

- 영화의 수입은 관람객 평가나 수상 내용과 상관관계가 있는가? 고객들은 본능적으로 의미없이 몰려 다는가, 아니면 창조적인 팀이 적절히 보상을 받고 있는가?
- 할리우드 영화를 인도 영화와 비교하면 평점이나, 예산, 수입 면에서 어떤가? 미국 영화는 외국 영화보다 더 잘 인정되고, 이것이 미국과 비 미국 영화 평론가들 사이에 어떻게 다른가?
- 영화에서 남자 배우와 여자 배우의 나이 분포는 어떻게 되는가? 아내 역할의 여배우가 남편 역할의 남자 배우보다 평균적으로 얼마나 어린가? 이러한 불균형이 시간이 지남에 따라 증가하였는가 아니면 감소하였는가?
- 일찍 사망한 배우는? 유명 배우들은 단역 배우들보다 더 오래 사는가 또는 일반 대중들과 비교했을 때는 어떤가?

영화에서 함께 일하는 사람들이 서로를 알게 된다고 가정할 때, 출연자와 제작진 데이터는 영화 사업의 소셜 네트워크를 구축하는 데 사용될 수 있다. 배우들의 소셜 네트워크는 어떻게 생겼을까? The Oracle of Bacon(`https://oracleofbacon.org/`)은 케빈 베이컨(Kevin Bacon)을 할리우드의 중심으로 선정하고 다른 배우들로부터 베이컨으로 가는 가장 짧은 경로를 생성한다. 하지만, 새뮤얼 L. 잭슨과 같은 다른 배우들이 훨씬 더 중심적이라는 것을 증명한다.

누군가가 특정 영화를 좋아할 확률을 결정하기 위해 이 데이터를 분석할 수 있는가? *협업 필터링(collaborative filtering)* 기술은 내가 좋아하는 영화를 같이 좋아하는 사람들을 찾아내고 그들이 좋아하는 다른 영화들을 나에게 후보로 추천한다. 2007 Netflix Prize는 넷플릭스 사의 독점적인 영화 추천 시스템보다 10% 이상 성능이 향상된 평가 엔진을 개발하면 100만 달러의 상금을 수여하는 경쟁 대회이다. 이 상의 최종 수상자(BellKor)는 링크 분석을 포함하여 다양한 데이터 소스와 기술을 사용했다[BK07].

1.2.3 구글 N그램

구텐베르그가 1439년에 활판 인쇄술을 발명한 이후 인쇄본은 인간 지식의 주요 보고가 되었다. 오늘날의 디지털 세계에서 물리적 물체는 다소 불안하게 존재하고 있지만, 기술은 모든 것을 데이터로 축약하는 방법을 가지고 있다. 세상의 정보를 조직화하는 임무의 하나로, 구글은 세계의

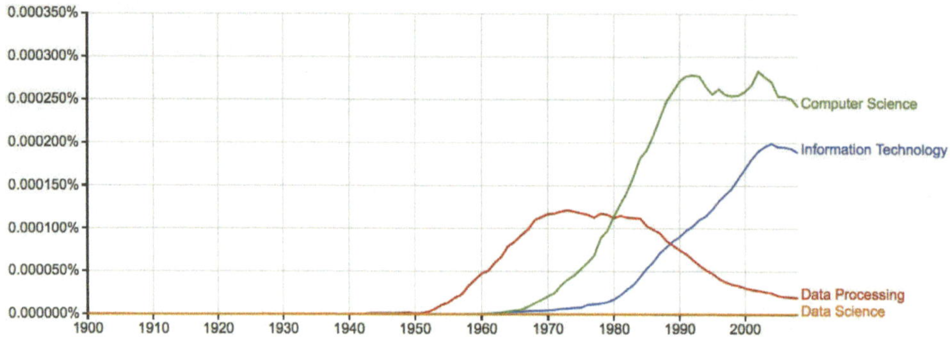

그림 1.5: 구글 Ngrams에서 보인 데이터 처리의 증가 및 감소

모든 출판된 책들을 스캔하기 위한 노력을 시작했다. 아직 완료되지는 않았지만, 지금까지 디지털화된 3천만 권은 출판된 모든 책의 20% 이상이다.

구글은 이 데이터를 이용하여 검색 결과를 개선하고 절판된 책도 접근할 수 있도록 하고 있다. 하지만 아마도 가장 멋진 제품은 문화적 시대정신의 변화를 감시하는 데 이용되는 *구글 N그램*(*Google Ngram*)일 것이다. N그램은 매년 출판되는 책에서 짧은 구절들의 발생 빈도를 제공한다. 각 구절은 스캔한 책 말뭉치에서 40번 이상 출현해야 한다. 이렇게 하면 불분명한 단어와 구절이 제거되지만, 20억 개 이상의 시계열이 분석을 위해 남겨진다.

이 풍부한 데이터 세트는 지난 200년 동안 언어 사용이 어떻게 변해왔는지 보여주며, 문화 추세 분석에 광범위하게 적용되었다 [MAV+11]. 그림 1.5는 컴퓨팅에 대해 생각할 때 *Data*라는 단어가 어떻게 인기를 잃어가는지를 보여준다. *Data Processing*은 1950년대 펀치 카드와 자기 테이프 시대에 컴퓨터 분야와 관련된 인기 있는 용어였다. N그램 자료는 *Computer Science*의 급격한 증가와 함께 1980년까지는 *Data Processing*이 아직 빛을 잃지 않고 있음을 보여준다. 오늘날까지도 *Data Science*는 이 도표에서 거의 보이지 않는다.

`http://books.google.com/ngrams`에서 구글 N그램을 확인해 보라. 여러분은 다양한 시도를 해볼 수 있을 것이다. 과거를 들여다볼 수 있는 이 환상적인 도구를 더 잘 이해할 수 있도록 *핫도그*와 *두부*, *과학*과 *종교*, *자유*와 *정의*, *성*과 *결혼*을 비교해 보라.

하지만 일단 연습이 끝나면, 이 데이터를 가지고 할 수 있는 더 큰 일을 생각해 보라. 지난 200년 동안 출판된 책에서 모든 단어/구절의 연간 인용 횟수에 접근할 수 있다고 가정해보라. 구글은 이 데이터를 자유롭게 이용할 수 있게 한다. 그럼 그걸로 무엇을 할 것인가?

N그램 뷰어를 사용하여 특정 단어와 연관된 시계열을 관찰하면 재미있다. 그러나 더 정교한 역사적 경향은 여러 시계열을 함께 합산하면 포착할 수 있다. 다음 유형의 질문은 특히 흥미로워 보인다.

- 시간의 경과에 따라 욕설의 양이 어떻게 변화했는가? 가장 익숙한 네 글자 단어는 1960년

이후로 폭발적으로 증가한 것처럼 보인다. 비록 이것이 욕설의 증가 때문인지 아니면 출판 기준이 낮아진 것을 반영하는지는 분명하지 않다.

- 얼마나 새로운 단어가 자주 등장하고 인기를 얻는가? 이러한 단어들이 일반적인 용어로 남아 있는지 아니면 빠르게 사라지는가? *게이*라는 단어의 의미가 *행복*에서 *동성애자*로 변하는 것처럼 시간이 흐르면서 의미가 변화되는 것을 탐지할 수 있는가?

- 자동 맞춤법 검사 시대로 접어들면서 철자의 수준이 향상되는가 아니면 악화하는가? 일반적으로 사용되는 단어에서 단 하나의 문자만 제외된 흔치 않은 단어는 철자 오류일 가능성이 크다. 예로 *algorithm*과 *algorthm*을 들 수 있다. 여러 가지 오타를 종합하면 이러한 오류는 증가하는가, 감소하는가?

또한, 이 N그램 말뭉치를 사용하여 주어진 언어에서 단어의 의미와 용도를 캡처하는 언어 모델을 작성할 수도 있다. 11.6.3절에서 언어 모델을 구축하기 위한 강력한 도구인 단어 삽입(word embedding)에 대해 논의할 것이다. 빈도수는 어떤 단어가 가장 인기 있는지를 보여준다. 단어 쌍이 서로 옆에 나타나는 빈도는 음성 인식 시스템을 향상하는 데 사용될 수 있다. 화자가 그것이 너무 나쁘다(that's too bad)고 말했는지 또는 그것이 나쁘다(that's to bad)고 말하는지를 구별하는 데 도움이 된다. 이 수백만 권의 책들은 대표적인 모델을 만들기 위한 충분한 데이터 세트를 제공한다.

1.2.4 뉴욕 택시 기록

오늘날 모든 금융거래는 그 뒤에 데이터 흔적을 남긴다. 이 흔적을 따라가 보면 흥미로운 내용을 끌어낼 수 있다.

택시들은 도시 교통 네트워크에서 중요한 부분을 형성한다. 그들은 손님을 찾아 도시의 거리를 돌아다니다가, 운행 길이에 비례하는 요금을 받고 손님을 목적지까지 태워준다. 각 택시에는 시간의 함수로써 이동 비용을 계산하기 위한 측정 장치가 있다. 이 미터는 기록 보관 장치 역할을 하며, 운전자가 각 주행에 적절한 양의 요금을 부과하도록 하는 메커니즘이다.

현재 뉴욕 택시에 사용되는 택시 계량기는 요금 계산 외에 많은 일을 할 수 있다. 이 장치는 신용카드 단말기 역할을 하여 손님이 현금 없이도 비용을 지불할 수 있는 방법을 제공한다. 이 시스템은 글로벌 포지셔닝 시스템(GPS)과 통합되어 손님을 태우고 내려준 모든 위치를 기록한다. 마지막으로, 무선 네트워크가 있으므로 장치의 모든 데이터를 중앙 서버로 전달할 수 있다.

그 결과, 세계에서 가장 큰 도시 중 한 곳의 모든 택시의 모든 운행 기록을 갖는 데이터베이스가 작성되었다. 그림 1.6은 이 데이터베이스의 일부를 보인 것이다. 뉴욕 택시 리무진 위원회는 공공 기관이므로 기밀이 아닌 데이터는 정보 공개법(FOIA: The Freedom of Information Act)에 따라 모든 사람이 이용할 수 있다.

모든 승차에는 두 가지 기록이 생성되는데 운행 데이터와 요금에 관한 세부 정보이다. 각 운행은 기사의 식별자와 각 차량의 택시 영업 면허증(라이센스)을 결합하여 식별한다. 각 운행에

Vendor ID	passenger _count	trip_ distance	pickup_ longitude	pickup_ latitude	dropoff_ longitude	dropoff_ latitude	payment _type	tip_ amount	total_ amount
2	1	7.22	-73.9998	40.74334	-73.9428	40.80662	2	0	30.8
1	1	2.3	-73.977	40.7749	-73.9783	40.74986	1	2.93	16.23
1	1	1.5	-73.9591	40.77513	-73.9804	40.78231	1	1.65	9.95
1	1	0.9	-73.9766	40.78075	-73.9706	40.78885	1	1.45	8.75
2	1	2.44	-73.9786	40.78592	-73.9974	40.7563	1	2	16.3
2	1	3.36	-73.9764	40.78589	-73.9424	40.82209	1	3.58	17.88
2	2	2.34	-73.9862	40.76087	-73.9569	40.77156	1	1	13.8
2	1	10.19	-73.79	40.64406	-73.9312	40.67588	2	0	32.8
1	2	3.3	-73.9937	40.72738	-73.9982	40.7641	1	2	21.3
1	1	1.8	-73.9949	40.74006	-73.9767	40.74934	1	1.85	11.15

그림 1.6: 뉴욕시 택시 데이터의 대표적 필드: 승차 및 하차 지점, 거리, 요금 등

는 출발지와 목적지의 GPS 좌표(경도 및 위도)뿐만 아니라 승하차 시간과 날짜도 기록된다. 이동했던 경로에 대한 GPS 데이터는 구할 수 없지만, 승하차 지점을 바탕으로 최단 경로를 예측할 수는 있다.

요금 데이터에는 세금, 추가 요금, 통행료 등을 포함한 각 운행의 미터 비용이 기록된다. 일반적으로 택시 기사에게 서비스에 대한 팁을 지불하며, 그 액수도 데이터로 기록된다.

여러분에게 묻고 싶다. 이 택시 데이터는 지난 몇 년 동안 8천만 건 이상의 운행 기록을 가지고 있으며 쉽게 이용할 수 있다. 그것으로 무엇을 하려 하는가?

흥미로운 데이터 세트는 다양한 규모의 질문에 대한 답을 구하는 데 사용될 수 있다. 이 택시 요금 데이터는 운송 산업을 더 잘 이해하는 데에도 도움을 줄 있지만, 도시를 어떻게 운영하고 어떻게 해야 더 잘 운영할 수 있는지에 대해서도 도움을 줄 수 있다. 택시 산업에 관한 일반적인 질문은 다음과 같은 것을 포함한다.

- 운전자는 매일 밤 평균적으로 얼마를 버는가? 분포는 어떻게 되는가? 운전자들은 맑은 날과 비 오는 날 중 언제 돈을 더 많이 버는가?
- 수익성 높은 요금을 받기 위해 운전자들이 배회하기 가장 좋은 시내의 장소는 어디인가? 이 장소는 시간대에 따라 어떻게 변하는가?
- 운전자는 야간 근무 동안 얼마나 멀리 다니는가? 이 데이터 세트로는 이 문제에 정확히 답할 수는 없다. 왜냐하면, 이 데이터 세트는 손님을 태우지 않고 이동하는 경로 GPS 데이터를 제공하지 않기 때문이다. 하지만 손님이 마지막으로 하차한 장소와 다음 손님의 승차 지점, 그리고 그들 사이에 얼마나 시간이 지났는지는 알고 있다. 이 정보를 함께 이용하면 타당한 추정치를 만들기에 충분한 정보를 제공하고 있다.
- 어떤 운전자가 의심 없는 외부 방문객을 태우고 미터를 올리기 위해 훨씬 가깝고, 요금이 작게 나오는 길 대신 먼 길로 돌아갔는가?

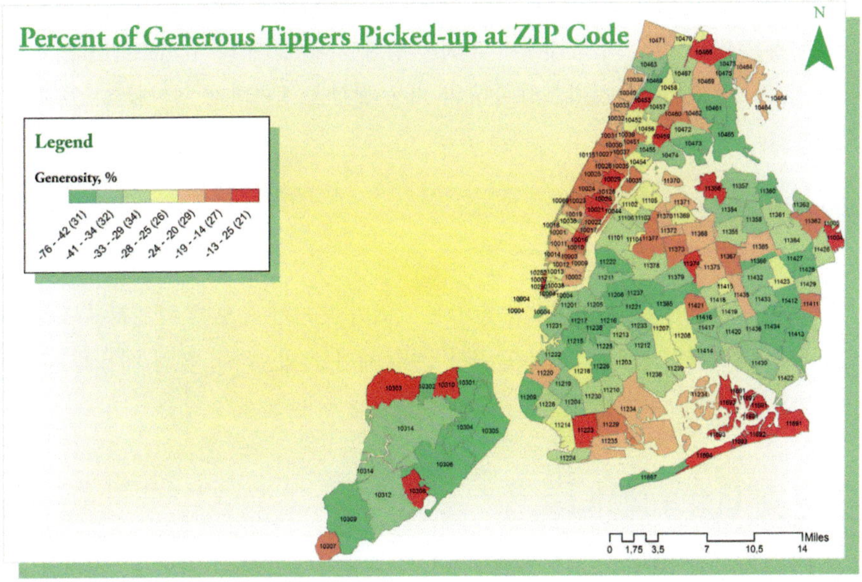

그림 1.7: 뉴욕의 어느 지역이 가장 팁을 후하게 주는가? 거리가 멀고, 공급이 부족한 브루클린과 퀸스의 비교적 먼 외곽 지구이다.

- 운전자는 얼마나 많은 팁을 받고 있으며, 그 이유는 무엇인가? 빨리 달리는 운전자들이 더 후한 팁을 받는가? 팁을 주는 비율은 지역에 따라 어떻게 다르며, 부유한 동네와 가난한 동네 중 어느 곳이 더 후한가?

  저자는 이 문제에 대해 분석을 했었으며, 9.3절의 전쟁 이야기에서 더 자세히 설명할 것이다. 우리는 다양한 흥미로운 패턴들을 발견했다[SS15]. 그림 1.7은 일반적으로 운행 거리가 길고 거리에 택시가 드물지만, 기사가 환영받는 브루클린, 퀸스, 스태튼 아일랜드의 넓은 지역 주민에 비해 맨해튼 사람들이 상대적으로 더 구두쇠임을 보여주고 있다.

하지만 더 큰 질문은 도시의 교통을 이해하는 것과 관련이 있다. 택시 운행 시간을 센서로 사용하면 도시의 교통 상황을 미세하게 측정할 수 있다. 출퇴근 시간의 교통은 다른 때보다 얼마나 느려지고, 지체가 가장 심한 지역은 어디인가? 문제 지역을 식별하는 것이 해결책을 제안하는 첫 번째 단계이다. 해결책으로는 교통 신호등의 타이밍 패턴을 변경하거나, 더 많은 버스를 운행하거나, 다인승 전용 차선을 만드는 것 등이 있다.

비슷하게, 택시 데이터를 사용하여 도시 전체의 차량 흐름을 측정할 수 있다. 시간대에 따라 사람들이 어디로 이동하는가? 이것은 우리에게 단지 교통체증 이상의 것을 말해준다. 택시 자료를 보면 관광객들은 호텔에서 관광명소로 이동하고, 경영 간부들은 화려한 동네에서 월가로 출근하며, 술 취한 사람들은 술을 진탕 마시고 나이트클럽에서 집으로 돌아가는 것을 볼 수 있을 것이다.

이와 같은 데이터는 더 나은 운송 시스템을 설계하는 데 필수적이다. 한 명의 탑승자가 a 지점부터 b 지점까지 이동하려고 하는데 다른 탑승자도 $a + \epsilon$에서 같은 장소로 이동하길 원한다면 혼자 가는 것은 낭비이다. 택시 데이터 분석을 통해 차량 함께 타기 시스템을 정확하게 시뮬레이션할 수 있으므로, 이러한 서비스의 수요와 비용 절감을 정확하게 평가할 수 있다.

1.3 | 데이터의 속성

이 책은 데이터를 분석하는 기술에 관한 것이다. 그러면 우리가 공부할 기초적인 것들은 무엇인가? 이 절에서는 데이터의 속성에 대한 간략한 분류 체계를 제공하여 작업 내용을 더 잘 인식하고 이해할 수 있도록 한다.

1.3.1 정형 대 비정형 데이터

어떤 데이터 세트는 데이터베이스나 스프레드시트 프로그램의 표와 같이 잘 정형화되어 있다. 하지만 세상의 상태를 기록한 다른 정보는 좀 더 이질적인 방식으로 표현되어 있다. 아마도 위키피디아처럼 이미지와 링크를 포함한 커다란 텍스트 말뭉치이거나, 또는 개인 의료 기록처럼 복잡한 노트와 시험 결과가 섞여 있을 것이다.

일반적으로 말해서, 이 책은 정형 데이터(structured data)를 다루는 데 초점을 맞출 것이다. 데이터는 *행렬*로 표시되는 경우가 많으며, 행렬의 행은 개별 항목 또는 레코드를 나타내고 열은 이러한 항목의 고유한 특성을 나타낸다. 예를 들어 미국 도시에 대한 데이터 세트에서는 도시별로 행이 있고, 열에는 주, 인구, 면적과 같은 특성을 표현할 수 있다.

트위터의 트윗 모음과 같은 비정형 데이터(unstructured data) 소스와 직면할 때 첫 번째 단계는 일반적으로 이를 구성하는 행렬을 구축하는 것이다. *Bag of words* 모델에서 각 행은 트윗을 나타내고 열은 자주 사용하는 단어를 갖는 행렬을 구축한다. 행렬 원소 $M[i, j]$는 트윗 i에 포함된 단어 j의 출현 횟수를 나타낸다. 이러한 행렬 구성은 8장에서 논의할 선형 대수가 필요하다.

1.3.2 정량 대 범주 데이터

*정량 데이터(quantitative data)*는 키나 몸무게와 같은 숫자 값으로 구성된다. 이러한 데이터는 대수 공식과 수학적 모델에 직접 적용하거나 일반 그래프와 도표로 표시할 수 있다.

그에 반해서 *범주 데이터(categorical data)*는 성별, 머리 색, 직업과 같이 조사 중인 물체의 특성을 설명하는 레이블로 구성된다. 이러한 설명 정보도 수치 데이터만큼 정확하고 의미 있지만, 동일한 기술로는 작업할 수는 없다.

범주 데이터는 대개 숫자로 코딩할 수 있다. 예를 들어 성별은 *남성* = 0, *여성* = 1처럼 나타낼 수 있다. 그러나 특성이 두 개 이상의 문자로 구성되고, 또 글자들 사이에 암묵적인 순서가 없으면 상황은 더 복잡해진다. 우리는 머리 색깔을 색조에 따라 서로 다른 값으로 인코딩할 수 있다. 가령 회색 머리카락 = 0, 빨간색 머리카락 = 1, 금발 = 2와 같은 방식이다. 그러나, 우리는 이러한 값을 간단한 신원확인 테스트 이외에 다른 숫자 값으로 취급할 수는 없다. 머리 색깔의 최댓값과 최솟값이 무슨 의미가 있나? 내 머리 색깔에서 여러분의 머리 색깔을 뺀다는 것은 어떻게 해석해야 하나?

이 책에서 우리가 하는 일의 대부분은 수치 데이터를 중심으로 한 것이다. 하지만 범주적 특성과 그 특성에 맞는 방법을 주의깊게 살펴보라. 분류 및 클러스터링 방법은 수치 데이터에서 범주 레이블을 생성하는 것으로 간주할 수 있으며 그것이 이 책의 주요 초점이 된다.

1.3.3 빅 데이터 대 작은 데이터

데이터 사이언스는 컴퓨터 로그와 센서 장치에서 나온 대규모 데이터 세트의 분석인 *빅 데이터*(*big data*)와 함께 대중들에게 알려졌다. 원칙적으로 데이터는 많을수록 더 좋은데, 그 이유는 필요하면 일부만 표본 추출하여 더 작은 집합을 항상 얻을 수 있기 때문이다.

빅 데이터는 흥미로운 현상이며 12장에서 이에 대해 논의한다. 그러나 실제로는 대규모 데이터 세트를 처리하는 데 어려움이 있다. 이 책에서는 데이터 분석을 위한 알고리즘과 우수 사례들을 살펴볼 것이다. 일반적으로, 일단 볼륨이 너무 커지면 상황은 더 어려워진다. 빅 데이터의 당면 과제는 다음과 같다.

- 데이터 크기가 증가함에 따라 분석 사이클 시간이 느려진다: 데이터 세트의 볼륨 증가에 따라 계산 작업이 더 오래 걸린다. 작은 스프레드시트는 즉각적인 응답을 제공하므로 다양한 상황에 대해 실험하고 작업해 볼 수 있다. 하지만 대규모 스프레드시트는 작업 속도가 느리고 다루기 어려워 방대한 양의 데이터 세트에서 답을 구하는데 몇 시간 또는 며칠이 걸릴 수도 있다. 좋은 알고리즘은 빅 데이터로 놀라운 일을 할 수 있게 해주지만, 일반적으로 작게 유지하면 분석과 탐구가 더 빨라진다.

- 대규모 데이터 세트는 시각화가 복잡하다: 수백만 개의 점이 있는 도표는 컴퓨터 화면이나 인쇄된 이미지에 표시하기도 불가능하므로, 개념적으로 이해할 수밖에 없다. 우리가 볼 수도 없는 것을 어떻게 이해하기를 바랄 수 있을까?

- 간단한 모델은 적합성 여부나 평가를 위해 대용량 데이터가 필요하지 않다: 일반적인 데이터 사이언스 과제는 소수의 변수에 기초하여 결정을 내릴 수 있다. 가령 생명보험에 가입하려고 한다면 나이, 성별, 키, 체중, 기존 질병의 유무 등과 같은 변수가 필요할 것이다.

  만약 내가 백만 명에 대해 그들의 삶의 결과 데이터를 가지고 있다면, 나는 보험보장 위험성에 대한 훌륭한 일반적인 모델을 만들 수 있을 것이다. 하지만 내가 수억 명에 대한 이러한 데이터를 가지고 있다 하더라도 훨씬 더 좋은 모델을 만드는 데는 아마 도움이 되지 않을 것이다. 몇 개의 변수(예: 나이, 군 복무 상태)에 의한 의사결정 기준은 복잡하지 않으며, 다수의 신청자에게 잘 적용되어야 한다. 방대한 데이터를 조사해야 하는 섬세한 관측도 양에 기반을 둔 업무는 아니라는 것을 증명할 것이다.

*빅 데이터*는 때로는 *나쁜 데이터*라고도 한다. 빅 데이터는 어떤 질문에 대한 답을 구하려고 의도적으로 수집하기보다는 어떤 시스템이나 절차의 부산물로 모이는 경우가 종종 있다. 그 결과로 우리가 단순히 어떤 데이터를 가지고 있기 때문에 힘든 노력을 해야 한다는 것이다.

대통령 후보들 사이에서 유권자들의 선호도에 대한 동향을 파악하는 문제를 생각해 보라. 빅 데이터 접근 방식은 대규모 트위터나 페이스북 피드를 분석하여 텍스트에 있는 그들의 의견에 대한 단서를 해석할 수 있다. 작은 데이터 접근 방식은 여론 조사를 시행하여 수백 명의 사람에게 특정 질문을 하고 결과를 집계표로 만드는 것일 수 있다. 어떤 방법이 더 정확할 것 같은가? 올바른 데이터 세트는 당면 과제와 가장 직접적인 관련이 있는 데이터 세트이며, 반드시 가장 큰 데이터 세트는 아니다.

가정 학습 맹목적으로 대규모 데이터 세트의 분석을 열망하지 마라. 주어진 질문에 답할 수 있는 *적당한* 데이터를 찾아라. 구할 수 있는 가장 큰 것일 필요는 없다.

1.4 | 분류와 회귀

전통적인 데이터 사이언스와 패턴 인식 응용 프로그램에서는 분류(classification)와 회귀(regression)라는 두 가지 유형의 문제가 반복적으로 발생한다. 이 책에서 이러한 문제 해결을 위한 알고리즘 접근법에 대해서는 차후 장으로 설명을 미루었다. 그 이유는 데이터 멍잉(data munging), 통계, 시각화, 수학적 모델링과 같은 핵심 사항에 대해 먼저 이해를 하고 그 도움을 받을 수 있도록 하기 위해서다.

그렇지만, 관련된 문제가 나오면 분류와 회귀에 관한 이슈들을 언급할 것이다. 그래서 여러분이 그런 문제들을 보게 될 때 이해를 돕기 위해 여기서 간단히 소개하고 가도록 하겠다.

- 분류: 종종 우리는 가능한 결과들의 이산 집합에서 하나의 레이블을 선택하여 항목에 할당하려고 한다. 특정 스포츠 경기의 승자를 예측하거나(*A*팀 또는 *B*팀?) 특정 영화의 장르를 결정하는(코미디, 드라마, 또는 애니메이션?) 문제는 *분류* 문제이다. 왜냐하면, 가능한 선택 중에서 레이블을 골라야 하기 때문이다.

- 회귀: 또 다른 흔한 과제는 주어진 양의 수치 값을 예측하는 것이다. 어떤 사람의 몸무게를 예측하거나 올해 눈이 얼마나 내릴지를 예측하는 것은 회귀 문제인데, 여기서 우리는 예전 값 및 관련된 다른 특성들을 바탕으로 수치 함수의 미래 값을 예측하게 된다.

아마도 이러한 차이를 확인하는 가장 좋은 방법은 다양한 데이터 사이언스 문제를 살펴보고 이를 회귀 또는 분류로 구별해 보는 것일 것이다. 종종 같은 문제에 두 유형 모두를 적용할 수 있는 경우도 있지만, 보통은 이러한 두 가지 유형의 문제를 해결하는 데에는 서로 다른 알고리즘 방법을 사용한다.

- 특정 주식의 가격이 내일 올라갈까 내려갈까? (분류)
- 내일 특정 주식의 가격은 얼마가 될 것인가? (회귀)
- 이 사람의 위험도가 보험 상품을 판매할 수 있을 만큼 낮은가? (분류)
- 이 사람이 얼마나 오래 살 것으로 예상하는가? (회귀)

이 책에서 또는 살면서 마주칠 분류나 회귀 문제를 주의해서 보도록 하라.

1.5 | 데이터 사이언스 텔레비전: The Quant Shop

저자는 기본 원칙을 습득하기 위해서는 실질적인 경험이 필요하다고 믿는다. 따라서 저자는 데이터 사이언스를 가르칠 때 각 학생 팀에게 흥미롭지만 지저분한 예측 과제를 부여하고, 이 과제를 위한 예측 모델을 만들고 평가하도록 요구하는 것을 좋아한다.

이러한 예측 과제는 학생들의 예측을 테스트하는 행사와 관련지어진다. 학생들은 아무것도 없는 상태에서 시작해서, 관련된 데이터 세트를 찾고, 자체 평가 환경을 구축하며, 자신들의 모델을 개발한다. 마지막으로, 학생들의 예측이 정당한지 아니면 실패했는지를 목격하도록 그들의 결과를 공개하는 행사를 지켜보게 한다.

실험적으로 2014년 가을에 각 그룹 프로젝트의 진행 과정을 비디오로 찍어서 문서로 만들었다. 전문적으로 편집된 이 영상이 *The Quant Shop*으로, TV 프로그램처럼 일반 시청자를 위한 데이터 사이언스 시리즈물이다. 첫 번째 시즌의 8개 에피소드는 `http://www.quant-shop.com`에서 볼 수 있으며, 다음과 같은 내용을 포함한다.

- *미스 유니버스 찾기* – 매년 미스 유니버스 대회는 세계에서 가장 아름다운 여성을 선발한다. 컴퓨터 모델은 누가 미인대회에서 우승할지 예측할 수 있을까? 아름다움은 단지 주관적일 뿐인가, 아니면 알고리즘이 누가 가장 매력적인 사람인지 알려줄 수 있는 것인가?
- *영화 모델링* – 영화 제작은 큰돈이 걸린 데이터 분석을 수반한다. 크리스마스에 어떤 영화가 가장 많은 수익을 낼지 예측하기 위한 모델을 만들 수 있을까? 어떤 배우들이 그들의 연기로 상을 받을지 알 수 있는가?
- *베이비 풀 우승* – 출생 몸무게는 신생아의 건강을 평가하는 데 중요한 요소이다. 하지만 실제 출생 전에 우리는 얼마나 정확하게 아기의 체중을 예측할 수 있을까? 자료가 임신 발달에 대한 환경 위험을 어떻게 명확히 밝힐 수 있는가?
- *경매 기술* – 세계에서 가장 가치 있는 예술 작품들은 가장 높은 입찰자에게 경매로 팔린다. 그러면 J.W. 터너의 특정 그림이 몇백만 달러에 팔릴지 예측할 수 있을까? 컴퓨터가 구매 가치에 대한 예술적 감각을 발달시킬 수 있을까?
- *화이트 크리스마스* – 일기 예보는 아마 예측 모델링의 가장 친숙한 영역일 것이다. 단기

예측은 일반적으로 정확하지만, 장기 예측은 어떤가? 올해 어느 곳에서 화이트 크리스마스를 맞이할 수 있을까? 그리고 한 달 전에 미리 알려줄 수 있는가?

- *플레이오프 예측* – 스포츠 행사에는 승자와 패자가 있으며, 도박업자들은 어떤 경기든 베팅을 할 수 있어서 행복하다. 어느 축구팀이 슈퍼볼에서 우승할지 예측하는 데 통계가 얼마나 도움이 될 수 있을까? 구글의 PageRank 알고리즘이 웹에서 하는 것처럼 필드에서 승자를 정확히 선택할 수 있을까?
- *악귀 풀(수명 예측)*[1] – 죽음은 모든 사람에게 찾아오지만, 언제일까? 유명인사들에게 보험 통계 모델을 적용하여 누가 다음번에 사망할지 결정할 수 있을까? 이와 유사한 분석은 생명보험업계에 필요하며, 수명의 정확한 예측은 지속가능하고 합리적인 보험료를 설정하는 데 필요하다.
- *시장 예측* – 헤지 펀드의 금융시장 분석가는 내일 가격을 정확히 예측하면 부자가 되고 틀리면 가난해진다. 과거 가격 데이터의 이력을 바탕으로 얼마나 정확하게 금과 석유의 미래 가격을 예측할 수 있는가? 성공적인 가격 모델을 구축하는 데 필요한 다른 정보는 무엇인가?

저자는 여러분이 이 책을 읽는 것과 더불어 *The Quant Shop*의 몇몇 에피소드를 보기를 권한다. 재미있게 만들려고 노력했지만, 그렇지 않은 것도 많을 것이라고 확신한다. 각각의 쇼는 30분 동안 진행되며, 아마도 여러분 자신의 예측 과제를 해결하는데 영감을 줄 것이다.

그림 1.8: 데이터 사이언스 텔레비전의 흥미로운 장면들: The Quant Shop

[1] (역주) 영어 원본에서는 The Ghoul Pool(악귀 풀)이라는 제목으로 소개되었다.

이 프로그램들은 앞에서 언급한 8가지 과제에 대해 많은 정보를 제공할 것이다. 저자는 이 책을 통해 이러한 프로젝트들을 긍정적이거나 부정적인 예로 사용하여, 데이터 사이언스 수행 방법에 대한 중요한 교훈을 설명하고자 한다. 이 프로젝트들은 여러분처럼 경험이 없고 비슷한 지식을 갖는 사람들이 데이터 사이언스 문제에 대해 어떻게 생각했고, 그들이 그렇게 했을 때 어떤 일이 일어났는지를 볼 수 있는 실험실을 제공한다.

1.5.1 캐글 도전 과제

또 다른 영감의 원천은 데이터 과학자들에게 경쟁력 있는 포럼을 제공하는 캐글(Kaggle) (`www.kaggle.com`)의 도전 과제이다. 새로운 과제가 정기적으로 제시되며, 문제 정의, 훈련 데이터, 숨겨진 평가 데이터에 대한 점수 함수(scoring function) 등을 제공한다. 리더 보드에는 가장 강력한 경쟁자의 점수가 표시되므로, 경쟁자와 비교해서 자신의 모델이 얼마나 좋은지 확인할 수 있다. 모델링 기술의 향상을 위해 우승자는 경기 후 인터뷰에서 자신들의 모델링 비밀을 밝힌다.

캐글 과제를 잘 수행하는 것은 데이터 과학자로서 좋은 직장을 얻기 위한 훌륭한 경력이 된다. 실제로, 만약 여러분이 진정한 캐글 스타라면, 잠재적 고용주들은 여러분을 눈여겨볼 것이다. 하지만 참여해야 하는 진짜 이유는 문제가 재미있고, 영감을 주며, 연습을 통해 여러분이 더 나은 데이터 과학자가 되도록 도와주기 때문이다.

각 장의 끝에 있는 연습문제는 해당 장의 내용과 관련된 종료된 캐글 문제를 제시하고 있다. 캐글이 데이터 사이언스를 기계학습의 응용으로 오해하기 쉬운 관점을 제공한다는 것을 미리 경고한다. 왜냐하면, 캐글이 이미 데이터 수집과 정제의 힘든 과정을 거쳐 매우 잘 정의된 형태로 문제를 제시하기 때문이다. 그렇지만 영감을 얻고, 또 새로운 프로젝트를 위한 데이터 소스로서 캐글을 확인해 보기를 권한다.

1.6 전쟁 이야기에 대해

천재성과 지혜는 서로 다른 지적 재능이다. *천재성*은 올바른 답을 발견하는 데서 나타난다. 장애물과 도전을 극복하기 위해 상상력으로 정신적 도약을 만들어 낸다. *지혜*는 우선 장애물을 피하는 데서 나타난다. 우리가 올바른 방향으로 나아가도록 하는 방향성이나 본보기를 제공한다.

천재성은 기술적인 힘과 깊이 면에서 나타난다. 즉, 사물을 이해하고 다른 사람이 할 수 없는 일을 할 수 있는 능력을 발휘한다. 반면, 지혜는 경험과 일반적인 지식에서 나온다. 그것은 다른 사람의 말을 듣는 데서 나온다. 지혜는 겸손함에서 비롯된다. 겸손함은 과거에 여러분이 얼마나 자주 틀렸는지를 돌아보고, 왜 틀렸는지를 파악하여 미래의 함정을 더 잘 인식하고 피할 수 있도록 한다.

데이터 사이언스는, 삶의 대부분이 그런 것처럼, 천재성보다는 지혜로부터 더 많은 혜택을 받는다. 저자는 이 책에서 저자가 연구해 온 다양한 프로젝트로부터 어렵게 얻은 지혜를 *전쟁 이야기*를 통해 전하려고 한다.

- 대규모 텍스트 분석 및 NLP: 스토니 브룩 대학에 있는 저자의 데이터 사이언스 연구실은 빅 데이터 분야의 다양한 프로젝트를 수행한다. 예로, 소셜 미디어의 감성 분석, 역사적 경향 분석, 자연언어 처리(NLP: Natural Language Processing)에 대한 딥러닝 접근 방식, 네트워크에서 특징 추출 등이다.

- 신생 기업: 저자는 두 개의 데이터 분석 회사인 General Sentiment와 Thrivemetrics의 공동 설립자이자 최고 과학자로 근무했었다. General Sentiment는 뉴스 및 블로그, 소셜 미디어에서 대규모 텍스트 스트림을 분석하여 사람, 장소, 사물과 관련된 감정(긍정적 또는 부정적)의 추세를 파악했다. Thrivemetrics는 이러한 유형의 분석을 이메일 및 메시징 시스템과 같은 내부 기업 통신에 적용했다. 이 두 벤처기업 모두 이 책의 인세를 포기할 정도로 저자에게 부를 남겨주지는 않았지만, 클라우드 기반 컴퓨팅 시스템에 대한 경험과 기업에서 데이터가 어떻게 사용되는지에 대한 통찰력을 제공해 주었다.

- 실제 과학자들과 협업: 저자는 생물학자, 사회과학자와 함께 몇 가지 흥미로운 협력 작업을 했었는데, 이는 실제 데이터로 하는 작업의 복잡성을 이해하는 데 도움이 되었다. 실험 데이터는 끔찍하게 잡음과 오류가 많지만, 세상이 어떻게 돌아가는지 알아내기 위해서는 현재 여러분이 가진 것을 최대한 활용할 수밖에 없다는 것이다.

- 도박 시스템 구축: 특히 재미있는 프로젝트는 하이알라이(jai-alai)[2] 경기 결과를 예측하는 시스템을 구축해서 베팅을 해보고, 그 결과를 재검증한 경험을 저자의 책 *계산된 베팅: 승리를 위한 컴퓨터, 도박, 수학 모델링*[Ski01]으로 발간한 것이다. 우리 시스템은 데이터 수집, 통계 분석, 시뮬레이션/모델링, 평가 등을 웹 스크래핑(web scraping)에 의존하였다. 또한, 소셜 미디어 분석을 통해 영화 총수입[ZS09], 주식 가격[ZS10], 미식축구 경기[HS10] 등을 위한 예측 모델도 개발하고 평가했다.

- 역사적 인물의 순위 매기기: 위키피디아를 분석하여 80만 명 이상의 역사적 인물에 대한 의미 있는 변수들을 추출하고, 그 변수의 강도를 역사적 구성 요소로 간주하여 순위를 매기는 점수 함수를 개발했다. 이 순위는 최고로 위대한 인물(예수, 나폴레옹, 셰익스피어, 모하메드, 링컨 등이 최고 5명)들과 덜 중요한 인물들을 구분했고, 우리의 책 *누가 더 중요한가?: 역사적 인물의 실제 순위*[SW13]의 기초가 되었다.

이 모든 경험으로부터 내가 이 책에서 가르치는 것, 특히 전쟁 이야기라고 묘사한 내용이 나왔다. *이 책의 모든 전쟁 이야기는 사실이다.* 물론, 그 이야기들은 어느 정도 각색되었고, 흥미를 돋우기 위해 대화 내용을 조금 수정하기도 하였다. 하지만, 초기 문제에서 최종 해답까지 가는 과정을 있는 그대로 기술하려고 노력했고, 그 전개 과정을 살펴볼 수 있을 것이다.

[2] (역주) 스쿼시(squash)와 비슷한 스페인이나 중남미의 실내 구기(球技) 종목

1.7 | 전쟁 이야기: 올바른 질문에 답하기

스토니 브룩 대학의 우리 연구 그룹은 수백만 개의 뉴스, 블로그 및 소셜 미디어 메시지를 분석하고, 이러한 텍스트를 관심 개체에 대한 동향으로 요약하는 NLP 기반 시스템을 개발했다. 텍스트 스트림(볼륨)에 출현하는 각 명칭의 수를 세는 것은 쉬운 일이지만, 특정 인용이 긍정적인지 부정적인지(감성 분석, sentiment analysis)를 결정하는 것은 쉬운 일이 아니다. 그러나 우리 시스템은 많은 인용 자료를 집계할 때는 꽤 잘 작동하였다.

이 기술을 기반으로 General Sentiment라는 소셜 미디어 분석 회사를 설립하였다. 창업을 하고, 자금을 모으고, 직원을 채용하고, 신상품 개발이라는 도전에 직면하는 것은 신나는 일이었다.

그러나 아마도 우리가 직면했던 가장 큰 문제는 올바른 질문에 대한 대답이었을 것이다. General Sentiment 시스템은 뉴스, 블로그, 소셜 미디어에서 언급된 모든 사람, 장소, 물건에 대한 감정과 그 양에 대한 추세를 기록했다. 2천만 개 이상의 개별 개체에 대해 기록하였다. 유명 인사와 정치인들의 평판을 지켜보았고, 회사와 제품의 운명도 감시했다. 스포츠팀의 성적과 영화에 대한 소문도 추적했다. 우린 뭐든 할 수 있었다!

하지만 아무도 돈을 내지 않았다. 사람들은 그들이 가지고 있는 특정한 문제를 해결한다거나, 그들의 사업에서 특정한 문제점을 제거하기 위해 돈을 지불한다. 어떤 일이든 할 수 있다는 것은 끔찍한 영업 전략이다. 왜냐하면, 그것은 여러분이 모든 각각의 고객에 대해 새로운 필요성을 찾아야 한다는 의미이기 때문이다.

페이스북은 2006년 9월까지도 오픈되지 않았다. 그래서 2008년 General Sentiment를 시작할 때, 우리는 소셜 미디어 시대의 초기에 있었다. 우리는 소셜 미디어가 폭발적으로 증가할 것을 알고 있는 주요 브랜드와 광고 대행사들로부터 많은 관심을 받았다. 그들은 이 최신 기술이 중요하다는 것을 알고 있었다. 그들은 소셜 미디어 데이터의 적절한 분석이 그들의 고객이 무엇을 생각하고 있는지에 대한 새로운 통찰력을 줄 수 있다는 것도 알았다. 하지만 그들은 그들이 정말로 알고 싶은 것이 무엇인지는 정확히 알지 못했다.

한 항공기 엔진 제조업체는 어린이들이 페이스북에서 자신의 회사에 대해 얼마나 많이 이야기했는지에 대해 높은 관심이 있었다. 하지만 우리는 그 답이 0이라는 것을 조심스럽게 알려줬다. 다른 잠재 고객들은 우리가 닐슨(Nielsen) TV 시청률 조사보다 더 정확하다는 증거를 요구했다. 하지만 닐슨 조사를 원하면 닐슨에게 의뢰해야 한다. 우리 시스템은 완전히 다른 세상에 대한 다른 통찰력을 제공한다. 하지만 고객이 이 시스템을 사용하기 위해서는 원하는 것이 무엇인지를 먼저 알아야 했다.

우리는 매우 다양한 고객 그룹으로부터 상당한 계약을 얻어냈다. 고객 중에는 도요타와 블랙베리 같은 소비자 브랜드, 하와이 관광청과 같은 정부 기관, 2012년 공화당 후보인 미트 롬니(Mitt Romney) 등이 있었다. 우리 분석가들은 다음과 같이 광범위한 비즈니스 문제에 대해 통찰력을 제공했다.

- 사람들은 하와이에 대해 어떻게 생각하는가? (답: 사람들은 방문하기에 아주 좋은 장소라

고 생각한다.)

- 도요타 자동차의 브레이크에 심각한 문제가 발생했다는 소식에 도요타에 대한 감정은 얼마나 빨리 회복되겠는가? (답: 약 6개월)
- 사람들은 블랙베리의 새로운 전화 모델에 대해 어떻게 생각하는가? (답: 사람들은 아이폰을 훨씬 더 좋아한다.)
- 공개 연설에서 전체 유권자의 47%를 모욕한 롬니에 대한 감정은 얼마나 빨리 회복될 것인가? (답: 절대로 안 된다.)

그러나 각 판매는 새로운 세상에 대한 진입이었고, 영업 직원들과 연구 분석가들의 상당한 노력과 상상력이 동원되었다. 우리는 같은 업계에서 두 명의 고객을 확보할 수 없었다. 그것은 우리가 기존 분석 경험과 축적된 지혜로부터 이득을 볼 수 없다는 것을 의미했다.

물론, 고객은 항상 옳다. 고객에게 우리의 기술을 사용하는 가장 좋은 방법을 설명할 수 없었던 것은 우리의 잘못이었다. 여기서 얻을 수 있는 교훈은 세상이 단지 새로운 데이터 소스만을 구하기 위해 여러분에게 기회를 주는 것은 아니라는 것이다. 데이터를 돈으로 바꾸기 전에 먼저 고객에게 올바른 질문을 제공할 수 있어야 한다.

1.8 | 장 노트

야구 선수들의 과거 기록을 사용하여 왼손잡이의 수명이 더 짧다는 것을 확인하려는 생각은 Halpern과 Corn[HC88, HC91]에 의한 것이지만, 그들의 결론은 여전히 논란거리다. 인구 중 왼손잡이 비율이 급격히 증가해왔으며, 관찰된 효과는 생존 편향의 함수일 수 있다는 것이다 [McM04].

양적인 야구 분석 분야는 때때로 컴퓨터를 이용한 야구 데이터 분석법(sabermetrics)이라고 불리며, 빌 제임스라는 사람이 선구자이다. 신예 데이터 과학자들은 그의 *Historical Baseball Abstract*[Jam10]을 읽어 보기를 추천한다. 숫자를 어떻게 지식과 이해로 바꾸는지에 대한 훌륭한 예를 보여주고 있다. 타임 매거진은 제임스에 대해 이렇게 언급한 적이 있다. 그의 글을 읽는 즐거움은 대부분 최고의 지성을 가진 사람이 그 자신을 야구에 낭비하고 있는 장관을 보는 데서 나온다고 했다. 저자는 웹 사이트 이미지의 사용을 허가해 준 `http://sports-reference.com`에게 감사한다. 또한, IMDb의 소유주인 아마존에게도 감사한다.

뉴욕 차량 공동 이용(카풀) 시스템의 잠재력은 Santi 등[SRS+14]에 의해 연구되었는데, 그 연구는 운행의 95%가 운행당 5분 이하의 지연으로 공동 이용될 수 있다는 것을 보여주었다.

리디아(Lydia) 감정 분석 시스템은 [GSS07]에 설명되어 있다. 구글 N그램과 같이 과거의 텍스트 말뭉치 분석을 통해 단어 의미의 변화를 식별하는 방법은 [KARPS15]에 발표하였다.

1.9 | 연습문제

데이터 세트 식별

1-1. *[3]* 다음 도메인과 관련된 흥미로운 데이터 세트가 웹에서 발견되는 위치를 식별하라.

(a) 책
(b) 경마
(c) 주식 가격
(d) 질병의 위험
(e) 대학(college)과 대학교(university)
(f) 범죄율
(g) 조류 관찰

이러한 각 데이터 소스에 대해서, 분석을 하기 위해 이 데이터를 컴퓨터에서 사용 가능한 형식으로 변환하려면 어떻게 해야 하는지 설명하라.

1-2. *[3]* 다음 The Quant Shop 예측 문제에 대해 관련 데이터 소스를 제안하라. 누군가가 반드시 가지고 있어야 한다고 확신하는 데이터 소스와 해당 데이터가 명확하게 사용 가능한 소스를 구분하라.

(a) 미스 유니버스(*Miss Universe*)
(b) 영화 수입(*Movie gross*)
(c) 아기 체중(*Baby weight*)
(d) 예술품 경매 가격(*Art auction price*)
(e) 화이트 크리스마스(*White Christmas*)
(f) 축구 챔피언(*Football champions*)
(g) 악귀 풀(*Ghoul pool*)
(h) 금/석유 가격(*Gold/oil prices*)

1-3. *[3]* `http://data.gov`을 방문하여 흥미로운 데이터 세트 5개를 찾아보라. 각각에 대해 간단한 설명을 쓰고, 그것들로 할 수 있는 세 가지 재미있는 일을 제안하라.

질문하기

1-4. *[3]* 다음 각 데이터 소스에 대해 분석을 통해 답이 가능한 세 가지 흥미로운 질문을 제시하라.

(a) 신용카드 청구 데이터
(b) `http://www.Amazon.com`에서 클릭한 데이터
(c) 가정용 인명 전화번호부/상업용 전화번호부

1-5. *[5]* NCBI(National Center for Biotechnology Information)의 포털인 Entrez를 방문하라. 사용 가능한 데이터 소스, 특히 Pubmed와 게놈 자원을 조사하라. 프로젝트별로 흥미로운 프로젝트 세 가지를 제안하라.

1-6. *[5]* 여러분은 친구들이 일반 콜라와 다이어트 콜라 중 어느 것을 더 선호하는지 확인하기 위한 실험을 하려고 한다. 이러한 연구를 위한 설계 개요를 간략히 설명하라

1-7. *[5]* 여러분은 학생들이 음악 없이 공부할 때, 기악곡만 들으면서 공부할 때, 가사가 있는 노래를 들으면서 공부할 때 중 언제 공부가 잘 되었는지를 알아보기 위한 실험을 하고 싶다. 이러한 연구를 위한 설계 개요를 간략히 설명하라

1-8. *[5]* 갤럽과 같은 전통적인 여론 조사 방법은 전화번호부에서 전화번호를 선택하는 대신 임의의 숫자로 전화를 거는 무작위 숫자 다이얼링이라는 절차를 사용한다. 이러한 조사가 무작위 숫자 다이얼링으로 실행되는 이유를 제시해 보라.

구현 프로젝트

1-9. *[5]* Amazon.com에서 베스트셀러 도서의 순위를 가져오는 프로그램을 작성하라. 이 프로그램을 이용해서 시간에 따라 Skiena가 저자인 모든 책의 순위를 도표로 표시하라.

1-10. *[5]* 가장 좋아하는 스포츠(야구, 미식축구, 농구, 크리켓, 축구)에서 모든 주요 선수의 과거 통계 기록이 포함된 데이터 세트를 식별하라. 순위 시스템을 개발하여 각 포지션에서 최고의 선수를 식별하라.

인터뷰 질문

1-11. *[3]* 다음 각각의 질문 대해 (1) 세상에 대한 여러분의 이해만을 바탕으로 빠른 예측을 해 보라. 그런 다음 (2) 구글에서 관련된 정보를 찾아서 좀 더 구체적인 예측을 해보라. 두 추정치는 얼마나 다른가?

(a) 전 세계에 얼마나 많은 피아노 조율사가 있는가?
(b) 하키 링크에 있는 얼음의 무게는 얼마인가?
(c) 미국에는 몇 개의 주유소가 있는가?
(d) 매일 얼마나 많은 사람이 라과디아 공항을 드나들까?
(e) 미국에서는 매년 몇 갤런의 아이스크림이 판매되는가?
(f) 매년 미국농구협회(NBA)는 몇 개의 농구공을 구입하는가?
(g) 전 세계 바다에는 얼마나 많은 물고기가 있는가?
(h) 지금 현재 전 세계에서 얼마나 많은 사람이 비행하고 있는가?
(i) 대형 상업용 제트기에 몇 개의 탁구공을 실을 수 있는가?
(j) 당신이 가장 좋아하는 나라에는 몇 마일의 포장도로가 있는가?
(k) 스토니 브룩 대학에 있는 모든 사람의 지갑에는 총 몇 장의 지폐가 들어 있는가?
(l) 일반 주유소는 하루에 몇 갤런의 휘발유를 판매하는가?
(m) 이 책에는 단어가 몇 개 있는가?
(n) 뉴욕에는 몇 마리의 고양이가 살고 있나?
(o) 일반적인 자동차의 기름통을 스타벅스의 커피로 채우려면 비용이 얼마나 들까?

(p) 중국에는 얼마나 많은 양의 차(tea)가 있는가?

(q) 미국에는 당좌예금이 몇 개나 있는가?

1-12. *[3]* 회귀와 분류의 차이점은 무엇인가?

1-13. *[8]* 데이터 중심 추천 시스템은 어떻게 구축하나? 이 접근 방식의 제약사항은 무엇인가?

1-14. *[3]* 어떻게 데이터 사이언스에 관심을 두게 되었는가?

1-15. *[3]* 당신은 데이터 사이언스가 예술이라고 생각하는가, 아니면 과학이라고 생각하는가?

캐글 도전 과제

1-16. 타이태닉호의 침몰에서 누가 살아남았나?
`https://www.kaggle.com/c/titanic`

1-17. 특정 택시가 어디로 가는 중인가?
`https://www.kaggle.com/c/pkdd-15-predict-taxi-service-trajectory-i`

1-18. 주어진 택시 운행은 얼마나 걸리는가?
`https://www.kaggle.com/c/pkdd-15-taxi-trip-time-prediction-ii`

CHAPTER

2

수학적 예비지식

데이터 과학자는 컴퓨터 과학자보다 통계를 더 많이 알고 통계학자보다는 컴퓨터 과학을 더 많이 아는 사람이다.

– 조쉬 블루멘스톡(Josh Blumenstock)

걷기도 전에 뛸 수는 없다. 마찬가지로, 수치 데이터로 뭔가 의미 있는 일을 하려면 어느 정도 수학적 지식이 필요하다.

이 책을 쓰면서, 나는 독자들이 확률과 통계, 선형 대수, 그리고 연속 수학(continuous mathematics)에 대해 어느 정도 지식이 있다고 가정했다. 하지만, 아마도 그것의 대부분을 잊어버렸거나, 아니면 왜 중요하고, 어떻게 사용하는지는 알아도 자세한 정의, 증명, 연산에 대해서는 잘 모를 것이라고 가정했다.

이 장에서는 몇 가지 기본적인 수학 개념에 대한 기억을 새롭게 할 것이다. 차근차근 따라오길 바라고, 참고가 필요하다면 옛날 교과서를 꺼내보길 바란다. 좀 더 심오한 개념은 나중에 필요할 때 소개하도록 하겠다.

2.1 | 확률

확률 이론은 사건의 가능성을 추론하기 위한 체계를 제공한다. 확률은 공식적인 규칙이므로, 우리가 추론하려는 것을 정확하게 예시하기 위해서는 복잡하게 연관된 많은 정의가 필요하다.

- *실험(experiment)*은 가능한 결과 집합 중 하나를 산출하는 절차이다. 예로서, 빨간색과 파란색의 두 6면체 주사위를 던지는 실험을 고려해 보자. 각 면은 서로 다른 숫자 {1, …, 6}이 새겨져 있다.
- *표본 공간(sample space)* S는 실험의 가능한 결과 집합이다. 우리 주사위 예에서는, 다음과

같은 36개의 가능한 결과가 있다,

$$S = \{(1,1),(1,2),(1,3),(1,4),(1,5),(1,6),(2,1),(2,2),(2,3),(2,4),(2,5),(2,6),\\ (3,1),(3,2),(3,3),(3,4),(3,5),(3,6),(4,1),(4,2),(4,3),(4,4),(4,5),(4,6),\\ (5,1),(5,2),(5,3),(5,4),(5,5),(5,6),(6,1),(6,2),(6,3),(6,4),(6,5),(6,6)\}.$$

- *사건(event)* E는 실험 결과의 지정된 부분집합이다. 두 주사위의 합이 7 또는 11인 사건(주사위 게임인 크랩(craps)에서 한 번 던져서 이길 조건)은 다음과 같은 부분집합 E이다.

$$E = \{(1,6),(2,5),(3,4),(4,3),(5,2),(6,1),(5,6),(6,5)\}.$$

- *결과 s의 확률*은 $p(s)$로 표시하며, 다음 두 가지 성질을 갖는다.
  - 표본 공간 S의 각 결과 s에 대해, $0 \leq p(s) \leq 1$.
  - 모든 결과의 확률 합계는 1이다. 즉, $\Sigma_{s \in S}\, p(s) = 1$.

  만약 두 개의 똑같은 주사위를 던진다고 가정하면, 모든 결과 $s \in S$에 대해 확률 $p(s) = (1/6) \times (1/6) = 1/36$이 된다.

- *사건 E의 확률*은 각 실험 결과 확률의 합이다. 따라서

$$p(E) = \sum_{s \in E} p(s).$$

  대체 공식은 E 사건이 발생하지 않은 경우를 의미하는, 사건의 *여집합(complement)* $\bar{E}$를 이용하여 표현한다.

$$P(E) = 1 - P(\bar{E}).$$

  때로는 $P(E)$를 직접 분석하는 것보다 $P(\bar{E})$를 분석하는 것이 더 쉽기 때문에 이 방법이 유용할 때도 있다.

- *확률 변수(random variable)* V는 확률 공간 상의 결과에 대한 수치 함수이다. 두 주사위 값의 합을 구하는 함수($V((a, b)) = a + b$)는 2와 12 사이의 정수 결과를 산출한다. 이것은 확률 변수 값의 확률 분포를 의미한다. 앞에서 보인 것처럼, 확률 $P(V(s) = 7) = 1/6$이며, $P(V(s) = 12) = 1/36$이다.

- 표본 공간 S 상에 정의된 확률 변수 V의 *기대 값(expected value)*인 $E(V)$는 다음과 같이 정의된다.

$$E(V) = \sum_{s \in S} p(s) \cdot V(s).$$

지금까지 설명한 모든 내용은 아마도 예전에 본 적이 있을 것이다. 이들은 우리가 확률과 통계를 연결할 때 사용하는 언어를 제공한다. 우리가 보는 데이터는 보통 관측된 사건의 특성을 측정하는 데서 나온다. 확률과 통계 이론은 이 데이터를 분석할 수 있는 도구를 제공하는 것이다.

2.1.1 확률 대 통계

확률과 통계는 서로 관련된 수학 분야로, 두 분야 모두 사건의 상대적 빈도를 분석하는 데 관여한다. 그렇지만, 그들이 세상을 바라보는 방식에는 근본적인 차이가 있다.

- *확률*은 미래 사건의 가능성에 대한 예측을 취급하지만, *통계*는 과거 사건의 빈도 분석을 수반한다.
- *확률*은 주로 수학의 이론적 분야로 수학적 정의의 결과를 연구한다. *통계*는 주로 수학의 응용 분야로 실제 세계에 대한 관찰을 이해하려고 시도한다.

두 주제 모두 중요하고, 서로 관련되며, 유용하다. 하지만, 그것들은 다르다. 수학적 증거의 관련성을 적절히 해석하기 위해서는 그 차이를 이해하는 것이 매우 중요하다. 많은 도박꾼이 확률과 통계를 제대로 구분하지 못해 춥고 외로운 무덤 속으로 들어갔다.

크랩 게임을 처음으로 접하는 수학자의 사고 과정을 추적한다면 아마도 그 차이가 더 명확해질 것이다.

- 만약 이 수학자가 확률론자라면, 그는 주사위를 보고 다음과 같이 생각할 것이다. 주사위 면이 6개네? 주사위가 떨어질 때 각 면은 아마도 똑같은 확률로 위를 향하겠지. 이제 각 면이 1/6의 확률로 나온다고 가정하면, 내가 실패할 확률이 얼마나 되는지 알 수 있어.
- 대신 통계학자라면, 그는 주사위를 보고 생각에 잠긴다. 속임수가 아니라는 것을 어떻게 알 수 있지? 잠시 지켜봐야지. 각 숫자가 얼마나 자주 나오는지 추적해 봐야 해. 그다음에 관찰을 통해 면들이 동일한 확률을 갖는다는 가정이 맞는지를 결정할 수 있어. 일단 주사위들이 공정하다고 확신이 서면, 확률론자를 불러서 어떻게 베팅을 해야 하는지 물어봐야겠다.

요약하면, 확률 이론은 주어진 이상적 세계에서 결과를 찾을 수 있게 하지만, 통계 이론은 우리 세계가 어느 정도나 이상적인지를 측정할 수 있게 한다. 이론과 실제 사이의 끊임없는 긴장감 속에 있는 통계학자들이 태평스러운 확률론자들에 비해 왜 고통에 시달리는 집단인지를 알 수 있게 해준다.

현대 확률 이론은 1654년 프랑스의 주사위 테이블에서 처음 출현했다. 프랑스 귀족인 슈발리에 드 메레(Chevalier de Méré)는 특정 도박 게임에서 선수와 도박장 중 누가 이점을 가지고 있는지 궁금했다.[1] 기본 버전에서는 선수가 주사위 네 개를 굴려서 6이 하나도 없다면 승리한다. 만약 6이 하나라도 나오면 도박장은 베팅한 금액을 가져간다.

드 메레는 이 문제를 프랑스 수학자 블레즈 파스칼(Blaise Pascal)과 페르마의 마지막 정리(Fermat's Last Theorem)로 유명한 피에르 페르마(Pierre Fermat)에게 알렸다. 이 두 사람은 공동 작업을 통해 확률 이론의 기초를 고안했다. 즉, 도박장이 공정하게 정확히 반을 이길 확률을

[1] 그는 정말로 궁금해 하지 말았어야 했다. 도박장이 항상 유리하다.

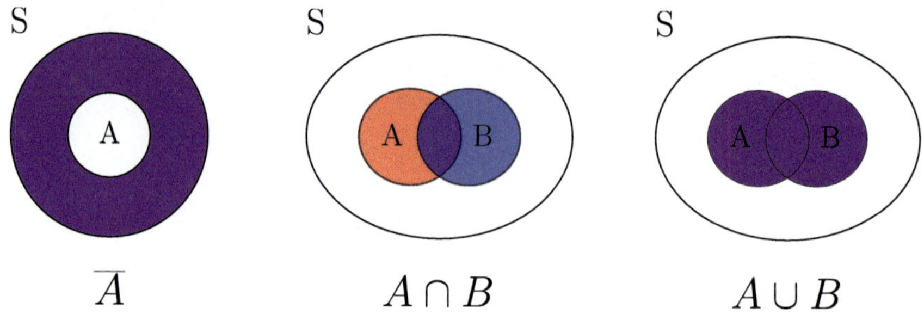

그림 2.1: 차집합(왼쪽), 교집합(중간), 합집합(오른쪽)을 보여주는 벤 다이어그램

$p = 0.5$라고 나타내면, 이 주사위 게임에서 도박장이 이길 확률은 $p = 1 - (5/6)^4 \approx 0.517$이라고 밝힌 것이다.

2.1.2 복합 사건과 독립성

우리는 같은 결과 집합을 갖는 단순한 사건 A와 B로부터 계산된 더 복잡한 사건에 관심을 가질 수도 있다. 가령 A는 두 주사위 중 적어도 하나가 짝수인 사건이고, B는 그 합이 7 또는 11인 사건이라 하자. A의 어떤 결과는 B의 결과에 속하지 않는 경우도 있다는 점에 유의하라. 그 경우는 다음과 같다.

$$A - B = \{(1,2),(1,4),(2,1),(2,2),(2,3),(2,4),(2,6),(3,2),(3,6),(4,1),\\ (4,2),(4,4),(4,5),(4,6),(5,4),(6,2),(6,3),(6,4),(6,6)\}.$$

이것은 *차집합(set difference)* 이다. 더해서 7 또는 11이 되는 모든 쌍에는 반드시 홀수 하나와 짝수 하나가 포함되어야 하므로, $B - A = \{\,\}$이다.

두 사건 A와 B 사이의 공통 결과는 *교집합(intersection)*이라 하며 $A \cap B$로 표시한다. 교집합은 다음과 같이도 쓸 수 있다.

$$A \cap B = A - (S - B).$$

A 또는 B에 나타나는 결과는 *합집합(union)*이라 하고 $A \cup B$로 표시한다. 여집합 연산 $\bar{A} = S - A$를 포함해서, 그림 2.1에서와 같이 사건을 다양하게 결합할 수 있다. 정의된 집합에 대해서 결과 확률을 합산하면 결합한 집합의 확률을 쉽게 계산할 수 있다.

사건 A와 B가 *독립적(independent)*이 되기 위한 필요충분조건은 다음과 같다.

$$P(A \cap B) = P(A) \times P(B).$$

이것은 사건 A와 B 사이에 공유되는 특별한 결과가 없다는 것을 의미한다. 우리 반 학생 중 절반이 여성이고, 우리 반 학생의 절반이 평균 이상이라고 가정할 때, 만약 두 사건이 독립적이라면, 학생의 1/4이 여성이면서 평균 이상이라고 예상할 수 있다.

확률론자들은 독립 사건을 좋아한다. 왜냐하면, 계산이 단순하기 때문이다. 그러나 데이터 과학자는 일반적으로 그렇지 않다. 어떤 미래 사건 B의 가능성을 예측하기 위한 모델을 구축할 때, 이전 사건 A에 대한 주어진 지식을 바탕으로 가능하면 A에 대한 B의 의존도를 높이려고 한다.

가령 우산을 쓰기 위한 필요충분조건이 비가 내리는 것이라고 하자. 비가 내릴(사건 B) 확률은 $p = 1/5$이라고 가정한다. 이것은 내가 우산을 들고 있을(사건 A) 확률도 $q = 1/5$임을 의미한다. 더군다나, 만약 여러분이 비가 오는지를 안다면 내가 우산을 가졌는지도 정확히 알 것이다. 이 두 사건은 완벽하게 *상관되어*(*correlated*) 있다.

반대로 사건이 독립적이라고 가정하면 확률은 다음과 같이 된다.

$$P(A|B) = \frac{P(A \cap B)}{P(B)} = \frac{P(A)P(B)}{P(B)} = P(A)$$

그리고 비가 오는지 여부는 내가 우산을 가지고 있는지 여부에 전혀 영향을 미치지 않는다.

상관관계(correlations)는 예측 모델의 추진력이다. 2.3절에서는 이를 측정하는 방법과 의미에 대해 논의한다.

2.1.3 조건부 확률

두 사건이 상관되면, 둘 사이에 종속성이 있어 계산을 더 어렵게 만든다. B가 주어졌을 때 A의 조건부 확률 $P(A|B)$는 다음과 같이 정의된다.

$$P(A|B) = \frac{P(A \cap B)}{P(B)}$$

2.1.2절의 주사위 사건을 다시 생각해 보자.

- 사건 A는 두 주사위 중 적어도 하나가 짝수인 사건이다.
- 사건 B는 두 주사위의 합이 7 또는 11인 사건이다.

어떤 경우든 합이 홀수 값이 나오려면 짝수 하나와 홀수 하나로 구성되어야 하므로 $P(A|B) = 1$이다. 따라서 위 우산의 경우와 마찬가지로 $A \cap B = B$이다. $P(B|A)$의 경우는 $P(A \cap B) = 9/36$이고 $P(A) = 25/36$이므로 $P(B|A) = 9/25$가 된다.

조건부 확률(*conditional probability*)이 중요한데, 그 이유는 어떤 증거 B의 함수로 표현된 사건 A의 가능성에 대해 우리가 관심 있기 때문이다. 예로, 문서 내의 단어 분포(증거 B)를 보고 특정 이메일의 스팸 가능성(사건 A)을 판단하는 것 같은 경우를 들 수 있다. 분류 문제는 일반적으로 어떤 방식으로든 조건부 확률 계산으로 바뀌게 된다.

조건부 확률을 계산하는 기본 도구는 *베이즈 정리*(*Bayes theorem*)이며, 이는 종속성의 방향을 반대로 한 것이다.

$$P(B|A) = \frac{P(A|B)P(B)}{P(A)}$$

종종 이 문제처럼, 한 방향으로 확률을 계산하는 것이 다른 방향보다 더 쉽다는 것이 입증되기도 한다. 베이즈 정리에 따르면 $P(B|A) = (19/36)/(25/36) = 9/25$이며, 우리가 전에 얻은 결과

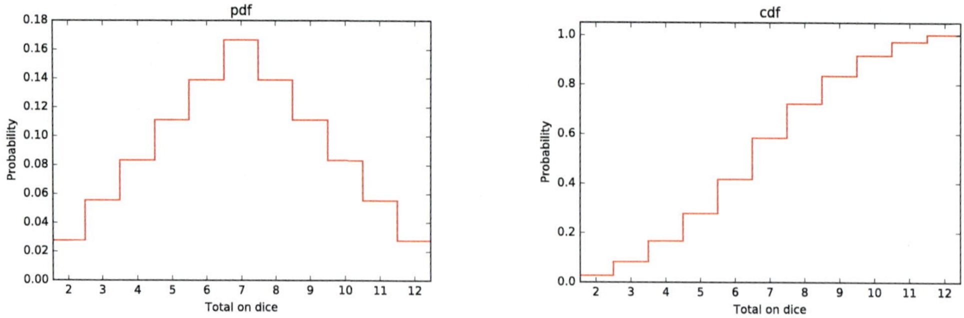

그림 2.2: 두 주사위 합의 확률밀도함수(pdf)는 누적밀도함수(cdf)와 정확히 같은 정보를 포함하지만, 매우 다르게 보인다.

와 정확히 같다. 베이즈 정리는 5.6절에서 다시 논의할 것이며, 거기서 증거에 대한 확률을 계산하는 기초를 확립할 것이다.

2.1.4 확률 분포

확률 변수(random variables)는 사건의 확률에 연관된 값을 갖는 수치 함수이다. 우리 예에서 두 주사위의 합을 $V(s)$라고 하면, 이 함수는 2와 12 사이의 정수를 생성한다. 특정 값 $V(s) = X$의 확률은 더해서 X가 되는 모든 결과의 확률 합이다.

이러한 확률 변수는 *확률밀도함수*(*probability density function*) 또는 pdf로 나타낼 수 있다. 이것은 x축이 확률 변수가 취할 수 있는 값의 범위를 나타내고, y축은 주어진 값의 확률을 나타내는 그래프이다. 그림 2.2(왼쪽)는 두 공정한 주사위 합의 pdf를 보인 것이다. $X = 7$의 최고점은 1/6의 확률로 가장 자주 나오는 주사위 합에 해당한다.

이러한 pdf 도표는 데이터 빈도 히스토그램과 밀접한 관계가 있다. 히스토그램에서도 x축은 값의 범위를 나타내지만, y축은 주어진 특정 값 X에 대해 얼마나 많은 사건이 발생했는지에 대한 관측 빈도를 나타낸다. 히스토그램의 각 버킷을 모든 버킷의 총 발생 빈도로 나누면 히스토그램을 pdf로 변환할 수 있다. 각 버킷을 나눈 값들의 합은 1이 되므로, 확률 분포를 구하게 된다.

히스토그램은 통계적인 것으로, 결과에 대한 실제 관찰 결과를 반영한다. 반대로 pdf는 확률적이므로 다음 관측치가 X가 될 확률을 나타낸다. 다음 식과 같이 관측치 $h(x)$의 히스토그램은 전체 관측치를 기준으로 각 관측 횟수를 정규화하여 확률을 예측하기[2] 위해 종종 사용된다.

$$P(k = X) = \frac{h(k = X)}{\sum_x h(x = X)}$$

확률 분포가 유용하다는 것을 증명하는 다른 방법은 *누적밀도함수*(*cumulative density function*) 또는 cdf이다. cdf는 pdf 확률의 누적 합이다. k의 함수로서 $X = k$일 확률 대신 $X \leq k$의

[2] 할인(discounting)이라 불리는 기술은 희소 사건의 빈도를 추정하는데 좋은 방법으로 11.1.2절에서 설명한다.

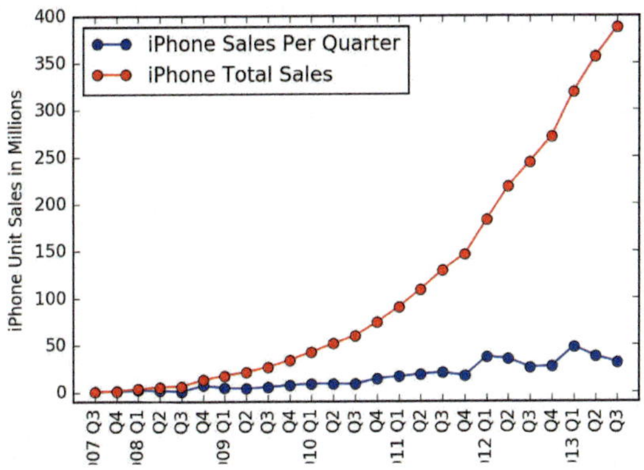

그림 2.3: 아이폰의 분기별 판매 데이터를 누적 및 증가분 분포로 제시하였다. 애플 CEO인 팀 쿡은 어느 곡선을 발표에 사용할까?

확률을 반영한 것이다. 그림 2.2(오른쪽)는 주사위 합계 분포의 cdf를 나타낸 것이다. 각 항은 이전 합계에 양수의 확률을 더하여 구하므로, 값은 왼쪽에서 오른쪽으로 단조 증가한다. 가장 오른쪽 값은 1이며, 모든 결과가 최댓값보다 크지 않은 값을 생성하기 때문이다.

주어진 확률 변수 V의 pdf $P(V)$와 cdf $C(V)$가 정확하게 동일한 정보를 포함하고 있다는 것을 이해하는 것이 중요하다. 다음과 같은 이유로 둘 사이를 왔다 갔다 할 수 있다.

$$P(k = X) = C(X \leq k + \delta) - C(X \leq k),$$

여기서 정수 분포에 대해서는 $\delta = 1$이다. cdf는 pdf의 누적 합이므로 다음 식이 성립한다.

$$C(X \leq k) = \sum_{x \leq k} P(X = x).$$

여러분이 어떤 분포를 보고 있는지 알아야 한다. 누적 분포는 오른쪽으로 이동할 때 항상 더 높아지며 $C(X \leq \infty) = 1$의 확률로 끝난다. 대조적으로, pdf에서는 곡선 아래의 총면적이 1이므로 분포의 어느 지점에서든 확률은 일반적으로 상당히 작은 값을 갖는다.

누적 분포와 증분 분포의 차이에 대한 재미있는 예가 그림 2.3에 있다. 두 분포 모두 애플 아이폰의 정확한 판매 데이터를 보여주고 있는데, 애플 CEO인 팀 쿡이 대주주 행사 발표에 사용할 곡선은 어느 것일까? 누적 분포(빨간색)는 매출이 폭발적으로 증가하고 있음을 보여주고 있다. 그러나 그 분포는 성장률에 대한 잘못된 관점을 제시하고 있다. 왜냐하면, 성장률의 점진적 변화를 알아채기 어렵기 때문이다. 정말로 분기별 판매 도표(파란색)는 발표 전 마지막 두 분기 동안 아이폰 판매율이 실제로 하락했음을 보여주고 있다.

2.2 | 기술 통계

기술 통계(descriptive statistics)는 주어진 데이터나 표본의 특성을 캡처하는 방법을 제공한다. 또한, 관찰된 데이터를 요약하고 그것을 표현할 언어를 제공한다. 원소의 그룹을 평균, 최솟값,

개수, 합계와 같은 새로운 파생 원소로 표현하는 것은 대규모 데이터 세트를 작은 요약 통계로 축소하는 것이다. 즉, 데이터 축소를 위한 집계인 것이다.

전체 데이터 세트에서 자연스러운 그룹이나 클러스터를 만들면 이러한 통계는 그 자체가 특성이 될 수 있다. 기술 통계에는 두 가지 주요 유형이 있다.

- 데이터가 분포된 중심을 포착하는 *중심 경향 척도(central tendency measures)*
- 데이터 확산, 즉 측정치가 중심에서 얼마나 떨어져 있는지를 설명하는 *변량 척도(variation 또는 variability measure)*

이 통계 자료를 합치면 분포에 대해 엄청난 양의 정보를 알 수 있다.

2.2.1 중심성 척도

우리가 학교에서 접하는 첫 번째 통계는 평균, 중간값, 최빈값과 같은 기본적인 중심성 척도(centrality measure)이다. 데이터 세트를 특징짓기 위한 하나의 숫자를 생각한다면 이것이 올바른 시작점이다.

- **평균(mean):** 아마도 여러분은 값을 합산하고 이를 개수로 나누는 산술 평균을 사용하는 데 매우 익숙할 것이다.

$$\mu_X = \frac{1}{n}\sum_{i=1}^{n} x_i$$

  우리는 연속적으로 삽입, 삭제가 일어나는 상황에서도 값의 합과 빈도수를 유지함으로써 요구에 따라 그때그때 나눗셈을 수행하면 평균을 쉽게 구할 수 있다.

  평균은 키와 체중과 같이 특이값이 없는 대칭 분포를 특징짓는 데 매우 의미가 있다. 대칭은 평균 이상의 항목 수가 평균 이하와 거의 같다는 것을 의미한다. 또 특이값이 없다는 것은 값의 범위가 상당히 합리적으로 정해져 있다는 것을 의미한다. 하나의 MAXINT가 다른 정상적인 관측값의 집합에 영향을 주어서 평균을 크게 바꾸어버릴 수도 있음을 주목해야 한다. 중간값은 이러한 잘못된 분포에 더 적합한 중심성 척도이다.

- **기하 평균(geometric mean):** 기하 평균은 n개의 값을 곱한 것의 n 제곱근이며, 다음과 같은 식으로 표현된다.

$$\left(\prod_{i=1}^{n} a_i\right)^{1/n} = \sqrt[n]{a_1 a_2 \ldots a_n}$$

  기하 평균은 항상 산술 평균보다 작거나 같다. 예를 들어 두 주사위를 36번 던진 결과의 합의 기하 평균은 6.5201이며, 산술 평균은 7이다. 기하 평균은 0에 가까운 값에 매우 민감하다. 한 개의 0 값이라도 있으면 기하 평균을 쓸 수가 없다. 다른 값이 무엇이든 기하 평균값은 0이기 때문이다. 이것은 산술 평균에서 특이값 ∞를 갖는 것과 비슷한 경우이다.

그러나 기하 평균은 비율의 평균을 구할 때 그 가치를 보여준다. 1/2과 2/1의 기하 평균은 1이고, 평균은 1.25다. 비율이 1보다 작은 경우는 비율이 1보다 큰 경우 보다 값의 범위가 작으므로 산술 평균을 사용하면 값 차이가 과장된 비대칭성이 만들어진다. 이러한 경우에는 비율의 로그 값에 대한 산술 평균과 마찬가지로 기하 평균이 더 의미가 있다.

- 중간값(median): 중간값은 데이터 세트에서 정확히 한가운데 있는 값으로, 중간값을 중심으로 앞과 뒤에는 같은 수의 원소가 있다. 원소의 수가 짝수 개일 때는 어떤 것을 중간값으로 취할지에 대한 사소한 문제가 발생한다. 하지만 합리적인 데이터 세트에서는 이 두 값이 거의 같으므로 둘 중 아무거나 하나를 선택하면 된다. 실제로 주사위 예에서 보면 둘 다 7이다.

  중간값의 좋은 특징은 원래 데이터 스트림에 있는 실제 값이라는 것이다. 실제로 여러분은 중간 키를 가지는 한 사람을 예로 가리킬 수 있지만, 아마 세상 누구도 평균 키와 똑같은 키를 가진 사람은 없을 것이다. 두 개의 중간 원소를 평균해도 이 속성은 잃어버린다.

  중심성 척도에 가장 적합한 응용은 무엇인가? 중간값은 대칭 분포에서는 산술 평균과 상당히 가깝지만, 그들이 얼마나 차이 나는지 또는 평균이 어느 쪽에 놓여 있는지 보는 것도 흥미로운 일이다.

  일반적으로 중간값은 분포가 치우쳤거나 아니면 재산이나 소득과 같이 특이값이 있는 데이터에 대해 더 좋은 통계치임이 입증되었다. 빌 게이츠는 미국인 1인당 평균 재산을 250달러 증가하게 했지만, 중간값에는 아무런 일도 하지 않았다. 만약 빌 게이츠로 인해 여러분이 개인적으로 더 부자가 된 것 같은 느낌이 든다면, 평균을 사용하라. 모든 멱법칙분포에 대해서도 그렇듯이 이 경우도 중간값이 더 유용한 통계치이다.

- 최빈값(mode): *최빈값*은 데이터 세트에 가장 자주 출현하는 원소를 뜻한다. 우리의 주사위 예에서는 7이며, 36번 중 6번이 발생하기 때문이다. 솔직히 말하면, 나는 최빈값이 중심성 척도로서 많은 통찰력을 제공하는 것을 본 적이 없다. 왜냐하면, 중심에 가깝지도 않은 경우가 흔하기 때문이다. 넓은 범위에서 측정된 표본에는 반복되는 요소나 특정 값에서의 충돌이 거의 없어야 한다. 이것은 최빈값을 우연의 문제로 만든다. 실제로 가장 자주

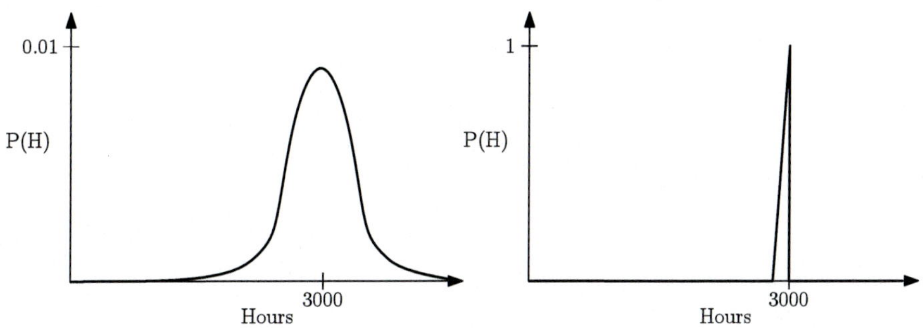

그림 2.4: 전구 수명에 대해 $\mu = 3000$인 두 개의 서로 다른 확률 분포: 정규 분포(왼쪽)와 제로 분산(오른쪽).

발생하는 원소는 실제 분포에 있는 원소가 아니라 묵시값이나 오류 코드와 같이 데이터 세트의 인공 값이나 이상 징후를 드러내는 경우가 많다.

빈도수 분포(또는 히스토그램)에서 최고점에 관한 개념은 의미가 있지만, 관심 가는 최고점은 적절한 분류를 통해서만 드러난다. 미국의 연봉 분포에서 현재 최고점은 연봉 3만 달러에서 4만 달러 사이이지만, 최빈값은 아마 0일 것이다.

2.2.2 변량 척도

변량(variability)의 가장 일반적인 척도는 표준 편차 σ이며, 다음과 같이 각 원소와 평균 차이의 제곱 합을 측정한다.

$$\sigma = \sqrt{\frac{\sum_{i=1}^{n}(a_i - \bar{a})^2}{n-1}}$$

관련 통계치인 *분산* V는 표준 편차의 제곱이다. 즉, $V = \sigma^2$이다. 분산이 표준 편차보다 글자 수가 작아서 더 편리할 때도 있지만, 둘 다 정확히 같은 것을 측정한 것이다.

예를 들어, 예상되는 작동 수명이 $\mu = 3000$시간인 백열전구를 고려해 보자. 3000시간은 그림 2.4에 보인 분포에서 도출한 값이다. 일반적인 전구는 μ보다 오래갈 확률이 μ보다 더 빨리 고장 날 확률과 거의 같으며, 불확실성의 정도는 σ로 측정된다. 다른 경우로 프린터 카트리지 전구를 상상해 보자. 그 전구는 매우 튼튼하지만 나쁜 제조업자가 3000시간 사용 후에는 고장이 나도록 만든 카운터를 포함하고 있다고 하자. 그러면 $\mu = 3000$이고 $\sigma = 0$가 된다. 두 분포의 평균은 같지만, 분산은 상당히 다르다.

σ 공식에서 제곱 합의 대가는 평균에서 d 단위만큼 떨어진 특이값은 평균으로부터 한 단위당 d^2 포인트만큼 분산에 영향을 준다는 것을 의미한다. 따라서 분산은 특이값에 매우 민감하다.

종종 혼동되는 문제는 표준 편차 공식의 분모에 관한 것이다. n으로 나누어야 하나 아니면 $n - 1$로 나누어야 하나? 여기서는 기술적인 차이가 있다. 전체 모집단의 표준 편차는 n으로 나누며, 표본의 표준 편차는 $n - 1$로 나눈다. 문제는 단 한 점만 표본 추출하면 모집단의 근본적인 분산에 대해 전혀 알 수 없다는 것이다. 모집단의 대상이 단 한 사람만 사는 섬이라면, 체중의 분산이 0인 것은 당연한 이치이다. 그러나 합리적인 크기의 데이터 세트에서는 $n \approx (n - 1)$이므로 아무런 문제가 되지 않는다.

2.2.3 분산의 해석

같은 현상에 대한 반복된 관측이 항상 같은 결과를 생성하는 것은 아니다. 무작위 잡음이나 오류 때문이다. *표본 오차*는, 주말에도 주중처럼 러시아워 교통량을 측정하는 것과 같이, 대표적이지 않은 상황을 포착할 때 발생한다. *측정 오차*는 모든 감지 장치에 내재된 정밀도의 한계를 반영한다. *신호 대 잡음 비*(*signal to noise ratio*)의 개념은 데이터 분산과는 반대로 일련의 관측이 어느 정도의 관심을 반영하는지를 포착한다. 데이터 과학자로서, 우리는 잡음보다는 신호의 변화에 관심을 가지며, 그러한 분산은 이 문제를 종종 매우 어렵게 만든다.

나는 분산이 빛의 속도나 돈의 시간적 가치와 같은 우주의 고유한 속성이라고 생각한다. 매일 아침 체중계에서 여러분의 몸무게를 재보면 항상 다른 숫자를 볼 것이다. 그 이유는 여러분의 몸무게 변화(실제 변화)뿐만 아니라, 마지막 식사를 언제 했는지(표본 오차), 바닥이 평평한지, 또는 체중계가 얼마나 오래되었는지(둘 다 측정 오차) 등의 변화가 반영되었기 때문이다. 그렇다면 여러분의 실제 몸무게는 얼마인가?

측정된 모든 양에는 일정 수준의 분산이 있지만, 현상은 그것보다 훨씬 더 심오하다. 이 세상에서 일어나는 일의 많은 경우는 상황이 변하지 않더라도 분산을 유발하는 무작위 변동이나 우연한 사건들을 포함하고 있다. 데이터 과학자는 데이터를 통해 세상을 설명하려고 하지만, 고통스럽게도 종종 설명할 실제 현상은 없고 분산이 만든 유령만 있을 뿐이다. 다음과 같은 예를 들 수 있다.

- 주식 시장: 서로 다른 주식 시장 투자자들의 상대적 기술을 측정하는 문제를 고려해 보자. 우리는 워렌 버핏이 우리보다 투자를 훨씬 더 잘한다는 것을 안다. 하지만 다른 투자자들보다 일관되게 더 잘하는 것으로 증명된 전문 투자자는 거의 없다. 어떤 투자 수단은 주어진 기간 동안 시장보다 매우 큰 실적을 낸다. 하지만 보통 1년간의 핫 펀드는 그다음 해에는 시장보다 저조한 실적을 거두는데, 만약 이 뛰어난 성과가 행운이 아닌 기술력 때문이라면, 그런 일은 일어나지 않아야 한다.

  펀드매니저 자신들도 자신의 재능으로 인해 수익성이 높다고 믿지만, 예측할 수 없는 상황으로 인해 손해를 보기도 한다. 그러나, 여러 연구에 의하면 전문 투자자들의 성과는 본질적으로 임의적이라는 것이며, 이는 기술에서 실질적인 차이가 거의 없다는 것을 의미한다. 대부분 투자자는 펀드매니저의 예전 행운에 대해 돈을 내는 것이다. 그러면 왜 펀드매니저는 그렇게 많은 돈을 받는 걸까?

- 운동 성적: 학생들은 성적 평균(GPA)에 반영된 것처럼 좋은 학기와 나쁜 학기가 있다. 운동선수들도 그들의 성적과 통계에 비추어 좋은 시즌과 나쁜 시즌을 갖는다. 그러한 변동은

```
In[28]:= Season[p_Real, n_Integer] :=
           Count[Table[If[RandomReal[1] ≤ p, 1, 0], {n}], 1] / (1.0 * n)

In[29]:= Histogram[d = Table[Season[0.300, 500], {100 000}], 100]
```

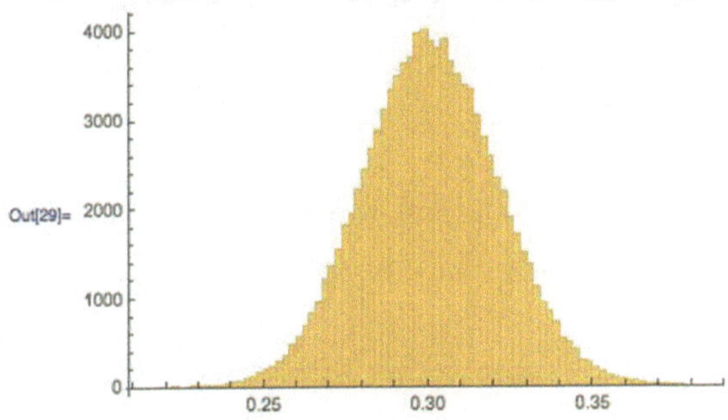

그림 2.5: 실제 30%의 성공률을 가진 타자의 표본 분산은 시즌당 500회 이상의 광범위한 성적 관측을 통한 결과이다.

노력과 능력에 따른 진정한 차이를 반영하는가 아니면 단지 분산일 뿐인가?

야구에서 3할 타자(타격에서 안타를 칠 확률이 30%인 선수)들은 전체 시즌에 대한 일관성을 상징한다. 타율 0.275는 크게 주목받지 못하는 시즌이지만 타율 0.300이면 스타이다. 타율 0.325면 타격 챔피언이 될 것이다.

그림 2.5는 500타수/시즌에 대한 간단한 시뮬레이션 결과를 보여준다. 각 타석의 결과는 무작위 수를 사용하였다. 우리의 가상 선수는 진짜로 3할 타자이다. 우리가 타격 확률을 300/1000(0.3)으로 맞추어 프로그램 했기 때문이다. 그 결과 3할 타자가 우연히 0.275 이하의 타율을 기록할 확률이 10%라는 것을 알 수 있다. 그런 시즌은 부상이나 아마도 나이가 운동 성적에 미치는 불가피한 영향에 의해 설명될 것이다. 하지만 그것은 단지 자연적인 분산일 수도 있다. 영리한 팀들은 형편없는 시즌을 보낸 좋은 타자를 이러한 분산의 이점을 노리고 가격이 더 저렴할 때 데려오려고 애쓴다.

우리의 3할 타자도 타율 0.325를 넘어설 확률이 10%에 달하지만, 여러분은 그가 단지 운이 좋았다는 사실 대신 시즌이 끝난 기간 동안 몸 상태나 훈련 방법을 개선한 것이 반영된 것이라고 확신할 수도 있다. 좋은 시즌과 나쁜 시즌, 운이 좋거나 나쁘거나, 이런 것에 대해 잡음과 신호를 구별하는 것은 어렵다.

- 모델 성능: 데이터 과학자로서 우리는 일반적으로 각 예측 과제에 대해 몇 가지 모델을 개발하고 평가할 것이다. 모델들은 매우 단순한 모델부터 복잡한 모델까지 다양하며 훈련 조건이나 매개변수에 따라 변할 수 있다.

  보통 훈련용 말뭉치에 대한 정확도가 가장 높은 모델은 올바른 모델로 세상에 의기양양하게 선보일 것이다. 그러나 모델 간의 작은 성능 차이는 지식보다는 선택한 훈련/평가 쌍, 매개변수의 최적화 방법 등에 따른 단순한 분산으로도 설명될 수 있다.

  기계 학습 모델을 훈련할 때 이점을 기억하라. 실제로, 성능 차이가 작은 두 모델 중 하나를 선택해야 한다면, 저자는 점수가 높은 모델보다는 더 단순한 모델의 선택을 주장할 가능성이 크다. 동전 던지기의 앞면과 뒷면을 예측하려는 100명의 사람을 고려할 때, 그들 중 한 명은 가장 많은 정확한 답을 맞히게 될 것이 확실하다. 하지만 이 사람이 다른 사람들보다 더 나은 예측 능력을 갖추고 있다고 믿을 이유는 없다.

2.2.4 분포 특성

분포에서 정확히 평균에 많은 확률 질량(크기)을 가질 필요는 없다. 1억 달러를 빌린 후 당신의 재산이 어떨지 생각해 보고 나서, 전 재산을 동전 던지기에 걸어 보라. 앞면이면 1억 달러를 벌고 뒷면이 나오면 1억 달러를 빚진다. 여러분의 기대 재산은 0이지만, 이 평균이 당신의 재산 분포에 대해 말해주는 것은 별로 없다.

그러나 평균과 표준 편차를 종합하면 분포의 특성을 제대로 파악할 수 있다. 비교적 작은 양의 질량일지라도 평균에서 멀리 있으면, 표준 편차를 많이 증가시킬 수 있으므로, 작은 σ은 질량 대부분이 평균 근처에 있다는 것을 의미한다. 정확히 말하면, 여러분의 데이터가 어떻게 분포되어 있는지에 관계없이, 적어도 질량의 $(1 - (1/k^2))$는 평균의 $\pm k$ 표준 편차 내에 있어야 한다는 것이다. 즉, 임의의 분포에서 적어도 모든 데이터의 75%는 평균의 2σ 내에 있어야 하며, 거의 89%가 3σ 내에 있어야 한다.

분포가 가우스 분포나 정규 분포와 같이 좋은 형태를 가지면 훨씬 엄격한 경계가 유지되는 것을 볼 수 있다. 평균에 대해 말할 때마다 μ 및 σ를 같이 알리는 것은 좋은 습관이다. 미국에서 성인 여성의 평균 키는 63.7 ± 2.7인치로 $\mu = 63.7$이고 $\sigma = 2.7$을 의미한다. 플로리다주 올랜도의 평균 기온은 화씨 60.3도이다. 하지만 디즈니 월드에 100인치(8.33피트)가 넘는 여성이 놀러 오는 것보다 화씨 100도 이상인 날이 훨씬 많았다.

가정 학습 여러분 자신의 분포에 대해 평균과 표준 편차를 $\mu \pm \sigma$로 표기해 보도록 하라.

2.3 | 상관 분석

$1 \leq i \leq n$에 대해, (x_i, y_i) 형태의 점 표본에 해당하는 변수 x와 y가 주어졌다고 가정하자. 이때 x의 값이 y 값에 대한 예측 능력을 가졌을 때 x와 y는 *상관관계*가 있다고 말한다.

상관 계수(*correlation coefficient*) $r(X, Y)$는 Y가 X의 함수이고 또 역도 그러한 정도를 측정하는 통계치이다. 상관 계수의 값의 범위는 -1에서 1이며, 1은 완전한 상관관계를 가지는 것을 의미하며 0은 관계가 없거나 독립 변수임을 의미한다. 음의 상관관계는 변수가 역 *상관관계*(*anti-correlated*)에 있으며, X가 올라갈 때 Y가 내려간다는 것을 의미한다.

완벽하게 역 상관관계인 변수는 -1의 상관관계를 갖는다. 음의 상관관계도 양의 상관관계와 마찬가지로 예측 목적에 좋다. 교육을 많이 받을수록 실업자가 될 가능성이 적다는 것은 음의 상관관계의 한 예로, 교육 수준이 실제로 직업 상태를 예측하는 데 도움을 줄 수 있다는 것이다. 0에 가까운 상관관계는 예측에 쓸모가 없다.

관측된 상관관계는 우리가 데이터 사이언스에서 구축한 많은 예측 모델을 구동하고 있다. 상관관계의 대표적인 강점은 다음과 같다.

- 키가 큰 사람이 더 날씬할 가능성이 큰가? 키와 체질량지수(BMI) 사이의 관측된 상관관계는 $r = -0.711$이므로 키는 실제로 BMI와 부정적인 상관관계가 있다.[3]
- 표준화된 시험으로 대학 내 학생들의 성적을 예측할 수 있는가? SAT 점수와 신입생 GPA 사이의 관측된 상관관계는 $r = 0.47$이므로, 그렇다. 어느 정도 예측력이 있다. 그러나 사회경제적 상태도 SAT 점수($r = 0.42$)와 매우 밀접하게 상관되어 있다.[4]

[3] https://onlinecourses.science.psu.edu/stat500/node/60

[4] https://research.collegeboard.org/sites/default/files/publications/2012/9/researchreport-2009-1-socioeconomic-status-sat-freshman-gpa-analysis-data.pdf

- 재정 상태가 건강에 영향을 미치는가? 가계 소득과 관상동맥 질환 사이에 관찰된 상관관계는 $r = -0.717$이므로 매우 강한 음의 상관관계가 있다. 그렇다, 부자일수록 심장마비에 걸릴 위험은 낮아진다.[5]
- 흡연은 건강에 영향을 미치는가? 한 집단의 흡연 성향과 사망률 사이에 관찰된 상관관계는 $r = 0.716$이므로 절대로 담배를 피우면 안 된다.[6]
- 폭력적인 비디오 게임이 공격적인 행동을 증가시키는가? 놀이와 폭력 사이의 관찰된 상관관계는 $r = 0.19$이므로 약하지만 유의미한 상관관계가 있다.[7]

이 절에서는 상관관계의 기본 측정 방법을 소개하고자 한다. 또한, 관측된 상관관계의 강도와 힘을 적절하게 결정하는 방법을 공부함으로써 변수 간의 실제 연결을 이해하는 데 도움을 주고자 한다.

2.3.1 상관 계수: 피어슨 및 스피어맨 순위

상관관계를 측정하는 데 사용되는 두 가지 주요 통계가 있다. 비록 서로 다른 것을 측정하지만, 다행히도 둘 다 -1부터 1까지의 척도로 작동한다. 이러한 통계는 서로 다른 상황에 적합하므로 두 가지 모두 알고 있어야 한다.

피어슨 상관 계수

두 통계 중 다음과 같이 정의되는 *피어슨 상관관계(Pearson correlation)*가 좀 더 많이 사용된다.

$$r = \frac{\sum_{i=1}^{n}(X_i - \bar{X})(Y_i - \bar{Y})}{\sqrt{\sum_{i=1}^{n}(X_i - \bar{X})^2}\sqrt{\sum_{i=1}^{n}(Y_i - \bar{Y})^2}} = \frac{Cov(X,Y)}{\sigma(X)\sigma(Y)}$$

이 식을 분석해 보자. X와 Y가 서로 강하게 상관되어 있다고 가정한다. 그러면 우리는 x_i가 평균 $\bar{X}$보다 크면, y_i도 반드시 그것의 평균 $\bar{Y}$보다 커야만 한다고 예상할 것이다. x_i가 평균보다 작으면, y_i도 따라야 한다. 이제 분자를 보자. 두 값이 각각의 평균보다 크거나(1×1) 작을 경우(-1×-1) 각 항은 양의 부호이다. 만약 그들이 반대로 움직이면 각 항은 음의 부호((-1×1) 또는 (1×-1))를 가지고 음의 상관관계를 가지게 된다. 만약 X와 Y가 상관되지 않았으면 양과 음의 항목들이 같은 빈도로 출현하고 서로 상쇄되어 값을 0으로 만든다.

상관관계의 부호를 결정하는 분자의 연산이 매우 유용하므로, *공분산(covariance)*이라는 이름을 부여하고 다음과 같이 계산한다.

$$Cov(X,Y) = \sum_{i=1}^{n}(X_i - \bar{X})(Y_i - \bar{Y}).$$

[5] http://www.ncbi.nlm.nih.gov/pmc/articles/PMC3457990/.

[6] http://lib.stat.cmu.edu/DASL/Stories/SmokingandCancer.html.

[7] http://webspace.pugetsound.edu/facultypages/cjones/chidev/Paper/Articles/Anderson-Aggression.pdf.

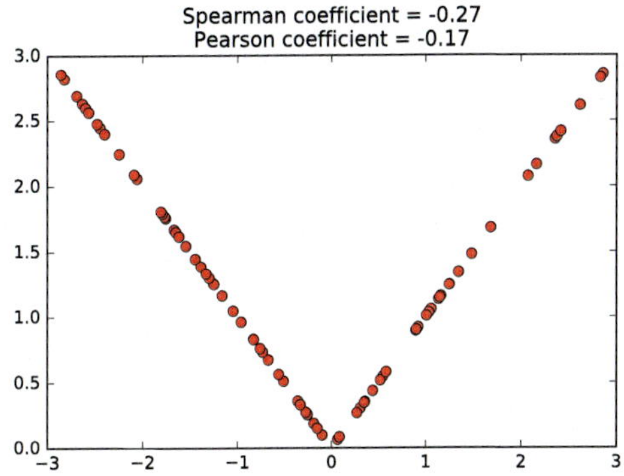

그림 2.6: $y = |x|$ 함수는 선형 모델을 가지고 있지 않지만, 약한 상관관계에도 불구하고 쉽게 일치될 것 같다.

공분산은 8.2.3절에서 다시 설명하도록 할 것이다.

피어슨 공식의 분모는 두 변수의 표준 편차에 의해 측정되는 분산의 양을 나타낸다. X와 Y 사이의 공분산은 이러한 변수의 분산에 따라 증가할 수 있으며, 이 분모는 상관관계를 -1부터 1의 척도로 만들기 위해 공분산을 나누는 마법의 양이다.

스피어맨 순위 상관 계수

피어슨 상관 계수는 $y = m \cdot x + b$ 형식의 선형 예측 변수가 관측한 데이터에 적합(fit)하는 정도를 정의한다. 이 방법은 일반적으로 변수 간의 유사성을 측정하는 데 많이 사용된다. 그러나, X와 Y 사이의 상관 계수는 0이지만 Y가 X에 완전히 종속되는 (따라서 X로부터 Y를 완벽하게 예측 가능한) 비정상적인 예도 만들어질 수 있다.

그림 2.6에서와 같이 $(x, |x|)$ 형식의 점들을 고려해 보자. 여기서 x는 간격 $[-3, 3]$에서 균일하게(또는 대칭적으로) 표본 추출된다. 모든 점 (x, x)에 대해 상쇄 점 $(-x, x)$가 존재하므로 상관관계는 0이 되지만, $y = |x|$는 완벽한 예측 변수이다. 피어슨 상관관계는 최고의 *선형* 예측 변수가 얼마나 잘 작동할 수 있는지를 측정하지만, 절대값과 같은 특이한 함수에 대해서는 아무것도 알려주지 않는다.

기본적으로 *스피어맨 순위 상관 계수*(*Spearman rank correlation coefficient*)는 순서가 틀린(out of order) 입력 점들의 쌍이 몇 개인지를 계산한다. 데이터 세트에 $x_1 < x_2$이고 $y_1 < y_2$인 점 (x_1, y_1)과 (x_2, y_2)가 포함되어 있다고 가정하자. 이것은 값이 긍정적인 상관관계를 갖는 데 대한 투표이지만, 반면에 $y_2 < y_1$이면 음의 상관관계에 대한 투표가 될 것이다.

모든 점 쌍을 더하고 적절히 정규화하면 스피어맨의 순위 상관관계를 얻을 수 있다. 모든 x_i에 대한 정렬된 순서에서 x_i의 순위 위치를 $rank(x_i)$라고 하면, 가장 작은 순위 값은 1이고 가장 큰 값은 n이다. 그러면 식은 다음과 같다.

$$\rho = 1 - \frac{6 \sum d_i^2}{n(n^2 - 1)}$$

여기서 $d_i = rank(x_i) - rank(y_i)$이다.

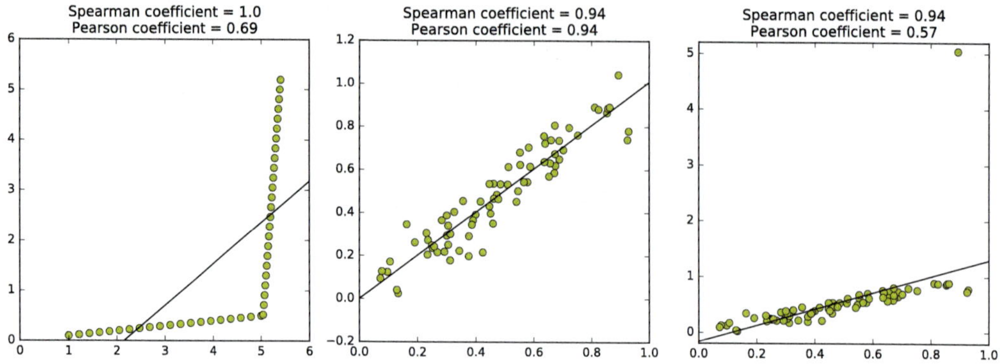

그림 2.7: 단조이지만 선형이 아닌 점 집합은 비록 선형 일치가 잘 안 되어도 스피어맨 계수 $r = 1$을 갖는다 (왼쪽). 높은 상관관계의 시퀀스들은 둘 다 계수로 인식하지만 (중앙), 피어슨 계수는 특이값에 훨씬 더 민감하다 (오른쪽).

두 계수 사이의 관계는 그림 2.7의 예에 의해 더 잘 설명된다. 스피어맨 상관관계는 비선형적이지만 단조함수라는 사실에 더 높은 점수를 주고, 극단적인 특이값 원소에 대해서는 피어슨보다 덜 민감하다. 주어진 데이터 세트에서 가장 큰 y 값을 갖는 데이터 점을 $p = (x_1, y_{max})$라 하자. p를 $p' = (x_1, \infty)$로 대체한다고 가정하자. 피어슨 상관관계에서는 현재 가장 일치하는 것이 수직선 $x = x_1$이 되므로 매우 곤란한 상황이 된다. 그러나 스피어맨의 상관관계는 변하지 않는다. 왜냐하면, p 아래에 있던 모든 점들이 지금은 p' 아래에 있기 때문이다.

2.3.2 상관관계의 힘과 중요도

상관 계수 r은 주어진 점 표본 S에서 y를 예측하는 데 x를 사용할 수 있는 정도를 반영한다. $|r|$이 1에 가까워질수록($|r| \to 1$) 예측은 점점 더 좋아진다.

하지만 진짜 문제는 이런 상관관계가 표본이 아닌 실제 세계에서도 잘 적용될 수 있느냐 하는 것이다. 상관관계가 강할수록 $|r|$도 커지지만, 유의미한 점 표본도 많이 포함된다. 만약 여러분이 일직선에 가장 잘 일치하는 데이터를 원한다면 딱 두 개의 점만 표본으로 선택하는 것이 최선이라는 풍자도 있다. 상관관계는 더 많은 점을 근거로 할수록 더 인상적이게 된다. 상관관계 해석에서 강도와 크기에 근거한 통계적 한계가 그림 2.8에 제시되어 있다.

- 상관관계의 강도 R^2: 표본 상관 계수의 제곱 r^2은 단순 선형 회귀 분석에서 X가 설명하는 Y의 분산 비율을 예측한다. 키와 체중의 상관관계는 약 0.8이므로($r = 0.8$) 분산의 약 3분의 2를($r^2 = 0.64$) 설명한다.

  그림 2.8(왼쪽)은 r과 함께 r^2이 얼마나 빠르게 감소하는지 보여준다. 우리가 약한 상관관계를 확립하는 데 큰 제약이 있음을 알 수 있다. 0.5의 상관관계는 최대 예측 능력의 25%만을 가지며 $r = 0.1$의 상관관계는 단지 1%일 뿐이다. 따라서 상관관계의 예측값은 r과 함께 급격하게 감소한다.

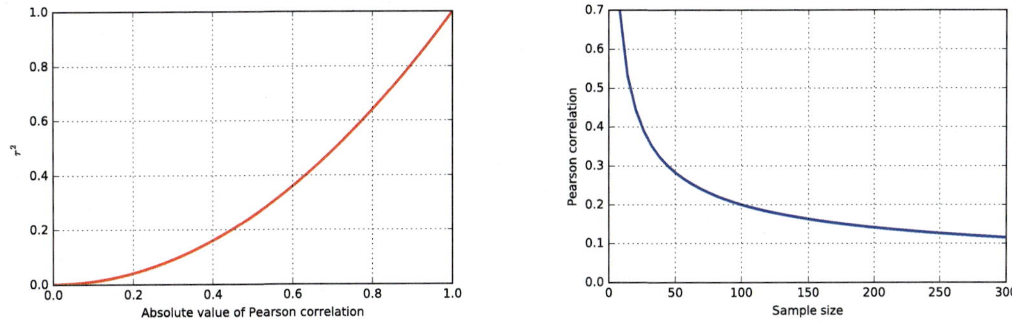

그림 2.8: 의미 해석의 한계. r^2 값은 약한 상관관계는 분산의 작은 부분만 설명하는 것을 나타낸다(왼쪽). 통계적으로 유의미한 상관관계 수준은 표본 크기 n에 따라 빠르게 감소한다(오른쪽).

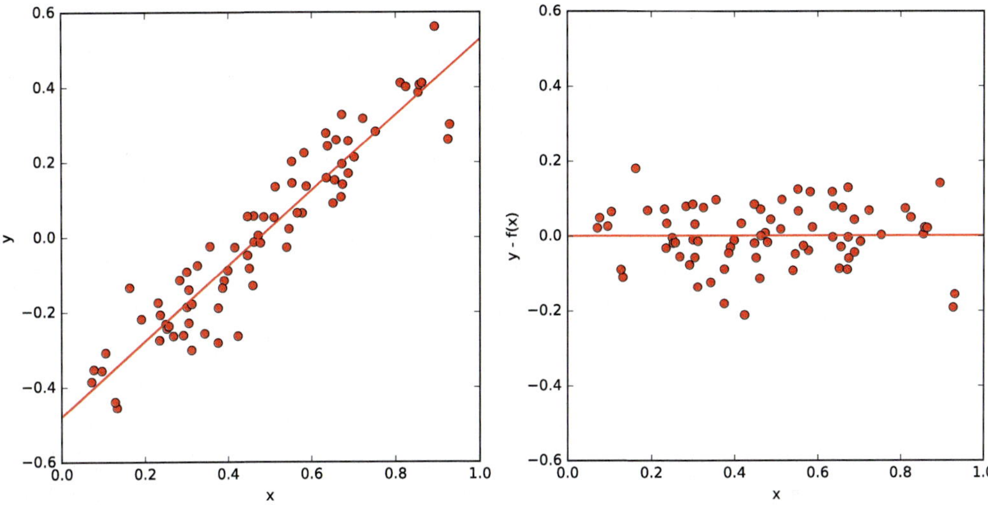

그림 2.9: $r_i = y_i - f(x_i)$를 도표화해 보면 잔차값의 분산이 낮으며 평균이 0임을 알 수 있다. 원래 데이터 점은 왼쪽에 있고, 해당 잔차는 오른쪽에 있다.

여기서 분산을 설명한다라는 말은 무슨 뜻인가? $f(x) = mx + c$를 x에서 y의 예측값이라 하자. 여기서 매개변수 m과 c는 가능한 최선의 적합에 해당하는 값이다. 잔차값(residual value) $r_i = y_i - f(x_i)$는 그림 2.9와 같이 평균이 0이다. 더구나 양호한 선형 적합 $f(x)$가 있는 경우 전체 데이터 세트의 분산 $V(Y)$는 $V(r)$보다 훨씬 커야 한다. 만약 x와 y가 완벽한 상관관계라면 잔차 오류가 없어야 하며 $V(r) = 0$이다. x와 y가 전혀 상관되지 않는다면 적합은 아무런 역할도 하지 않아야 하며 $V(y) \approx V(r)$이다. 일반적으로 말하면, $1 - r^2 = V(r)/V(y)$이다.

그림 2.9를 고려해 보자. 왼쪽 그림은 상관관계 $r = 0.94$인 양호한 선형 적합을 갖는 점들의 집합을 보여주고 있다. 해당 잔차 $r_i = y_i - f(x_i)$는 오른쪽에 도표로 표시하였다. 왼쪽 y 값의 분산은 $V(y) = 0.056$으로 오른쪽의 분산 $V(r) = 0.0065$보다 상당히 크다. 실제로

다음 식으로 표현할 수 있다.

$$1 - r^2 = 0.116 \longleftrightarrow V(r)/V(y) = 0.116.$$

- 통계적 유의성: 상관관계의 통계적 유의성은 r과 표본 크기 n에 따라 달라진다. 전통적으로, 임의의 n 점 집합에서 r만큼 강한 상관관계를 관찰할 가능성이 $\alpha \leq 1/20 = 0.05$인 경우 n 점들의 상관관계는 *유의(significant)하다고* 말한다.

  이것이 특별히 강력한 기준은 아니다. 그림 2.8(오른쪽)에 보인 것처럼 표본 크기가 충분히 큰 경우에는 0.05 수준의 아주 작은 상관관계도 유의하다는 것이다. $n = 300$ 부근일 때 $r = 0.1$의 상관관계는 $\alpha = 0.05$에서 유의하게 된다. 비록 이러한 요인이 분산의 1%만을 설명하지만 그래도 유의하다.

약하지만 유의한 상관관계는 많은 속성을 포함하는 빅 데이터 모델에서 가치가 있다. 단일 속성이나 상관관계는 작은 효과만 설명 또는 예측할 수 있지만, 약하지만 독립적인 상관관계를 여러 개 종합하면 강력한 예측 능력을 갖출 수도 있기 때문이다. 5.3절에서 유의성에 대해 좀 더 자세히 설명하겠다.

2.3.3 상관관계는 인과관계를 의미하지 않는다!

상관관계가 인과관계를 의미하지는 않는다는 말이 있다.

- 지역 내에서 활동하는 경찰의 수는 현지 범죄율과 강력한 상관관계가 있지만, 경찰이 범죄를 유발하지는 않는다.
- 사람들이 복용하는 의약품의 양은 그들이 아플 확률과 상관관계가 있지만, 그 약이 병을 유발하지는 않는다.

영향은 기껏해야 한 방향으로만 작용한다. 그러나 두 변수 모두 상대방에게 실질적인 영향을 미치지 않는, 완전히 불필요한 상관관계도 많이 관측된다.

그런데도 여전히, *논리적인 추론*을 이해하는 사람들조차도 상관관계가 인과관계와 관련되어 있다고 생각하는 오류를 흔히 범한다. 일반적으로, A가 정말로 B의 원인이 되는지를 알아내는 데 사용할 수 있는 통계 도구는 거의 없다. 변수 중 하나를 조작해서 다른 변수에 미치는 영향을 관찰할 수 있다면, 통제된 실험을 할 수는 있다. 예를 들어, 키가 줄어들지 않아도 체중을 줄이는 다이어트가 가능하다는 사실은 체중과 키가 인과관계가 아니라는 설득력 있는 증거다. 그러나 이러한 실험을 다른 방법으로 하는 것은 더 어렵다. 팔다리를 줄이는 것 외에 사람의 키를 더 작게 만드는 합리적인 방법은 없기 때문이다.

2.3.4 자기상관에 의한 주기성 탐지

한 외계인이 판매 분석을 위해 장난감 회사에 고용되었다고 하자. 일관된 추세를 보여주는 부드

그림 2.10: 상관관계가 인과관계를 의미하지는 않는다. (출처 `https://www.xkcd.com/552.`)

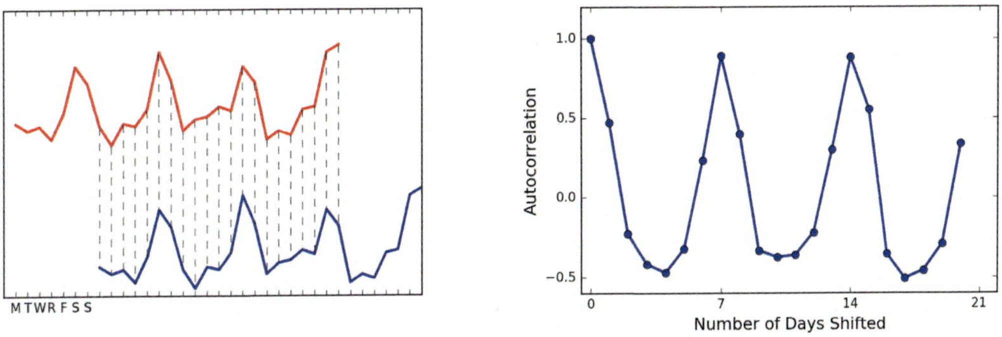

그림 2.11: 시계열의 주기적 경향은 (왼쪽) 그 자신을 이동한 것과의 상관관계를 통해 드러난다(오른쪽).

러운 함수 대신, 매년 12번째 달마다 나타나는 거대한 돌출부를 보고 놀랄 것이다. 이 외계인은 크리스마스 현상을 발견한 것이다.

계절적 추세는 규칙적인 패턴으로 상승 및 하강하는, 일정 기간의 주기를 반영한다. 많은 사람의 활동은 주중 근무와 관련되어 7일 주기로 진행된다. 매미 중에는 포식자들이 잡아먹는 법을 배우지 못하게 하려고 13년 혹은 17년 주기로 많은 개체가 출현하는 종류도 있다.

연속된 사건순서(sequence) S에서 그러한 주기적인 패턴을 어떻게 인식할 수 있을까? 모든 $1 \leq i \leq n - p$에 대해 S_i의 값을 S_{i+p}와 상관시킨다고 가정하자. 만약 값들이 특정 주기 p에 대해 동기화된다면, 이 상관관계는 다른 지연 값보다 특이하게 큰 관련성을 가지는 것이다. 사건순서를 자기 자신과 비교하는 것을 *자기상관*(*autocorrelation*)이라고 하며, 모든 $1 \leq k \leq n - 1$에 대한 일련의 상관관계들을 *자기상관 함수*(*autocorrelation function*)라고 한다. 그림 2.11에서는 일일 판매량 시계열과 이 데이터에 관련된 자기상관 함수를 보인 것이다. 7일 주기로 이동하는 봉우리는 (매 7일 주기로 반복) 판매가 주 단위의 주기성이 있으며, 특히 주말에 더 많은 제품이 판매되는 것을 보인다.

자기상관은 미래 사건을 예측하는 데 중요한 개념으로, 이전 관측치를 모델의 특성으로 사용할 수 있다는 것을 의미하기 때문이다. 내일 날씨가 오늘 날씨와 비슷할 것이라는 휴리스틱은 자기상관에 기초하고 있고, 지연은 $p = 1$일이다. 확실히 이 모델이 6개월 전의 (지연 $p = 180$일) 기상 데이터를 이용한 예측보다는 더 정확할 것으로 예상할 수 있다.

일반적으로, 많은 경우에 자기상관 함수는 지연이 매우 짧을 때 가장 높아지는 경향이 있다. 그 이유는 장기 예측이 단기 예측보다 덜 정확하기 때문이다. 즉, 자기상관이 더 약해지기 때문이다. 하지만 때로는 주기가 더 길게 늘어나는 예도 있다. 계절적 영향으로 인해 $p = 365$일에 기초한 일기 예보가 $p = 180$일에 기초한 것보다는 훨씬 나을 것이다.

모든 자기상관 함수를 계산하려면 시계열의 점들에 대해 $n - 1$개의 서로 다른 상관관계를 계산해야 하며, n이 큰 경우 매우 높은 비용이 들게 된다. 다행히도 *고속 푸리에 변환*(*FFT: Fast Fourier Transform*)에 기반을 둔 효율적인 알고리즘이 있어 매우 긴 사건순서에서도 자기상관 함수를 구성할 수 있다.

2.4 | 로그

로그는 지수 함수 $y = b^x$의 역이며 $x = log_b y$로 다시 쓸 수 있는 방정식이다. 이 정의는 다음과 같다.

$$b^{\log_b y} = y.$$

지수 함수는 매우 빠른 속도로 증가한다. $b = \{2^1, 2^2, 2^3, 2^4, \ldots\}$. 이와는 대조적으로, 로그는 매우 느린 속도로 증가한다. 로그의 증가분은 바로 전 순열의 지수 값들로 이루어진 $\{1, 2, 3, 4, \ldots\}$이다. 이것은 b의 값을 반복적으로 곱하거나 b로 반복적으로 나누는 어떤 과정과도 연관되어 있다. 다음 정의를 기억해 보라.

$$y = \log_b x \longleftrightarrow b^y = x.$$

로그는 매우 유용한 함수로 데이터 분석에 자주 사용한다. 여기서 데이터 사이언스에서 로그의 역할 세 가지를 자세히 설명하기로 한다. 놀랍게도, 그들 중 하나만이 로그의 7가지 알고리즘 응용과 관련되어 있으며, 내 책 *The Algorithm Design Manual* [Ski08]에 제시하였다. 로그는 정말로 유용한 것이다.

2.4.1 로그와 확률 곱

로그는 처음에 곱셈 문제를 덧셈으로 줄이는 계산 보조 역할을 위해 고안되었다. 특히 곱 $p = x \cdot y$를 계산하기 위해 로그 $s = log_b x + log_b y$의 합을 계산한 다음 로그의 역을 취하면 (즉, b를 s 제곱함) p를 구할 수 있다. 다음 식을 보라.

$$p = x \cdot y = b^{(\log_b x + \log_b y)}.$$

이 식이 포켓 계산기가 출현하기 전에 괴짜들이 사용하던 기계식 계산자(mechanical slide rules)에 힘을 실어준 트릭이다.

그러나, 이 아이디어는 오늘날에도 중요하며, 특히 긴 체인의 확률을 곱할 때 중요하다. 확률은 작은 수이다. 따라서 긴 체인의 확률을 곱하면 매우 드문 사건에 관련된 매우 작은 수치가 나온다. 컴퓨터의 부동 소수점 곱셈에는 심각한 수치 안정성 문제가 있다. 수치 오류가 서서히 나타나며, 결국은 매우 작은 수치의 값을 오류로 뒤덮어 버릴 것이다.

확률의 로그 합계는 곱하기보다 산술적으로 훨씬 안정적이면서도 다음 식처럼 동일한 결과를 산출한다.

$$\prod_{i=1}^{n} p_i = b^P, \text{ where } P = \sum_{i=1}^{n} \log_b(p_i).$$

만약 진짜 확률이 필요하다면, 합계에 대해 지수 연산을 하면 되지만 보통 이것은 필요하지 않다. 어떤 확률이 더 큰지 두 개의 확률을 비교하려면 로그 결과로도 충분하다. 더 큰 로그는 더 큰 확률에 해당하기 때문이다.

한 가지 이상한 점이 있다. $\log_2(\frac{1}{2}) = -1$이다. 확률의 로그는 $\log(1) = 0$을 제외하면 모두 음수이다. 이것이 확률 로그를 가진 방정식이 종종 엉뚱한 곳에서 음의 특징을 갖는 신호들을 나타내는 이유이다. 이 점을 조심해야 한다.

2.4.2 로그와 비율

*비율(ratio)*은 *a*/*b* 형식의 양으로, 데이터 세트에서 기본 특성이나 특성의 쌍에서 파생된 값으로 자주 나타난다. 비율은 조건(예로, 초기 무게 대비 일부 작업 후의 무게)이나 시간(예로, 어제 가격 대비 오늘 가격)에 대한 데이터 정규화 시 자연스럽게 발생한다.

그러나 비율은 감소 때 보다는 증가를 반영할 때 다르게 작용한다. 200/100의 비율은 기준치보다 200% 높지만 100/200은 같은 양의 변화에도 불구하고 50%만 감소한다. 따라서 비율의 평균을 구하는 것과 같은 일을 하는 것은 통계적인 잘못을 범하는 것이다. 중립적인 변화를 반대해서, 여러분은 정말로 평균을 증가시키기 위해 두 배를 하고 나서 반으로 줄이기를 원하게 될 것인가?

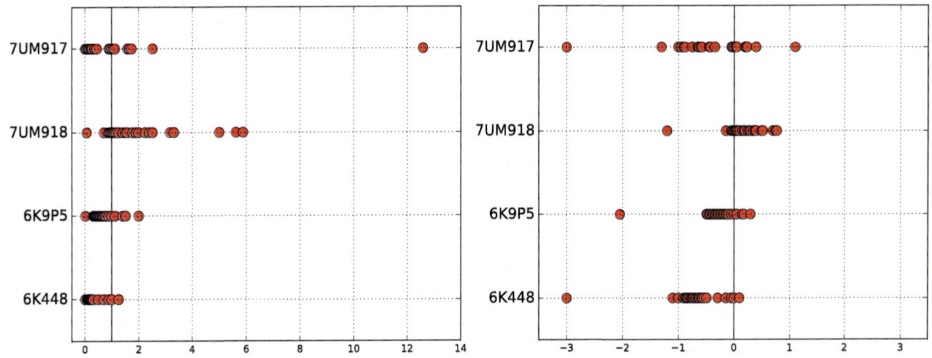

그림 2.12: 원래 크기대로 비율을 도표화하면 상대적으로 큰 비율보다는 작은 비율에 공간을 할당하기 어렵다(왼쪽). 비율의 로그 결과를 도표화 하면 근본적인 데이터를 더 잘 표현한다(오른쪽).

한 가지 해결책은 기하 평균을 사용하는 것이다. 그러나 이러한 비율에는 로그를 취하는 것이 더 좋다. 그래서 $\log_2 2 = 1$이고, $\log_2(1/2) = -1$처럼 같은 변위를 갖도록 한다. 단위 비율이 0으로 매핑되는 추가 보너스도 받으므로 양수와 음수는 각각 부적절하고 적절한 비율에 해당한다.

학생들이 흔히 저지르는 초보적인 실수는 로그 대신 비율의 값을 직접 도표화하는 것이다. 그림 2.12(왼쪽)는 24시간 동안 4개의 서로 다른 데이터 세트에 대해 이전 점수 대비 새 점수의 비율을 보여주는 학생의 그래프이다. 그래프에서 각 빨간 점은 1시간 동안 측정한 데이터를 표시하며, 각 행에는 데이터 세트의 이름이 있다. 검은색 실선은 두 점수가 동일한 것을 의미하는 비율 1을 나타낸다. 이제 이 그래프를 읽어보라. 선의 왼쪽에 있는 점들은 좁은 지역에 함께 몰려있어 읽기가 쉽지 않다. 여러분에게는 특이값이 눈에 띌 것이다. 확실히 이 새로운 알고리즘은 맨 위 행에 있는 7UM917에 대해 형편없이 작동한다. 오른쪽 끝에 있는 점이 진짜 특이값처럼 보인다.

그러나 아니다. 비율의 로그 값을 도표화한 그림 2.12(오른쪽)를 보라. 이제 검은색 선의 왼쪽과 오른쪽 공간이 같다. 그리고 이전에 특이값처럼 보였던 그 점이 전혀 특이값이 아니었다는 것을 보여준다. 왼쪽 끝점의 개선 비율이 오른쪽 끝점의 개선 비율보다 훨씬 크다. 이 도표는 새로운 알고리즘이 비율을 직접 보여주는 대신 로그를 취하여 보여주기 때문에 일반적으로 좀 더 좋아진다는 것을 보여준다.

2.4.3 로그와 편향된 분포의 정규화

대칭적인 종 모양의 분포를 따르는 변수는 모델에서 좋은 특성이 되는 경향이 있다. 그러한 변수들은 상당한 변화량을 보여주며, 그래서 그것들은 사물을 구별하는 데 사용할 수 있지만, 특이값이 압도적일 정도로 넓은 범위에 영향을 미치는 것도 아니다.

그러나 모든 분포가 대칭적인 것은 아니다. 그림 2.13(왼쪽)의 분포를 보라. 오른쪽 부분의 꼬리가 왼쪽보다 훨씬 더 멀리 간다. 그리고 5.1.5절에서 멱법칙에 대해 논의할 때는 훨씬 더 한

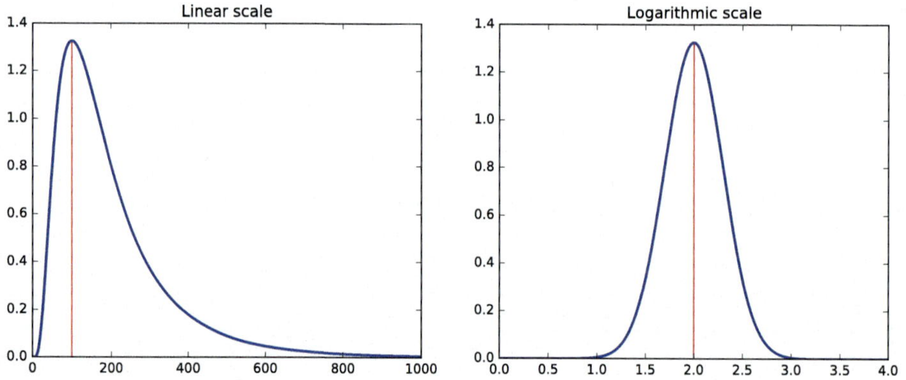

그림 2.13: 편향된 데이터 분포(왼쪽)에 로그를 취하면 좀 더 종 모양의 분포가 나타난다(오른쪽).

쪽으로 치우친 분포를 보게 될 것이다. 부의 분포가 대표적인데, 몹시 가난한 사람은 0이거나 아마도 음의 재산을 가지고 있고, 평균적인 사람은 수천 달러, 빌 게이츠는 이 글을 쓸 때 약 1,000억 달러에 달하였다.

이러한 분포는 정규화(normalization)를 통해 다루기 쉽도록 변환해야 할 필요가 있다. 멱 법칙 분포를 종 모양으로 변환하려면, 보통 값에 비해 큰 값을 불균형적으로 줄여주는 비선형적인 무언가가 필요하다.

로그는 멱법칙 변수에 대해 선택한 변환이다. 꼬리가 긴 분포에 로그를 적용하면 종종 좋은 일이 일어난다. 그림 2.13의 분포는 로그 정규 분포가 되었고, 따라서 로그를 취하면 오른쪽의 완벽한 종 모양 곡선이 생성된다. 멱법칙 분포의 변수에 로그를 취하면 전통적 분포와 일치하는 변수가 많아진다. 예를 들어, 중상류층에 속한 전문가로서, 내 재산의 로그 값과 가난한 학생과의 차이는 빌 게이츠와 나 사이의 차이와 대충 같을 것이다.

때로는 로그를 취하면 너무 심한 변형이 되기도 한다. 그래서 제곱근과 같은 덜 극단적인 비선형 변환이 분포를 정규화하는 데 더 효과적일 수도 있다. 엄밀한 검증은 변환된 값의 빈도 분포를 도표화해서 완전히 대칭적이고 가운데에 봉우리가 있는 종 모양인지 확인하는 것이다. 그래야 여러분이 올바른 함수를 적용했다는 것을 확인할 수 있다.

2.5 | 전쟁 이야기: 유전자 설계의 적합도

*생물정보학자(bioinformatician)*라는 단어는 생명과학의 데이터 과학자라고 불리는데, 이것은 방대한 DNA 염기서열 데이터에서 패턴을 찾는 것을 연구하는 새로운 분야의 전문가이기 때문이다. 염기서열 데이터는 매우 흥미로운 작업 대상으로, 나는 인간 게놈 프로젝트 초기부터 연구 프로젝트에서 생물정보학자 역할을 담당해 왔다.

DNA 염기서열은 네 개의 알파벳 {*A*, *C*, *G*, *T*}로 구성된 문자열이다. 단백질은 우리 몸을 물리적으로 형성하는 물질로서, 아미노산이라고 불리는 20가지의 서로 다른 분자 단위의 스트링으로 구성된다. *유전자*는 특정 단백질을 만드는 방법을 정확하게 설명하는 DNA 염기서열이고, 각 단위는 *코돈(codon)*이라고 불리는 {*A*, *C*, *G*, *T*}의 트리플렛(triplet)[8]에 의해 만들어진다.

우리 목적을 위해서는, 원하는 특정한 단백질 염기서열을 코드화할 수 있는 유전자가 있고, 이 유전자를 구성하는 가능한 DNA 염기서열 수가 매우 많다는 것 정도만 알아도 충분하다. 하지만 그것 중 단 하나만 사용된다. 저자와 공동 연구자인 생물학자는 그 이유를 알기를 원했다.

원래, 이러한 서로 다른 모든 동의어 인코딩들은 본질적으로 동일하다고 가정했었다. 그러나 염기서열 데이터에 대해 통계 작업을 수행한 결과 어떤 코돈들은 다른 것들보다 훨씬 더 자주 사용된다는 것이 명백해졌다. 생물학적 결론은 코돈이 중요하다였고, 왜 그래야 하는지에 대한

[8] (역주) 트리플렛(triplet)은 {A, C, G, T}에서 세 개의 알파벳으로 구성된 3염기 배열을 의미한다. 예로 ACG, AAA, CGG 등.

타당한 생물학적 이유가 있다는 것이다.

우리는 코돈의 이웃한 쌍들이 중요하다라는 문제에 관심을 두게 되었다. 아마도 어떤 3염기 쌍들은 물과 기름과 같아서 섞이는 것을 싫어한다. 영어에서도 어떤 문자 쌍은 순서 선호도를 보인다. 예로 바이그램(bigram) *gh*는 *hg*보다 훨씬 더 자주 나타난다. 어쩌면 DNA에 대해서도 이것이 사실일까? 만약 그렇다면, DNA 염기서열 데이터에 자주 출현하지 않는 3염기 쌍들이 있을 것이다.

이를 테스트하기 위해, 우리는 특정 3염기(예로 $x = CAT$)가 다른 3염기(예로 $x = GAG$) 옆에 실제로 나타나는 횟수와 우연히 출현할 수 있는 횟수를 비교한 점수가 필요했다. $F(xy)$는 xy의 빈도로서, DNA 염기서열 데이터베이스에서 코돈 x 다음에 코돈 y가 표시되는 횟수라고 하자. 이 코돈들은 특정 아미노산을 코딩한다. 특정 아미노산을 각각 a와 b라 하자. 아미노산 a의 경우, x로 코드화될 확률은 $P(x) = F(x)/F(a)$ 이며, 이와 유사하게 $P(y) = F(y)/F(b)$ 이다. 그러면 xy가 출현할 예상 횟수는 다음과 같다.

$$Expected(xy) = \left(\frac{F(x)}{F(a)}\right)\left(\frac{F(y)}{F(b)}\right)F(ab)$$

이 식을 바탕으로 임의의 주어진 육합체(hexamer) xy에 대한 코돈 쌍의 점수를 다음과 같이 계산할 수 있다.

$$CPS(xy) = \ln\left(\frac{Observed(xy)}{Expected(xy)}\right) = \ln\left(\frac{F(xy)}{\frac{F(x)F(y)}{F(a)F(b)}F(ab)}\right)$$

이 비율의 로그는 매우 좋은 특성을 만들었다. 가장 중요한 것은, 점수의 부호가 너무 많이 출현한 쌍과 조금만 출현하는 쌍을 구분할 수 있도록 해준 것이었다. 크기가 대칭이기 때문에

Fr. Dep.	Score	Fr. Ind.	Score
CA**TAG**G	-1.74	GGGGGG	-1.01
TC**TAG**C	-1.61	CCCCCC	-0.95
GT**TAG**G	-1.58	GGCGCC	-0.66
GC**TAG**T	-1.48	GGGGGT	-0.63
CC**TAG**T	-1.44	CGGGGG	-0.59
GG**TAG**G	-1.41	AGGGGG	-0.58
CT**TAG**G	-1.40	CACGTG	-0.58
AC**TAG**C	-1.38	ACCCCC	-0.56
GC**TAG**C	-1.37	GGGCCC	-0.56
GC**TAG**A	-1.36	CCCCCT	-0.53
CC**TAG**C	-1.35	CGCCCC	-0.52
GA**TAG**G	-1.35	CCCCCG	-0.51

그림 2.14: 가장 낮은 코돈 쌍 점수를 갖는 DNA 염기서열 패턴은 검사를 해보면 명백해진다. 프레임에서 해석하면, 정지 기호 TAG가 상당히 점수를 감소시킨다(왼쪽). 다른 프레임에서 해석하면, 가장 회피되는 패턴은 단일 베이스의 연속처럼 매우 낮은 복잡성을 갖는 것이다(오른쪽).

(+1도 −1만큼 인상적이다) 각 유전자에 대해 점수를 줄 수 있는 합리적인 방법으로 이러한 점수를 추가하거나 평균을 낼 수 있었다. 우리는 이 점수를 바이러스에 나쁜 유전자를 디자인하기 위해 사용했는데, 이것은 백신 제조에 흥미 있는 새로운 기술을 제공했다. 자세한 내용은 장 노트(2.6절)를 참조하라.

특정 쌍의 코돈이 나쁘다는 것은 알지만 왜 나쁜지는 설명하지 않았다. 그러나 그림 2.14와 같이 관련된 두 점수를 계산하고 (자세한 것은 중요하지 않다) 이를 바탕으로 3염기를 정렬하니 특정 패턴이 나타났다. 패턴이 눈에 띄는가? 왼쪽의 모든 나쁜 염기서열은 *TAG*를 포함하고 있는데, 이것은 유전자의 발현을 정지시키는 특별한 코돈으로 밝혀진다. 그리고 오른쪽의 모든 나쁜 염기서열들은 *C*와 *G*로 구성된 매우 간단한 반복 서열이었다. 이것들은 생물학적으로 왜 패턴이 진화로 회피되는지를 설명해준다. 즉, 우리가 생명에 대해 매우 의미 있는 것을 발견했다는 뜻이다.

이 이야기에서 배운 교훈은 두 가지다. 첫 번째는, 항목의 특정 측면을 강조하는 수치 점수화 함수를 개발하면 패턴을 밝히는 데 매우 유용하다는 것이다. 실제로 4장에서 그러한 시스템의 개발에 초점을 맞출 것이다. 두 번째는 그러한 양에 로그를 취하면 훨씬 더 유용해지고, 우리가 나무를 위한 숲을 볼 수 있도록 해준다.

2.6 | 장 노트

확률 이론에 관한 소개는 [Tij12, BT08]을 비롯한 좋은 여러 가지 도서가 있다. 기초 통계에 대해서도 마찬가지로 [JWHT13, Whe13]를 포함한 입문자를 위한 좋은 교과서들이 있다. 이 장에서 소개한 확률 이론의 간략한 역사는 위버[Wea82]에 기초한 것이다.

효율적 시장 가설(efficient market hypothesis)은, 본질적으로 공공 정보를 사용해서는 주식 시장을 예측할 수 없다고 말한다. 저자의 개인적인 조언은 여러분이 시장의 방향을 예측하기 위해 적극적으로 노력하지 않아도 되는 인덱스 펀드에 투자하라는 것이다. 말키엘의 *A Random Walk Down Wall Street* [Mal99]는 그런 투자 마인드에 대한 아주 뛰어난 소개 책자이다.

고속 푸리에 변환(FFT)은 n-원소 사건순서의 전체 자기상관 함수를 계산하는 $O(n \log n)$ 시간 알고리즘을 제공한다. 반면 n 상관관계를 직접 계산하면 $O(n^2)$이 필요하다. 브레이스웰[Bra99]과 브리검[Bri88]은 푸리에 변환과 FFT에 대한 훌륭한 소개 자료이다. 프레스 등[PFTV07]의 상세한 설명도 참조하라.

그림 2.10의 만화는 랜덜 먼로의 웹툰 *xkcd*, 특히 `https://xkcd.com/552`에서 가져왔으며, 허가를 받고 소개하였다.

2.5절의 전쟁 이야기는 코돈 쌍 편향 현상이 유전자 변형에 어떻게 영향을 미치는지에 대한 우리 작업에 관한 것이다. 그림 2.14는 내 공동 작업자인 저스틴 가르딘이 만든 것이다. 소아마비나 독감과 같은 바이러스성 질병의 백신을 디자인하기 위해 코돈 쌍 편향을 어떻게 이용했는지는 [CPS+08, MCP+10, Ski12]를 참조하라.

2.7 | 연습문제

확률

2-1. *[3]* 80%의 사람들이 땅콩버터를 좋아하고, 89%는 젤리를 좋아하고, 78%는 둘 다 좋아한다고 가정하자. 무작위로 추출한 사람이 땅콩버터를 좋아한다면, 그 사람이 젤리도 좋아할 확률이 얼마나 되는가?

2-2. *[3]* $P(A) = 0.3$, $P(B) = 0.7$로 가정한다.

(a) $P(A)$와 $P(B)$만 알고 있다면 $P(A \text{ and } B)$를 계산할 수 있는가?

(b) 사건 A와 B가 독립적인 무작위 프로세스에서 발생한다고 가정한다.
$P(A \text{ and } B)$는 무엇인가?
$P(A \text{ or } B)$는 무엇인가?
$P(A|B)$는 무엇인가?

2-3. *[3]* 주사위 2개 중 더 큰 값이 점수가 되는 게임을 생각해 보자. 점수가 $\{1, \ldots, 6\}$이 되는 각 사건의 확률을 계산하라.

2-4. *[8]* 확률 변수 X에서 추출한 값 쌍 최대치의 누적 분포 함수가 X의 원래 누적 분포 함수의 제곱임을 증명하라.

2-5. *[5]* 두 개의 2진수 확률 변수 X와 Y가 독립적이면 $\bar{X}$(X의 여집합)와 Y도 독립적인가? 증명 또는 반례를 제시하라.

통계

2-6. *[3]* 아래 각 분포 쌍을 비교하여 평균이 더 큰 것과 표준 편차가 더 큰 것을 결정하라. μ 및 σ의 실제 값은 계산할 필요가 없으며, 서로 비교하는 방법만 제시하면 된다.

(a) i. 3, 5, 5, 5, 8, 11, 11, 11, 13.
ii. 3, 5, 5, 5, 8, 11, 11, 11, 20.

(b) i. −20, 0, 0, 0, 15, 25, 30, 30.
ii. −40, 0, 0, 0, 15, 25, 30, 30.

(c) i. 0, 2, 4, 6, 8, 10.
ii. 20, 22, 24, 26, 28, 30.

(d) i. 100, 200, 300, 400, 500.
ii. 0, 50, 300, 550, 600.

2-7. *[3]* 평균의 1 σ 이내에는 질량(크기)이 없는 확률 분포를 구성하라.

2-8. *[3]* 무작위 정수에 대한 산술 및 기하 평균은 어떻게 비교되는가?

2-9. *[3]* 모든 항이 같으면 산술 평균과 기하 평균도 같음을 보이라.

상관관계 분석

2-10. *[3]* 상관 계수 −0.9는 상관 계수 0.5보다 더 강한 선형 관계를 나타낸다라는 설명은 참인가 거짓인가? 또 그 이유를 설명하라.

2-11. *[3]* 대졸자가 담당 가능한 각 업무에 대해서 만약 대졸자의 연봉이

(a) 고졸자보다 5천 달러가 더 많다면,

(b) 고졸자보다 25% 더 많다면,

(c) 고졸자보다 15% 적다면,

이 회사에서 대졸자와 고졸자 연봉 사이의 상관 계수는 어떻게 되는가?

2-12. *[3]* 만약 남자가 항상 다음과 같은 여자와 결혼을 했다면 남편과 아내의 나이 사이의 상관관계는 어떻게 될 것인가?

(a) 그들보다 세 살 어리다.

(b) 그들보다 두 살 더 많다.

(c) 그들의 나이의 절반이다.

2-13. *[5]* 구글 검색에서 찾은 데이터 또는 문헌을 사용하여 다음 사이의 상관관계 강도를 추정 또는 측정해 보라.

(a) 야구에서 타자의 안타와 사구 출루

(b) 야구에서 투수가 허용한 안타와 사구 출루

2-14. *[5]* 균일하게 그려진 점 (x, x^k)들의 표본에 대해 피어슨과 스피어맨 순위 상관관계를 계산하라. k가 증가함에 따라 이 값들은 어떤 함수로 변화하는가?

로그

2-15. *[3]* 1보다 작은 수의 로그는 음수임을 보이라.

2-16. *[3]* 0의 로그는 정의되지 않음을 보이라.

2-17. *[5]* 다음을 증명하라.

$$x \cdot y = b^{(\log_b x + \log_b y)}$$

2-18. *[5]* 밑이 b인 로그를 밑이 a인 로그로 변경하기 위한 다음 공식의 정확성을 증명하라.

$$\log_a(x) = \log_b(x) / \log_b(a).$$

구현 프로젝트

2-19. *[3]* 몇 가지 흥미로운 데이터 세트를 찾아서 평균과 중간값이 얼마나 유사한지 비교해 보라. 평균과 중간값이 가장 많이 다른 분포는 무엇인가?

2-20. *[3]* 몇 가지 흥미로운 데이터 세트를 찾고 모든 쌍에서 흥미로운 상관관계를 검색해 보라.

http://www.data-manual.com/data에서 이용 가능한 것으로 시작하라. 무엇을 찾았는가?

인터뷰 질문

2-21. *[3]* 동전을 n번 던져서 앞면이 정확히 k번 나올 확률은 무엇인가? 여기서 앞면이 나올 확률은 p이다. k번 또는 그 이상 앞면이 나올 확률은 어떤가?

2-22. *[5]* 매번 변하는 동전을 던질 때 i 번째 던지기에서 앞면이 나올 확률을 $f(i)$라고 가정하자. n 번 던져서 앞면이 정확히 k번 나올 확률을 계산하는 효율적인 방법은 무엇인가?

2-23. *[5]* 농구 경기의 하프타임에 다음과 같은 두 가지 과제가 주어졌다.

(a) 세 번 슛을 시도해 적어도 두 번 성공한다.

(b) 여덟 번 슛을 시도해 적어도 다섯 번 성공한다.

어떤 도전을 선택해야 게임에서 이길 확률이 더 높은가?

2-24. *[3]* 10번 동전을 던져서 앞면이 8번, 뒷면이 2번 나왔다. 동전이 공정한지 어떻게 분석해야 하나? p-값은 얼마인가?

2-25. *[5]* n개의 숫자로 구성된 스트림이 주어졌을 때, 일정한 저장소만 사용하여 무작위로 하나를 선택하는 방법을 보이라. n을 미리 모르면 어떻게 하나?

2-26. *[5]* k-streak은 n 번의 연속된 동전 던지기에서 i번째 던지기부터 시작해서, i번째 결과와 그다음 k-1 회의 결과가 같을 때를 의미한다. 예를 들어, 순서 HTTTHH에는 두 번째, 세 번째, 다섯 번째 던지기에서 시작하는 2-streak이 포함되어 있다. 공정한 동전을 n 번 던져서 볼 수 있는 k-streak의 예상 개수는 몇 개인가?

2-27. *[5]* 한 사람이 포켓 계산기에 8자리 숫자를 무작위로 입력한다. 계산기가 거꾸로 뒤집혀도 숫자가 동일하게 보일 확률은 얼마인가?

2-28. *[3]* 주사위 던지지 게임을 할 때 다음 두 가지 선택이 있다.

(a) 주사위를 한 번 던진 결과 번호와 같은 상금(예: 숫자 3이면 3달러)을 받고 경기를 중단한다.

(b) 결과에 따라 첫 번째 보상을 거부하고, 두 번째 주사위를 던져 같은 방법으로 보상을 받을 수 있다.

보상을 극대화하려면 어떤 전략을 선택해야 하는가? 즉, 첫 번째 던진 결과가 어떨 때 두 번째 게임을 선택해야만 하는가? 두 번째 전략을 선택할 경우 보상에 대한 통계적 기대치는 얼마인가?

2-29. *[3]* A/B 테스트란 무엇이며 어떻게 작동하는가?

2-30. *[3]* 통계적 독립성과 상관관계의 차이점은 무엇인가?

2-31. *[3]* 우리는 종종 상관관계가 인과관계를 의미하는 것은 아니라고 말한다. 무슨 뜻인가?

2-32. *[5]* 편향된 분포와 균일한 분포의 차이는 무엇인가?

캐글 도전 과제

2-33. 원인-결과 쌍: 상관관계와 인과관계

`https://www.kaggle.com/c/cause-effect-pairs`

2-34. 사건순서에서 다음번 무작위 번호를 예측하라.

`https://www.kaggle.com/c/random-number-grand-challenge`

2-35. 애완동물 보호소에서 동물의 운명을 예측하라.

`https://www.kaggle.com/c/shelter-animal-outcomes`

CHAPTER

3

데이터 멍잉(Data Munging)

"배비지 씨, 기계에 틀린 값을 넣어도 올바른 답이 나올까요?"
나는 이런 질문을 두 번이나 받았다.
... 나는 그런 질문을 유발하는 혼란스러운 생각을 이해할 수 없다.

– 찰스 배비지(Charles Babbage)

대부분의 데이터 과학자들은 데이터를 정제(cleaning)하고 포매팅하는 데 많은 시간을 보낸다. 그러나 나머지 사람들은 자신이 원하는 작업을 수행할 데이터가 없다고 불평하면서 대부분의 시간을 보낸다.

이 장에서는 데이터를 이용하는 컴퓨팅에 관한 몇 가지 기본적인 기법들을 살펴보겠다. 통계학이나 기계 학습과 같은 멋진 것이 아니라, *데이터 멍잉(data munging)*이라는 별명으로 불리는 데이터를 찾고 데이터를 정제하는 지루하고 고된 일을 소개하려고 한다.

"최고의 라이브러리나 이용 가능한 프로그래밍 언어가 무엇인가?"와 같은 현실적인 질문들도 분명히 중요하지만, 그 답들은 너무 빠르게 바뀌어서 이 책과 같은 데서는 다루기가 적합하지 않다. 따라서 특정 소프트웨어 도구들을 중심으로 이 책을 만들기보다 일반 원칙 수준에 충실할 것이다. 그렇지만, 사용 가능한 자원에 관한 전반적인 사항은 다룰 것이다. 즉 왜 존재하고, 무슨 일을 하고, 얼마나 잘 사용할 수 있는지 등에 대해서는 설명할 것이다.

데이터 사이언스 프로젝트의 첫 번째 단계는 올바른 데이터를 손에 넣는 것이다. 그러나 이것은 종종 괴로울 정도로 어렵다. 이 장에서는 데이터 소스를 찾기 위한 가장 풍부한 사냥터에 대해 살펴본 다음, 사냥터에서 잡은 데이터를 정제하기 위한 기술을 소개한다. 의미 있는 결과를 구하려면 데이터를 안전하게 분석할 수 있도록 데이터를 다듬는(wrangling) 것이 매우 중요하다. 배비지 자신이 좀 더 간결하게 말했다. "쓰레기가 들어가면, 쓰레기가 나온다."

3.1 | 데이터 사이언스를 위한 언어

이론적으로는, 충분히 강력한 모든 프로그래밍 언어는 어떤 컴퓨팅 알고리즘도 표현할 수 있다. 하지만 실제로는, 특정 프로그래밍 언어가 특정 작업에 다른 언어보다 훨씬 더 잘 맞는다는 것이 증명되어 있다. 여기서 더 우수하다는 것은 처리해야 할 임무에 따라 *프로그래머에게 더 쉽거나 계산이 더 효율적*이라는 것을 나타낸다.

주목해야 할 주요 데이터 사이언스 프로그래밍 언어로는 다음과 같은 것들이 있다.

- Python: 현재 데이터 사이언스를 위한 가장 기본적인 프로그래밍 언어이다. Python에는 기본적인 데이터 멍잉을 쉽게 할 수 있는 정규식과 같은 다양한 언어 기능이 포함되어 있다. 이 언어는 개발 과정을 더 빠르고 즐겁게 만들어 주는 인터프리터 언어로서, 스크래핑(scraping)에서부터 시각화, 선형 대수학 및 기계 학습에 이르기까지 모든 작업을 수행할 수 있는 매우 다양한 라이브러리를 지원한다.

  아마 Python에서 가장 큰 문제는 효율성일 것이다. 인터프리터 언어는 컴파일 언어와 속도 면에서는 경쟁할 수 없다. 하지만 Python도 어떤 면에서는 컴파일러가 있고 컴퓨팅 집약적인 작업을 위해 효율적인 C나 어셈블리어 라이브러리와의 연결도 지원한다. 결론적으로 Python은 아마도 이 책에서 제시한 자료들을 가지고 작업하기 위한 가장 좋은 도구일 것이다.

- Perl: Python이 추월하기 전까지는 이 언어가 웹에서 데이터 멍잉을 위한 기본 언어로 사용되었다. TIOBE 프로그래밍 언어 인기 색인(`http://www.tiobe.com/tiobe-index`)에서, Python은 2008년 처음으로 Perl을 추월했고 그 후 지금까지 바뀌지 않았다. 이렇게 된 데는 객체 지향 프로그래밍에 대한 강력한 지원이나 더 풍부한 라이브러리 지원 등을 포함해서 많은 이유가 있지만, 결론은 Perl을 사용해야 할 장점이 거의 없다는 것이다. 하지만 놀랍게도 아직 몇몇 기존 프로젝트에서는 Perl을 사용하고 있다.

- R: 통계 학자를 위한 프로그래밍 언어로, 데이터 분석 및 시각화에 가장 깊이 있는 라이브러리를 사용할 수 있다. 데이터 사이언스 세계는 R과 Python으로 양분되어 있으며 R은 탐험(exploration)에 더 적합하고 Python은 생산 용도에 더 적합하다. R과 상호 작용하는 방식은 어느 정도 취향과 관련되므로 언어가 자연스러운 느낌이 드는지 조금 사용해 보기를 권한다.

  R과 Python 사이에는 링크가 있어서 Python 코드에서 R 라이브러리 기능을 편리하게 호출할 수 있다. 이렇게 하면 원래 Python 라이브러리에서 지원하지 않는 고급 통계 방법들에도 접근할 수 있다.

- Matlab: Matlab은 행렬을 빠르고 효율적으로 조작하기 위해 설계된 언어로, 이름에서 Mat는 *행렬(matrix)*을 의미한다. 앞으로 보겠지만, 많은 기계 학습 알고리즘들이 행렬에 대한 연산으로 변형되는데, 이런 점들이 자연스럽게 Matlab을 고수준의 추상화가 필요한 공학 프로그래밍에 사용하도록 해주고 있다.

  Matlab은 독점 시스템이지만, 대안으로 GNU Octave에서 많은 기능을 공개 소스로 사용할 수 있다.

- Java와 C/C++: 대형 시스템 개발을 위한 이러한 주류 프로그래밍 언어는 빅 데이터 응용에도 중요하다. Hadoop과 Spark와 같은 병렬 처리 시스템은 각각 Java와 C++를 기반으로 한다. 만약 여러분이 분산 컴퓨팅의 세계에 살고 있다면, 여기에 나열한 다른 언어 대신 자바와 C++의 세계에 사는 것이다.
- Mathematica/Wolfram Alpha: Mathematica는 수치 및 기호 수학에 관한 모든 컴퓨팅을 지원하는 독점 시스템으로, Wolfram 프로그래밍 언어로 구축되었다. 이 언어는 Wolfram Alpha 컴퓨터 지식 엔진의 기반인데, Wolfram Alpha는 알고리즘과 사전에 준비한 데이터 소스들을 이용해서 자연언어와 유사한 질의를 처리한다. http://www.wolframalpha.com에서 확인해 보라.

  저자는 Mathematica에 대해 좋은 감정이 있음을 밝힌다.[1] 주로 소규모 데이터 분석이나 시뮬레이션을 할 때 사용하였지만, 비용은 일반적으로 많은 사용자가 사용할 수 있는 정도의 범위는 아니다. Wolfram 언어의 출시로 이제는 더 넓은 커뮤니티에 공개되어 있을 것이다.
- Excel: Excel과 같은 스프레드시트 프로그램은 주어진 데이터 세트에 무엇이 포함되어 있는지 확인하는 것과 같은 탐험적 데이터 분석을 위한 강력한 도구이다. 이런 응용에 대한 능력은 존경받을 만하다.

  전체 기능을 갖춘 스프레드시트 프로그램은 파워 유저들을 위한 놀랄만한 양의 숨겨진 기능을 포함하고 있다. 마이크로소프트사의 임원으로 있는 저자의 제자는 엑셀에 대한 새로운 기능 요청 중 25%가 이미 포함되어 있다고 말했다. 여러분이 원하는 특별한 함수나 데이터 조작 기능은 Excel에 이미 있을 것이다. 만약 찾기 어려우면 Python 라이브러리에서 필요한 것을 찾는 것과 같은 방식으로 찾아보라. 그러면 아마도 발견할 수 있을 것이다.

3.1.1 노트북 환경의 중요성

데이터 사이언스 프로젝트의 주 결과물은 프로그램이 되어서도 안 되고, 데이터 세트나 데이터에 대해 프로그램을 실행한 결과가 되어서도 안 된다. 또 서면 보고서만 되어서도 안 된다.

모든 데이터 사이언스 프로젝트의 결과물은 코드, 데이터, 컴퓨팅 결과, 프로세스에서 학습한 내용에 대한 서면 분석 결과 등을 결합한 계산 가능한 노트북이어야 한다. 그림 3.1은 Jupiter/IPython 노트북에서 발췌한 내용을 보인 것이다. 코드와 그래픽, 문서를 프로그램처럼 실행할 수 있는 설명 문서로 통합하는 방법을 보여 주고 있다.

이것이 중요한 이유는 컴퓨팅 결과가 매개 변수 선택과 설계 결정을 해나가는 오랜 과정의 산물이기 때문이다. 이로 인해 노트북 컴퓨팅 환경으로 해결해야 하는 다음과 같은 여러 문제가 발생한다.

[1] 전체 공개: 저자는 Stephen Wolfram을 30년 이상 알고 지냈으며, 우리는 iPad를 함께 발명했다[Bar10, MOR+88].

```
In [40]: degrees = range(1, 8)
         errors = np.array([regressor3(d) for d in degrees])
         plt.plot(degrees, errors[:, 0], marker='^', c='r', label='Testing samples
         plt.plot(degrees, errors[:, 1], marker='o', c='b', label='Training sample
         plt.yscale('log')
         plt.xlabel("degree"); plt.ylabel("Error")
           = plt.legend(loc='best')
```

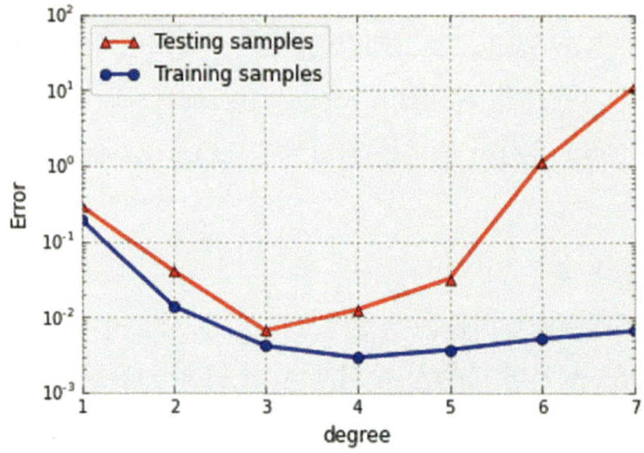

차수를 검사하여 모델 성능에 관한 두 영역을 발견하였음.

- **과소적합(underfitting)** (차수<3): 모델 성능을 높이면 시험 오류가 낮아지는 특징을 가짐.
- **과대적합(overfitting)** (차수<3): 모델 성능을 높이면 시험 오류가 높아지는 특징을 가짐. 훈련 오류는 낮아지거나 동일하게 유지됨을 주목할 것.

그림 3.1: 코드, 컴퓨팅 결과, 문서를 결합한 Jupyter/IPython 노트북

- 계산은 *재현 가능(reproducible)*해야 한다. 동일한 프로그램을 처음부터 다시 실행할 수 있어야 하고 정확히 같은 결과를 얻을 수 있어야 한다. 이는 원시 입력을 받아서 최종 출력을 생성할 때까지 모든 데이터 처리 과정이 *완전(complete)*해야 함을 의미한다. 원시 데이터 세트에서 시작하여, 어떤 처리를 하고, 수작업으로 데이터 파일을 편집, 포매팅하고 또 추가로 다른 처리를 하는 것은 끔찍한 일이다. 수작업으로 수행한 일들은 다른 데이터 세트에 대해 다시 수행하기도 쉽지 않고 또 실수했을 때 되돌리기도 어렵기 때문이다.

- 계산은 *변경 가능(tweakable)*해야 한다. 흔히 재고려나 평가는 하나 이상의 매개 변수나 알고리즘의 수정을 유발하고, 이에 따라 새로운 계산 결과를 구하기 위해 노트북을 다시 실행해야 할 필요가 생긴다. 아무런 설명 없이 빅 데이터 산출물을 주고 그것이 최종 결과이고 아무것도 바꿀 수 없다는 말을 듣는 것처럼 실망스러운 것은 없을 것이다. 전체 프로젝트가 완료될 때까지 노트북은 절대로 완성되지 않는다.

- 데이터 처리 과정은 *문서화(documented)*되어야 한다. 텍스트와 시각화를 여러분의 코드와 통합할 수 있도록 한 노트북은 전통적 프로그래밍 환경과는 다르게 여러분이 무엇을 하고 있고 왜 하는지를 전달할 수 있는 강력한 방법을 제공한다.

> **가정 학습** IPython이나 Mathematica와 같은 노트북 환경을 사용하여 임의의 데이터 사이언스 프로젝트의 결과를 구축하고 보고하라.

3.1.2 표준 데이터 포맷

데이터는 온갖 다양한 곳에서 온갖 종류의 포맷으로 나온다. 어떤 표현이 가장 좋은지는 최종 소비자가 누구인가에 달려 있다. 도표와 그래프는 사람들에게 수치 데이터의 의미를 전달하는 훌륭한 방법이다. 실제로, 6장에서는 데이터를 시각화하는 기술에 초점을 맞출 것이다. 하지만 이러한 그림들은 계산을 위한 데이터 소스로서는 전혀 쓸모가 없다. 인쇄된 지도에서 Google Maps까지 가는 길은 긴 여정이었다.

최상의 컴퓨터 데이터 포맷에는 몇 가지 유용한 특성이 있다.

- **컴퓨터로 구문분석하기 쉽다:** 유용한 포맷으로 작성된 데이터는 다른 곳에서도 다시 사용할 수 있다. 정교한 데이터 포맷은 종종 API의 지원을 받는데, 올바른 포맷을 보장하기 위한 기술적인 사항을 관리하는 역할을 한다.
- **사람이 쉽게 읽을 수 있다:** 데이터를 살펴본다는 것은 여러 상황에서 필수적인 작업이다. 이 디렉터리에 있는 어느 데이터 파일이 내가 사용하기에 적합한가? 이 파일의 데이터 필드에 대해 무엇을 알고 있는가? 특정 필드의 값의 전체 범위는 무엇인가? 이러한 사례에서 텍스트 편집기로 데이터 파일을 열어 볼 수 있다는 것은 엄청난 가치를 가진다. 일반적으로 사람이 읽을 수 있다는 것은 별도의 선으로 구분된 레코드와 구분 기호로 분리된 필드 형식을 갖는, 사람이 읽을 수 있는 텍스트 형식으로 데이터가 표현되어 있다는 것을 의미한다.
- **여러 도구와 시스템에서 광범위하게 사용된다:** 기업으로서는 독점적인 데이터 표준을 개발하려는 열망이 강하고, 대부분의 소프트웨어 개발자들은 파일 포맷을 공유하기보다는 차라리 칫솔을 공유하는 것이 더 낫다고 생각할 정도이다. 하지만 이것은 피해야 할 충동이다. 데이터의 힘은 데이터를 다른 데이터 자원과 결합하고, 비교하는 데서 나오는 것인데 이것을 가능하게 하는 것이 널리 사용되는 표준 포맷을 사용하는 것이다.

이 목록에서 생략한 한 가지 특성은 *간결성*(*conciseness*)이다. 그 이유는 일반적으로 현대 컴퓨팅 시스템에서 실행되는 대부분의 응용에서 이 특성은 주요 관심사가 아니기 때문이다. 데이터 스토리지 비용을 최소화하려는 시도는 종종 다른 목표와 상충한다. 여러 필드를 몇 비트의 정수로 교묘하게 축약시키면 공간은 절약할 수 있지만, 호환되지 않고 읽기 어렵다는 대가를 치러야 한다.

gzip과 같은 일반 압축 유틸리티는 인간 친화적인 포맷의 중복성을 제거하는 데 탁월한 능력을 보여 준다. 그러나 디스크 가격도 믿을 수 없이 저렴하다. 이 글을 쓸 때 4 TB 드라이브를

약 100달러에 살 수 있었는데, 이 비용은 개발자가 압축 포맷을 위해 낭비하는 한 시간의 프로그래밍 비용보다도 적을 것이다. 여러분이 페이스북이나 구글의 규모로 운영하지 않는다면, 간결성은 여러분이 고려해야 하는 중요성을 거의 가지고 있지 않다.[2]

알아두어야 할 가장 중요한 데이터 포맷이나 표현에 관해 아래에서 설명하도록 한다.

- CSV(comma separated value, 쉼표로 구분된 값) 파일: 이러한 파일은 프로그램 간에 데이터를 교환할 수 있는 가장 간단하고 널리 사용되는 형식을 제공한다. 각 줄은 단일 레코드를 나타내고, 쉼표로 구분된 필드를 포함하는데, 이로 인해 검사하기가 쉽다. 하지만 특수 문자와 문자열 처리에 주의가 필요하다. 가령 이름 데이터에 "Thurston Howell, Jr"와 같이 쉼표가 포함될 수도 있다. csv 포맷은 이러한 문자가 구분자로 취급되지 않도록 피하는 방법을 제공하지만 좀 성가시다.

  더 나은 대안은 *tsv(tab separated value, 탭으로 구분된 값)* 파일과 같이 구분자로 잘 사용하지 않는 기호 문자를 사용하는 것이다. csv 파일의 형식이 올바른지에 대한 가장 좋은 테스트는 마이크로소프트 Excel이나 다른 스프레드시트 프로그램에서 이 파일을 읽을 수 있는지를 확인하는 것이다. 모든 프로젝트의 결과물에서 첫 번째 csv 파일이 작성되는 즉시 이 테스트를 통과하도록 하여 나중에 문제가 발생하지 않도록 해야 한다.

- XML(eXtensible Markup Language, 확장성 마크업 언어): 구조화되었지만, 표가 아닌 데이터는 주석이 있는 텍스트로 작성되는 경우가 많다. 텍스트를 위한 개체명 태거(named-entity tagger)의 출력은 텍스트의 관련 부분을 사람, 장소, 사물을 나타내는 브래킷으로 둘러싸는 것이다. 나는 이 책을 LaTex로 쓰고 있는데, LaTex는 수학적 표현과 이탤릭체로 표시돼야 할 텍스트 주위에 브래킷 명령들을 위치시켜 텍스트를 포매팅하는 언어이다. 모든 웹 페이지는 하이퍼텍스트 마크업 언어인 HTML로 작성되는데 **굵은 글씨체의 텍스트**를 표시하기 위해 <b>와 </b>를 사용하는 것처럼 브래킷 명령어들을 사용하여 문서를 구성한다.

  XML은 이러한 마크업 언어의 사양을 작성하기 위한 언어다. 적절한 XML 사양을 사용하면 규격을 준수하는 어떤 문서도 구문을 분석할 수 있다. 그러한 규격을 설계하고 이를 완전히 준수하려면 통제가 필요하지만, 그럴 만한 가치가 있다. 우리의 텍스트 분석 시스템인 Lydia의 첫 번째 버전에서는 우리 마크업을 "가상 XML"(pseudo-XML)로 작성했고, 전용 구문 분석기는 문서의 99%를 올바르게 처리했다. 하지만 분석기를 확장할 때마다 제대로 작동하지 않았다. XML로 힘들게 전환한 후에는 모든 작업이 더욱 안정적이고 효율적으로 진행되었다. 왜냐하면, 빠른 공개 소스 XML 구문분석기를 이용하여 우리 사양에 맞는 모든 복잡한 일들을 처리할 수 있었기 때문이다.

- SQL(구조화된 질의 언어) 데이터베이스: 스프레드시트는 단일 테이블에 적합하게 구조화되어 있다. 반면 관계 데이터베이스는 투박하지만 강력한 질의 언어인 SQL을 사용하여

[2] 실제로 구글에 있는 친구들은 페타바이트 단위 규모에서도 공간 문제를 소홀히 할 때가 있다고 말한다.

여러 개의 관련된 테이블들을 아주 잘 조작할 수 있다.

제대로 된 데이터베이스 시스템은 내부적인 덤프 기능뿐만 아니라 레코드를 csv나 XML 파일 형태로 가져오고 내보낼 수 있다. 데이터베이스의 내부 표현은 불명확해서, 데이터 포맷이라 부르기에는 정확지 않다. 그러나 SQL 데이터베이스는 일반적으로 여러 개의 데이터 파일을 임시방편으로 조작하는 것보다는 더 우수하고 강력한 해결책으로 입증되었기 때문에 여기서 소개한다.

- **JSON(JavaScript Object Notation):** 프로그램 간에 데이터 객체를 전송하기 위한 포맷으로, 한 시스템에서 다른 시스템으로 변수나 자료 구조의 상태를 전달하기 위한 자연스러운 방법이다. 이 표현은 다음과 같이 기본적으로 변수 또는 필드명과 그 값에 해당하는 속성-값 쌍의 리스트이다.

```
{"employees":[
    {"firstName":"John", "lastName":"Doe"},
    {"firstName":"Anna", "lastName":"Smith"},
    {"firstName":"Peter", "lastName":"Jones"}
]}
```

JSON 개체의 읽기와 쓰기를 지원하는 라이브러리 기능은 모든 최신 프로그래밍 언어에서 쉽게 사용 가능하므로, 나중에 사용할 목적으로 자료 구조를 저장하는데 매우 편리한 방법이다. JSON 개체는 사람이 읽을 수는 있지만, csv 파일의 레코드 배열 표현과 비교해 보면 상당히 어수선해 보인다. 단순한 데이터 테이블보다는 복잡한 구조의 객체에 사용한다.

- **프로토콜 버퍼:** 응용 간의 통신이나 저장을 위해 구조화된 데이터를 직렬화시키는 언어 및 플랫폼 중립적인 방법이다. 이것은 기본적으로 JSON처럼 프로그램 간에 소량의 데이터를 전달하도록 설계된 더 가벼운 버전의 XML(구조화된 데이터의 형식을 정의하는)이다. 이 데이터 포맷은 구글에서 컴퓨터 간 통신에 많이 사용된다. 페이스북에서는 Apache Thrift라는 표준을 사용한다.

3.2 | 데이터 수집

데이터 사이언스나 모델링 프로젝트에서 가장 중요한 문제는 올바른 데이터 세트를 찾는 것이다. 실행 가능한 데이터 소스를 식별하는 것은 예술이며, 다음과 같은 세 가지 기본적인 질문이 필요하다.

- 실제로 필요한 데이터를 누가 가지고 있는가?
- 왜 그것을 나에게 제공하기로 했을까?

- 어떻게 하면 내가 사용할 수 있을까?

이 절에서는 이러한 질문에 대한 답을 살펴볼 것이다. 공통적인 데이터 소스들을 살펴보고, 여러분이 무엇을 찾을 수 있을 건지, 왜 그런지를 볼 것이다. 그런 다음 API, 스크래핑, 로깅(logging) 등을 포함한 기본 접근 메커니즘을 검토할 것이다.

3.2.1 사냥

누가 데이터를 가지고 있고, 어떻게 얻을 수 있을까? 유력한 후보 중 일부가 아래에 검토되어 있다.

기업 및 독점 데이터 소스

페이스북, 구글, 아마존, 아메리칸 익스프레스, 블루 크로스 같은 대기업들은 거래 내용과 사용자에 관한 엄청난 양의 흥미로운 데이터를 가지고 있다. 그러한 데이터는 세상이 동작하는 방식을 개선하는 데 사용될 수 있다. 문제는 보통 외부에서 접근하는 것이 불가능하다는 것이다. 기업이 데이터 공유를 꺼리는 이유는 다음과 같은 두 가지 이유가 있다.

- 비즈니스 문제 및 경쟁 업체를 이롭게 할지 모른다는 두려움
- 사생활 문제와 고객의 기분을 상하게 하는 것에 대한 두려움

AOL이 자신들의 검색엔진에 대한 수백만 개의 질의 데이터 세트를 개인 정보를 제거한 후 연구자들에게 제공함으로써 기업 데이터도 공개될 수 있다는 감동적인 일이 일어났다. 연구자들이 첫 번째 발견한 것은 가장 자주 입력되는 질의가 구글과 같은 다른 검색엔진으로 도망치기 위한 필사적인 시도였다는 것이었다. 이것은 AOL 검색 품질에 대한 대중의 신뢰를 높이는 데 아무런 도움이 되지 않았다.

그들의 두 번째 발견은 이전에 의심되었던 것보다 훨씬 더 검색 질의를 익명화하기 어렵다는 것이었다. 물론 여러분은 사용자 이름을 id 번호로 바꿀 수는 있지만, "*Steven Skiena, Stony Brook*"이라는 질의와 `https://twitter.com/search?q=Skiena&src=sprv`를 반복적으로 질문하는 롱 아일랜드에 있는 사람이 누군지 알아내는 것은 어렵지 않다. 실제로 이번 자료가 공개되고 사람들의 신분이 공개되자 책임자가 해고되고 데이터 세트가 사라졌다. 사용자의 개인정보보호는 중요하며 데이터 사이언스와 관련된 윤리적 문제는 12.7절에서 논의할 예정이다.

따라서 회사에 기밀인 사용자 데이터를 공개하라고 설득할 생각은 하지 마라. 그러나 뉴욕 타임스, 트위터, 페이스북, 구글과 같은 다수의 책임 있는 회사들은 일반적으로 속도 제한을 갖는 응용 프로그램 인터페이스(API)를 통해 특정 데이터를 공개하고 있다. 거기에는 일반적으로 두 가지 동기가 있다.

- 매출 증대를 위해 고객과 다른 회사를 대상으로 데이터를 제공한다. 예를 들어, 질의 빈도와 광고 가격에 대한 데이터를 공개하는 것은 더 많은 사람이 주어진 플랫폼에 광고하도

록 부추길 수 있다.

- 일반적으로 회사 차원에서는 무법자들이 계속 사이트에 대해 망치질하고 상처를 내는 것보다 차라리 잘 작동하는 API를 제공하는 것이 낫다.

그러므로 스크래핑에 관한 3.2.2절을 읽기 전에 공개 API를 찾아보도록 하라. 여러분은 여러분이 기대했던 정확한 내용이나 양을 찾지는 못하겠지만, 아마 시작하기에 충분할 정도는 될 것이다. 사용 제한 사항 및 사용 약관에 주의하라.

일부 기관에서는 1장에서 설명한 구글 N그램, IMDb, 택시 요금 데이터 세트와 같이 오프라인 분석을 위한 흥미로운 데이터의 대량 다운로드를 제공한다. 대용량 데이터 세트에는 책 제목, 이미지 캡션, 편집 이력과 같은 가치 있는 메타 데이터가 제공되는 경우가 많으며, 이는 적절한 상상을 통해 재활용될 수 있다.

마지막으로, 대부분의 조직은 그들의 업무와 관련된 내부 데이터 세트를 보유하고 있다. 직원으로서 그 조직에서 일하는 동안 특권을 누릴 수 있어야 한다. 기업에는 내부 데이터에 대한 접근 정책이 있으므로 어떤 제한이 적용될 수도 있다. 이러한 정책 조건을 위반하는 것은 전(前) 직장인이 되기 위한 지름길이다.

정부 데이터 소스

데이터 수집은 정부가 하는 중요한 일 중 하나이다. 실제로, 미국이 인구 조사를 시행하는 것은 헌법에 따른 것이며 1790년 이후 10년마다 일정대로 운영됐다.

시와 주, 연방 정부는 지속해서 데이터를 공개하고, 새로운 응용을 촉진하며, 정부가 그 임무를 수행하는 방법을 개선해 왔다. 웹 사이트 `http://Data.gov`는 연방 정부가 데이터 소스를 중앙 집중식으로 수집하려는 계획에 의한 것이며, 드디어 10만 개가 넘는 데이터 세트를 수집하였다!

정부 자료는 원칙적으로 국민의 것이라는 점에서 산업 자료와는 다르다. 정보 공개법(*The Freedom of Information Act*, FOIA)은 모든 시민이 정부 문서나 자료를 공식적으로 요청할 수 있도록 하고 있다. 이러한 요청은 국가의 이익이나 사생활을 침해하지 않고 공개할 대상을 결정하는 과정을 필요로 한다.

미국의 50개 주 정부는 각기 서로 다른 법을 가지기 때문에, 어떤 한 주에서 엄격히 제한된 데이터가 다른 주에서는 자유롭게 이용될 수도 있다. 뉴욕과 같은 주요 대도시들은 다른 많은 주보다 더 큰 데이터 처리 작업을 하고 있으며, 또다시 지역에 따라 서로 다른 제약이 있다.

저자는 정부 기록에 대해 다음과 같이 생각을 할 것을 추천한다. 필요한 것을 온라인에서 찾을 수 없다면, 어느 기관이 그것을 보유하고 있는지 알아내라. 그들에게 친절하게 전화해서 여러분이 원하는 것을 찾을 수 있도록 도와줄 수 있는지 알아보아라. 만약 그들이 거부한다면, 언제든지 FOIA 법에 따른 요청을 해보라. 일반적으로 특정 정부 데이터 세트의 공개 여부를 결정하는 데 있어 가장 큰 문제는 프라이버시의 보호다.

학술 데이터 세트

인류가 알 만한 가치가 있는 것은 모두 망라하는 학문의 광대한 세계가 있다. 학술 연구의 증가는 대규모 데이터 세트의 생성을 수반한다. 이제 많은 논문지는 출판 전에 다른 연구자들이 이용 가능한 소스 데이터를 공개하도록 요구하고 있다. 만약 여러분들이 열심히 찾아보면, 막대한 양의 경제, 의학, 인구 통계학, 역사 및 과학적 자료를 찾을 수 있을 것이다.

이러한 데이터 세트를 찾는 열쇠는 관련 논문을 추적하는 것이다. 어떤 관심 주제든 관련된 학술 저작물이 있다. Google Scholar는 연구 간행물에 가장 쉽게 접근할 수 있는 소스이다. "열린 과학" 또는 "데이터"처럼 주제별로 검색한다. 일반적으로 연구 간행물은 관련 데이터를 어디에서 찾을 수 있는지에 대한 포인터를 제공한다. 그렇지 않은 경우, 직접 저자에게 연락해서 요청하면 원하는 결과를 신속하게 얻을 수 있다.

발표된 데이터 세트를 사용할 때 가장 큰 애로점은 데이터 세트를 얻기 전에 다른 누군가가 열심히 노력해서 분석했기 때문에, 이전에 발굴한 이런 자원들은 이미 흥미로운 새로운 결과들을 모두 소진해 버렸을 수도 있다는 것이다. 하지만 오래된 데이터에 대해 새로운 의문을 가져봄으로써 새로운 가능성을 열수도 있다.

종종, 흥미로운 데이터 사이언스 프로젝트는 사회 과학과 자연 과학처럼 여러 분야 연구원들 간의 협력이 필요하기도 하다. 다른 분야 사람들은 당신과 다른 언어로 말하고, 처음에는 겁을 주는 것처럼 보일지도 모른다. 하지만 많은 경우 그들은 협력을 반기고 또, 일단 전문용어만 이해하면 보통은 전문적인 연구 없이도 어느 정도 수준에서 그들의 문제를 이해할 수 있다. 다른 분야의 사람들도 대개는 당신보다 더 똑똑하지 않다는 것을 염두에 두길 바란다.

땀의 지분

때론 다른 사람의 데이터를 가져오는 대신 여러분의 데이터를 위해 직접 작업이 필요한 경우도 있다. 많은 과거 데이터는 여전히 책이나 다른 종이 문서에만 존재하므로 수동으로 입력하고 다듬어야 한다. 그래프나 표에 필요한 정보가 포함되어 있을 수 있지만, PDF(휴대용 문서 포맷) 파일에 있는 그래픽에서 숫자를 얻는 것은 어려울 수 있다.

저자는 컴퓨팅 지향적인 사람들이 수동 데이터 입력에 필요한 노력을 과대평가하는 것을 보았다. 분당 한 개의 레코드면, 단 이틀 만에 1,000개의 레코드를 쉽게 입력할 수 있다. 대신, 컴퓨팅적 사람들은 이러한 번거로운 작업을 피하려고 성능 좋은 광학 문자 인식(OCR)시스템을 찾아 헤매거나, 새로 입력하는 것보다 더 많은 시간을 허비하면서 노이즈 투성이인 스캔본을 수정하느라 엄청난 노력을 기울이는 경향이 있다.

여기서 절충안은 여러분을 위해 귀찮은 일을 해 줄 다른 누군가에게 비용을 지급하는 것이다. Amazon Turk나 CrowdFlower와 같은 크라우드 소싱 플랫폼을 사용하면 데이터 추출이나 수집을 지원하는 여러 사람에게 비용을 지불할 수 있다. 이미지 레이블링이나 설문 조사 응답과 같이 사람의 주석이 필요한 작업은 특히 원격 작업자를 활용하면 좋다. 크라우드 소싱은 3.5절에서 더 자세히 논의할 것이다.

Wikipedia, Freebase, IMDb와 같은 많은 놀라운 개방형 데이터 소스가 수많은 기부자에 의해 만들어져 왔다. 하지만 기억해야 할 중요한 사실이 있다. 사람들은 보통 지급한 비용 이상으로 잘 한다는 것이다.

3.2.2 스크래핑

웹 페이지에는 종종 구하고 싶은 귀중한 텍스트와 수치 데이터가 들어 있다. 예를 들면, 하이알라이(jai-alai) 경기를 위한 도박 시스템을 구축하는 프로젝트에서, 우리는 어제 경기 결과와 오늘의 경기 일정을 시스템에 입력해야 했다. 우리 해결책은 팬들을 위해 이 정보를 게시한 하이알라이 베팅 업체들의 웹 사이트를 스크랩하는 것이었다.

이를 위해서는 스파이더링과 스크래핑 두 가지 단계가 필요하다.

- *스파이더링*(*spidering*)은 분석에 적합한 페이지 집합을 다운로드하는 과정이다.
- *스크래핑*(*scraping*)은 컴퓨터 분석을 위해 각 페이지에서 필요한 콘텐츠를 뽑아내는 정교한 기술이다.

가장 먼저 인식해야 할 것은 웹 페이지는 일반적으로 HTML이나 JavaScript와 같이 이해하기 쉬운 서식 언어로 작성된다는 것이다. 브라우저는 이러한 언어를 알고 있으며, 표시할 내용을 명시하기 위해 프로그램으로서 웹 페이지의 텍스트를 해석한다. 웹 브라우저의 이러한 기능을 이용하면 여러분의 프로그램이 어떤 웹 페이지든지 다운로드하고 분석을 위해 내용을 해석할 수 있다.

전통적으로, 스크래핑 프로그램은 관심 있는 콘텐츠 주변의 특별한 HTML 패턴을 찾기 위해 작성한 특정 사이트를 위한 스크립트였다. 이는 특정 웹 사이트의 많은 페이지가 프로그램으로 생성된다는 사실을 이용했고, 따라서 그 형식을 쉽게 예측할 수 있었다. 그러나 그러한 스크립트는 조잡하고 불안정한 경향이 있어서, 대상 웹 사이트가 페이지 내부 구조를 수정할 때마다 작동하지 않는다는 문제가 있다.

오늘날에는 Python과 같은 언어의 라이브러리(BeautifulSoup을 보라)는 강력한 스파이더와 스크래퍼를 쉽게 작성할 수 있도록 해준다. 실제로, 다른 누군가가 이미 모든 인기 있는 웹 사이트에 대한 스파이더와 스크래퍼를 작성해서 SourceForge나 Github에서 이용할 수 있도록 해 놓았을 것이다. 그러므로 실제로 코드를 작성하기 전에 찾아보도록 하라.

예를 들어 일정한 시간 간격으로 단일 URL(uniform resource locator)을 탐색하는 것처럼, 어떤 스파이더링 작업은 사소한 일일 수도 있다. 이런 패턴은 아마존 페이지에서 어떤 책의 판매 순위를 지속해서 관찰하는 것 같은 경우에 일어난다. 약간 더 복잡한 스파이더링 방법은 관련 URL의 이름 규칙에 기반을 둔 것이다. 예를 들어, `http://www.amazon.com/gp/product/1107041376/`과 같이, 사이트의 모든 페이지가 날짜 또는 제품의 ID 번호로 지정된 경우라면, 관심 값의 전체 범위를 반복하는 것은 단순한 집계 문제가 된다.

가장 진보된 형태의 스파이더링은 *웹 크롤링*(*web crawling*)으로, 주어진 루트 페이지로부터 외부로 나가는 모든 링크를 체계적으로 따라가면서 목표 웹 사이트의 모든 페이지를 방문할 때까지 이 과정을 순환적으로 계속하는 것이다. 이것이 구글이 웹을 색인하는 방법이다. 여러분도 충분한 인내심과 쉽게 찾을 수 있는 Python의 웹 크롤링 라이브러리만 있으면 할 수 있다.

주어진 웹 사이트를 얼마나 자주 스파이더링하고, 크롤링해야 하는지에 대한 예의상의 제약을 이해하기 바란다. 1초에 한 번 이상 사이트를 방문하는 것은 나쁜 형태로 간주되고, 공급자는 과도하게 방문하는 사람들에 대한 접근을 차단하는 것이 최선의 방책이다.

모든 주요 웹 사이트에는 관련 데이터에 대해 합법적으로 수행할 수 있는 작업을 제한하는 *서비스 조건 문서*가 포함되어 있다. 일반적으로 말하면, 대부분 사이트는 과도하게 접근하지 않고 스크랩한 데이터를 재배포하지 않는 한 내버려 둔다. 이것은 법률적인 의견이 아니라 관찰의 결과라는 것을 이해하라. 실제로, 유명한 인터넷 인물인 애런 스워츠(Aaron Schwartz) 사건에 대해 읽어 보라. 그는 학술지 논문을 스파이더링/스크래핑하는 과정에 서비스 조건을 위반한 혐의로 중범죄로 기소되었고, 궁지에 몰려 사망했다. 웹 스크래핑 프로젝트를 전문적으로 수행하는 경우, 다른 사람의 재산을 너무 창의적으로 사용하기 전에 경영자가 서비스 조건을 잘 이해하고 있는지 확인하라.

3.2.3 로깅

잠재적인 데이터 소스를 가지고 있다면, 실제 소유한 것처럼 취급하라. 웹 서비스나 통신 장치, 실험실 기기 등에 대한 내부 접근은 후속 분석을 위해 모든 활동을 로그에 기록할 권리와 책임을 부여한다.

곧 다가올 "사물 인터넷(Internet of Things)"으로 인해 폭발적으로 늘어날 웹 로그와 감지 장치에서 주변의 데이터 수집을 하면 놀라운 일들을 수행할 수 있다. 예로 휴대 전화의 가속도계는 지진의 세기를 측정하는 데 사용될 수 있다. 하지만 울퉁불퉁한 도로를 운전하는 사람이나 의류 건조기 속에 전화기를 놓아둔 사람을 걸러낼 수 있는지가 관건이다. 택시들의 GPS 데이터를 감시하면 도시 거리의 교통 혼잡을 추적할 수 있다. 이미지와 비디오 스트림에 대한 컴퓨터 분석은 수많은 응용에 대한 가능성을 제공한다. 또 다른 멋진 생각은 매일 사진 사이트에 업로드되는 수백만 장 사진의 배경인 하늘의 색깔을 살펴보면 카메라를 기상 관측 기구로 사용할 수 있다는 것이다.

여러분의 시스템에 데이터를 수집하기 위한 장치를 설치하는 주된 이유는 여러분이 데이터를 수집할 수 있기 때문이다. 지금 당장은 정확히 무엇을 해야 할지 모르지만 잘 구성된 데이터 세트는 어떤 중요한 크기에 도달하면 가치가 높아질 수 있다.

현재의 스토리지 비용은 시스템에 장치를 설치하는 장벽이 얼마나 낮아졌는지를 분명히 보여 주고 있다. 우리 집 근처의 대형 유통 매장에서는 현재 3테라바이트 디스크 드라이브를 100달러 미만의 매우 싼 가격에 판매하고 있다. 만약 각 트랜잭션 레코드가 1킬로바이트(천 글자) 크기라면, 이 장치는 이론상으로 30억 개의 레코드를 위한 공간을 가지고 있는데, 대략 지구 인구 두 명당 한 레코드씩이다.

로깅 시스템 설계 시 중요한 고려 사항은 다음과 같다.

- 제한된 유지 관리만으로도 견딜 수 있도록 구축하라. 무제한 확장과 백업을 위한 충분한 스토리지 용량을 제공한 다음 잊어버려라.
- 가질 수 있는 값의 모든 필드를 저장하라.
- 사람이 읽을 수 있는 포맷이나 트랜잭션 데이터베이스를 사용하라. 그러면 몇 달이나 몇 년 후 데이터를 분석할 때가 되면 그 안에 무엇이 있는지 정확히 이해할 수 있다.

3.3 | 데이터 정제

"쓰레기가 들어가면, 쓰레기가 나온다"는 데이터 분석의 기본 원칙이다. 원시 데이터에서 정제되고 분석 가능한 데이터 세트를 구하는 것은 오래 걸리는 과정이다.

분석을 위해 데이터를 정제할 때는 많은 잠재적 문제가 발생할 수 있다. 이 절에서는 처리 과정의 인위적 요소(artifact)의 식별과 다양한 데이터 세트의 통합에 관해 설명한다. 여기서 우리가 초점을 맞추는 것은 쓰레기가 애초에 들어가지 않도록 실제 분석을 하기 전에 미리 처리하는 것이다.

> **가정 학습** 요령 있는 그림 복원가들은 원본에 대해 되돌릴 수 있는 작업만 수행한다. 그들은 결코 해를 끼치지 않는다. 마찬가지로, 데이터 정제는 항상 원본 데이터의 복사본에 대해 수행되며, 이상적으로는 체계적이고 반복적인 방법으로 변경하는 처리 과정에 의해 수행된다.

3.3.1 오류 대 인위적 요소

고대 유대 법에 따르면, 재판 중인 용의자가 모든 판사에 의해 만장일치로 유죄 판결을 받는다면, 이 용의자는 무죄가 된다. 판사들은 만장일치 합의가 종종 사법 절차에 체계적인 실수가 있다는 것을 나타낸다는 것을 알아차렸다. 그들은 어떤 것이 진실이라고 보기에 너무 완벽한 것 같으면 어딘가에 실수가 있었을 가능성이 있다고 추론했다.

데이터 항목을 세상의 어떤 측면에 대한 측정으로 보면 데이터 *오류(error)*는 수집 과정에서 근본적으로 손실된 정보를 나타낸다. 센서의 분해능을 흐리게 하는 가우시안 노이즈는 영구적으로 손실된 정밀도 오류를 나타낸다. 서버 고장으로 인해 2시간 동안 로그가 누락되면 데이터 오류를 나타내며, 다시 재구성할 수 없는 정보다.

이와는 대조적으로 인위적 요소는 일반적으로 생성된 원시 정보를 처리할 때 발생하는 시스템 문제이다. 다행인 것은 원본 원시 데이터 세트를 사용할 수 있는 경우 처리 과정의 인위적 요소를 정정할 수 있다는 것이다. 나쁜 소식은 이러한 인위적 요소들을 정정할 수 있을 때 미리 발견해야 한다는 것이다.

처리 과정의 인위적 요소를 찾아내는 핵심은 뭔가 나쁜 조짐을 찾을 수 있을 정도로 제품을

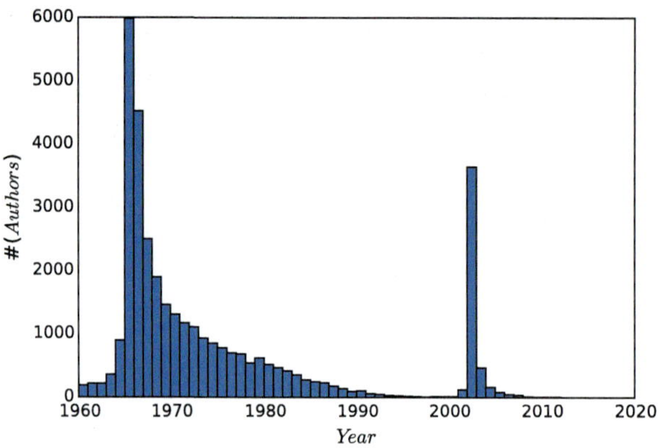

그림 3.2: 각 연도에 과학 문헌에 처음으로 등장한 저자의 이름을 세는 이 시계열에서 어떤 인위적 요소를 발견할 수 있는가?

자세히 검사하는 "냄새흡입 테스트(sniff test)"이다. 나쁜 것은 보통 예상치 못하였거나 뜻밖의 것이다. 왜냐하면, 사람들은 천성적으로 낙천주의자이기 때문이다. 놀라운 관찰은 데이터 과학자들의 삶의 목적이다. 사실, 그러한 통찰력이 우리가 이런 일을 하는 주된 이유이다. 하지만 내 경험상, 대부분의 예상 밖의 것들은 인위적 요소로 판명되기 때문에 우리는 그것들을 회의적으로 보아야 한다.

그림 3.2는 과학 간행물을 조사한 프로젝트의 컴퓨팅 결과를 보인 것이다. 이 예는 가장 다작하는 과학자 10만 명의 시계열을 보여 주는데, 생의학 분야의 매우 중요한 참고 문헌인 Pubmed에 그들의 첫 번째 논문이 나타난 해에 따라 분류하였다. 이 수치를 자세히 살펴보고, 언급할 만한 가치가 있는 인위적 요소가 있는지 확인해 보라. 적어도 두 개는 보인다.

인위적 요소를 찾는 비결은 데이터에서 이상 징후를 찾는 것이며, 이는 예상과 모순된 것이다. 처음 논문을 쓴 저자 수 분포는 어떤 모습이어야 하며, 시간이 흐르면서 어떻게 변화해야 하는가? 먼저, 여러분이 예상하는 분포를 구성해 보면, 그것과 비교해서 잠재적인 이상 징후들을 적절하게 평가할 수 있을 것이다.

저자는 새로운 우수 과학자들의 분포가 상당히 고를 것이라고 예상한다. 왜냐하면, 새로운 저자들은 대학원생들이 계속 입학함에 따라 생겨나기 때문이다. 인구가 증가함에 따라 과학계에도 더 많은 사람이 들어오고 이에 따라 점진적으로 상승할 수도 있다고 생각한다. 하지만 그림 3.2에서는 그렇지 않다. 그러면 이상 징후나 인위적 요소가 무엇인지 한번 열거해 보라.

그림 3.2를 보면 두 개의 커다란 돌출부가 보이는데, 1965년경에 시작된 왼쪽 돌출부와 2002년에 폭발한 봉우리이다. 생각해 보면 왼쪽에 있는 돌출부는 이해가 된다. 이 왼쪽 봉우리는 Pubmed가 처음 체계적으로 서지 기록을 수집하기 시작했던 해에 발생한 것이다. 1960년부터 1964년까지 매우 불완전한 데이터가 있었지만, 수년간 논문을 발간해 온 대부분의 중견 과학자들은 1965년에 체계적인 기록이 시작될 때에 나타난 것이다. 이 사실이 왼쪽 봉우리를 설명해

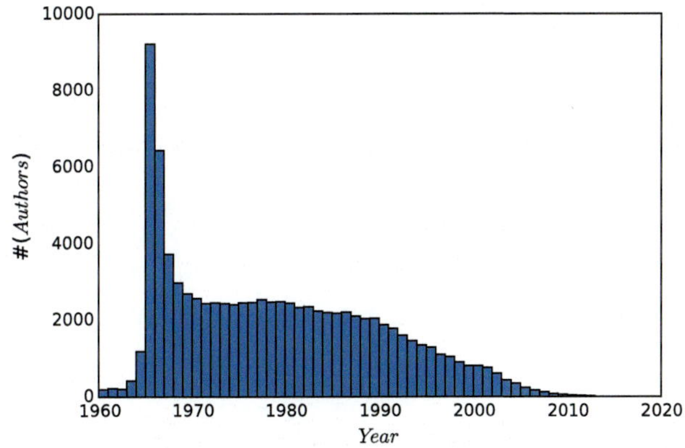

그림 3.3: 정제된 데이터는 이러한 인위적 요소를 제거하고, 결과 분포도 정확해 보인다.

주며, 이후 1970년까지 우리가 기대했던 고른 분포로 안정화되었다.

그러면 2002년의 커다란 봉우리는 어떤가? 그리고 새로운 저자들의 계속된 감소로 몇 년 후엔 거의 0이 될 것인가? 이와 유사한 내림세가 이 큰 봉우리의 오른쪽에서도 보인다. 세계의 모든 주요 과학자들이 2002년에 갑자기 생겨날 예정이었나?

가장 큰 봉우리에 있는 기록들을 자세히 조사한 결과 이상의 원인이 밝혀졌다. Pubmed의 초기에는 작가들이 그들의 이니셜과 성으로 식별되었다. 하지만 2001년 말, "*SS Skiena*"는 "*Steven S. Skiena*"가 되었다. 그래서 새로운 저자처럼 보인 것이다.

하지만 왜 이 봉우리의 왼쪽과 오른쪽에는 아무것도 없는 것일까? 기억해 보면 이 연구는 과학자 수를 가장 활발한 10만 명으로 한정했다. 1998년에 떠오른 스타 과학자들은 그들의 이름이 몇 년 후에 바뀔 운명이었기 때문에 이 순위에 오를 만큼 충분히 논문을 축적하지 못하였다. 그 오른쪽에도 유사한 현상이 발생한다. 2010년에 새로 등록한 과학자들은 단 몇 년 안에 실적을 결코 달성할 수 없었을 것이다. 두 현상 모두 이 이름 문제로 깔끔하게 설명된다.

이름 참조를 통합하기 위해 이 데이터를 정제하는 데 몇 번의 반복 작업이 필요했다. 2002년의 정점을 제거한 후에도, 1990년대 중반에 그들의 경력을 시작한 과학자들의 현저한 감소가 있었다. 그 이유는 이름 변경 전에 절반의 우수 실적을 갖는 사람과 이름 변경 후 절반의 우수 실적을 갖는 사람들은 어느 한 주기에서도 우수 실적을 채우지 못하기 때문이었다. 그래서 우리는 상위 10만 명의 과학자들을 가려내기 전에 모든 이름을 일치시켜야 했다.

그림 3.3은 저자들의 최종 분포를 보여 주는데, 이는 우리가 기대했던 이상적인 분포와 일치한다. 컴퓨터에서 나오는 데이터가 어떻게 보이는지 너무 빨리 합리화하지 마라. 한때 나의 동료였던 사람들은 2002년의 돌출부를 연구 자금의 증가나 새로운 과학 저널의 탄생 때문이라 해석하고 단념하려 하였다. 여러분의 데이터가 신뢰할 수 있을 만큼 깨끗한지 항상 의심하라.

3.3.2 데이터 호환성

어떤 두 항목을 비교할 때 공정하게 비교했으면 "사과 대 사과"라고 말한다. 관련 항목들이 서로 의미 있게 대응할 수 있을 만큼 아주 비슷하다는 것이다. 반대로 "사과 대 오렌지"의 비교는 근본적으로 무의미하다. 예를 들어 보자.

- 하나는 파운드이고 다른 하나는 킬로그램일 때 123.5의 중량을 78.9의 중량과 비교하는 것은 말이 안 된다.
- 영화 "바람과 함께 사라지다"와 "아바타"의 총 수익을 직접 비교하는 것은 이치에 맞지 않는다. 왜냐하면, 1939년에 달러는 2009년의 달러보다 가치가 15.43배 높기 때문이다.
- 뉴욕과 런던에서 오늘 정오의 금 가격을 비교하는 것은 이치에 맞지 않는다. 왜냐하면, 시간대 차이가 5시간이 나고, 가격이 서로 영향을 받기 때문이다.
- 2003년 2월 17일 마이크로소프트의 주가를 2003년 2월 18일의 주가와 비교하는 것은 이치에 맞지 않는다. 왜냐하면, 그 사이에 1주를 2주로 주식분할하여 가격이 반으로 깎였지만 실질 가치의 변화는 반영되지 않았기 때문이다.

이러한 유형의 데이터 비교 가능성 문제는 데이터 세트가 병합될 때마다 발생한다. 여기서 이러한 비교 가능성 문제들이 얼마나 위험하게 될 수 있는지, 또 왜 여러분이 알아야 할 필요가 있는지에 대해 경각심을 줄 수 있기를 희망한다. 또한, 특정한 중요한 변환 종류에 대해서 그것들을 다루는 방법도 설명한다.

> **가정 학습** 여러분이 작업하는 데이터 세트에 있는 각 필드의 의미를 검토하라. 만약 여러분이 필드 내용의 측정 단위까지 이해하지 못한다면, 그것을 사용할 수 있는 합리적인 방법은 없다.

단위 변환

물리적 시스템에서 관측치를 정량화하려면 표준 측정 단위가 필요하다. 불행하게도 기능적으로는 동등하지만 호환되지 않는 측정 시스템이 많다. 12살 난 딸과 저자는 둘 다 약 70 정도의 체중이 나가지만, 우리 중 한 명은 파운드 단위이고 다른 한 명은 킬로그램 단위이다.

잘못된 측정 단위를 사용한 계측 값이 컴퓨터 시스템에 입력되면 로켓 폭발과 같은 재앙적인 일들이 발생한다. 특히 NASA는 1999년 9월 23일 미터법과 영국식 단위시스템 변환 문제로 인해 1억 2천 5백만 달러짜리 화성 기후 궤도선 우주 임무를 실패했다.

이러한 문제는 단일 측정 시스템을 선택하고 이를 고수함으로써 가장 잘 해결할 수 있다. 미터법은 전통적인 영국식 단위시스템보다 여러 가지 이점을 제공한다. 특히, 개별 측정은 비교할 수 없는 값의 쌍 (5피트, 8인치) 대신 하나의 10진수 값 (3.28미터처럼)으로 자연스럽게 표현된다. 이 문제는 각도(라디안 대 도/초)와 무게(킬로그램 대 파운드/온스)에서도 발생한다.

높이를 표현할 때 미터와 센티미터를 섞어 쓸 수도 있으므로 미터법만 고수한다고 해서 모든 비교 가능성 문제를 해결할 수는 없다. 그래도 좋은 출발점이다.

데이터 세트를 합병할 때 호환되지 않는 단위를 해결할 방법은 무엇일까? 경계심이 주요 방안이어야 한다. 데이터 세트의 각 수치 열에 대해 의도한 단위를 알고 있는지 확인하고 합병 시 호환성을 확인하라. 연결된 단위나 객체 타입이 없는 열은 즉시 의심해야 한다.

다양한 소스의 레코드를 합병할 때 "출처(origin)" 또는 "소스" 필드를 새로 만들어 레코드가 어디서 왔는지를 식별하는 것이 좋다. 이는 최소한, 문제가 있는 출처에서 나온 레코드를 체계적으로 관리함으로써, 나중에 단위 변환 실수가 정정될 수 있다는 가능성은 제공한다.

그러한 문제를 발견하기 위한 부분적으로 자동화된 절차는 5.3절에서 논의되는 통계적 유의성 시험을 통해 마련할 수 있다. 우리가 영국식 단위(피트)와 미터법(미터)으로 측정된 값을 포함하는 합병된 데이터 세트에서 사람 키의 빈도를 도표화 했다고 가정하자. 분포에서 하나의 봉우리는 1.8 부근이었고, 또 하나는 5.5 부근이었다. 분포에서 여러 개의 봉우리가 있으면 의심을 해야 한다. 두 입력 모집단에 대한 유의성 검정에서 구한 p-값은 의심을 검증하는 수준에 대한 엄격한 측정값을 제공한다.

수치 표현 변환

수치적 특징은 수학적 모델에 통합하기가 가장 쉽다. 실제로 선형 회귀 분석 및 지지도 벡터 머신(support vector machines)과 같은 특정 기계 학습 알고리즘은 수치로 코딩된 데이터에서만 작동한다. 하지만 수치를 수치로 바꾸는 것조차 미묘한 문제가 될 수 있다. 수치 필드는 다양한 방식으로 표시될 수 있다. 정수(123), 소수(123.5) 또는 분수(123 1/2)로도 표시된다. 숫자는 텍스트로 표시될 수도 있으며, 수치 처리를 위해 "천만"에서 10000000으로 변환해야 하기도 한다.

수치 표현 문제가 또 다른 우주 로켓을 파괴한 적이 있다. 1996년 6월 4일 5억 달러의 비용을 들여 발사한 아리안 5호 로켓은 발사 40초 만에 폭발하였고, 그 원인은 결국 64비트 부동 소수점 수를 16비트 정수로 변환하는 과정에서 일어난 실수 때문으로 결론 났다.

정수와 부동 소수 점(실수) 사이의 구분을 유지하는 것은 중요하다. 정수는 개수를 세는 것이다. 연속적이지 않은 양은 정수로 표현되어야 한다. 우리는 연속적인 세계에 살고 있으므로 물리적으로 측정한 양은 결코 정확하게 수량화되지 않는다. 따라서 모든 측정치는 실수로 보고되어야 한다. 실수를 정수 근사치를 사용하여 표현함으로써 공간을 절약하려고 하는 것은 잘못된 생각이다. 그렇게 하면 안 된다. 반올림이나 잘라내기의 정량적 효과는 인위적 요소를 생성하게 된다.

우리가 보았던 특별히 어설픈 한 데이터 세트에서는, 아기의 몸무게를 두 개의 정수 필드(파운드와 나머지 온스)로 표현하였다. 그 수치들을 하나의 10진수로 조합하는 것이 훨씬 더 좋았을 것이다.

명칭 통일

서로 다른 두 데이터 세트의 레코드를 통합하려면 공통 키 필드가 필요하다. 이름은 흔히 사용하는 키 필드이지만 일관성이 없는 경우가 많다. *José*는 *Jose*와 같은 사람일까? 미국 여러 주에서는 적극적으로 일관성을 유지하기 위해 이러한 발음 구별 기호는 공식 출생 기록에 사용을 금지하고 있다.

또 다른 예로, 출판물을 보여 주는 데이터베이스에는 저자의 이름이 9가지 변형으로 나타난다. 즉 첫 번째 이름 (*Steve, Steven,* 또는 *S.*), 중간 이름 (Sol, S., 또는 빈칸), 마지막 이름인 성씨(Skiena)의 카티션 곱이다. 게다가 철자 오류까지 포함하면 상황은 더 악화한다. 구글에서 보면 Stehpen 이라는 첫 번째 이름과 Skienna와 Skeina로 성씨를 표현한 기록도 발견할 수 있다.

키로 레코드를 통일하는 것은 마법의 총알을 가지고 있지 않은 한 매우 어려운 문제다. 이것이 바로 ID 번호가 고안된 이유이며, 가능하면 이것을 키로 사용하는 것이 좋다.

가장 일반적인 방법은 명칭 통일(name unification)이다. 즉, 각 명칭을 하나의 표준 버전으로 줄이기 위해 간단한 텍스트 변환을 수행하는 것이다. 모든 문자열을 소문자로 변환하면 충돌 횟수가 증가한다(일반적으로 맞는 말이다). 중간 이름을 제거하거나 적어도 약자로 줄이면 성씨를 표준 버전으로 매핑하는 것처럼(모든 *Steves*를 *Stevens*로 바꾸는 것처럼) 훨씬 더 많은 이름이 매치되거나 충돌이 발생한다.

이러한 변형은 프랑켄슈타인처럼 여러 몸체에서 수집한 레코드를 만들 위험성이 있다. 응용은 지나치게 공격적으로 합병하거나 너무 소극적으로 합병하는지에 따라 위험성이 달라진다. 이 스펙트럼 내에서 작업의 위치를 파악하고 그에 따라 작업을 수행하도록 하라.

데이터 세트 합병 시 중요한 문제는 *문자 코드* 통일이다. *텍스트 문자열*의 문자에는 문자 코드 표준에 따른 숫자 표현이 할당된다. 불행히도 보편적으로 사용되는 여러 가지 문자 코드 표준이 있다. 즉, 웹 페이지에서 발췌한 문자의 코드가 시스템에서 사용하려는 문자 코드와 다를 수 있다는 의미이다.

역사적으로 오래된 7비트 ASCII 코드 표준은 여러 유럽 언어의 문자와 구두점을 추가한 8비트 *ISO 8859-1* 라틴 알파벳 코드로 확장되었다. ASCII와 역 호환되는 *UTF-8*은 가변수의 8비트 블록을 이용하여 모든 유니코드 문자를 표현하기 위한 인코딩 방식이다. 다른 시스템에서도 계속 사용되고 있지만, 웹 페이지에 주로 사용되는 인코딩이다.

합병 후에 문자 코드를 올바르게 통일하는 것은 거의 불가능하다. 하나의 코드를 표준으로 선택하고, 전처리 단계에서 각 입력 파일의 인코딩을 확인한 다음, 다른 작업을 수행하기 전에 먼저 대상 코드로 변환해야 한다.

시간/날짜 통일

날짜/시간 스탬프는 사건의 상대적 순서를 유추하고, 상대적 동시성을 기준으로 사건을 그룹화하는 데 사용된다. 여러 소스의 사건 데이터를 통합하려면 의미 있는 결과를 보장하기 위한 세심한 정제 과정이 필요하다.

우선 시간을 측정할 때 문제를 고려해 보자. 두 컴퓨터의 시계는 결코 정확하게 일치하지 않으므로, 서로 다른 시스템들의 로그를 정확하게 정렬하려면 작업과 추측이 모두 필요하다. 또한, 서로 다른 지역의 데이터를 처리할 때는 시간대 문제가 발생할 수 있으며 일광 절약 시간 관리를 위한 지역 규정의 다양성도 문제가 될 수 있다.

올바른 해결책은 전통적인 그리니치 표준시(GMT)를 기준으로 한 UTC(*Coordinated Universal*

Time)에 맞춰 모든 시간 측정을 정렬하는 것이다. 관련 표준은 *UNIX 시간*으로 1970년 1월 1일 목요일 00:00:00 UTC 이후 경과한 시간(초)으로 이벤트의 정확한 시간을 보고한다.

비록 여러 국가에서 서로 다른 달력 시스템을 사용하고 있지만, 그레고리력이 기술 세계에서는 보편적이다. 달력 시스템 간의 변환을 위해서는 [RD01]에서 설명한 것과 같은 정교한 알고리즘을 사용하여야 한다. 날짜 정렬에 있어 더 큰 문제는 시간대와 국제 날짜 변경선의 적절한 해석에 관한 것이다.

시계열 통일은 종종 비즈니스 달력의 특성 때문에 복잡해진다. 주말과 공휴일에는 금융 시장이 문을 닫기 때문에, 주가와 지역 온도의 상관관계를 도출할 때 해석에 대한 의문이 발생한다. 주말에는 언제 온도를 측정해야 다른 요일과 일관되게 측정한 것인가?

Python과 같은 언어는 이와 같은 문제를 올바르게 해결하기 위해 금융 시계열 데이터를 처리하는 광범위한 라이브러리를 포함하고 있다. 월별 데이터에도 유사한 문제가 발생하는데, 이는 월(또는 연도)의 길이가 다르기 때문이다.

금융 통일

돈이 세상을 돌아가게 하고, 이것이 바로 많은 데이터 사이언스 프로젝트들이 금융 시계열을 중심으로 진행되는 이유이다. 하지만 돈에 관한 데이터도 정제의 필요성이 있다.

여기서 한 가지 문제는 *통화 변환*(*currency conversion*)으로, 표준화된 금융 단위를 사용한 국제 가격을 나타낸다. 통화 환율은 하루에도 몇 %씩 변할 수 있으므로 어떤 응용들은 시간에 민감한 변환이 필요하다. 변환율은 전혀 표준화되지 않았다. 각 시장은 서로 다른 환율과 수수료를 가지고 있는데, 매입과 판매 가격의 차이로 환전 경비를 충당하고 있다.

또 다른 중요한 보정은 인플레이션에 대한 것이다. *화폐의 시간 가치*는 현재의 1달러가 지금부터 1년 후의 1달러보다 일반적으로 더 가치가 있다는 것을 의미하고 이자율은 미래의 떨어지는 달러 가치를 보전해 주는 올바른 방법을 제공한다. 인플레이션 비율은 장바구니에 대한 가격 변동을 추적하여 추산하며, 시간 경과에 따른 1달러의 구매력을 표준화하는 방법을 제공한다.

적지 않은 기간에 대해 조정되지 않은 가격을 모델이 사용하는 것은 문제를 자초하는 것이다. 저자 학생 중 한 그룹은 30년 동안 주가와 유가 사이의 강한 상관관계가 있다는 사실에 매우 흥분했다. 그래서 원자재 예측 모델에 주식 가격을 이용하려고 했다. 그러나 달러로 매겨진 두 상품 가격은 인플레이션에 따른 조정이 이루어지지 않았다. 기본적으로 어떤 한 쌍의 품목에 대한 가격의 시계열은 당신이 인플레이션에 따른 보정을 하지 않으면 시간에 대해 강력한 상관관계를 보일 것이다.

사실, 시간에 따른 가격 변화를 나타내는 가장 의미 있는 방법은 아마도 차이가 아니라 리턴(return)일 것이며, 이는 초기 가격에 대한 가격 차이를 정규화한 것이다.

$$r_i = \frac{p_{i+1} - p_i}{p_i}$$

이것은 퍼센트 변화와 더 유사하며, 여기서 장점은 이 비율의 로그값을 취하면 이득과 손실에 대칭이 된다는 것이다.

금융 시계열은 정제 과정이 필요한 다른 많은 세부 사항들을 포함하고 있다. 많은 주식은 매년 특정한 날에 주주에게 예정된 배당금을 준다. 예를 들어, 마이크로소프트가 1월 16일에 2달러 50센트의 배당금을 지급할 것이라고 가정해 보자. 만약 당신이 그날이 시작할 때 마이크로소프트 주식을 소유하고 있었다면, 당신은 이 배당금 수표를 받게 되고, 그 결과로 그 주식의 가치는 배당금이 발행되는 순간에 2달러 50센트 떨어진다. 이러한 가격 하락은 주주에게 실질적으로 손실을 준 것은 아니며, 적절히 정제된 데이터는 배당금을 주식 가격에 반영해야 한다. 보정되지 않은 가격 정보로 훈련받은 모델은 배당금 발행 직전에 주식을 판매하도록 학습하고 또 그렇게 한 것에 대해 자부심을 느끼는 잘못을 범할 수도 있다.

3.3.3 누락된 값의 취급

모든 데이터 세트가 완벽하지는 않다, 데이터 정제의 중요한 측면은 데이터가 없는 필드를 식별한 다음 적절하게 보정하는 것이다.

- 살아 있는 사람의 사망 연도는?
- 비어 있는 설문지 문항을 어떻게 해야 하나? 아무 값이나 채워 넣어야 하나?
- 제한된 크기의 표본에서는 거의 볼 수 없을 정도로 드물게 발생하는 이벤트의 상대적 빈도는 얼마인가?

수치 데이터 세트는 행렬의 모든 요소에 값이 있는 것으로 예상한다. 누락된 값(missing value)을 0으로 설정하는 것은 그럴듯하지만 일반적으로 잘못된 것이다. 이러한 값을 데이터로 해석해야 하는지 여부에 대해 모호함이 있기 때문입니다. 어떤 사람의 급여가 0이라면 그 사람이 실업자라서 그런 것인가 아니면 그냥 질문에 대답하지 않은 것인가?

무의미한 값을 데이터 없음 기호로 사용할 경우, 모델을 제작할 때 그런 데이터를 진짜 데이터로 잘못 해석할 수 있다는 위험성이 있다. 나이, 교육 수준, 성별에 따른 급여를 예측할 수 있도록 훈련된 선형 회귀 모델은 질문에 대한 대답을 거부하는 사람들 때문에 어려움을 겪을 것이다.

−1과 같은 값을 데이터 없음 기호로 사용하면 0을 사용한 것과 동일한 결함이 발생한다. 음수를 두려워하는 수학자처럼 돼라. 그것을 피하기 위해 무슨 일이라도 하라.

> **가정 학습** 원시 데이터와 정제된 버전을 별도로 유지하라. 원시 데이터는 기준 정보이며 향후 분석을 위해 그대로 보존해야 한다. 정제된 데이터는 분실된 값을 채우기 위해 대체 값을 이용하여 개선될 수 있다. 하지만 원시 데이터는 정제된 것과 별도로 유지해야 한다. 그래야 다양한 접근방법으로 추측을 해 볼 수 있다.

그렇다면, 우리는 누락된 값들을 어떻게 다뤄야 하나? 가장 간단한 방법은 누락된 값을 포함하는 모든 레코드를 삭제하는 것이다. 비-시스템적 이유로 인해 누락된 값이 없는 경우라면, 이 방법은 충분한 훈련 데이터가 남아 있을 때는 잘 작동한다. 만약 급여에 대해 언급하기를 거부하는 사람들이 일반적으로 평균 이상의 급여를 받는 사람들이라면, 이 기록들을 빼는 것은 편향된 결과로 이어질 것이다.

그러나 일반적으로는 누락된 필드가 있는 레코드들도 사용하기를 원한다. 누락된 값을 비워 두는 대신 이를 추정하거나 대체시키는 것이 더 나을 수도 있다. 누락된 값을 채우기 위한 일반적인 방법이 필요한데, 그 후보들은 다음과 같다.

- **휴리스틱 기반 대체:** 기본 도메인에 대한 충분한 지식이 있다면, 우리는 특정 필드의 값에 대해 합리적인 추측을 할 수 있을 것이다. 만약 내가 여러분이 죽게 될 연도를 입력해야 한다면, 생년 + 80으로 예측하면 평균적으로 맞을 것이고, 또 실제 정답을 기다리는 것보다 훨씬 더 빠를 것이다.
- **평균값 대체:** 변수의 평균값을 누락된 값에 대한 대용물로 사용하는 것은 일반적으로 합리적인 방법이다. 첫째, 평균값을 많이 추가하더라도 평균은 변하지 않으므로 이러한 대체에 의해서는 통계가 편향되지 않는다. 둘째, 평균값을 갖는 필드는 대부분의 모델에 특징 없는 값을 추가하는 것이므로 그 데이터를 사용하여 예측한 값에는 영향을 거의 미치지 않는다.

  그러나 시스템적인 이유로 데이터가 누락된 경우는 평균이 적절하지 않을 수 있다. 우리가 위키피디아에서의 평균 사망 연도를 모든 살아 있는 사람들에 대해 누락된 값으로 사용한다고 가정해 보자. 이것은 재앙으로 판명될 것이며, 많은 사람은 그들이 실제로 태어나기도 전에 죽은 것으로 기록될 것이다.
- **무작위 값 대체:** 또 다른 방법은 열에서 임의로 값을 선택하여 누락된 값을 대체하는 것이다. 이것은 잘못된 추측인 것처럼 보이지만, 사실은 그것이 요점이다. 반복적으로 무작위 값을 선택하면 대체의 영향을 통계적으로 평가할 수 있다. 10개의 대체 값을 가지는 모델을 10번 실행해서 얻은 결과가 광범위하게 다양하다면 이 모델에 대한 신뢰도는 아마도 높지 않을 것이다. 이러한 정확도 검사는 데이터 세트에서 누락된 값이 상당히 많은 경우 특히 유용하다.
- **최근접 이웃(nearest neighbor)에 의한 대체:** 만일 값이 있는 모든 필드와 가장 근접하게 일치하는 완전한 레코드를 식별하고, 이 최근접 이웃을 누락된 값을 추측하는 데 사용한다면 어떻게 될까? 레코드 사이의 차이를 설명할 체계적인 이유가 있다면 이러한 예측은 평균보다 더 정확할 것이다.

  이 접근법은 가장 유사한 레코드를 식별하기 위한 거리 함수가 필요하다. 최근접 이웃 방법은 데이터 사이언스에 중요한 기법이며 10.2절에 상세히 설명되어 있다.
- **보간(interpolation)에 의한 대체:** 보다 일반적으로 선형 회귀(9.1절 참조)와 같은 방법을 사용하여 다른 필드들이 주어진 레코드에서 목표 열의 값을 예측할 수 있다. 이러한 모델은 완전한 레코드에 대해 훈련받은 다음 값이 누락된 레코드에 적용할 수 있다.

> 선형 회귀를 사용하면 누락된 필드가 하나만 있는 경우 가장 잘 작동한다. 여기서 잠재적 위험은 잘못된 예측을 통해 심각한 특이값을 생성할 수 있다는 것이다. 회귀 모형이 누락된 필드를 비정상적으로 높거나 낮은 값으로 채움으로써 불완전한 레코드를 쉽게 특이값으로 만들 수 있다. 이는 누락된 값을 가진 레코드에 더 집중하게 되는 후속 분석으로 이어지며, 이것은 우리가 원하는 것과는 정반대 현상이 된다.

이러한 우려 사항은 여기에서 고려할 정제 과정의 마지막 단계인 특이값 검출의 중요성을 강조하게 만든다.

3.3.4 특이값 검출

데이터 수집에서 실수하면 적절한 분석을 방해할 수 있는 특이값을 만들기가 쉽다. 흥미로운 예는 지금까지 발견된 가장 큰 공룡 척추뼈에 관한 것이다. 척추뼈의 길이는 1500 mm로 측정되었고, 이는 188피트 길이의 공룡을 의미한다. 이것은 놀라운 일인데, 특히 지금까지 발견된 두 번째로 큰 표본이 122피트밖에 안 되었기 때문이었다.

여기서 가장 가능성 있는 설명은 이 거대 화석이 실제로는 존재하지 않았다는 것이다([Gol16]을 보라). 그 뼈는 미국 자연사 박물관에서 100년 전부터 실종되어 있었기 때문이다. 아마도 원래는 평범한 크기의 뼈를 측정했던 건데 가운데 두 자리 숫자가 실수로 바뀌었다는 것이다. 따라서 척추뼈의 길이를 1050 mm로 줄여야 한다는 것이다.

여기서 볼 수 있듯이, 특이값을 갖는 원소는 종종 데이터 입력 오류에 의해 생성된다. 또한, 스크래핑 오류로 인해서도 발생할 수 있다. 예를 들어 서식이 불규칙하면 각주 번호가 숫자 값으로 해석되기도 한다. 어떤 것이 기록되었다고 해서 그것이 항상 정확한 건 아니다. 공룡의 예와 마찬가지로 특이값 원소 하나가 큰 오해로 이어질 수 있다.

일반적인 온전성(sanity) 점검을 위해서는 각 변수나 열의 가장 큰 값과 가장 작은 값을 검토하여 너무 멀리 떨어져 있는지 확인해야 한다. 이 작업은 빈도 히스토그램을 표시하고 극단적인 원소의 위치를 확인해 보면 가장 잘 수행할 수 있다. 육안 검사를 통해 분포가 일반적으로 종 모양으로 표시되는지 확인할 수도 있다.

정규 분포 데이터에서 값이 평균에서 k 표준 편차일 확률은 k에 지수적으로 비례하여 감소한다. 이것은 키가 10피트인 농구 선수가 없는 이유를 설명하고 특이값을 식별하기 위한 타당한 임계치를 제공한다. 멱법칙분포(power law distributions)에서는 특이값을 발견하기가 쉽지 않다. 실제로 보통 사람들보다 10,000배가 넘는 부자인 빌 게이츠도 있기 때문이다.

특이값 필드가 포함된 행을 삭제하고 진행하는 것은 너무 간단하다. 특이값을 좀 더 시스템적인 문제로 다뤄야 한다는 것을 지적하기도 한다. 역사적 인물의 수명에 대한 데이터 세트를 고려해 보자. 969세까지 살았다고 알려진 성서의 므두셀라(Methuselah)는 특이값으로 간주되어 제거되기 쉽다.

하지만 그 사람이 제거 대상이 되어야 하는 다른 인물들을 알려주는지도 알아보는 것이 좋을 것이다. 므두셀라는 출생과 사망 날짜가 알려지지 않았다. 아마도 날짜기록이 없는 사람들의 나이는 제거를 고려하기에 충분할 정도로 의심스러운 것으로 간주하여야 한다. 반면, 위키피디아에서 수명이 가장 짧은 사람(프랑스의 왕 존 1세)은 5일밖에 살지 못했다. 그러나 1316년 11월 15일 출생해서 그해 11월 20일 사망했다는 기록은 그의 수명이 정확하다는 것을 확신시켜 준다.

3.4 | 전쟁 이야기: 시장 공략

저자의 대학원생 웬빈(Wenbin)은 만날 때마다 우리가 돈을 벌고 있다고 말했다. 하지만 내가 물어볼 때마다 그는 점점 자신감이 떨어지는 것 같았다.

우리의 Lydia 감성 분석 시스템은 뉴스와 소셜 미디어의 방대한 텍스트 자료를 받아들여 그 안에 언급된 수백만의 사람, 장소, 단체들의 출현 빈도와 그들의 감성을 하루의 시계열로 축약한다. 누군가가 스포츠 선수권 대회에서 우승할 때, 많은 기사는 그들이 얼마나 훌륭한 운동선수인지를 설명하는 내용이다. 하지만 이 플레이어가 마약 혐의로 체포되면, 그들에 관한 기사의 어조가 즉시 바뀐다. 텍스트 스트림에 있는 긍정적인 단어("승리한") 대 부정적인 단어("체포된")의 상대적인 빈도를 유지함으로써 뉴스 가치가 있는 모든 개체에 대한 감성 신호를 구성할 수 있다.

웬빈은 감성 신호가 출판된 논평이나 소문 내용에 어떻게 반응하여, 주어진 영화의 전체 수입과 같은 미래 사건을 예측하는 데 사용될 수 있는지를 연구했다. 하지만 그는 특히 이 자료를 주식 시장에서 활용하고 싶어 했다. 뉴스에 따라 주가는 오르내린다. 수익성 손실 보고서는 회사로서는 악재이므로 가격은 하락한다. 식품의약품국(FDA)의 신약 승인은 이 약을 소유한 회사에 좋은 소식이므로 가격은 상승한다. 만약 웬빈이 주가를 예측하기 위해 감성 신호를 이용할 수 있다면, 그 학생에게 더는 연구 장학금을 주지 않겠다고만 해두었다.

그래서 그는 그날 뉴스에서 가장 높은 감성을 보여 주는 주식을 사고 가장 낮은 감성의 주식은 공매도하는 전략을 세웠다. 그는 굉장한 성적을 올렸다. "보세요. 우리는 돈을 벌고 있어요." 라고 그가 말했다.

수치는 좋아 보였지만, 저자는 한 가지 불만이 있었다. 기사에 있는 사건이 우리가 읽기 전에 이미 가격에 반영되었을 수도 있으므로, 오늘 뉴스 결과를 가지고 현재 가격을 예측하는 것은 공정하지 않았다. 주가는 중요한 소식에 매우 빨리 반응한다.

그래서 웬빈은 전날 뉴스의 감성을 바탕으로 주식을 사는 전략을 시뮬레이션해 관측된 뉴스와 가격 변동 사이의 차이를 만들었다. 수익률은 상당히 하락했지만, 여전히 긍정적이었다. "보세요. 그래도 우리는 돈을 벌고 있어요."라고 말했다.

하지만 저자는 이것에 대해서도 약간 불편함은 있었다. 많은 경제학자는 금융 시장이 효율적이라고 믿고 있는데, 이는 모든 공공 뉴스가 물가 변동에 즉시 반영된다는 것을 의미한다. 가격은 확실히 뉴스에 반응하여 바뀌었지만, 그 정보를 이용할 수 있을 만큼 충분히 빨리 구할 수는 없을 것이다. 우리는 우리의 결과를 설명할 수 있는 데이터나 타이밍에 문제가 없음을 확신할 때까지는 회의적으로 남아 있어야만 했다.

그래서 저자는 웬빈에게 어떻게 시뮬레이션을 했는지를 물었다. 그의 전략은 매일 종가로 사고, 팔았다. 하지만 그 다음 날 장이 열릴 때까지 16시간이나 남아 있고, 우리가 자는 동안 일어났던 일들에 세계가 반응할 충분한 시간이 있었다. 그는 시뮬레이션에서 구매를 개장 가격으로 바꾸었다. 다시 수익률은 상당히 떨어졌지만, 여전히 긍정적이었다. "보세요. 그래도 우리는 돈을 벌고 있어요."라고 말했다.

하지만 내일 신문을 오늘 보는 것처럼 우리가 데이터의 시간을 측정하는 방법에 따른 인위적 요소가 있지는 않을까? 우리는 최선을 다해서 출판된 글이 작성된 날짜가 아니라 출판된 날짜로 표시되었는지의 여부처럼 우리가 생각할 수 있는 모든 가능성을 추적했다. 회의적인 태도를 보이기 위해 최선을 다한 후에도 그의 전략은 여전히 뉴스 감성에 대한 긍정적인 반응을 보였다.

이 분석에 관한 우리의 논문 [ZS10]은 반응이 좋았고, 웬빈은 금융 시장 거래에 여러 지표에 관한 감성을 이용하여 성공적인 금융분석가로 진출했다. 그러나 저자는 아직도 이 결과가 약간 불안하다. 각 뉴스 기사에 정확하게 시간 표시를 할 수 있도록 자료를 정제하는 것은 매우 어려웠다. 우리의 시스템은 원래 일괄처리 방식으로 일일 시계열을 생산하도록 설계되었기 때문에, 몇 년 동안 다운로드된 수백만 개의 기사에 대해 지금 미세 분석을 하기 위해 모든 것을 제대로 했는지 확신하기는 어렵다.

기억해야 할 교훈은 돈이 관련된 경우에는 정제가 매우 중요하다는 것이다. 게다가 분석 초기에는 정제하느라 애쓰기보다는 처음부터 정제된 환경을 설계하는 것이 좋다.

3.5 크라우드 소싱

모든 답을 가지고 있는 사람은 없다. 저자도 아니다. 지혜라고 알려는 것의 대부분은 다른 사람들의 지식과 경험에서 나온 의견들을 조합해서 전문 지식을 모으는 방법이다.

크라우드 소싱(*crowdsourcing*)은 공동의 목표를 위해 많은 사람의 통찰력과 노력을 이용하는

그림 3.4: 이 항아리에 몇 개의 동전이 들어있는지 맞춰 보라(왼쪽). 정답은 정확한 과학적 방법(오른쪽)을 사용하여 측정했다.

것이다. 이것은 *군중의 지혜*(*wisdom of crowds*)를 이용하는 것으로, 사람들의 집단적인 지식은 그들 중에 가장 똑똑한 한 사람의 지식보다 훨씬 우월하기 때문이다.

이 개념은 황소에서 시작되었다. 찰스 다윈(Charles Darwin)의 친척이자 통계학의 창시자인 프랜시스 골턴(Francis Galton)은 1906년에 한 지역 가축 축제에 참석했다. 축제 일부로, 마을 사람들에게 특정한 소의 무게를 추측하도록 하고 가장 가깝게 맞춘 사람이 상을 타는 행사가 있었다. 거의 800명의 참가자가 시도했지만, 아무도 실제 무게인 1,178파운드를 맞추지 못했다. 하지만 골턴은 사람들이 추측한 값의 평균이 놀랍게도 실제 무게에 가까운 것을 발견했다. 1,179파운드! 골턴의 실험은 특정한 임무를 위해 전문가들에게 묻는 대신에 다양한 사람들을 참여시킴으로써 더 나은 결과를 얻을 수 있다는 것을 암시한다.

크라우드 소싱은 모델 구축 과정에서, 특히 인간의 지각과 관련된 작업에서, 중요한 데이터 소스 역할을 한다. 인간은 아직도 자연언어 처리와 컴퓨터 비전 분야에 있어서 최고 수준의 성능을 가지고 있다. 따라서 훈련 데이터를 수집하는 가장 좋은 방법은 사람들에게 특정 텍스트나 이미지에 대해 점수를 매기도록 요구하는 것이다. 상당한 규모의 훈련 데이터를 구축하기 위해서는 일반적으로 많은 수의 주석 작성자가 필요하다. 실제로 군중이 필요한 것이다.

소셜 미디어와 기타 새로운 기술들은 대규모의 의견들을 모으고 이를 집계하는 것을 더 쉽게 만들었다. 하지만 어떻게 군중의 지혜와 일반 대중의 외침 소리를 구별할 수 있을까?

3.5.1 동전 데모

우리 스스로 군중의 지혜를 발휘하는 실험을 시작해 보자. 그림 3.4는 수년간 사무실에 모아두었던 동전이 들어 있는 항아리 사진이다. 이 항아리에는 동전이 몇 개나 있을까? 지금 여러분이 추측해 보라. 조금 있다 답을 알려주겠다.

정답을 알기 위해, 생물학자이자 동료인 저스틴 가든에게 정밀한 실험실 저울로 동전의 무게를 달아 보라고 했다. 하나의 동전 무게로 전체 무게를 나누면 알 수 있다. 그림 3.4(오른쪽)에서 저스틴이 부지런히 자신의 업무를 수행하고 있는 것을 볼 수 있다.

그래서 다시 묻는다. 이 항아리에 동전이 몇 개나 있을까? 저자는 데이터 사이언스 수업시간에 학생들을 대상으로 이 실험을 했다. 여러분의 대답은 그들의 대답과 비교해서 어떤가?

저자는 먼저 11명의 학생에게 의견을 적은 카드를 비공개로 제출하라고 했다. 따라서 이 추측들은 서로 완전히 독립적이었다. 편의상 정렬한 결과는 다음과 같다.

537, 556, 600, 636, 1200, 1250, 2350, 3000, 5000, 11,000, 15,000.

그리고 저자는 칠판에 이 숫자들을 적었고, 통계치를 계산했다. 이 추측 값들의 중간값은 1250이었고, 평균은 3739였다. 사실, 항아리에는 정확하게 1879개의 동전이 있었다. 우리 학생들의 중간값은 어떤 학생의 추측보다도 정확한 값에 가까웠다.

하지만 실제 개수를 밝히기 전에, 저자는 다른 12명의 학생에게 다시 추측해 보라고 요청했다. 유일한 차이점은 이 집단은 칠판에 쓰인 첫 번째 세트 학생들의 추측 값을 보았다는 것이다. 두 번째 집단의 선택은 다음과 같다.

750, 750, 1000, 1000, 1000, 1250, 1400, 1770, 1800, 3500, 4000, 5000.

집단을 다른 사람의 추측에 노출함으로써 모든 특이값을 제거하여 분포를 강하게 조건화했다. 두 번째 그룹의 최소값은 이전의 추측 중 4개보다 컸으며 최대 그룹은 이전 라운드의 3개보다 작거나 같았다. 이 집단 내에서 중간값은 1325였고 평균은 1935였다. 두 값 모두 실제 정답에 어느 정도 더 가까워졌는데, 집단 사고가 그렇게 되도록 적응한 것이 분명하다.

*고착(anchoring)*은 사람들의 판단이 처음 듣는 숫자에 비이성적으로 집착한다고 하는 잘 알려진 인지 편견이다. 자동차 판매원들은 이를 항상 활용하며, 처음에는 차량에 대해 고가의 가격을 제시하기 때문에 이후의 가격이 마치 싼 가격처럼 들리도록 한다.

그러고 나서 답을 밝히기 전에 마지막 테스트를 했다. 저자는 학생들에게 항아리에 대해 입찰을 하도록 했다. 즉, 그들은 결과에 대해 돈을 걸 만큼 충분히 자신감이 있어야 했다. 용감한 학생들로부터 정확히 두 번의 입찰을 받았다. 각각 동전 1500개와 2000개였다. 나는 고액 입찰자로부터 1.21달러를 챙겼다. 둘 다 꽤 근접했는데, 그리 놀랄 일은 아니다. 어떤 이벤트에 기꺼이 자신의 돈을 거는 사람들은 당연히 자신의 선택에 자신감이 있기 때문이다.

3.5.2 언제 군중이 현명해지는가?

제임스 서로위키(James Surowiecki)의 저서 "군중의 지혜"[Sur05]에 따르면, 군중들은 다음과 같은 네 가지 조건이 충족될 때 현명해진다고 한다.

- **의견이 독립적인 경우:** 우리 실험은 한 집단이 얼마나 쉽게 집단 사고에 빠지는지 잘 보여주었다. 사람들은 자연스럽게 다른 사람들에게 영향을 받는다. 만약 당신이 누군가의 진정한 의견을 원한다면, 당신은 그들에게 따로 물어봐야 한다.

- **군중이 다양한 지식과 방법론들을 가진 사람일 경우:** 군중들은 의견 차이가 있을 때만 정보를 추가한다. 완벽하게 관련된 전문가들로만 구성된 위원회는 그들 중 누군가 한 사람으로부터 배울 수 있는 것 이상으로 이바지할 것이 없다. 동전 추측 문제에서, 어떤 사람들은 용기의 용량을 추정하고, 어떤 사람들은 무거운 물건을 들어 올릴 때 내 팔이 처지는 것을 보고 판단했을 것이다. 또 다른 방법으로는 20년 동안 가끔 주머니를 비웠다면 얼마나 많은 동전을 모을 수 있는지를 추정했거나, 그들 자신의 동전 모으기 경험을 떠올릴 수도 있었을 것이다.

- **문제가 전문 지식이 필요 없는 영역에 속한 경우:** 나는 어떤 차를 사야 할지 누가 대통령으로 봉사해야 할지와 같은 중요한 결정에서 군중들의 합의를 믿는다. 하지만 내 종양 샘플이 암인지 양성인지를 결정할 때는 전화번호부에서 무작위로 뽑은 천 명의 사람들보다는 한 명의 의사의 말을 더 믿을 것이다.

왜냐하면, 지금 문제에는 전문화된 지식과 경험이 크게 유용하기 때문이다. 의사가 다른 모든 사람보다 더 많은 것을 알고 있다는 것이 진짜 이유이다. 느낌이나 지각과 관련된 단순한 일에 대해서는 대중이 규칙을 정하지만, 군중들에게 그들이 알 방법이 없는 것을 물어보지 않도록 주의해야 한다.

- **의견이 어느 정도 모일 수 있는 경우:** 대규모 설문 조사 양식 중 가장 유용하지 않은 부분은 "여러분의 생각을 말해 주세요!"라는 개방된 응답 필드이다. 여기서 문제는 이러한 의견들을 결합하여 합의를 이룰 방법이 없다는 것이다. 왜냐하면, 서로 다른 사람들은 서로 다른 쟁점과 관심사를 가지고 있기 때문이다. 아마도 이 텍스트들을 유사성에 따라 버킷에 넣을 수는 있겠지만, 효과적으로 수행하기는 어려울 것이다.

  이런 자유 형식의 응답을 가장 보편적으로 사용하는 방법은 입증되지 않았다. 사람들은 사장에게 좋은 인상을 주기 위해 가장 긍정적인 것들만 뽑아서 슬라이드 위에 올려놓는다.

가정 학습 인생의 한 부분에서는 비교할 수 없는 요소가 되어라. 다양하고 독립적인 사고가 대중에게 가장 많은 지혜를 준다.

3.5.3 집계를 위한 메커니즘

일련의 반응에서 지혜를 모으기 위해서는 올바른 집계(aggregation) 메커니즘이 필요하다. 수치적 양을 추정하기 위해서는 빈도수 분포도나 요약 통계 작성과 같은 표준 기법이 적합하다. 평균값과 중간값은 모두 오차가 대칭적으로 분포되어 있다는 것을 암시적으로 가정한다. 보통은 분포의 모양을 얼핏 보기만 해도 해당 가설을 확인하거나 부정할 수 있다.

중간값은 일반적으로 이러한 집계 문제에서 평균보다 더 적절한 선택인데, 특이값의 영향이 줄어들기 때문이다. 특이값은 엉뚱한 사람들이 일정 비율 참여하는 대규모 실험에서 발생하는 특별한 문제다. 동전 추측 실험에서, 평균값은 3739라는 심한 과대평가를 만들었는데, 이것은 가장 큰 추측 값과 작은 추측 값을 제거한 후 2843으로, 그리고 양쪽 끝에서 각각 두 개씩의 특이값을 잘라낸 후 2005로 감소했다(정답은 1879였음을 기억하라).

특이값을 제거하는 것도 매우 좋은 전략이지만, 실험 대상물의 신뢰성을 판단하는 방법도 있다. 예로 답을 알고 있는 테스트에서 그들의 수행 성능을 확인하는 것과 같은 것이다. 신뢰도가 더 높은 사람의 점수에 가중치를 부여하는 *가중 평균*(*weighted average*)을 취하면 이러한 신뢰도 측정을 반영하게 된다.

분류 문제에서는 투표가 기본 집계 메커니즘이다. *콩도르세 배심원 정리*(*Condorcet jury theorem*)는 민주주의에 대한 우리의 믿음을 확인해준다. 이 정리는 각 유권자가 특정 문제에 대해 옳을 확률이 $p > 0.5$인 경우, 유권자의 다수 측이 정확할 확률($P(n)$)이 p보다 크다는 것을 서술하고 있다. 이것은 다음 식과 같이 표현된다.

$$P(n) = \sum_{i=(n+1)/2}^{n} \binom{n}{i} p^i (1-p)^{n-i}$$

다수 득표는 아무리 치열한 선거에서도 통계적 타당성이 부여된다. $p = 0.51$, 즉 옳은 쪽이 간신히 다수를 차지하는 경우를 가정해 보자. 101명의 배심원이 올바른 결정을 하는 비율은 57%지만 $P(1001) = 0.73$, $P(10001) = 0.9999$에 도달한다. 올바른 결정 확률은 $n \to \infty$에 따라 1로 접근한다.

하지만 선거 제도에도 자연적인 한계가 있다. *애로우의 불가능성 정리*(*Arrow's impossibility theorem*)는 투표가 선거의 공정성을 위한 네 가지 자연스러운 조건을 충족시킨다면, 개개인의 선호도를 합쳐 줄 수 있는 선거 시스템은 없다고 명시한다. 이것은 4.6절의 점수와 순위에 관한 부분에서 논의할 것이다.

3.5.4 크라우드 소싱 서비스

Amazon Turk나 CrowdFlower와 같은 크라우드 소싱 서비스는 적은 양의 주어진 일을 처리하는 많은 사람을 고용할 기회를 제공한다. 이들은 필요한 데이터를 생성하기 위해 여러분이 사람들을 구하는 것을 도와준다.

이러한 크라우드 소싱 서비스는 프리랜서로 이루어진 대규모의 인력풀을 유지하면서 그들과 잠재적인 고용주 사이에서 중개자 역할을 한다. 일반적으로 Turker라고 불리는 이러한 작업자들은 가능한 작업 목록과 그들에게 지급할 비용 정보를 받는다(그림 3.5 참조). 고용주들은 일반적으로 그들이 고용하는 사람의 위치와 자격 증명을 통제하고, 그들의 작업이 부적합하다고 생각한다면 대가를 내지 않고 작업자들의 결과를 거부할 수 있다. 그러나 고용주의 수용률에 대한

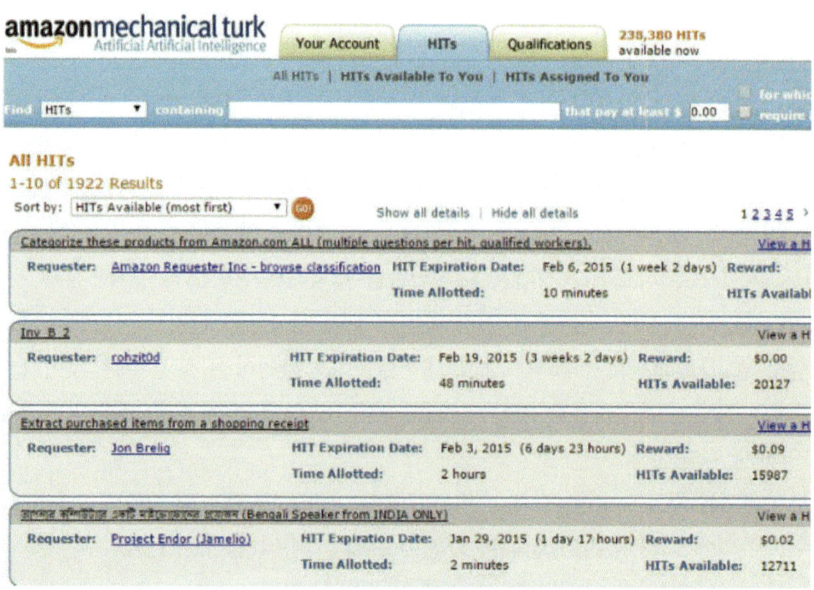

그림 3.5: Mechanical Turk에 관한 전형적인 작업

통계도 발표하므로, 좋은 작업자들이 나쁜 고용자들을 위해 일하지는 않을 것이다.

Turker들에게 주어지는 임무는 주로 컴퓨터로 하기 어려운 간단한 인지 노력을 포함한다. Turker들에게 좋은 응용은 다음과 같다.

- **인간 지각에 관련된 측정:** 크라우드 소싱 시스템은 간단한 작업에 대한 대표적인 의견을 모을 수 있는 효율적인 방법을 제공한다. 한 가지 좋은 응용은 빨간색-초록색-파란색 색상 공간에서 색과 사람들이 그 색을 말로 표현하는 이름을 연결하는 것이었다. 이것은 제품과 이미지에 대한 설명을 쓸 때 중요하다.

  그렇다면 "파란색"과 "연한 파란색" 또는 "담청록색"과 "암청록색" 사이에서 색 공간의 경계는 어디일까? 올바른 이름의 결정은 물리학이 아니라 문화와 관습의 분야이다. 이를 알아내기 위해서는 사람들에게 물어봐야 하고, 크라우드 소싱은 여러분이 수백에서 수천 명의 다른 사람들에게 쉽게 질문할 수 있도록 해 준다.

- **기계 학습 분류기에 대한 훈련 데이터 획득:** 크라우드 소싱에 대한 우리의 주요 관심사는 훈련 데이터의 역할을 하는 인간의 주석을 만드는 것이다. 많은 기계 학습 문제들이 "사람들이 하는 것처럼" 특정한 일을 하려고 한다. 그렇게 하려면 주어진 상황에서 사람들이 무엇을 했는지 파악하기 위한 많은 훈련 사례가 필요하다.

  가령 작성된 리뷰를 읽고 상품에 대한 그 평가가 좋은지 나쁜지를 결정할 수 있는 감성 분석 시스템을 구축하려 한다고 가정해 보자. 우리는 시험 또는 훈련 데이터로 사용하기 위한 주석 처리된 많은 리뷰가 필요할 것이다. 또한, 텍스트의 정확한 의미에 관해 주석들 사이에 불일치가 있는지 확인하기 위해, 서로 다른 주석자들에 의해 반복적으로 레이블이 제시된 동일한 리뷰들이 필요하다.

- **컴퓨터 시스템에 대한 평가 데이터 획득:** *A/B 테스트*는 사용자 인터페이스를 최적화하기 위한 표준 방법으로, 심사원 절반에게 주어진 시스템의 버전 A를 제공하고 나머지 절반에는 버전 B를 준다. 그런 다음 측정 기준에 따라 어떤 그룹이 더 잘했는지 테스트한다. Turker들은 주어진 앱이 얼마나 흥미로운지 또는 새로운 분류기가 얼마나 잘 작동하는지에 대한 피드백을 제공할 수 있다.

  저자 대학원생 중 한 명인 옌칭 첸은 특정 개체에 가장 관련 있는 위키피디아 범주를 식별하는 시스템을 구축했고 CrowdFlower를 이용해 평가했다. 미국 대통령과 흑인 저자 중 버락 오바마를 더 잘 설명하는 범주는 무엇인가? 그 학생은 200달러를 들여서 선다형 질문에 대한 대답 10,000개를 받았는데, 그 시스템을 적절하게 평가할 수 있을 만큼 충분한 양이었다.

- **컴퓨터에 사람 집어넣기:** 사람들이 기계보다 훨씬 더 잘하는 인지 임무는 여전히 많다. 현명하게 설계된 인터페이스는 컴퓨터 내부에 있으면서 타인의 필요에 따라 봉사하기 위해 기다리고 있는 사람들에게 사용자의 질의를 제공할 수도 있다.

시각 장애인을 돕는 앱을 만들어 사용자가 사진을 찍고 다른 사용자에게 도움을 요청할 수 있도록 한다고 가정해 보자. 그들이 부엌에 있으면, 통조림의 라벨을 읽어 줄 누군가가 필요할 것이다. 이 앱은 필요한 작업을 수행하기 위해 Turker를 부속함수로 호출할 수 있다.

물론 이러한 영상-주석 쌍은 향후 분석을 위해 유지되어야 한다. 이것들은 처리 과정에서 최대한 많은 사람을 대신할 기계 학습 프로그램의 훈련 데이터로 사용될 것이다.

- 독립적인 창작 활동: 크라우드 소싱은 요구에 따른 대량의 창작물을 의뢰하는 데 사용될 수 있다. 블로그 게시물이나 기사를 주문할 수 있으며, 제품에 대한 좋고 나쁜 리뷰를 주문할 수도 있다. 여러분이 원하는 것을 구체적으로 지정하기만 한다면, 여러분이 상상할 수 있는 어떤 것도 창조할 수 있다.

  다음은 관련 있어 보이는 두 가지 엉뚱한 예를 들어 본 것이다.

  - The Sheep Market(`http://www.thesheepmarket.com`)은 양 그림 10,000점을 각각 페니 단위로 위탁했다. 개념 예술 작품인 그림들을 최고 입찰자에게 팔려고 한다. 그림 하나당 0.25달러를 받고 사람들이 여러분을 위해 어떤 창의적인 노력을 해줄 것으로 생각하는가?
  - Emoji Dick(`http://www.emojidick.com`)은 미국의 위대한 소설인 모비딕을 완전히 이모지 이미지로 변환하기 위해 크라우드 소싱된 결과물이다. 창작자들은 이 책을 약 10,000개의 부분으로 나누고 각 부분을 3명의 Turker에게 변환하도록 맡겼다. 각 부분별로 최고의 것을 선정하여 최종본에 수록하기 위해 또다른 Turker들을 고용하였다. 800명이 넘는 Turker들이 참여했고, 크라우드 펀딩 사이트인 Kickstarter에 의해 모금한 총 3,676달러의 비용이 소요되었다.

- 경제적/심리적 실험: 크라우드 소싱은 행동 경제학과 심리학 분야의 실험을 하는 사회 과학자들에게 요긴한 것으로 밝혀졌다. 지역 대학생들을 연구에 참여하도록 섭외하는 대신, 이 조사자들은 이제 그들의 연구 대상 집단을 전 세계로 확장할 수 있다. 그들은 더 큰 모집단을 활용하고, 서로 다른 국가에서 독립적으로 같은 조사를 수행하여 그들의 가설에 문화적 편향성이 있는지도 시험할 수 있다.

크라우드 소싱을 사용해서 유익하게 완수할 수 있는 흥미로운 작업이 많이 있다. 하지만 Turker를 잘못된 방식으로 잘못된 작업에 사용하면 실망하게 될 수도 있다. 크라우드 소싱의 잘못된 사용 예는 다음과 같다.

- 고급 훈련이 필요한 작업: 비록 모든 사람이 독특한 기술과 전문 지식을 가지고 있지만, 크라우드 소싱 작업자들은 특별한 훈련을 받지 않는다. 그들은 교체 가능한 부품으로 취급되도록 설계되었다. 여러분은 이러한 작업자들과 개인적인 관계를 맺지 않으며, 어떤 실용적인 훈련도 몇 분 이상은 허용되지 않을 것이다.

특정한 기술을 요구하는 작업은 합리적인 크라우드 소싱이 아니다. 하지만 전통적인 장기 방식으로 합리적인 하도급 계약을 할 수는 있다.

- **명확하게 명세할 수 없는 작업:** Turker와 통신을 주고받을 수 있는 메커니즘은 없다. 다시 말해서, 그들은 여러분에게 질문할 방법이 없는 것이다. 따라서 여러분이 작업을 명확하고 간결하며 애매하지 않게 지시할 수 있는 경우에만 이 시스템이 작동한다.

  이것은 보기보다 훨씬 어렵다. 컴퓨터 대신에 사람을 프로그래밍하려고 한다는 것을 깨달아야 한다. 모든 수반되는 버그는 "내가 말한 대로 하시오"라는 것과 연관된다. 여러분의 명세를 대중에게 공개하기 전에 주변 사람들에게 테스트하라. 그런 다음 크라우드 소싱 플랫폼에서 소규모 테스트를 수행하여 많은 예산이 들어가기 전에 작업이 어떻게 진행되는지 평가하라. 여러분은 아마도 문화적 놀라움을 경험하게 될 것이다. 여러분에게 분명해 보이는 것들도 지구 반대편에 있는 작업자에게는 매우 다른 의미로 받아들여질 수도 있다.

- **작업이 제대로 수행되고 있는지 확인할 수 없는 작업:** Turker는 오로지 한 가지 이유로 작업을 한다. 그들은 가능한 한 효율적으로 시간을 돈으로 바꾸려고 노력한다. 그들은 자신들의 노력에 대해 가장 좋은 비용을 제공하는 작업을 찾고 있고, 가장 똑똑한 사람들은 가능한 한 빨리 그리고 생각 없이 당신의 일을 완성하려고 할 것이다.

  크라우드 소싱 플랫폼은 계약된 일을 받아들일 수 없다면 고용주들이 지급을 보류하도록 허용한다. 이를 활용하려면 제품의 품질을 확인할 수 있는 효율적인 방법이 필요하다. 아마도 여러분은 이미 정답을 알고 있는 특정한 과제를 완성하도록 요청해야 할 것이다. 또는 그들의 결과를 다른 독립적인 작업자들 것과 비교해보고, 만약 결과물에 너무 많은 차이가 있다면 그들의 일을 버려야 할 것이다.

  품질 관리 메커니즘을 사용하는 것은 매우 중요하다. 어느 플랫폼에서든 일부 작업자는 무작위성을 통한 공격이 가능한 선다형의 작업을 찾는 봇(bot)이다. 다른 이들은 주어진 과제에 완전히 부적합한 언어 능력을 가진 사람들일 수도 있다. 여러분은 돈만 날리지 않도록 이들을 검사하고 거부해야 한다.

  그러나 제대로 지시하지 않은 임무로 인한 결과에 대해서는 불평할 수 없다. 너무 높은 비율로 결과물을 거절하는 것은 작업자들과 플랫폼에서 당신의 명성을 떨어뜨릴 것이다. 사람들에게 돈을 주지 않고 어떤 방식으로든 그들의 결과물을 사용하는 것은 특히 나쁜 일이다.

- **불법적인 작업이나 너무 비인간적인 작업:** 여러분은 Turker에게 불법적이거나 비윤리적인 일을 하도록 요청하면 안 된다. 전형적인 예는 경쟁 업체 제품에 대한 나쁜 평가를 작성할 사람을 고용하는 것이다. 암살자를 고용한 사람은 총을 쏜 사람과 마찬가지로 살인죄를 짓는 것이다. 공개된 광고에는 여러분을 직접 찾을 수 있는 전자적 흔적이 있다는 것을 명심해야 한다.

교육 기관이나 연구 기관의 사람들은 기관 심사 위원회(IRB, institutional review board)를 통해 법보다 더 높은 기준을 적용받는다. IRB는 연구원과 행정 관료로 구성된 위원회로, 인간에 관한 주제의 연구는 연구를 시작하기 전에 반드시 위원회의 승인을 받아야 한다. 연구자들이 규칙을 확실히 이해할 수 있도록 하는 짧은 온라인 훈련 과정을 거치면, 우리가 논의한 것과 같은 양성의 크라우드 소싱 응용들은 일상적으로 승인된다.

기계의 다른 쪽에 사람이 있다는 것을 항상 인식하라. 그들에게 불쾌하거나, 굴욕적이거나, 사생활을 침해하거나, 혹은 너무 스트레스를 받는 일들을 할당하지 마라. 작업자들을 인간적으로 대하면 더 나은 결과를 얻을 수 있을 것이다.

사람들이 여러분에게 지원하게 하려면 명확한 지시만이 아니라 적절한 대가도 필요하다. 일상에서, 여러분은 일반적으로 지불하는 것만큼 얻는다. 현재 가장 보편적인 최저 시급을 알고 있고, 그에 따라 여러분의 작업에 가격을 매기도록 하라. 이것은 법적인 요구 사항은 아니지만, 잘하는 일이다.

시간당 0.5달러로 작업자를 고용하면 작업자들이 맡은 일의 질이 떨어지는 것을 볼 수 있을 것이다. 여러분은 그들의 부실한 작업 산출물을 다시 수정하기 위해 저축한 모든 것을 다 써버릴 수도 있다. 아마도 다수의 작업자에게 반복적으로 비용을 지급해야 할 것이다. 대가가 높은 작업은 훨씬 더 빨리 작업자를 찾을 수 있다. 만약 당신이 좋은 대가를 지급하지 않으려면 기다릴 준비를 하도록 하라. 정말로 고용하고 싶은 작업자보다는 봇이나 그 비슷한 기능을 하는 것들이 노예 임금을 받고도 더 행복해 할 것이다.

3.5.5 게임화

데이터에 주석을 달거나 데이터를 작성하는 사람들에게 돈을 주는 것에 대한 대안이 있다. 돈 대신, 사람들이 여러분을 위해 공짜로 일할 수 있도록 일을 매우 재미있게 만들어 보라!

목적성 게임(GWAP, *Games with a purpose*)은 데이터 수집을 사람들이 스스로 하고 싶어 하는 게임이나 작업으로 위장하는 시스템이다. 게임, 동기, 상상력의 적절한 조합으로 놀라운 일들을 할 수 있다. 다음과 같은 성공적인 예들이 있다.

- **광학 문자 인식(OCR)을 위한 CAPTCHA:** CAPTCHA는 웹에서 계정을 만들 때 자주 볼 수 있는 왜곡된 텍스트 이미지이다. 사용자가 인간이라는 것을 증명하기 위해 이미지에 보이는 문자열의 내용을 입력할 것을 요구한다. 그럼으로써 봇과 같은 프로그램에 의한 접근을 거부할 수 있도록 한다.

  reCAPTCHA는 매일 1억 개 이상 표시되는 CAPTCHA에서 유용한 데이터를 얻기 위해 개발되었다. 각각 두 개의 텍스트 문자열이 표시되며, 그중 하나는 입력을 허용하기 위해 시스템에서 확인하는 문자열이다. 다른 하나는 오래된 책과 신문을 디지털화할 때 OCR 시스템이 처리하기 어려운 텍스트 문자열을 해결하기 위한 것이다. 사용자의 대답은 보관된 문서의 디지털화를 개선하기 위해 다시 매핑된다. 하루 4천만 단어 이상을 기록한다.

- **게임이나 앱에서의 심리테스트 또는 IQ 테스트:** 심리학자들은 5가지의 기본적인 성격적 특징을, 중요하고 재현 가능한 성격적 측면으로 정립했다. 학술적인 심리학자들은 개방성, 성실성, 외향성, 친화성, 신경증 등 다섯 가지 주요 특징 각각에 대해 개인이 어디쯤 위치하는지를 측정하기 위해 선다형 성격 테스트를 사용한다.

  심리학자들은 이러한 설문 조사를 게임 앱("당신의 성격 특성은 무엇인가?")으로 바꿈으로써 75,000명 이상의 서로 다른 사람들로부터 선호도와 행동 양식 데이터를 포함한 성격 측정 데이터를 수집했다. 성격 심리학의 많은 흥미로운 문제들을 연구하기 위한 방대한 자료가 만들어진 것이다.

- **단백질 구조 예측을 위한 FoldIt 게임:** 단백질 분자에 의해 형성되는 구조를 예측하는 것은 과학에서 가장 큰 계산 도전 과제 중 하나이다. 수년간의 연구에도 불구하고, 무엇이 단백질을 특정한 형태로 접히게 하는지는 여전히 잘 이해하지 못하고 있다.

  FoldIt(`https://fold.it`)은 생물학자가 아닌 일반인들이 특정한 모양으로 접히는 단백질 분자를 디자인하기 위해 도전하는 게임이다. 선수들은 자신들의 디자인이 주어진 목표에 얼마나 근접하게 접근하는지에 따라 점수를 받으며, 가장 높은 점수를 받은 선수들은 리더 보드에 올라간다. 우승한 디자인의 견고성에 관한 여러 과학 논문이 발표되었다.

여기서 성공의 열쇠는 인기를 얻을 수 있을 만큼 충분히 즐길 수 있는 게임을 만드는 것이다. 이것은 보기보다 훨씬 더 어렵다. 앱 스토어에는 수백만 개의 무료 앱이 있는데 대부분 게임이다. 수백 명 이상이 시도한 게임도 거의 없는데, 이 정도로는 데이터 수집 관점에서는 결코 관심을 가질 수가 없다. 게임이 재미있으면서 필요한 과학적 데이터를 생성하는 추가적인 제약까지 더하는 것은 이 작업을 더욱 어렵게 만든다.

게임성을 향상하기 위해서는 동기 부여 기술이 사용되어야 한다. 점수를 유지하는 것은 어떤 게임에서든 중요한 부분이고, 그러므로 게임은 플레이어를 낚기 위해 처음에는 성능이 빠르게 향상되도록 설계해야 한다. 진행 표시줄은 다음 수준에 도달하기 위한 자극을 제공한다. 배지를 부착하고 다른 사람들이 볼 수 있는 리더 보드를 제공하는 것은 더 큰 노력을 장려하는 것이다. 나폴레옹은 "사람들이 천 조각을 위해 무엇을 하려고 하는지가 놀랍다"고 관찰하면서 그의 병사들을 위해 다양한 리본과 장식품들을 도입했다.

FoldIt와 같은 게임의 주요 설계 원리는 도메인 기술을 점수 기능으로 추상화하는 것이다. 게임은 플레이어가 분자 역학 문제를 실제로 이해할 필요가 없도록 구성되어 있고, 단지 어떤 변화가 점수를 올리고 어떤 것은 점수를 떨어뜨린다는 것만 알면 된다. 플레이어는 게임을 하면서 도메인에 대한 직관력을 스스로 쌓게 되고, 결과적으로 기술 분야에서 숙련된 전문가는 절대로 볼 수 없는 디자인을 하게 된다.

3.6 | 장 노트

이 장 처음에서 인용한 찰스 배비지의 말은 자신의 저서 "*철학자의 삶에서 온 구절(Passages*

from the Life of a Philosopher)"[Bab11]에서 따온 것이다. 찰스 배비지의 업적과 에이다 러브레이스(Ada Lovelace)와의 관계에 대해 재미있고, 의미 있는 (비록 허구이지만) 소개를 한, 파두아(Padua)의 그래픽 소설 [Pad15]을 읽어보기 바란다.

많은 책들이 특정한 프로그래밍 언어를 이용해 데이터 랭글링(data wrangling)과 관련된 실제적인 문제들을 다루고 있다. [Gru15, McK12]를 포함하여, Python을 이용한 데이터 사이언스에 대한 O'Reilly 책들이 특히 유용하다.

웹 사이트 스크래핑의 역할을 포함한, 하이알라이 베팅 시스템에 관한 이야기는 저자 책 "*계산된 베팅*(*Calculated Bets*)" [Ski01]에 수록되어 있다. 이 책은 예측을 위한 시뮬레이션 모델을 만드는 방법에 대한 빠르고 재미있는 개요서이며 7.8절의 전쟁 이야기의 주제가 될 것이다.

수치 계산 오류로 인한 우주 임무의 실패는 대중 매체에서 잘 기록되어 있다. 아리안 5호 및 화성 기후 궤도선 임무에 대한 논의는 Gleick [Gle96]및 Stephenson et al. [SMB+ 99] 등을 각각 참조하라.

휴대폰의 가속도계를 사용하여 지진을 감지하는 기발한 생각은 Faulkner et al. [FCH+ 14]에 있다. 대규모 Flickr 이미지 세트에 관한 대표적인 연구에는 Kisilevich et al. [KKK+ 10]을 포함한다.

Kittur[KCS08]는 Amazon Turk에 대한 크라우드 소싱 사용자 연구에 대한 경험을 소개하고 있으며, 역사적 인물에 대한 적절한 설명을 찾기 위해 CrowdFlower를 사용하는 방법은 [CPS15]에 제시되어 있다. 교육의 게임화 방법은 [DDKN11, Kap12]에 설명되어 있다. reCAPTCHA는 Von Ahn, et al. [VAMM+ 08]에서 소개되었다. 모바일 앱을 통한 대규모 심리학적 특징 데이터 수집은 Kosinski, et al. [KSG13]에서 인용하였다.

3.7 | 연습문제

데이터 멍잉

3-1. *[3]* 두 시간 동안 다음 프로그래밍 언어 중 하나에 익숙해지도록 하라: Python, R, MatLab, Wolfram Alpha/언어. 그런 다음 그 언어의 다음과 같은 특성에 대해 당신의 인상을 담은 간단한 글을 써보도록 하라.

- 표현성
- 실시간 속도
- 다양한 라이브러리 기능
- 프로그래밍 환경
- 알고리즘 집약적인 작업에 대한 적합성
- 일반적인 데이터 공유 작업에 대한 적합성

3-2. *[5]* 주요 데이터 사이언스 프로그래밍 언어 중 두 개를 선택하고 두 언어 모두에서 다음 작업을 해결하기 위한 프로그램을 작성하라. 각 과제에 가장 적합한 언어는 어느 것인가?

(a) 안녕하세요! 출력한다.
(b) 파일에서 숫자를 읽고 정렬된 순서로 출력한다.
(c) 텍스트 파일을 읽고, 총 단어 수를 센다.
(d) 텍스트 파일을 읽고, 서로 다른 단어의 총수를 센다.
(e) 숫자 파일을 읽고, 숫자의 빈도 히스토그램을 표시한다.
(f) 웹에서 페이지를 다운로드하고 스크랩한다.

3-3. *[3]* Python, R, Matlab을 잠시 사용해 보라. 어느 것이 가장 좋은가? 각각의 장점과 단점은 무엇인가?

3-4. *[5]* n개의 사람 키 데이터 세트를 구성하라. 이 데이터 세트에서 p%는 영국식 단위법(피트)으로 기록하고 나머지는 미터법(미터) 측정으로 기록한다. 이 분포를 미터로 적절하게 기록된 분포와 구별할 수 있는지를 테스트하기 위해 통계 검정을 사용하라. 문제가 있다는 것이 명확해지는, n과 p의 함수로 표현한 경계선은 무엇인가?

데이터 소스

3-5. *[3]* 시간 경과에 따른 기억장치 가격표를 찾아보라. 이 데이터를 분석한 후 지금부터 5년 후에 데이터 저장장치의 비용/용량을 예측해 보라. 25년 또는 50년 후의 디스크 가격은 얼마가 될까?

3-6. *[5]* 다음 "The Quant Shop" 과제 중 하나 또는 그 이상에 대해 관련된 데이터 소스를 찾고 품질을 평가하라.

- 미스 유니버스
- 영화 수입
- 아기 체중
- 예술품 경매 가격
- 크리스마스의 눈
- 슈퍼 볼/대학 챔피언
- 악귀 풀
- 미래의 금/석유 가격

데이터 정제

3-7. *[3]* 1752년 9월에 대해 이상한 점이 무엇인지 알아보라. 오늘날 데이터 과학자들은 연간 통계를 정규화하기 위해 어떤 특별 조처를 수행해야 하는가?

3-8. *[3]* 다음 데이터 세트에서 발생할 수 있는 특이값 유형은?

(a) 학생 성적
(b) 급여 데이터
(c) 위키피디아에 있는 수명

3-9. *[3]* 건강 센서는 혈압, 심박 수, 체온을 포함하여 20개의 서로 다른 값의 스트림을 생성한다. 센서에서 나오는 데이터 스트림이 유효한지 확인하는 데 사용할 수 있는 두 가지 이상의 기법을 설명해 보라.

구현 프로젝트

3-10. *[5]* 트윗의 데이터 프레임에서 해시 태그 집합을 추출하는 기능을 구현하라. 해시 태그는 "#" 문자로 시작하며 대소문자와 숫자의 조합을 포함한다. 공백이나 쉼표, 세미 콜론, 마침표와 같은 문장 부호가 있는 곳에서 해시 태그가 끝난다고 가정한다.

3-11. *[5]* 미국에서는 유권자 등록 레코드를 관리하는 법이 주마다 다르다. 규칙이 매우 느슨한 하나 이상의 주를 식별하고 데이터를 입수하기 위해 무엇을 해야 하는지 알아보라. 힌트: 플로리다.

크라우드 소싱

3-12. *[5]* 다음 "The Quant Shop" 과제를 위한 데이터 수집을 돕기 위해 크라우드 소싱된 작업자가 어떻게 고용되었는지 설명하라.

- 미스 유니버스
- 영화 수입
- 아기 체중
- 예술품 경매 가격
- 크리스마스의 눈
- 슈퍼 볼/대학 챔피언
- 악귀 풀
- 미래의 금/석유 가격

3-13. *[3]* 텍스트를 읽고 각 구절이 전달하는 감성(긍정적 또는 부정적)에 기초한 주석을 달아달라고 Turker에게 비용을 지급한다고 가정하자. 이것은 의견을 제시하는 작업인데, Turker가 그들의 일을 진지하게 하지 않고 임의로 또는 무작위로 대답했는지 여부를 알고리즘적으로 판단할 수 있는 방법이 있는가?

인터뷰 질문

3-14. *[5]* 주가를 예측하는 시스템을 구축했다고 가정하자. 그 시스템을 어떻게 평가하겠는가?

3-15. *[5]* 일반적으로, 특이값을 어떻게 선별하고, 특이값을 찾으면 어떻게 해야 하는가?

3-16. *[3]* 데이터 정제가 분석에 중요한 역할을 하는 이유는 무엇인가?

3-17. *[5]* 분석 중에 누락된 값을 어떻게 처리하는가?

3-18. *[5]* 선택 편향을 설명하라. 이것이 중요한 이유는? 누락된 데이터를 처리하는 것과 같은 데이

터 관리 절차가 어떻게 이것을 더 악화시킬 수 있는가?

3-19. *[3]* 웹 데이터를 효율적으로 스크랩하는 방법은 무엇인가?

캐글 도전 과제

3-20. 부분적으로 맑음(partially sunny)의 해시태그 가능성.

`https://www.kaggle.com/c/crowdflower-weather-twitter`

3-21. 노이즈에 현혹되지 말고 일일 마감 시점의 주식 리턴을 예측.

`https://www.kaggle.com/c/the-winton-stock-market-challenge`

3-22. 데이터 정제와 과거 기후 변화 분석.

`https://www.kaggle.com/berkeleyearth/climate-change-earth-surface-temperature-data`

CHAPTER

4

점수와 순위

돈을 다른 사람들과 비교해서 여러분이 어떻게 살고 있는지
순위를 가늠할 수 있는 점수판이다.

– 마크 큐반(Mark Cuban)

점수 함수(scoring function)는 다차원 레코드를 하나의 값으로 축소하여 데이터의 특정 성질을 강조하는 척도이다. 점수 함수의 흔한 예는 수업에서 학생들의 성적을 부여하는 것이다. 학생들은 수치 점수에 따라 순위가 부여되고(정렬되고) 나중에 이 순서를 기준으로 문자 등급을 받는다.

성적 등급은 일반적으로 숙제나 시험 점수와 같이 학생들의 성과를 반영하는 수치적 특징에 대한 함수로 계산된다. 각 학생은 부분 점수들을 결합한 0과 100 사이의 하나의 점수를 받는다. 이런 점수는 일반적으로 입력 변수의 선형 조합에서 나오는데, 예를 들면, 다섯 개의 숙제에 각각 8%의 가중치를 부여하고 세 번의 시험에 각각 20%의 가중치를 부여하는 것과 같은 것이다.

이러한 성적 등급 규정을 좀 더 일반적인 점수(scoring) 및 순위(ranking) 함수에 대한 모델로 사용하기 위해서는 다음과 같은 몇 가지 주목해야 할 사항이 있다.

- **자유재량의 정도:** 모든 교사나 교수들은 학생들을 평가할 때 숙제 점수와 시험 점수에 서로 다른 반영 비율을 사용한다. 어떤 사람들은 다른 모든 변수보다 기말고사를 더 중요시한다. 어떤 사람들은 평균을 내기 전에 각 값을 100으로 정규화하는 반면, 다른 사람들은 각 점수를 Z-스코어로 변환한다. 그들의 철학은 다 다르지만, 모든 교사나 교수들은 자신의 평가 시스템이 가장 좋은 방법이라고 확신할 것이다.
- **검증 데이터 부족:** 학생들이 이 과목에서 받아야만 하는 "옳은" 성적을 강사에게 알려주는 황금 기준은 없다. 학생들은 종종 자신이 더 좋은 성적을 받았어야 했다고 불평하지만, 객관성보다는 자기 이익이 이러한 요구 뒤에 숨어 있는 것 같다. 사실, 학생들이 자신들의 성적을 더 낮추어야 한다고 요청하는 것은 거의 들어보지 못했다. 비교를 위한 객관적인 피드백이나 기준이 없다면, 저자의 성적부여 시스템을 평가하고 개선할 수 있는 정확한 방법은 없다.

- **일반적 견고성:** 그렇지만, 아주 다르고 전혀 검증되지 않은 접근 방식을 사용하더라도, 서로 다른 성적부여 시스템들은 일반적으로 비슷한 결과를 만들어 낸다. 모든 학교에는 각 과목에서 상위 성적을 차지하는 스트레이트 A 학생들로 구성된 집단이 있다. 서로 다른 성적부여 시스템들이 자의적으로 학생들의 성과를 정렬한다면 이런 일은 일어나지 않을 것이다. 일반적으로 C 학생들은 최종 성적표에 A와 F가 번갈아 나오는 대신 대부분의 수업에서 중간에서 낮은 층의 무리에 속해 그럭저럭 수업을 진행해간다. 모든 성적부여 시스템은 다르지만, 거의 모두 나름대로 논리성을 가지고 있다.

이 장에서는 데이터 분석을 위한 첫 번째 방법으로 점수 함수와 순위 함수를 사용할 것이다. 모든 사람이 점수 함수를 좋아하는 건 아니다. 점수 함수는 종종 임의적이고, 범용적이지 않아 보이며, 잘못 사용하면 그럴듯해 보이기만 하고 완전히 무의미한 숫자를 만들어 낼 수도 있다. 이들의 유효성은 일반적으로 검증될 수 없기에 이러한 기법은 우리가 다음 장에서 제시할 통계 및 기계 학습 방법만큼 과학적으로 타당하지는 않다.

하지만 저자는 점수 함수의 진가를 알아보는 것이 중요하다고 생각한다. 점수 함수는 대규모 데이터 세트에 대한 이해를 구하는 데 유용하고 휴리스틱한 방법이기 때문이다. 때때로 점수 함수는 좀 더 그럴듯하게 *통계*(*statistics*)라고도 불린다. 데이터에서 의미 있는 점수를 얻는 몇 가지 방법을 소개하도록 한다.

4.1 | 체질량 지수

모든 사람이 먹는 것을 좋아하고, 풍요로운 현대 세계에서는 먹을 수 있는 기회도 많이 있다. 그 결과 인구의 상당수가 최적의 체중보다 더 높은 체중을 갖는 것으로 나타났다. 하지만 여러분이 거기에 속하는지 어떻게 알 수 있을까?

체질량 지수(BMI, Body Mass Index)는 체중 조절 여부를 확인할 수 있도록 설계된 점수 또는 통계로 다음과 같이 정의된다.

$$BMI = \frac{\text{체중}}{\text{신장}^2}$$

여기서 체중은 킬로그램으로 신장은 미터로 표시한다.

이 글을 쓸 때 저자는 68인치(1.727 m)의 키에 150파운드(68.0 kg)로 약간 통통했던 것 같다. 따라서 저자의 BMI는 $68.0/(1.727^2) = 22.8$이다. 그러나 미국에서 일반적으로 허용되는 BMI 범위는 다음과 같이 정의되므로 그리 나쁘지는 않다.

- **저체중:** 18.5 이하
- **정상 체중:** 18.5부터 25까지
- **과체중:** 25부터 30까지

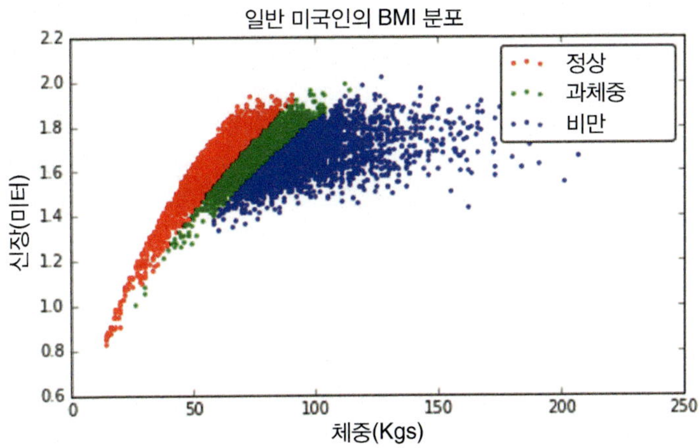

그림 4.1: 1,000명의 대표적인 미국인에 대한 신장–체중 산포도. 색은 BMI 분포의 분류 레이블을 나타낸다.

- 비만: 30 이상

따라서 저자는 정상 범위이며, 체중이 12파운드 더 늘어나면 공식적으로 과체중이 된다. 그림 4.1은 미국인 대표 그룹을 이 척도에 따라 신장–체중 공간에 표시한 것이다. 이 산포도(scatter plot)의 각 점은 한 사람을 나타내며, BMI에 의한 체중 분류에 따라 색을 표시한 것이다. 겉보기에 단색으로 색칠이 되어 있는 것 같은 영역은 사람들이 몰려있어서 점이 겹쳐진 것이다. 오른쪽의 특이값 점들은 가장 무거운 사람들에 해당한다.

BMI는 매우 성공적인 통계 또는 점수 함수의 예이다. 일부 공중 보건 분야에서는 논란도 있지만, 현재 널리 사용되고 일반적으로 받아들여지고 있다.

BMI에 대한 논리는 거의 타당하다. 키의 제곱은 면적과 관련된다. 하지만 체중은 면적이 아닌 용적에 비례하여 증가하는데, 그렇다면 왜 *체중/신장*^{3}이 아닌가? 역사적으로, BMI는 개인의 체지방 비율과 상관되도록 고안되었는데, 이것은 키와 몸무게보다 측정하기가 훨씬 더 어렵다. m/l과 m/l^3을 포함한 여러 가지 간단한 점수 함수를 사용한 실험에서 BMI가 가장 잘 작동한다는 것이 밝혀졌다.

극단적인 사람들에 대한 BMI 분포를 보는 것은 매우 흥미롭다. 미식축구(NFL)와 농구(NBA) 프로 선수를 보자.

- 농구 선수들은 엄청나게 키가 큰 사람들이다. 그들은 또한 최상의 체력을 가지기 위해 온종일 코트를 뛰어다녀야 한다.
- 미식축구 선수들은 어마어마하게 무거운 사람들이다. 특히, 라인맨들은 다른 라인맨을 차단하거나 이동시키기 위해서만 존재하기 때문에, 육중함에 프리미엄이 붙는다.

일부 데이터를 살펴보자. 그림 4.2는 농구와 미식축구 선수들의 BMI 분포를 보여준다. 실제로, 거의 모든 농구선수는 매우 비정상적인 키에도 불구하고 정상적인 BMI를 가지고 있다. 반면

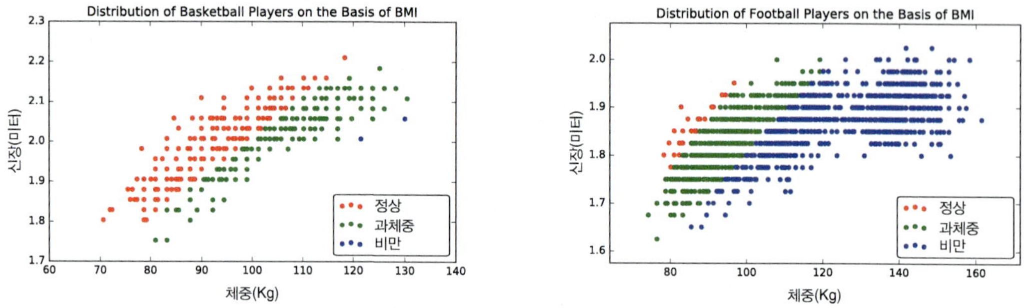

그림 4.2: 프로 농구 선수(왼쪽)와 미식축구 선수(오른쪽)의 BMI 분포도.

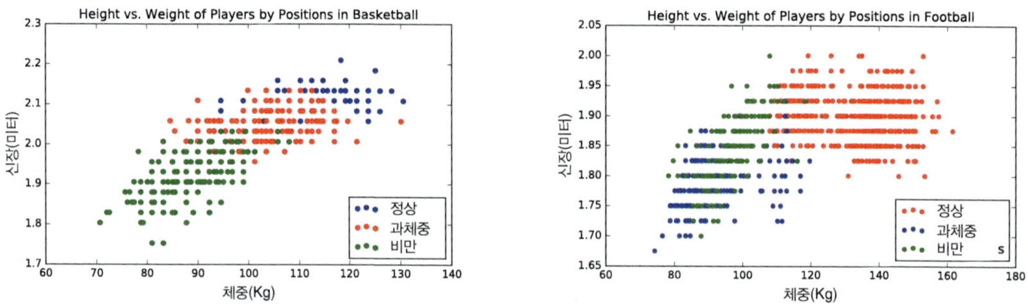

그림 4.3: 농구 선수(왼쪽)와 미식축구 선수(오른쪽)의 포지션은 주로 크기에 따라 결정된다.

미식축구 선수들은 거의 한결같이 육중한데, 그들 역시 컨디션이 좋은 선수라는 사실에도 불구하고 대부분은 비만으로 채점되었다. 이 미식축구 선수들은 일반적으로 심혈관 운동 대신 체력에 최적화되어 있다.

데이터의 표현을 강조하기 위한 시각화 기법에 대해서는 6장에서 설명하겠지만, 여기서는 우선 보기 좋게만 표현해 보겠다. *산포도*에서 각 개인은 색상으로 표시된 레이블(체중 분류 또는 선수 포지션)을 사용하여 신장-체중 공간의 점으로 표시하였다.

포지션별 BMI 분석 결과가 그림 4.3에 있다. 농구에서는, 가드들은 빠르고 날렵하며 센터들은 키가 크고 위협적이다. 모든 포지션은 크기에 따라 깔끔하게 구분된다. 미식축구에서는, 기술 선수들(쿼터백, 키커, 펀터)이 라인맨들보다 상당히 작다는 것을 증명하고 있다.

4.2 | 점수화 시스템 개발

점수는 각 개체의 특징을 수리적 가치로 매핑하는 함수이다. 이 절에서는 효과적인 점수화 시스템을 구축하고 평가하기 위한 기본 접근 방법을 살펴볼 것이다.

4.2.1 황금 기준 및 대용물

역사적으로 종이 화폐는 금으로 뒷받침되었고, 이것은 1달러짜리 지폐가 항상 1달러 상당의 금으로 거래될 수 있다는 것을 의미한다. 이것이 화폐가 인쇄된 종이보다 더 가치 있는 이유이다.

데이터 사이언스에서는 우리가 옳다고 믿는 레이블이나 대답의 집합이 *황금 기준*(*gold standard*)과 같은 역할을 한다. BMI의 원래 공식은 적은 수의 피실험자들로부터 신중히 측정한 체지방 비율이 황금 기준이었다. 물론, 그러한 측정은 어느 정도의 오류가 따르지만, 이러한 값을 건강의 황금 기준으로 정의함으로써 우리는 그것을 올바른 측정으로 받아들인다. 우리는 황금을 신뢰한다.

황금 기준의 존재는 좋은 점수화 시스템을 개발하기 위한 엄격한 기준을 제공한다. 선형 회귀 분석(9.1절에서 설명함)과 같은 곡선 적합(curve-fitting) 기술을 사용하여 입력 특징을 평가하고 황금 기준 사례 중에서 "정답"과 가장 근사한 것을 찾는다.

하지만 진짜 황금 기준을 찾는 것은 어려울 수 있다. 그러므로 그 *대용물*(*proxy*)은 실제로 구하기 어려운 기준 진실과 잘 상관된, 더 찾기 쉬운 데이터여야 한다. BMI는 체지방 비율의 대용물로 설계되었다. 키와 몸무게만으로 쉽게 계산할 수 있고, 체지방과 연관되어 꽤 훌륭한 일을 한다. 이것은 물탱크에서 부력을 시험하거나 눈금자(캘리퍼스)로 조여서 측정할 필요가 없다는 것을 의미하며, 개인의 군살 정도를 직접 정량화하는 측정 방법이다.

내년도 데이터 사이언스 수업에서 사용할 성적부여 시스템을 개선한다고 가정해 보자. 저자는 전년도 학생의 숙제와 시험 자료를 가지고 있지만, 이 학생들이 무슨 성적을 받았어야 했는지에 대한 황금 기준은 가지고 있지 않다. 저자는 그들에게 준 성적 등급만 가지고 있는데, 이 자료는 시스템 개선을 위해서는 무의미한 자료이다.

저자는 학생들의 알려지지 않은 "실제" 수업 평가요소를 위한 대용물이 필요하다. 이에 대한 좋은 후보로는 다른 과목에서 획득한 각 학생의 누적 평점(GPA)이 있다. 일반적으로 학생들의 성과는 다른 모든 과목에서도 유지된다. 만약 저자의 점수화 시스템이 우수한 학생들의 평점을 해치고 하위 계층을 돕는다면, 아마도 뭔가 잘못하고 있는 것이다.

대용물은 특히 점수화/순위화 시스템을 평가할 때 유용하다. 저자의 책 "*누가 더 중요한가?*(*Who's Bigger?*)" [SW13]에서는 위키피디아를 사용하여 역사적 인물을 "중요도" 순으로 순위를 매겼다. 우리는 이 사람들이 얼마나 중요한지를 측정하는 어떠한 황금 기준도 가지고 있지 않았지만, 공정성을 유지하기 위해 여러 개의 대용물을 사용했다.

- 수집가들이 연예인의 서명을 위해 지불하는 가격은 일반적으로 연예인의 중요도와 연관되어야 한다. 사람들이 돈을 많이 지불하려고 할수록 더 대형 스타이다.
- 야구 선수가 얼마나 훌륭한지에 대한 통계는 일반적으로 선수의 중요도와 연관되어야 한다. 운동을 더 잘할수록 그들은 더 중요해질 것이다.
- 책과 잡지에 게재된 순위에는 인기 대통령, 영화배우, 가수, 작가 등이 등재되어 있다. 역사가들에 의한 순위가 높은 대통령들은 일반적으로 우리의 순위에서도 높아야 한다. 그러

한 의견은 대체로 이러한 역사적 인물의 중요도와 연관되어야 한다.

4.7절에서 우리의 역사적 중요도 점수에 대해 더 자세히 논의할 것이다.

4.2.2 점수 대 순위

순위(ranking)는 일반적으로 *n*개의 개체를 가치에 따라 나열한 순열로서, 일반적으로 어떤 점수화 시스템의 출력을 정렬하여 구성한다. 대표적인 순위/등급(ranking/rating) 시스템의 예는 다음과 같다.

- 미식축구/농구의 상위 20개 팀: 언론사들은 일반적으로 코치나 체육기자들의 표를 집계하여 대학 스포츠팀 순위를 매긴다. 전형적으로, 각 투표자는 상위 20개 팀에 대한 개인적인 순위를 제공하고, 각 팀은 투표자의 리스트에서 더 높은 순위이면 더 많은 점수를 부여받는다. 각 투표자의 점수를 합산하면 각 팀에 대한 총점이 주어지며, 이 점수를 정렬하면 순위가 결정된다.
- 대학 순위: "*U.S. News and World Report*" 잡지는 상위 미국 대학들의 순위를 매년 발표한다. 그들의 방법론은 독점적이고 매년 변하는데, 아마 사람들이 새로운 순위를 구매하도록 동기를 부여하기 위한 것일 것이다. 하지만 이 순위는 일반적으로 교수/학생 비율, 합격 비율, 학생과 지원자의 표준화된 시험 점수, 그리고 아마도 그 학교의 미식축구/농구팀의 성적과 같은 통계로부터 구한 점수를 이용한 것이다 :-) 학계 전문가에 대한 여론 조사도 포함된다.
- 구글의 PageRank 및 검색 결과: 검색 엔진에 대한 모든 질의는, 웹상의 모든 문서를 그 질의와의 관련성을 기준으로 내부적으로 순서화시키는데, 이는 상당한 양의 계산을 유발한다. 문서는 각 페이지의 고유 품질 등급과 함께 질의 텍스트와 얼마나 잘 일치하는지를 기준으로 점수가 매겨진다. 여기서 가장 유명한 페이지 품질 지표는 *PageRank*인데, 네트워크 중심성 알고리즘(network-centrality algorithm)으로 10.4절에서 살펴볼 것이다.
- 학업 등급: 대부분 고등학교는 성적에 따라 학생들의 순위를 매기고 최고 순위 학생은 졸업생 대표로 연설하는 영광을 갖는다. 이러한 순위의 기초가 되는 점수 함수는 일반적으로 등급 평균(GPA)이고, 각 과목의 기여도는 학점 수에 따라 가중되며, 각 문자 등급은 숫자(일반적으로 $A = 4.0$)에 매핑된다. 하지만 자연적인 변형도 있다. 즉, 많은 학교는 과목의 난이도를 반영하기 위해 체육과 같은 쉬운 수업보다 우등과정의 과목을 더 중요하게 평가한다.

일반적으로 점수화 시스템의 결과를 정렬하면 순위가 산출된다. 그러나 반대로 생각해 보면, 각 항목의 순위 위치(예로, 2196명 중 493위)로 해당 항목에 대한 수치 점수를 산출하기도 한다.

점수와 순위가 서로 한 쌍이라서 데이터를 보다 의미 있게 표현하는가? 다른 비교와 마찬가지로 가장 좋은 대답은 다음과 같이 문제에 따라 달라진다는 것이다.

- **수치를 따로 표시할 것인가?** 순위는 점수를 해석하기 위한 맥락을 제공하는 데 유용하다. 저자가 이 글을 쓸 때, 스토니브룩의 농구팀은 미국의 351개 대학팀 중에서 평가 백분율 색인(RPI: Ratings Percentage Index) 39.18로 111위를 차지했다. 111번째와 39.18중 어떤 수치가 팀이 좋은지 나쁜지를 더 잘 알려주는가?
- **점수의 기본적인 분포는 무엇인가?** 정의상 최고 순위의 개체는 2위보다 높은 점수를 가지고 있지만, 이는 두 개체 간의 차이에 대한 자세한 내용은 알 수 없다. 사실상 동점인가 아니면 1등이 압도적으로 우세한 걸까?

  순위의 차이는 선형인 것처럼 보인다. 즉, 1등과 2등의 차이는 111등과 112등의 차이와 같아 보인다. 하지만 점수화 시스템에서는 일반적으로 그렇지 않다. 실제로, 작은 절대 점수 차이가 종종 큰 순위 차이를 만들 수 있다.
- **양극단과 중간 중 어디에 더 신경 쓰는가?** 잘 설계된 점수화 시스템은 종 모양의 분포를 따르는 경우가 많다. 평균 주위에 집중된 점수들은 작은 차이로도 순위에서는 큰 차이가 난다. 정규 분포에서 평균에서 한 표준 편차(σ)만큼 점수를 높이면 50번째 백분위 수에서 84번째 백분위 수로 이동한다. 그러나 1σ에서 2σ까지의 동일한 크기 변화는 84번째 백분위 수에서 92.5번째 백분위 수까지만 이동한다. 따라서 어떤 팀이 1등에서 10등으로 떨어지면, 크게 문책을 받아야 한다. 하지만 스토니브룩 팀이 111등에서 120등으로 떨어지면, 그것은 대수롭지 않은 점수 차이만 날 테니 무시해도 된다. 순위는 그룹 중에서 최고와 최저 개체를 강조하는 데는 좋지만, 중간값 근처의 차이에서는 효과가 크지 않다.

4.2.3 좋은 점수 함수의 식별

좋은 점수 함수는 쉽게 해석할 수 있고 일반적으로 신뢰할 수 있어서 좋다. 여기서는 다음과 같은 통계의 성질을 검토하도록 한다.

- **쉬운 계산:** 좋은 통계는 쉽게 설명하고 표현할 수 있다. BMI가 그 훌륭한 예로, 두 개의 매개변수만을 포함하고 있으며, 단순한 계산만을 사용하여 평가한다. 쉽게 얻을 수 있는 적은 수의 관련 변수에 대한 단순한 계산 결과를 탐색하면 알 수 있다. 잘 알고 있는 데이터 세트에 대한 특징 집합으로부터 가능한 통계를 같이 고민해 보는 것도 아주 좋은 연습이다.
- **쉬운 이해:** 순위가 현재 다루는 문제와 관련 있다는 것을 통계에 대한 설명에서 명확히 해야 한다. "키에 따라 보정되는 체중"은 왜 BMI가 비만과 관련이 있는지를 설명한다. 여러분의 통계 뒤에 있는 아이디어를 명확하게 설명해야만 다른 사람들이 그것을 충분히 믿고 사용하는 데 필요하다.

- **변수에 대한 명확한 해석:** 점수화 함수에 사용되는 각 특성이 목적과 어떻게 관련되는지 파악해야 한다. 체중은 BMI와 긍정적인 상관관계가 있는데, 무거우려면 체중이 많이 나가야 하기 때문이다. 키가 큰 사람은 보통 키가 작은 사람보다 더 무거우므로 키는 부정적인 상관관계가 있다.

  일반적으로, 여러분은 비교할 수 있는 실제 황금 기준 없이 점수화 함수를 만들고 있다. 이것은 여러분의 변수가 무엇을 의미하는지 이해해야 하며, 그래야만 여러분의 점수화 함수가 이 확실치 않은 목표와 적절히 연관되어 진다는 것이다.

- **특이값에 대해 일반적으로 만족스러운 결과를 도출:** 이상적으로 여러분은 어떤 개별 개체가 합리적인 점수화 시스템에서 어느 정도에 속할지에 대해 충분히 감을 가지고 있다. 만약 점수화 시스템에 의해 밝혀진 최상위 개체를 보고 정말 놀랐다면, 그것은 아마도 특징이기보다는 오류일 것이다. 저자의 수업에서 학생들의 성적을 계산할 때, 나는 이미 몇 명의 스타와 멍청이 이름을 알고 있다. 만약 내가 계산한 성적이 이 인상과 대충 일치하지 않는다면, 추적할 필요가 있는 잠재적 오류가 있는 것이다.

  만약 데이터 항목에 대해 여러분이 전혀 모른다면, 도메인에 대해 더 잘 알 수 있도록 약간의 시간을 할애해야 한다. 최소한, 특징값에 대한 최상위와 최하위 순위에 위치할 인공적인 예("슈퍼스타"와 "슈퍼바보")를 구성하라. 그리고 실제 데이터와 어떻게 부합하는지 살펴보라.

- **체계적으로 정규화된 변수 사용:** 종 모양 분포에서 도출한 변수는 점수 함수에서 합리적으로 반응한다. 특이값은 양쪽 끝에 있으며 최고와 최저 항목에 대응하고, 중간 봉우리 근처에 있는 항목들은 상대적으로 비슷한 점수를 갖는다.

  이러한 정규 분포를 갖는 변수들은 Z-스코어(4.3절 참조)로 변환해서 추가해야 하는데, 그 이유는 모든 특징의 평균과 분산이 비슷해야 하기 때문이다. 이는 점수 함수가 가중치를 조정하기 위한 매직 상수에 덜 의존하게 되므로, 단일 특징이 전체 결과에 너무 큰 영향을 미치지 않도록 한다.

  일반적으로 말해서, 정확한 부호(양의 상관 변수는 플러스, 음의 상관관계는 마이너스)를 사용하여 Z-스코어를 동일 가중치로 합하면 대략 옳은 결과가 나온다. 더 좋은 함수는 이러한 변수에 중요도에 따라 가중치를 다르게 줄 수도 있다. 여기서 중요도는 목표물과의

$$\mu(B) = 21.9 \quad \sigma(B) = 1.92$$
$$\mu(Z) = 0 \quad \sigma(Z) = 1$$

B	19	22	24	20	23	19	21	24	24	23
Z	−1.51	0.05	1.09	−0.98	0.57	−1.51	−0.46	1.09	1.09	0.57

그림 4.4: B값의 집합에 대해 Z-스코어를 취하여 평균 $\mu = 0$ 및 $\sigma = 1$이 되도록 정규화하였다.

상관관계 강도에 따라 정해진다. 하지만 그렇게 큰 차이를 만들 것 같지는 않다.

- 의미 있는 방식으로 동점 해결하기: 순위 함수는 많은 동점자가 있는 경우 제약을 받는다. 손가락 개수로 사람의 순위를 매긴다면 구분이 잘 안 될 것이다. 12개로 구성된 아주 특이한 그룹이 있을 것이고, 대부분이 10개로 동점이 되고, 그 후 우리가 0개로 내려갈 때까지 점점 더 장애 정도가 큰 사고 희생자들의 작은 그룹이 있을 것이다.

  일반적으로, 점수는 동점 가능성을 최소화하기 위해 작지 않은 범위 내의 실수여야 한다. 동점을 해결하기 위해 두 번째 특징을 도입하는 것도 가치가 있으며, 이러한 특징이 관심 대상 성질과 관련된다면 의미를 부여할 수 있다.

4.3 Z-스코어와 정규화

데이터 사이언스의 중요한 원칙은 우리의 모델이 옳은 일을 할 수 있도록 가능한 한 쉽게 만들어야 한다는 것이다. 선형 회귀와 같은 기계 학습 기술은 주어진 데이터 세트에 최적으로 맞는 선을 찾기 위한 것이다. 그러나 우리가 어떤 것에 맞추려고 하기 전에 모든 다른 변수들의 범위와 분포를 비교할 수 있도록 정규화하는 것이 매우 중요하다.

Z-스코어(Z-score)는 기본적인 정규화 방법으로 Z-스코어 변환은 다음과 같이 계산된다.

$$Z_i = (a_i - \mu)/\sigma$$

여기서 μ는 분포의 평균이며 σ는 관련 표준 편차이다.

Z-스코어는 임의의 변수 집합을 균일한 범위로 변환한다. 인치로 측정한 높이의 Z-스코어는 마일 단위로 측정한 높이와 정확히 일치한다. 전체 데이터에 대한 Z-스코어의 평균값은 0이다. 그림 4.4에는 Z-스코어로 변환된 정수 집합을 보인다. 평균보다 큰 값은 양수가 되며, 평균보다 작은 값은 음수가 된다. Z-스코어의 표준 편차는 1이므로 Z-스코어의 모든 분포는 유사한 성질을 가진다.

Z-스코어로 값을 변환하는 것은 두 가지 목표를 달성한다. 첫째, 모든 필드가 동일한 평균(0)을 가지고 유사한 범위에서 작동하도록 함으로써 패턴과 상관관계를 시각화하는 데 도움이 된다. 우리는 Z-스코어가 3.87이면 농구선수 수준의 신장을 나타내며, 79.8은 그렇지 않다는 것을 측정 단위(인치)를 몰라도 이해할 수 있다. 둘째, Z-스코어를 사용하면 서로 다른 모든 특징들을 비교할 수 있으므로 기계 학습 알고리즘을 더 쉽게 만들 수 있다.

이론적으로, Z-스코어와 같은 선형적 변환은 대부분의 학습 알고리즘이 스스로 이해할 수 없는 어떤 작업도 수행하지 않는다. 이러한 알고리즘은 일반적으로 각 변수에 곱할 최적의 계수를 찾아서, 알고리즘이 원하는 σ에 근접할 수 있도록 한다.

하지만, 수치 계산의 현실은 이렇다. 미국 도시에 연관된 두 가지 변수, 제곱마일로 표시된 면적과 인구수에 대한 선형 모델을 구축한다고 가정해 보자. 첫 번째 변수의 평균은 약 5이고 최대값은 약 100이다. 두 번째는 평균 약 25,000 그리고 최대 8,000,000이다. 두 변수가 모델에 유사한 영향을 미치려면 두 번째 변수를 10만 이상으로 나누어야 한다.

이는 수치 정밀도 문제를 일으킨다. 계수 값의 매우 작은 변화로도 인구수 변수가 모델을 지배하는 정도에 매우 큰 변화를 일으키기 때문이다. 더 좋은 방법은 변수들이 전체적으로 동일한 축척과 분포 범위를 갖도록 하는 것이다. 그래서 쟁점은 한 특징이 다른 특징보다 더 비중이 큰지, 예로 두 배로 가중 취급되는지의 여부가 된다.

Z-스코어는 정규 분포 변수에 가장 적합하며, 결국 평균 μ 및 표준 편차 σ에 의해 완전히 설명된다. 하지만 분포가 지수 법칙을 따르면 잘 안 맞는다. 미국에서 부의 분포를 고려해 보자. 평균이 $200,000, σ = $200,000 정도일 것이다. 그렇다면 재산이 800억 달러인 빌 게이츠는 Z-스코어가 4999가 된다. 평균이 0인데 비해 여전히 엄청난 특이값이다.

여러분이 데이터 분석에서 할 수 있는 가장 큰 잘못은 분석 과정에서 부적절하게 정규화된 변수를 사용하는 것이다. 빌 게이츠를 적절한 크기로 줄이기 위해 무엇을 할 수 있을까? 이러한 경우는 2.4절에서 설명한 로그를 이용하면 된다.

4.4 고급 순위 기법

대부분의 기본적인 순위 과제는 특징의 선형 조합으로 점수를 계산한 다음 그것들을 정렬함으로써 해결한다. 황금 기준이 없는 상태에서는 이러한 방법이 종종 흥미롭고 유익한 통계를 생산한다.

특정 유형의 입력에 대한 순위를 계산하기 위해서는 여러 가지 강력한 기술이 개발되었다. 예로 쌍 비교(paired comparison) 결과, 관계성 네트워크(relationship network), 심지어 다른 순위들의 조합도 있다. 여기서는 이러한 방법을 검토하기로 한다.

4.4.1 Elo 순위

순위는 종종 개체 간 경쟁에서 자연적으로 발생하는 이진 비교의 결과를 분석하여 만들어진다.

- 스포츠 경기 결과: 축구 경기나 체스 시합 같은 일반적인 스포츠 이벤트는 팀 *A*와 *B*가 서로 상대해서, 한 팀만 이긴다. 따라서 각 매치는 본질적으로 이진 비교이다.
- 투표와 여론 조사: 식견이 있는 사람들은 종종 옵션을 비교하고 어떤 선택이 더 낫다고 생각하는지를 요청받는다. 선거에서는 이러한 비교를 투표라고 한다. 특정 대학 순위에서 주요 요소는 교수들에게 질문하여 얻는다. *A*와 *B* 중 어느 학교가 더 나은가?

  영화 "*소셜 네트워크*(*The Social Network*)"에서 페이스북의 마크 주커버그는 그의 첫 작품으로 사용자에게 두 개의 얼굴을 보여주고 어떤 것이 더 매력적인지 고르는 웹사이트인 FaceMash를 만든 것으로 나온다. 그러고 나서 그의 사이트는 이러한 쌍 비교를 근거로 가장 매력적인 얼굴부터 그렇지 않은 얼굴까지 순위를 매겼다.

- 암시적 비교: 올바른 관점에서, 특징 데이터는 쌍들의 비교로 의미 있게 해석될 수 있다. 한 학생이 A 대학과 B 대학에서 모두 합격했지만, A 대학을 선택했다고 가정하자. 이것은 A가 B보다 낫다는 암시적 투표로 받아들여질 수 있다.

특히 후보들이 많고 모든 참가자가 서로 대결하지 않는 경우, 그러한 투표의 모음을 해석하는 올바른 방법은 무엇인가? 가장 많이 이긴 사람이 승리한다는 것은 합리적이지 않다. 왜냐하면 (a) 그들은 다른 선수들보다 더 많은 시합을 했을 수도 있고, (b) 그들은 강력한 적수를 피하고 열등한 경쟁자만을 이겼을 수도 있기 때문이다.

*Elo 시스템*은 모든 참가자에게 같은 순위를 부여한 다음, 각 경기 결과에 대응하여 다음과 같은 공식에 따라 점수를 점진적으로 조정한다.

$$r'(A) = r(A) + k(S_A - \mu_A),$$

여기서,

- $r(A)$와 $r'(A)$는 선수 A의 이전 점수와 갱신된 점수를 각각 나타낸다.
- k는 단일 경기에 대해 최대로 조정 가능한 점수를 표시하는 고정 매개변수다. 작은 k 값은 비교적 정적인 순위를 야기하지만 너무 큰 k를 사용하면 최근 시합에 따라 순위가 큰 변동을 일으킨다.
- S_A는 고려 중인 경기에서 선수 A가 달성한 점수 결과이다. 일반적으로 A가 이긴 경우 $S_A = 1$이고 A가 패하였으면 $S_A = -1$이다.
- μ_A는 B와 경쟁할 때 A의 예상 결과였다. A가 B와 정확히 같은 기술 수준을 가지고 있다면, 아마도 $\mu_A = 0$일 것이다. 그러나 A가 챔피언이고 B가 초심자라고 가정하자. 우리는 정면 대결에서 A가 확실히 승리할 것으로 기대하므로 $\mu_A > 0$이고 거의 1에 가까울 것으로 예상한다.

μ_A를 결정하는 방법을 제외하고는 모두 여기서 설명했다. A가 B를 이길 확률($P_{A>B}$)의 추정치가 주어지면,

$$\mu_A = 1 \cdot P_{A>B} + (-1) \cdot (1 - P_{A>B}).$$

이 승리할 확률은 선수 A와 B 사이의 기술 차이의 크기에 따라 분명히 달라지며, 이것이 바로 순위 시스템에서 측정해야 하는 것이다. 따라서 $x = r(A) - r(B)$는 이러한 기술 차이를 나타낸다.

Elo 순위 시스템을 완료하려면 실제 변수 x를 의미 있는 확률로 변환할 방법이 필요하다. 이것은 우리가 이 책에서 반복적으로 직면하게 될 중요한 문제로서 *로짓 함수(logit function)*라고 불리는 수학 함수에 의해 해결된다.

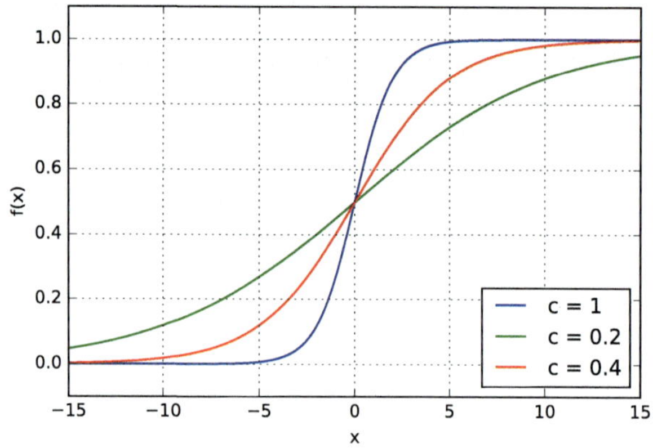

그림 4.5: 3개의 서로 다른 c 값에 대한 로짓 함수의 모양.

로짓 함수

실제 변수 $x(-\infty < x < \infty)$를 확률 $p(0 \leq p \leq 1)$로 변환하려고 한다. 이것을 수행하는 많은 방법을 상상할 수 있지만, 특히 간단한 변화는 $p = f(x)$이다. 여기서 $f(x)$는 다음과 같다.

$$f(x) = \frac{1}{1 + e^{-cx}}$$

로짓 함수 $f(x)$의 모양은 그림 4.5와 같다. 특히 중간과 끝점의 특수한 경우에 주목하라.

- 두 선수의 실력이 같으면 $x = 0$이고, $f(0) = 1/2$은 두 선수의 이길 확률이 같음을 나타낸다.
- 선수 A가 큰 이점을 가질 때 $x \to \infty$이고, $f(\infty) = 1$은 A가 경기에서 승리하는 것이 확실하다는 것을 정의한다.
- 선수 B가 큰 이점을 가질 때 $x \to -\infty$이고, $f(-\infty) = 0$은 B가 경기에서 승리하는 것이 확실하다는 것을 정의한다.

만일 x가 선수들 간의 기술 차이를 측정한다면, 이것이 우리가 원하는 바로 그 값이다.

로짓 함수는 양쪽 끝 사이를 완만하고 대칭적으로 보간한다. 로짓 함수의 매개변수 c는 변환이 얼마나 가파른지를 제어한다. 작은 기술 차이가 승리할 확률에서 큰 차이로 바뀌는가? $c = 0$인 경우 모양은 팬케이크처럼 평평하다. 모든 x에 대해 $f(x) = 1/2$이다. 그림 4.5에 표시된 바와 같이 c가 클수록 변환은 더 가팔라진다. 실제로 $c = \infty$이면 0에서 1로 가는 스텝 함수가 된다.

$c = 1$로 설정하는 것이 합리적인 시작이지만 올바른 선택은 도메인마다 다르다. 주어진 기술 차이가 얼마나 자주 혼란(약자가 승리하는 것)을 일으키는지 관찰하는 것은 매개변수를 지정하는 데 도움이 된다. Elo 체스 순위 시스템은 $r(A) - r(B) = 400$이 A가 B보다 승리할 확률을 10배 높일 수 있도록 설계되었다.

그림 4.6은 역사상 가장 위대한 체스 선수 3명과 낮은 순위의 한 선수가 참가하는 매우 가능

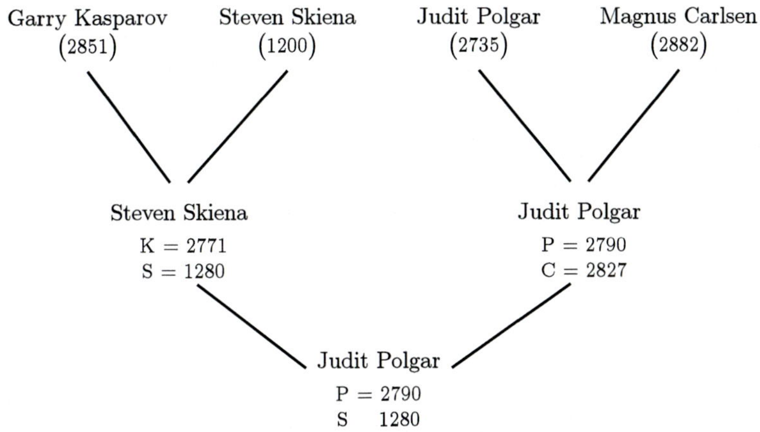

그림 4.6: 예상 밖의 체스 토너먼트의 결과로 나타난 Elo 점수의 변화.

성이 낮은 토너먼트 상황에서 Elo 컴퓨팅을 보여준다. 여기서 $k = 40$이므로 단일 경기 결과로 가능한 최대 점수 변동 폭은 80점을 의미한다. 표준 로짓 함수는 카스파로프가 1라운드에서 스키나를 이길 확률을 0.999886으로 주었지만, 라자러스와의 경기와 흡사한 기적이 일어나 승패가 반대로 나타났다. 그 결과, 80점이 카스파로프의 순위에서 내 순위로 왔다.

다른 그룹에서는 두 명의 진짜 체스 챔피언이 싸웠는데, 예상 밖으로 폴가가 승리하여 55점의 이동이 발생했다. 그녀는 마지막 라운드에서 나를 납작하게 눌러 버렸는데, 이것은 너무나도 당연한 결과였기 때문에 그녀는 아무런 점수도 추가로 받지 못했다. Elo 방법은 단지 승리만이 아니라 결과의 의외성에 대응하여 등급을 갱신하는 데 매우 효과적이다.

4.4.2 순위 합병

사람의 키와 같은 단일수치 특성 f는, 항목 A와 B의 각 쌍에 대해 $f(A) > f(B)$를 테스트함으로써 n개 항목 사이에 $\binom{n}{2}$개의 쌍 비교를 할 수 있다. 순위를 매기기 위해 이 쌍들에 Elo 방법을 적용할 수도 있지만 별로 현명한 방법은 아니다. 결국, 그러한 분석 결과는 단순히 f의 정렬 순서를 반영할 뿐이다.

여러 가지 다른 특징에 따른 순위 집합을 통합하는 것은 더 흥미로운 문제이다. 여기서 우리는 i번째 특징에 의한 정렬 순서를, 관심 항목에 대한 순열(permutation) P_i를 정의하는 것으로 해석한다. 우리는 합의(consensus) 순열 P를 찾는데, 가장 좋은 결과는 모든 요소 순열인 $P_1, \ldots, P_k$를 어떻게든 반영하는 것이다.

이를 위해서는 두 순열 사이의 유사성을 측정하기 위한 거리 함수를 정의해야 한다. 유사한 문제가 스피어맨 순위 상관 계수를 정의하는 과정에서 발생했다(2.3.1절 참조). 그때는 원소의 상대적 순서에 따른 합의 측정 방법(measure of agreement)으로 두 변수를 비교했다.[1]

1 유사성 측정치와 거리 측정 사이의 차이를 관찰하라. 상관관계에서는 원소가 비슷할수록 점수가 더 커지지만, 거리 함수에서는 차이가 0이 된다. 거리 측정은 10.1.1절에서 좀 더 자세히 논의할 것이다.

1	A	B	A	A		A:5
2	C	A	B	B		B:8
3	B	C	C	D	⟶	C:12
4	D	D	E	C		D:16
5	E	E	D	E		E:19

그림 4.7: 선형 가중치를 사용하여 네 개의 입력 순위 집합에서 {*A*, *B*, *C*, *D*, *E*}의 합의 순위를 구성하는 보르다 방법.

보르다 방법(Borda's method)은 단순한 점수화 시스템을 사용하여 여러 다른 순위로부터 합의 순위를 만들어 낸다. 순열에서 n개의 위치에 각각 비용 또는 가중치를 할당한다. 그런 다음 n개의 각 원소에 대해 모든 k개의 입력 순위에 있는 그 원소의 위치 가중치를 합산한다. 이러한 n개의 점수를 정렬하면 최종 합의 순위가 결정된다.

위치와 비용 간의 매핑을 제외하고 이제 모든 것이 명확해졌다. 가장 간단한 비용 함수는 각 순열의 i번째 위치에 나타나는 것에 점수 i를 주는 것이다. 즉, 우리는 모든 순열에 대해 원소의 순위를 합산하는 것이다. 이것이 그림 4.7의 예에서 하는 일이다. 항목 A는 $3 \cdot 1 + 1 \cdot 2 = 5$점을 받는데 3개의 순위에서 1등이고 하나의 순위에서 2등이기 때문이다. 항목 C는 2, 3, 3, 4등이므로 12점이다. 모든 네 개의 입력 순위에서 적어도 부분적으로는 불일치가 있지만, {*A*, *B*, *C*, *D*, *E*}의 최종 합의 순위는 모든 입력 순위에서의 모든 투표를 통합한 것이다.

그러나 선형적인 가중치를 사용하는 것이 최고의 선택이라는 것은 명확하지 않다. 왜냐하면, 순열에 원소를 위치시키는 정확성에 대해 균일한 신뢰를 가정하기 때문이다. 일반적으로, 최고로 선택된 것의 장점에 대해서는 대부분 알겠지만, 중간 순위 근처에 있는 것들은 어떻게 해서 그런지 상당히 불분명하다. 만일 그렇다면, 110등과 111등 사이의 차이보다 1등과 2등 사이의 차이에 대해 더 많은 점수를 부여하는 것이 더 나은 접근법이 될 수 있다.

이러한 유형의 가중치는 종 모양 곡선에 의해 암시적으로 수행된다. 그림 4.8에 보인 것과 같이 정규 분포로부터 동일한 간격으로 n개의 항목을 표본 추출한다고 가정하자. 이들의 x값을 위치 가중치로 지정하면 중앙보다 가장 높은 순위와 가장 낮은 순위에서는 폭이 더 넓게 된다. 꼬리 부분은 50개의 등간격 점만큼 넓어 보인다. 확률 질량의 95%가 중심에서 2σ 이내에 있다는 것을 기억하라.

또는, 만약 우리의 신뢰도가 대칭이 아니라면, 반정규 분포(half-normal distribution)로부터 표본을 추출할 수 있다. 그러면 순위의 꼬리는 정규 분포의 정점 쪽으로 치우친다. 이렇게 하면, 최상위 순위의 원소들 사이에 가장 큰 간격이 있지만 꼬리 쪽의 원소 간에는 거의 차이가 없다.

여기서 가중치 함수를 선택하는 것은 도메인에 따라 다르므로, 여러분의 문제에 잘 맞을 것 같은 함수를 선택하라. 최고의 비용 함수를 찾는 것은 타당치 않은 것으로 판명되었다. 그리고 완벽한 선거 시스템을 설계하려고 하면 4.6절에서 보인 것처럼 이상한 일들이 일어난다.

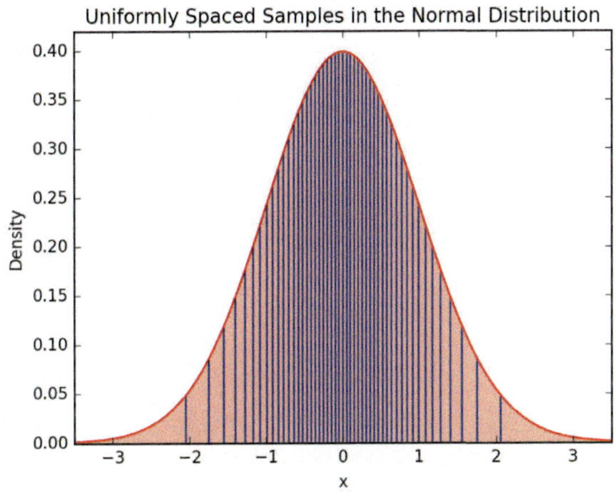

그림 4.8: 정규 분포에 의한 등간격 값은 양 끝단보다는 중간이 가까우므로, 보르다의 방법에 적절한 가중치가 된다.

4.4.3 방향 그래프 기반 순위

네트워크는 "*A*의 순위가 *B*보다 앞이다"라는 형식의 투표 집합에 대해 생각할 수 있는 대체 방법을 제공한다. 정점은 각 개체에 대응하고, 방향 간선 (*A*, *B*)는 *A*의 순위가 B보다 앞인 각 투표를 의미하는 방향 그래프 또는 네트워크를 구성할 수 있다.

그러면 최적 순위는 정점들의 순열 *P* 중에서 위반한 간선의 수가 가장 적은 것이 된다. 여기서 최종 순위 순열 *P*에서 *B*가 *A*보다 앞에 오면 간선 (*A*, *B*)는 위반에 해당한다.

만약 투표가 완전히 일관적이라면, 이 최적의 순열은 위반한 간선이 하나도 없어야 한다. 이것은 그래프에 방향 사이클이 없는 경우에 해당한다. (*A*, *C*), (*C*, *E*), (*E*, *A*)와 같은 방향 사이클은 어떤 순서를 선택하든 항상 문제가 되는 간선이 있으므로 모든 순위 순서에 대해 모순이 된다.

사이클이 없는 방향 그래프를 *방향 비순환 그래프*(*directed acyclic graph*) 또는 DAG라고 한다. 알고리즘 배경이 약간 있는 사람은 이 최적 정점 순서를 찾는 것을 DAG의 *위상 정렬*(*topological sort*)이라고 부르며, 선형 시간에 효율적으로 수행될 수 있다는 것을 알고 있을 것이다. 그림 4.9(왼쪽)는 DAG이며 정확하게 두 개의 서로 다른 순서, {*A*, *B*, *C*, *D*, *E*}와 {*A*, *C*, *B*, *D*, *E*}를 갖는다.

그러나 실제 특징이나 유권자들이 모두 상호 일관성을 유지할 가능성은 극히 낮다. 최대 비순환 부분그래프 문제는 DAG를 만들기 위해 제거되어야 할 가장 작은 간선 개수를 찾는 것이다. 그림 4.9(오른쪽)에서는 간선 (*E*, *A*)의 제거만으로도 충분하다. 불행하게도, 여기서 최고의 순위를 찾는 것은 NP-완전(NP-complete) 문제이다. 즉, 최적의 솔루션을 찾기 위한 효율적인 알고리즘은 존재하지 않는다는 의미이다.

하지만 자연적인 휴리스틱이 있다. 정점 v가 어디에 속하는지에 관한 좋은 단서는 그 정점의 진입차수(in-degree)와 진출차수(out-degree) 사이의 차이 d_v이다. d_v가 아주 작은 음수이면 그것

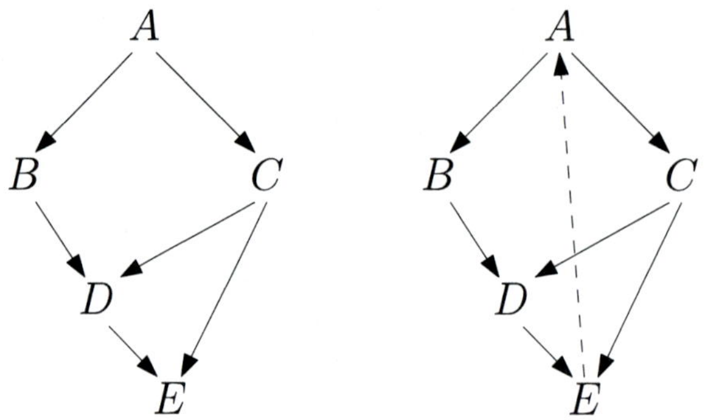

그림 4.9: 일관성 있게 정렬된 선호도는 비순환 그래프 또는 DAG를 생성한다(왼쪽). 일관되지 않은 선호도는 방향 사이클을 만든다. 이 사이클은 신중하게 선택한 몇 개의 간선을 삭제하면 해소되는데 여기서는 점선으로 표시했다(오른쪽).

은 아마도 순열의 앞쪽에 위치할 것이다. 왜냐하면, 많은 원소를 지배하고, 일부에 의해서만 지배되기 때문이다. 이러한 차이에 따라 정점을 정렬하면 괜찮은 순위 순열을 구축할 수 있다. 더 좋은 것은 점진적으로 구성할 수 있다는 것이다. 가장 작은 음수(또는 가장 큰 양수) 값의 정점 v를 그 정점의 논리적 위치에 삽입하고, v에 부속한 간선을 지운 다음, 다음번으로 최고인 정점을 위치시키기 전에 관련 진입, 진출차수들을 조정한다.

4.4.4 PageRank

중요도에 따라 네트워크에서 정점을 정렬하는 더 유명한 방법이 있다. 구글의 검색 엔진을 뒷받침하는 PageRank 알고리즘이다.

웹은 대부분 다른 웹 페이지에 대한 링크가 포함된 웹 페이지로 구성된다. 내 웹페이지와 연결된 여러분의 웹페이지는 여러분이 내 페이지가 꽤 좋다고 생각하는 암묵적인 지지이다. 이를 "저자의 페이지가 여러분의 페이지 보다 더 낫다고 생각한다"라는 투표로 해석한다면, 링크의 네트워크를 구성하고 이전 절에서 논의한 최대 비순환 부분그래프 문제로 취급할 수 있다.

하지만 실제로 지배력은 웹상의 링크에 대한 올바른 해석이 아니다. 대신에 PageRank는 가장 많은 진입 링크가 있는 정점에 보상을 한다. 만약 모든 길이 로마로 통한다면, 로마는 꽤 중요한 장소일 것이다. 또한, 소스의 중요도에 따라 이러한 링크의 무게가 가중 된다. 중요한 페이지에서 저자에게로 연결하는 링크는 스팸 사이트에서 온 링크 이상으로 카운트해야 할 것이다.

자세한 내용은 흥미롭지만, 네트워크 분석을 논의할 10.4절까지 더 깊은 논의를 연기할 것이다. 그러나, PageRank에 대한 간단한 소개가 여러분이 다음 이야기를 이해하는 데 도움이 되기를 바란다.

4.5 | 전쟁 이야기: 클라이드의 복수

고등학교 2학년 때, 저자는 프로 미식축구 경기 결과를 예측하는 프로그램을 만들 생각을 했다.

저자는 스포츠로서 미식축구에 관심이 많지는 않았지만, 몇몇 반 친구들이 주말 축구 경기 결과에 점심값을 거는 것을 보았다. 축구 경기 결과를 정확하게 예측하는 프로그램을 작성하는 것은 상당한 가치가 있고, 게다가 아주 멋진 일이 될 것 같았다.

돌이켜 생각해 보면, 내가 생각해 낸 프로그램은 절망적으로 조잡해 보인다. 그 프로그램은 팀 x가 팀 y를 상대로 몇 점을 득점할지를 예측하기 위해, 팀 x가 득점한 점수와 팀 y가 허용한 점수를 평균 내었다.

$$P_x = \frac{((\text{팀 } x\text{가 득점한 점수}) + (\text{팀 } y\text{가 허용한 점수}))}{2 \times (\text{시합수})}$$

$$P_y = \frac{((\text{팀 } y\text{가 득점한 점수}) + (\text{팀 } x\text{가 허용한 점수}))}{2 \times (\text{시합수})}$$

그런 다음 특별히 홈구장 이점과 같은 다른 요인에 대응하여 이 수치를 가감하여 조정하고, 적절히 반올림하고, 게임 예상 점수라고 불렀다.

클라이드(Clyde)라는 이 컴퓨터 프로그램은 실세계의 한 부분에 대해 점수 함수를 구축한 첫 번째 시도였다. 그것은 어느 정도 논리를 가지고 있었다. 좋은 팀은 그들이 허용하는 것보다 더 많은 점수를 획득하지만, 나쁜 팀은 그들이 획득하는 점수보다 더 많은 점수를 준다. 만약 x팀이 많은 점수를 허용해왔던 y팀과 시합한다면, x팀은 수비가 좋은 팀과 시합했을 때보다 y팀은 상대로 더 많은 점수를 획득해야 한다. 비슷하게, x팀이 리그 나머지 팀과의 시합에서 더 많은 점수를 기록할수록, y팀에 대해서도 더 많은 점수를 획득할 것이다.

물론, 이 조잡한 모델이 미식축구 현실의 모든 측면을 포착할 수는 없었다. x팀은 이 시즌에서 지금까지 약한 팀과 경기를 하고 있고, y팀은 리그 최고의 팀들과 경기를 했다고 가정하자. 비록 지금까지의 기록은 좋지 않지만, y팀은 x팀보다 훨씬 더 좋은 팀일 것이다. 이 모델은 또한 팀이 겪고 있는 부상, 날씨가 더운지 또는 추운지 등은 무시한다. 이 모델은 스포츠를 본질적으로 예측할 수 없게 만드는 모든 요소를 무시한다.

그렇다 하더라도, 이러한 간단한 모델조차도 축구 경기의 결과를 예측하는 합리적인 일을 할 수 있다. 만약 포인트 평균을 위와 같이 계산하고 홈팀에게 보너스 3점을 더 준다면, 모든 축구 경기의 거의 3분의 2에서 승자를 맞출 수 있을 것이다. 이것을 게임의 절반만 정확하게 예측하는 더 조잡한 동전 던지기 모델과 비교해 보라. 다음은 클라이드가 가르쳐준 첫 번째 주요 교훈이었다.

조잡한 수학적 모델도 진정한 예측 능력을 갖출 수 있다.

대담한 16살짜리로서, 저자는 지역 신문인 *The New Brunswick Home News*에 글을 썼고, 저자가 미식축구 경기 결과를 예측할 수 있는 컴퓨터 프로그램이 있고, 그들에게 나의 예측을 독점적으로 발표할 기회를 제공할 준비가 되어 있다고 설명했다. 이때는 개인용 컴퓨터가 대중에게 알려지기 훨씬 전인 1977년이었다는 것을 기억하라. 그 당시에 고등학생이 실제로 컴퓨터를 사용한다는 생각은 상당히 놀랄만한 참신한 가치를 지니고 있었다. 시간이 얼마나 많이 변했는지를 이해하려면 그림 4.10에서 *클라이드* 및 저자에 관한 신문 기사를 확인하라.

Student uses computers to predict football winners

By JEFF LEEBAW
Home News staff writer

EAST BRUNSWICK — A 16-year-old East Brunswick High School student has found a way to combine an interest in football with a fascination for computers.

Steven Skiena says he can determine, with a high degree of accuracy, the outcome of professional football games by feeding a computer pertinent information about competing teams.

"The winners will almost always be correct," said the high school junior who lives at 5 Currier Road off Dunhams Corner Road. "I had an 86 per cent accuracy rate when I started predicting at the end of last season."

He does it by feeding the computer a myriad of statistics that include team records, points scored and allowed, average yards gained and allowed during a game, a breakdown of the yards gained and allowed into rushing and passing categories, performances at home and on the road, and more.

The information is gathered from weekly compilations of football statistics and standings. Skiena puts the facts on index cards and then types them into one of the six computer terminals at the high school or a terminal at The Library where he works part-time after school.

"I get a winning team, a decimal score for each team and a point spread," said the teen-ager who completed a computer programming course last year at the high school.

His first attempt at picking winners involved a Monday night game between the Oakland Raiders, the eventual Super Bowl victors, and the Cincinnati Bengals.

It was a difficult game to analyze because Cincinnati was fighting for a playoff berth while Oakland had already clinched a spot in the post season competition.

"Nobody knew whether Oakland would be giving 100 per cent," Skiena said. "But my calculations indicated they would win by 24-20. The final score was 35-20. They went all out."

Skiena said he went on to pick 12 of the 14 winners the following week and accurately predicted Oakland would defeat Minnesota in the Super Bowl.

The National Football League's 1976 Record Book, which breaks down last year's statistics for each of the league's 28 teams, will supply most of Skiena's information for the first few weeks of the 1977 season. He will also use statistics from the final two exhibition games played this year by each of the teams.

Skiena wrote a computer program based on 17 statistical variables that might come into play during a football game.

The computer, in essence, asks him questions and he types the answers.

"It starts out by asking for the names of the teams," he said. "Then it will ask for records, points scored, etc...."

The computer program also attempts to include such intangible variables as injuries.

"The injuries are broken down into offense, defense and quarterback," he explained. "Obviously a quarterback injury is the most serious. It's too difficult to break down injuries for every position. When the computer asks for the number of injuries on defense, I'll type in one, two or whatever the figure is."

Will Skiena use his computer results to enter the variety of football pools and contests that are available during the season?

"No," he said. "I don't like to bet on my own predictions. Last season a friend bet on a game I predicted and it happened to be one of the few that were wrong."

STEVEN SKIENA
...to test his accuracy

Predictions published

Steven Skiena will get a chance to display his skill as a pro football prognosticator each Sunday in The Home News.

The youngster's weekly selections will be an "added ingredient to our football coverage," according to Home News Executive Editor Robert E. Rhodes.

"I think it's interesting enough for us to give it a shot," Rhodes said of the teen-ager's computer method of determining the outcome of games. "He seems like an earnest young man and we'll stand behind him."

Skiena will receive a "modest stipend" for predicting the winners, scores for each team and briefly explaining the reasons for his conclusions.

His column will appear for the first time in Sunday's sports section when the National Football League (NFL) opens its 1977 season with a slate of 13 games. Skiena will also predict the outcome of the league's Monday night games.

The Home News is publishing the column in the sports section to test the youngster's system and to offer football fans an entertaining feature. Its purpose is not to encourage betting.

"We'll be printing his selections close enough to the time of the game to prevent betting," Rhodes said. "There's big interest in pro football and more than anything else we want to test his system. I'll be rooting for him."

그림 4.10: 저자의 첫 번째 수학적 모델링 시도.

저자는 일자리를 얻었다. *클라이드*는 1977년 내셔널 풋볼 리그의 각 경기 결과를 예측했다. 저자가 기억하기로 *클라이드*와 나는 135-70이라는 인상적인 기록으로 그 시즌을 마쳤다. 그들은 매주 저자의 예측을 신문사 스포츠 기자들의 예측과 비교하곤 했다. 저자가 기억하기로는, 대부분의 스포츠 기자들이 컴퓨터보다 더 좋은 기록을 보였지만, 차이는 몇 경기밖에 나지 않았다.

*The Home News*는 저자의 작품에 많이 감명을 받았지만, 다음 시즌에는 계약을 갱신하지 않았다. 하지만 1978년 시즌에는 *클라이드*의 선택은 훨씬 더 큰 신문인 *Philadelphia Inquirer*에 실렸다. 하지만 저자는 내 자신의 칼럼을 가지고 있지는 않았다. 대신, 그 신문은 저자를 10명의 아마추어와 전문 예측가 리스트에 포함했다. 우리는 매주 4경기의 결과를 포인트 스프레드(point spread)와 비교하여 예측해야 했다.

미식축구에서 포인트 스프레드는 경기 결과에 대한 베팅을 위해 더 강한 팀들에게 핸디캡을 주는 방법이다. 포인트 스프레드는 각 경기를 50대 50의 승률을 만들기 위해 설계되었으므로 게임의 결과를 예측하는 것이 훨씬 더 어려워진다.

클라이드와 저자는 1978년 내셔널 풋볼 리그 시즌 동안 스프레드에 대해 잘 예측하지 못했고, 대부분의 다른 *Philadelphia Inquirer* 예측가들도 마찬가지였다. 우리는 경기의 46%만 스프레드에 대해 정확히 예측했는데, 이는 10명의 예측가 중 7위를 차지할 정도로 좋은(또는 나쁜) 성과였다. 스프레드에 대해 선택하는 것은 저자에게 두 번째 중요한 삶의 교훈을 주었다.

조잡한 수학적 모델은 실제 돈이 걸려 있을 때는 진정한 예측 능력을 갖추고 있지 않다.

그래서 클라이드는 미식축구 예측의 세계에서 혁명을 일으킬 운명이 아니었다. 데이터 사이언스 수업에서 슈퍼볼 결과를 예측하는 과제를 내주기 전까지는 이 일에 대해 잊고 있었다. 그 과제를 받은 팀은 인도 출신의 학생들로 구성되어 있었는데, 그들이 시작할 때 미식축구보다는 크리켓에 대해 훨씬 더 많이 알고 있었다는 것을 의미한다.

하지만, 그들은 이 도전에 응했고, 지난 10년 동안 경기했던 모든 프로와 대학 경기 결과에 대한 큰 데이터 세트를 구축하였다. 그들은 러싱(rushing), 패싱(passing), 킥 거리(kicking yardage), 소유 시간, 펀트(punt) 수를 포함한 142가지 특징에 대해 로지스틱 회귀 분석(logistic regression analysis)을 했다. 그리고 그들은 저자에게 그들 모델의 정확성을 자랑스럽게 알려주었다. 51.52%의 NFL 게임에 대해 정확한 예측 결과를 보였다고 했다.

나는 소리쳤다. "*뭐라고! 그건 끔찍하군*! 50%는 동전을 던져서 얻는 결과야. 두 팀이 득점하고 실점한 점수를 평균하고, 홈팀에게 3점을 줘봐. 그 간단한 모델은 어떻게 되는가?"

그 학생들의 데이터 세트에서 이 가벼운 클라이드 모델은 모든 게임 중 59.02%를 정확하게 선택했는데, 이것은 정교해 보이는 그들의 기계 학습 모델보다 훨씬 나았다. 제대로 정규화되지 않은 너무나 많은 특징으로 인해 그들은 안개 속에서 길을 잃었고, 현재의 팀 구성을 나타내기에는 너무 오랜 기간에 걸쳐 수집한 통계를 사용하여 만들었다. 결국, 학생들은 PageRank를 기반으로 한 모델을 만들어 냈는데, 이 모델은 60.61%로 조금 더 나아졌지만, 클라이드는 기본 모델로서 훌륭한 임무를 수행하였다.

여기에는 몇 가지 중요한 교훈이 있다. 첫째, 쓰레기가 들어오면 쓰레기가 나간다. 정제되고,

적절히 정규화된 데이터 세트를 준비하지 않으면 가장 진보된 기계 학습 알고리즘도 여러분을 구할 수 없다. 둘째, 약간의 도메인별 지식에 기초한 간단한 점수는 놀랄 만큼 효과적일 수 있다. 더욱 강력한 접근 방식에 투자하기 전에 이해하기 쉽고 간단한 기준선을 구축하고 평가하라. 클라이드라는 기준선은 그들의 기계 학습 모델을 무방비 상태로 만들어 버렸다.

4.6 | 애로우의 불가능성 정리

우리는 데이터에서 순위나 점수 함수의 구성에 대한 여러 가지 접근 방법을 보아왔다. 만약 우리가 적어도 일부 개체에 대해 "올바른" 상대 순서를 찾아주는 황금 기준을 가지고 있다면, 우리의 점수 함수를 이런 기준에 최대한 일치하도록 훈련하거나 평가하는 데 사용할 수 있다.

하지만, 황금 기준 없이는 최고의 순위 시스템도 존재하지 않는다는 것을 증명할 수 있다. 이것은 *애로우의 불가능성 정리*(*Arrow's impossibility theorem*)의 결과인데, 이 정리는 선호도의 순열을 집계하는 선거 시스템은 다음에 설명하는 바람직하고, 결함이 없어 보이는 특성을 충족시키지 못한다는 것을 증명한 것이다.

- 시스템은 완전해야 한다. 즉, *A*와 *B* 중 하나를 선택하라는 요청이 있을 때 (1) *A*가 *B*보다 좋다 (2) *B*가 *A*보다 좋다 또는 (3) 선호도가 동등하다고 말해야 한다.
- 결과는 이행적이라야 한다. 즉, *A*가 *B*보다 좋고, *B*가 *C*보다 좋으면, *A*가 *C*보다 좋아야 한다.
- 모든 개인이 *B*보다 *A*를 선호하면 시스템은 *B*보다 *A*를 선호해야 한다.
- 시스템은 독재자 한 명의 선호도에만 의존해서는 안 된다.
- *B*와 비교한 *A*의 선호도는 *C*와 같은 다른 대안에 대한 선호도와는 독립적이어야 한다.

그림 4.11은 애로우 정리의 일부 특성을 포착한 것으로, "가위-바위-보" 유형의 비이행적 순서 성질을 보인다. 이 예는 세 명의 투표자(x, y, z)가 그들이 선호하는 색깔에 순위를 매긴 것을 보여준다. 두 색상 a와 b에 대한 선호도를 설정하려면, 논리 시스템은 얼마나 많은 순열에서 a가 b보다 앞섰는지, 반대로 b가 a보다 앞섰는지를 비교할 것이다. 이 시스템에 의하면, x와 y가

Voter	Red	Green	Blue
x	1	2	3
y	2	3	1
z	3	1	2

그림 4.11: 이행성 손실을 강조하는 색상의 선호 순위. 빨간색을 초록색보다 선호하고, 초록색을 파란색보다 선호하지만, 파란색을 빨간색보다 선호한다.

빨간색을 초록색보다 선호하므로 빨간색이 승리한다. 마찬가지로, x와 z는 초록색을 파란색보다 선호하기 때문에 초록색이 승리한다. 이행성에 의하면, 위의 결과에 따라 빨간색이 파란색보다 선호되어야 한다. 하지만 y와 z는 빨간색보다 파란색을 선호하며, 우리의 선거 시스템이 지켜야 하는 고유의 특성을 위반하고 있다.

애로우의 정리는 매우 놀랍지만, 그렇다고 우리가 데이터를 분석하는 도구로서의 순위화를 포기해야 한다는 것을 의미하는가? 물론 아니다. 단지 애로우의 정리만이 민주주의를 포기해야 한다고 말하고 있다. *다수결의 원칙*이 대중의 선호를 잘 반영한다는 생각에 기반을 둔 전통적인 투표 시스템은 많은 수의 후보를 잘 다룰 수 있도록 일찍이 적절하게 보편화되었다. 그리고 이 장의 기법들은 흥미롭고 의미 있는 방법으로 항목의 순위화를 일반적으로 잘 수행한다.

가정 학습 우리는 올바른 순위를 찾지 않는다. 왜냐하면, 이것은 잘못된 목표이기 때문이다. 대신, 우리는 유용하고 흥미로운 순위를 찾는다.

4.7 | 전쟁 이야기: 누가 더 중요한가?

저자의 학생들은 때때로 저자가 역사가라고 말한다. 아직은 이것이 사실이 아니길 바라지만, 저자의 예전 박사 후 과정연구원이었던 찰스 워드도 그랬던 것처럼 저자는 역사에 많은 관심을 가지고 있다. 찰스와 저자는 누가 역사상 가장 중요한 인물이었고, 이것을 어떻게 측정할지에 대해 이야기를 나누었다. 대부분 사람처럼, 우리는 위키피디아에서 답을 찾았다.

위키피디아는 놀라운 것으로, 일반적으로 어느 정도 타당한 기준의 정확성과 깊이를 가지고 있는 10만 명 이상의 저자에 의해 만들어진 분산형 작업물이다. 위키피디아는 놀랍도록 많은 양의 인간 지식을 개방적이고 컴퓨터가 읽을 수 있는 형태로 담고 있다.

우리는 역사 순위의 근거를 마련하기 위해 영어 위키피디아를 데이터 소스로 사용하기 시작했다. 우리의 첫 번째 단계는 각 인물에 대한 위키피디아 페이지에서 특징적인 변수를 추출하는 것이었는데, 변수들은 역사적 중요성과 분명히 연관되어 있어야 했다. 다음과 같은 특징을 포함하였다.

- 길이: 대부분의 중요한 역사적 인물들은 보통 사람보다 더 긴 위키피디아 페이지를 가진다. 따라서 단어 수로 표현된 기사의 길이는 역사적 중요도를 반영하는 자연적 특징을 적어도 어느 정도는 제공한다.
- 조회 수: 가장 중요한 인물들의 위키피디아 페이지는 더 많은 사람에게 관심이 있으므로, 다른 사람들 것보다 더 자주 읽히게 된다. 저자의 위키피디아 페이지의 조회 수는 하루 평균 20번 정도 되는데, 꽤 괜찮은 편이다. 하지만 아이작 뉴턴의 페이지는 하루에 평균 7700번 조회되는데, 이것은 훨씬 더 좋은 것이다.

- PageRank: 중요한 역사적 인물들은 다른 중요한 역사적 인물들과 상호작용하며, 이는 위키피디아 기사에서 하이퍼링크 참조로 반영된다. 이것은 정점이 기사이고 간선이 하이퍼링크인 방향 그래프를 정의한다. 이 그래프에서 PageRank를 계산하는 것은 각 역사적 인물의 중심적 역할을 측정하는 것이며, 이는 중요도와 상관관계가 있다.

통틀어, 우리는 각각의 역사적 인물에 대해 여섯 가지 특징을 추출했다. 그런 다음 집계하기 전에, 4.4.2절에서 제시한 것처럼 원래 순위와 정규 분포 가중치를 결합하여 이러한 변수를 정규화했다. 우리는 주성분 분석(PCA, Principal Component Analysis)(8.5.2절에서 논함)과 관련된 *통계 인자 분석*(*statistical factor analysis*)이라는 기법을 사용하여 데이터 편차의 대부분을 설명하는 두 가지 요인을 분리했다. 이러한 변수들의 간단한 선형 결합으로 점수 함수를 구성하고, 점수를 정렬하여 우리가 명성(fame)이라고 부르는 초기 순위를 결정했다.

명성 점수에 의한 상위 20명의 인물이 그림 4.12(오른쪽)에 나와 있다. 우리는 이 순위들을 검토했고, 우리가 원하는 것을 실제로 담아내지 못했다고 결정했다. 명성에 따른 상위 20명에는 마돈나나 마이클 잭슨과 같은 팝 가수들과 현시대의 미국 대통령 세 명을 포함하고 있었다. 현대의 인물들이 우리가 생각했던 것보다 훨씬 더 높은 순위에 올랐다는 것은 분명했다. 우리의 점수 함수는 역사적 중요성보다 현재의 명성을 훨씬 더 많이 포착하는 것이었다.

우리의 해결책은 시간의 경과를 고려하기 위해 현대 인물들의 점수를 줄이는 것이었다. 현재 연예인이 위키피디아에서 많은 조회 수를 얻고 있다는 것도 인상적이지만, 300년 전에 죽은 사람에 대해 여전히 관심이 높다는 것은 훨씬 더 인상적인 일이다. 나이 보정 후 새로 구한 상위 20명의 인물은 그림 4.12(왼쪽)와 같다.

이것이 바로 우리가 찾던 것이었다! 우리는 우리가 찾을 수 있는, 역사적 중요성에 관한 다른 대용물을 이용하여 순위를 검증했다. 예로, 다른 공표된 순위, 서명 가격, 스포츠 통계, 역사 교과서, 명예의 전당 선거 결과 등이다. 우리의 순위는 이러한 대용물과 강한 상관관계를 보여주었다.

정말로, 저자는 이 순위들이 놀랄 만큼 흥미로운 사실을 드러낸다고 생각한다. 우리는 이 실험에서 배울 수 있는 모든 종류에 관한 것들을 설명하는 책을 썼다[SW13]. 여러분이 역사와 문화에 관심이 있다면 그 책을 읽어 볼 것을 자랑스럽게 권한다. 우리가 이러한 순위를 연구하면 할수록, 저자는 그 순위의 전반적인 타당성에 더 깊은 인상을 받았다.

그렇긴 하지만, 우리의 출판된 순위는 보편적 합의와는 일치하지 않았다. 상당히 달랐다. 수십 개의 신문과 잡지 기사들이 우리의 순위에 대해 실었으며, 많은 것들이 상당히 적대적이었다. 우리의 광범위한 검증에도 불구하고 왜 사람들은 그 결과를 존중하지 않았을까? 돌이켜 생각해 보면, 우리가 받은 대부분의 공격은 세 가지 다른 이유 때문이었다.

- 중요도에 대한 암묵적 개념의 차이: 우리의 방법은 *밈-강도*(*meme-strength*)를 측정하기 위해 고안되었다. 즉, 역사적 인물들이 얼마나 성공적으로 역사에 이름을 전파했는지를 측정한 것이다. 그러나 많은 독자는 우리의 방법이 역사적 위대함에 대한 개념을 포착해야 한다고 생각했다. 세상을 변화시키는 관점에서는 누가 가장 중요했을까? 그리고 전 세계를

중요도	이름
1	Jesus
2	Napoleon
3	William Shakespeare
4	Muhammad
5	Abraham Lincoln
6	George Washington
7	Adolf Hitler
8	Aristotle
9	Alexander the Great
10	Thomas Jefferson
11	Henry VIII
12	Elizabeth I
13	Julius Caesar
14	Charles Darwin
15	Karl Marx
16	Martin Luther
17	Queen Victoria
18	Joseph Stalin
19	Theodore Roosevelt
20	Albert Einstein

명성	이름
1	George W. Bush
2	Barack Obama
3	Jesus
4	Adolf Hitler
5	Ronald Reagan
6	Bill Clinton
7	Napoleon
8	Michael Jackson
9	W. Shakespeare
10	Elvis Presley
11	Muhammad
12	Joseph Stalin
13	Abraham Lincoln
14	G. Washington
15	Albert Einstein
16	John F. Kennedy
17	Elizabeth II
18	John Paul II
19	Madonna
20	Britney Spears

그림 4.12: 중요도에 의한 순위(왼쪽)와 현시대의 명성에 따른 순위(오른쪽)에 의한 상위 20명의 역사적 인물

의미하는가 아니면 단지 영어권 세계만을 의미하는가? 세계 인구의 30% 이상을 차지하는 중국이나 인도인이 어떻게 목록에 없을 수 있을까? 우리는 실제로 측정하기 전에 무엇을 측정하려고 하는지에 대해 동의해야 한다. 키는 크기에 대한 훌륭한 척도이지만, 비만을 검사하는 데는 좋지 않다. 하지만, 농구팀의 선수를 선발하는 데는 매우 유용하다.

- 특이값: 냄새흡입 테스트는 분석 결과를 평가하는 데 중요하다. 우리 순위와 관련해서, 이 테스트는 우리가 알고 있는 사람들의 위치를 확인하고, 그들이 합당한 자리에 있다는 것을 확인하는 것을 의미했다.

  저자는 많은 역사적 인물에 대해서 우리 방식으로 순위를 매긴다는 것이 매우 기분 좋았다. 그러나 우리의 방법이 합리적이지 않게 더 높은 순위로 지정한 사람도 몇 명 있었다. 특히 조지 W 부시 대통령(36위)과 10대 TV 스타 힐러리 더프(1626위)가 그랬다. 사람들은 이 특이값들을 보고 모든 것을 무시할 수도 있다. 하지만 우리가 거의 샌프란시스코 인구와 맞먹는 85만 명의 역사적 인물들의 순위를 매겼다는 것을 이해해야 한다. 선별적으로 뽑힌 몇몇 나쁜 예들은 그럴 수도 있다는 것이다.

- 피전홀(pigeonhole) 제약 조건: 대부분의 리뷰어들은 상위 100명의 순위만 보았고, 그들은 우리가 정확히 어디에 인물들을 위치시켰고 누가 최종 명단에 들지 않았는지에 대해 불평했다. 여성 TV 쇼 "*The View*"는 우리에게 여성이 충분하지 않다고 불평했다. 나는 윈스턴 처칠(37위)이 너무 낮은 순위에 올랐다고 불평하는 영국 기사들과 넬슨 만델라(356위)를 차별했다고 생각한 남아프리카의 기사들, 중국 기사들은 중국인이 충분하지 않다고

말하고, 심지어 칠레 인물의 부재에 대해 투덜거린 칠레의 잡지를 기억한다.

이들 중 일부는 문화적 차이를 반영한다. 이런 비평가들은 영어 위키피디아가 반영한 것과는 다른 암묵적인 의미의 중요도를 가지고 있다. 그러나 대부분의 비평은 상위 100위 안에 정확히 100개의 자리만 있다는 사실을 반영한다. 빠졌다고 말하는 대부분 인물은 보이는 시야 바로 바깥에 있었다. 우리가 새로운 인물을 상위 100위 안에 넣으면 다른 사람을 내보내야만 한다. 그러나 독자들은 빠져야 할 이름은 거의 제시하지 않았고, 추가되어야 할 이름만 제안했다.

여기서 교훈은 무엇인가? 여러분이 작성한 순위에 대한 청중들의 우려를 예상해 보라. 우리는 우리 측정 기준을 중요도 대신 밈-강도라고 명시적으로 부르도록 권장 받았다. 돌이켜 보면, 이렇게 왜곡되지 않는 이름을 사용하는 것이 독자들이 우리가 하는 일의 진가를 더 잘 알 수 있게 했을 것이다. 또한, 독자들이 상위 100위권에만 집중하는 대신 관심 그룹 내에서의 상대적인 순서에 집중하도록 해야 했다. 누가 최고의 음악가, 과학자, 예술가인가? 이렇게 함으로써 논란의 여지를 줄이고, 우리가 하는 일에 대한 신뢰를 쌓는 데 더 도움이 되었을 것이다.

4.8 | 장 노트

Langville과 Meyer [LM12]는 Elo와 PageRank를 포함하여 여기에서 논의되는 대부분의 순위 방법에 대한 개요를 제공하고 있다.

이 장에서 다루지 않은 한 가지 중요한 주제는 *순위 학습* 방법인데, 황금 기준 순위 데이터를 활용하여 적절한 점수화 함수를 훈련할 수 있다. 이러한 기준 진실 데이터는 일반적으로 구할 수 없지만, 때때로 대용물은 찾을 수 있다. 검색 엔진을 평가할 때, 만약 사용자가 제시된 항목 중 네 번째 것을 클릭했다면 위에 있는 세 개 항목보다 순위가 높아야 한다는 투표로 해석할 수 있다. SVMrank [Joa02]는 이러한 데이터에서 순위 함수를 학습하는 방법을 제공한다.

정점 순서에서 간선 충돌을 최소화하도록 제안된 휴리스틱은 Eades 등[ELS93]에 기인한다. 애로우의 불가능성 정리에 대한 내 발표는 왓킨스[Wat16]의 노트에 바탕을 두고 있다.

이 장의 전쟁 이야기는 저자의 책 "*계산된 베팅(Calculated Bets)*"과 "*누가 더 중요한가?(Who's Bigger?)*"에서 가져왔다. 저자를 자기 표절로 고소하지 않기를 바란다.

4.9 | 연습문제

점수와 순위

4-1. *[3]* X가 $\mu = 2$ 및 $\sigma = 3$으로 정의된 정규 분포에서 도출한 랜덤 변수를 나타낸다고 하자. $X = 5.08$을 관측했다고 가정한다. x의 Z-스코어를 찾고 평균에서 몇 개의 표준 편차만큼 떨어

져 있는지 결정하라.

4-2. *[3]* 다음 각 영역에서 표준 정규 분포 ($\mu = 0, \sigma = 1$)의 몇 퍼센트를 찾을 수 있는가?

(a) $Z > 1.13$.

(b) $Z < 0.18$.

(c) $Z > 8$.

(d) $|Z| < 0.5$.

4-3. *[3]* 아만다는 대학원 입학 자격시험(GRE)을 치렀고 언어 추론 160점, 양적 추론 157점을 받았다. 언어 추론의 평균 점수는 151, 표준 편차가 7이었고, 양적 추론의 경우 평균 $\mu = 153$, $\sigma = 7.67$이었다. 둘 다 정규 분포라고 가정한다.

(a) 이 시험에서 아만다의 Z-스코어는 무엇이었는가? 이 점수를 표준 정규 분포 곡선에 표시하라.

(b) 그녀가 다른 학생들과 비교했을 때 어느 부분에서 더 잘했나?

(c) 두 시험에 대한 백분위 수 점수를 구하라.

4-4. *[3]* 개인적 관심 영역에서 성공적으로 잘 활용되는 세 가지 점수 함수를 식별하라. 각각에 대해, 점수 함수의 어떤 점이 좋은지 그리고 다른 사람들은 어떻게 사용하는지 설명하라.

4-5. *[5]* 다음 클래스 중 하나에서 특징에 대한 데이터 세트를 찾아라.

(a) 세계의 나라

(b) 영화와 영화배우

(c) 스포츠 스타

(d) 대학

품질이나 인기를 반영한 합리적인 순위 기능을 구축하라. 유사한 결과를 목표로 하는 외부 측정 방법과 얼마나 잘 연관되어 있는가?

4-6. *[5]* 동일 항목 집합에 대해 상당히 다르지만, 합리적인 점수 함수 2개를 생성하라. 결과 순위는 얼마나 다른가? 둘 다 합리적이어야 한다는 사실이 매우 비슷한 순위를 만들도록 구속하는가?

4-7. *[3]* 우수 선수상 수상자를 뽑기 위해 프로 스포츠 리그가 사용하는 점수화 시스템은 일반적으로 유권자들이 지정한 순열들에 대해 위치 가중치를 할당하는 것이다. 프로 야구, 농구, 미식축구에서 어떤 시스템을 사용하는가? 그 시스템들은 비슷한가? 여러분은 그것들이 합리적이라고 생각하는가?

구현 프로젝트

4-8. *[5]* Elo 순위를 사용하여 야구, 축구, 농구와 같은 스포츠 중 한 종목의 모든 팀의 순위를 매기고, 새 시합 결과를 반영하여 순위를 조정하라. 이러한 Elo 순위는 향후 시합 결과를 얼마나 정확하게 예측하는가?

4-9. *[5]* 순열 $p = \{1, 2, \ldots, n\}$의 서로 다른 m개의 사본에 각각 k개의 무작위 교환을 적용해서 보르다 방법의 견고성을 평가하라. 보르다 방법이 n, k, m의 함수로서 p를 재구성하지 못하는 한계점은 무엇인가?

인터뷰 질문

4-10. *[5]* 무엇이 데이터 세트를 황금 기준으로 만드는가?

4-11. *[5]* 새로운 신용위험도 점수 모델이 제대로 작동하는지 어떻게 테스트할 수 있는가?

4-12. *[5]* 아마존의 공개 데이터를 기반으로 특정 책의 판매를 어떻게 예측할 수 있는가?

케글 도전

4-13. 게임 순위로 체스 선수들을 평가하라.

`https://www.kaggle.com/c/chess`

4-14. 금융 신용 점수 시스템을 개발하라.

`https://www.kaggle.com/c/GiveMeSomeCredit`

4-15. 광고를 보고 직업의 급여를 예측하라.

`https://www.kaggle.com/c/job-salary-prediction`

CHAPTER

5

통계분석

통계학을 이용하여 거짓말하기는 쉽지만 통계학이 없으면 거짓말하기가 더 쉽다.

– 프레데릭 모스텔러(Frederick Mosteller)

저자는 통계학자와 진정으로 만족스러운 대화를 나눈 적이 없다고 고백하고자 한다. 저자가 노력이 부족해서 그런 것이 아니다. 수년에 걸쳐 저자는 통계학자들에게 흥미 있는 문제를 가지고 갔었다. 그러나 저자는 항상 "당신이 그걸 해결할 수 있는 방법이 있다"는 말 대신에 "그런 방법으로 해결할 수는 없다" 또는 "그러나 그것은 독립이 아니다"와 같은 대답과 함께 돌아왔다.

공정하게 말하면 통계학자들은 일반적으로 저자와 이야기하는 것을 좋아하지도 않았다. 통계학자들은 컴퓨터 과학자들보다 훨씬 더 오래 동안 데이터에 대해 진지하게 생각해 왔으며 데이터의 결과를 보여줄 많은 강력한 방법과 아이디어를 가지고 있다. 이 장에서는 몇 가지 중요한 분포와 통계적 유의성에 대한 검정 방법을 소개한다. 또한 이 장에서는 새로운 데이터가 어떻게 미래 사건에 대한 과거 추정값에 영향을 주는지를 엄격하게 평가하는 방법인 베이지안(Baysian) 분석을 소개한다.

그림 5.1은 통계적 추론의 과정을 보여준다. 우리가 관측할 수 있는 것들에 대한 모집단이 존

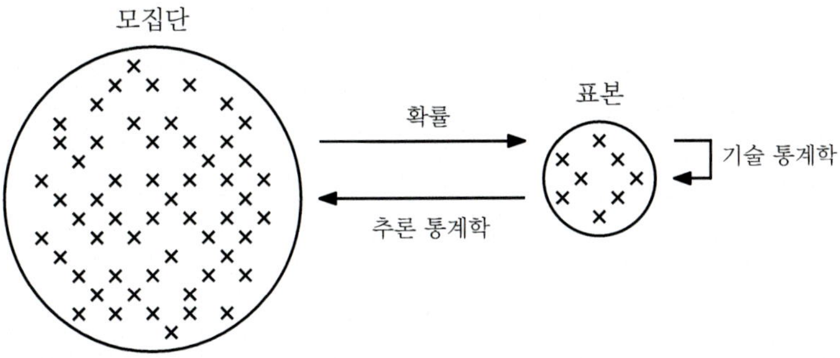

그림 5.1: 통계학의 중심 도그마: 작은 확률 표본을 분석하면 전체 모집단에 대해 추론할 수 있다.

재한다. 상대적으로 작은 부분집합이 무작위로 표본으로 추출되며 표본의 특성을 관측할 수 있다. 확률론은 모집단의 특성이 주어질 때 표본이 갖추어야 할 특성을 설명한다. 그러나 *통계적 추론*은 반대로 작동한다. 즉, 표본의 분석을 통해 모집단이 어떤 것인지 밝히려고 한다.

우리는 데이터를 가지고 놀고 데이터가 인도하는 곳으로 데이터를 가져갈 수 있는 자신감을 유지하면서 과도한 해석과 오류를 경계하는 통계학자처럼 생각하는 방법을 배울 것이다.

5.1 | 통계 분포

우리가 관측하는 모든 변수는 특정 값이 얼마나 자주 발생 하는지를 반영하는 특정 빈도 분포를 정의한다. 키, 체중 및 IQ와 같은 변수의 고유한 특성은 분포에 의해 설명된다. 그러나 분포의 형태는 유일하지 않다. 세계의 다양한 유형의 데이터는 소수의 고전적인 형태로만 나타난다.

고전적 분포는 두 가지 좋은 성질을 갖는다. 첫 번째, 고전적 분포는 실제로 자주 발생하는 빈도 분포의 모양을 설명한다. 두 번째, 고전적 분포는 매우 적은 수의 매개변수를 갖는 정확한 형식의 표현식을 사용하여 수학적으로 설명될 수 있다. 일단 특정 데이터 관측에서 요약되면 고전적 분포는 독립된 연구에 가치 있는 확률분포가 된다.

고전적 확률분포에 익숙해지는 것은 중요하다. 고전적 확률분포는 실제로 빈번하게 발생한다. 고전적 확률분포는 우리의 데이터가 어떻게 생겼는지에 대해 설명할 수 있게 해준다. 이 절에서 우리는 가장 중요한 통계 분포인 이항분포, 정규분포, 포아송분포 및 멱법칙(power law) 분포를 복습한다.

관측된 데이터는 모양이 유사하기 때문에 반드시 특정 이론적 분포에서 발생하는 것은 아니다. 통계적 검정은 실험을 통해 관측된 데이터가 특정 분포에서 추출한 표본을 반영하는지를 엄격하게 증명하는 데 사용될 수 있다.

그러나 저자는 실제로 여러분들이 이러한 검정을 실행하는 번거로움을 덜어줄 것이다. 저자는 실제 데이터가 유명한 이론적 분포들 중 하나에 정확하게 적합되지 않는다고 자신 있게 말할 수 있다.

왜 그런가? 세상은 그것을 측정하는 것을 지저분한 과정으로 만드는 복잡한 곳이라는 것을 이해하라. 당신의 관측값들은 아마 여러 개의 표본 모집단으로부터 도출될 것이다. 각 표본 분포는 다소 다른 기저 분포를 가질 것이다. 비정상적으로 높거나 낮은 값들은 일반적으로 관측된 분포의 꼬리 부분에서 일어난다. 측정값들은 가끔 이상한 체계적인 방식으로 오차를 가진다.

그러나 기저 분포를 이해하는 것이 실제로 매우 중요하다. 각 분포는 한 가지 이유로 고전적이다. 이러한 이유를 이해하면 관측된 데이터에 대해 많은 것을 알 수 있으므로 여기에서 복습할 것이다.

5.1.1 이항분포

각 확률이 p와 $q = (1 - p)$인 두 개의 가능한 결과 P_1, P_2를 갖는 동일하고 독립적인 시행으로

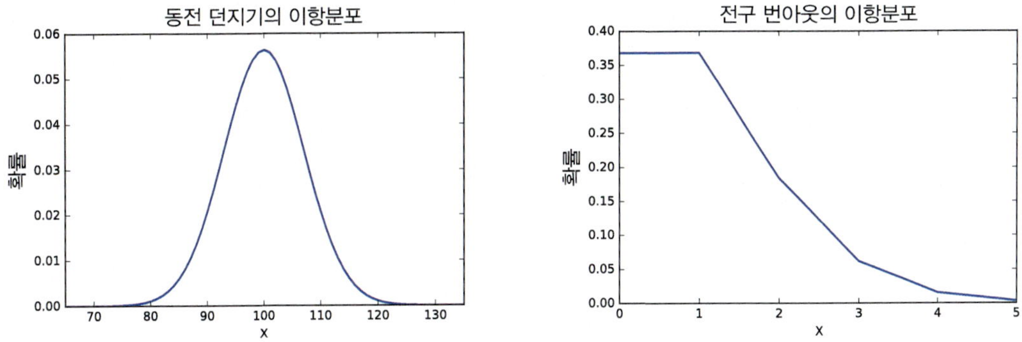

그림 5.2: (왼쪽) 앞면이 나올 확률이 $p = 0.5$인 동전을 200번 던질 때 앞면의 수의 이항분포, (오른쪽) 고장이 날 확률이 $p = 0.001$인 1000개의 전구 중에서 실제로 고장이 난 전구의 수의 이항분포

구성된 실험을 생각해 보자. 먼저 동전을 던지는 실험을 생각해보자. 이때 앞면과 뒷면이 나올 확률은 각각 $p = 0.5$와 $q = 0.5$이다. 이제 전기 스위치를 반복적으로 켜는 실험을 생각해 보자. 전구를 교체해야 한다는 사실을 발견할 확률 $p = 0.001$은 빛을 볼 확률 $q = 0.999$ 보다 훨씬 작다.

이항분포는 n번의 독립 시행에서 사건 P_1이 정확하게 x번 발생할 확률을 설명한다. 이때 독립은 매우 중요한 개념이다. 이항분포의 확률밀도함수는 다음과 같이 정의된다.

$$P(X = x) = \binom{n}{x} p^x (1-p)^{(n-x)}$$

이항분포의 몇 가지 중요한 사항들에 대해 살펴보자.

- **이항분포는 이산형 분포이다:** 이항분포의 n과 x는 정수이다. 그림 5.2의 왼쪽 그림의 매끄러움은 환상이다. 왜냐하면 $n = 200$은 상당히 큰 수이기 때문이다. 200번 동전을 던졌을 때 앞면이 101.25번 발생할 가능성은 전혀 없다.

- **여러분들은 이항분포의 이론을 설명할 수 있을 것이다:** 고등학교에서 이항분포를 배웠다. 파스칼의 삼각형을 기억하라. 동전을 n번 던질 때 앞면이 정확하게 x번 나오는 경우의 수는 $\binom{n}{x}$이며 각 경우의 확률은 $p^x(1-p)^{(n-x)}$ 이다.

- **이항분포는 종 모양이다:** $p = 0.5$인 공정한 동전에 대해 이항분포는 평균이 중앙에 있는 완전한 대칭분포이다. 전구의 경우에는 이것은 사실이 아니다. 만약 전구를 $n = 1000$번 켜면 가장 가능성이 높은 고장의 수는 0이 된다. 이것은 그림 5.2에서 종의 절반 밖에 울리지 않는다. 즉, $n \to \infty$일 때 우리는 평균값을 정점으로 하는 대칭분포를 얻게 된다.

- **이항분포는 두 개의 모수(parameter), 즉 매개변수를 사용하여 정의한다:** 이항분포를 완전하게 정의하기 위해 p와 n의 값을 필요로 한다.

이항분포를 사용하여 많은 현상들을 모형화할 수 있다. 2.2.3절에서 설명한 타율이 $p =$

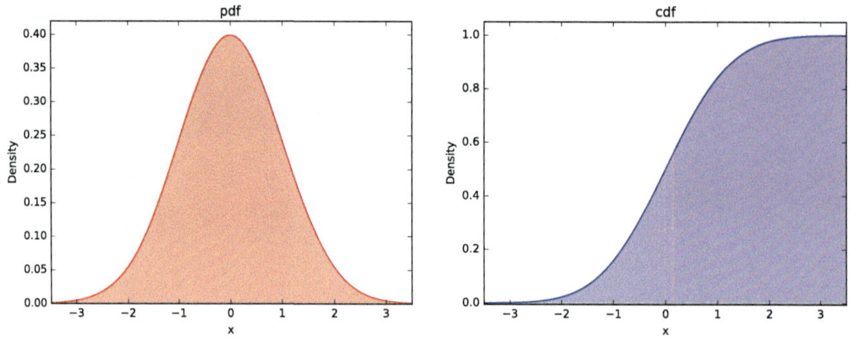

그림 5.3: (왼쪽) 확률밀도함수, (오른쪽)누적분포함수

0.300인 타자의 실적에서 분산을 다시 생각해 보자. 매 시즌 $n = 500$번 타석에 들어서고 타석에서 안타를 칠 확률은 $p = 0.3$이었다. 따라서 시즌 당 안타의 수는 이항분포로부터 얻어진다.

이것이 이항분포라는 사실을 알면 분포를 구축하기 위해 모의실험을 사용할 필요가 없다. 예상 안타 수 $\mu = np = 500 \times 0.3 = 150$과 표준편차 $\sqrt{npq} = \sqrt{500 \times 0.3 \times 0.7} = 10.25$는 공식을 이용하여 구할 수 있다.

5.1.2 정규분포

매우 많은 자연 현상을 종 모양의 곡선으로 모형화할 수 있다. 키, 몸무게, 수명 및 IQ와 같은 측정 가능한 특성들은 같은 기본 체계를 갖는다. 즉, 값의 대부분은 평균에 매우 가깝고 분포가 대칭이며 극단값은 전혀 없다. 세계 역사에서 키가 12피트인 남자와 140살된 여자는 한 번도 없었다.

모든 종 모양 곡선의 모체는 평균 및 표준편차 매개변수로 완전히 정의되는 *가우시안(Gaussian) 분포* 또는 *정규분포*이다. 정규분포의 확률밀도함수는 다음과 같이 정의된다.

$$P(x) = \frac{1}{\sigma\sqrt{2\pi}} e^{-(x-\mu)^2/2\sigma^2}$$

그림 5.3은 정규분포의 확률밀도함수와 누적분포함수를 보여준다. 몇 가지 주목할 사항이 있다.

- **정규분포는 연속형 분포이다:** 정규분포의 평균 μ와 표준편차 $\sigma > 0$는 실수 값을 갖는다.
- **정규분포가 어디서 유래되었는지 설명하기는 어렵다:** 정규분포는 이항분포의 일반화이다. 이때 $n \to \infty$이고 값들이 평균 주위에 어느 정도 집중되는지는 모수 σ에 의해 지정된다. 이항분포를 통해 직관을 얻어라. 수학자 가우스(Gauss)가 계산을 정확하게 했다고 신뢰하라. 가우스는 박사학위 논문을 위해 정규분포를 계산했다. 만약 정규분포가 정말로 어디에서 왔는지 알기를 원한다면 관련 통계학 책을 참고하라.
- **정규분포는 종 모양이다:** 정규분포는 종 모양 곡선의 이상적인 예이다. 정규분포는 연속형

변수에 대해 작동하기 때문에 매끄러운 곡선이다. 정규분포는 양방향 모두 무한대까지 가기 때문에 양쪽 꼬리 부분이 잘리지 않는다. 정규분포는 이론적인 분포이다.

- **정규분포 또한 두 개의 모수를 사용하여 정의한다:** 그러나 정규분포의 모수는 이항분포의 모수와는 다르다. 정규분포는 평균 μ와 표준편차 σ에 의해 완전하게 정의된다. 이들은 분포를 조정할 때 사용할 수 있는 유일한 도구이다.

정규분포란 무엇인가?

놀라울 정도로 많은 자연 현상들을 정규분포를 사용하여 모형화할 수 있다. 가장 중요한 것은 측정오차(measurement error)이다. 화장실에서 몸무게를 측정할 때마다 비록 몸무게가 변하지 않았더라도 다소 다른 값을 얻게 된다. 때로는 실내 온도와 바닥의 뒤틀림에 따라 체중계는 높거나 낮게 측정할 수 있다. 작은 오차가 발생할 가능성은 큰 오차가 발생할 가능성보다 높다. 그리고 약간 높은 오차가 발생할 가능성은 약간 낮은 오차가 발생할 가능성과 거의 같다. 실험오차(experimental error)는 일반적으로 가우시안 잡음(noise)으로서 정규분포를 따른다.

신장, 체중 및 수명과 같은 물리적 현상은 비슷한 주장에 의해 종 모양의 분포를 가진다. 그러나 그러한 분포가 정규분포라고 주장하는 것은 일반적으로 기저 분포를 정확하게 명시하지 않은 채 쉽게 이루어진다. 인간의 키는 정규분포를 따르는가? 물론 아니다. 왜냐하면 남자와 여자는 서로 다른 평균 키와 분포를 가지기 때문이다. 남자의 키는 정규분포를 따르는가? 물론 아니다. 왜냐하면 어린이들을 포함시키고 노인들을 적게 포함시키면 남자 키의 분포는 여러 개의 서로 다른 분포의 합으로 나타난다. 미국 성인 남자의 키는 정규분포를 따르는가? 이것도 아니다. 왜소증이나 말단 비대증과 같은 성장 장애가 있는 사람들이 더러 있다. 따라서 실제로 많은 사람들이 정규분포로 설명할 수 있는 것보다 키가 훨씬 작거나 크다.

종 모양의 분포이지만 비정규분포인 가장 유명한 분포는 금융시장의 일일 수익률 또는 가격 변동률의 분포이다. 큰 시장 붕괴는 큰 비율의 가격 하락으로 정의된다. 1987년 10월 10일 다우존스 평균지수는 22.61% 하락했다. 주식시장 붕괴는 정규분포에 의해 모형화될 수 있는 것보다 훨씬 더 큰 빈도로 발생한다. 사실, 모든 심각한 시장 붕괴는 정규분포를 가정하고 극단적인 사건에 대해 부적절하게 보장하는 분석가(퀀트)들을 곤란하게 만든다. 주식의 로그 수익은 정규분포를 따르는 것으로 판명된다.

비록 종 모양의 분포가 항상 정규분포인 것은 아니라는 것을 기억해야 하지만 정규분포를 가정하는 것은 더 좋은 지식이 없는 상황에서 사고를 시작하는 합리적인 방법이다.

5.1.3 정규분포의 의미

2.2.4절에서 설명한 대로 평균과 표준편차는 항상 임의의 빈도수 분포를 대략적으로 특징 짓는다. 그러나 평균과 표준편차는 정규분포를 특징짓는 대단한 일을 한다. 왜냐하면 이 모수들은 정규분포를 정의하기 때문이다.

그림 5.4는 정규분포의 유명한 68%~95%~99% 규칙을 보여준다. 확률의 68%가 평균의 ±

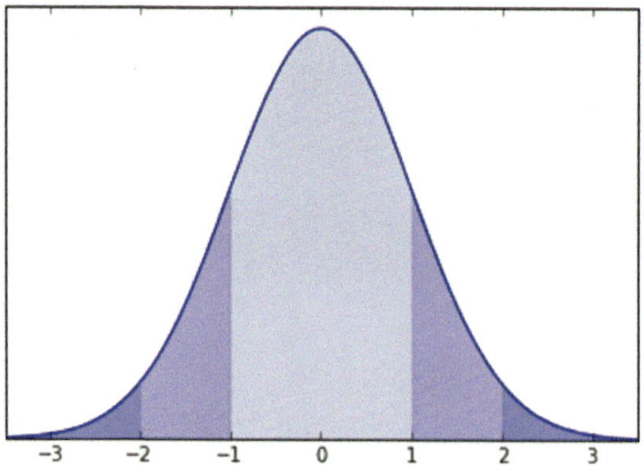

그림 5.4: 정규분포는 평균에서 멀리 떨어질 확률에 대한 엄격한 경계(bound)를 의미한다. 값의 68%는 평균의 1σ 내에 있어야하고 값의 95%는 2σ 내에 있어야하며 값의 99.7%는 3σ 내에 있어야한다.

1σ 영역 내에 있어야 한다. 더욱이 확률의 95%는 2σ 내에 있어야 하며 99.7%는 3σ 내에 있어야 한다.

즉, 평균으로부터 멀리 떨어져 있는 값은 정규분포에서는 아주 드물다. 사실, 6 시그마라는 용어는 결함이 매우 드물게 발생하도록 만들기 위한 매우 높은 품질 기준을 의미한다. 우리는 비행기 추락 사고가 6 시그마 사건이 되기를 원한다. 정규분포에서 6σ 사건이 발생할 확률은 약 10억분의 2이다.

IQ로 측정한 지능은 평균이 100이고 표준편차가 $\sigma = 15$인 정규분포를 따른다. 따라서 모집단의 95%는 평균의 2σ 내에 있다. 즉, 70과 130 사이에 있다. IQ가 130 이상인 사람들은 2.5%에 불과하고, 70 이하인 사람들도 2.5%에 불과하다. 확률의 99.7%가 평균의 3σ 내에 있다. 즉, 55와 145 사이에 있다.

따라서 세계에서 가장 똑똑한 사람은 얼마나 똑똑한가? 만약 70억 명의 모집단을 가정하면 무작위로 선택된 사람이 가장 똑똑할 확률은 약 1.43×10^{-10}이다. 이것은 하나의 표본이 평균으로부터 6.5σ를 초과할 확률과 거의 같다. 따라서 세상에서 가장 똑똑한 사람은 약 197.5의 IQ를 가져야 한다.

여러분이 이것을 받아들이는 정도는 IQ가 정규분포를 따른다는 것을 여러분이 얼마나 강하게 믿는가에 달려있다. 이런 모형들은 보통 극단값에서 무너질 심각한 위험에 처해있다. 사실, 이 모형에 의하면 IQ 테스트에서 음의 점수를 받을 만큼 어리석은 사람이 있을 확률과 거의 같다.

5.1.4 포아송분포

포아송분포는 드물게 발생하는 사건 사이의 간격의 빈도수를 측정한다. 우리는 인간 수명을 모형화한다고 가정해 보자. 이때 오늘 숨을 멈출 확률은 $1 - p$이며 매우 작다. 수명이 n일이라는 의미는 $n - 1$일 동안 매일 성공적으로 숨을 쉬고 n일째에 숨을 쉬지 않는 것을 말한다. 정확하게 n일을 살 확률은 $Pr(n) = P^{n-1}(1-p)$이다. 따라서 기대수명은 다음과 같다.

$$\mu = \sum_{k=0}^{\infty} k \cdot Pr(k).$$

포아송분포는 기본적으로 이런 해석을 따르지만 p보다 더 편리한 인수를 사용한다. 포아송분포는 분포의 평균값인 μ를 기반으로 한다. 각 p는 μ의 값을 정의하기 때문에 이러한 모수들은 어떤 의미에서 같다. 그러나 평균을 추정하거나 측정하기가 훨씬 더 쉽다. 포아송분포는 다음과 같은 매우 간단한 형태의 확률밀도함수를 제공한다.

$$Pr(x) = \frac{e^{-\mu}\mu^x}{x!}$$

일단 올바르게 생각하기 시작하면 많은 분포들이 드물게 발생하는 사건들 사이의 간격을 나타내기 때문에 그 분포들은 포아송분포로 보이기 시작한다.

앞 절에서 논의한 바 있는 이항분포를 따르는 전구 모형을 생각해 보자. 이 모형은 그림 5.2의 오른쪽 그림의 기대 고장 회수를 쉽게 계산할 수 있게 해주었지만 포아송분포인 수명 분포는 계산하지 않았다. 그림 5.5는 $\mu = 1/p = 1000$인 포아송분포를 나타낸다. 이 그림은 거의 모든 전구가 900 내지 1100 시간 동안 빛을 내기를 기대한다는 것을 보여준다.

아이들 치다꺼리로 부모가 지칠 때까지 계속 아이들을 가지는 과정을 통해 아이들의 수를 모형화한다고 가정하자. 그러면 가족의 크기는 포아송분포를 통해 모형화할 수 있다.

모형이 가족 크기를 얼마나 잘 예측할까? 그림 5.6에서 꺽은선은 모수 $\lambda = 2.2$인 포아송분포를 나타낸다. 여기서 $\lambda = 2.2$는 가족이 평균 2.2명의 아이들을 가진다는 것을 의미한다. 점은 2010년 미국 GSS(General Social Survey)에서 나온 결과로서 k명의 아이들을 가지는 가족의 비율을 나타낸다.

$k = 1$일 때를 제외하면 모든 가족 크기에 대해 잘 부합되고 있다. 솔직히 말해서, 개인적인 경험에 의하면 이 데이터가 보여주는 것보다 한명의 아이만을 둔 가족이 더 많다. 포아송분포의 평균과 공식을 알면 실제 가족 크기 분포를 합리적으로 추정할 수 있다.

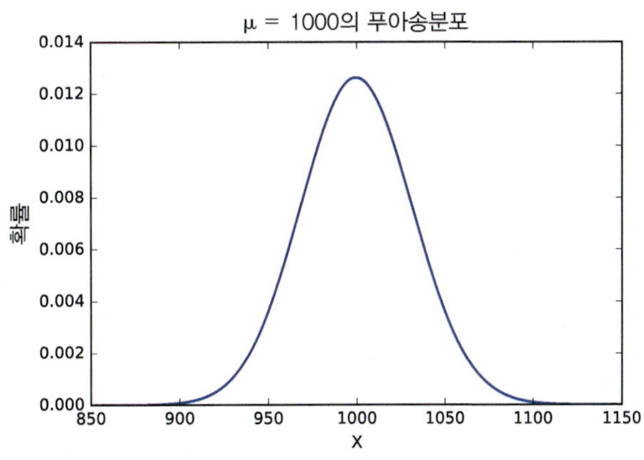

그림 5.5: 기대 수명이 $\mu = 1000$시간인 포아송분포로 모형화되는 전구의 수명 분포.

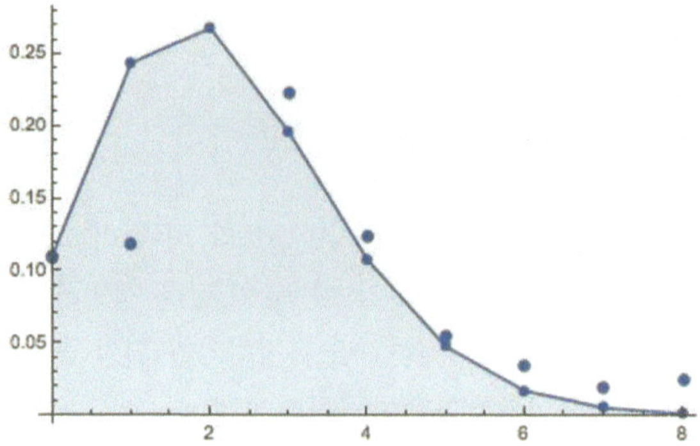

그림 5.6: x명의 아이들이 있는 가족들의 관측된 비율은 평균이 "μ = 가족당 2.2명의 자녀"인 포아송분포에 의해 정확하게 모형화된다. 여기서 점은 x를 나타낸다.

5.1.5 멱법칙분포

많은 데이터 분포는 정규분포 또는 포아송분포보다 훨씬 더 긴 꼬리를 보여준다. 예를 들어 도시의 인구를 생각해 보자. 위키백과에 의하면 2014년 10만 명 이상의 인구를 갖는 미국 도시는 정확하게 297개이다. 그림 5.7의 왼쪽 그림은 k번째로 큰 도시의 인구를 보여준다. 이때 $1 \leq k \leq 297$이다. 이 그림은 상대적으로 적은 수의 도시들이 나머지 도시들을 완전히 지배하는 인구를 가지고 있다는 것을 보여준다. 사실, 17개의 대도시들은 인구가 너무 많아서 그림에서 제외되었다. 따라서 오른쪽 그림은 나머지 도시들에 대한 인구를 보여준다.

이 도시들의 평균 인구는 304,689 명이며 표준편차는 599,816 명이다. 평균에 비해 표준편차가 매우 크면 뭔가 잘못된 것이다. 정규분포 하에서 확률의 99.7%가 평균의 3σ 내에 있게 된다. 따라서 이 도시들 중 어떤 도시도 210만 명이 넘는 인구를 가지지 않을 것이다. 그러나 휴스턴은

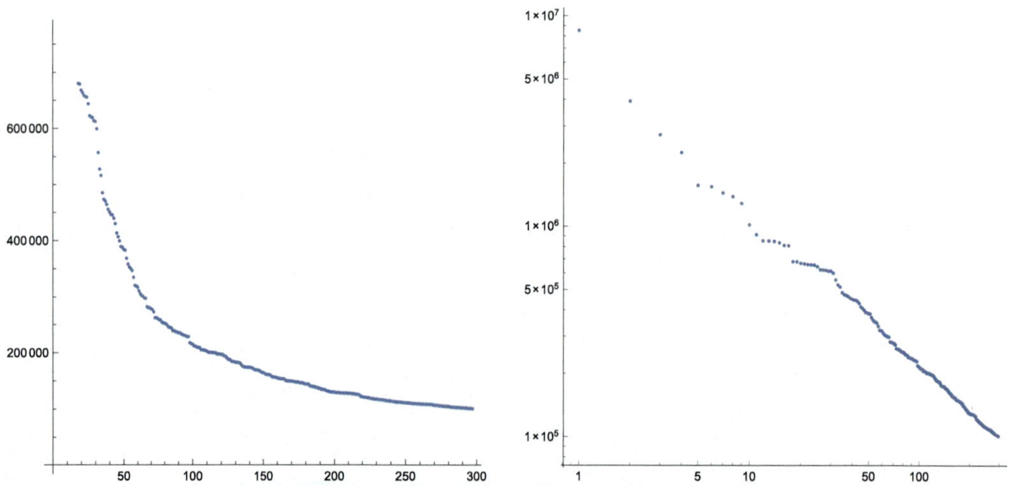

그림 5.7: (왼쪽) 내림차순으로 정리된 미국 도시들의 인구, (오른쪽) 대도시 인구에 대한 로그-로그 척도의 그림.

220만 명의 인구를 가지고 있으며, 840만 명의 인구를 가지고 있는 뉴욕은 평균으로부터 3σ 떨어져 있다. 도시 인구는 분명히 정규분포를 따르지 않는다. 사실, 도시 인구는 멱법칙분포를 따른다.

멱법칙분포에 의해 정의되는 변수 X는 다음과 같은 확률밀도함수를 갖는다.

$$P(X = x) = cx^{-\alpha}$$

이 함수는 두 개의 모수, 지수 α와 정규화 상수 c를 가진다.

멱법칙분포를 올바르게 이해하기 위해 약간의 노력이 필요하다. 이 분포에 의해 정의된 전체 확률은 곡선 아래 면적이다.

$$A = \int_{x=-\infty}^{\infty} cx^{-\alpha} = c \int_{x=-\infty}^{\infty} x^{-\alpha}$$

A의 값은 모수 α와 c에 의해 결정된다. 정규화 상수 c는 주어진 α에 대해 확률법칙에서 요구하는 대로 $A = 1$이 성립하도록 특별히 선택되어진다. 이것 외에는 c는 특별히 중요하지 않다.

실제 작용은 α와 함께 이루어진다. 입력값을 x에서 $2x$로 두 배로 할 때 확률은 인수 $f = 2^{-\alpha}$씩 감소한다. 이것은 나쁘게 보이지만 주어진 α에 대해 그냥 상수일 뿐이다. 따라서 멱법칙에 따르면 $2x$-크기 사건의 확률은 모든 x에 대해 x-크기 사건의 확률보다 2^{α}배 작다.

개인의 재산은 멱법칙분포를 사용하여 모형화할 수 있다. 여기서 $f \approx 0.2 = 1/5$이다. 이것은 만약 Z명의 사람들이 x달러를 가지고 있다면 $Z/5$명의 사람들은 $2x$달러를 가지게 된다는 사실을 의미한다. 만약 전 세계에서 625명의 사람들이 50억 달러 상당의 부를 가지고 있다면 약 125명의 사람들이 100억 달러의 부를 가지게 된다. 더욱이, 25명의 사람들이 200억 달러의 부를, 5명의 사람이 400억 달러의 부를, 그리고 마침내 한 명이 800억 달러의 부를 가진다.

멱법칙은 세계의 모든 불균형을 설명하는 "80/20" 규칙을 정의한다. 즉, A의 상위 20%가 B의 80%를 차지한다는 것이다. 부자들이 점점 더 부유해질 때마다 멱법칙이 발생하는 경향이 있다. 여러분이 이미 가지고 있는 부를 바탕으로 더 많은 부를 얻을 수 있는 확률이 높아지게 된다. 도시가 클 때 더 많은 사람들이 도시에 매력을 느끼기 때문에 대도시는 불균형적으로 커진다. 그의 재산 때문에 빌 게이츠는 나보다 훨씬 더 좋은 투자 기회를 얻을 수 있다. 따라서 그의 재산이 나보다 더 빨리 많아진다.

다음의 경우를 포함하여 많은 분포들은 선호적(preferential) 성장(growth) 및 연결(attachment)에 의해 정의된다.

- x명의 사용자를 가지고 있는 인터넷 사이트: 웹 사이트는 사용자가 더 많아서 더 인기가 있다. 여러분의 친구들이 인스타그램 또는 페이스북에 이미 가입했기 때문에 여러분도 인스타그램 또는 페이스북에 가입할 가능성이 크다.
- 상대빈도 x로 사용된 단어: 영어에서 거의 사용되지 않는 *algorist* 또는 *defenestrate*[1]와 같

[1] 단어 *defenestrate*는 "누군가를 창밖으로 던지다"라는 뜻이다.

은 수백만 단어의 긴 꼬리가 있다. 한편, *the*와 같은 작은 단어 집합은 나머지 단어들보다 훨씬 더 자주 사용된다.

지프의 법칙(*Zipf's law*)은 자연어에서의 단어 사용 관련 분포를 관리하며, 빈도 순위 측면에서 *k*번째로 가장 인기 있는 단어는 가장 인기 있는 단어의 1/*k* 빈도수만큼 사용된다는 것을 설명한다. 이 법칙이 얼마나 잘 작동 하는지를 평가하기 위해 아래의 영문 위키백과에서 발췌한 빈도수에 근거한 단어 순위를 생각해보자.

Rank	Word	Count	Rank	Word	Count	Rank	Word	Count
1	the	25131726	1017	build	41890	10021	glances	2767
110	even	415055	2017	essential	21803	20026	ecclesiastical	881
212	men	177630	3018	sounds	13867	30028	zero-sum	405
312	least	132652	4018	boards	9811	40029	excluded	218
412	police	99926	5018	rage	7385	50030	sympathizes	124
514	quite	79205	6019	occupied	5813	60034	capon	77
614	include	65764	7020	continually	4650	70023	fibs	49
714	knowledge	57974	8020	delay	3835	80039	conventionalized	33
816	set	50862	9021	delayed	3233	90079	grandmom	23
916	doctor	46091	10021	glances	2767	100033	slum-dwellers	17

사용 빈도수가 순위에 따라 급격히 떨어진다는 사실을 확인하게 된다: *grandmom*은 단지 *grandma*의 속어 형태이며 리얼 맥코이(real McCoy)는 아니다. 왜 이것이 멱법칙인가? 순위가 $2x$인 단어의 빈도수는 $F_{2x} \sim F_1/2x$이고 순위가 x인 단어의 빈도수는 $F_x \sim F_1/x$이다. 따라서 순위를 반으로 줄이면 빈도수가 두 배가되며 이것은 $\alpha = 1$인 멱법칙에 해당된다.

이 분포로 이어지는 언어 진화의 메커니즘은 무엇인가? 설득력 있는 설명은 사람들이 다른 사람들이 단어를 사용하는 것을 듣기 때문에 단어를 배우고 사용한다는 것이다. 이미 대중에게 유리하게 작용하는 메커니즘은 멱법칙으로 귀결된다.

- **진도 x의 지진 빈도수:** 지진의 강도를 측정하기 위한 리히터 척도는 로그이며, 이것은 진도 5.3의 지진이 진도 4.3의 지진보다 10배 더 강하다는 것을 의미한다. 진도에 1을 더하면 강도는 10배 증가한다.

  이러한 급격한 규모의 증가로 보다 더 큰 사건은 더 작은 사건보다 더 드물게 발생한다는 것이 타당하다. 화장실 물을 내리는 일은 진도 0.02의 지진을 발생하게 만든다. 매일 수십억 건의 이러한 사건이 발생하지만 더 큰 지진은 점점 더 드물게 일어나고 있다. 수량은 잠재적으로 무제한적으로 증가하지만 그 가능성은 기하급수적으로 감소한다. 이럴 때 여러분들은 멱법칙을 얻는다. 데이터는 이것이 전쟁에서의 사상자와 마찬가지로 지진에 의해 방출되는 에너지에 대해서 사실이라는 것을 보여준다: 다행히도 x명의 사람을 죽이는 분쟁의 수는 멱법칙에 따라 감소한다.

여러분들은 우리의 불평등한 세상 어디에서나 멱법칙분포를 발견할 것이다. 멱법칙분포는 다음 특징들을 가지고 있다.

- **멱법칙은 로그 값, 로그 빈도수 그림에서 직선으로 표시된다:** 그림 5.7의 오른쪽 그림에서 도시 인구 그래프를 확인해 보라. 비록 데이터가 부족한 가장자리에서는 약간의 벌어짐이

있지만 전반적으로 점들은 깔끔하게 직선 위에 놓여 있다. 이것은 멱법칙의 주요 특징이다. 그런데 이 직선의 기울기는 멱법칙분포의 모양(shape)을 정의하는 상수인 α에 의해 결정된다.

- **평균은 의미가 없다:** 빌 게이츠 혼자서 미국 보통 사람의 재산에 250 달러를 더해준다. 이것은 이상하다. 멱법칙분포 하에서 어떤 사람이 무한한 재산을 가질 확률은 매우 작지만 0이 아니다. 이것이 평균에 어떤 영향을 미칠까? 평균보다 중앙값이 이러한 분포를 파악하는데 훨씬 더 도움이 된다.
- **표준편차는 의미가 없다:** 멱법칙분포에서 표준편차는 일반적으로 크거나 평균보다 더 크다. 이것은 분포가 μ와 σ에 의해 잘 특징지어지지 않는 반면 멱법칙은 α와 c의 관점에서 매우 훌륭한 설명을 제공한다는 것을 의미한다.
- **분포는 척도 불변이다:** 그림 5.7의 왼쪽 그림에서와 같이 상위 300개의 미국 도시 대신 300번째에서 600번째로 큰 미국 도시의 인구에 대한 그림을 그렸다고 가정하자. 그러면 그림의 모양은 그림 5.7과 거의 똑같아 보일 것이다. 그런데 300번째로 큰 도시의 인구가 왼쪽 꼬리 부분에서 위로 우뚝 솟게 될 것이다. 모든 지수함수는 동일하게 보이기 때문에 척도 불변이다. 이것은 로그-로그 그림에서 직선이 되는 결과이다.

> **가정 학습** 멱법칙분포를 주목하라. 멱법칙은 세상의 불평등을 반영한다. 즉, 멱법칙분포는 도처에 존재한다는 사실을 의미한다.

5.2 분포로부터 표본 추출

주어진 확률분포로부터 점을 추출하는 것은 흔히 하는 작업이다. 그런데 그 방법을 알기 위해서는 노력이 필요하다. 아마 모의실험을 실행하거나 극한 상황에서 프로그램이 작동하는지 확인하기 위해 멱법칙분포로부터 검정 데이터가 필요할 수도 있다. 데이터가 실제로 특정 분포에 잘 맞는지를 검정하려면 일반적으로 그 분포로부터 생성된 인공 데이터가 필요하다.

주어진 확률분포로부터 점을 추출하기 위하여 *역변환 표본 추출(inverse transform sampling)*이라고 하는 일반적인 기법이 있다. 적분과 미분을 통해 확률밀도함수 P와 누적분포함수 C 사이를 이동할 수 있다는 것을 기억하라. 왜냐하면 다음 관계식이 성립하기 때문이다.

$$P(X=k) = C'(k) = C(X \le k+\delta) - C(X \le k),$$

$$C(X \le k) = \int_{x=-\infty}^{k} P(X=x).$$

복잡한 분포에서 한 점을 추출한다고 가정해 보자. 구간 [0, 1]에서 한 점 p를 선택하기 위해 균등난수(uniform random number) 생성기를 사용할 수 있다. p를 확률로 간주할 수 있으며 p를

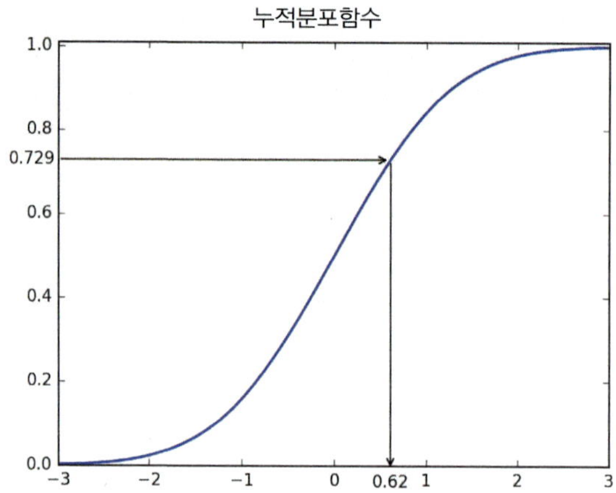

그림 5.8: 역변환 표본 추출 방법은 균등분포 $U[0, 1]$에서 생성된 난수 0.729를 주어진 누적분포함수를 갖는 분포로부터 얻어진 확률표본으로 전환한다.

누적분포함수 C상의 지수로 사용할 수 있다. 즉, $C(X \leq k) = p$를 만족하는 값 x를 정확하게 찾을 수 있다.

그림 5.8은 정규분포를 이용하는 역변환 표본 추출 방법을 보여준다. $p = 0.729$는 균등분포 $U[0, 1]$에서 생성된 난수라고 가정하자. 그러면 정규분포의 누적분포함수에 대해 $y = 0.729$에 대응되는 x를 얻게 된다.

파이썬과 같은 프로그래밍 언어에서 지원하는 확률분포로 작업하는 경우 확률표본(random sample)을 생성하는 라이브러리 함수가 분명히 있다. 따라서 자신만의 라이브러리 함수를 작성하기 전에 적합한 라이브러리를 찾아보라.

5.2.1 고차원 확률표본 추출

차원이 높아지면 지정된 분포에서 표본을 정확하게 추출하는 것은 매우 미묘한 문제가 된다. 원 내에서 점을 균등하게 추출하는 작업을 생각해 보자. 실제로 작업을 진행하기 전에 어떻게 할지 잠시 생각해 보라.

현명한 사람은 중심으로부터 독립적으로 각도와 거리를 표본 추출하는 것을 생각할 수 있다. 추출된 점이 원점 및 양의 x축에 대해 만들어야 하는 각도는 0과 2π 사이에서 변한다. 원점으로부터의 거리는 0과 r 사이의 값이어야 한다. 임의로 이 좌표를 균등하게 선택하면 원 안에 임의의 점이 한 개 생긴다.

이 방법은 영리하지만 틀렸다. 물론, 그렇게 만들어진 점은 원 안에 있어야 한다. 그러나 점들은 균등한 빈도수로 선택되지 않는다. 이 방법에 의해 생성된 점들의 절반이 중심에서 최대 $r/2$ 거리 내에 있게 된다. 그러나 원의 면적의 대부분은 그것보다 중심에서 더 멀리 떨어져 있다. 따라서 이 방법은 원점 부근에서 과대 추출(oversample)한다. 그림 5.9의 왼쪽 그림은 이 방법에

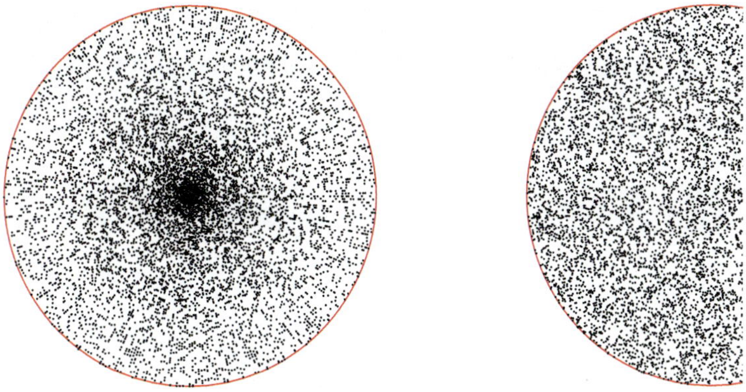

그림 5.9: (왼쪽) 각도-반지름 쌍으로 10,000개의 점을 무작위로 생성하는 것은 원점 부근에서 과대 추출한다. (오른쪽) 합격 기각 표본 추출은 원 안에 균등하게 점을 생성한다.

의해 성생된 10,000개의 점을 보여주고 있다.

정확한 것으로 입증된 바보 같은 기법은 *합격 기각 표본 추출*(*acceptance-rejection sampling*)이다. 원 안의 모든 점의 x와 y 좌표는 원 밖의 많은 점과 마찬가지로 $-r$에서 r까지의 범위이다. 따라서 이러한 값을 무작위로 균등하게 추출하면 원의 경계 상자(bounding box)에 있는 점을 얻을 수 있지만 그 점이 항상 원 안에 있는 것은 아니다. 이것을 쉽게 확인할 수 있다: 점 (x, y)에서 원점까지의 거리가 최대 r, 즉 $\sqrt{x^2 + y^2} \leq r$인가? 만약 그렇다면, 원 안에 있는 임의점(random point)을 발견했을 것이다. 그렇지 않다면, 그것을 버리고 다시 시도한다. 그림 5.9의 오른쪽 그림은 이 방법에 의해 성생된 10,000개의 점을 보여주고 있다: 과대 추출(over-sampling) 또는 과소 추출(under-sampling)이 발생한 곳이 전혀 없이 생성된 점들이 원을 얼마나 균등하게 덮는지 보라.

여기서 효율성은 전적으로 원하는 영역의 볼륨(원의 면적)과 경계 상자의 볼륨(정사각형의 면적)의 비율에 따라 달라진다. 이 경계 상자의 78.5%가 원에 의해 점유되기 때문에 각 새로운 원 내부의 점을 찾기 위해 평균적으로 두 번의 시행이 필요하다.

5.3 | 통계적 유의성

통계학자들은 데이터 관측이 유의(significant)한지 여부에 대해 크게 관심을 가진다. 컴퓨터 분석은 흥미로운 데이터 집합에서 많은 패턴과 상관관계를 쉽게 파악할 수 있다. 그러나 특정 상관관계가 우연 또는 실제 현상을 반영하는가? 다시 말해 관측이 언제 정말로 *유의한가*?

대용량 데이터 집합에서 강한 상관관계가 "분명히" 의미 있는 것처럼 보일 수 있지만 문제는 종종 매우 미묘하다. 한 가지 예를 든다면 *상관관계가 인과관계를 의미하지 않는다는 것이다*. 그림 5.10은 컴퓨터 과학에서의 고급 수준의 연구의 양은 얼마나 많은 비디오 게임이 실행되는지와 관련이 있다는 것을 설득력 있게 보여준다. 저자는 닌텐도(Nintendo)보다 알고리즘으로 더

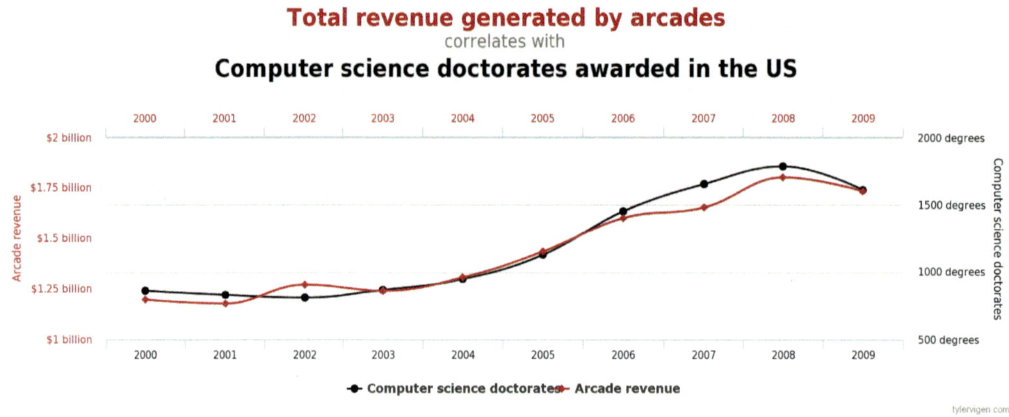

그림 5.10: 상관관계와 인과관계: 미국에서 매년 수여되는 컴퓨터과학 박사학위의 수는 비디오/핀볼 아케이드 매출과 밀접한 관련이 있다. ([Vig15])

많은 사람들을 이끌었다고 생각하고 싶다. 이것은 아마도 똑같은 것일까? 이러한 가짜 상관관계의 그래프들이 [Vig15]의 책을 채우고 있으며, 상당히 재미가 있다.

통계학의 원리는 관측이 의미 있는 것인지 아닌지에 대해 미묘한 차이를 만들 때 독자적으로 나온다. 고전적인 예는 약물 치료의 효능을 결정할 때 의학통계학에서 나온 것이다. 제약회사는 두 가지 약물을 비교하는 실험을 수행한다. 약물 A는 34명의 환자 중 19명을 치료하였다. 약물 B는 21명의 환자 중 14명을 치료하였다. 약물 B가 약물 A보다 정말로 더 좋은가? 신약에 대한 FDA의 승인은 제약회사의 가치에서 수십억 달러를 더하거나 뺄 수 있다. 그러나 신약이 진정한 개선을 의미하는지 확신할 수 있는가? 어떻게 알 수 있는가?

5.3.1 유의성의 중요성

통계적 유의성은 주어진 두 분포 사이에 진정한 차이가 있다는 우리의 확신을 측정한다. 이것은 정말 중요하다. 그러나 통계적 유의성은 이 차이의 중요도나 크기를 측정하지 않는다. 충분히 큰 표본 크기의 경우, 극히 작은 차이가 통계적 검정에서 매우 유의한 것으로 나타날 수 있다.

예를 들어, 시행 회수의 50%가 앞면이 나오는 공정한 동전 대신 시행 회수의 51%가 앞면이 나오는 동전 던지기에서 내가 속아서 뒷면에 베팅을 하게 되었다고 가정해 보자. 공정한 동전을

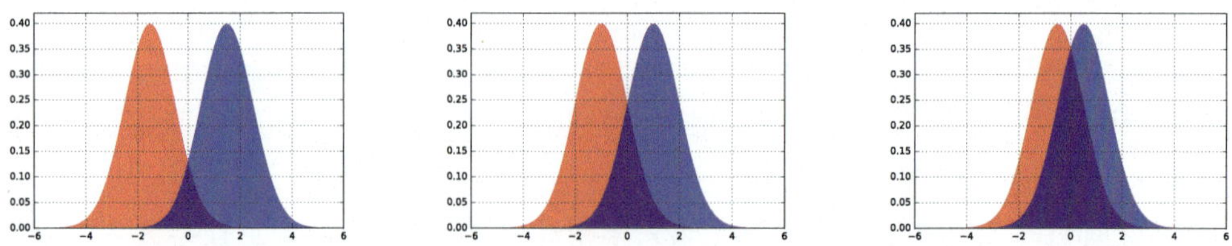

그림 5.11: 동일한 분산을 갖는 정규분포의 쌍. 왼쪽 그림에서 오른쪽 그림으로 갈수록 평균의 차이가 감소한다. 평균이 점점 가까워질 때 분포 간의 겹침이 커질수록 구분이 어려워진다.

100번 던진 후에 나는 앞면이 시행 횟수의 51% 또는 46.02% 이상 나오기를 기대할 수 있을 것이다. 따라서 나는 불평할 이유가 전혀 없다. 동전을 1,000번 던진 후에 앞면이 적어도 510번 나올 확률은 0.253으로 떨어진다. 동전을 10,000번 던졌을 때 앞면이 많이 나오는 것을 볼 확률은 0.0233에 불과하며 나는 동전이 공정한지 의심스러워하기 시작할 것이다. 동전을 100,000번 던진 후에 동전이 공정하게 될 확률은 1.29×10^{-10}으로 내려가서 확률이 너무 낮기 때문에 비록 내가 상대방이 신사라고 생각한다고 할지라도 공식적인 불만을 제기해야 한다.

그러나 여기 문제가 있다. 비록 내가 불공정한 동전을 사용하도록 속아 넘어갔음이 지금 분명하지만 이 행동의 결과는 중요하지 않다. 뒤집어 놓을만한 가치가 있는 인생의 거의 모든 문제에 대해 판돈이 충분히 높지 않기 때문에 나는 기꺼이 그 동전의 짧은 면을 택할 것이다. 1회 플립 당 1달러의 베팅에서 100,000번 던지기를 한 후에 나의 예상 손실은 1,000달러에 불과할 것이다.

유의성은 어떤 것이 우연에 의한 것일 가능성이 얼마나 희박한지 알려주지만 그러나 그것이 중요한지는 알려주지는 않는다. 우리는 *효과 크기*(*effect size*), 즉 두 그룹간의 차이의 크기에 대해 정말로 관심이 있다. 우리는 비공식적으로 *중간 수준*(*medium-level*)의 효과 크기를 관측자가 육안으로 볼 수 있는 것으로 분류한다. 이러한 수준에서 보면, 큰 효과는 두드러지고, 작은 효과는 완전히 사소해 보이지는 않는다[SF12]. 다음과 같이 효과 크기를 측정하려는 몇 가지 통계량이 있다:

- 코헨(Cohen)의 d: 두 평균값 μ와 μ' 사이의 차이의 중요성은 변화의 절대 크기뿐만 아니라 σ 또는 σ'에 의해 측정된 분포의 자연적 변동(variation)에도 의존한다. 이 효과 크기는 다음과 같이 측정할 수 있다:

  $$d = (|\mu - \mu'|)/\sigma.$$

  작은 효과 크기에 대한 적절한 임계값은 0.2, 중간 효과 크기의 임계값은 0.5, 큰 효과 크기의 임계값은 0.8이다.

- 피어슨(Pearson)의 상관계수 r: -1에서 1까지의 척도로 두 변수 사이의 선형관계의 정도를 측정한다. 효과 크기에 대한 임계값은 코헨의 d의 임계값과 비슷하다. 작은 효과는 0.2에서 시작하고 중간 효과는 약 ± 0.5, 큰 효과 크기는 ± 0.8의 상관관계를 필요로 한다.

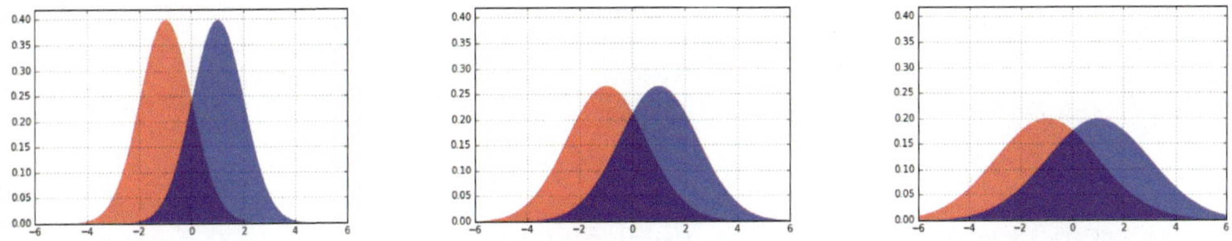

그림 5.12: 평균은 같은데 분산이 증가하는 정규분포의 쌍 (왼쪽에서 오른쪽). 분산이 커짐에 따라 분포 사이에 중첩이 더 많아져서 구분하기가 더 어려워진다.

- **변동계수(coeffcient of variation) r^2:** 상관계수의 제곱은 다른 변수에 의해 설명되는 한 변수의 분산의 비율을 반영한다. 임계값은 위의 임계값을 제곱하면 나온다. 작은 효과는 분산의 최소 4%를 설명하며, 중간 효과는 25% 그리고 큰 효과 크기는 64% 이상을 설명한다.

- **중첩비율(percentage of overlap):** 임의의 단일 확률분포 아래의 면적은 1이다. 주어진 두 분포 사이의 교차영역은 그림 5.12에서 보는 것처럼 유사성의 좋은 척도이다. 동일한 분포는 100% 중첩하는 반면에 서로 겹치지 않는 구간은 0% 중첩한다. 합리적인 임계값은 작은 효과의 경우 53% 중첩, 중간 효과의 경우 67% 중첩, 큰 효과 크기는 85% 중첩이다.

물론 통계적으로 유의하지 않은 상당한 크기의 효과는 본질적으로 의심스럽다. 그림 5.10의 CS 연구 대 비디오 게임 플레이의 경우 $r = 0.985$이어서 상관관계는 매우 높다. 따라서 효과 크기가 크다. 사실 결론을 뒷받침 할 만큼 표본점(sample point)의 수는 충분하고 방법론은 견실했다.

가정 학습 통계적 유의성은 표본의 수에 따라 달라지지만 효과 크기는 그렇지 않다.

5.3.2 t-검정: 모평균 비교

우리는 두 모집단 사이의 평균 변화(mean shift)가 크면 효과 크기가 커지는 것을 보았다. 그러나 그 현상이 실제로 있다고 믿을 수 있기까지 얼마나 많은 측정이 필요할까? 20명의 남자와 20명의 여자의 IQ를 측정한다고 가정하자. 데이터는 한 그룹이 평균적으로 더 똑똑하다는 것을 보여주는가? 분명히 표본 평균은 적어도 조금은 다를 것이다. 그러나 이 차이가 유의한가?

t-검정은 두 표본의 모평균이 다른지를 평가한다. 이 문제는 일반적으로 제품 변경으로 인해 성능 차이가 발생하는지 여부를 평가하는 것과 관련된 *AB 테스트*에서 발생한다. 한 사용자 그룹에는 버전 A를 보여주고 다른 사용자 그룹에는 버전 B를 보여준다고 가정해 보자. 또한 각 사용자에 대해 광고 클릭 횟수 또는 경험에 대한 질문에서 별의 개수와 같은 시스템 성능 값을 측정한다고 가정해 보자. t-검정은 두 그룹간의 관측된 차이가 유의한지를 측정한다.

다음의 경우에는 두 평균이 유의하게 다르다.

- **평균 차이는 비교적 크다:** 이것은 의미가 있다. 효과 크기가 매우 크기 때문에 평균적으로 남자가 여자보다 몸무게가 더 나간다는 결론을 내릴 수 있다. 미국의 질병통제센터(CDC)[2]에 따르면 2010년 미국의 평균 남자의 체중은 195.5파운드였으며 평균 여성의 체중은 166.2파운드였다. 차이가 크다. IQ처럼 훨씬 더 미세한 차이가 있음을 증명하는 것은 똑같은 설득력을 갖기 위해서 훨씬 더 많은 증거를 필요로 한다.

- **표준편차는 충분히 작다:** 이것 또한 의미가 있다. 관측한 손가락 개수가 {10, 10, 9, 10, 10,

[2] http://www.cdc.gov/nchs/fastats/obesity-overweight.htm

10, ...}이어서 평균 중위에 몰려있기 때문에 남자와 여자가 평균적으로 같은 수의 손가락을 가지고 있다는 것을 쉽게 확신할 수 있다. 만약 숫자가 서로 많이 다르다면, 같은 손가락 수의 가설은 훨씬 더 많은 증거를 필요로 할 것이다. 만약 내가 관측한 것이 {3, 15, 6, 14, 17, 5}이었다면, 나는 모평균이 $\mu = 10$이라고 말하지 않을 것이다.

- **표본의 수는 충분히 크다:** 이것은 의미가 있다. 데이터를 더 많이 관측할수록 표본이 기저 분포를 정확하게 설명할 것이라는 확신이 더 강해진다. 예컨대 전기공구[3]를 더 많이 사용한 결과로서 평균적으로 남자가 여자보다 분명히 더 적은 수의 손가락을 가지고 있다. 그러나 이러한 비교적 드문 현상을 관측하고 검증하기 위해서는 매우 많은 표본이 필요할 것이다.

t-검정은 두 관측값 집합에 대한 *검정통계량(test statistic)*을 계산함으로써 시작된다. 웰치(Welch)의 t-통계량은 다음과 같이 정의된다.

$$t = \frac{\bar{x}_1 - \bar{x}_2}{\sqrt{\frac{\sigma_1{}^2}{n_1} + \frac{\sigma_2{}^2}{n_2}}}$$

여기서 $\bar{x}_i$, σ_i, n_i는 각각 평균, 표준편차 및 표본의 크기이다.

이 방정식을 신중하게 분석해보자. 분자는 평균의 차이이므로 차이가 클수록 t-통계량의 값이 커진다. 표준편차는 분모에 있으므로 σ_i가 작을수록 t-통계량의 값이 커진다. 만약 이것이 혼란스러우면, x를 0에 가까워지는 숫자로 나눌 때 일어나는 일을 생각해 보라. 표본크기 n_i를 늘리면 분모가 작아진다. 따라서 n_i가 클수록 t-통계량의 값이 커진다. 모든 경우에 두 분포 사이에 실제로 차이가 있다는 것을 더욱 확신하게 만드는 요인은 t-통계량의 값을 증가시킨다.

t-통계량의 값의 의미를 해석하는 것은 적절한 표에서 숫자를 찾는 것에서 나온다. 원하는 *유의수준(significance level)* α와 *자유도(degrees of freedom)* (본질적으로 표본크기)에 대해 표에 있는 값을 이용하여 t-통계량 t가 초과해야 하는 값 v를 계산한다. 만약 $t > v$이면 관측은 α 수준에서 유의하다.

왜 이것이 효과가 있는가?

t-검정과 같은 통계적 검정이 저자에게는 종종 부두주술(voodoo)처럼 느껴진다. 왜냐하면 우리는 마술같은 표에서 숫자를 찾아서 복음처럼 다루기 때문이다. *신탁은 말했다: 그 차이는 유의하다!* 물론 유의성 검정 이면에는 진짜 수학이 있지만 유도하는 데는 미적분과 감마함수 $\Gamma(n)$와 같은 이상한 함수가 포함된다.

만약 관심이 있다면 관련 공식의 유도과정을 통계학 책에서 찾을 수 있다. 이 검정은 확률표본 추출(random sampling)과 같은 아이디어를 기반으로 한다. 모평균 및 모표준편차가 어떻게 확률분포의 모양을 제한하는지 살펴보았다. 모평균과 매우 차이나는 표본 평균을 얻는 것은 불운을 의미한다. 이론에 의하면 모평균으로부터 몇 배의 표준편차만큼 떨어진 값을 무작위로

[3] 더 이상의 통계적 증거가 없어도 이 관측만으로 충분히 성(gender)–IQ 관계를 분석할 수 있다.

선택하는 것은 거의 불가능하다. 이것은 그러한 큰 차이를 관측하는 것이 다른 분포에서 도출한 결과일 가능성이 더 높아지게 한다.

여기서의 많은 전문적 방법들은 미세한 현상과 작은 데이터 집합을 다루는 결과이다. 역사적으로, 관측된 데이터는 매우 드문 자원이었으며 많은 상황에서 그렇게 남아 있다. 우리가 수집하는 모든 단일 측정값에 대해 새로운 사람이 사망해야 하는 약물 효능검사에 대한 논의를 상기하라. 여러분이 거주할 가능성이 높은 빅데이터 세계는 일반적으로 더 많은 관측값 (우리의 웹페이지를 방문하는 모든 사람들), 더 낮은 베팅 (파란색 배경 대신 녹색 배경을 보여줄 때 고객이 더 많이 구매하는가?), 그리고 더 작은 효과 크기(배경색을 변경하는 것을 정당화하기 위해 실제로 얼마나 큰 개선이 필요한가?)를 특징으로 한다.

5.3.3 콜모고로프-스미르노프 검정

t-검정은 두 개의 평균 사이의 거리를 이용하여 정규분포로부터 추출된 두 개의 표본을 비교한다. 대신 콜모고로프-스미르노프(Kolmogorov-Smirnov, KS) 검정은 두 개의 표본에 대한 누적분포함수를 비교하고 얼마나 유사한지를 평가한다.

그림 5.13은 이것을 설명한다. 두 개의 서로 다른 표본의 누적분포함수가 같은 그림에 그려진다. 만약 두 개의 표본이 같은 분포에서 추출되면 x값의 범위는 크게 겹쳐진다. 또한 두 분포가 모두 누적분포함수로 표시되기 때문에 y-축은 0에서 1까지의 누적확률을 나타낸다. 두 함수 모두 왼쪽에서 오른쪽으로 단조증가한다. 여기서 $C(x)$는 x보다 작거나 같은 표본의 비율이다.

우리는 두 누적분포함수의 관련 y값이 가능한 한 많이 다른 x의 값을 식별하려고 한다. 두 분포 C_1, C_2 사이의 거리 $D(C_1, C_2)$는 다음과 같이 기술되는 임계점 x에서의 y값의 차이이다.

$$D(C_1, C_2) = \max_{-\infty \leq x \leq \infty} |C_1(x) - C_2(x)|$$

두 분포가 특정 값에서 크게 다를수록 표본이 서로 다른 분포에서 추출되었을 가능성이 높아진다. 그림 5.13의 왼쪽 그림은 동일한 정규분포로부터 추출된 두 개의 독립표본을 보여준다. 두 분포 사이에 작은 차이가 있다는 것을 주목하라. 이와는 대조적으로, 그림 5.13의 오른쪽 그

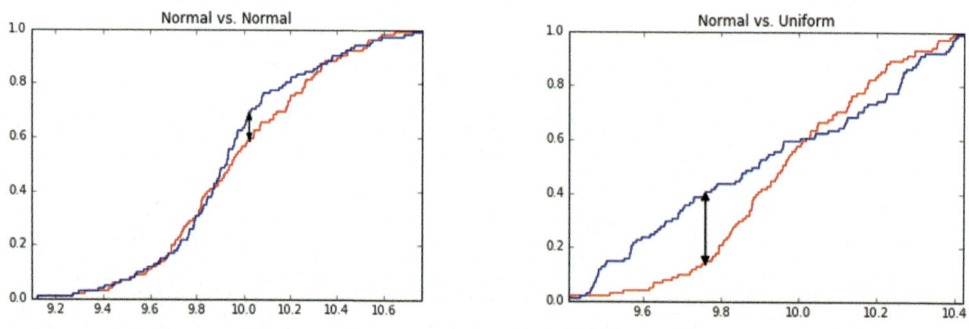

그림 5.13: 콜모고로프-스미르노프 검정은 두 개의 확률분포 사이의 거리를 두 개의 누적분포함수 사이의 최대 y-거리 간격으로 정량화한다. (왼쪽 그림) 동일한 정규분포에서 추출한 표본을 비교. (오른쪽 그림) 동일한 x-범위의 균등분포와 정규분포에서 추출한 표본을 비교.

림은 정규분포에서 추출한 표본을 균등분포에서 추출한 표본과 비교한다. KS-검정은 속지 않는다: 꼬리 부근의 큰 틈새를 관찰해 보라.

KS-검정은 $D(C_1, C_2)$의 값을 특정 목표값과 비교한다. 즉, 다음 관계식이 성립할 때 유의수준 α에서 두 개의 분포가 다르다고 말한다.

$$D(C_1, C_2) > c(\alpha)\sqrt{\frac{n_1 + n_2}{n_1 n_2}}$$

여기서 $c(\alpha)$는 표에서 찾을 상수이다.

표본 크기의 함수 이면에 약간의 직관이 있다. 두 표본의 크기가 n으로 같다고 가정하자. 그러면 다음 관계식이 성립한다.

$$\sqrt{\frac{n_1 + n_2}{n_1 n_2}} = \sqrt{\frac{2n}{n^2}} = \sqrt{\frac{2}{n}}$$

$\sqrt{n}$은 이항분포의 표준편차와 같은 표본 추출 문제에서 자연스럽게 발생한다. n개의 동전을 던질 때 앞면과 뒷면의 개수 사이의 기대차이는 유계비율 $\sqrt{n}$을 갖는다. KS-검정에서 두 표본이 같다고 간주할 때 이것은 기대편차를 반영한다. KS-검정은 강인한(robust) 결정을 내릴 수 있는 분포의 몸통 부분에서 일어나는 일을 반영한다.

저자는 KS-검정을 좋아한다. 이 검정은 내가 이해할 수 있고, 두 분포가 동일하다고 가정할 때 가장 약한 점을 식별하게 해주는 형태의 그림을 제공한다. 이 검정은 t-검정보다 기술적 가정과 변형이 적기 때문에 사용할 때 실수할 가능성이 적다. 그리고 KS-검정은 많은 문제에 적용될 수 있는데 관측값들이 정규분포에서 도출되었는지 여부를 검정하는 것도 포함된다.

정규성 검정

정규분포는 그림을 그릴 때 종 모양의 곡선이 된다. 그러나 모든 종 모양의 분포가 정규분포인 것은 아니다. 이 차이를 아는 것은 매우 중요하다.

주어진 표본 f_1의 정규성을 검정하기 위한 특수한 통계적 검정이 있다. 그러나 만약 f_1과 비교할 수 있는 의미 있는 f_2를 찾을 수 있다면 작업을 수행하기 위해 일반적 KS-검정을 사용할 수 있다.

이것이 5.2절에서 확률표본 추출 방법을 소개한 이유이다. 우리가 설명한 누적분포 기법을 사용하여 누적분포함수를 알고 있는 분포로부터 크기 n의 확률표본을 추출할 수 있다. f_2를 위해 의미 있는 수의 측정값을 선택해야 한다. 우리는 $n_2 = n_1$을 사용할 수 있다. 또는 만약 n_1이 매우 작다면 약간 더 큰 표본을 사용할 수 있다. 우리는 표본으로 원하는 분포의 형태를 포착하고 있는지 확인하기를 원한다.

따라서 정규분포로부터 f_2를 위해 확률표본을 추출할 경우 만약 f_1 또한 동일한 μ와 σ를 갖는 정규 분포로부터 나온다면 KS-검정은 f_1과 f_2를 구별할 수 없을 것이다.

경고 한 마디. 충분히 민감한 통계적 검정은 임의의 관측된 분포에 대한 정규성을 기각할 것이다. 정규분포는 추상 개념이며 세상은 복잡한 곳이다. 그러나 KS-검정의 그림을 보면 편차가 발생하는 위치를 정확하게 알 수 있다. 꼬리 부분이 너무 두껍거나 또는 너무 가는가? 분포가 한쪽으로 치우쳐 있는가? 이러한 이해를 통해 여러분은 그 차이가 여러분에게 중요할 만큼 충분히 큰지 아닌지 결정할 수 있다.

5.3.4 본페로니 수정

통계적 유의수준과 부적합성(irrelevance) 사이의 절단값(cutoff)으로 $\alpha = 0.05$를 사용하는 것은 오랫동안 과학에서 관례였다. 0.05의 통계적 유의성은 이 결과가 우연히 발생했을 확률이 1/20임을 의미한다.

이것은 도전적인 가설을 검정하기 위해 데이터를 수집할 때 불합리한 기준이 아니다. 만약 여러분이 동시에 수백만 마리의 다른 말들에 베팅하지 않았다면 20대 1의 확률로 어떤 말에 베팅을 하고 그 내기에서 이기는 것은 주목할 만한 성과이다. 그리고 여러분이 실제로 이긴 소수의 20-1 베팅에 대해 자랑하는 것은 오해의 소지가 있을 것이다.

따라서 수백만 개의 가설을 검정하는 작업은 더 높은 기준에 따라야 한다. 이것은 그림 5.10의 컴퓨터과학 박사와 비디오 게임 활동 사이에 강력하지만 가짜 상관관계를 만들어 낸 오류이다. 그것은 수천 개의 시계열을 서로 비교하고 높은 상관계수를 보여주는 가장 재미있는 쌍만 남겨두는 과정에서 발견되었다.

본페로니 수정(Bonferroni correction)[4]은 명백히 유의한 통계적 결과를 얼마나 신뢰하는지를 측정하는 데 중요한 균형을 제공한다. 상관관계를 어떻게 발견했는지는 상관관계 자체의 강도만큼이나 중요 할 수 있다는 사실을 말해준다. 백만 장의 복권을 사서 한 번 이기는 사람은 복권을 한 장 사서 이기는 사람보다 훨씬 덜 인상적인 영향력을 가진다.

본페로니 수정에 따르면 n개의 서로 다른 가설을 동시에 검정할 때 유의수준 α에서 중요한 것으로 간주되기 위해서는 p-값을 α/n 수준까지 올려야한다.

다른 통계적 검정과 마찬가지로 수정을 적절하게 적용하는데 많은 민감한 사항들이 숨어 있다. 그러나 여기서의 큰 원리를 이해하는 것은 중요하다. 사람들은 특히 모든 것에 대해 모든 것을 대규모로 비교하거나 또는 특이한 이상치와 패턴을 찾는 경향이 있다. 일단 분석 프로그램을 작성했다면 모든 데이터에 대해 그것을 실행하는 것이 어떻겠는가? 선택된 최상의 결과만 제시하면 다른 사람을 쉽게 속일 수 있다. 본페로니 수정은 여러분이 자신을 속이는 것을 막는 방법이다.

5.3.5 위발견율

본페로니 수정은 많은 시행 중에서 우리가 단 하나의 성공적인 가설의 유의성을 너무 빠르게 받아들이지 않도록 보호해준다. 그러나 대용량 고차원 데이터로 작업할 때 다른 문제에 직면하게 된다. 아마도 모든 m개의 변수는 목표변수와 상관관계가 있을 수 있다. 만약 n이 충분히 크면 이러한 상관관계의 대부분이 통계적으로 유의하다. 우리가 정말로 많은 중요한 발견을 했는가?

---

[4] 나는 항상 "본페로니 수정"이 액션영화의 멋진 제목이 될 거라고 생각했다. 본페로니로서의 드웨인 존슨(Dwayne Johnson)?

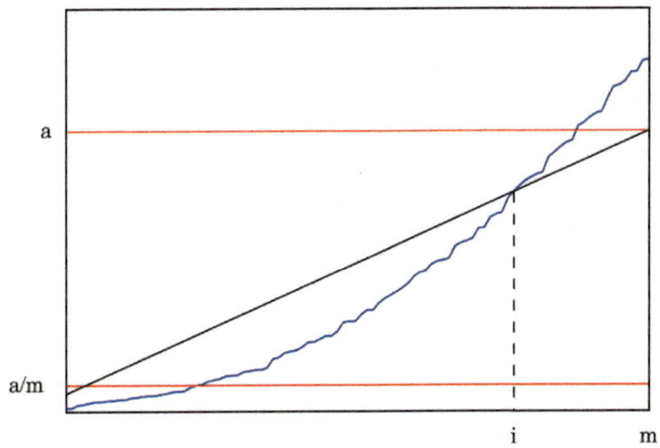

그림 5.14: 벤자미니-혹버그 절차는 $p_i \leq \alpha i/m$일 때만 p-값을 받아들이면서 위발견율을 최소화한다. 파란색 곡선은 정렬된 p-값을 보여주며, 대각선은 p-값이 유의할 때의 절단값을 정의한다.

위발견율(false discovery rate, FDR) 절차를 최소화하기 위한 벤자미니-혹버그(Benjamini-Hochberg) 절차는 유의성에 따라 흥미가 있는 변수와 흥미가 없는 변수 사이에 절단값을 유도할 수 있는 매우 간단한 방법을 제공한다. 변수를 p-값의 강도에 따라 정렬하면 더 극단적인 변수는 왼쪽에 위치하고 가장 유의하지 않은 변수는 오른쪽에 위치한다. 이제 순서에서 i번째 순위의 변수를 고려하라. 만약 다음 관계식

$$\forall_{j=1}^{i} \; (p_j \leq \frac{j}{m}\alpha)$$

이 성립하면 유의수준 α에서 이 변수의 유의성을 받아들인다.

상황은 그림 5.14에 설명되어 있다. p-값은 불규칙한 파란색 곡선으로 표시된 것처럼 왼쪽에서 오른쪽으로 증가하는 순서로 정렬된다. 만약 α보다 작은 모든 p-값을 받아들인다면 우리는 너무 많이 받아들이게 된다. 이것이 본페로니가 수정을 하게 된 이유이다. 그러나 모든 p-값이 본페로니 수정(곡선이 α/m를 교차하는 경우)의 기준을 충족하도록 요구하는 것은 너무 엄격하다.

벤자미니-혹버그 절차는 만약 많은 값이 어떤 기준에 정말로 유의하다면 그 중 일부는 훨씬 더 높은 기준에도 유의해야 함을 인식한다. 그림 5.14의 대각선은 이 수준의 품질관리를 적절하게 시행한다.

5.4 | 전쟁 이야기: 젊음의 샘을 발견하기?

그것은 아름다운 결혼식이었다. 우리는 신부와 신랑인 레이첼(Rachel)과 데이비드(David)때문에 매우 행복했다. 저자는 왕처럼 먹고 사랑스러운 아내와 춤을 추었으며 뭔가 이상하다는 생각이 들 때 늑골 부분이 따뜻해지는 것을 즐기고 있었다. 저자는 방을 둘러보았고 깜짝 놀라 다시 보았다. 아무튼 몇 년 만에 처음으로 저자는 군중 속에 있는 대부분의 사람들보다 젊어졌다.

이것은 여러분에게 큰 문제처럼 보이지 않을 수도 있다. 그러나 그것은 독자 여러분이 아마

도 많은 상황에서 대부분의 사람들보다 젊기 때문이다. 그러나 저자를 신뢰하라, 여러분이 그런 것을 알게 될 때가 올 것이다. 저자는 대부분의 학생들이 태어났을 때 저자가 대학에 다녔다는 것을 처음 알았을 때를 기억한다. 그리고 그들은 저자가 대학원에 다닐 때 태어나기 시작했다. 오늘날의 대학생들은 저자가 교수가 된 이후뿐만 아니라 저자가 여기에서 종신 재직권을 얻은 후에 태어났다. 그럼 어떻게 이 결혼식에서 저자가 대부분의 사람들보다 젊을 수 있겠는가?

두 가지 가능성이 있었다. 우연히 많은 노인들이 방에 들어갔거나 또는 이런 현상을 설명하는 한 가지 이유가 있었다. 이것이 바로 통계적 유의성 검정과 p-값이 무언가와 아무것도 아닌 것을 구별하는데 도움을 주기 위해 개발된 이유이다.

그렇다면 54세인 내가 레이첼의 결혼식에 참석한 251명의 사람들보다 더 젊었을 확률은 무엇인가? 2008년부터 2012년까지 5년 동안 실시한 울프램 알파(Wolfram Alpha)의 미국지역사회 조사에 따르면 미국의 인구는 3억 910만 명이며 그 중 7,710만 명이 55세 이상이다. 인구의 약 25%가 내보다 나이가 많다.

무작위로 선택된 미국인 251명 중 대다수가 55세 이상이 될 확률은 다음과 같다:

$$p = \sum_{i=126}^{251} \binom{251}{i} (1 - .75)^i (0.75)^{(251-i)} = 8.98 \times 10^{-18}$$

이 확률은 매우 낮으며 주머니에서 공정한 동전을 꺼낼 때 앞면이 56번 연속으로 나오게 하는 것과 비교할만 하다. 이것은 우연한 사건의 결과일 수 없다. 내가 이 많은 사람들 중에서 후배인 이유가 있을 것이고 그 답은 제가 더 젊어졌다는 것이 아니었다.

저자가 레이첼에게 그것에 대해 물었을 때 그녀는 예산상의 이유로 아이들을 결혼식에 초대하지 않기로 결정했다고 설명했다. 이것은 합리적인 설명인 것처럼 보였다. 결국, 이 규칙은 18세 이하의 7,390만 명의 사람들이 결혼식에 참석하지 못하게 하여 그들 모두를 초대하는 데 드는 비용보다 수십억 달러를 절약했다. 어린이가 아닌 저자보다 젊은 사람의 비율 f는 $f = 1 - (77.1/(3309.1 - 73.9)) = 0.672$이다. 그러나 이것은 0.5보다 상당히 크다. 이 집단(코호트)에서 추출한 확률표본의 중앙값보다 저자가 더 젊을 확률은 다음과 같다.

$$p = \sum_{i=126}^{251} \binom{251}{i} (1 - .0672)^i (0.672)^{(251-i)} = 9.118 \times 10^{-9}$$

비록 이것이 이전의 p-값보다 훨씬 크지만 여전히 매우 작다: 공정한 동전을 던질 때 앞면이 27번 연속으로 나오는 것과 같다. 아이들을 금지하는 것은 저자를 다시 젊어지게 만들 만큼 강력하지 않았다.

저자는 레이첼에게 돌아가서 그녀가 자백하게 만들었다. 그녀의 어머니는 특이하게 많은 수의 사촌들을 가지고 있었으며 어머니는 예외적으로 그들 모두와 접촉을 유지하는 데 매우 뛰어났다. 아인슈타인의 상대성이론을 상기해 보자. 여기서 $E = mc^2$은 모든 사람이 저자의 어머니의 사촌임을 나타낸다. 이 사촌들 모두 결혼식에 초대되었다. 레이첼의 가족이 신랑의 유별나게 작은 가족보다 더 많아지면서 나이든 사촌들이 댄스 플로어를 장악하게 되었다.

실제로 251명의 하객 중 나머지가 무작위로 선택되었다고 가정할 때 내가 중앙값 하객보다 젊을 확률 50/50을 얻기 위해 초대해야 하는 나이든 사촌의 수(c)를 계산할 수 있다. 일단 어린 이들이 배제되면 ($f = 0.672$) $c = 65$명의 미혼인 사촌 (또는 32.5명의 기혼쌍)으로 충분하다는 것이 밝혀졌다.

여기서 교훈은 흥미로운 관측을 기적이라고 선언하기 전에 그것의 확률을 계산하는 것이 중요하다는 것이다. 만약 부분적인 설명이 놀라움을 그럴듯한 수준으로 줄이지 않는다면 결코 그것으로 멈추지 마라. 매우 희귀한 사건의 근간이 되는 진짜 현상이 있을 수 있으며 그것이 무엇인지를 알아내는 것은 데이터과학을 흥미진진하게 만든다.

5.5 | 순열검정 및 p-값

기존의 통계적 유의성 검정은 두 표본이 실제로 같은 분포에서 추출되었는지를 결정할 때 매우 효과적인 것으로 입증된다. 그러나 이 검정은 올바르게 사용되어야 한다. 많은 표준 검정은 한쪽 검정 대 양쪽검정, 분포가정 등과 같은 미묘한 문제를 가지고 있다. 이 검정을 올바르게 수행하려면 주의와 교육이 필요하다.

순열검정(permutation test)은 보다 일반적이고 쉬운 방법으로 유의성을 입증한다. 만약 가설이 데이터에 의해 뒷받침된다면 무작위로 뒤섞인 데이터 집합은 가설을 뒷받침할 가능성이 줄어들게 된다. 무작위로 뒤섞인 데이터에 대해 많은 시행을 수행함으로써 우리가 검정하고 있는 현상이 얼마나 특이한지를 정확하게 입증할 수 있다.

색깔을 사용하여 독립변수(성별: 남자 또는 여자)와 종속변수(예, 신장)를 나타내는 그림 5.15를 살펴보자. 원래 결과의 색깔 분포(왼쪽 그림)는 남자와 여자 사이에 뚜렷하게 달라 보이며 신

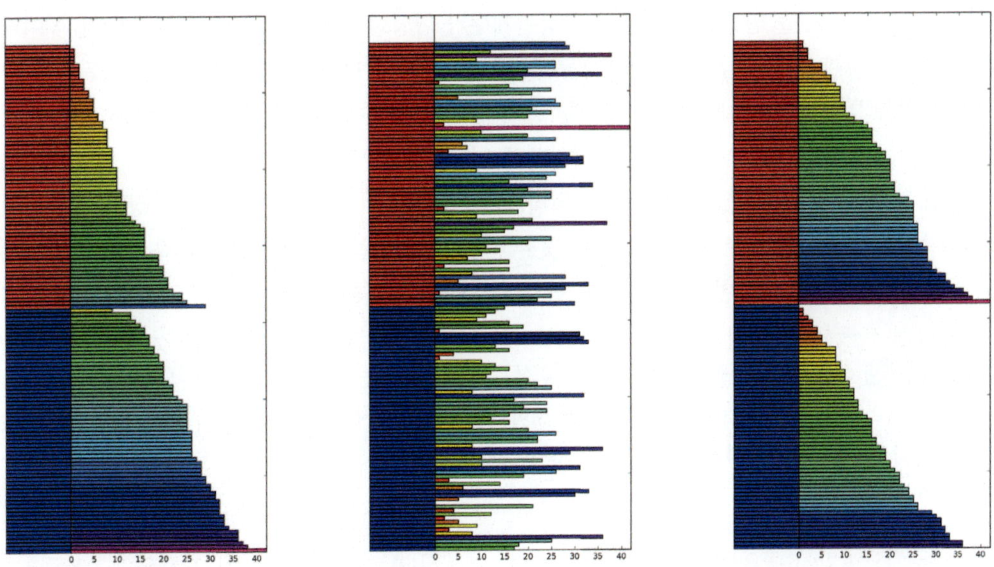

그림 5.15: 순열검정은 성별과 키의 상관관계 (왼쪽 그림)를 나타낸다. 성별을 키 (가운데 그림)에 무작위로 할당하면 정렬시 결과의 분포가 실질적으로 달라지므로 (오른쪽 그림) 원래의 관계의 중요성을 입증한다.

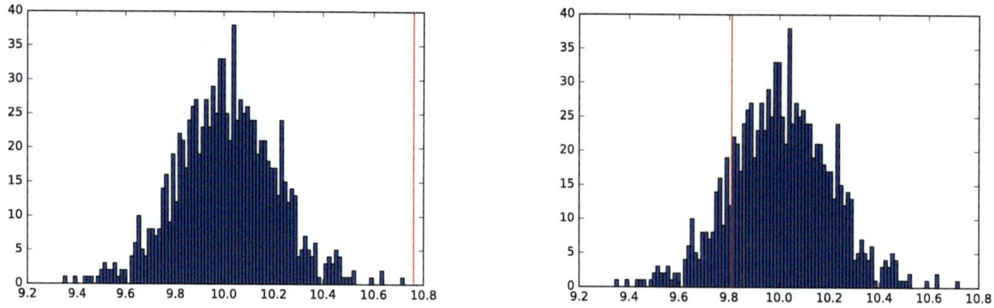

그림 5.16: 순열검정은 임의순열에 의해 생성된 점수의 분포에 대해 실제 데이터에 대한 점수의 위치를 사용하여 유의성을 평가한다. 극단적인 꼬리(왼쪽 그림)에서의 위치는 매우 유의하지만 분포의 몸체(왼쪽 그림) 안에 있는 위치는 중요하지 않다.

장의 진정한 차이를 반영한다. 그러나 이 차이는 얼마나 드문 일인가? 원래 결과의 변수(가운데 그림)에 성별을 랜덤하게 할당하여 새로운 데이터 집합을 만들 수 있다. 각 그룹 내에서 정렬하면 결과의 남자/여자 성별 분포가 원래 데이터(오른쪽 그림)보다 훨씬 더 균형을 이루게 된다. 이것은 성별이 실제로 키를 결정하는 데 있어서 중요한 요인이라는 것을 보여주는데, 우리가 그것이 1,000 또는 1,000,000번의 시행에서 반복적으로 일어난 후 더 강하게 믿을 수 있는 결론에 도달했을 것이다.

임의순열(random permutation)의 통계량의 분포 중 실제 데이터에 대한 검정통계량의 순위는 유의수준 또는 p-값을 결정한다. 그림 5.16의 왼쪽 그림은 우리가 찾고 있는 것을 보여준다. 실제 값은 분포의 가장 오른쪽에 위치한다. 오른쪽 그림에서 실제 값은 분포의 중간 부분에 위치하며 효과가 없음을 나타낸다.

순열검정에서는 데이터에 대한 가설을 반영하는 통계량을 개발해야 한다. 만약 특정 변수 쌍 사이에 중요한 관계를 입증하길 원한다면 상관계수가 합당한 선택이다. 이상적으로 실제 데이터에서 관측된 상관관계는 임의순열에서 관측된 상관관계보다 더 강할 것이다. 성별-키 관계를 확증하기 위한 통계량은 남자와 여자의 평균 키의 차이가 될 수 있다. 다시 말하지만 우리는 이것이 대부분의 임의순열에서보다 실제 데이터에서 더 큰 것으로 증명되기를 바란다.

통계량을 선택하는데 있어 창의적이 되라: 순열검정의 검정력은 여러분의 주장을 입증하기 위해 여러분이 제시할 수 있는 거의 모든 것을 다룰 수 있다는 것이다. 여러분의 가설에 반하는 모든 동점(tie)을 카운트해야 하기 때문에 통계량이 동점의 기회를 최소화하는 것이 가장 좋다.

> **가정 학습** 통계량이 확률표본 분포에 비해 이상치가 될 것이라는 여러분의 가설이 주어질 때 순열검정은 여러분의 데이터의 확률을 제공한다. 이것은 데이터가 주어질 때 여러분의 가설을 입증하는 것과 완전히 같지 않다. 즉 이것은 통계적 유의성 검정의 전통적인 목표와 완전히 같지 않다. 그러나 이것은 없는 것보다는 훨씬 낫다.

순열검정의 유의성 점수 또는 p-값은 얼마나 많은 무작위 시행이 실행되는지에 달려 있다. 가능하다면 항상 적어도 1,000번의 무작위 시행을 수행하라. 여러분이 더 많은 순열을 시행하면

할수록 여러분의 유의성 p-값은 더욱더 인상적일 것이다. 만약 주어진 입력이 사실 모든 $k!$개의 순열 중에서 가장 좋은 것이면 아무리 많은 임의순열을 시도해도 상관없이 여러분이 얻을 수 있는 가장 극단적인 p-값은 $1/k!$이 된다. 과대 추출(oversampling)은 여러분의 진정한 신뢰를 조금도 증가시키지 않고 분모를 부풀릴 것이다.

가정 학습 관측값이 실제적이고 흥미롭다는 확신을 높이기 위해 p-값이 계산된다. 이것은 공정한 측정을 제공할 수 있는 실험을 수행하여 정직하게 순열검정을 수행할 때만 효과가 있다.

5.5.1 임의순열 생성하기

임의순열(random permutation)을 생성하는 것은 사람들이 자주 망치는 또 다른 중요한 표본 추출 문제이다. 아래의 두 알고리즘은 모두 초기순열 $\{1, 2, \ldots, n\}$을 뒤섞기 위해 무작위 스왑 시퀀스를 사용한다.

그러나 $n!$개의 모든 순열이 무작위로 균등하게 생성되도록 하는 것은 어려운 일이다. 사실 알고리즘들 중 오직 하나만이 올바르게 처리한다. 그 알고리즘은 다음과 같을 수 있다.

$$\text{for } i = 1 \text{ to } n \text{ do } a[i] = i;$$
$$\text{for } i = 1 \text{ to } n - 1 \text{ do } swap[a[i], a[Random[i, n]];$$

또는 그 알고리즘은 다음과 같을 수도 있다:

$$\text{for } i = 1 \text{ to } n \text{ do } a[i] = i;$$
$$\text{for } i = 1 \text{ to } n - 1 \text{ do } swap[a[i], a[Random[1, n]];$$

이것에 대해 신중히 생각해 보라: 차이점은 매우 미세하다. 그것은 너무 미묘해서 여러분은 코드에서 그것을 알아차리지 못할지도 모른다. 결정적인 차이는 *Random* 호출에서 1 또는 i이다. 이 알고리즘 중 하나는 옳고 그 중 하나는 틀렸다. 만약 여러분이 차이를 알 수 있다고 생각한다면 왜 하나는 작동하고 다른 하나는 작동하지 않는지 설득력 있게 설명하라.

여러분이 꼭 알아야 한다면 첫 번째 알고리즘이 올바른 것이다. 이 알고리즘은 첫 번째 원소를 위해 1에서 n까지 숫자 중에서 임의로 한 숫자를 선택한 다음 그대로 두고 나머지 원소를 위해 이 과정을 반복한다. 이것은 무작위로 균등하게 순열을 생성한다. 두 번째 알고리즘은 특정 원소들에게 먼저 끝날 수 있는 더 높은 기회를 제공하여 분포가 균일하지 않게 된다.

그러나 이론적으로 이것을 증명할 수 없다면 순열검정의 아이디어를 사용할 수 있다. 두 알고리즘을 모두 구현하고, 각각 1,000,000번 실행하여 예컨대 $n = 4$개 원소의 임의순열을 구성한다. 각 알고리즘이 $4! = 24$개의 서로 다른 순열 각각을 얼마나 자주 생성하는지 세어 보라. 그림 5.17은 그러한 실험의 결과를 보여준다. 알고리즘1은 믿을 수 없을 정도로 안정적임을 입증한다. 이때 표준편차는 166.1이다. 이와는 대조적으로 알고리즘2의 경우 가장 자주 발생하는 순열과 가장 적게 발생하는 순열 사이에는 8배의 차이가 있다. 이때 표준편차는 $\sigma = 20{,}923.9$이다.

여기서의 교훈은 무작위 생성은 매우 미묘할 수 있다는 것이다. 순열검정과 같은 몬테카를로 유형의 실험은 섬세한 추론의 필요성을 제거할 수 있다. 검증하라 그리고 신뢰하라.

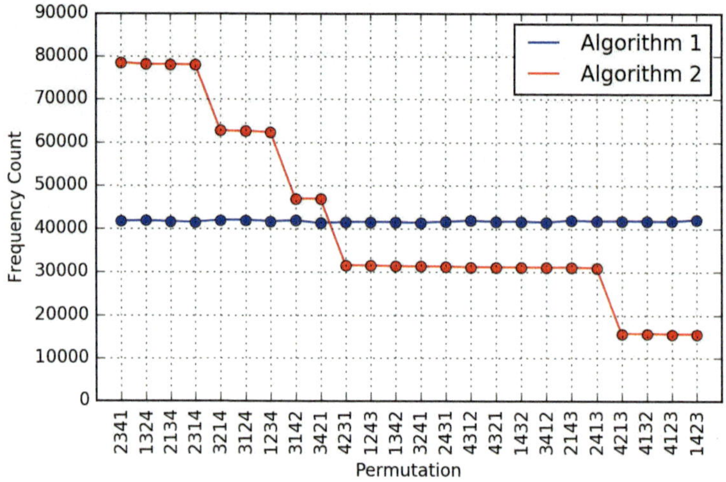

그림 5.17: 2개의 알고리즘을 사용하는 모든 4! = 24개의 순열의 생성 빈도수. 알고리즘1은 균등 빈도수로 순열을 생성하지만 알고리즘2는 상당히 편향적이다.

5.5.2 디마지오의 안타 행진

야구에서 가장 놀라운 기록 중 하나는 조 디마지오의 56경기 연속 안타 행진이다. 타자의 일은 안타를 치는 것이고 타자들은 안타를 치기 위해서 매 게임마다 4번의 기회를 얻게 된다. 매우 훌륭한 타자조차도 종종 실패한다.

그러나 1941년 조 디마지오는 56경기 연속 안타를 치는데 성공했는데 이것은 정말 놀라운 업적이다. 그 이후 75년 동안 어떤 선수도 이 기록에 근접한 선수가 없었고 그 이전에도 없었다.

그러나 그의 경력에서 그렇게 긴 연속 안타 행진은 얼마나 특이한가? 디마지오는 1736 게임을 했고 6821타석에서 2214개의 안타를 쳤다. 따라서 4타수 79.2%의 타율을 기록해야 한다. 따라서 그는 4 타석에서 약 $1 - (1 - (2214/3821))^4 = 79.2\%$의 타율을 기록해야 한다. 디마지오의 기술 수준을 가진 사람이 그들의 경력에서 연속 안타 행진을 할 수 있을 확률은 얼마나 되는가?

저자의 야구 비유에 싫증이 난 여러분들을 위해 이것을 다른 맥락에서 생각해 보자. 여러분이 시험에서 평균 90점을 받는 학생이라고 가정해 보자. 여러분은 확실히 매우 좋은 학생이지만 완벽하지는 않다. 여러분이 10번의 연속 시험에서 90점 이상의 점수를 얻을 가능성이 얼마나 될까? 20번 연속 시험에서는 어떻게 될까? 56개의 시험을 연속으로 볼 수 있는가?[5] 만약 그렇게 오랫동안 계속된다면 그것은 여러분이 공부를 다른 수준으로 끌어올렸다는 것을 의미하는가, 아니면 그냥 운이 좋았을까?

그렇다면 디마지오가 그의 연속 안타 행진을 했을 때 그것은 그의 명백한 기술과 일관성의 기대된 결과였는가 아니면 그저 운이 좋았을까? 그는 13년의 선수 생활 동안 매 시즌 최고의 타자들 중 한 명이었다. 그러나 우리는 디마지오가 가끔 운이 좋았다는 것도 알고 있다. 결국 그는

[5] 여러분이 저자의 수업 중 하나를 듣는다면 아니다.

```
In[47]:= Histogram[l = Table[MaxStreakCareer[], {100 000}], 100]
```

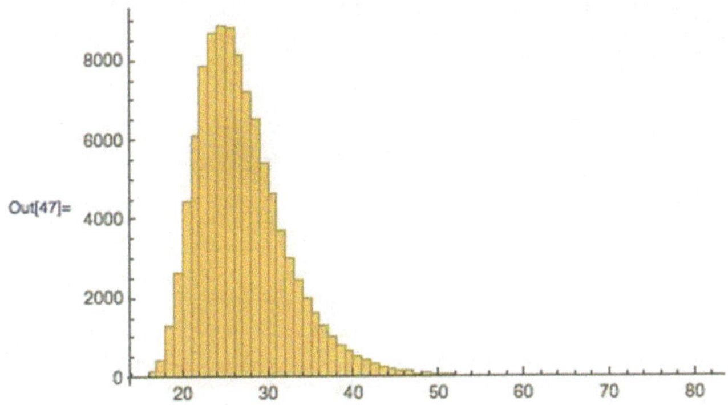

그림 5.18: 100,000번의 모의 경력에서 가장 긴 연속 안타 행진의 분포. 디마지오의 실제 56경기 연속 안타 행진은 이 분포의 꼬리 부분에 있기 때문에 이 업적의 어려움을 보여준다.

영화배우 마릴린 먼로와 결혼했다.

이 문제를 해결하기 위해 난수를 사용하여 1736번의 인공 "게임"에서 그가 안타를 칠 때를 모의 실험 했다. 각 모의 게임에서 조는 4번의 타격 기회를 얻었으며 확률 $p = (2214/6821) = 0.325$로 성공했다. 그리고 우리는 이 인공 경력에서 가장 긴 연속 안타 행진을 확인할 수 있다. 디마지오 경력을 100,000번 시뮬레이션하여 우리는 연속 안타 행진의 빈도수 분포를 얻고 그 과정에서 p-값을 얻는다.

그 결과는 그림 5.18과 같다. 10만 번의 모의 경력 중 44번의 모의 경력($p = 0.00044$)에서만 디마지오가 적어도 56 경기의 연속 안타 행진을 해냈다. 따라서 그 길이는 그에게서 기대할 수 있는 것과는 상당히 다르다. 메이저리그 타자 중 두 번째로 긴 연속 안타 행진은 단지 44경기이다. 따라서 이것 또한 다른 모든 선수들과 다르다. 그러나 그는 보다 더 낮은 수준의 경기에서 61 경기 연속 안타 행진을 한 번 해낸 적이 있다. 그래서 그는 일관성을 위한 특별한 능력을 가진 것처럼 보인다.

5.6 | 베이지안 추론

조건부 확률 $P(A|B)$는 사건 B가 발생한 사실을 알고 있는 경우 사건 A의 가능성을 측정한다. 우리는 이 책 전반에 걸쳐 조건부 확률에 의존할 것이다. 왜냐하면 그것은 우리가 관측된 데이터와 같은 새로운 증거에 대응하여 사건에 대한 우리의 확신을 갱신할 수 있게 해주기 때문이다.

베이즈정리는 조건부 확률로 작업할 수 있는 중요한 도구이다. 왜냐하면 이것은 다음과 같이 조건부 확률을 뒤바꾸기 때문이다:

$$P(A|B) = \frac{P(B|A)P(A)}{P(B)}$$

베이즈정리를 사용하면 P(결과 | 데이터)의 질문을 P(데이터 | 결과)로 변환할 수 있다. 후자는

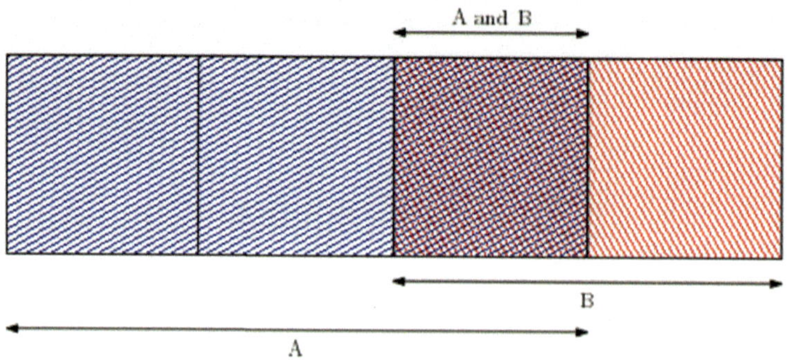

그림 5.19: 베이즈정리.

계산하기 훨씬 쉽다. 어떤 의미에서 베이즈정리는 대수적 결과일 뿐이다. 그러나 확률에 대한 다른 사고방식을 유도한다.

그림 5.19는 베이즈정리를 설명한다. 사건 공간은 4개의 블록 중 하나를 선택하는 것으로 구성된다. 복합 이벤트 A와 B는 블록의 하위 범위를 나타낸다. 여기서 $P(A) = 3/4$이고 $P(B) = 2/4 = 1/2$이다. 그림에서 블록 수를 계산하면 $P(A|B) = 1/2$ 및 $P(B|A) = 1/3$을 알 수 있다. 이것은 베이즈정리로부터 직접 나온다:

$$P(A|B) = \frac{P(B|A)P(A)}{P(B)} = \frac{(1/3)\cdot(3/4)}{(1/2)} = 1/2$$

$$P(B|A) = \frac{P(A|B)P(B)}{P(A)} = \frac{(1/2)\cdot(1/2)}{(3/4)} = 1/3$$

베이지안 추론은 가능도 $P(B|A)$와 주변확률 $P(B)$의 비율에 따라 새로운 관측 B에 직면하여 사후확률 $P(A|B)$를 제공하기 위해 사전확률 $P(A)$가 어떻게 갱신되는지를 반영한다. *사전확률* $P(A)$는 세상에 대한 우리의 초기 가정을 반영하며 추가적인 증거 B에 근거하여 수정될 것이다.

베이지안적인 추론은 세상을 바라보는 중요한 방법이다. 레이첼과 데이비드의 결혼식에 참석하면서 저자의 사전 가정은 나이 분포가 세상의 전반적인 것을 반영할 것이라는 것이었다. 그러나 결국 그것이 무너질 때까지 저자가 만난 모든 나이 많은 사촌들과 함께 저자의 확신은 약해졌다.

11.1절에서 분류기를 만들기 위해 베이지안 추론을 사용할 것이다. 그러나 데이터를 분석할 때 이 철학을 명심하라. 여러분은 답이 무엇이어야 하는지에 대한 사전 개념을 가지고 각 문제를 대하고 통계적 증거에 따라 수정해야 한다.

5.7 | 장 노트

모든 데이터 과학자는 좋은 기초통계 수업을 수강해야 한다. 대표적 교재에는 프리드만(Freedman) [FPP07]과 제임스(James) 등[JWHT13]이 포함된다. 월런(Wheelan) [Whe13]은 보다 쉬운 입문서이다. 허프(Huff) [Huf10]는 통계로 가장 잘 거짓말을 하는 방법에 관한 고전적인 교재이다.

도노호(Donoho) [Don15]는 통계학자의 입장에서 매력적인 데이터과학 역사를 설명한다. 이것은 오늘날 데이터과학의 대부분의 주요 원리가 통계학자에 의해 원래 개발되었다는 것을 효과적으로 보여주는 사례이다. 대체로 그러한 원리들은 쉽게 받아들여지지 않았다. 현대의 통계학자들은 이해관계가 서로 일치함에 따라 이러한 문제들에 대해 컴퓨터과학자들과 훨씬 더 만족스러운 대화를 나누기 시작했다.

비겐(Vigen)[Vig15]은 관심 있는 많은 시계열에서 추출한 유사 상관관계의 재미있는 모음을 보여준다. 그림 5.10은 그중 대표적인 것으로 승인을 받아 다시 인쇄된 것이다.

미국 가정의 크기가 포아송 분포에 의해 상당히 잘 적합 된다는 것이 입증되었다. 사실, 104개 나라의 가구 크기 분포의 분석은 "나는 충분히" 모형 작업을 했다는 것을 암시한다[JLSI99].

5.8 연습문제

통계분포

5-1. *[5]* 다음 현상에 대해 어떤 분포가 가장 적합한지 설명하라: 이항분포, 정규분포, 포아송분포 또는 멱법칙분포?

(a) 완전히 자란 참나무에 있는 잎의 수.

(b) 사람들의 머리카락이 회색으로 변하는 나이.

(c) 20세 사람들의 머리카락 수.

(d) x번 번개에 맞은 사람의 수.

(e) 자동차가 새로운 변속기를 필요로 하기 전에 주행한 주행거리.

(f) 크리켓 경기당 타자가 얻을 러닝 횟수.

(g) 표범 피부의 평방피트당 표범 반점의 수.

(h) 정확히 x개의 페니를 서랍에 둔 사람의 수.

(i) 사람들의 휴대폰에 있는 앱의 수.

(j) 스키에나(Skiena)의 데이터 사이언스 수업의 일일 출석자 수

5-2. *[5]* 다음 *The Quant Shop*에 대해 어떤 분포가 가장 적합한지 설명하라: 이항분포, 정규분포, 포아송분포 또는 멱법칙분포?

(a) 미스유니버스 대회 참가자들의 아름다움.

(b) 할리우드 스튜디오가 제작한 영화의 수입.

(c) 아기의 출생 체중.

(d) 경매에서 예술품의 가격.

(e) 크리스마스 때 뉴욕에 내릴 눈의 양.

(f) 특정 축구 시즌에 x번 경기를 이기는 팀의 수.

(g) 유명한 사람들의 수명.

(h) 특정 연도의 일일 금 가격.

5-3. *[5]* 관련 분포가 정규분포라고 가정할 때 다음 사건의 확률을 추정하라:

(a) 공정한 동전을 100번 던질 때 70번 이상 앞면이 나온다.

(b) 무작위로 선택된 어떤 사람이 300파운드 이상의 몸무게가 나간다.

5-4. *[3]* 역사시험의 평균은 100점 만점에 85점이며 표준편차는 15점이었다. 이 시험의 점수 분포가 대칭인가? 그렇지 않다면 이 분포의 모양이 어떻게 될 것으로 예상하는가? 여러분의 추론을 설명하라.

5-5. *[5]* 페이스북의 데이터는 페이스북 사용자들의 50%가 100명 이상의 친구를 가지고 있다는 것을 보여준다. 또한 사용자의 평균 친구 수는 190이다. 이 연구 결과는 페이스북 사용자들의 친구 수의 분포 형태에 대해 무엇을 말해주는가?

유의성 검정

5-6. *[3]* 다음 중 어느 사건들이 독립적이고 어느 사건들이 독립적이 아닌가?

(a) 동전 던지기

(b) 농구 슈팅

(c) 대통령 선거에서 정당의 성공률

5-7. *[5]* 2010년 미국 커뮤니티 서베이에서는 15세 이상의 여성의 47.1%가 결혼을 했다고 추정하고 있다.

(a) 이러한 나이를 가진 3명의 여성을 임의로 선택하라. 세 번째 여성 만이 결혼을 했을 확률은 얼마인가?

(b) 3명 모두가 결혼을 했을 확률은 얼마인가?

(c) 평균적으로 결혼한 여성을 선택하기 위해 몇 명의 여성을 선택해야 하는가?

(d) 결혼한 여성의 비율이 실제로 30%였다면 결혼한 여성을 선택하기 위해 몇 명의 여성을 선택해야 하는가? 표준 편차는 얼마인가?

(e) 앞의 (c)와 (d)에 대한 답을 기반으로 특정 사건의 확률의 감소가 성공 까지의 대기 시간의 평균과 표준 편차에 어떤 영향을 미치는가?

순열 검정과 P-값

5-8. *[5]* 147쪽의 순열생성 알고리즘이 순열을 무작위로 균등하게 잘 생성한다는 것을 증명하라.

5-9. *[5]* m명의 남자와 w명의 여자의 키에 대한 데이터를 얻어라.

(a) 남자가 여자보다 평균적으로 키가 큰지 여부에 대한 유의성을 입증하기 위해 x-검정을 사용하라.

(b) 남자가 여자보다 평균적으로 키가 큰지 여부에 대한 유의성을 입증하기 위해 순열검정을 수행하라.

구현 프로젝트

5-10. *[5]* 스포츠 경기에서 좋은 팀이 다시 돌아와서 승리하는 경향이 있다. 그러나 이것은 좋은 팀이 이기는 방법을 알고 있기 때문일까, 아니면 충분히 오랜 경기 후에 더 좋은 팀이 일반적으로 승리하기 때문일까? 무작위 동전던지기 모형을 사용하여 실험하라. 여기서 더 좋은 팀은 한 기간에 걸쳐 다른 팀을 이길 확률 $p > 0.5$를 갖는다.

n 기간의 게임에서 주어진 확률 p에 대해 더 좋은 팀이 얼마나 자주 승리하는가, 그리고 얼마나 자주 역전승하는가? 이것은 실제 스포츠의 통계와 어떻게 비교되는가?

5-11. *[8]* 2월 2일은 미국에서 그라운드호그의 날(Groundhog Day)로써 그라운드호그가 자기의 그림자를 보게 되면 겨울이 6주 동안 더 지속된다고 한다. 2월 2일 햇볕이 잘 드는지 여부를 그라운드호그의 입력에 대한 대용물로 간주할 때 이 전통에 예측력이 있는가? 날씨 기록에 근거한 연구를 수행하고 동물의 예측정확도와 통계적 유의성을 보고하라.

인터뷰 질문

5-12. *[3]* 조건부 확률이란 무엇인가?

5-13. *[3]* 베이즈정리란 무엇인가? 그리고 그것이 현실에서 유용한 이유는 무엇인가?

5-14. *[8]* 나이브 베이즈 분류기를 사용하는 스팸탐지 알고리즘을 어떻게 향상시킬 수 있는가?

5-15. *[5]* 한 개의 동전을 10번 던졌을 때 2개의 뒷면과 8개의 앞면이 나왔다. 그 동전이 공정한지 어떻게 알 수 있는가? 이 결과의 p-값은 무엇인가?

5-16. *[8]* 이제 10개의 동전을 각각 10번 던졌다고 가정해 보자. 총 100번 동전을 던진 것이 된다. 동전의 공정성 여부는 어떻게 검정할 수 있는가?

5-17. *[8]* 개미는 무한히 긴 나뭇가지 위에 놓여 있다. 개미는 매 이산 시간 단계에 동일한 확률로 한 발 뒤로 또는 한 발 앞으로 이동할 수 있다. $2n$ 단계 후에 개미가 출발점으로 돌아올 확률은 얼마인가?

5-18. *[5]* 당신은 시애틀행 비행기를 타려고 한다. 당신은 우산을 가져가야 하는가? 그곳에 사는 친구 중 무작위로 세 명에게 전화를 걸어 각자에게 독립적으로 물어본다. 각각의 친구들은 여러분에게 진실을 말할 2/3의 가능성과 거짓말을 할 1/3의 가능성을 가지고 있다. 세 친구 모두 비가 오고 있다고 말한다. 시애틀에 비가 올 확률은 얼마인가?

캐글 도전 과제

5-19. 경매에서 구입한 자동차가 나쁜 구매인지 결정하라.

https://www.kaggle.com/c/DontGetKicked

5-20. 어떤 주에 대한 상품의 수요를 예측한다.

https://www.kaggle.com/c/grupo-bimbo-inventory-demand

5-21. 다음 시간에 비가 얼마나 오겠는가?

https://www.kaggle.com/c/how-much-did-it-rain

CHAPTER

6

데이터 시각화

최선으로, 그래픽은 사유를 위한 도구이다.

– 에드워드 터프트(Edward Tufte)

효과적인 데이터 시각화는 최소한 3가지 이유로 인해 데이터 사이언스의 중요한 측면으로 볼수 있다.

- **탐험적 데이터 분석:** 여러분의 데이터가 실제로 보이는 모양은 무엇일까? 여러분이 다루는 것에 대한 핸들을 얻는 것이 진지한 분석의 첫 번째 단계이다. 도표와 시각화는 이러한 작업을 위한 최고의 방법이다.
- **오류 탐지:** 여러분의 분석에서 어리석은 일을 하지는 않았는지? 시각화되지 않은 데이터를 기계학습 알고리즘에 입력하는 일은 문제를 일으키는 것이다. 특이점, 불충분 세척, 오류적 가정으로 인한 문제들은 데이터를 적절하게 시각화할 때 바로 드러난다. 너무나도 자주 통계적 요약은 (78%의 정확도!) 여러분의 모델이 실제로 하고 있는 일을 숨기게 된다. 여러분이 제대로 하고 있는지 틀리게 하고 있는지를 정확하게 살펴보는 일은 더 좋게 작업하기 위한 첫 번째 단계이다.
- **의사소통:** 여러분이 효과적으로 학습한 내용을 다른 사람들에게 발표할수 있는지? 유용한 결과들은 공유된 후에야 진가를 드러낸다. 데이터 과학자로서 여러분의 성공은 여러분이 말하고 있는 것을 여러분이 알고 있다는 것을 다른 사람들에게 확신을 줄 수 있느냐에 달려있다. 그림은 1,000 단어의 가치가 있고, 특히 회의적인 청중들에게 발표할 때 더욱 그러하다.

여러분은 초등학교 때부터 그래프와 챠트를 그려왔다. 전능한 소프트웨어가 전문가 수준의 이미지를 만드는 작업을 용이하게 해주고 있다. 그런데도 데이터 시각화가 매우 어려운 이유는 무엇일까?

이에 대한 답으로 비유를 들어보기로 하자. 저자가 젊었을 때 경험한 끔찍한 사고는 아이스

스케이팅 챔피언 경기 때 벌어진 공격이다. 한 자객이 다가오는 올림픽 경기에서 탈락시키려는 희망을 갖고 스틱으로 한 선수의 무릎을 치게 되었다. 다행히도 그는 무릎을 놓쳤고 스케이트 선수는 은메달을 따게 되었다.

이러한 사실을 알게 되었을 때 그의 고객, 즉 자객의 변호사는 흥미로운 방어 논리를 가지고 왔다. 그의 말에 의하면, 이 범죄는 그의 고객이 혼자서 의도하기에는 명확하게 너무 복잡하다고 했다. 이 말은 내게 인상적이었다. 왜냐하면 이 말은 스틱으로 사람의 다리를 치기 위해 필요한 인지적 능력을 내가 간과했다는 것을 의미했기 때문이다.

여기서 저자가 전달하려는 교훈은 많은 일들이 실제로 보이는 것보다 훨씬 복잡하다는 것이다. 특히, 전달하려는 사항을 보여주기 위해 데이터를 그래프로 그려서 표현하는 문제의 경우 더욱 그렇다. 저자가 발표에서 보아온 상당한 비율의 차트들이 끔찍한 상태였고, 아무런 메시지도 전달하지 못하거나 데이터가 실제로 보여주는 것을 잘못 전달하고 있었다. 나쁜 차트는 당신을 잘못된 방향으로 이끄는 부정적 가치를 가지고 있다.

이 절에서는 표준 도표 디자인 작업의 원리를 이해하고 적절하게 사용되지 못했을 때 발생할 수 있는 문제점을 보인다. 이러한 경험을 통해 언제 그래프를 사용하는 것이 좋은지에 대한 감과 더 좋은 그래프를 작성하는 방법을 익힌다.

6.1 | 탐험적 데이터 분석

방대한 데이터 세트의 도래는 과학의 연구 방법 자체를 변화시키고 있다. 전통적인 과학적 방법은 *가설 기반*(*hypothesis-driven*)으로 수행된다. 연구자는 세상이 작동하는 방법에 대한 이론을 설정하고 나서 데이터를 기반으로 이 가설을 인정하거나 부정하게 된다. 이와 반대로 *데이터 기반*(*data-driven*) 과학은 상당한 양의 데이터 세트를 수집하면서 시작하고, 다음으로 미래의 분석에서 이상적으로 가설의 역할을 하게 될 패턴을 찾게 된다.

탐험적 데이터 분석(*exploratory data analysis*)은 주어진 데이터 세트에서 패턴이나 동향을 찾는 것이다. 시각화 기법은 탐구에서 중요한 부분이 된다. 데이터를 조심스럽게 살펴보는 것은 여러 가지 이유로 중요하다. 수집/처리 상의 실수를 찾아내거나, 통계적 가정의 위반을 찾아내거나, 흥미로운 가설을 제안할 수 있다.

이 절에서는 탐험적 데이터 분석을 수행하는 방법과 시각화가 이러한 절차의 한 부분으로 가져올 수 있는 결과를 보인다.

6.1.1 새로운 데이터 세트에 대한 대비

새로운 데이터 세트를 만났을 때 해야 할 일은 무엇인가? 이는 우선은 여러분이 그안에서 어떤 사항에 흥미를 가지고 있는지에 따라 어느 정도 좌우될 수 있지만, 탐험의 초기 단계는 거의 응용-독립적으로 진행된다.

새로운 데이터 세트와 친해지기 위해 저자가 추천하는 일부 초기 단계를 여기서 소개하며

`https://www.statcrunch.com/app/index.php?dataid=1406047`에서 구할 수 있는 신체 측정 데이터 세트 NHANES를 사용하여 설명한다. 이는 표 형태의 데이터이지만 여기서 설명하는 일반적 원리는 폭넓은 종류의 자원에 대해 적용이 가능하다.

- **기초적 질문에 답변:** 여러분이 파일을 열기도 전에 여러분의 데이터 세트에 대해 알아야 할 몇 가지 사항이 있다. 다음과 같은 질문을 해보아라.
  - *누가 언제 왜 이 데이터 세트를 구축하였는지?* 데이터 세트가 구축된 방법을 이해하는 것은 그것이 얼마나 관련이 있는지, 우리가 그 데이터를 신뢰할 수 있는지에 대한 실마리를 제공한다. 이는 또한 데이터의 출처나 기원에 대해 알 필요가 있을 경우 해당되는 사람이 누구인지를 알려준다. 조금 살펴본 후에 저자는 이 데이터가 국립건강영양검사 서베이 2009~2010으로부터 나왔고 누가 데이터를 올렸는지를 파악하였다.
  - *얼마나 큰지?* 필드나 열의 수 차원에서 데이터는 얼마나 풍부한지? 레코드나 행의 수로 측정된 데이터는 얼마나 큰지? 대화식 도구로 탐험하기에 너무나 클 정도라면 작은 샘플을 추출해 초기 탐험을 하면 된다. 이 데이터 세트는 4978 레코드(2452 남자와 2526 여자)로 구성되어 있고 7개 데이터 필드와 성별 필드를 가지고 있다.
  - *필드들이 의미하는 것은?* 여러분의 데이터 세트의 각 열에 대해 조사를 해보고 그 열이 무엇인지를 이해할 필요가 있다. 어떤 필드가 수치 필드이고 어떤 필드가 범주 필드인지? 어떤 단위를 이용해 측정이 되었는지? 어떤 필드가 계산할 데이터가 아닌 ID이거나 서술적인지? 간단한 검토를 통해 길이와 무게는 미터 단위로 측정이 되었고 각각 cm와 kg으로 표현된 것을 확인하였다.
- **친숙한 또는 해석 가능한 레코드를 찾음:** 저자는 본인이 그들의 이름을 아는 정도까지 몇 개의 레코드와 친숙해지는 것이 극단적으로 중요함을 발견하였다. 레코드는 일반적으로 이미 여러분이 어느 정도 지식을 가지고 있는 사람, 장소, 사물과 관련이 되어 있어서, 여러분이 문맥을 파악하고 그 건전성을 평가할 수 있다. 그렇지 않은 경우에는, 가장 중요한 필드의 최댓값 또는 최솟값을 가지고 있는 레코드 등 특별히 알 필요가 있는 몇 개의 레코드를 찾아라.

  친숙한 레코드가 존재하지 않는 경우 그러한 것을 생성하는 것이 도움이 될 수 있다. 의료 레코드 데이터베이스의 현명한 한 개발자는 제품을 개발하면서 "누가 더 중요한가(Who's Bigger)"에서 가져온 상위 5000개의 역사적 이름을 환자 이름으로 사용하고 있다고 저자에게 알려주었다. 이는 "환자 F1253"과 같은 인위적인 이름을 만들어 사용하는 것보다 훨씬 고무적인 데이터라고 할 수 있다. 이는 충분히 흥미로운 방법이고 이상치 경우를 "프란츠 카프카에게 심각하게 잘못된 무엇인가가 존재한다"와 같은 형태로 보고할 수 있을 정도로 기억하기에 용이하다.
- **요약 통계:** 각 열의 기초 통계를 살펴보아라. 투키(Tukey)의 5개 숫자 요약, 즉 극단 값들

(최대, 최소)에 중앙 및 사분위 원소를 더한 값들은 수치 값에 대한 좋은 출발점이다.

신장/체중 데이터 세트의 컴포넌트에 적용한 결과는 다음과 같다.

	Min	25%	Median	75%	Max
Age	241	418	584	748	959
Weight	32.4	67.2	78.8	92.6	218.2
Height	140	160	167	175	204
Leg Length	23.7	35.7	38.4	41	55.5
Arm Length	29.5	35.5	37.4	39.4	47.7
Arm Circumference	19.5	29.7	32.8	36.1	141.1
Waist	59.1	87.5	97.95	108.3	172

이는 상당히 유익하다. 첫째, 중앙값 나이가 584라는 것은 무슨 의미인가? 데이터로 되돌아가보면 나이는 월 단위로 측정이 되어 중앙값이 48.67년이라는 것을 알 수 있다. 팔과 다리 길이는 동일한 중앙값을 가진 것처럼 보이지만 다리 길이가 더 큰 편차를 가지고 있다. 나는 이러한 사실을 전혀 몰랐었다. 그러나 저자는 금방 우리가 사람을 긴/짧은 팔 보다는 긴/짧은 다리 형태로 기술한다는 것을 깨달았고, 이것이 그 이유임을 알게 되었다.

직업과 같은 범주 필드의 경우, 유사한 요약은 열에서 상이한 레이블 타입의 수, 3개의 가장 빈번한 범주와 그 빈도 등이다.

- 쌍들간의 상관성: 모든 열(또는 최소한 관심 대상인 종속 변수에 대한 열들)의 쌍들간의 상관 계수의 행렬은 성공적인 모델 구축이 얼마나 쉬울 것인가에 대한 힌트를 제공한다. 이상적으로는, 여러 개의 특징들이 결과와는 강한 상관성을 가지게 되지만, 서로 간에는 강한 상관성을 갖지 않는다. 완벽한 상관이 있는 특징들의 집합으로부터 오직 하나의 열만이 임의의 값을 가지고 있다면, 이는 모든 다른 특징들이 이 임의의 단일 열로부터 완전히 정의되었기 때문일 것이다.

	Age	Weight	Height	Leg Length	Arm Length	Arm Circum	Waist
Age	1.000						
Weight	0.017	1.000					
Height	−0.105	0.443	1.000				
Leg_Len	−0.268	0.238	0.745	1.000			
Arm_Len	0.053	0.583	0.801	0.614	1.000		
Arm_Circ	0.007	0.890	0.226	0.088	0.444	1.000	
Waist	0.227	0.892	0.181	−0.029	0.402	0.820	1.000

이러한 쌍들간의 상관은 상당히 흥미롭다. 왜 신장은 나이와 음의 상관을 갖는지? 이 데이터의 사람들은 모두 성인들이며 (241개월 = 20.1년), 이들은 모두 완전히 자란 사람들이다. 그러나, 이전 세대는 오늘날의 사람들보다 신장이 작았다. 더구나, 사람들은 나이가 들면서 키가 줄어들기 때문에 이러한 것들이 이유가 된다. 체중과 가슴 크기 사이의 높은 상관도(0.89)는 자연의 불행한 진실을 반영한다.

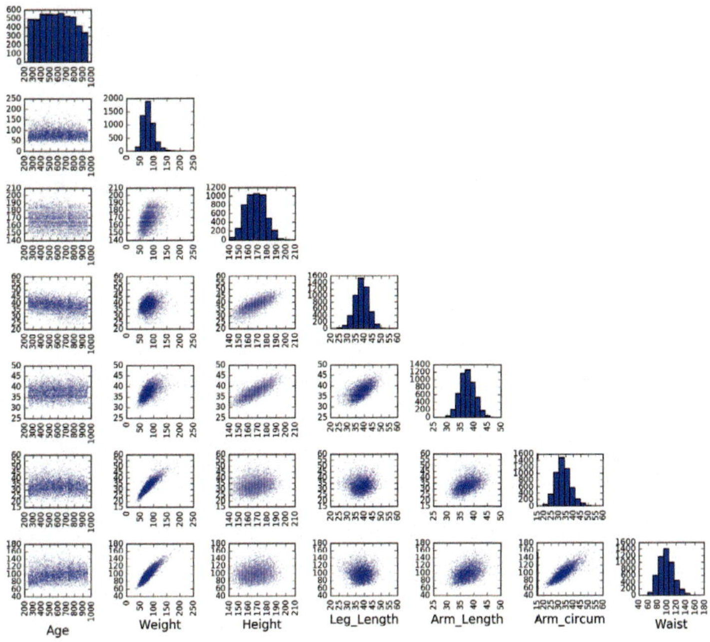

그림 6.1: 데이터 값과 그 상관 관계의 분포에 대한 빠른 통찰력을 보여주는 변수 쌍의 도트 도표의 배열

- **클래스 분류:** 성별이나 위치와 같은 주요 범주 속성에 따라 사물을 나누어갈 좋은 방법이 있을 것인가? 통계 요약을 통해 범주에 대한 조건에 따라 분포상의 차이가 있는지를 확인할 수 있다. 데이터와 응용에 대한 여러분의 이해도에 따라 값의 차이가 존재해야만 하는 부분을 특히 주의 깊게 살펴볼 필요가 있다.

  상관성은 일반적으로 성별에 따라 유사하지만 흥미로운 차이점이 일부 존재한다. 예를 들어, 신장과 체중의 상관성은 여자(0.297) 보다는 남자(0.443)가 더 강하다.

- **분포 도표:** 이 장은 데이터에 대한 시각화 기법에 치중한다. 패턴과 이상치를 찾으면서 분포를 자세히 살펴보려면 6.3절에서 논의할 차트 유형을 이용하라. 각 분포의 일반적 모양은 어떠한가? 좀더 종모양으로 만들기 위해 데이터를 세척하거나 변환해야 하는가?

  그림 6.1은 상이한 변수에 대한 도트 도표(dot plot) 격자의 파워를 보인다. 얼핏만 보아도, 특별한 이상치는 없다는 사실, 어느 쌍들이 상관이 있는지 여부, 특정한 경향을 가진 라인의 본질을 알 수 있다. 이러한 단일 그림으로 무장하였으므로, 이제 이 데이터 세트를 당면한 도전 과제에 대해 적용할 수 있다.

6.1.2 요약 통계와 안스콤의 사중주

시각화 기법 없이 데이터에 대해 이해하는 것은 큰 한계가 있다. 이는 안스콤의 사중주(Anscombe's Quartet)에 의해 잘 묘사된다. 각각 11개의 점을 가진 4개의 이차원 데이터 세트가

	I		II		III		IV	
	x	y	x	y	x	y	x	y
	10.0	8.04	10.0	9.14	10.0	7.46	8.0	6.58
	8.0	6.95	8.0	8.14	8.0	6.77	8.0	5.76
	13.0	7.58	13.0	8.74	13.0	12.74	8.0	7.71
	9.0	8.81	9.0	8.77	9.0	7.11	8.0	8.84
	11.0	8.33	11.0	9.26	11.0	7.81	8.0	8.47
	14.0	9.96	14.0	8.10	14.0	8.84	8.0	7.04
	6.0	7.24	6.0	6.13	6.0	6.08	8.0	5.25
	4.0	4.26	4.0	3.10	4.0	5.39	19.0	12.50
	12.0	10.84	12.0	9.31	12.0	8.15	8.0	5.56
	7.0	4.82	7.0	7.26	7.0	6.42	8.0	7.91
	5.0	5.68	5.0	4.74	5.0	5.73	8.0	6.89
Mean	9.0	7.5	9.0	7.5	9.0	7.5	9.0	7.5
Var.	10.0	3.75	10.0	3.75	10.0	3.75	10.0	3.75
Corr.	0.816		0.816		0.816		0.816	

그림 6.2: 동일한 통계적 특성을 가진 4개의 데이터 세트, 이들이 같아 보이는 것은?

그림 6.2에 보여지고 있다. 4개의 모든 데이터 세트는 x와 y 값에 대해 동일한 평균을 가지고 있고, x와 y 값에 대해 동일한 분산을 가지고 있으며, x와 y 값에 대해 완전히 동일한 상관도를 가지고 있다.

이 데이터 세트들은 모두 상당히 유사해야 할 것인가? 이들이 어떻게 보이는 지에 대한 아이디어를 얻을 수 있도록 잠시 이 숫자들을 살펴보아라.

아이디어를 얻었는지? 이제 그림 6.3의 이 데이터 세트에 대한 도트 도표들을 살펴보아라. 이들은 모두 매우 다르며 상당히 상이한 스토리를 얘기하고 있다. 한 트렌드는 선형적이고 두 번째는 포물선에 가깝다. 다른 두 개는 거의 완벽한 선형 모듈로 이상치를 가지고 있지만 완전히 상이한 기울기를 가지고 있다.

여기서의 요점은 이러한 차이를 산포도를 얼핏 보기만 해도 감지할 수 있다는 것이다. 아주 간단한 시각화도 데이터 세트에서 일어나는 일을 이해하기 위한 강력한 도구가 된다. 현명한 데이터 과학자는 시각화 기법에서 최대한 이점을 얻기 위해 노력을 한다.

6.1.3 시각화 도구

시각화를 지원하는 소프트웨어 도구는 상당히 다양하다. 시각화 도구는 일반적으로 3개의 범주로 나누어지며 도구의 올바른 선택은 하고자 하는 일에 따라 달라진다.

- 탐험적 데이터 분석: 주어진 데이터 세트를 빠르게 대화식으로 탐험하기 위한 용도이다. Excel과 같은 스프레드시트 프로그램이나 iPython, R, Mathematica와 같은 노트북 기반의 프로그래밍 환경은 표준적인 도표 타입 작성에 효과적이다. 여기서의 핵심은 복잡도를 숨겨서 디폴트 도표 작성 루틴이 합리적인 처리를 해주도록 하고 필요시 더 보완하도록 하는 것이다.

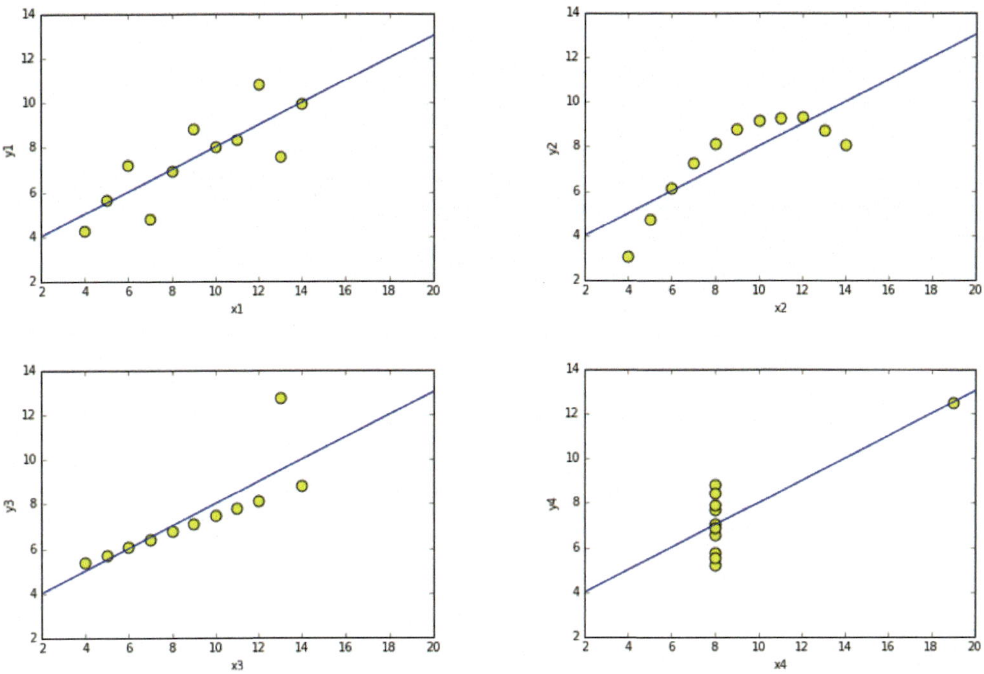

그림 6.3: 안스콤 사중주의 도표. 이 데이터 세트들은 동일한 요약 통계를 가지고 있음에도 불구하고 모두 극적으로 다르다.

- **출판/발표 품질 차트:** Excel이 매우 인기가 있다고 해서 이것이 최고의 그래프/도표를 생성한다는 것은 아니다. 최고의 시각화는 그래픽의 정보 컨텐츠를 최대화하기 위해 도구의 유연성의 장점을 최대한 살리는 과학자와 소프트웨어의 상호작용에 있다.

  MatPlotLib 또는 Gnuplot과 같은 도표 작성 라이브러리는 여러분의 그래프가 여러분이 원하는 바로 그 형태가 되도록 하기 위한 다양한 옵션을 지원한다. 통계 언어 R은 데이터 시각화를 위한 광범위한 라이브러리를 가지고 있다. 여러분이 선호하는 라이브러리의 도표 타입의 카탈로그를 살펴보면 여러분의 데이터에 대한 최선의 표현 방법을 발견할 수 있다.

- **외부 응용을 위한 대화식 시각화:** 전용 데이터 세트에 대한 사용자 상호작용의 편의를 제공하는 대시보드(dashboard)를 구축하는 것은 데이터 과학-지향 소프트웨어 공학자들에게는 전형적인 과업이다. 여기서의 전형적인 임무는 기술적인 스킬이 부족하고 좀 더 응용-지향적인 사람들을 위해 탐험적 데이터 분석을 지원하는 도구를 구축하는 것이다.

  이러한 시스템들은 표준 도표 작성 라이브러리를 이용해 Python과 같은 프로그래밍 언어로 쉽게 구축할 수 있다. 또한 Tableau과 같은 대시보드 구축을 위한 제3자 시스템들도 존재한다. 이러한 시스템들은 특정 상호작용 패러다임과 데이터의 상이한 뷰들을 통한 연결-뷰를 지원하는 등 다른 도구들보다 고수준 레벨의 프로그램이 가능하다.

그림 6.4: 어느 그림을 더 좋아하는지? 예술이나 시각화에서 지적인 선호의 형성은 고유한 시각적 미학의 보유에 의해 좌우된다.

6.2 | 시각화 미학의 개발

예술이나 와인에 대한 현저한 찬사는 특정한 맛이나 미학의 개발을 필요로 한다. 이것은 여러분이 무엇을 좋아하느냐에 대한 것이 아니고, 여러분이 그것을 좋아하는 이유에 대한 것이다. 예술 전문가는 화가의 팔레트, 빛의 활용, 작품의 에너지/장력에 대해 이야기한다. 와인 감정가는 그들이 선호하는 와인의 향기, 열매, 산도, 투명도, 그것이 포함하는 오크나 타닌의 양을 시험한다. 그들은 "맛있다"라는 표현 이상으로 말할 수 있는 더 좋은 것들을 가지고 있다.

현저하게 좋은/나쁜 시각화는 디자인 미학과 데이터 표현에 대해 말할 수 있는 어휘의 개발을 필요로 한다. 그림 6.4는 서양 페인팅의 유명한 2개의 걸작을 보이고 있다. 어느 것이 더 좋은지? 이 질문은 미학적 센스와 이것을 기술할 어휘가 없이는 의미가 없다.

저자의 시각적 미학과 어휘는 에드워드 터프트(Edward Tufte)[Tuf83, Tuf90, Tuf97]의 책으로부터 대부분 도출되었다. 그는 예술가이며 실제로 저자는 그를 맨하탄의 첼시 부두 건너편에 있는 그의 예전 미술 갤러리에서 한번 만나야 했다. 그는 다음의 원리를 이용한 디자인 미학을 기반으로 차트나 그래프를 유익하고 아름답게 만드는 방법을 한참동안 진지하게 생각을 하였다.

- 데이터-잉크 비율 최대화: 여러분의 시각화는 여러분의 데이터를 보여주게 된다. 따라서 차트에서 배경 그리드, 음영, 틱 마크를 많이 보여줄 필요가 있을까?
- 거짓 요소 최소화: 과학자로서 여러분의 데이터는 진실, 즉 여러분이 드러낸 것을 확인하고자 하는 진실을 드러내야만 한다. 그러나 여러분은 청중에 대해 정직하려고 하는가 또는 청중들이 존재하지 않는 무엇인가를 보도록 현혹하기 위한 그래픽 장치를 사용하는가?
- 차트 쓰레기 최소화: 현대적 시각화 소프트웨어는 종종 여러분의 데이터 세트와는 전혀 상관이 없는 멋진 시각적 효과를 추가한다. 여러분의 그래프가 여러분의 데이터로 인해 흥미로운가 아니면 여러분의 데이터에도 불구하고 흥미로운가?
- 적절한 눈금과 명확한 레이블의 사용: 데이터의 정확한 해석은 눈금과 레이블과 같은 비-데

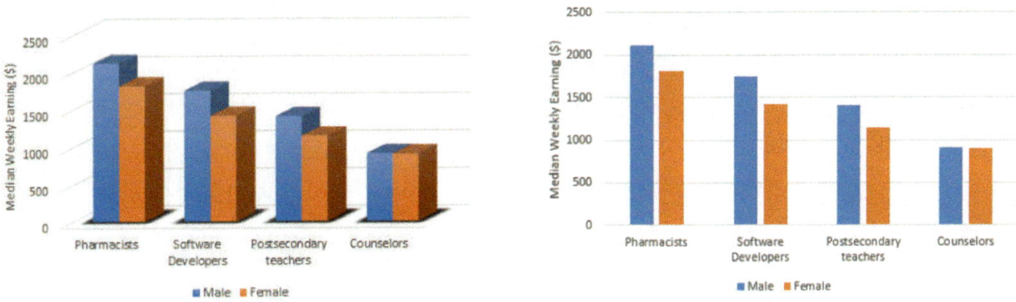

그림 6.5: 음영을 보여주는 3차원 도형(왼쪽)이 인상적으로 보일 것이다. 그러나 이들은 단지 차트 쓰레기에 불과하며 데이터만 보여주는 것(오른쪽)에 비해 명확도와 데이터-잉크 비율을 감소시킨다.

이터 요소에 의해 좌우된다. 여러분의 서술적 데이터가 명확하고 정확하도록 최적화되었는가?

- 색의 효과적 사용: 사람의 눈은 색조와 채도의 작은 차이를 구분할 수 있는 능력을 가지고 있다. 색을 데이터의 중요한 특성을 강조하기 위해 사용하고 있는가? 아니면 단지 예술적 관점에서 활용하고 있는가?
- 반복의 힘을 개척: 상이한 그러나 관련된 데이터 요소의 유사한 그래픽 배열은 시각적 비교를 위한 간결하고 강력한 방법을 제공한다. 어러분의 다중 차트가 비교를 용이하게 하고 있는가? 아니면 단순한 중복에 불과한가?

이러한 각 원리를 아래의 절에서 자세히 기술한다.

6.2.1 데이터-잉크 비율 최대화

그래픽에서 잉크의 일부는 실제의 기반 데이터를 표현하고 나머지는 그래픽 효과를 위해 사용이 된다. 일반적으로 표현하면, 시각화는 데이터 자체를 보이는 데 초점을 맞추어야 한다. 데이터-잉크 비율(data-ink ratio)은 다음과 같이 정의된다.

$$\text{데이터-잉크 비율} = \frac{\text{데이터-잉크}}{\text{그래픽에 사용된 전체 잉크}}$$

그림 6.5는 성별 평균 봉급을 표현하며(노동통계국, 2015), 이러한 개념을 명확하게 보여준다. 어떤 데이터 표현을 더 선호하는가? 왼쪽 이미지는 "멋지다, 음영과 3차원 원근 효과를 어떻게 만들 수 있을까?"를 이야기하고 있다. 오른쪽 이미지는 "와우, 여성은 수입 스펙트럼의 모든 지점에서 정말로 더 적은 월급을 받고 있을까? 그런데 왜 카운슬러의 경우는 차이가 가장 적을까?"를 이야기하고 있다.

데이터-잉크 비율 최대화는 처음에는 시각화 연습의 전체라고 할 수 있는, 데이터가 이야기하도록 하자는 것이다. 오른쪽의 평평한 관점이 막대의 높이를 좀 더 공정하게 비교하도록 해주고 있고, 남성이 여성 대비 보잘 것 없는 사람으로 보이지 않도록 하고 있다. 색상이 제대로 역할을 해서 사과-대-사과를 비교하도록 해주고 있다.

데이터-잉크 비율을 증가시킬 수 있는 극단적인 방법도 존재한다. 막대를 사용할 이유가 있는지? 동일한 정보를 적절한 높이의 한 점으로 표현할 수 있으므로, 여기에 보인 8개보다 훨씬 더 많은 점을 그려야 했다면 명확하게 개선이 되었을 것이다. 데이터 시각화에서는 더 적은 것이 더 많은 것이 될 수 있음을 명심하라.

6.2.2 거짓 요소 최소화

시각화는 데이터가 이야기하고 있는 것에 대한 진실한 스토리를 말하는 방법을 찾는 것이다. 가장 대담한 형태의 거짓말은 여러분의 데이터를 날조하면서, 여러분의 데이터를 정확하게 보고할 수 있는 가능성이 남도록 하고, 데이터가 말하고 있는 것에 대해 여러분의 청중을 정교하게 잘못된 방향으로 이끄는 것이다. 터프트는 차트의 거짓 요소를 다음과 같이 정의한다.

$$\text{거짓 요소} = \frac{(\text{그래픽의 효과의 크기})}{(\text{데이터의 효과의 크기})}$$

그래픽 무결성은, 현혹하는 경향이 있는 기법을 피함으로써, 이 거짓 요소를 최소화하도록 요구한다. 나쁜 방법들은 다음과 같다.

- **분산 없이 평균 표현:** 데이터 값 {100. 100, 100, 100, 100}과 {200, 0, 100, 200, 0}은 상이한 스토리를 말하고 있지만, 양쪽 모두 평균은 100이다. 평균값과 함께 실제 점을 보일 수 없다면 최소한 분산값을 보여서 평균이 반영하는 분포를 명확하게 밝혀야 한다.
- **실제 데이터 없이 보간 표현:** 회귀 라인과 적합 곡선은 동향을 보이고 대형 데이터 세트를 단순화하는데 효과적이다. 그러나 그 기반이 되는 데이터 점들을 보여주지 않으면 적합의 품질을 확신하는 것이 불가능하다.
- **비율의 왜곡:** 종횡비는 우리가 보는 것을 해석하는 방법에 대해 지대한 영향을 미친다. 그림 6.6은 동일한 금융 시계열 데이터를 차트의 종횡비를 달리해서 세 가지로 표현하고 있다.

  아래의 그림에서는 시계열 데이터가 평평해 보여서 걱정할 일이 없어 보인다. 오른쪽에서는 수익이 절벽에서 추락하고 있고, 하늘이 무너지고 있다! 왼쪽의 그림은 심각한 감소를 보이고 있으나 가을의 반등을 표시하고 있다.

  어떤 그림이 올바른가? 사람들은 일반적으로 황금 비율로 그려진 도표를 보는데 익숙하며, 이 비율은 폭이 높이의 대략 1.6배가 된다. 이 비율이 적절하지 않다는 확실한 이유를 가지고 있지 않는 한, 이 비율을 사용하라. 심리학자에 의하면 45도 라인이 가장 쉽게 해석이 되므로, 이러한 목표로부터 라인을 심각할 정도로 확대하거나 소거하는 모양을 피해야 한다.

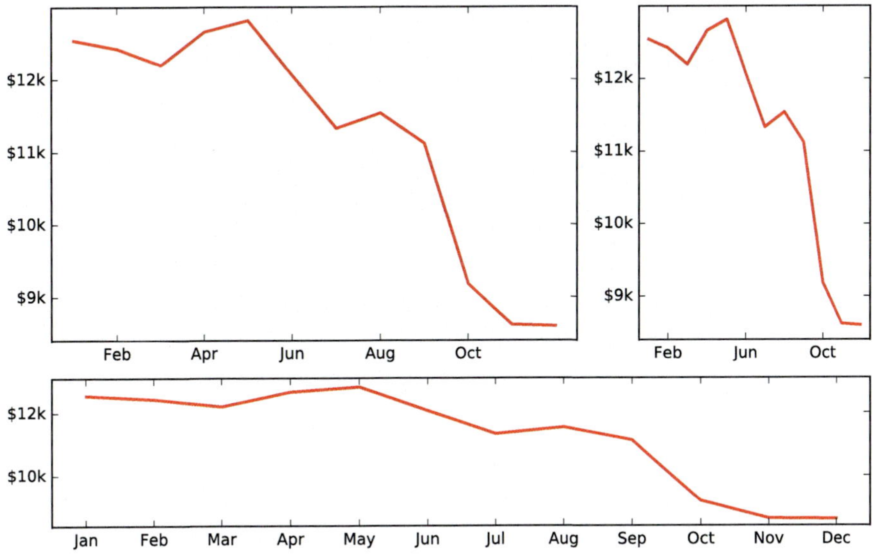

그림 6.6: 동일 금융 시계열 데이터의 세 가지 표현. 어느 것이 가장 정확하게 상황을 표현하는가?

- **수치 축에서 눈금 레이블 제거:** 가장 최악의 규모의 왜곡도 축상에 수치 참조 레이블을 보이지 않음으로써 숨길 수 있다. 수치 비율 표시를 통해서만 도표로부터 실제 데이터 값을 재구성할 수 있다.

- **도표에서 원점 숨김:** 대부분의 그래프에서 암시적인 가정은 y축의 값의 범위가 0부터 y_{max}까지라는 것이다. 이 대신 y축의 범위가 $y_{min} - \epsilon$부터 y_{max}까지로 변경이 되면 사람들은 시각적으로 크기를 비교할 능력을 잃어버린다. 적절한 비율로 규모가 보여지는 대신에 가장 큰 값이 갑자기 가장 작은 값 보다 여러 배 더 크게 보이게 된다.

  그림 6.5(오른쪽)를 좀더 작은 y-범위 [900, 2500]으로 그린다면, 그림의 메시지는 소프트웨어 개발자가 약사와 근접한 월급을 받는 것처럼 카운슬러가 교사와 근접한 월급을 받는다는 사실 대신에 카운슬러가 굶주리고 있다는 사실이 될 것이다. 이러한 기만적인 상황은 비율이 축에 표시가 되어 있다면 인식은 가능하겠지만 찾아내기는 힘들다.

터프트의 공식에도 불구하고 거짓 요소는 기계적으로 계산될 수 없는데, 그 이유는 왜곡의 이면에 있는 비망록의 이해를 필요로 하기 때문이다. 그래프를 판독할 때, 누가 그 그래프를 왜 그렸는지를 이해하는 것이 중요하다. 그들의 비망록의 이해가 그래프에 심어진 잠재적 현혹 메시지를 감지하도록 해줄 것이다.

6.2.3 차트 쓰레기 최소화

관계없는 차트 요소는 데이터가 전달하려고 하는 메시지를 흐려놓는다. 흥미로운 그래픽에서는 데이터가 이야기를 하고 차트 쓰레기는 그렇지 않다.

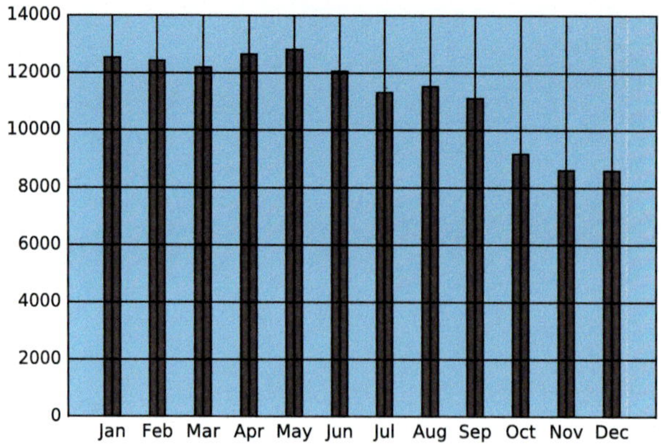

그림 6.7: 월별 시계열 판매 데이터. 이 막대 차트 시계열을 개선/단순화하는 방법은?

그림 6.7은 혹독한 시기를 접하고 있는 한 회사의 매출 데이터를 월별 시계열로 보이고 있다. 문제의 그래픽은 시계열 데이터를 표현하는 완벽하게 건전한 방법인 막대 도표(bar plot)이고, 합리적인 도표 작성 패키지를 이용하여 전통적인 옵션(디폴트 옵션)으로 그려진 것이다.

데이터가 더 잘 드러나도록 일부 요소를 제거하여 이 도표를 단순화할 수 있을까? 이 차트에 대한 4개의 연속적인 단순화를 보여주는 그림 6.8을 살펴보기 전에 일분간 이러한 방법을 생각해 보아라. 중요한 작업은 다음과 같다.

- 데이터 감옥 탈출 (왼쪽 상단): 무거운 격자는 시각적으로 컨텐츠를 지배해서 데이터를 감옥에 넣는다. 종종 그래프는 격자를 제거하거나 가볍게 해서 개선할 수 있다.

  데이터 격자의 잠재적 가치는 수치 양의 좀 더 정확한 해석의 편의를 제공하는 것이다. 따라서 격자는 정확하게 인용될 필요가 있을 정도로 큰 수치 값을 갖는 도표에서 가장 유용하다. 가벼운 격자도 그러한 과업을 적당하게 관리할 수 있다.

- 음영 표시 중단 (오른쪽 상단): 여기서의 색을 넣은 배경은 데이터의 해석에 아무런 기여도 못하고 있다. 이것의 제거는 데이터-잉크 비율을 증가시키고 눈에 덜 거슬리게 만든다.

- 상자 제거 (왼쪽 하단): 둘러싼 상자는 정보에 기여를 하지 못하며, 특히 축을 정의하지 않는 상단과 오른쪽 경계는 더욱 그러하다. 이들을 제거해서 더 많은 공기가 여러분의 그림에 들어오게 하라.

- 누락 잉크 작업 표시 (오른쪽 하단): 참조 축의 효과는 요소 추가 대신에 막대로부터 선을 제거해 복구할 수 있다. 이러한 방식은, 긴 막대의 작은 변화 대신에 상대적으로 작은 상단 조각의 큰 변화에 주의를 기울이도록 해줌으로써, 가장 큰 수의 크기를 비교하기 용이하도록 해준다.

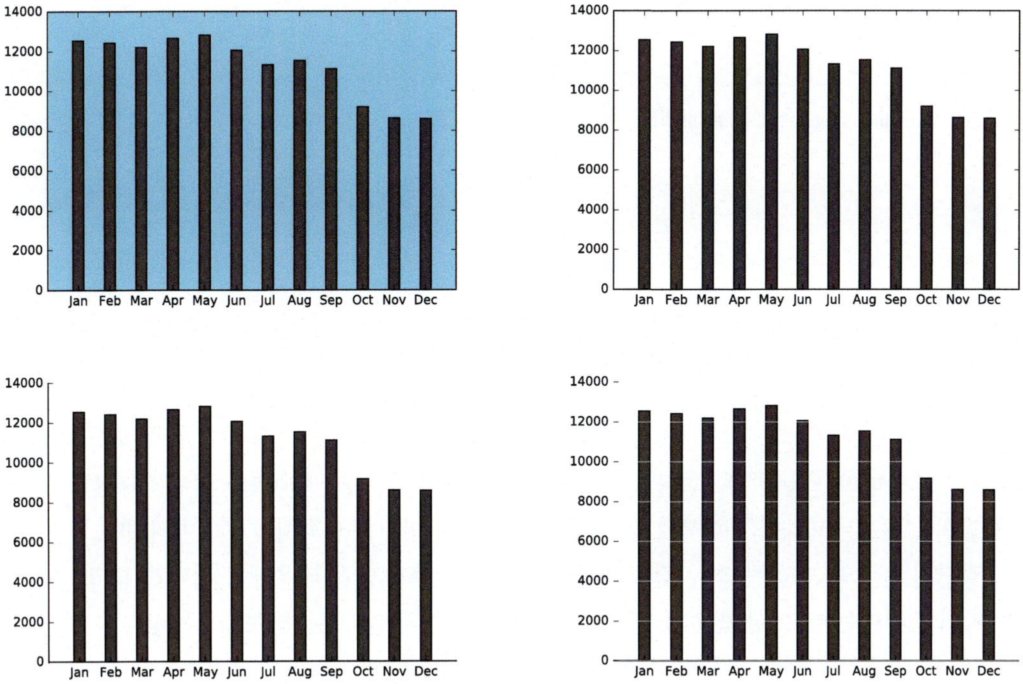

그림 6.8: 관계없는 비-데이터 요소의 제거를 통한 그림 6.7의 4개의 연속적인 단순화.

건축가 마에즈 밴 데 로(Mies van der Rohe)는 "더 적은 것이 더 많다"라는 유명한 말을 했다. 도표에서 요소를 제거하는 것이 종종 추가하는 것 보다 도표를 개선시킨다. 이 사실을 여러분의 그래픽 디자인 원리의 일부분으로 만들어라.

6.2.4 적절한 눈금과 레이블의 사용

축 눈금이나 레이블 표시의 결여는 그래프의 정보 부족에 대한 의도적인 또는 사고에 의한 주요 원인이다. 레이블은 수의 적절한 크기를 보고하기 위해 필요하고 눈금은 비교를 용이하게 하기 위한 적절한 해상도로 이러한 수를 보여주기 위해 필요하다. 일반적으로 표현하면, 데이터는 차트에 배정된 공간을 채울 정도의 크기로 그려져야 한다.

합리적인 사람들도, 축의 눈금을 변수의 전체 이론적 범위에 걸쳐 배치할 수도 있고 관찰된 값만 반영하도록 잘라서 표현할 수도 있다. 그러나 어떤 결정은 명확하게 비합리적일 수 있다.

그림 6.9(왼쪽)는 저자의 학생이 만든 것으로 거의 백 가지 언어의 두 변수간의 상관관계를 표현하고 있다. 상관도의 범위가 [−1, 1]이므로 이 간격을 반영하여 도표를 만들었다. 이 도표의 많은 부분이 공백이라는 사실은 1.0에 가까운 상관관계만 표현했더라면 더 좋았을 것이라는 것을 알게 해준다. 그렇지 않으면 이 차트는 해독 불가능하다.

그림 6.9(오른쪽)는 동일한 데이터를 눈금을 절단해 표현하고 있다. 이제 왼쪽에서 오른쪽으

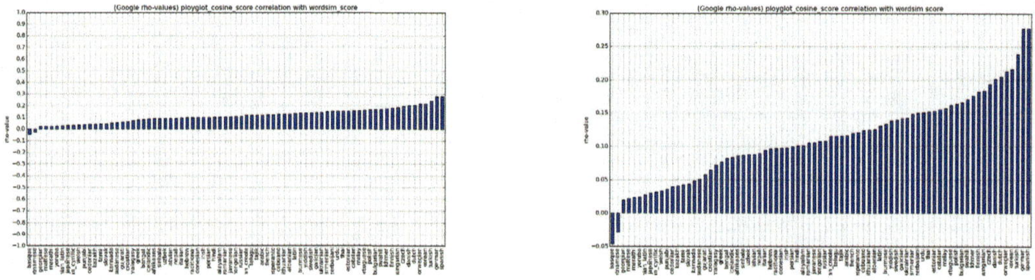

그림 6.9: 최대 가능 범위 눈금 표시(왼쪽)는 대부분의 공간이 공백이 되면 어리석은 선택이 된다. 더 좋은 눈금 표시는 의미 있는 비교를 가능하게 한다(오른쪽).

로 이동함에 따라 성능이 증가함을 파악할 수 있고 임의의 주어진 언어의 점수를 판독할 수 있다. 앞의 그래프는 막대가 레이블로부터 너무 멀어 이름-막대를 일치시키기가 어려웠다.

절단된 눈금의 가장 큰 죄는 각 막대의 전체를 보여주지 않을 경우에 드러나게 되고, 이 경우 막대의 길이는 더 이상 변수의 상대적인 값을 반영하지 않게 된다. 여기서는 $y = 0$ 라인을 보여서 각 막대가 전체라는 것을 독자가 알도록 해주고 있다. 데이터를 감옥 격자로부터 벗어나게 해준 것도 도움이 되었을 것이다.

6.2.5 색과 명암의 효과적 사용

색은 그래픽 기반 의사소통에서 점차 중요한 부분이 되고 있다. 저자는 출판사의 인쇄 비용이 이제 칼라와 흑백이 동일하다는 것을 알게 되어 기뻤고 독자들은 칼라 그래픽을 보기 위해 더 비용을 지불할 필요가 없게 되었다.

색은 차트에서 클래스 구분을 표시하고 수치 값을 인코딩하는 두 가지 중요한 역할을 수행한다. 점을 상이한 타입, 클러스터, 클래스의 다른 색으로 표시하는 것은 전통적인 도트 도표에서 정보의 또 다른 레이어에 해당한다. 이는 각 클래스간의 데이터 분포의 차이의 정도를 보여주는데 있어서는 뛰어난 아이디어이다. 가장 중요한 사항은, 굵은 기본색을 이용해 클래스들을 서로 쉽게 구분할 수 있다는 것이다.

해당 클래스와 연관된 기억에 도움이 될 만한 색의 값을 선택하는 방식이 최선이다. 손실은 붉은 잉크로 표현하고, 환경 요인은 녹색, 국가는 국기의 색, 운동 팀은 유니폼의 색으로 연관시킨다. 남성을 청색으로, 여성을 적색으로 표현한 칼라 점이 그림 9.17에 보인 것처럼 산포도를 해석하는 독자에게 실마리를 제공한다.

수치 크기를 표현하기 위한 색상의 선택은 좀 더 어려운 문제이다. 무지개 칼라 맵은 인지적으로 비-선형적이어서 보라색이 초록색의 앞에 있는지 뒤에 있는지 파악하기 어렵다. 따라서 무지개 칼라 그룹에서 유사한 수를 유사한 색으로 수를 그려서 표현하게 되면, 상대적 크기는 색상표를 명확하게 참조하지 않으면 인식 불가능하다. 그림 6.10은 비교를 위해 Python의

그림 6.10: 색조, 채도, 명도를 달리하는 Python의 MatPlotLib의 색상표. 무지개 칼라 맵은 인지적으로 비-선형적이라서 차이의 크기를 인식하기 어렵다.

MatPlotLib의 여러 색상표를 보이고 있다.

좀 더 좋은 색상표는 명도 또는 채도를 달리하는 방식이다. 색의 명도(brightness)는 색조와 백과 흑 사이의 어딘가에 있는 회색의 음영 정도를 혼합해서 표현할 수 있다. 채도(saturation)는 회색의 비율을 섞어 조절이 가능하며, 0은 원래의 색조를 생성하고 1은 모든 색조를 제거한다.

또 다른 인기 있는 색상표는 고유한 양/음 색(예를 들어, 그림 6.10의 지진 색상표의 청색과 적색)을 0의 백색 또는 회색 중심 주변에 반영하는 것이다. 따라서 색조는 극성을 표현하고 명도/채도는 크기를 반영한다. 특정 색상표는 색맹인 사람들에게 더 좋고, 특히 적색과 녹색을 피하는 사람들에게 더욱 좋다.

일반적 규칙으로, 도표에서 더 큰 영역은 비포화 색으로 보여져야 한다. 작은 영역에 대해서는 역이 성립하며 포화 색으로 더 잘 표현된다. 색 시스템은 놀라울 정도로 기술적이고 정교하므로 여러분 자신의 방식을 개발하는 대신에 잘 정립된 색상표를 항상 사용해야 한다.

6.2.6 반복의 힘

소형 다중 도표와 표는 다변수 데이터를 표현하는 우수한 방법이다. 모든 2변수 분포를 보여주고 있는 그림 6.1의 격자의 힘을 상기하라.

소형 다중 차트의 응용 분야는 다양하다. 이들을 이용해 클래스의 분포를 나누어 볼 수 있고, 지역, 성별, 시간대별로 분리되었으나 비교 가능한 차트를 그릴 수 있다. 도표의 배열은 상이한 분포 간에 변화된 것의 비교를 용이하게 해준다.

시계열 도표는 동일한 양을 상이한 달력 지점에서 비교하도록 해준다. 좀 더 좋은 방법은 다중 시계열을 동일 도표의 라인들로 또는 그들의 관계를 반영하는 논리적 배열안의 다중 도표로 비교하는 것이다.

6.3 | 차트 타입

이 절에서는 데이터 시각화의 기본 타입의 이면에 있는 근거를 살펴본다. 각 차트 타입별로 가장 사용하기 좋은 경우를 설명하고 여러분의 발표를 가능한 한 효과적으로 만들기 위해 여러분이 가지고 있는 자유의 정도를 설명한다. 일부 소프트웨어 도구의 디폴트 설정을 이용해 생성된 생각없이 만들어진 그래픽처럼 "여기에 일부 데이터의 도표가 있다"라고는 아무것도 얘기하지 않는다. 저자의 학생들은 내게 정리되지 않은 데이터 작품을 너무 자주 제시한다. 이 절은 그러한 것들에 대한 개인적 답변이라고 할 수 있다.

가정 학습 여러분은 여러분의 작품을 의미 있고 해석 가능한 형태로 만들 수 있는 능력과 책임을 지니고 있다. 효과적인 시각화는 데이터를 살펴보고, 그 데이터가 이야기하려고 하는 스토리가 무엇인지를 결정하고, 그 스토리를 좀 더 잘 전달하기 위해 디스플레이를 개선하는 반복적인 절차로 진행이 된다.

그림 6.11은 올바른 데이터 표현 방법의 선택을 도와주는 사용이 용이한 의사결정 트리를 보이고 있고 Abela[Abe13]에서 인용한 것이다. 가장 중요한 차트들은 이 절에서 검토할 것이나, 어떤 문맥에서 어떤 시각화가 더 적절한지를 이해하기 위해서는 이 트리를 이용하라. 주어진 데이터 세트에 대해 제일 먼저 마음에 떠오르는 도표를 그리기 보다는 올바른 도표를 생성해야 한다.

6.3.1 표 데이터

숫자의 표는 아름다운 사물이며 데이터를 표현하는 매우 효과적인 방법이다. 그래픽 표현의 시각적 호소력은 다소 떨어지지만 표(table)는 다른 표현에 비해 다음과 같은 장점을 가지고 있다.

- 정확도의 표현: 숫자의 해상도는 그것이 획득된 과정에 대한 무엇인가를 이야기한다. 평균 봉급 $79,815는 $80,000과는 다른 무엇인가를 표현한다. 이러한 미묘함이 도표에서는 상실 되지만 수치 표에서는 명확하게 드러난다.
- 크기의 표현: 표에서 숫자의 자릿 수는 로그 크기로 바 차트에 비유할 수 있다. 오른쪽 자리맞춤 수(right-justifying number)는 열에서 수의 앞자리들을 읽는 방식에 비해서 수의 크기의 차이를 가장 잘 표현한다.

left	center	right
1	1	1
10	10	10
100	100	100
1000	1000	1000

왼쪽 자리맞춤 수는 이러한 비교를 방해하므로 항상 오른쪽 자리맞춤을 사용하도록 하라.

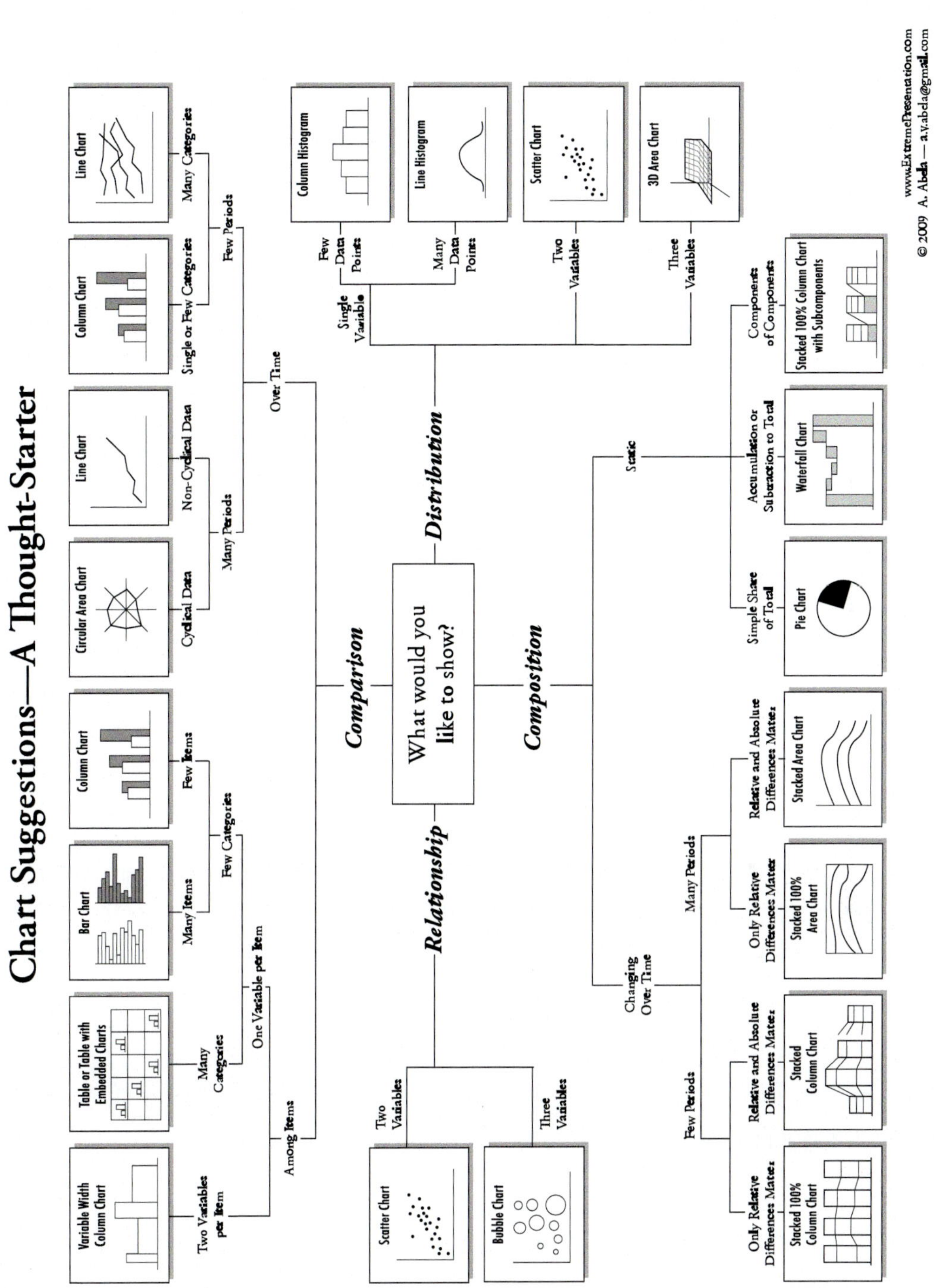

그림 6.11: 데이터를 표현하기 위한 최선의 시각적 표현을 결정하는 것을 도와주는 현명한 의사결정 트리. Abela[Abe13]의 승인을 받고 재인쇄.

- **다변수 시각화:** 2차원 이상으로 진행하면 기하학은 이해하기 어려워진다. 그러나 표는 많은 수의 변수에 대해서도 표현이 가능하다. 그림 1.1의 베이비 루쓰(Babe Ruth)의 야구 통계를 기억하라. 28개의 열의 표로 구성되어 있으나 어느 정도 지식을 가진 팬이라면 누구나 쉽게 해석이 가능하다.

- **이질적 데이터:** 표는 일반적으로 텍스트와 레이블과 같은 수치 및 범주 속성의 혼합을 표현하는 최선의 방법이다. 심지어는 특정 필드의 값을 표현하기 위해 이모티콘과 같은 그림 문자를 사용할 수도 있다.

- **함축성:** 표는 작은 수의 점을 표현하는 데 특히 유용하다. 2차원에서 두 점은 라인으로 그려질 수 있으나 왜 귀찮은 일을 하는가? 일반적으로 작은 표는 희소한 시각 표현 보다 더 우수하다.

표 데이터를 표현하는 일("단지 표안에 넣기만 함")은 막대기로 다리를 두드리는 일처럼 간단해 보인다. 그러나 가장 정보력이 좋은 표를 만들려면 정교한 고려가 필요하다. 최고 실무는 다음과 같다.

- **비교를 고려해 행을 배열:** 표의 행의 순서를 여러분 마음대로 할 자유를 가지고 있으므로 그 장점을 활용하라. 행을 중요한 열의 값에 따라 정렬하는 것은 일반적으로 좋은 아이디어이다. 행을 그룹지어 같은 값들이 같이 모이도록 하면 비교가 용이해진다.

  크기나 날짜에 따른 정렬은 여러 문맥에서 이름에 의한 것보다 더 많은 것을 드러낸다. 행의 정규적 순서(예를 들어, 이름의 사전적 순서)를 사용하는 것은 이름에 의한 항목 조사에 도움이 될 수 있으나, 표가 많은 행을 가지고 있지 않다면 그리 중요하지는 않다.

- **중요성, 또는 쌍간 관계를 강조하도록 열을 배열:** 눈은 왼쪽에서 오른쪽으로 페이지를 살펴보므로 효과적인 시각적 비교를 하기는 어려우나 이웃한 필드는 대비가 용이하다. 일반적으로 표현하면, 열들은 유사한 필드를 그룹지어 구성되어야 하며, 가장 덜 중요한 것을 오른쪽으로 숨겨야 한다.

- **오른쪽-자리맞춤 단일-정확도 수:** 표에서 3.1415를 39.2와 시각적으로 비교하는 것은 희망이 없는 일이다. 더 큰 수는 더 크게 보여야 한다. 최선의 방법은 오른쪽 자리맞춤이며 모든 값을 3.14 대 39.20과 같이 동일한 정확도로 표현하는 것이다.

- **중요한 항목을 강조하기 위해 강조색, 폰트, 색을 사용:** 각 열의 극한 값을 표시해서 중요한 정보를 얼핏 보아도 드러나도록 하는 것이 좋다. 그러나, 이러한 일은 지나치게 수행되기 쉬우므로 미묘한 차이를 이겨내야 한다.

- **과도한 길이의 열 제목을 지양:** 표의 흰 리본(공백)은 주의를 흐트러뜨리며 대개 표현하는 값 보다 더 긴 열 레이블로부터 기인한다. 이러한 문제를 최소화하기 위해 약어나 다중-라인 단어 표현을 사용하도록 하고 모호한 사항은 표에 첨부된 제목에서 명확하게 표현하라.

이러한 문제 상황들의 설명을 돕기 위해 여기에 15개 국가의 6개 특성을 기록하는 표를 제시하였다. 행과 열은 임의로 배열하였다. 이를 개선할 가능한 방법이 보이는가?

Country	Area	Density	Birthrate	Population	Mortality	GDP
Russia	17075200	8.37	99.6	142893540	15.39	8900.0
Mexico	1972550	54.47	92.2	107449525	20.91	9000.0
Japan	377835	337.35	99.0	127463611	3.26	28200.0
United Kingdom	244820	247.57	99.0	60609153	5.16	27700.0
New Zealand	268680	15.17	99.0	4076140	5.85	21600.0
Afghanistan	647500	47.96	36.0	31056997	163.07	700.0
Israel	20770	305.83	95.4	6352117	7.03	19800.0
United States	9631420	30.99	97.0	298444215	6.5	37800.0
China	9596960	136.92	90.9	1313973713	24.18	5000.0
Tajikistan	143100	51.16	99.4	7320815	110.76	1000.0
Burma	678500	69.83	85.3	47382633	67.24	1800.0
Tanzania	945087	39.62	78.2	37445392	98.54	600.0
Tonga	748	153.33	98.5	114689	12.62	2200.0
Germany	357021	230.86	99.0	82422299	4.16	27600.0
Australia	7686850	2.64	100.0	20264082	4.69	29000.0

행(국가)의 순서는 매우 다양하게 존재한다. 임의의 단일 열에 의한 정렬은 임의 배열 보다는 개선이 되겠지만, 지역/대륙별로 국가를 그룹지을 필요가 있다. 열의 순서는 유사한 것을 바로 옆에 배치하면 좀 더 이해하기 좋아진다. 마지막으로, 오른쪽-자리맞춤 수, 정보 기능이 없는 자리 제거, 콤마 추가, 각 열에서 가장 큰 값 표시 등의 트릭을 쓰면 데이터 판독이 더욱 용이해진다.

Country	Population	Area	Density	Mortality	GDP	Birth Rate
Afghanistan	31,056,997	647,500	47.96	**163.07**	700	36.0
Australia	20,264,082	7,686,850	2.64	4.69	29,000	**100.0**
Burma	47,382,633	678,500	69.83	67.24	1,800	85.3
China	**1,313,973,713**	9,596,960	136.92	24.18	5,000	90.9
Germany	82,422,299	357,021	230.86	4.16	27,600	99.0
Israel	6,352,117	20,770	305.83	7.03	19,800	95.4
Japan	127,463,611	377,835	**337.35**	3.26	28,200	99.0
Mexico	107,449,525	1,972,550	54.47	20.91	9,000	92.2
New Zealand	4,076,140	268,680	15.17	5.85	21,600	99.0
Russia	142,893,540	**17,075,200**	8.37	15.39	8,900	99.6
Tajikistan	7,320,815	143,100	51.16	110.76	1,000	99.4
Tanzania	37,445,392	945,087	39.62	98.54	600	78.2
Tonga	114,689	748	153.33	12.62	2,200	98.5
United Kingdom	60,609,153	244,820	247.57	5.16	27,700	99.0
United States	298,444,215	9,631,420	30.99	6.50	**37,800**	97.0

6.3.2 도트 도표와 라인 도표

도트 도표(dot plot)와 라인 도표(line plot)는 데이터 그래픽의 가장 보편적인 형태로 (x, y) 점의

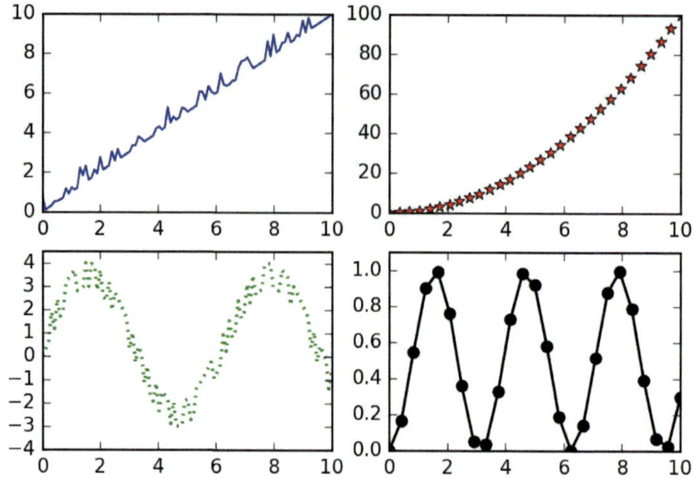

그림 6.12: 우리가 보아온 다양한 라인 차트 스타일이 Python의 MatPlotLib 패키지에서 지원이 된다.

집합에 의해 정의된 함수 $y = f(x)$에 대한 시각적 표현을 제공한다. 도트 도표는 점들만을 보이는 반면 라인 도표는 점들을 연결하거나 연속 함수 $f(x)$를 정의하기 위해 보간법을 적용한다. 그림 6.12는 라인 도표의 여러 가지 스타일을 보이고 있는데, 점을 강조하는 방법과 보간 곡선에서 차이가 있다. 라인 차트의 장점은 다음과 같다.

- **보간법과 적합:** 점들로부터 유도된 보간 곡선은 가능한 x의 전체 범위에 대한 $f(x)$의 예측값을 제공한다. 이는 건전성 검사 또는 다른 값 참조를 가능하게 하고 데이터의 동향을 명확하게 보여준다.

  적합되거나 부드럽게 만든 곡선을 동일 그래프에 소스 데이터로 겹쳐 놓으면 매우 강력한 조합이 된다. 적합은 데이터가 이야기하는 것을 설명하는 모델을 제공하고 실제 점들은 우리가 모델을 신뢰할 수 있는 정도에 대한 교육적 판단을 가능하게 한다.

- **도트 도표:** 라인 도표의 좋은 점은 실제로 라인을 보일 필요는 없다는 것이고, 그 결과는 도트 도표가 된다. 점들을 라인 세그먼트(다각선)로 연결하는 것은 여러 상황에서 바람직하지 않다. 함수가 정수 점에서만 정의가 되거나 x-값이 고유한 조건을 표현한다면 그들을 보간법으로 연결하는 것은 아무런 의미가 없다.

  또한 다각선은 이상치를 수용하기 위해 극적으로 왜곡될 수 있으므로 우리가 명확히 가장 무시해야 할 점들에 대해 오히려 시각적으로 집중하도록 만든다. 잦은 빈도의 상하 이동은 우리의 주의를 떨어뜨려서 우리가 차트를 살펴보는 주된 이유인 폭넓은 동향 관찰을 어렵게 만든다.

라인 차트의 최고 실무는 다음과 같다.

- **적합 뿐만이 아닌 데이터 점을 보임:** 일반적으로 적합 또는 보간 라인 만을 보이는 대신에 실제 데이터를 보이는 것이 중요하다.

  핵심은 하나가 다른 것을 압도하지 못하도록 해야 한다는 것이다. 많은 수의 점들을 눈에 띄지 않게 표현하려면 (a) 핀 크기 정도로 점들의 크기를 줄이고 (b) 점들의 등급을 낮춰 배경에 머무르도록 하는 것이다. 회색에도 50개의 등급이 있고 미묘함이 키임을 기억하라.

- **가능하면 전체 변수 범위를 보임:** 디폴트로 대부분의 그래픽 소프트웨어는 x_{min}부터 x_{max}까지, y_{min}부터 y_{max}까지 그림을 그린다. 여기서 최소와 최대는 입력 데이터 값에 의해 정의된다. 그러나 논리적 최소와 최대는 문맥에 의해 좌우되고 전체 범위를 보여 거짓 요소를 줄일 수 있다. 카운트는 논리적으로 y_{min}보다는 0에서 시작해야 한다.

  그러나 전체 범위를 보여주는 것이 여러분이 보이려는 것을 완전히 평평하게 만들어 정보력을 없애버릴 수 있다. 이것이 그림 6.9의 경우이다. 한 가지 가능한 방법은 해당 축에 대해 로그 비율을 사용하는 것이며 이를 통해 공간 효율적으로 넓은 범위의 수를 표현할 수 있다. 그러나 일부 범위를 절단해야 한다면 눈금 표시와 축 레이블을 이용해 여러분이 한 일을 명확하게 표현하고 모호한 사항은 관련 제목에 명확히 밝혀야 한다.

- **평균을 그릴 때 불확실성을 용인:** 라인이나 도트 도표에 등장하는 점들은 종종 다중 관찰 값들에 대한 평균을 통해 구해진다. 결과적인 평균값은 임의의 단일 관찰 값에 비해 분포를 더 잘 표현한다. 그러나 평균은 분산에 따라 상이한 해석을 가진다. {8.5, 11.0. 13.5, 7.0, 10.0}과 {9.9, 9.6, 10.3, 10.1, 10.1}의 평균은 모두 10.0이지만 우리가 이들을 정확하다고 신뢰하는 정도에는 현격한 차이가 난다.

  우리 도표에 측정 불확실성의 수준을 실토하는 방법은 여러 가지가 있다. 저자가 좋아하는 방법은 단순히 모든 기반 데이터 값을 동일 그래프 상에 평균으로 그리는 방식으로, 동일 x-값에 대해 관련 평균을 사용한다. 이 점들은 작은 도트와 가벼운 음영으로 그려주면 무거운 동향 라인에 비해 시각적으로 눈에 띄지 않으며 조사와 분석을 위해 사용이 가능하다.

  두 번째 방법은 y 주변에 표준 변차 σ를 수염으로 그려서 구간 $[y - \sigma, y + \sigma]$를 보여주는 것이다. 이 구간 표현은 정규 분포 하에서 값의 68%의 범위를 보여주므로 정직하다. 더 긴 수염은 평균의 정확성이 의심스럽다는 의미이고 짧은 수염은 높은 정확도를 의미한다.

  상자 도표(box plot)는 한 점에서 값들의 범위와 분포를 하나의 상자로 표현한다. 이 상자는 값들의 범위를 백분위값(25%와 75%)으로 보여주고 중앙값(50번째 백분위값)에서 분할된다. 전형적으로 수염(머리카락)을 추가해 가장 높고 가장 낮은 값의 범위를 보인다. 그림 6.13은 인구 예제에서 신장의 함수로 표현한 체중의 상자-수염 도표를 보이고 있다. 중앙 체중은 신장에 따라 증가하지만 최댓값은 그렇지 않다. 이는 가장 큰 쪽의 버켓의 점들의 수가 적어 이상치 최댓값의 기회를 줄이기 때문이다.

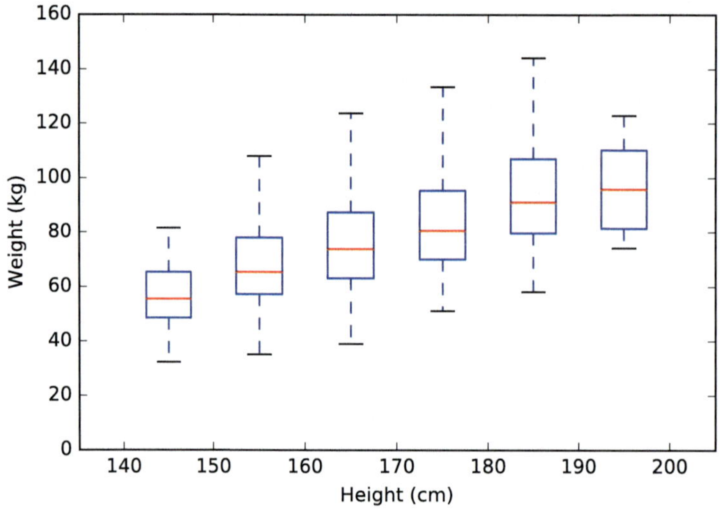

그림 6.13: 상자와 수염 도표는 분포의 범위/사분위값(즉, 중앙값과 분산)을 명확하게 보인다.

실제 과학자들은 상자-수염 도표를 좋아하지만 저자는 개인적으로 이 도표가 과도하다고 생각한다. 여러분이 실제 데이터 점들을 표현할 수 없다면 25번째와 75번째 백분위값에서 평균/중앙값을 보여주는 윤곽 라인만을 보여도 된다. 이러한 방식은 상자 도표의 상자와 정확하게 동일한 정보를 보여주며 차트 쓰레기도 줄어든다.

- 범주 데이터의 점들은 절대 연결하지 않음: 일부 변수(아마도, 수입 중앙값)를 여러 상이한 클래스(예를 들어, 알라바마부터 와이오밍까지 50개 주)에 대해 측정한다고 가정하자. 이 것을 $1 \leq x \leq 50$인 도트 도표로 표현하는 것은 의미가 있지만, 이 점들을 연결하는 것은 어리석고 현혹적이다. 왜 그러는지? 그 이유는 주 i와 주 $i+1$간에는 의미 있는 인접성이 없기 때문이다. 이러한 경우는 6.3.4절에서 논의한 막대 차트와 같은 그래프를 사용하는 것이 좋다.

  정말로, 점들을 다각선으로 연결하는 것은 매우 자주 차트 쓰레기가 된다. 동향 또는 적합 라인이 종종 더 많이 드러내고 정보력을 가진다. 가볍게 또는 눈에 띄지 않게 할지라도, 원래 점들을 있는 그대로 보여주기 위해 노력하라.

- 라인/클래스를 구분하기 위해 색과 음영을 사용: 동일 함수 $f(x)$를 두 개 이상의 클래스에 대해 표현하는 일이 자주 발생한다. 예를 들어, 남자와 여자 각각에 대해 수입을 학력의 함수로 표현할 수 있다.

  이러한 경우에는 각 클래스에 대한 라인/점에 대해 상이한 색을 할당해서 가장 잘 처리할 수 있다. 라인 선영(점선, 대시, 직선, 굵은선)을 사용할 수도 있으나 출력 매체가 흑백이 아니라면 칼라에 비해 종종 구분하기 힘들다. 실제적으로, 2~4라인 정도가 단일 도표에서 시각적으로 뭉게지지 않고 구분이 가능하다. 다수의 그룹을 시각화하려면 그들을 논리적

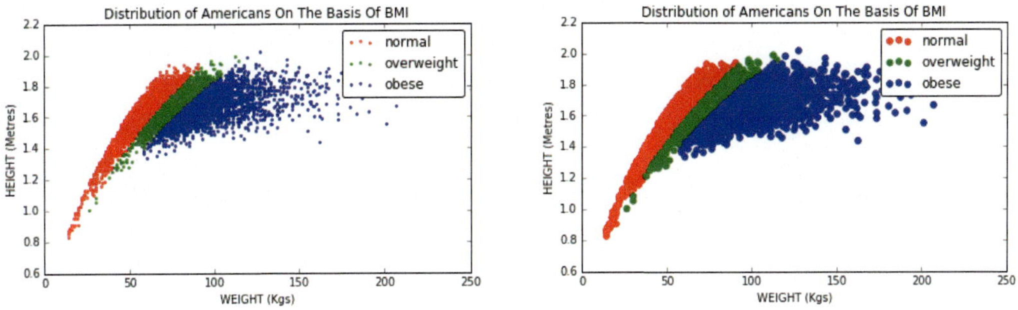

그림 6.14: 산포도에서 작은 도트(왼쪽)가 디폴트 도트 크기(오른쪽) 보다 더 많은 세부 사항을 표현한다.

클러스터로 분할하고 다중 라인 도표를 사용하여, 각각이 몇 개의 라인만으로 깔끔하게 표현되도록 해주어야 한다.

6.3.3 산포도

대규모 데이터 세트를 효과적인 방법으로 보여주는 것은 진정한 도전 과제이다. 왜냐하면 수많은 점들이 쉽게 그래픽 표현을 압도해버리며 결과적으로 까만 공 형태의 이미지가 만들어지기 때문이다. 그러나 제대로 그리기만 하면 산포도(scatter plot)는 수천 개의 2변수(2차원) 점을 이해가 용이한 방법으로 보여줄 수 있다.

산포도는 주어진 데이터 세트의 모든 (x, y) 점의 값을 보인다. 4.1절에서는 산포도를 이용하여 각 개인의 무게 상태를 신장-체중 공간의 한 점으로 표현하여 보였다. 각 점의 색은 정상, 과체중, 비만과 같은 클래스를 반영한다. 산포도와 관련된 최고 실무는 다음과 같다.

- 적절한 크기의 도트 사용: 영화 *Oh G-d*에서 조지 번즈는 창조자로서 아보카도를 그의 가장 큰 실수라고 회고한다. 왜 그럴까? 그 이유는 구멍을 너무 크게 팠기 때문이다. 산포도에서 대부분의 사람들의 실수는 점을 너무 크게 만든다는 것이다.

  그림 6.14의 산포도는 1,000명의 미국인의 BMI 분포를 두 개의 상이한 크기의 도트를 사용해 보이고 있다. 작은 도트들이 겹침이 적고 다른 점을 방해하지 않아서 더 세밀하게 구조를 볼 수 있다.

  작은 도트 그림에서 밀집한 중심의 세밀한 구조를 볼 수 있고 이상치의 가벼운 무리들을 검출할 수 있다. 도표 프로그램의 대부분의 디폴트 도트 크기는 50포인트 정도면 적당하다. 그러나 더 큰 데이터 세트에 대해서는 더 작은 도트를 사용하라.

- 산포도를 그리기 전에 색을 지정하거나 가볍게 흔듦: 산포도는 x와 y값이 정수값을 가지면 그들 간을 부드럽게 연결하는 기능이 없으므로 격자 패턴을 보이게 된다. 이러한 산포도는 부자연스럽고 다수의 점이 정확히 동일한 좌표를 공유하는 경우가 많아서 데이터를 불투명하게 만들기도 한다.

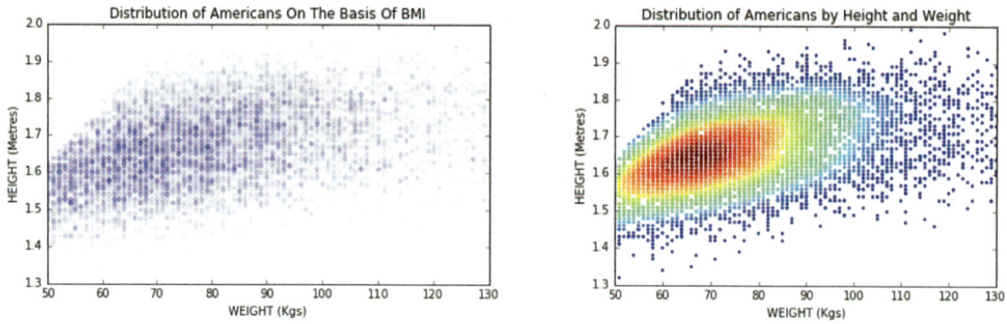

그림 6.15: 도트의 겹침이 특히 대형 데이터 세트에서 산포도를 불확실하게 만들 수 있다. 도트의 불투명성을 줄이면(왼쪽) 데이터의 일부 세밀한 구조를 볼 수 있다(왼쪽). 그러나 칼라 열지도는 점의 분포를 더 극적으로 드러낸다(오른쪽).

두 가지 합리적인 해법이 존재한다. 첫 번째는 각 점에 발생 빈도에 따라 색을 지정하는 것이다. 이러한 도표는 열지도(heatmap)라고 하며 현명한 색상표를 사용하면 집중 센터를 쉽게 식별할 수 있다. 그림 6.15의 신장-체중 데이터의 열지도는 단순한 도트 도표에 비해 집중이 되는 점을 보다 잘 드러내고 있다.

이와 관련된 아이디어는 점의 불투명성을 감소(동등하게, 투명성을 증가)시키는 것이다. 디폴트로 점은 대개 불투명하게 그려지므로 겹치는 점들이 존재하면 덩어리가 되버린다. 이러한 점들에 가벼운 음영을 넣고 투명할 수 있도록 허용한다고 하자. 이제 겹치는 점들은 단일점에 비해 더 어둡게 보여 다중 회색 등급을 이용한 열지도를 만들게 된다.

두 번째 방법은 각 점에 소량의 임의의 잡음을 추가하는 것이다. 원래 위치에서 작은 단위의 반경의 원 이내로 가볍게 흔드는 것이다. 이렇게 하면 다수의 점을 볼 수 있게 되고 시선을 흩뜨리는 격자의 정규성을 깨낼 수 있다.

- 다변수 데이터를 이차원으로 투영하거나 쌍간 도표의 배열을 사용: 우리 우주의 존재물은 데이터 세트를 4차원 이상으로 시각화하는 데 어려움을 느낀다. 고차원 데이터 세트는 산포도로 그리기 전에 기본 성분 분석이나 자기-조직 맵과 같은 기법을 이용해 종종 2차원으로 투영할 수 있다. 아주 좋은 예가 몇 장 뒤의 그림 11.16에 나오는데, 여기서는 수백차원을 2차원으로 투영하여 고차원 데이터 세트의 매우 일관된 뷰를 제공한다.

  이러한 도표의 좋은 점은 다른 방법으로는 볼 수 없는 사물에 대한 효과적인 뷰를 제공할 수 있다는 것이다. 나쁜 점은 2차원은 아무런 의미를 가지고 있지 않다는 것이다. 좀 더 구체적으로 얘기하자면, 두 개의 "새" 차원 각각은 모든 원래 차원의 특성을 인코딩한 것이므로 새로운 차원들은 의미를 전달하는 변수 이름을 가지고 있지 않게 된다.

  이에 대한 대안적 표현은 각각 원래 차원의 2개만을 보여주는, 모든 쌍간 투영의 격자를 그리는 것이다. 이는 그림 6.1처럼 어느 차원의 쌍이 서로 관련이 있는지에 대한 감을 잡을 수 있는 아주 좋은 방법이다.

- **3차원 산포도는 보여줄 실제 구조가 있을 경우에만 도움이 됨:** 데이터 사이언스에 대한 TV 뉴스 스토리에서는 항상 일부 연구자가 중요한 과학적 통찰력을 얻기 위해 3차원 점의 클라우드를 잡고서 공간을 통해 회전시키는 장면이 나온다. 그러나 실제로 클라우드의 뷰는 어떤 방향에서 보든지 다른 방향의 뷰와 거의 동일하므로 아무것도 발견할 수 없다. 일반적으로 차원들의 상호작용을 통해 갑자기 명확해지는 것 같은 유리한 점은 존재하지 않는다. 이에 대한 예외는 데이터가 실제로 주어진 장면에 대한 레이저 스캔처럼 구조적인 3차원 객체로부터 유도된 경우이다. 데이터 사이언스에서 우리가 접하게 되는 대부분의 데이터는 이러한 설명에 해당하지 않으므로 대화식 시각화에 대한 기대는 낮은 편이다. 클라우드에 대해 모두 직각 방향의 뷰를 제공하려면 모두 2차원 투영 기법을 적용한 격자를 사용하라.

- **추가적 차원 표시를 위해 색과 크기를 달리하는 버블 도표를 이용:** 도트의 색, 모양, 크기, 음영을 달리하면 도트 도표는 추가적 차원을 표현하는 버블 도표(bubble plot)가 된다. 이는 일반적으로 점을 3차원으로 표현하는 것보다 더 잘 작동한다.

  그림 6.16은 4차원(GDP, 기대 수명, 인구, 지리적 영역)을 각각 x, y, 크기, 칼라를 이용해 깔끔하게 표현하고 있다. 이 버블 차트에서 읽어야 할 정보는 다양하다. GDP와 건강 간의 관계를 명확하게 보여주고 있고(x-값이 선형적으로 배치되어 있지는 않지만, 직선 라인 적합을 통해), 새로운 세계가 일반적으로 오래된 세계보다는 부강하며, 거대한 국가(중국과 인도)들이 일반적으로 그룹의 중앙에 있다는 것을 명확하게 드러내고 있다. 부강한 그러나 허약한 국가들은 그들의 국민들(예로 남아프리카공화국) 때문에 그러하지만, 쿠바나 베트남과 같은 국가들은 그들의 체중 이상으로 펀치를 날리는 것으로 보인다.

6.3.4 막대 도표와 파이 차트

막대 도표(bar plot)와 파이 차트(pie chart)는 범주 변수의 상대적 비율을 표현하는 도구이다. 두 방법은 막대이든 원이든 간에 기하학적 전체를 각 그룹의 빈도에 비례하는 영역으로 분할한다. 양쪽 원소들은 모두 비교가 용이하도록 배수를 보이는 데 효과적이다. 각 막대를 조각을 내면 스택 막대 차트(stacked bar chart)가 된다.

그림 6.17은 미국 대통령 선거의 3년간의 유권자 데이터를 파이와 막대 차트로 보이고 있다. 청색은 민주당 표를, 적색은 공화당 표를 표현한다. 파이 차트가 각 선거에서 어느 쪽이 승리했는지를 명확하게 보여주고 있고, 막대 차트는 공화당 전체 표는 비교적 일정한 반면 민주당 표는 일반적으로 증가하고 있음을 보여준다. 막대가 왼쪽-자리맞춤이 되어 더 비교하기 용이하다.

일부 비평가들은 파이 차트에 대해 거의 종교적인 열정으로 채찍질을 가하고 있는데, 필요한 것 보다 더 많은 공간을 차지하고 있고 일반적으로 읽고 비교하기도 더 어렵기 때문이다. 그러나 반론적으로 파이 차트는 전체에서의 백분율을 보여주기에 용이하다. 다수의 사람들이 파이 차트를 선호하므로 적은 양의 경우에는 아마도 무해할 것으로 보인다. 막대 도표와 파이 차트의 최고 실무는 다음과 같다.

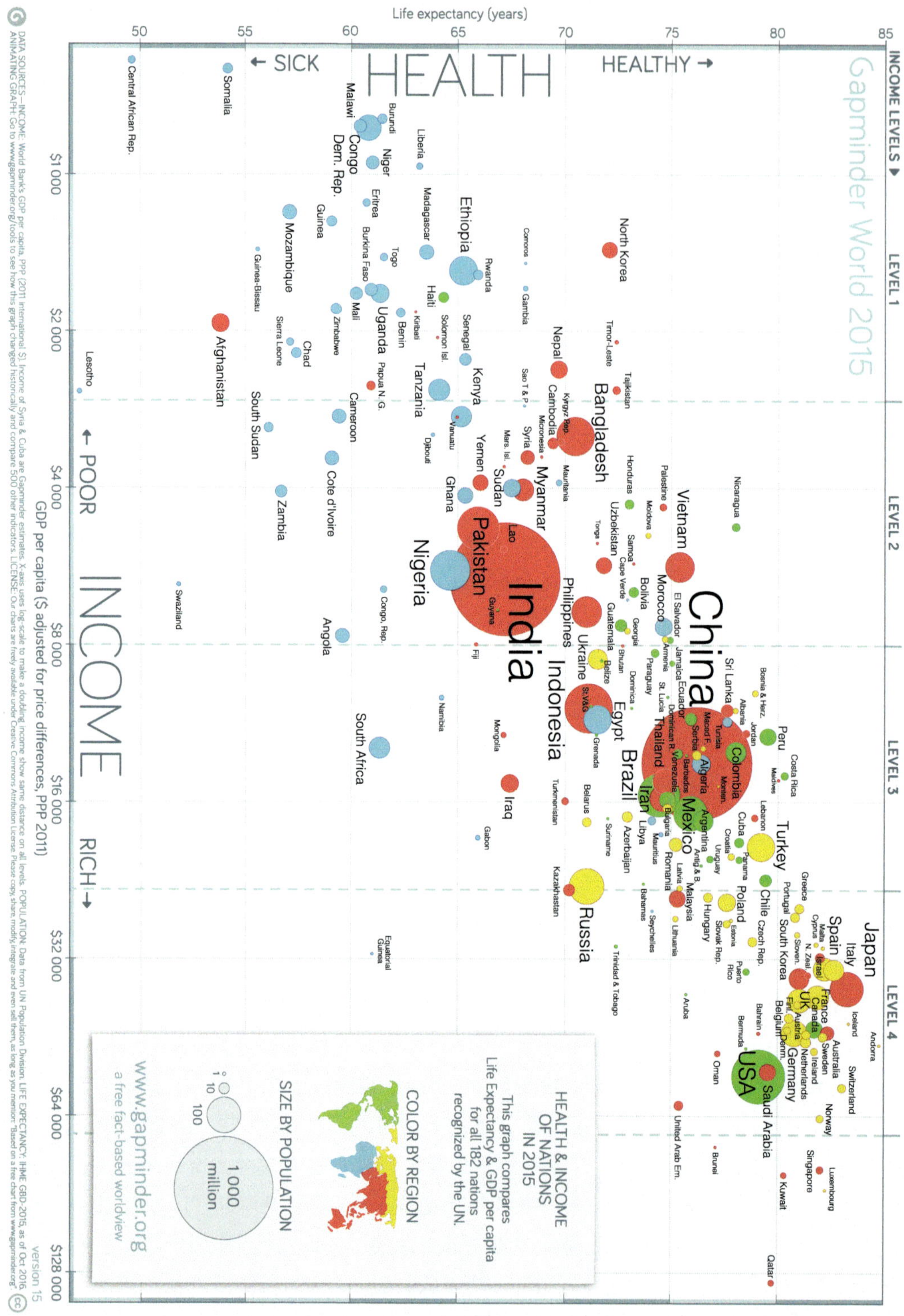

그림 6.16: 산포도에 크기와 색을 추가하면 자연스러운 4차원 시각화가 가능하다. 여기서는 전세계 국가들의 특성을 보이고 있다. http://www.gapminder.org의 무료 차트를 기반으로 한다.

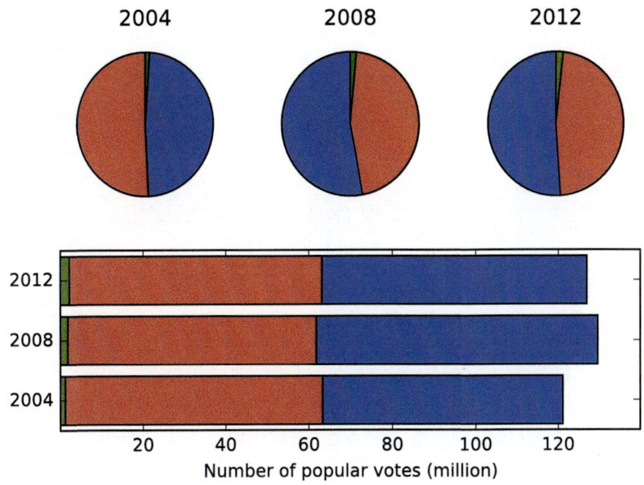

그림 6.17: 미국 대통령 선거의 유권자 데이터. 막대 도표와 파이 차트는 범주 변수의 비율의 빈도를 보여준다. 시계열의 상대적 크기는 선이나 원의 면적을 변화시켜 표현할 수 있다.

- **파이의 조각에 직접 레이블 표시:** 파이 차트는 종종 각 색 조각에 해당하는 레이블을 보여주는 범례 키를 수반한다. 이렇게 하면 여러분의 시각이 키와 이를 해석하는 파이 사이를 오가며 움직여야 해서 매우 주의력을 떨어뜨린다.

  더 좋은 방법은 각 조각의 안쪽에 또는 바로 옆 가장자리에 직접 레이블 표시를 하는 것이다. 일반적으로 잘게 찢은 조각들은 해석이 불가능해지므로, 이는 너무 많은 조각을 사용하려는 의지를 꺾는 부수적 장점이 있다.

  작은 조각들을 기타(other)라고 부르는 단일 조각으로 그룹을 짓고, 두 번째 파이 차트를 이용해 기타의 주요 성분을 분해해 보여주는 것이 도움이 된다.

- **정확한 비교를 하려면 막대 차트를 이용:** 고정된 라인에 닻을 내리고 있을 때 막대의 배열은 하나의 시리즈에서 최소와 최댓값을 식별하거나, 동향이 증가세인지 감소세인지 여부를 식별하는 것을 용이하게 해준다.

  스택 막대 차트는 간결하지만 이러한 목적으로 사용하기는 어렵다. 각 성별/인종 그룹에 대해 그림 6.18에 하나씩 보인 작은 막대 차트의 배열은 이러한 세밀한 비교를 하도록 해준다.

- **절대 크기 또는 비율을 강조하는 방법을 찾는 지 여부에 따라 적절히 비율을 조정:** 파이 차트는 전체의 비율 표현에 사용된다. 일련의 파이 또는 막대 차트를 표현하면서 여러분이 해야 할 가장 중요한 결정은 전체의 크기를 보이기를 원하는지 각 서브 그룹의 비율을 보이기를 원하는지의 여부이다.

  그림 6.19는 저주받은 배 타이타닉호의 생존자 통계를 티켓 클래스별로 표현하는 두 개의

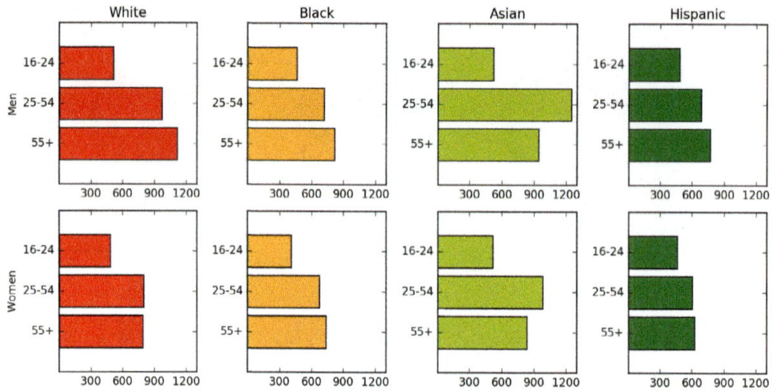

그림 6.18: 작은 다수의 막대 도표/표는 비교를 위한 다변수 데이터를 표현하는 탁월한 방법이다.

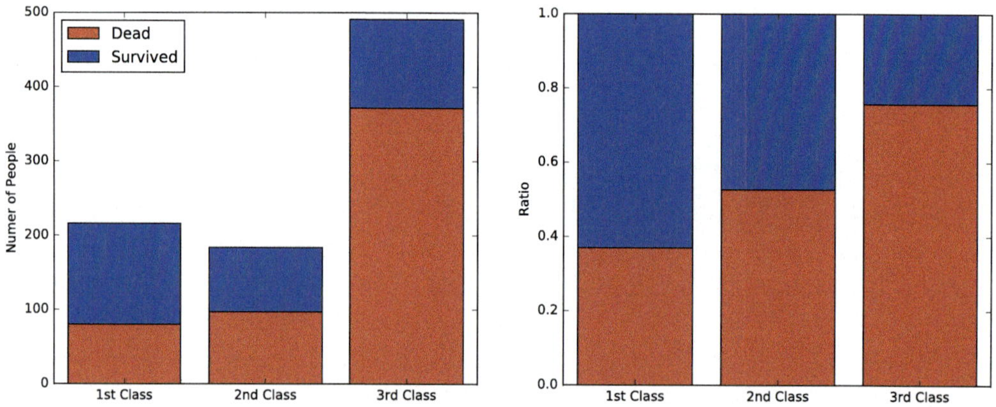

그림 6.19: 저주받은 배 타이타닉호의 생존율을 티켓 클래스로 표현한 스택 막대 차트. 히스토그램(왼쪽)은 각 클래스의 크기를 보이고 있고, 비율 막대(오른쪽)는 비율을 보여준다. 주요 결론: 삼등칸(3번 클래스)에서 여행하지 않는 것이 더 좋았을 것이다.

스택 막대 차트를 보인다. 히스토그램(왼쪽)은 각 클래스의 크기와 결과적인 산출물을 정확하게 보여준다. 동일 길이 막대를 가진 차트(오른쪽)는 낮은 클래스에 대한 사망률이 얼마나 증가했는지를 더 잘 보여준다.

파이 차트도 파이를 정의하는 원의 면적을 다르게 해서 크기의 변화를 보여주는 용도로 사용할 수 있다. 그러나 눈으로는 길이보다는 면적을 계산하기가 어려워서 비교가 어려워진다. 크기를 반영하기 위해 면적 대신에 반지름을 변경하는 것은 더 기만적인데, 그 이유는 원의 반지름을 배로 늘리면 면적이 4배가 늘기 때문이다.

나쁜 파이 차트

그림 6.20은 2016 공화당 전당대회의 후보별 대의원수의 분포를 보고하는 2개의 파이 차트이다. 왼쪽 파이는 2차원이고 오른쪽 차트는 그 깊이를 보이기 위해 깔끔하게 분리된 두꺼운 조각을 가지고 있다. 어느 것이 더 표의 분포를 잘 전달하고 있는가?

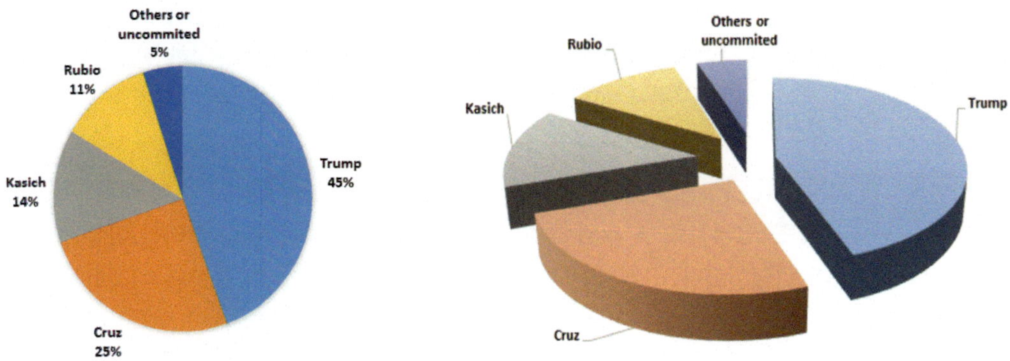

그림 6.20: 2016 공화당 전당대회의 후보별 대의원수 파이 차트. 어느 것이 더 좋은지, 그리고 그 이유는?

3차원 효과와 분리는 차트 쓰레기에 불과하며 조각들의 크기간의 관계를 흐려놓을 뿐이다. 실제 데이터 값들도 물론 사라졌을 것이고, 이는 아마도 이러한 음영들로 인해 그들을 위해 남은 공간이 충분하지 않기 때문일 것이다. 우리가 파이 차트를 필요로 하는 이유는 결국 무엇일까? 레이블/색으로 표현된 작은 표에 백분율 열을 추가하면 좀 더 간결하고 정보력이 있을 것이다.

6.3.5 히스토그램

변수나 특징의 흥미로운 특성은 그들의 기반 빈도 분포에 의해 정의된다. 그 분포의 정점은 어디이고 최빈값(모드)이 평균값에 가까운지? 분포가 대칭인지 편향적인지? 꼬리는 어디인지? 분포가 두 개 이상의 모집단의 혼합으로부터 그려진 것을 암시하는 이중 모드는 아닌지?

종종 하나의 특정 변수에 대해 대량의 관찰값을 접해서 이들을 도표로 표현하기 위한 방법을 찾을 때가 있다. 히스토그램(histogram)은 관찰된 빈도 분포에 대한 도표이다. 그 변수가 n

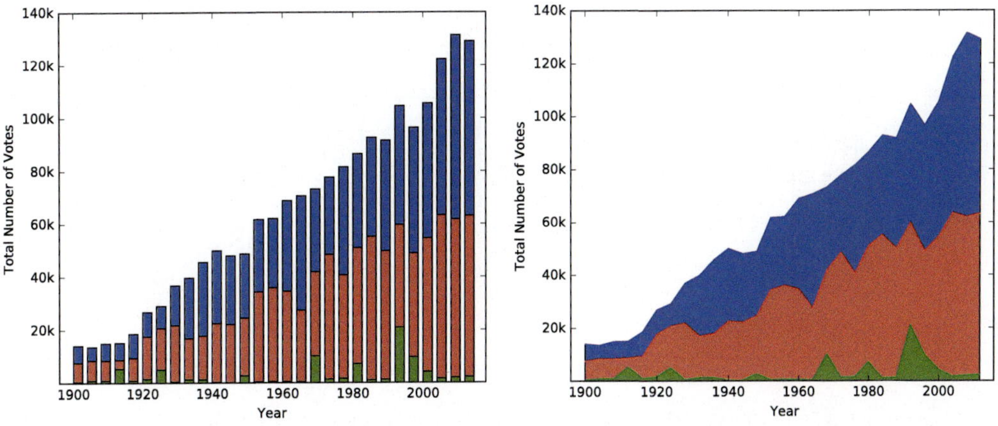

그림 6.21: 미국 대통령 선거의 당별 전체 투표수의 시계열은 크기와 분포의 변화를 볼 수 있도록 해준다. 민주당은 청색으로, 공화당은 적색으로 표현된다. 특히 스택의 중간 레이어에서는 변화를 시각화하기가 어렵다.

개 관찰값에 대해 상대적으로 넓은 범위의 가능한 값에 대해 정의되어 있다면 정확하게 중복되는 값을 만날 가능성은 많지 않다. 그러나, 값의 범위를 적절한 수의 폭이 동일한 빈(bin)으로 분할을 하면 빈별로 상이한 카운트를 누적할 수 있고 기반이 되는 확률 분포를 근사적으로 표현할 수 있다.

히스토그램 구축에서 가장 큰 이슈는 적절한 빈의 수를 결정하는 것이다. 빈의 수가 너무 많으면, 가장 빈도가 높은 빈에서도 몇 개의 점만이 속하게 된다. 처음에 빈을 고려한 이유가 바로 이러한 문제를 풀기 위해서였다. 그러나 너무 적은 빈을 사용하면 분포의 모양을 이해하기에 충분한 정도의 세부 사항을 볼 수 없게 된다.

그림 6.22는 빈의 크기에 따른 히스토그램의 모양을 비교하고 있다. 상단 행의 도표들은 정규 분포인 100,000개의 점을 각각 10, 20, 50개의 버켓으로 집어넣고 있다. 50개의 버켓을 채울 만큼 충분한 점들이 존재하므로 오른쪽의 분포는 아름답게 보인다. 하단 행의 도표들은 100개의 점에 대한 것이라서 오른쪽의 30-버켓 도표는 희소하고 비뚤어져 있다. 여기서는 7개의 빈(왼쪽에 보여진)이 가장 표현력이 좋은 도표를 만들고 있다.

여러분의 데이터를 보여주기 위한 최고의 빈 개수 b를 결정하기 위한 엄격하고 빠른 규칙을 제시하는 것은 불가능하다. 눈으로 100개 이상의 빈을 구분하는 것은 불가능할 것이므로 이것을 논리적 상한으로 볼 수 있다. 저자는 일반적으로 도표를 부드럽게 보이도록 하기 위해 빈당 평균 10에서 50개 점을 넣는 것을 선호하며, 따라서 $b = \lceil n/25 \rceil$를 적절한 초기 값으로 생각할 수 있다. 그러나 b의 다른 값으로도 시도를 해보는 것이 좋으며, 그 이유는 올바른 빈 개수를 선택하게 되면 다른 값에 비해 훨씬 더 좋게 보일 것이기 때문이다. 여러분이 이러한 경우를 직접 보

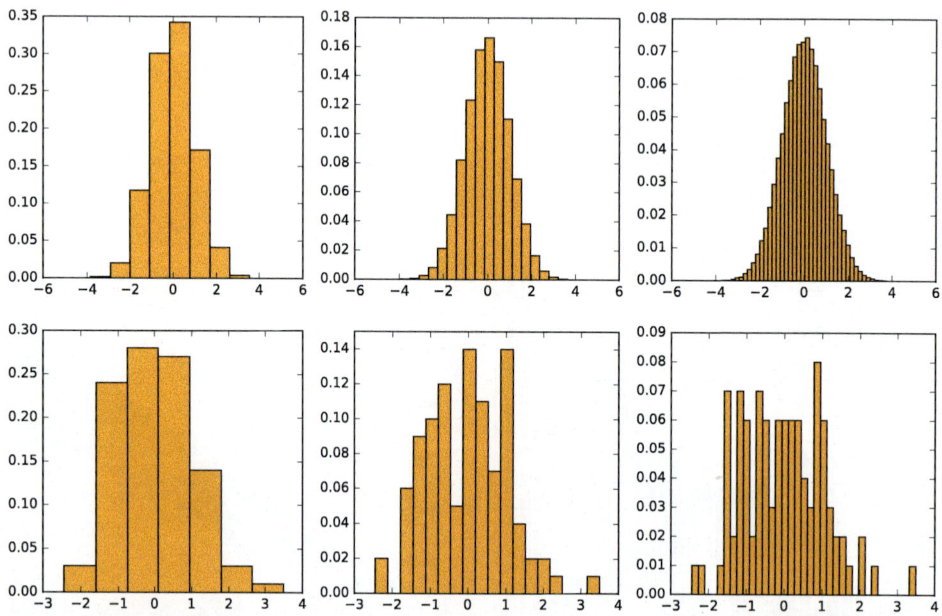

그림 6.22: 주어진 분포의 히스토그램이 빈의 수의 따라 상당히 다르게 보일 수 있다. 대규모 데이터 세트의 경우는 다수의 빈이 유리하다(상단). 그러나 적은 데이터 세트의 구조는 각 빈이 적절한 수의 원소를 포함할 때 가장 잘 보여진다.

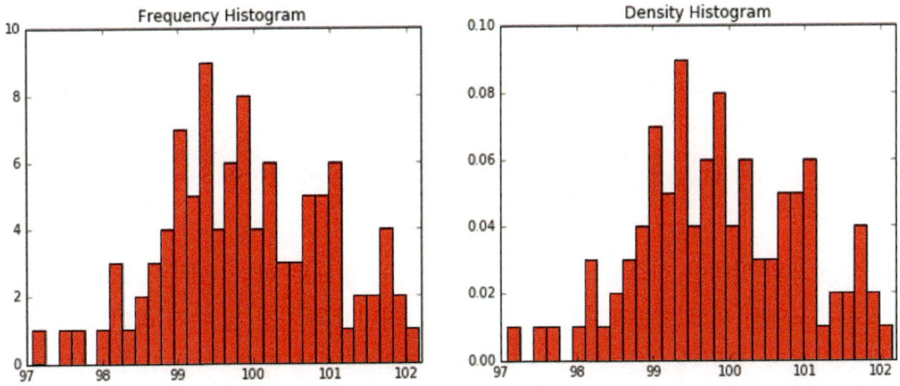

그림 6.23: 카운트를 전체로 나누면 확률 밀도 도표가 그려지며, 이는 모양은 동일하지만 일반적으로 더 해석이 용이하다.

게 되면 이해가 될 것이다.

히스토그램의 최고 실무는 다음과 같다.

- 히스토그램을 pdf로 변환: 전형적으로 우리는 우리의 데이터를 기반 확률 변수의 확률 밀도 함수(pdf, probability density function)를 근사적으로 표현하는 관찰값으로 해석한다. 그렇다면 y-축의 레이블을 전체 카운트 대신에 각 버켓의 원소의 비율로 표시하는 것이 더 해석이 용이할 것이다. 이는 특히 버켓이 충분히 가득차서 지지도의 정확한 수준에 대해서는 관심을 잃을 정도의 대규모 데이터 세트의 경우 유용하다.

  그림 6.23의 오른쪽은 히스토그램 대신에 pdf로 그린 동일한 데이터를 보이고 있다. 두 도표의 모양은 정확하게 동일하며 y-축의 레이블만 차이가 난다. 그러나 결과는 카운트 대신에 확률을 사용해 표현하고 있으므로 더 해석이 용이하다.

- cdf를 고려: 누적 밀도 함수(cdf, cumulative density function)는 pdf의 적분이며 두 함수는 정확하게 동일한 정보를 포함한다. 따라서 그림 6.24에 보인 것처럼, 여러분의 분포 표현을 위해 히스토그램 대신에 cdf를 사용하는 것을 고려해 보라.

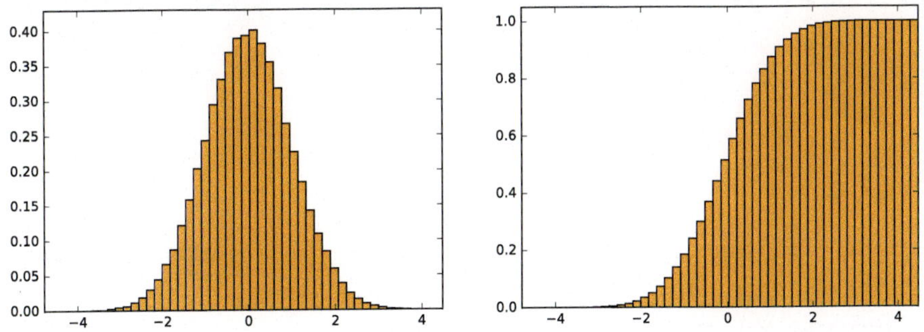

그림 6.24: 일반적으로 히스토그램은 분포에서 피크를 보여주기 좋고 cdf는 꼬리를 보여주기 좋다.

cdf로 도표를 그리는 하나의 큰 장점은, 이 그림이 빈 카운트 매개변수에 의존하지 않으므로 여러분의 데이터에 대해 진실하고 완전한 뷰를 표현한다는 것이다. 그림 5.13의 콜모고로프-스미르노프(Kolmogorov-Smirnov) 테스트에서 cdf가 얼마나 위대하게 보였는지를 상기하라. cdf는 n개의 관찰값을 $n + 2$개의 라인 도표로 그린다. 첫 번째와 마지막 점은 $(x_{\min} - \epsilon, 0)$과 $(x_{\max} + \epsilon, 1)$이다. 다음으로 관찰값을 정렬하여 $S = \{s_1, \ldots, s_n\}$을 도출하고, 모든 i에 대해 $(s_i, i/n)$을 그린다.

누적 분포의 판독은 히스토그램보다 더 정교함을 필요로 한다. cdf는 단조적으로 증가하므로 분포에서 피크는 존재하지 않는다. 대신, 최빈값은 가장 긴 수직 라인 세그먼트에 의해 표시된다. 그러나 cdf는 분포의 꼬리를 강조하는 데는 훨씬 더 좋다. 그 이유는 명확하다. 꼬리의 작은 카운트들은 히스토그램에서는 흐려지지만 cdf에서는 시각적인 모양으로 누적이 된다.

6.3.6 데이터 지도

지도는 장소, 개념, 사물을 표현하기 위해 지역의 공간적 배치를 사용한다. 우리 모두는 지도를 통해 세계를 순항하는 능력을 숙지하고 있고 관련된 시각화를 이해로 변화하는 역량을 가지고 있다.

전통적인 데이터 지도(data map)는 지도의 영역의 특성을 강조하기 위해 색과 음영을 사용한다. 그림 6.25(왼쪽)는 2012 미국 대통령 선거에서 버락 오바마를 지지했는지(청색), 그의 적수인 미트 롬니를 지지했는지(적색)에 따라 각 주를 색으로 구분하고 있다. 이 지도는 국가의 정치적 분할을 명확하게 표현하고 있다. 북동쪽과 서부는 모두 청색이고 중서부와 남부는 적색이다.

지도는 지리적 영역에 국한하지 않는다. 과학적 시각화의 역사에서 가장 강력한 지도는 화학의 원소에 대한 주기율표(periodic table)이다. 연결된 영역들은 금속과 노벨 가스의 위치를 알려

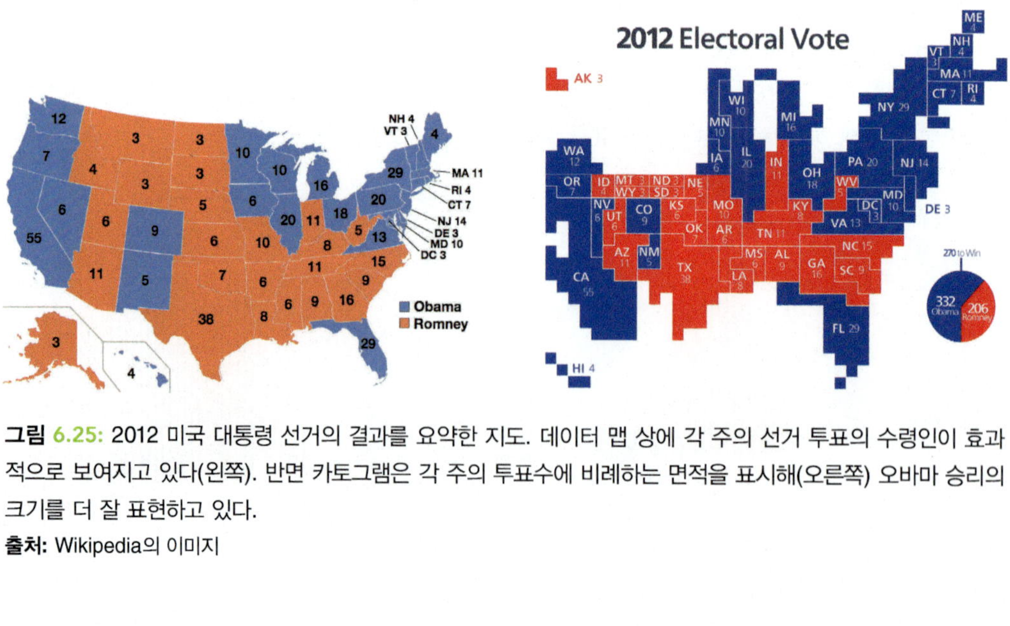

그림 6.25: 2012 미국 대통령 선거의 결과를 요약한 지도. 데이터 맵 상에 각 주의 선거 투표의 수령인이 효과적으로 보여지고 있다(왼쪽). 반면 카토그램은 각 주의 투표수에 비례하는 면적을 표시해(오른쪽) 오바마 승리의 크기를 더 잘 표현하고 있다.

출처: Wikipedia의 이미지

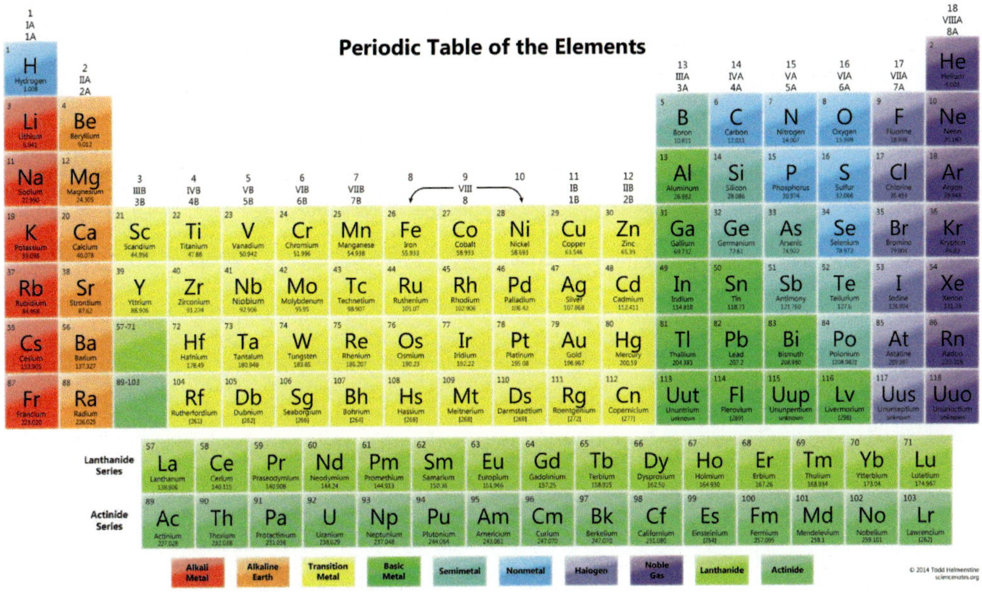

그림 6.26: 주기율표가 원소를 화학적 특성에 따라 논리적 그룹으로 분류한다. **출처:** `http://sciencenotes.org`

주고 미발견 원소가 배치될 위치도 알려준다. 주기율표는 현역 화학자들이 반복적으로 참고할 정도로 충분한 세부 정보를 보여주는 지도이지만 학교 어린이들도 쉽게 이해할 수 있다.

주기율표가 시각화로써 이러한 위력을 주는 이유는 무엇일까?

- 지도가 이야기할 스토리를 지니고 있음: 지도는 참조하거나 이해할 정도의 정보를 인코딩하고 있을 때 가치가 있다. 주기율표는 전자 껍질의 구조, 화학적 특성과 결합에 대한 그들의 중요성으로 인해 원소에 대한 올바른 시각화로 볼 수 있다. 지도는 우리에게 말할 중요한 것을 가지고 있어서 반복적인 정밀 조사를 받고 있다.

  데이터 지도는 매력적인데, 그 이유는 변수들을 영역으로 분해하나 보면 흥미로운 스토리로 이어지기 때문이다. 지도상의 영역은 일반적으로 문화, 역사, 경제, 언어적 연속성을 반영하므로, 일반적으로 이러한 인자들로부터 발생하는 현상들은 데이터 지도 상에 명확하게 보여지게 된다.

- 영역은 연속적이고, 연속성은 무엇인가를 의미함: 그림 6.26의 영역의 연속성은 알칼리 금속과 노벨 가스처럼 유사한 특성을 갖는 원소들을 그룹을 지어 칼라 스킴으로 반영하고 있다. 두 개의 원소를 나란히 배치한 것은 대개 이 두 원소들이 중요한 무엇인가를 공유하고 있다는 것을 의미한다.

- 사각형은 보일 정도로 충분히 큼: 주기율표를 시성할 때 중요한 결정은 란타노이드(원소 57–71)와 악티니드 금속(원소 89–103)의 배치였다. 이들은 전통적으로 하단의 두 행에 배치를 하였으나 논리적으로는 표 본체안의 레이블이 없는 녹색 사각형 위치에 해당한다.

그러나 전통적 표기는 2개의 문제를 피하게 해준다. "올바르게" 표기하려면 이 원소들을 얇은 조각안에 압축해 넣든지, 이들을 수용하기 위해 표의 크기를 두 배로 만들어야 했을 것이다.

- 현실을 반영할 정도로 충실하지는 않음: 더 좋은 지도를 만들기 위해 현실성을 개선하는 것은 오래 되고 영예로운 전통이다. 지도의 메르카토르(Mercator) 투영은 크기 보존을 위해 극지방 부근(저자는 그린랜드를 보고 있음)의 육지의 크기를 왜곡시키고 있음을 기억하라.

  *카토그램(cartogram)*은 영역이 인구와 같은 기반 변수를 반영하도록 왜곡시킨 지도이다. 그림 6.25(오른쪽)는 2012년 투표 결과를 지도위에 그리고 있는데, 각 주의 면적은 인구/선거 표수에 비례한다. 이제야 거대한 중서부 주의 크기가 적절한 크기로 줄어들어 적색보다 청색의 크기가 큰 지도를 만들어 오바마 승리의 크기가 명확하게 드러나고 있다.

6.4 위대한 시각화

여러분 자신의 시각화 미학을 개발하는 것은 여러분이 원하는 것과 싫어하는 것을 말할 수 있는 언어를 제공해준다. 저자는 여러분이 특정 차트와 그래프의 장점과 단점을 평가할 수 있는 판단력을 적용할 것을 권장한다.

이 절에서는 저자가 위대하다고 생각하는 전통적 시각화의 대표적 사례를 살펴볼 것이다. 그것들과 대비해 보고 싶은 끔찍한 그래픽들이 다수 존재하지만, 사람들을 놀리는 것은 좋지 않은 것이라고 배웠다.

이러한 책에서 그러한 이미지들을 사용하기 위한 저작권 제한이 있을 경우 더욱 그러하다. 그러나, `http://wtfviz.net/`을 방문해 놀라운 차트와 그래픽의 집합을 살펴볼 것을 강력하게 추천한다. 이 장에서 설명한 아이디어를 이용해 여러분들이 유창하게 표현할 수 있는 이유들로 인해 다수의 작품들이 즐거움을 줄 것이다.

6.4.1 마레이의 기차 일정

터프트는 마레이(E.J. Marey)의 철도 일정을 그래픽 디자인의 이정표로 지적하고 있다. 이는 그림 6.27에 보여지고 있다. 하루의 시간들은 x-축에 표현되어 있다. 이 사각형 도표는 오전 6시를 기점으로 원통형으로 절단되어 있고 평평하게 펼쳐져 있다. y-축은 파리에서 리옹 구간의 모든 역들을 표현한다. 각 라인은 특정 기차의 노선을 표현하며, 매 순간마다 기차가 있어야 할 지점을 표현한다.

정규 기차 일정은 표 형태로, 열이 각 기차를 표현하고 행이 각 역을 표현하며 항목 (i, j)는 기차 i가 역 j에 도착하는 시간을 보여준다. 이러한 표들은 기차를 타기 위해 몇 시에 도착해야 하는 지를 알려주므로 우리에게 유용하다. 그러나 마레이의 디자인은 훨씬 더 많은 정보를 제공

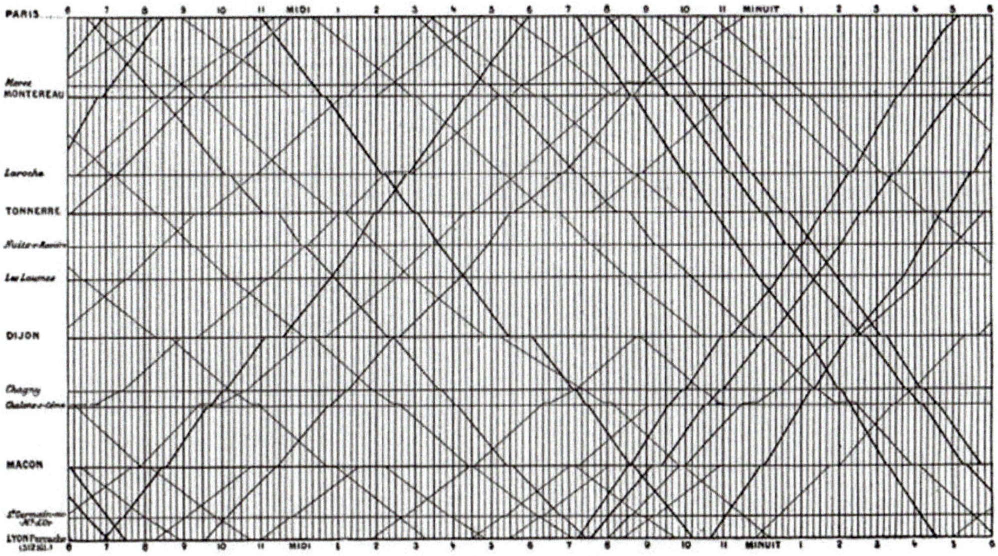

그림 6.27: 마레이의 기차 일정 도표는 각 기차의 위치를 시간의 함수로 그려준다.

한다. 전통적인 시간표에서는 찾을 수 없는, 여기서만 볼 수 있는 정보는 무엇일까?

- 기차가 얼마나 빨리 움직이는지? 라인의 경사는 가파른 정도를 측정한다. 기차가 빠를수록 절대적인 경사는 커진다. 느린 기차는 주어진 지역을 커버하기 위해 더 많은 시간이 필요하므로 더 평평해진다.

  여기서의 특별한 사례는 기차가 역에서 쉬고 있는 시간을 식별하는 것이다. 이러한 도중에는 라인이 수평이 되어 이동이 없음을 표시한다.

- 기차들이 서로 언제 만나는지? 기차의 방향은 연관된 라인의 경사도에 의해서 주어진다. 북행 기차는 양의 경사를 가지고, 남행 기차는 음의 경사를 가진다. 두 기차는 두 라인의 교차점에서 서로를 통과하며 언제 여행자들이 창밖을 보고 손을 흔들어야 하는지를 알려준다.

- 붐비는 시간은 언제인지? 파리와 리옹을 떠나는 기차들이 집중되는 시간은 오후 7시 부근이며, 이 시간이 여행을 떠나기에 가장 좋은 시간임을 알려준다. 여행이 대개 11시간 정도 걸린다고 하면, 이로 인해 더 느린 기차를 타게 되므로 여행자들은 아마도 다음날 밝고 이른 시간에 목적지에 도착하게 될 것이다.

물론 한 역에서 기차의 출발 시간도 표시되어 있다. 각 역은 하나의 수평선으로 표시되어 있으므로 기차가 적절한 방향으로 여러분의 역을 교차하는 시간을 살펴보면 된다.

여기서 저자의 유일한 비판은 데이터 격자를 좀더 가볍게 표현하면 좋았을 것이라는 것이다. 여러분의 데이터를 감옥에 넣지 말아라!

그림 6.28: 브로드가의 펌프 주변의 콜레라 사망은 전염병의 소스를 드러내고 있다.

6.4.2 스노우의 콜레라 지도

특별히 유명한 데이터 지도는 의료 역사의 여정을 변화시켰다. 콜레라는 19세기 도시의 수많은 사람들을 사망에 이르게 한 무서운 병이었다. 이 역병은 갑자기 찾아와 많은 사람들을 죽게 하였으나 오늘날의 과학에서도 그 원인은 미스테리이다.

존 스노우는 패턴을 찾으려는 희망으로 1854년 전염병의 콜레라 사례를 런던의 거리 지도 위에 그림으로 표현하였다. 그림 6.28의 각 도트는 병에 걸린 가구를 표현한다. 무엇이 보이는가?

스노우는 브로드가에 집중된 사례들의 클러스터를 감지하였다. 또한 클러스터의 중심에는 주민들이 식수를 가져가는 우물을 표시하는 십자가가 표시되어 있었다. 역병의 소스는 하나의 물펌프의 핸들로 추적이 되었다. 그들은 핸들을 교체하였고 바로 사람들의 전염은 중단이 되었다. 이는 콜레라가 오염된 물에 의해 발병되는 전염병이라는 것을 증명하였고, 이를 예방하는 방법을 알려주었다.

6.4.3 뉴욕의 연간 날씨

매해 1월에 뉴욕타임즈에 게재되는 전년도의 날씨를 요약하는 특별한 그래픽을 보기 위해서 뉴욕의 겨울을 버텨낼 가치가 있다. 그림 6.29는 이 차트가 흥미로운 이유를 설명하기 위하여 동일한 데이터를 사용해 다시 독립적으로 그린 것이다. 매해 각 날짜별로 최고 온도와 최저 온도가 그래프에 그려지며 문맥을 보여주기 위해 날짜별 평균 최고와 최저, 그 날짜에 기록된 최고와 최저 온도와 같은 역사적인 데이터도 같이 보여진다.

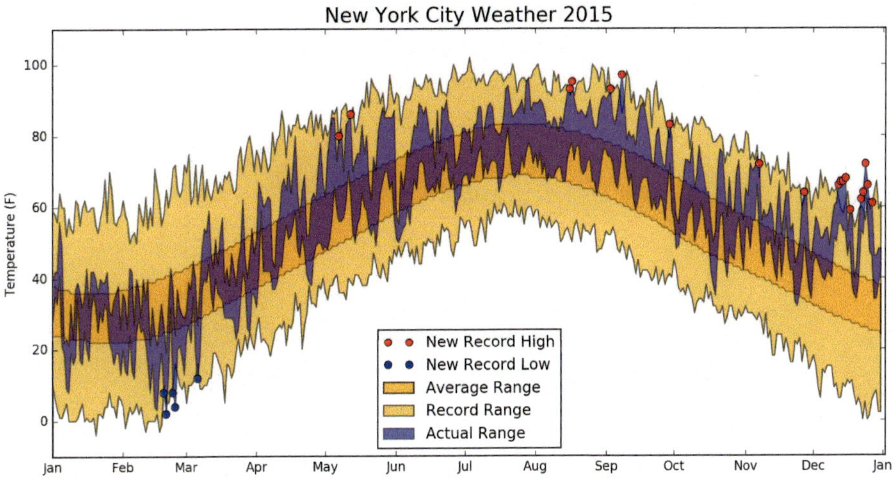

그림 6.29: 이 연간 날씨 리뷰는 2000개 이상의 숫자로 명확한 스토리를 보여주고 있다.

이 그래프가 위대한 이유는 무엇인가? 우선 이 그림은 $6 \times 365 = 2190$개의 숫자를 일관적인 방법으로 보여주며 계절의 사인(sine) 곡선 상에서 비교를 용이하게 해준다.

- 덥고 추운 기간이 언제 있었고 얼마나 지속되었는지를 알 수 있다.
- 어느 날의 온도 편차가 가장 컸는지, 언제 온도계가 거의 움직이지 않았는지를 알 수 있다.
- 이 해의 날씨가 비정상적이었는지 여부를 알 수 있다. 비정상적으로 더운 해인지 또는 추운 해인지, 또는 양쪽 모두에 해당하는지? 언제 최고와 최저 기록이 설정이 되었는지, 그리고 이들이 기록 달성에 가까워졌는지?

이 단일 그래프는 충분하고, 명확하며, 정보력을 제공한다. 이 그래프에 의해 영감을 얻기를 바란다.

6.5 그래프 판독

여러분이 보는 것이 항상 여러분이 얻는 것은 아니다. 저자는 여러해 동안 여러 학생들이 그려온 수많은 그래프를 보아왔다. 일부는 경이로웠고 대부분의 다른 것들은 일을 마치기에 충분히 좋은 정도였다.

그러나 저자는 또한 동일한 기초적 문제를 지닌 도표들을 반복적으로 보아오고 있다. 이 절에서는 소수의 초보들을 위해 이 문제를 치료할 목적으로 원래의 도표를 같이 보일 것이다. 경험상으로 볼 때 이러한 종류의 문제들은 초기 도표를 보기만 해도 바로 식별할 수 있을 것이다.

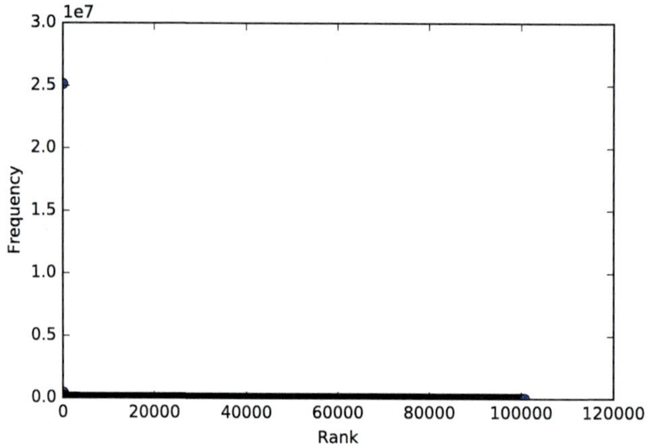

그림 6.30: 순위별 단어 빈도 도트 도표. 무엇이 보이는가?

6.5.1 흐려진 분포

그림 6.30은 10,000 영어 단어의 빈도를, 빈도순으로 정렬해 보여준 것이다. 이 그림은 흥미롭지 못하고, (1, 2.5)에서 단일점 만을 볼 수 있다. 무슨 일이 생긴 것이고, 어떻게 해결할 수 있는가?

이 그림을 길게 살펴보면 좀더 많은 점들이 있다는 사실을 알 수 있다. 그러나 이들은 모두 라인 $y = 0$ 상에 존재하고 있고, 서로 겹쳐서 구분이 안되는 덩어리를 이루고 있다.

신중한 독자는 이 단일점이 사실은 다른 모든 전체값을 0으로 축소시키지 못할 정도로 아주 큰값을 가진 이상치라는 것을 깨달을 것이다. 자연적인 반응은 가장 큰 점을 삭제하는 것이나 신기하게도 나머지 점들은 거의 동일하게 보일 것이다.

문제는 이 분포가 멱법칙(power law)이며, 멱법칙을 선형 비율로 그리면 아무것도 보여주지 않는다는 것이다. 여기서의 핵심은 이것을 그림 6.31(왼쪽)처럼 로그 비율로 그려야 한다는 것이다. 이렇게 하면 점들을 볼 수 있고 순위에서 빈도로의 매핑도 볼 수 있다. 좀더 좋은 그림은 이것을 그림 6.31(오른쪽)처럼 로그-로그 비율로 그리는 것이다. 이 그림의 직선은 우리가 멱법칙을 다루고 있음을 확신하게 해준다.

6.5.2 과도 해석된 분산

생물정보학에서는 생명의 동작 과정을 발견하기 위해 데이터를 살펴본다. 그림 6.32(왼쪽)는 유전자의 접는 에너지를 길이의 함수로 표현한 그래프를 보인다. 이 그래프를 살펴보고, 여러분이 어떤 발견을 할 수 있는지 확인해 보아라.

여기서 무엇인가 진행되고 있는 것은 확실하다. 1500을 넘은 유전자 길이에서는 그림이 튀기 시작하며 일부는 큰 음수 값을 생성하고 있다. 우리는 에너지가 유전자 길이의 역으로 변한다는 사실을 발견한 것인가?

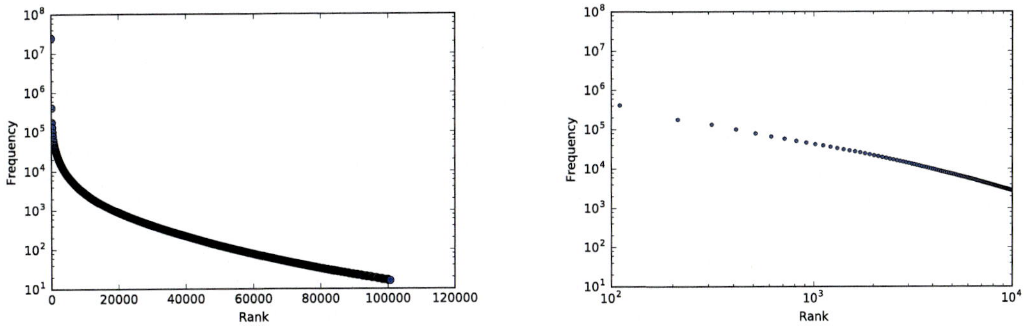

그림 6.31: 10,000 영어 단어의 빈도. 단어 빈도를 로그 비율로 그리거나(왼쪽), 또는 로그-로그 비율로 그리면 (오른쪽) 이것이 멱법칙임을 알 수 있다.

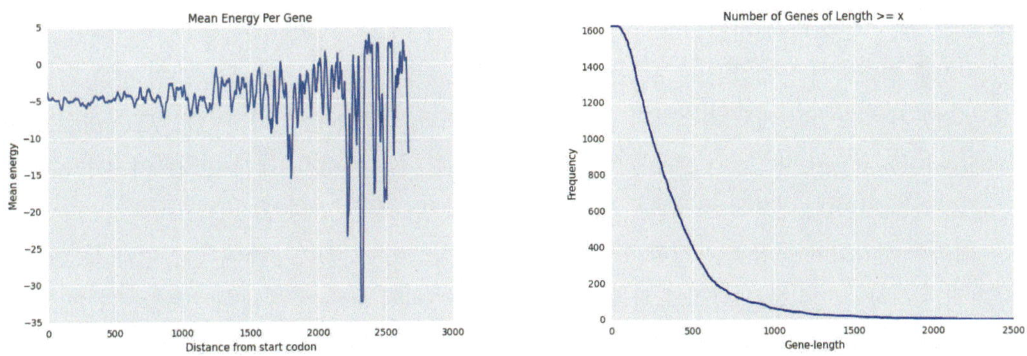

그림 6.32: 유전자의 접는 에너지를 길이의 함수로 표현한 것. 신호에 대한 잘못된 분산: 왼쪽 그림의 극한 값들은 작은 수의 표본의 평균으로 인한 결과물이다.

답은 '아니요'이다. 우리는 분산을 과도 해석한 것이다. 첫 번째 실마리는 안정적으로 보이던 것이 길이 증가에 따라 얽히게 된다는 것이다. 대부분의 유전자는 그 길이가 매우 짧다. 따라서 왼쪽 도표의 오른쪽 편의 점들은 매우 적은 데이터를 기반으로 하고 있다. 소수의 점의 평균은 다수의 점의 평균 만큼 건전하지는 않다. 길이별 유전자 수의 빈도 도표(오른쪽)는 점프가 시작되는 곳에서 그 카운트가 거의 0으로 떨어지는 것을 알 수 있다.

이것을 어떻게 해결할 것인가? 여기서 할 수 있는 올바른 방법은, 길이 500 또는 그보다 약간 큰 값 정도의 충분한 지지도를 가진 값만을 보여주는 형태로 도표에 임계값을 적용하는 것이다. 그 이상으로, 점프 효과 제거를 증명하기 위해 이 값들을 길이별로 빈에 넣고 평균을 구할 수도 있다.

6.6 대화식 시각화

그동안 논의한 차트와 그래프는 모두 정적인 이미지로 관람자에 의해 연구가 되도록 설계되었고 조작을 할 수는 없다. 대화식 시각화 기법은 탐험적 데이터 분석에서 점점 더 중요해지고 있다.

대화식 시각화 도구를 지닌 모바일 앱, 노트북, 웹 페이지는 데이터 표현에 특별히 효과적이며 더 많은 청중들이 탐험을 할 수 있도록 확산시켜준다. 관람자들이 실제 데이터를 가지고 조작해볼 수 있는 능력을 제공하는 일은 그래픽이 표현하는 스토리가 진실되고 완전한 스토리라는 것을 확신하는 데 도움이 된다.

여러분이 데이터를 온라인으로 관람하는 경우 대화식 위젯(widget)을 이용하는 것이 더 좋다. 이들은 일반적으로 이 장에서 설명한 기본적 도표의 확장형으로, 사용자가 점 위로 스크롤을 하면 추가 정보를 보여주는 팝업을 제공하거나 사용자가 슬라이더를 이용해 비율을 변경하도록 해준다.

대화식 시각화에 몇 가지 잠재적 단점도 존재한다. 첫 번째로, 정적인 이미지에 비해 여러분이 보고 있는 것을 다른 사람들에게 정확하게 전달하기 어렵다. 다른 사람들은 여러분이 보고 있는 것과 정확하게 동일한 것을 보고 있지 않을 수도 있다. 대화식 시스템의 화면 샷은 일반적으로 전통적 시스템에 대해 최적화된 출판-품질 그래픽과 비교될 수 없다. WYSIWYG(what you see is what you get) 시스템의 문제는 일반적으로 여러분이 보는 것이 대개 여러분이 얻을 수 있는 전부라는 것이다. 대화식 시스템은 탐험에 최적이며 발표용은 아니다.

대화식 시각화에 등장하는 경향이 있는 과도한 사항들이 또한 존재한다. 손잡이와 특징들이 추가되기도 하나 이러한 시각적 효과들은 메시지를 추가하기 보다는 시선을 흐려놓는다. 회전하는 3차원 클라우드는 언제나 멋져보이지만 해석하기도 힘들고 이러한 관점에서 직관력을 얻는 일은 드물다.

데이터가 이야기를 하도록 하는 일은 어떻게 스토리를 전달하도록 할지에 대한 통찰력이 필요하다. 영화와 텔레비전은 설명을 곁들인 발표에서는 최고의 기술을 표현한다. 이들과 같이, 최선의 대화식 발표는 시간을 따라 이동하거나 대안적 가설을 잠깐 언급하는 등의 이야기를 보여준다. 이와 관련된 영감을 얻기 위해, 모든 국가의 사회 경제 개발 역사를 발표하기 위해 애니메이션 버블 차트를 이용한 한즈 로슬링(Hans Rosling)의 최근의 TED 강연[1]을 시청할 것을 권장한다.

최근의 클라우드-기반 시각화 동향은 Goolge Charts `https://developers.google.com/chart/`와 같은 사이트에 여러분의 데이터를 업로드하여 이 사이트들이 제공하는 대화식 시각화 도구와 위젯의 장점을 활용할 수 있도록 하고 있다. 이러한 도구들은 매우 훌륭한 대화식 도표를 생성하며 사용하기도 쉽다.

[1] `https://www.ted.com/talks/hans_rosling_shows_the_best_stats_you_ve_ever_seen`

하나 주의할 점은 보안이며, 이는 여러분이 여러분의 데이터를 제3자에게 제공해야 하기 때문이다. 저자는 CIA 분석가가 그들의 데이터의 기밀을 유지하기 위해 그들 자신의 내부 솔루션을 이용하기를 희망하며 그렇게 할 것을 믿는다. 그러나 덜 민감한 상황에서는 이러한 도구들을 자유롭게 실험해 보기 바란다.

6.7 | 전쟁 이야기: 세계를 TextMap으로 표현

데이터 시각화와 관련한 저자의 가장 큰 경험은 우리의 대규모 뉴스/감정 분석 시스템의 결과로 찾아 왔다. 뉴스 기사에 이름이 등장한 모든 개체에 대해 TextMap은 뉴스 분석 대시보드를 제공했다. 버락 오바마의 페이지는 그림 6.33과 같다. 우리 대시보드는 다양한 부속 성분들로 구성되어 있다.

- 참조 시계열(Reference time series): 주어진 개체가 얼마나 자주 등장하는 지를 시간의 함수로 보여준다. 튀는 부분(spike)은 좀 더 중요한 뉴스 사건에 해당한다. 또한 우리는 각 카운트를 뉴스, 스포츠, 연예, 비즈니스 등 뉴스의 각 섹션의 등장 수에 따라 분할하였다.
- 뉴스 섹터 분포(news sector distribution): 이 그래프는 참조 시계열과 정확하게 동일한 데이터를 보여주나, 신문의 각 섹션에서의 개체 참조 비율을 보여주기 위해 스택 영역 도표를 보여준다. 오바마는 명확하게 뉴스 인물로 표현된다. 그러나 아놀드 슈왈츠제네거와 같

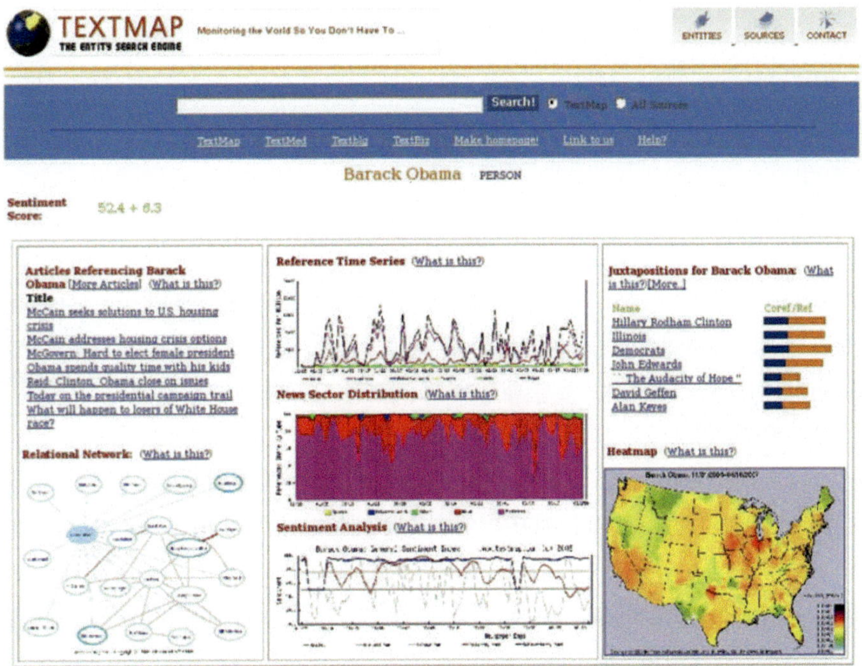

그림 6.33: 2008년경 버락 오바마에 대한 TextMap 대시보드

은 사람들은 연기자에서 정치가로 이동하면서 흥미로운 전이를 보여주었다.

- 감정 분석(Sentiment analysis): 여기서 우리는 개체의 감정 측정을 시계열로 보여준다. 전체 참조 대비 긍정의 뉴스 언급을 정규화된 차분으로 표현한다. 따라서 영은 중립적 평판을 의미하며, 이러한 위치에 대한 관점 제공을 위해 중앙 참조 라인을 제공하고 있다. 오바마의 감정값은 사건에 따라 줄어들고 흘러가지만 일반적으로 라인의 올바른 쪽에 머무르고 있다.

  나쁜 사람들의 경우에 대해 뉴스 감정의 하락을 통해 나쁜 일이 발생하는 것을 지켜보는 것은 흥미로운 일이다. 저자의 기억으로, 가장 최악의 뉴스 감정이 달성된 경우는 사이버 괴롭힘을 통해 딸의 적수가 자살을 하도록 유도해 악명을 떨친 엄마에 대한 것이다.

- 열지도(Heatmap): 개체의 상대적 참조 빈도를 보여주는 데이터 지도를 보여준다. 일리노이 주변에서 오바마의 큰 적색 반점은 그가 처음으로 대선에 출마했을 때 이곳에서 상원의원이었기 때문이다. 스포츠 인물과 정치가의 경우에는 많은 클래스 개체들이 강한 지역적 편중을 보여주지만 영화 스타와 가수와 같은 연예계 인물의 경우에는 덜 그러하다.

- 병행 배치와 관계 네트워크(Juxtapositions and relational network): 우리 시스템은 동일 기사에서 언급된 두 개체를 연결하는 방식으로 뉴스 개체의 네트워크를 구축하였다. 이 관계의 강도는 그들을 함께 연결하는 기사의 수에 의해 측정이 된다. 이러한 연관성의 가장 강한 값은 빈도와 강도를 로그 비율로 보인 막대 차트와 함께 병행 배치로 보여진다.

  네트워크 시각화에 대해서는 많이 언급하지 않았지만 핵심 아이디어는 이웃들이 서로 가까운 위치에 오도록 정점을 배치하여 간선이 짧아지도록 하는 것이다. 강한 친구 관계는 두꺼운 라인에 의해 보여진다.

- 관련 기사(Related articles): 주어진 개체를 언급하는 대표적 뉴스 기사에 대한 링크를 제공한다.

우리 대시보드의 부족한 점은 대화식이 아니라는 것이다. 사실상 반-대화식이며 유일한 애니메이션은 상단 왼쪽 구석에서 외롭게 돌아가는 지구 모양 gif이다. 우리가 그린 다수의 도표는 우리의 투박한 데이터베이스에서 많은 양의 데이터를 접근하고 있으며 특히 열지도가 대표적이다. 이것은 대화적으로 그려질 수 없기 때문에 이 지도를 오프라인으로 사전에 계산하여 요구에 따라 보여주고 있다.

미카일이 우리의 인프라 구조를 개선한 후에 (12.2.절의 전쟁 스토리 참조) 특히 시계열에 대해 일부 대화식 도표가 가능해졌다. 사용자가 우리의 데이터를 가지고 조작할 수 있는 TextMap Access라고 하는 새로운 사용자 인터페이스를 개발하였다.

그러나 제너럴 센티먼트사(General Sentiment)가 그 기술에 대한 라이센스를 구입했을 때 가장 먼저 처분한 것은 우리의 사용자 인터페이스였다. 그것은 우리의 고객인 비즈니스 분석가에게는 이해가 되지 않았다. 그것은 너무나 복잡했다. 사용자에 대한 인터페이스의 표면적인 호소력과 실제적 효과 사이에는 상당한 차이가 존재한다. 우리의 TextMap 대시보드를 자세히 살펴보면, 여러 위치에 "이것은 무엇인가(What is this?)" 버튼을 가지고 있다. 이것은 약점의 표시이며, 우리의 그래픽이 충분히 직관적이라면 이러한 버튼은 필요 없을 것이다.

저자가 새 인터페이스에 대해 투덜대기는 하였지만 저자는 의심의 여지없이 잘못하였다. 제너럴 센티먼트사는 우리 시스템을 온종일 사용한 분석가를 여러명 고용하였고 이들이 우리 개발자들에게 의견을 전달하였다. 아마도 그 인터페이스는 훨씬 더 좋아졌을 것이다. 최고의 인터페이스는 개발자와 사용자 간의 대화에 의해 구축된다.

이러한 경험에 따른 가정 학습 과제는 무엇인가? 이 대시보드에 대해 저자가 훌륭하다고 생각하는 점은 상당수 존재한다. 표현력은 세계가 작동하는 방법에 대한 흥미로운 사항들을 실제로 보여주기에 충분할 만큼 풍부하다. 그러나 모든 사람이 동의하지는 않았다. 다른 고객들은 다른 인터페이스를 선호하며, 이는 그들이 그들의 인터페이스로 다른 작업을 수행하기 때문이다.

여기서의 하나의 교훈은 동일 데이터에 대해 대안적 뷰를 제공하는 힘이다. 참조 시계열과 뉴스 섹터 분포는 정확히 동일한 데이터이나 상이한 방식으로 표현되면서 매우 상이한 통찰력을 제공한다. 모든 노래는 동일한 악보로부터 만들어지지만 이것을 어떻게 정렬하느냐에 따라 상이한 종류의 음악을 만든다.

6.8 | 장 노트

과학적 시각화의 예술에 관심을 가진 모든 사람에게 에드워드 터프트의 책[Tuf83, Tuf90, Tuf97]을 강하게 추천한다. 이 책들을 모두 읽을 필요는 없다. 좋고 나쁜 그래픽을 효과적으로 대비하는 그림들, 데이터의 스토리를 제대로 전달하는 도표들을 살펴보기만 해도 좋다.

시각화에 대해 유사하게 좋은 책은 퓨의 책[Few09]이고 아주 드물다. 데이터 시각화에 대한 블로그는 `http://viz.wtf`이다. 첫 번째는 위대한 시각화에 초점을 두고 두 번째는 재난적 상황을 찾는다. 스노우의 콜레라 지도에 대한 이야기는 존슨[Joh07]을 참고하라.

6.2.3절의 차트 쓰레기 제거 예제는 `http://www.tbray.org`의 팀 브레이의 예제에서 영감을 받았다. Lydia/TextMap 뉴스 분석 시스템의 기본 아키텍처는 로이드 등[LKS05]에 보고되어 있고, 열지도[MBL$^+$06]와 Access 사용자 인터페이스[BWPS10]를 기술하는 추가적인 논문들도 있다.

6.9 | 연습문제

탐험적 데이터 분석

6-1. *[5]* http://www.data-manual.com/data에서 구할 수 있는 다음 데이터 세트와 관련하여 주어진 물음에 답하라.

(a) 영화(movie) 데이터 세트를 분석하라. 미국에서 영화 수입의 범위는 무엇인가? 어떤 유형의 영화가 시장에서 가장 성공하는가? 코미디? PG-13? 드라마?

(b) 맨하탄 롤링 판매(Manhattan rolling sales) 데이터 세트를 분석하라. 맨하탄에서 최고/최저 가격 부동산 위치는 어디인가? 판매 가격과 총 평방피트의 관계는 무엇인가?

(c) 2012 올림픽(2012 Olympic) 데이터 세트를 분석하라. 국가의 인구와 메달 수의 관계에 대해 무엇이라고 말할 수 있는가? 남성과 여성의 비율과 그 국가의 GDP의 관계에 대해 무엇이라고 말할 수 있는가?

(d) 1인당 GDP(GDP per capita) 데이터 세트를 분석하라. 어떻게 유럽, 아시아, 아프리가 국가들의 GDP의 성장률을 비교할수 있는가? 언제 국가들이 GDP에서 상당한 변화에 직면했고 어떤 역사적 사건이 그에 대해 가장 큰 책임을 지고 있는가?

6-2. *[3]* http://www.data-manual.com/data의 하나 이상의 데이터 세트에 대하여 다음의 기본적인 물음에 답하라.

(a) 누가 언제 왜 구축하였나?

(b) 얼마나 큰가?

(c) 필드들이 의미하는 것은?

(d) 몇 개의 친숙하고 해석 가능한 레코드를 식별하라.

(e) 각 열에 대해 투키의 5개 숫자 요약을 제시하라.

(f) 각 열의 쌍에 대해 쌍간 상관 행렬을 구성하라.

(g) 흥미로운 각 열의 쌍에 대해 쌍간 분포 도표를 구성하라.

시각화 해석

6-3. *[5]* 여러분이 선호하는 뉴스 웹사이트를 검색하여 10개의 흥미로운 차트/도표를 찾아라. 이상적으로는 반은 좋고 반은 나쁘면 좋다. 각각에 대해 다음의 차원에서 이 장에서 설명한 어휘를 이용하여 비평해 보아라.

(a) 데이터 표현에서 좋은 일을 하였는지 아니면 나쁜 일을 하였는지?

(b) 표현이 고의적으로 또는 우연히 편향된 상태인지?

(c) 그림에서 차트 쓰레기가 존재하는지?

(d) 축들은 명확하고 정보를 제공하는 방식으로 레이블이 되었는지?

(e) 색은 효과적으로 사용이 되었는지?

(f) 그래픽을 더 좋게 만들 수 있는 방법은?

6-4. *[3]* http://www.wtfviz.net을 방문하라. 5개의 우스울 정도로 나쁜 시각화를 찾고, 이들이 나쁘고 동시에 즐거움을 주는 이유를 설명하라.

시각화 생성

6-5. *[5]* 다음의 도표를 이용하여 여러분이 선호하는 데이터 세트의 일부 측면을 드러내는 시각화를 구성하라.

(a) 잘 정의된 표

(b) 도트 도표 및/또는 라인 도표

(c) 산포도

(d) 열지도

(e) 막대 도표 또는 파이 차트

(f) 히스토그램

(g) 데이터 지도

6-6. *[5]* (x, y) 점의 특정 데이터 세트에 대해 라인 차트의 10개의 상이한 버전을 생성하라. 어느 것이 제일 좋고 어느 것이 제일 나쁜가? 그 이유를 설명하라.

6-7. *[3]* 10, 100, 1000, 10,000점에 대한 산포도를 구성하라. 각 데이터 세트를 가장 잘 드러내는 값을 찾기 위해 점 크기를 가지고 실험하라.

6-8. *[5]* (x, y, z) 점의 특정 세트에 대해 산포도를 구성하기 위한 여러 색상표를 가지고 실험하라. 여기서 색은 z차원을 표현한다. 어느 칼라 스킴이 최고인가? 어느 것이 최악인가? 그 이유를 설명하라.

구현 프로젝트

6-9. *[5]* 적절한 라이브러리와 도구를 이용하여 여러분이 선호하는 데이터 세트에 대하여 대화식 탐험 위젯을 구성하라. 단순하게 시작하되 여러분이 원하는 정도로 창의적으로 만들어라.

6-10. *[5]* 대화식 데이터 탐험을 레코딩/필름 제작하여 데이터 비디오/영화를 만들어라. 길게 만들 필요는 없지만, 이것을 흥미롭고 드러내는 방식으로 만드는 방법은?

인터뷰 질문

6-11. *[3]* 데이터 시각화의 일부 좋은 실무를 기술하라.

6-12. *[5]* 차트 쓰레기의 터프트 개념을 설명하라.

6-13. *[8]* 기사에 출판된 통계가 틀린것인지 또는 편향된 관점을 지지하도록 표현된 것인지의 여부를 결정하는 방법은?

캐글 도전 과제

6-14. 샌프란시스코 베이 지역 자전거 공유를 분석하라.
`https://www.kaggle.com/benhamner/sf-bay-area-bike-share`

6-15. 서부의 나일 바이러스가 주어진 시간과 장소에 존재하는지 여부를 예측하라.
`https://www.kaggle.com/c/predict-west-nile-virus`

6-16. 주어진 시간과 장소에 가장 발생 가능성이 높은 범위 유형은 무엇인가?
`https://www.kaggle.com/c/sf-crime`

CHAPTER

7

수리적 모형

모든 모형이 잘못되었지만 일부 모형은 유용하다.

– 조지 박스(George Box)

지금까지 이 책에서 데이터를 조작하고 해석하기 위한 다양한 도구가 개발되었다. 그러나 우리는 *모형화(modeling)*를 다룬 적이 없다. 여기서 모형화는 예측할 수 있는 도구에 정보를 캡슐화하는 과정이다.

예측 모형은 무엇이 미래의 사건을 발생시키는가에 대한 개념을 중심으로 체계화된다. 최근의 경향과 관측에 기초하여 추론하는 것은 미래가 과거와 같을 것이라는 세계관을 가정한다. 물리학 법칙과 같은 보다 정교한 모형은 인과관계에 대한 원리적 방법과 상황이 발생하는 원인에 대한 근본적인 설명을 제공한다.

이 장에서는 모형 설계 및 모형 검증에 중점을 둔다. 모형을 효과적으로 만들어내려면 가능한 선택의 공간에 대한 자세한 이해가 필요하다.

모형의 성능을 정확하게 평가하는 것은 놀랄 만큼 어려울 수 있지만 예측 결과를 해석하는 방법을 아는 것이 필수적이다. 최고의 예측 시스템이 반드시 가장 정확할 필요는 없지만 경계와 한계를 가장 잘 인지하는 모형이라고 할 수 있다.

7.1 | 모형화 원리

공학자와 과학자는 종종 p-단어(철학)를 의심스러워 한다. 그러나 우리가 노력하려고 하는 것과 그 이유에 대해 근본적인 방법으로 생각을 하는 것은 도움이 된다. 프로그램 대신 지혜를 얻기 위해 사람들이 데이터 과학자들에게 의지한다는 것을 기억하라.

이 절에서는 모형을 구축하는 방법을 만들어가는 데 도움이 되는 모형에 대해 생각하는 다양한 방법을 알아보도록 한다.

7.1.1 오컴의 면도날

*오컴의 면도날(Occam's razor)*은 "가장 단순한 설명이 가장 좋은 설명이다"라는 철학적 원칙이

다. 14세기의 신학자인 오컴의 윌리엄(William of Occam)에 따르면 똑같이 정확하게 예측할 수 있는 두 가지 모형 또는 이론이 주어졌을 때 우리는 보다 단순한 것을 보다 완전하고 보다 강인(robust)한 것으로 선택해야 한다. 올바른 이유로 인해서 올바른 결정을 내릴 가능성이 더 많아지게 된다.

오컴의 단순성 개념은 일반적으로 모형 개발에 사용된 가정의 개수를 줄이는 것을 의미한다. 통계적 모형화와 관련하여 오컴의 면도날은 모형의 매개변수(parameter) 개수를 최소화해야 한다고 말한다. 모형이 훈련 데이터(training data)에 대해서 정확한 성능을 얻기 위해 너무 많이 시도할 때 *과대적합*(*overfitting*)이 발생한다. 모형이 오류와 이상치의 영향을 최소화하기 위해 적절하게 일반화하는 대신 모형이 본질적으로 훈련 데이터 집합을 기억할 수 있는 매개변수가 너무 많을 때 과대적합이 발생한다.

과대적합된 모형은 훈련 데이터에 대해서는 매우 잘 수행하는 경향이 있지만 독립적인 검정 데이터(test data)에 대해서는 정확성이 훨씬 더 떨어지는 경향이 있다. 오컴의 면도날을 사용하려면 모형이 얼마나 정확하게 작동하는지 평가하는 의미 있는 방법이 필요하다.

단순성은 성능이 나빠질 경우 절대적인 덕목은 아니다. 11.6절에서 논의할 *딥러닝*(*deep learning*)은 수백만 개의 매개변수를 갖는 모형을 구축하는 강력한 기법이다. 과적합의 위험에도 불구하고 이러한 모형은 다양한 복잡한 작업에서 상당히 잘 적용이 된다. 오컴은 이러한 모형들을 의심할 수는 있겠지만 다른 대안들보다 훨씬 더 예측력이 좋은 이러한 모형을 받아들일 것이다.

정확성과 단순성 간의 고유의 절충(trade-off)을 이해하라. 예외를 제어하기 위해 매개변수와 규칙을 추가하여 모형의 성능을 "향상"시키는 것이 거의 언제나 가능하다. 복잡성은 LASSO 및 능형회귀(ridge regression)와 같은 기계학습 방법에서 분명하게 파악되는 것처럼 비용을 수반한다. 이러한 기법은 모형에 사용된 특징(feature)의 수를 최소화하기 위해 벌점 함수(penalty function)를 사용한다.

가정 학습 정확도는 모형의 품질을 판단하는 데 사용할 수 있는 최상의 측정 기준이 아니다. 보다 단순한 모형은 복잡한 모형에 비해 더 강인하고 이해하기 쉬운 경향이 있다. 특정 검정 데이터에 대해 향상된 성능은 종종 통찰력보다는 분산 또는 과대적합에 기인하는 경우가 더 많다.

7.1.2 편향-분산 균형

모형의 복잡성과 성능 사이의 이러한 긴장관계는 *편향-분산 절충*(*bias-variance trade-off*)의 통계적 개념에 나타난다:

- *편향*(*bias*)은 보간함수를 고차 곡선 대신 선형으로 제한하는 것과 같이 모형에 설정된 잘못된 가정으로부터 생겨나는 오차이다.
- *분산*(*variance*)은 훈련 데이터 집합의 변동에 대한 민감도에서 생겨나는 오차이다. 만약

> 훈련 데이터 집합이 표본추출오차 또는 측정오차를 포함하면 이 잡음(noise)은 결과 모형에 분산을 도입한다.

편향은 *과소적합된(underfit)* 모형을 만들어낸다. 만약 편향이 과소적합을 하게 만든다면 과소적합된 모형은 훈련 데이터를 잘 적합하지 못한다. 대중적 담론에서 나는 단어 "편향"과 "*편견(prejudice)*"을 연결지어 생각한다, 그러면 대응은 상당히 적절하다: 한 그룹이 다른 그룹보다 열등하다는 선험적 가정은 불편향된(unbiased) 가정보다 덜 정확한 예측을 이끌어 낼 것이다. 훈련 데이터 및 검정 데이터 모두에 대해 좋지 않은 성능을 보여주는 모형은 과소적합된(underfit) 모형이다.

분산은 *과대적합된(overfit)* 모형을 만들어낸다. 정확성을 추구하면 모형은 잡음을 신호로 오인하며 잡음이 모형을 헷갈리게 만드는 훈련 데이터에 매우 잘 적응한다. 검정 데이터보다 훈련 데이터에 대해 훨씬 더 잘 수행하는 모형은 과대적합된 모형이다.[1]

> **가정 학습** 원칙 또는 가정에 기반한 모형은 편향으로 고통을 받을 가능성이 높은 반면에 데이터 기반 모형은 과대적합을 할 위험이 더 크다.

7.1.3 네이트 실버는 무엇을 할까?

네이트 실버(Nate Silver)는 아마도 오늘날 데이터 사이언스에서 가장 유명한 대중적 인물일 것이다. 야구 예측 방법을 개발하기 위해 경영 컨설팅 회사를 떠난 한 동료는 그의 선거 예측 웹사이트 `http://www.fivethirtyeight.com`을 통해 유명해졌다. 여기서 그는 미국 대통령 선거의 결과를 예측하기 위해 투표 결과를 분석하는 계량 방법을 사용하였다. 2008년 선거에서 그는 50개 주 중에서 49개 주의 우승자를 정확하게 맞추었으며 2012년에는 50개 주 중에서 50개를 맞추었다. 2016년 선거 결과는 모두에게 충격을 주었지만 대중 시사해설가 중에서 오직 네이트 실버만이 트럼프가 국민투표에는 지지만 선거인단에서는 이길 수 있는 상당한 가능성을 확인했다. 이것은 실제로 입증되었다.

실버의 훌륭한 책 "*신호와 잡음(The Signal and the Noise): 그렇게 많은 예측이 실패하고 일부는 그렇지 않은 이유*"[Sil12]를 썼다. 그 책에서 그는 스포츠, 날씨, 지진 예측, 재무 모형화를 포함한 여러 분야에서 최첨단 예측에 대해 분별력 있게 설명한다. 그는 효과적인 모형화의 원리를 다음과 같이 설명한다.

- **확률론적으로 생각하라:** 구체적으로 진술하는 예측은 본질적으로 확률론적 예측보다 덜 의미가 있다. 트럼프가 승리할 확률이 28.3% 밖에 되지 않는다는 예측은 그가 패한다고 단정적으로 주장하는 예측보다 더 의미가 있다.
- 현실 세계는 불확실한 곳이며 좋은 모형은 이러한 불확실성을 인식한다. 약간의 현실의 동

[1] 이 분류 체계를 완성하기 위해, 훈련 데이터보다 검정 데이터에 대해 더 잘 수행하는 모형을 *부정행위(cheating)*라고 한다.

요 때문에 다양한 결과들이 발생할 수 있다. 여러분의 모형은 이것을 포착해야 한다. 수로 표시된 값에 대한 예측은 단일 숫자가 아니라 확률분포를 보고해야 한다. 표준편차 σ를 평균예측 μ와 함께 설명하는 것은 특히 정규분포의 경우 분포를 설명하는 데 충분하다.

우리가 연구할 여러 가지 기계학습 기법들은 자연스럽게 확률론적 답변을 제공한다. 로지스틱 회귀분석에서는 분류 결과와 함께 신뢰도도 제공한다. k 최근접 이웃의 레이블들 사이에서 투표하는 방법은 이웃의 레이블들의 일관성에 기초하여 자연스런 신뢰도 측정 방법을 정의한다. 11표 중에서 푸른색에 투표한 표가 10표이면 이것은 11표 중에서 7표를 찬성한 것보다 더 강하게 푸른색을 지지하는 것을 의미한다.

- **새로운 정보에 반응하여 당신의 예측을 바꾸어라:** 실시간(live) 모형은 죽은 모형보다 훨씬 더 흥미롭다. 만약 모형이 새로운 정보에 반응하여 예측을 지속적으로 업데이트하면 그 모형은 *실시간* 모형이다. 실시간 모형을 유지 관리하는 인프라를 구축하는 것은 일회성 계산의 인프라보다 복잡하지만 훨씬 더 가치가 있다.

  실시간 모형은 죽은 모형보다 지적으로 더 정직하다. 새로운 정보는 예측 결과를 바꿀 것이다. 과학자들은 새로운 데이터에 반응하여 변화하는 의견에 개방적이어야 한다. 실제로 이것이 과학자를 해킹 및 악성댓글과 구별하는 것이다.

  동적으로 변화하는 예측은 모형을 평가할 수 있는 훌륭한 기회를 제공한다. 모형은 결국 정답을 맞추는가? 사건이 다가옴에 따라 불확실성이 감소하는가? 실시간 모형은 시간에 따라 예측을 추적하고 보여준다. 따라서 관측자는 변화가 새로운 정보의 영향을 정확하게 반영하는지 여부를 평가할 수 있다.

- **합의(consensus)를 찾아라:** 좋은 예측은 여러 가지 확실한 증거에서 나온다. 데이터는 가능한 한 다양한 출처에서 얻어져야 한다. 이상적으로는 여러 모형을 만들어야 한다. 그리고 각 모형은 다른 방식으로 동일한 것을 예측하려고 하는 모형이어야 한다. 여러분은 어떤 모형이 최고인지에 대해서는 의견이 있어야 하지만 그것이 실질적으로 다른 모형들과 다를 때 걱정할 필요가 있다.

  종종 제3자는 당신이 감시하고 비교할 수 있는 경쟁적인 예측을 만들어낸다. 다르다는 것이 여러분이 틀렸다는 것을 의미하는 것이 아니라 현실 확인을 제공한다. 최근에 누가 더 잘하고 있는가? 예측의 차이점은 무엇인가? 여러분의 모형은 개선될 수 있는가?

  구글의 독감 유행 예측 모형(Flu Trends)은 검색 시의 키워드를 감시하여 질병 발생을 예측했다. *아스피린*이나 *열(fever)*을 찾고 있는 사람들이 급증하는 것은 질병이 퍼지고 있음을 알려준다. 구글의 예측 모형은 질병관리본부(CDC)가 당황스러울 정도로 빗나갈 때까지 수년 동안 실제 독감 사례에 대한 질병관리본부의 통계와 매우 잘 일치하는 것으로 나타났다.

  세상은 변한다. 구글의 검색 인터페이스가 사용자 기록에 반응하여 검색어를 제안하기 시작했다. 그 제안을 받았을 때 더 많은 사람들이 열을 찾은 후에 *아스피린*을 찾기 시작했다. 그리고 오래된 모형은 갑자기 더 이상 정확하지 않았다. 구글의 죄는 오래된 모형의 성능을 감시하지 않고 시간에 따라 적응하지 못한 데 있다.

특정 기계학습 방법은 합의를 위해 분명히 노력을 기울인다. *부스팅(boosting)* 알고리즘은 많은 수의 약한 분류기(classifier)를 결합하여 강력한 하나의 분류기를 만든다. 앙상블 의사결정나무는 많은 독립적인 분류기를 구축하고 다수결 원칙(majority voting)을 적용해 최상의 결정을 내린다. 이러한 방법은 단일 모형이 갖지 못하는 강인성(robustness)을 가질 수 있다.

- **베이지안 추론(Baysian reasoning)을 사용하라:** 베이즈 정리(Bayes' theorem)에 대한 해석에는 여러 가지가 있다. 이 정리는 새로운 증거에 반응하여 확률이 어떻게 변하는지를 계산하는 방법을 가장 조심스럽게 제공한다. 베이즈 정리는 다음과 같다.

$$P(A|B) = \frac{P(B|A)P(A)}{P(B)}$$

이 정리는 새로운 증거 B에 반응하여 사건 A의 확률이 어떻게 변화하는지 계산하는 방법을 제공한다.

베이즈 정리를 적용하려면 특정 사건 B의 상태를 알기 *전(before)*에 사건 A의 가능성인 *사전(prior)*확률 $P(A)$를 필요로 한다. 이것은 다른 특징들 또는 모집단의 사건 빈도수에 대한 배경 지식을 통해 A의 상태를 예측하기 위해 분류기를 실행한 결과일 수 있다. 사전확률에 대한 좋은 추정값이 없으면 그 분류기를 얼마나 심각하게 받아들여야 할지 아는 것은 매우 어렵다.

사건 A는 어떤 사람 x가 실제로 테러범이라는 사건을 나타내고 사건 B는 x가 테러범처럼 보이는지 여부를 결정하는 특징 기반 분류기의 결과라고 가정하자. 1,000명의 사람 중에서 실제로 절반이 테러범인 데이터 집합을 학습하고 평가할 때 분류기가 예컨대 90%의 정확도를 달성했다. 분류기는 스키에나(Skiena)가 테러범처럼 보인다고 말한다. 스키에나가 *실제로* 테러범일 확률은 얼마인가?

여기서 중요한 통찰력은 사건 "x는 테러범이다"의 사전확률이 정말로 낮다는 것이다. 만약 미국에서 활동하는 테러범이 100명이면 사전확률은 $P(A) = 100/300{,}000{,}000 = 3.33 \times 10^{-7}$이다. 테러범 탐지기가 "예"라고 말할 확률이 $P(B) = 0.5$인 반면에 그 탐지기가 "예"라고 말할 때 탐지기가 맞을 확률은 $P(B|A) = 0.9$이다. 이것을 곱하면 저자가 테러범이라는 사건의 확률은 다음과 같이 여전히 아주 작다.

$$P(A|B) = \frac{P(B|A)P(A)}{P(B)} = \frac{(0.9)(3.33 \times 10^{-7})}{(0.5)} = 6 \times 10^{-7}$$

그러나 이제 이 확률은 임의의 시민이 테러범이 될 확률 $P(A) = 3.33 \times 10^{-7}$보다는 크다.

이 분류기로부터 올바른 해석을 얻으려면 사전확률을 고려해야 한다. 베이지안 추론은 사전분포로부터 시작하고 그것이 사건의 확률에 얼마나 강하게 영향을 미치는지에 대한 추가적인 증거를 신중히 고려한다.

7.2 | 모형의 분류

다양한 모형들이 사용되고 있다. 모형화 원리를 개발하는 과정의 한 부분은 설계 및 구현에서 사용 가능한 자유도를 이해하는 것이다. 이 절에서는 분류 문제에서 발생하는 주요 기술적 문제를 검토하면서 몇 가지 관점에서 모형의 유형을 살펴보겠다.

7.2.1 선형 모형 대 비선형 모형

선형 모형은 각 특징 변수의 중요도를 반영하는 계수로 무게를 재고 이 값을 합산하여 점수를 산출하는 방정식에 의해 관리된다. 선형회귀와 같은 강력한 기계학습 기법을 사용하여 훈련 데이터에 가장 적합한 최상의 계수를 식별하고 매우 효과적인 모형을 만들 수 있다.

그러나 일반적으로 말해서 세상은 선형이 아니다. 고차다항함수, 로그함수 및 지수함수가 될 수도 있다. 이 비선형 함수들은 선형 함수보다 모형이 훈련 데이터를 훨씬 더 잘 적합시킬 수 있도록 만든다. 일반적으로 말해서 비선형 모형을 적합시키는 최상의 계수를 찾기는 훨씬 더 어렵다. 그러나 우리는 최상의 적합을 *찾을 필요가* 없다. 신경망 기반 딥러닝 방법은 최적화의 어려움에도 불구하고 탁월한 성능을 제공한다.

사람들은 종종 선형 모형의 단순함을 경멸스럽다는 듯이 비웃는다. 그러나 선형 모형은 상당한 장점을 제공한다. 선형 모형은 쉽게 이해할 수 있고, 일반적으로 방어할 수 있으며, 구축이 용이하고, 적당한 크기의 데이터를 과대적합하는 것을 방지한다. 오컴의 면도날에 의하면 "가장 간단한 설명이 가장 좋은 설명이다." 저자는 일반적으로 제한된 검정 데이터에 대해 단지 몇 퍼센트 정도만 더 나은 복잡한 비선형 모형을 사용할 때보다 x%의 정확도를 갖는 강인한 선형 모형을 사용할 때 더 행복하다.

7.2.2 블랙박스 모형 대 기술 모형

블랙박스는 알 수없는 방식으로 작업을 수행하는 장치이다. 소시지를 만드는 기계에 재료가 들어가면 소시지가 나온다. 그러나 소시지가 어떻게 만들어지는지 바깥에서는 알 수가 없다.

이에 반해, 우리는 모형이 왜 그러한 결정을 내리는지를 설명해 주는 *기술*(*descriptive*) 모형을 선호한다. 이론 중심 모형은 잘 발달된 특정 이론을 사용했기 때문에 일반적으로 기술 모형이다. 만약 이론을 믿는다면 모형과 예측 결과를 신뢰할 수 있다.

특정 기계학습 모형은 다른 모형들보다 덜 불투명하다. 예컨대 선형 모형은 어떤 변수가 가장 많은 가중치를 갖는지 정확하게 볼 수 있으며 또한 변수가 예측 결과에 어느 정도 기여하는지 측정할 수 있기 때문에 기술 모형이다. 의사결정 트리 모형을 사용하면 분류에 사용된 정확한 의사결정 경로를 이해할 수 있다. "당신의 소득이 연간 10,000달러 미만이며, 신용카드 부채가 50,000달러 이상이고 지난 1년 동안 실직 상태였기 때문에 우리의 모형은 당신의 주택담보대

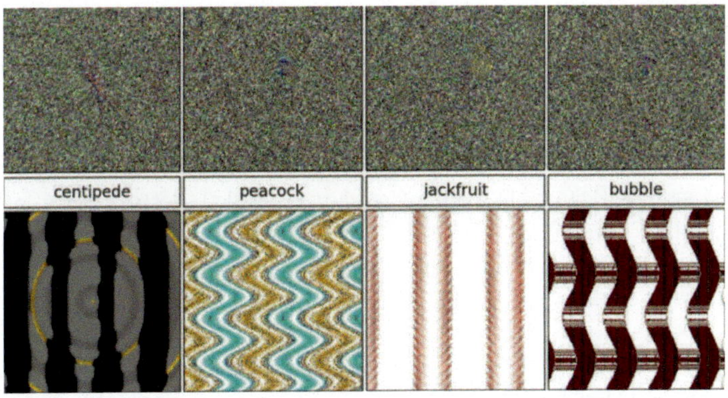

그림 7.1: 99.6% 이상의 신뢰도를 가지는 최첨단 딥러닝 신경망에 의해 잘못 인식된 합성 이미지. *출처*: [NYC15].

출을 거부했다."

그러나 안타까운 사실은 딥러닝과 같은 블랙박스 모형화 기법이 매우 효과적일 수 있다는 것이다. 일반적으로 신경망 모형이 어떻게 작업을 수행하는지는 불투명하다. 그림 7.1은 이것을 설명한다. 그림 7.1은 최첨단 신경망을 속이기 위해 매우 세심하게 만들어진 이미지를 보여준다. 이미지의 조작은 훌륭하게 성공했다. 문제의 신경망은 그림 7.1의 모든 이미지에 대해 올바른 레이블을 찾았다는 99.6% 이상의 신뢰도를 가지고 있다.

여기서의 스캔들은 신경망이 이러한 왜곡된 이미지에 레이블을 잘못 붙인 것이 *아니다*. 왜냐하면 이러한 인식기는 매우 인상적인 시스템이기 때문이다. 사실 인식기는 1년 또는 2년 전에 꿈꾸었던 것보다 훨씬 정확했다. 문제는 이러한 분류기를 만든 사람들이 자신들의 프로그램이 왜 그런 끔찍한 실수를 했는지 또는 앞으로 어떻게 방지할 수 있는지에 대해 알지 못한다는 것이다.

트럭 이미지와 자동차 이미지를 구별하기 위해 군용으로 제작된 시스템에 대해서도 비슷한 이야기가 나온다. 그것은 훈련에서는 잘 구분하였지만 현장에서는 형편없었다. 훈련용으로 사용되는 자동차 이미지는 화창한 날에 촬영되었고 트럭의 이미지는 흐린 날에 촬영되었기 때문에 시스템은 이미지의 배경에 있는 하늘을 차량 그룹과 연결시키도록 학습되었다는 사실을 나중에서야 알게 되었다.

이러한 이야기는 훈련 데이터를 시각화하고 기술 모형을 사용하는 것이 왜 중요한지 강조한다. 특히 위험 부담이 큰 상황에서 여러분의 모형이 의사결정을 내리기 위해 필요로 하는 정보를 여러분의 모형이 가지고 있다는 것을 여러분은 확신할 수 있어야 한다.

7.2.3 원리우선 모형 대 데이터중심 모형

원리우선 모형(*first-principle model*)은 시스템이 실제로 어떻게 작동하는지에 대한 신념에 기초한다. 그것은 뉴턴의 운동법칙처럼 물리법칙에 기초한 모형일 수도 있다. 이 모형은 미적분, 대수학, 기하학 등 고전수학을 사용할 수 있다. 모형은 7.7절에서 논의될 것처럼 이산이벤트 모

의실험일 수 있다. 그것은 도메인을 이해함으로써 습득되는 육감과 경험에 의한 추론일 수 있다: 경제가 나쁘면 유권자들은 불만이므로 경제 상황을 측정하는 변수는 누가 선거에서 당선될지 예측하는 데 도움이 된다.

반대로 *데이터 중심 모형(data-driven model)*은 입력 변수와 결과 변수 사이의 관측된 상관관계에 기초한다. 동일한 기본 모형이 내일의 날씨 또는 주어진 주식의 가격을 예측하는 데 사용될 수 있다. 모형을 학습할 때 사용되는 훈련 데이터만 다를 수 있다. 충분이 좋은 훈련 데이터가 주어지면 우리들이 잘 모르는 도메인에서 기계학습 방법을 사용하여 효과적인 모형을 만들 수 있다.

이 책은 데이터 사이언스에 대한 책이기 때문에 저자의 마음이 데이터 중심 모형 쪽에 더 있다고 추론할 수도 있다. 그러나 이것은 사실이 아니다. 데이터 사이언스는 또한 *사이언스*에 관한 것이며 이해할 수 있는 이유로 일어나는 현상들에 관한 것이다. 이것을 무시하는 모형은 특정 상황에서 실패할 것이다.

그러나 이 토론과 관련된 또 다른 방법이 있다. *특수 목적 모형(ad hoc model)*은 도메인별 지식을 사용하여 구조 및 설계를 안내하는 방식으로 만들어진다. 이 모형은 변화하는 조건에 취약하고 새로운 작업에 적용하기가 어려운 경향이 있다. 반대로 분류 및 회귀를 위한 기계학습 모형은 일반적이다. 왜냐하면 이 모형은 문제별 아이디어를 사용하지 않고 특정 데이터만 사용하기 때문이다. 새로운 데이터로 모형을 다시 학습하면 그 모형은 변화하는 환경에 적응한다. 다른 데이터 집합으로 모형을 학습하면 그 모형은 완전히 다른 일을 할 수 있다. 이 설명에 따르면 일반적 모형은 특수목적 모형보다 훨씬 더 좋은 것처럼 느껴진다.

진실은 최고의 모형은 이론과 데이터의 혼합체라는 것이다. 모형을 적합시키고 평가하기 위해 최상의 데이터를 사용하는 동안 가능한 한 깊이 있게 도메인을 이해하는 것이 중요하다.

7.2.4 확률 모형 대 결정 모형

모형으로부터 하나의 결정론적(deterministic) "예측"을 요구하는 것은 어리석은 일이 될 수 있다. 세상은 많은 현실 문제 때문에 매우 복잡하다. 만약 시간이 다시 흘러갈 수 있다면 세상에서 일어나는 사건들은 일반적으로 똑같은 방식으로 전개되지 않을 것이다. 좋은 예측 모형은 이러한 사고를 통합하고 가능한 모든 사건에 대해 확률분포를 만들어낸다.

*확률론적(stochastic)*이라는 단어는 "무작위로 결정된"이라는 의미의 단어이다. 모형에 확률 개념을 명시적으로 불어넣는 기법에는 로지스틱 회귀 및 몬테카를로 모의 실험이 포함된다. 모형이 다음과 같은 확률의 기본성질을 준수하는 것이 중요하다.

- **확률은 0과 1 사이의 값이다:** 이 범위에 속하지 않는 점수는 직접 확률을 추정하지 않는다. 해결책은 값을 로짓(logit)함수에 넣어서 확률로 변환하는 것이다(4.4.1절 참고).
- **합이 1이 되어야 한다:** 0과 1 사이의 값을 독립적으로 생성한다고 해서 그 값들의 합이 1이 되는 확률을 의미하는 것은 아니다. 이에 대한 해결책은 각 값을 분할 함수로 나누어서 값들의 합이 1이 되도록 크기를 조정하는 것이다. 9.7.4절을 참고하라. 또는 값들이 처음에

합산되지 않은 이유를 이해하기 위해 여러분의 모형을 다시 생각하라.

- 희귀 사건의 확률은 0이 아니다: 가능한 모든 사건은 0보다 큰 발생 확률을 갖는다. *할인(discounting)*은 보지는 못했지만 발생 가능한 사건의 가능성을 평가하는 방법이며 11.1.2절에서 논의될 것이다.

확률은 모형의 정확성과 복잡한 세상의 불확실성에 대한 척도이다. 모형은 자신이 무엇을 알고 무엇을 모르는지에 대해 정직해야 한다.

그러나 결정 모형(deterministic model)은 장점을 가지고 있다. 원리 우선 모형은 가끔 하나의 가능한 대답만을 내놓는다. 뉴턴의 운동법칙은 질량이 주어진 거리에서 떨어지는 데 걸리는 시간을 *정확하게* 알려준다.

결정 모형은 항상 동일한 해답을 반환하므로 모형을 구현할 때 디버깅하기 비교적 쉽다. 이것은 모형 개발 중에 *반복성(repeatability)*을 최적화해야 할 필요성을 알려준다. 난수 생성기를 사용하는 경우 초기 시드를 고정하면 다시 실행해도 동일한 해답을 얻을 수 있다. 모형에 대한 회귀검정 방법을 만들면 프로그램 수정 후 주어진 입력에 대해 해답이 동일하게 유지되는지 확인할 수 있다.

7.2.5 평탄 모형 대 계층 모형

흥미로운 문제가 종종 여러 다른 수준에서 존재하는데, 각 수준에는 독립적인 하위 모델(sub-model)이 필요할 수 있다. 특정 주식의 미래 가격을 예측하는 것은 (a) 경제의 일반적인 상태, (b) 회사의 대차대조표, (c) 산업 부문의 다른 회사의 성과와 같은 개별적인 문제를 분석하기 위한 하위 모형을 포함해야 한다.

모형에 계층 구조를 적용하면 블랙박스가 아니라 논리적이고 투명한 방식으로 모형을 구축할 수 있고 평가할 수 있도록 해준다. 어떤 하위 문제는 이론 기반의 원리 우선 모형에 의해 설명된다. 이것은 데이터 중심 모형의 특징값으로 사용할 수 있다. 계층 모형(hierarchical model)은 기술 모형이다. 우리는 최종 결정을 적절한 최상위 하위 문제까지 추적할 수 있으며 그것이 관측된 결과를 만드는 데 얼마나 큰 기여를 했는지 보고할 수 있다.

계층 모형을 구축하기 위한 첫 번째 단계는 문제를 하위 문제들로 분해하는 것이다. 일반적으로 이들은 모형화되는 기저 프로세스를 관리하는 메커니즘을 나타낸다. 모형은 무엇에 의존해야 하는가? 만약 데이터와 자원이 존재하여 각 조각을 위한 원칙적인 하위 모형을 만들 수 있다면 좋다! 만약 그렇지 않다면 그것을 기본 모형으로 남겨두고 결과를 문서화할 때 누락 사항을 명시적으로 설명하는 것이 좋다.

딥러닝 모형은 평탄(flat)하고 동시에 계층적(hierarchical)이라고 생각할 수 있다. 일반적으로 딥러닝 모형은 정제되지 않은 대용량 데이터를 이용하여 학습되기 때문에 하위 프로세스를 안내하는 하위 문제에 대한 명확한 정의가 없다. 전반적으로 보았을 때 네트워크는 단 한 가지 일만 한다. 그러나 딥러닝 모형은 여러 개의 중첩된 층으로부터 만들어지기 때문에 이 모형은 저수준 입력으로부터 학습할 수 있는 복잡한 특징값들이 있다고 가정한다.

저자는 저자가 이해하는 도메인에서 기본 원리를 추론할 때 기계학습 모형이 저자보다 뛰어나다고 믿는 것을 항상 꺼린다. 딥러닝을 이용할 때조차도 여러분의 네트워크가 찾을 가능성이 있는 계층 구조를 스케치하는 것이 도움이 된다. 예컨대 더 높은 층으로 올라감에 따라 모든 이미지 처리 네트워크는 픽셀 조각에서 가장자리까지 일반화해야 하며 경계에서 하위 객체로 일반화해야 한다. 이것은 네트워크 구조에 영향을 미치고 네트워크의 유효성을 확인하는 데 도움이 된다. 여러분의 네트워크가 올바른 이유로 올바른 결정을 내리고 있다는 증거를 볼 수 있는가?

7.3 | 기준 모형

현명한 사람은 고장난 시계가 하루에 두 번 맞는다는 것을 알고 있다. 모형을 만드는 사람으로서 우리는 이것보다 낫기 위해 노력하지만 우리가 더 낫다는 것을 증명하기 위해 어느 정도의 엄격한 평가가 필요하다.

작업의 복잡성을 평가하는 첫 번째 단계는 우리가 비교할 수 있는 해답을 만들어내는 가장 단순한 합리적인 모형인 *기준 모형*(*baseline model*)을 만드는 것이다. 보다 정교한 모형은 기준 모형보다 더 잘 수행해야 한다. 정교한 모형이 실제로 기준 모형보다 얼마나 더 잘하는지 확인하는 것이 필요하다.

예측은 본질적으로 다른 작업보다 어렵다. 간단한 기준선("예")은 태양이 내일 뜨는지 여부를 예측할 때 매우 정확한 것으로 판명되었다. 대조적으로 여러분은 주식시장이 51%의 확률로 오르거나 내릴 것인지를 예측할 수 있다. 여러분이 결정적으로 기준 모형을 이긴 후에야 여러분의 모형이 실제로 효과적이라고 간주할 수 있다.

7.3.1 분류를 위한 기준 모형

데이터 사이언스 모형에는 *분류*(*classification*)와 *값 예측*(*value prediction*)의 두 가지 공통된 과제가 있다. 분류 문제에서는 (스팸 또는 비-스팸), (남자 또는 여자), (자전거, 자동차, 트럭)과 같이 특정 항목에 대해 가능한 레이블 집합이 주어진다. 우리는 이메일, 사람, 차량의 특정 사례를 정확하게 설명하는 레이블을 생성하는 시스템을 찾는다.

분류를 위한 대표적인 기준 모형은 다음과 같다.

- **레이블의 균등 선택 또는 무작위 선택:** 만약 객체에 대한 사전 분포가 전혀 없다면 고장난 시계 방법을 사용하여 임의로 선택할 수 있다. 주식시장 예측 모형을 무작위 동전 던지기와 비교하는 것은 문제가 얼마나 어려운지를 보여주는 데 큰 도움이 될 것이다.

  저자는 *원숭이*(*monkey*)와 같은 맹인(blind) 분류기를 생각한다. 왜냐하면 그것은 당신의 애완동물에게 당신을 위해 결정을 내리도록 부탁하는 것과 같기 때문이다. 20개의 레이블 또는 그룹이 있는 예측 문제에서 5%보다 훨씬 더 잘 수행하는 것은 문제에 대한 통찰력이 있다는 첫 번째 증거이다. 저자가 여러분을 믿기 시작하기 전에 여러분이 원숭이를 이길 수 있다는 것을 먼저 보여줘야 한다.

- **가장 정확한 단일-특징변수(single-feature) 모형:** 강력한 모형은 주어진 데이터 집합에 있는 모든 유용한 특징들을 활용하려고 노력한다. 그러나 최고의 단일 특징이 무엇을 할 수 있는지 아는 것은 가치가 있다. 단일 숫자 특징 x에 대한 최상의 분류기를 만드는 것은 쉽다. 만약 $x \geq t$이면 그 항목은 그룹1에 속하며 그렇지 않으면 그룹2에 속한다고 선언하면 된다. 최상의 임계값 t를 찾기 위해 $t_i = x_i + \epsilon$ 형태의 n개의 모든 가능한 임계값을 검정할 수 있다. 여기서 x_i는 훈련 데이터 집합에 있는 n개의 관측값 중 i번째 특징의 값이다. 그다음 훈련 데이터에 대해 가장 정확한 분류기를 제공하는 임계값을 선택하라.

  오컴의 면도날은 가장 단순한 모형이 최고라고 생각한다. 복잡한 모형이 모든 단일-특징변수 모형을 능가할 때만 비로소 흥미로워진다.

- **다른 사람의 모형:** 가끔 우리는 특정 작업을 시도하는 최초의 사람이 아닐 수 있다. 여러분의 회사는 여러분이 업데이트 또는 수정에 대해 책임을 지는 모형을 보유하고 있을 수 있다. 아마도 그 문제의 밀접한 변종이 학술논문에서 논의되었을 것이고, 어쩌면 그들은 여러분이 실험할 수 있도록 웹에 그들의 코드를 공개했을지도 모른다.

  여러분의 모형을 다른 사람의 작업과 비교할 때 여러분이 그들을 이기거나 또는 그들에게 지는 두 가지 상황 중 하나가 발생할 수 있다. 만약 그들을 이긴다면 여러분은 자랑할 만한 가치가 있는 무언가를 갖게 된다. 만약 그렇지 않다면 그것은 배우고 개선할 수 있는 기회이다. *왜* 이기지 못했을까? 여러분이 졌다는 사실은 여러분의 모형이 적어도 다른 사람의 모형 수준까지 향상될 수 있다는 확신을 줄 수 있다.

- **통찰력:** 최상의 모형조차도 이론적으로 100%의 정확도에 도달할 수 없는 상황이 있다. 두 개의 인스턴스가 특징 공간(feature space)에서 정확히 같지만 서로 다른 레이블을 가지고 있다고 가정하자. 이러한 두 가지 문제를 모두 해결할 수 있는 결정론적 분류기는 없다. 따라서 우리는 필연적으로 완벽한 성능을 발휘하는 분류기를 가질 수 없다. 그러나 어떤 경우에는 기준 모형이 생각했던 것보다 더 낫다는 것을 확인할 수 있다. 그러나 가장 통찰력이 있는 분류기로의 상한(upper bound)이 더 엄격할수록 기준 모형이 생각했던 것보다 좋다고 확신할 수도 있다.

  훈련 데이터는 인간이 주석한 결과이고 여러 주석자가 동일한 인스턴스를 평가할 때 더 좋은 상한의 필요성이 자주 발생한다. 두 명의 주석자가 서로 의견을 달리 할 때마다 우리는 본질적인 모순을 가지게 된다. 저자는 86.6%의 정확도가 가장 높은 점수였던 문제들에 대해 연구했다. 이것은 기대치를 낮춘다. 인생의 좋은 충고는 동료에게서 조금만 기대하라는 것이며 그리고 그것보다 훨씬 적게 해야 한다는 것을 깨닫는 것이다.

7.3.2 값 예측을 위한 기준 모형

값 예측 문제에서 우리는 $F(f_i) = v_i$와 같은 함수 F를 학습하는 데 사용할 특징값-값의 쌍 (f_i, v_i)의 집합을 제공받는다. 값 예측 문제를 위한 기준 모형은 분류를 위해 제안된 것과 비슷한 기법으로부터 나온다.

- **평균 또는 중앙값:** 특징값을 무시하면 합의된 목표값을 항상 출력할 수 있다. 이것은 상당히 유익한 기준 모형이라는 것으로 판명된다. 왜냐하면 만약 여러분이 항상 평균을 추측하는 것을 실질적으로 이길 수 없다면 여러분이 잘못된 특징값을 갖고 있거나 절망적인 작업을 하고 있기 때문이다.
- **선형회귀:** 9.1절에서 선형회귀를 자세히 다룰 것이다. 그러나 지금은 강력하면서도 사용하기 쉬운 기법인 값 예측 문제를 위해 최상의 선형함수를 구축한다는 것을 이해해야 한다. 이 기준 모형은 비선형 모형의 성능을 더 잘 판단할 수 있게 해준다. 만약 비선형 모형이 선형 분류기보다 훨씬 뛰어난 성능을 발휘하지 못한다면 비선형 모형은 가치가 없을 것이다.
- **이전 시점의 값:** 시계열 예측은 흔히 하는 작업이다. 특징 벡터 x와 관측값 $f'(t_i)$, $1 \leq i < n$이 주어질 때 여러분은 t_n 시점에서의 값 $f(t_n, x)$를 예측하게 된다. 그러나 오늘의 날씨는 내일 비가 내릴지에 대한 좋은 추측이 된다. 비슷하게 이전 시점의 관측값들 $f'(t_{n-1})$은 $f(t_n)$에 대한 합리적인 예측이다. 실제로 이 기준 모형을 이기는 것은 종종 놀랍도록 어렵다.

기준 모형은 공정해야 한다. 기준 모형은 단순하지만 어리석지 않아야 한다. 여러분은 여러분이 이기기를 기대하는 목표값을 제시하기를 원한다. 그러나 가만히 앉아 있는 오리는 원하지는 않는다. 여러분은 자신의 기준 모형을 이길 때 안도감을 느낄 것이다. 그러나 자랑하거나 뽐내서는 안 된다.

7.4 | 모형 평가

축하한다! 분류 또는 값 예측(value prediction)을 위한 예측 모형을 구축했다고 하자. 그 모형의 성능이 얼마나 좋을까?

이 순진해 보이는 질문에는 간단한 해답이 없다. 아래 절에서 주요 기술적 문제에 대해 자세히 설명한다. 그러나 비공식 *후각 테스트(sniff test)*는 아마도 모형 평가를 위한 가장 중요한 기준일 것이다. 여러분은 *정말로* 그것이 당신의 훈련 및 검정 인스턴스에 대해 일을 잘 수행하고 있다고 믿는가?

아래에서 자세히 설명할 공식적 평가는 모형의 성능을 많은 인스턴스에 대해 얻어진 몇 가지 요약 통계량으로 설명한다. 그러나 여러분이 이러한 점수만을 사용할 때 모형의 많은 문제점을 놓칠 수 있다. 실행 또는 데이터 정규화에서 버그가 있는지 알 수 없기 때문에 성능이 저하될 수 있다. 아마도 여러분이 훈련 데이터 및 테스트 데이터를 섞는다면 테스트베드에서 여러분이 받을 수 있는 것보다 훨씬 더 좋은 점수를 받을 수 있다.

무슨 일이 일어나고 있는지 정말로 알기 위해서는 후각 테스트를 하는 것이 필요하다. 저자

		Predicted Class	
		Yes	No
Actual	Yes	True Positives (TP)	False Negatives (FN)
Class	No	False Positives (FP)	True Negatives (TN)

그림 7.2: 정확한 예측과 잘못된 예측의 서로 다른 그룹을 정의하는 이진 분류기에 대한 혼동행렬.

의 개인적인 후각 테스트는 모형이 정확하게 맞춘 몇 개의 예제 인스턴스와 잘못 결정한 예제 인스턴스를 주의 깊게 살펴보는 것이다. 목표는 모형이 왜 이러한 결과를 산출했는지를 이해하는 것이다. 살펴볼 인스턴스는 여러분이 "이름"을 알고 있는 인스턴스, 즉 탐험적 데이터 분석의 결과로서 또는 도메인에 대한 친숙함에 의해서 여러분이 정답이 무엇인지에 대해 직관을 가지고 있는 인스턴스이다.

가정 학습 많은 데이터 과학자들이 모형의 평가 통계량에만 관심을 가지고 있다. 그러나 훌륭한 과학자들은 본인들이 저지르는 오류를 변호할 수 있는지, 심각한지 또는 무관한지를 알고 있다.

또 다른 문제는 평가된 모형의 정확도에 대한 여러분의 놀라움의 정도이다. 여러분이 예상했던 것보다 모형의 성능이 더 좋은가, 아니면 더 나쁜가? 만약 여러분이 인간의 판단을 사용해야 한다면 *여러분이* 주어진 임무에 대해 얼마나 정확할 것이라고 생각하는가?

관련 질문은 모형이 조금 더 잘 수행하면 모형이 얼마나 가치 있는지를 이해하는 것이다. 단어를 95%의 정확도로 정확하게 분류하는 NLP 작업은 2개 내지 3개의 문장마다 대략 한 번 실수를 한다. 이것으로 충분한가? 현재의 성능이 좋을수록 개선하는 것은 더욱더 힘들다.

그러나 모형을 평가할 때 가장 좋은 방법은 *표본외(out-of-sample)* 예측, 즉 모형을 만들 때 결코 보지 못했던 또는 존재하지 않았던 데이터에 대한 예측을 포함한다. 모형을 훈련할 때 사용한 데이터에 대해 좋은 예측 성능을 보여주는 것은 매우 의심스럽다. 왜냐하면 모형은 과대적합을 할 수 있기 때문이다. 만약 여러분이 모형을 검정할 충분한 데이터와 시간을 가지고 있다면 표본외 예측은 정직의 열쇠이다. 이것이 저자가 *The Quant Shop* 학생들에게 미래의 사건을 예측할 수 있는 모형을 만든 다음 모형이 맞는지 틀렸는지를 보고 감시하도록 한 이유이다.

7.4.1 분류기 평가하기

분류기를 평가한다는 것은 예측 레이블이 평가 데이터 집합의 표준 레이블과 얼마나 정확하게 일치하는지 측정하는 것을 의미한다. 두 개의 서로 다른 레이블 또는 그룹에 대한 이진 분류의 경우에 대해 일반적으로 두 그룹 중 더 작고 더 관심있는 그룹을 *양성(positive)* 그룹이라 하고 더 큰 다른 그룹을 *음성(negative)* 그룹이라 한다. 스팸 분류 문제에서 스팸은 일반적으로 양성 그룹이고 햄 (스팸 아님)은 음성 그룹이 된다. 이러한 레이블 지정은 비록 두 개의 그룹이 같은 수의 인스턴스를 갖도록 테스트 인스턴스들이 선택되지만 양성을 식별하는 것이 적어도 음성을 식별하는 것만큼 어렵도록 하는 것을 목적으로 한다.

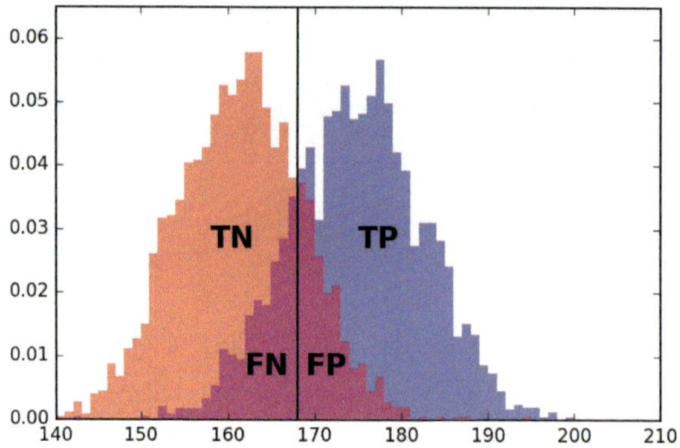

그림 7.3: 키가 168 cm 이상인 모든 사람을 남자로 분류하면 어떻게 되겠는가? 혼동행렬의 네 가지 가능한 결과는 인스턴스가 TP 및 TN으로 정확하게 분류되는 것과 FN 및 FP로 잘못 분류되는 것을 반영한다.

분류 모형이 특정 인스턴스에 대해 할 수 있는 분류 결과에는 그림 7.2의 *혼동행렬(confusion matrix)* 또는 *분할표(contingency table)*와 같이 네 가지가 있다.

- 진양성(true positive, TP): 분류기가 양성 그룹의 항목을 양성으로 정확하게 분류한다. 결국 분류기가 승리한다.
- 진음성(true negative, TN): 분류기가 음성 그룹의 항목을 음성으로 정확하게 분류한다. 또한 분류기가 승리한다.
- 위양성(false positive, FP): 분류기가 음성 그룹의 항목을 양성으로 잘못 분류한다. 결과적으로 "1종" 분류 오류가 발생한다.
- 위음성(false negative, FN): 분류기가 양성 그룹의 항목을 음성으로 잘못 분류한다. 결과적으로 "2종" 분류 오류가 발생한다.

그림 7.3은 의사결정 변수가 센티미터 단위로 측정되는 키와 관련된 두 분포(남녀)를 분리할 때 결과 그룹이 속하는 경우를 설명한다. 평가 대상의 분류기는 키가 168cm 이상인 모든 사람을 남자로 분류한다. 보라색 영역은 남자와 여자의 교집합을 나타낸다. 꼬리 부분은 잘못 분류된 원소를 나타낸다.

정확도, 정밀도, 재현율 및 F-점수

위에서 설명된 참(true)/거짓(false) 또는 양성(positive)/음성(negative)의 카운트 데이터로부터 계산할 수 있는 여러 가지 평가 통계량이 있다. 우리가 많은 통계량을 필요로 하는 이유는 두 가지 기준 상대, 즉 샤프(sharp)와 원숭이로부터 분류기를 방어해야 한다는 것이다.

*샤프(sharp)*는 우리가 어떤 평가 시스템을 사용하는지를 알고 그것에 따라 가장 잘 수행할 기준 모형을 선택하는 상대이다. 샤프는 쓸모없는 분류기로 높은 점수를 얻음으로써 평가 통계량을 나쁘게 보이려고 할 것이다. 그것은 모든 항목을 양성으로 또는 모두 음성으로 선언하는

것을 의미할 수 있다.

대조적으로 *원숭이*는 각 인스턴스에 대해 레이블을 무작위로 추측한다. 우리 모형의 성능을 해석하려면 그 모형이 샤프와 원숭이 모두를 얼마나 능가하는지 알아내는 것이 중요하다.

첫 번째 통계량은 분류기의 *정확도*(*accuracy*), 즉 전체 예측 결과에 대한 정확한 예측 결과의 비율을 측정한다. 따라서:

$$\text{정확도} = \frac{TP + TN}{TP + TN + FN + FP}$$

이러한 분수에 100을 곱하면 백분율 정확도 점수를 얻을 수 있다.

정확도는 비교적 설명하기 쉬운 합리적인 수치이므로 어떤 평가 환경에서도 사용할 가치가 있다. 인스턴스의 절반이 양성이고 절반이 음성일 때 원숭이가 얼마나 정확한가? 원숭이는 무작위 추측을 통해 50%의 정확도를 얻을 것으로 기대된다. 샤프는 항상 양성으로 추측하거나 또는 항상 음성으로 추측함으로써 50%의 동일한 정확도를 달성할 수 있다. 샤프는 각각의 경우에 인스턴스의 다른 절반을 맞추게 될 것이다.

그러나 정확도는 평가 척도로서 한계가 있다. 특히 양성 그룹이 음성 그룹보다 훨씬 작은 경우 더욱 그러하다. 환자가 암에 걸렸는지를 진단하기 위해 분류기 개발을 고려한다고 하자. 이 경우 양성 그룹은 질병을 가지고 있고(즉, 양성 반응) 음성 그룹은 건강하다. 사전 분포는 대다수의 사람들이 건강하다는 것이다. 따라서 다음 관계식이 성립한다.

$$p = \frac{|\text{양성}|}{|\text{양성}| + |\text{음성}|} \ll \frac{1}{2}$$

원숭이의 예상 정확도는 여전히 0.5일 것이다. 원숭이가 양성의 절반과 음성의 절반을 맞추어야 한다. 그러나 샤프는 모든 사람이 건강하다고 선언하여 $1 - p$의 정확도를 달성한다. 검사 응시자 중 단 5%만이 실제로 질병을 가지고 있다고 가정하자. 샤프는 정확도가 95%라고 자랑할 수 있을 뿐만 아니라 모든 병든 사람들을 일찍 죽게 할 수도 있다.

따라서 우리는 양성 그룹을 정확하게 맞추는 데 더 민감한 평가 척도가 필요하다. *정밀도*(*precision*)는 분류기가 감히 양성이라고 말할 때 분류기가 얼마나 정확한지를 측정한다.

$$\text{정밀도} = \frac{TP}{(TP + FP)}$$

양성의 비율($p = 0.05$)이 너무 낮기 때문에 샤프 또는 원숭이가 높은 정확도를 달성하는 것은 불가능하다. 만약 분류기가 양성 레이블을 너무 많이 발행하면 너무 많은 탄환들이 표적을 놓쳐서 많은 위양성을 야기하기 때문에 정밀도가 낮아진다. 그러나 만약 분류기가 양성 레이블을 발행하는 것에 인색하면 그들 중 극히 소수만이 드물게 양성 인스턴스와 연결될 가능성이 높기 때문에 분류기는 낮은 진양성을 달성한다. 이러한 기준 분류기는 양성 그룹의 확률 $p = 0.05$에 비례하는 정밀도를 얻는다.

암진단의 경우 위음성(질병을 잘못 진단하여 아픈 환자를 죽이는 오류)보다 위양성(잘못된 진단으로 건강한 사람을 두렵게 하는 오류)을 더 많이 용납할 수 있다. *재현율*(*recall*)은 모든 양성 인스턴스에 대해 얼마나 자주 맞추는지를 측정한다:

	Monkey predicted	class
	yes	no
yes	$(pn)q$	$(pn)(1-q)$
no	$((1-p)n)q$	$((1-p)n)(1-q)$

	Balanced Classifier predicted	class
	yes	no
yes	$(pn)q$	$(pn)(1-q)$
no	$((1-p)n)(1-q)$	$((1-p)n)q$

그림 7.4: $p \cdot n$개의 인스턴스는 양성이고 $(1-p) \cdot n$개의 인스턴스는 음성인 n개의 인스턴스에 대한 원숭이 분류기의 기대 성능. 원숭이는 확률 q로 양성으로 추측한다(왼쪽). 확률 q로 각 그룹의 구성원을 정확하게 분류하는 균형 있는 분류기의 기대 성능(오른쪽).

	Monkey		Sharp		Balanced Classifier				
q	0.05	0.5	0.0	1.0	0.5	0.75	0.9	0.99	1.0
accuracy	0.905	0.5	0.95	0.05	0.5	0.75	0.9	0.99	1.
precision	0.05	0.05	—	0.05	0.05	0.136	0.321	0.839	1.
recall	0.05	0.5	0.	1.	0.5	0.75	0.9	0.99	1.
F score	0.05	0.091	—	0.095	0.091	0.231	0.474	0.908	1.

그림 7.5: 다양한 성능 척도에 따른 여러 분류기의 성능

$$\text{재현율} = \frac{TP}{(TP + FN)}$$

높은 재현율은 분류기에 위음성이 거의 없음을 의미한다. 이것을 달성하는 가장 쉬운 방법은 샤프가 항상 “예”라고 대답하는 것처럼 모든 사람이 암에 걸렸다고 선언하는 것이다. 이 분류기는 높은 재현율을 보이지만 정확도는 낮다. 검사 응시자의 95%는 불필요한 공포를 맞이하게 된다. 분류기를 만들 때 정밀도와 재현율 사이에는 내재된 상충성이 있다. 예측이 더 용감할수록 예측이 정확할 가능성은 더 낮다.

그러나 사람들은 시스템의 성능을 설명하는 단일 측정값을 원한다. *F-점수*(*F-score*) (때로는 F1-점수)는 정밀도와 재현율의 조화평균을 반환하는 조합이다.

$$F = 2 \cdot \frac{\text{정밀도} \cdot \text{재현율}}{\text{정밀도} + \text{재현율}}$$

F-점수는 이기기에 매우 힘든 척도이다. 조화평균은 항상 산술평균보다 작거나 같으며 낮은 숫자는 불균형적인 큰 효과를 가진다. 높은 F-점수를 얻으려면 높은 정밀도와 높은 재현율이 모두 필요하다. 정밀도가 너무 낮으면 높은 정확도와 재현율 값에도 불구하고 우리의 어떤 기준 분류기도 괜찮은 F-점수를 받기 어렵다.

F-점수 및 관련 평가 척도는 원숭이 또는 샤프가 아닌 유의미한 분류기를 평가하기 위해 개발되었다. 그것들을 해석하는 방법에 대한 통찰력을 얻기 위해 양성 및 음성 인스턴스 모두 똑같은 정확도를 보여주는 마법 같은 *균형*(*balanced*) 분류기들을 생각해 보자. 일반적으로 그런 것은 아니지만 높은 F-점수를 얻기 위해 선택된 분류기는 정밀도와 재현율 통계량의 균형을 맞추어야한다. 즉, 양성 및 음성 인스턴스 모두에 대해 적절한 성능을 보여주어야 한다.

그림 7.5는 암 탐지 문제에서 네 가지 평가 척도를 사용할 때 기준 분류기와 균형된 분류기의 성능을 요약한다. 교훈은 다음과 같다.

- **정확도는 그룹 크기가 크게 다를 때 오해의 소지가 있는 통계량이다:** 모든 인스턴스에 대해 "아니오"라고 신중하지 않게 대답하는 기준 분류기는 암 문제에 대해 95%의 정확도를 얻었다. 심지어 각 그룹에 대해 94%의 정확도를 얻은 균형 분류기보다 더 좋다
- **분류기가 균형 있는 경우에만 재현율은 정확도와 같다:** 두 그룹 모두에 대해 정확도가 같을 때 좋은 일이 발생한다. 이것은 그룹 크기가 다를 때 훈련 과정에서 자동적으로 발생하지 않는다. 사실, 이것이 훈련 데이터 집합에서 양성과 음성의 인스턴스의 수를 같게 하는 것이 일반적으로 좋은 관행인 이유 중 하나이다.
- **그룹 크기가 달라 그룹이 불균형일 때 높은 정밀도를 달성하는 것은 매우 어렵다:** 양성 및 음성 인스턴스에 대해 99%의 정확도를 얻는 균형 분류기 조차도 암 문제에서 84% 이상의 정밀도를 달성할 수 없다. 이것은 양성 인스턴스보다 음성 인스턴스가 20배나 더 많기 때문이다. 큰 그룹을 1% 비율로 잘못 분류하면 위양성은 5%의 진양성에 대한 배경이 된다.
- **F-점수는 단일 통계량 중에서 가장 좋은 것이지만 분류기의 성능을 설명하기 위해 네 가지 모두 함께 사용한다:** 여러분의 분류기의 정확도는 재현율보다 큰가? 그렇다면 분류기가 인스턴스를 양성으로 너무 적게 분류하므로 분류기를 더 잘 조정할 수 있다. 재현율이 정밀도보다 큰가? 양성으로 분류하는데 덜 공격적으로 행동함으로써 F-점수를 향상시킬 수 있을 것이다. 정확도가 재현율과 차이가 많이 나는가? 그렇다면 우리의 분류기는 균형이 잘 잡히지 않는다. 그래서 어느 쪽이 더 나빠지고 있는지, 그리고 어떻게 고칠 수 있는지 확인해 보라.

재현율을 희생하며 모형의 정밀도를 높이는 유용한 방법은 "나는 잘 모른다"라고 말할 수 있는 힘을 부여하는 것이다. 전형적으로 분류기는 어려운 경우보다 쉬운 경우에 더 잘 수행한다.

분류 결과가 정확하다는 *신뢰도*(*confidence*)의 개념을 정의하는 것은 질문에 답해야 하는 시기를 결정할 때 핵심이 된다. 신뢰도가 주어진 임계값 이상일 때 과감하게 추측하라. 만약 분류기가 자신의 결정에 정말로 확신이 없다면 검사 점수가 경계 부근에 있는 환자는 일반적으로 "암에 걸렸다"보다 "경계선 결과"의 진단을 더 선호할 것이다.

정밀도와 재현율 통계량은 새로운 불확정 그룹을 적절히 수용하기 위해 재검토되어야 한다. 정밀도 공식을 변경할 필요는 없다: 우리는 양성으로 분류하는 인스턴스에 대해서만 평가한다. 그러나 재현율의 분모는 우리가 레이블을 붙이기를 거부한 모든 원소들을 분명하게 설명해야 한다. 우리가 신뢰도 측정에서 정확하다고 가정할 때 정밀도는 재현율을 희생시키면서 증가할 것이다.

7.4.2 수신자 조작 특성 곡선

많은 분류기에 대해 정밀도와 재현율 사이의 절충값을 변경할 수 있다. 예를 들어 주어진 테스

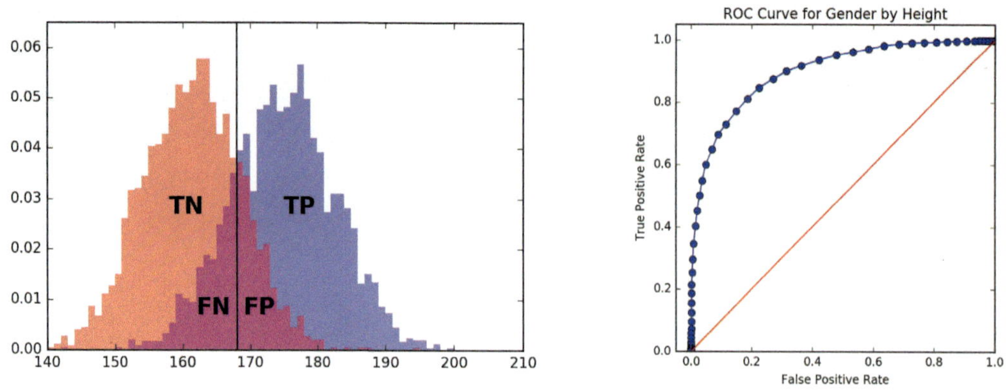

그림 7.6: ROC 곡선은 모든 가능한 설정 하에서 진양성과 위양성 사이의 상충성을 표시함으로써 분류기에 사용할 최상의 임계값을 선택하는 데 도움을 준다. 여기서 원숭이의 ROC 곡선은 대각선이다.

트 표본이 암과 얼마나 비슷한지를 평가함으로써 "클래스 소속(in classness)"을 반영하는 수치 점수를 계산하는 시스템을 생각해 보라. 어떤 표본들은 다른 표본들보다 더 양성 그룹에 가깝게 되는 점수를 얻는다. 그러나 우리는 양성 클래스와 음성 클래스를 나누는 선을 어디에 그어야 하는가?

만약 "클래스 소속" 점수가 정확하다면 일반적으로 음성 항목보다 양성 항목에 대해 그 점수가 더 높아야 한다. 양성 인스턴스는 그림 7.6의 왼쪽 그림과 같이 음성 인스턴스와는 다른 점수 분포를 정의한다. 이러한 분포가 완전히 분리되면 좋을 것이다. 왜냐하면 t 이상의 점수를 갖는 모든 인스턴스들은 양성이 되게 하고 t보다 작은 점수를 갖는 모든 인스턴스는 음성이 되게 하는 임계값 t가 존재하기 때문이다. 이것은 완벽한 분류기를 정의한다.

그러나 두 분포가 적어도 어느 정도까지는 중첩될 가능성이 더 크다. 따라서 가장 좋은 임계값을 찾는 문제가 위양성과 위음성에 대한 상대적인 혐오에 기초한 판단 문제로 바뀐다.

수신자 조작 특성(*Receiver Operating Characteristic*, ROC) 곡선은 분류기의 임계값이 변할 때 분류기의 분류 능력을 시각적으로 표현한다. 이 곡선 위의 각 점은 진양성 비율과 위양성 비율에 의해 정의되는 특정 분류기의 임계값을 나타낸다.[2] 진양성 비율은 재현율과 같다, 즉 $TP/(TP + FN)$이다. 위양성 비율은 $FP/(FP + TN)$이다.

이 분포에서 임계값을 오른쪽에서 왼쪽으로 이동시킬 때 어떤 일이 일어나는지 생각해 보라. 가장 왼쪽 부분에서 0%의 진양성 비율과 위양성 비율을 얻게 된다. 왜냐하면 그 임계값의 경우 분류기는 어떤 인스턴스도 양성으로 분류하지 않기 때문이다. 가능한 왼쪽으로 이동하면 분류기가 모든 인스턴스를 양성으로 분류하기 때문에 두 개의 비율 모두가 100 %가 된다. 위의 두 임계값 사이의 각 임계값은 분류기 하나를 정의한다. 그리고 그 범위 내에서 임계값을 변화시키면 진양성/위양성 비율 공간에서 (0%, 0%)에서 (100%, 100%)까지 연결하는 계단곡선을 정의한다.

---

[2]이 이상한 이름은 레이더 시스템의 성능을 조정하는 원래 용도의 유산이다.

점수 함수가 원숭이, 즉 각 인스턴스에 대한 임의의 무작위 값에 의해 정의되었다고 가정하자. 그러면 임계값이 왼쪽으로 이동함에 따라 다음 인스턴스의 레이블은 동일한 확률로 양성 또는 음성으로 분류된다. 따라서 우리는 진양성 비율을 위양성 비율만큼 증가시킬 가능성이 있으며 결과적으로 ROC 곡선은 대각선이 된다.

분류기가 원숭이보다 더 잘할 때 그것에 대응되는 ROC 곡선은 대각선 보다 위에 있게 된다. 가장 좋은 분류기는 100% 진양성 비율과 0% 위양성 비율을 나타내는 ROC 공간의 왼쪽 위 모서리 또는 좌표 (0, 1)에 점을 생성한다. 즉, 가장 좋은 ROC 곡선은 점 (0, 0)에서 점 (0, 1)로 급격하게 증가하는 곡선이다.

*ROC 곡선 아래의 면적*은 종종 분류기를 정의하는 점수 함수의 품질을 측정하는 통계량으로 사용된다. 가장 좋은 ROC 곡선은 100% × 100% → 1의 면적을 가진다. 반면에 원숭이의 ROC 곡선은 1/2의 면적을 가진다. 면적이 1에 가까울수록 분류기는 더욱더 좋아진다.

7.4.3 다중 클래스 시스템 평가하기

많은 분류 문제는 클래스의 수가 두 개인 이진(binary) 분류 문제가 아니라 클래스의 수가 두 개 이상인 다중 클래스(multiclass) 분류 문제이다. 구글 뉴스에는 미국 및 전 세계 뉴스와 비즈니스, 엔터테인먼트, 스포츠, 건강, 과학 및 기술에 대한 섹션이 별도로 있다. 따라서 이 사이트의 행동을 제어하는 기사 분류기는 각 기사를 8개 클래스 중 하나의 클래스에 할당해야 한다.

클래스의 레이블이 많을수록 분류를 정확하게 하는 것이 더욱더 어려워진다. 레이블이 d개일 때 원숭이의 분류 작업의 기대 정확도는 $1/d$이 된다. 따라서 정확도는 클래스 복잡성 증가와 함께 급속히 감소한다.

따라서 이것은 낮은 성공 횟수 때문에 다중 클래스 분류기를 적절하게 평가하는 것을 어렵게 만든다. 보다 좋은 통계량은 *상위-k 성공률(top-k success rate)*이다. 이 통계량은 적당한 $k \geq 1$에 대해 정확도를 일반화한다. 상위 k 가능성 중에 올바른 레이블이 얼마나 자주 있는가?

이 측정 방법은 올바른 답에 가깝게 가는 데 부분적으로 기여를 하기 때문에 좋은 방법이다. 얼마나 가까우면 충분한지는 매개변수 k에 의해 정의된다. $k = 1$의 경우 정확도가 감소한다. $k = d$의 경우 가능한 모든 레이블은 충분하며 성공률은 정의에 따라 100%이다. 대표적인 값은 3, 5 또는 10이다. 이 값들은 좋은 분류기는 50% 이상의 정확도를 달성하고 원숭이보다 눈에 띄게 좋을 정도로 충분히 큰 값이다. 그러나 너무 좋지는 않다. 그 이유는 효과적인 평가는 우리에게 더 잘 할 수 있는 상당한 여지를 남겨야 하기 때문이다. 사실, 1부터 d까지의 모든 k에 대해 상위-k 성공률을 계산하는 것은 좋은 훈련이다.

훨씬 더 강력한 평가 도구는 $d \times d$ *혼동행렬* C이다. 여기서 $C[x, y]$는 클래스 y로 분류되는 클래스 x의 인스턴스 수(또는 비율)를 나타낸다.

그림 7.7과 같은 혼동행렬을 어떻게 읽는가? 이것은 텍스트를 분석하여 저작권(authorship) 기간을 예측하는 문서 연도 결정 분류기를 검정하기 위해 구축한 평가 환경에서 가져온 것이다. 이러한 문서 연도 결정은 이 장의 중요한 예제이다.

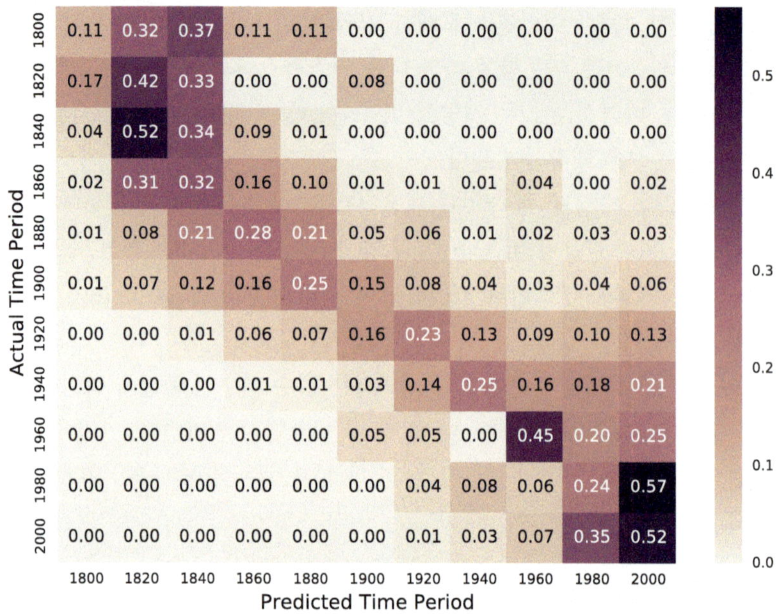

그림 7.7: 문서 연대 결정 시스템의 혼동행렬: 주대각선은 정확한 분류를 나타낸다.

가장 중요한 특징은 대각원소 $C[i, i]$이다. 이 대각원소는 클래스 i에 속하는 인스턴스 중에서 얼마나 많은 (또는 어떤 비율의) 인스턴스가 정확하게 클래스 i로 분류되었는지를 계산한다. 우리는 대각원소의 값이 커지기를 희망한다. 그림 7.7은 강하지만 완벽하지는 않는 대각선을 보여준다. 문서가 정확한 클래스보다는 인접한 기간의 클래스로 더 많이 분류되는 경우가 여러 번이 있다.

그러나 혼동행렬의 가장 흥미로운 특징은 대각선을 따라 있지 *않는* 큰 값 $C[i, j]$이다. 이 값들은 일반적으로 혼동 클래스를 나타낸다. 이 예제에서 행렬은 1900년대 문서의 상당 부분(6%)이 2000년대 문서로 분류되고 아무것도 1800년대 문서로 분류되지 않았음을 보여준다. 이러한 비대칭성은 분류기를 개선하는 방향을 제시한다.

클래스 혼동에 대해서 두 가지 설명이 가능하다. 첫 번째는 분류기의 버그이다. 즉, j와 i를 구별하기 위해 더 열심히 노력해야 한다는 것을 의미한다. 그러나 두 번째는 겸손함이다. 즉 정답이 무엇이 되어야 하는지가 명확하지 않을 정도로 클래스 i와 클래스 j가 겹친다는 것을 깨닫는 것이다. 아마도 글쓰기 스타일은 20년 동안 그렇게 많이 바뀌지 않았을 것이다.

구글 뉴스 예제에서 과학과 기술의 범주 사이의 경계는 매우 모호하다. 상업적 우주비행에 관한 기사는 어디에 속해야 하는가? 구글은 과학이라고 말하지만 나는 기술이라고 말한다. 자주 혼동이 일어나면 두 범주의 결합을 제안할 수 있다. 왜냐하면 두 범주는 구분할 수 없을 정도의 차이를 보여주기 때문이다.

혼동행렬의 희소(sparse) 행은 학습 데이터에서 잘못된 클래스를 나타내며 반면에 희소 열은 분류기가 할당하기를 꺼리는 레이블을 나타낸다. 이것은 이 레이블을 포기하고 두 가지 유사한 범주를 합병해야 한다고 주장한다.

혼동행렬의 행과 열은 다중 클래스에 대한 7.4.1절의 성능 평가 통계량과 유사한 성능 평가 통계량을 제공한다. 정밀도$_i$는 실제로 클래스 i에 속하는 인스턴스인데 클래스 i로 선언된 모든 인스턴스의 비율이다:

$$정밀도_i = C[i,i] / \sum_{j=1}^{d} C[j,i].$$

재현율$_i$는 정확하게 분류된 클래스 i에 속하는 모든 인스턴스의 비율이다:

$$재현율_i = C[i,i] / \sum_{j=1}^{d} C[i,j].$$

7.4.4 값 예측 모형 평가하기

값 예측 문제는 클래스의 수가 무한개인 분류 문제로 생각할 수 있다. 그러나 예측값과 실제값 사이의 거리를 바탕으로 회귀 시스템을 평가하는 좀더 직접적인 방법이 있다.

오차 통계량

수치의 경우 *오차*(*error*)는 예측값 $y' = f(x)$와 실제 결과 y 간의 차이의 함수이다. 값 예측 시스템의 성능을 측정하는 데는 두 가지 결정이 필요하다: (1) 특정 개별 오차함수를 고정하고, (2) 전체 오차 분포를 가장 잘 나타내는 통계량을 선택한다.

주요한 개별 오차함수는 다음과 같다:

- **절대 오차(absolute error):** 값 $\Delta = y' - y$는 단순하고 대칭이라는 장점을 가지고 있으므로 부호는 $y' > y$인 경우와 $y > y'$인 경우를 구별할 수 있다. 문제는 이 값을 요약 통계량에 집계하는 데 있다. -1 및 1과 같은 오차는 시스템이 완벽하다는 것을 의미하는가? 일반적으로 오차의 절대값은 부호를 제거하기 위해 취해진다.

- **상대 오차(relative error):** 오차의 절대값은 관련된 단위를 고려하지 않으면 무의미하다. 어떤 사람의 키를 예측하는 문제에서 밀리미터 단위로 측정할 때 절대오차가 1.2이면 좋지만 마일 단위로 측정할 때 절대오차가 1.2이면 끔찍하다.

  오차를 관측값으로 정규화하면 단위가 없는 양으로서 비율 또는 백분율 $\epsilon = (y - y')/y$로 해석될 수 있다. 절대오차는 y의 값이 작은 인스턴스보다 y의 값이 큰 인스턴스를 더욱더 중요하게 다루며, 상대오차를 계산할 때 편향이 수정된다.

- **제곱 오차(squared error):** 값 $\Delta^2 = (y' - y)^2$은 항상 양수이다. 따라서 이 값들을 합하는 것은 의미가 있다. 큰 오차값은 합계에 불균형적으로 기여한다. $\Delta = 2$에 대한 Δ^2은 $\Delta = 1$에 대한 Δ^2보다 4배 더 크다. 따라서 이상치(outlier)는 대규모 앙상블에서 오차 통계량을 지배할 수 있다.

어떤 값 예측 모형에 대해 절대오차의 히스토그램을 그리는 것은 매우 좋은 아이디어이다. 왜냐하면 히스토그램으로부터 많은 것을 배울 수 있기 때문이다. 분포는 대칭이고 0 주변에 중

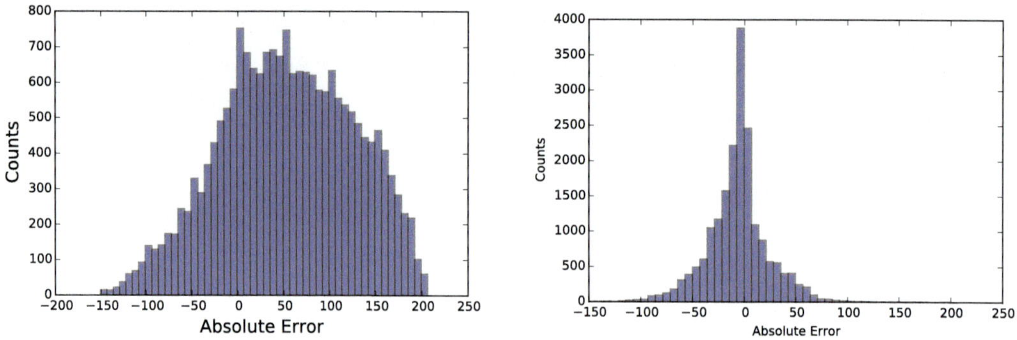

그림 7.8: 문서의 저작권 연도를 예측하는 무작위 추측(왼쪽) 및 나이브 베이즈 분류기(오른쪽)에 대한 오차분포 막대그래프.

심이 존재한다. 모양은 종 모양이어야 하며, 이는 작은 오차가 큰 오차보다 더 흔하다는 것을 의미한다. 그리고 극단적인 이상치는 *드물어야 한다*. 만약 조건중 하나라도 잘못되었다면 예측 절차를 개선할 수 있는 간단한 방법이 존재할 수 있다. 예를 들어, 만약 분포가 0을 중심으로 하지 않는다면 모든 예측값에 상수를 추가하여 결과를 향상시킬 수 있다.

그림 7.8은 단어 사용 분포로부터 문서의 저작권 연도를 예측하기 위한 두 모형에 대한 절대오차의 분포를 나타낸다. 왼쪽 그림은 1800년에서 2005년까지 무작위로 추측하는 원숭이에 대한 오차분포를 보여준다. 우리는 무엇을 확인할 수 있는가? 오차분포는 우리가 예상했듯이 광범위하며 나쁘고 비대칭이다. 훨씬 더 많은 문서가 음의 오차보다 양의 오차를 만든다. 왜 그럴까? 테스트 말뭉치(corpus)에는 오래된 문서보다 현대 문서가 더 많이 포함되어 있으므로 (*연도 − 원숭이_연도*)는 음수보다 양수인 경우가 더 많다. 심지어 원숭이는 분포를 보면서 무엇인가를 배울 수 있다.

반대로, 그림 7.8의 오른쪽 그림은 문서 연도 결정을 위한 나이브 베이즈 분류기에 대한 오차분포를 나타낸다. 이것은 훨씬 좋아 보인다. 0 주위에 뾰족한 봉우리가 있으며 꼬리가 훨씬 짧다. 그러나 0의 왼쪽에서 꼬리가 더 길다. 따라서 여전히 매우 오래된 문서를 현대 문서로 잘못 분류하는 경향이 있다. 왜 그런지 이유를 알아내기 위해 이러한 인스턴스 중 일부를 조사해야 한다.

값 예측 모형의 성능을 비교하기 위해 이러한 오차분포를 단일 숫자로 요약하는 요약 통계량이 필요하다. 일반적으로 사용되는 통계량은 다음과 같이 계산되는 *평균 제곱오차*(*mean squared error*, MSE)이다.

$$MSE(Y, Y') = \frac{1}{n}\sum_{i=1}^{n}(y'_i - y_i)^2$$

평균 제곱오차는 각 항을 제곱하여 더하기 때문에 이상치는 불균형적으로 영향을 미친다. 따라서 중앙값 제곱오차(median squared error)는 잡음이 있는 인스턴스에 대해 보다 유익한 통계량일 수 있다.

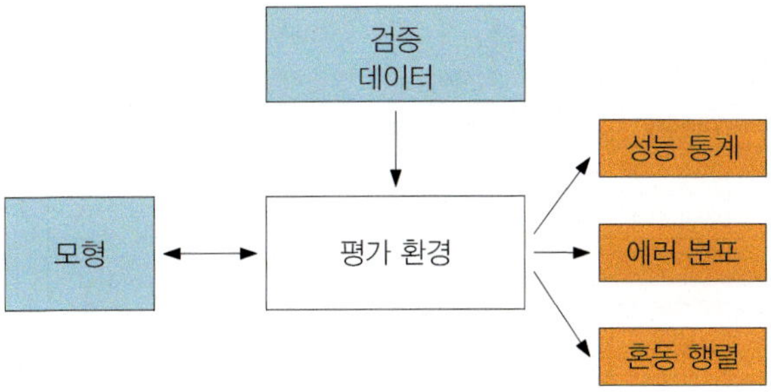

그림 7.9: 기본 모형 평가 환경의 블록 다이어그램.

제곱근 평균 제곱(root mean squared, RMSD) 오차는 단순히 평균 제곱오차의 제곱근이다.

$$RMSD(\Theta) = \sqrt{MSE(Y, Y')}.$$

RMSD의 장점은 표준 편차가 분산보다 해석이 더 쉬운 값인 것과 마찬가지로 원래의 값과 동일한 규모(scale)로 RMSD의 크기를 해석할 수 있다는 것이다. 그러나 RMSD는 이상치가 전체를 왜곡시킬 수 있는 문제를 제거하지는 못한다.

7.5 | 평가 환경

데이터 사이언스 프로젝트의 실질적인 부분은 합리적인 평가 환경을 구축하는 것과 관련되어 있다. 특히 그림 7.9와 같이 평가 데이터에 대해 모형을 실행하고 모형의 효율성에 대한 도표/보고서를 제공하는 *단일-명령 프로그램(single-command program)*이 필요하다.

왜 단일 명령인가? 만약 그것을 실행하는 것이 쉽지 않으면 그것을 자주 시도하지 않을 것이다. 만약 결과를 읽고 해석하기가 쉽지 않으면 노력할 가치가 있는 정보를 수집하지 않을 것이다.

평가 환경에 대한 입력은 관련된 출력 결과/레이블을 갖는 인스턴스의 집합과 테스트중인 모형이다. 시스템은 각 인스턴스에 대해 모형을 실행하며 각 결과를 표준과 비교하고 검정 데이터 집합에 대해 얻은 성능을 보여주는 요약 통계량 및 분포 도표를 출력한다.

좋은 평가 시스템은 다음과 같은 특성을 가진다.

- 이진 결과뿐만 아니라 오차분포도 제공한다: 예측이 옳았는지 그른지 여부만이 아니라 얼마나 근접했는지를 나타낸다. 영감을 얻기 위해 그림 7.8을 생각해 보라.
- 여유가 있을 때 읽을 수 있도록 여러 개의 서로 다른 입력분포에 대한 여러 개의 도표가 있는 보고서를 자동으로 제공한다.
- 성능에 대한 관련 요약 통계량을 출력하므로 품질을 신속하게 측정할 수 있다. 지난번 보다 더 잘하거나 또는 더 못하고 있는가?

예를 들어, 그림 7.10은 이전 절에서 제시된 두 가지 문서-연도 결정 모형에 대한 평가 환경

	Dataset	Method	MAE	MedAE	Acc
0	NYTimes	Random	73.335463	65.0	0.004895
1	COHA_Fiction_100	Random	79.865017	72.0	0.005287
2	COHA_Fiction_500	Random	80.505849	74.0	0.003825
3	COHA_Fiction_1000	Random	80.604837	72.0	0.003825
4	COHA_Fiction_2000	Random	79.845332	72.0	0.005737
5	COHA_News_100	Random	66.539239	59.0	0.005461
6	COHA_News_500	Random	66.267091	59.0	0.005461
7	COHA_News_1000	Random	66.077670	57.5	0.004956
8	COHA_News_2000	Random	66.225526	58.0	0.005057

	Dataset	Method	MAE	MedAE	Acc
0	NYTimes	NB	21.306301	14	0.029728
1	COHA_Fiction_100	NB	32.302025	22	0.041732
2	COHA_Fiction_500	NB	25.428234	14	0.050056
3	COHA_Fiction_1000	NB	23.493926	13	0.053656
4	COHA_Fiction_2000	NB	22.493363	12	0.054781
5	COHA_News_100	NB	19.384001	14	0.030845
6	COHA_News_500	NB	16.657565	12	0.034891
7	COHA_News_1000	NB	16.282261	12	0.035093
8	COHA_News_2000	NB	16.220065	12	0.035599

그림 7.10: 원숭이(왼쪽)와 나이브 베이즈 분류기(오른쪽)를 비교하여 문서의 저작권 연도를 예측하는 평가 환경 결과.

의 결과를 보여준다. 작업은 단어 사용으로부터 주어진 문서의 저작권 연도를 예측하는 것임을 상기하라. 주목할 만한 것은 무엇인가?

- 유형별로 세분화된 검정 데이터 집합: 입력을 9개의 별도 부분집합, 일부 뉴스 및 일부 픽션, 그리고 길이가 100개 내지 2000개 단어 길이로 분할된 평가 환경을 관찰하라. 따라서 한눈에 각각의 일을 얼마나 잘 하는지 따로 볼 수 있다.
- 난이도의 논리적 진전: 더 긴 문서보다 더 짧은 문서로부터 연도를 결정하는 것이 분명히 더 어렵다. 더 어려운 경우와 더 작은 경우를 분리함으로써 오차의 근원을 더 잘 이해할 수 있다. 100에서 500 단어로 이동하면서 나이브 베이즈에서 큰 발전을 볼 수 있다. 그러나 이러한 발전은 2000 단어 이전에 포화상태가 된다.
- 문제에 적합한 통계량: 평균 및 중앙값 절대오차 및 정확도만 출력하고 모든 가능한 오차 척도를 출력하지 않았다(얼마나 자주 정확하게 연도를 맞추었는가?). 이것으로 충분히 뉴스가 픽션보다 쉽고, 모형이 원숭이보다 훨씬 뛰어나고 그리고 실제 연도를 정확하게(정확도에 의해 측정된) 맞출 확률이 너무 낮아 걱정할 필요가 없다는 것을 알 수 있다.

이 평가는 결코 보지 않을 숫자로 우리를 압도하지 않고 우리가 어떻게 하고 있는지를 알기 위해 필요한 정보만을 제공한다.

7.5.1 평가를 위한 데이터 청결

평가는 여러분이 자신을 속이지 않을 때만 의미가 있다. 사람들이 훈련, 테스트 및 평가 데이터 간의 차이를 놓치면서 훈련되지 않은 방법으로 모형을 평가할 때 끔찍한 일이 발생한다.

예측 모형을 구축하기 위해 데이터 집합을 만들 때 첫 번째 작업은 입력을 세 부분으로 분할하는 것이다.

- **훈련 데이터(training data):** 훈련 데이터는 여러분이 완전히 자유롭게 다룰 수 있는 것이다. 이것을 사용하여 도메인을 연구하고 모형의 매개변수를 설정하라. 일반적으로 전체 데이터 집합의 약 60%가 훈련에 사용되어야 한다.
- **테스트 데이터(test data):** 전체 데이터 집합의 약 20%로 구성되는 테스트 데이터는 모형이 얼마나 우수한지 평가하는 데 사용된다. 일반적으로 사람들은 여러 가지 기계학습 방법 또는 매개변수의 기본적 설정을 사용하여 실험을 수행한다. 따라서 테스트 데이터를 사용하여 동일한 작업에 대해 서로 다른 모형의 성능을 입증할 수 있다.

  모형을 테스트하는 것은 일반적으로 우리가 원하는 만큼 성능이 좋지 않다는 것을 보여줌으로써 모형의 개선을 촉발시킨다. 훈련 데이터 대비 테스트 데이터에 대해 성능이 좋지 않다는 것은 모형이 과대적합되었다는 것을 의미한다.
- **평가 데이터(evaluation data):** 제품 생산 직전에 최종 모형의 성능을 확인하기 위해 데이터의 마지막 20%를 준비한다. 이것은 실제로 필요할 때까지 결코 개방하지 않은 경우에만 효과가 있다.

이러한 분할을 시행하는 이유는 분명해야 한다. 만약 학생들이 미리 시험 답안의 핵심을 볼 수 있다면 학생들은 시험을 훨씬 더 잘 볼 수 있을 것이다. 왜냐하면 학생들이 무엇을 공부해야 할지 정확히 알 수 있기 때문이다. 그러나 이것은 실제로 학생들이 얼마나 많이 공부를 했는지를 반영하지 못할 것이다. 테스트 데이터를 훈련 데이터와 별도로 유지하면 테스트에서 모형이 이해하는 것에 대해 중요한 무언가를 측정할 수 있다. 그리고 모형이 안정화된 후에 만 사용하기 위해 최종 평가 데이터를 별도로 확보해두면 테스트 데이터 집합의 세부 사항이 모형으로 유출되지 않는다. 평가 데이터 집합은 최종 모형의 유효성을 평가하기 위한 표본외(out-of-sample) 데이터로 사용된다.

데이터의 분할을 만들 때 바람직하지 않은 분할을 만들지 않거나 또는 바람직한 분할을 파괴하지 않도록 주의해야 한다. 파일을 주어진 순서대로 분할하는 것은 위험하다. 왜냐하면 훈련 데이터 및 검정 데이터 집합 사이에 구조적 차이가 있으면 모형이 제대로 수행되지 못하기 때문이다.

그러나 미래의 주가를 예측하기 위한 모형을 구축한다고 가정해 보자. 처음 60%의 시간 동안 모든 표본 대신 훈련 데이터로 모든 시간 기록에 대한 표본의 60%를 무작위로 선택하는 것은 위험하다. 왜 그럴까? 훈련 데이터를 사용하여 시장에서 주가가 상승 또는 하강하는 것을 "학습"한 다음 이 통찰력을 사용하여 같은 날 다른 주식에 대해 가상 예측을 한다고 가정해 보자. 이 모형은 실제보다 테스트 데이터에 대해서 훨씬 우수한 성능을 보여준다. 적절한 표본 추출 기법은 매우 중요하며 5.2절에서 논의되었다.

평가 데이터를 사용하자마자 그것을 망치기 때문에 평가 데이터를 가능한 오랫동안 사용하지 않고 유지하는 것은 필수적이다. 여러분이 농담의 핵심이 되는 구절을 이미 알고 난 후 두 번째로 들을 때는 그 농담은 재미가 없다. 만약 테스트 데이터 및 평가 데이터 집합의 무결성을 잃어버렸다면 최상의 해결책은 새로운 표본외 데이터로 시작하는 것이다. 그러나 이 해결책이 항상 사용 가능한 것은 아니다. 그렇지 않으면 무작위로 전체 데이터 집합을 훈련 데이터, 테스트 데이터 및 평가 데이터로 다시 분할하고 모든 모형을 처음부터 다시 학습하여 프로세스를 재부팅하라. 그러나 이것은 불행한 결과로 인식되어야 한다.

7.5.2 작은 평가 집합을 확대하기

입력을 훈련 데이터, 테스트 데이터, 평가 데이터 집합으로 분할하는 아이디어는 충분히 큰 데이터 집합에 대해서만 의미가 있다. 여러분이 원하는 대로 10만개의 인스턴스를 가지고 있다고 가정하자. 10만개의 인스턴스에 대한 학습과 6만개의 인스턴스에 대한 학습 사이에는 질적인 차이가 없을 것이기 때문에 엄격한 평가를 하는 것이 더 좋다.

그러나 만약 여러분이 수십 개의 인스턴스만 가지고 있다면 어떻게 될까? 이 책을 쓰는 시점에서 미국 대통령은 45명에 불과했기 때문에 이들에 대한 분석은 아주 작은 표본 통계량을 보여준다. 새로운 인스턴스는 4년마다 한 번씩 매우 느리게 생겨난다. 의학실험에서도 유사한 문제가 발생하는데, 이 실험을 실행하는 데 매우 비용이 많이 들기 때문에 100명 미만의 환자에 대한 데이터를 산출할 수 있다. 인간의 주석을 필요로 하는 어떤 응용문제도 결국 우리가 원하는 것보다 적은 양의 훈련 데이터를 얻게 될 것이다.

검정을 위해 데이터의 일부를 포기할 수 없을 때 무엇을 할 수 있는가? *교차검증*(*cross validation*)은 데이터를 k개의 동일한 크기의 부분으로 분할한 다음 k개의 서로 다른 모형을 훈련한다. 모형 i는 블록 i를 제외한 모든 블록의 합집합을 사용하여 훈련하고, 별도로 확보해 놓은 블록 i에 적용하여 검정한다. 이러한 k개의 분류기의 평균 성능은 전체 모형에 대한 추정 정확도로 간주된다.

교차검증의 극단적인 경우는 *하나남기기*(*leave one out*) *교차검증*이다. 이 기법은 분류기가 좋은지 아닌지를 결정하기 위해 n개의 인스턴스 중에서 하나를 뺀 나머지 $n-1$개의 인스턴스를 사용하여 훈련한 후 뺀 한 개의 인스턴스에 적용하여 검정하는 기법이다. 즉, $k=n$인 경우의 교차검증이다. 이 기법은 훈련 데이터의 양을 극대화하면서 평가할 대상을 남겨 둔다.

교차검증의 진정한 장점은 평균뿐만 아니라 성능의 표준편차도 제공하는 것이다. 데이터의 특정 부분집합에 대해 훈련된 각 분류기는 다른 분류기와 약간 다를 것이다. 더욱이 각 분류기에 대한 검정 데이터가 다르기 때문에 결과적으로 성능 점수가 달라진다. 평균과 표준편차를 한 쌍으로 결합하고 정규성을 가정하면 성능분포를 얻을 수 있으며 결과를 얼마나 잘 신뢰할 수 있는지에 대해 더 잘 알 수 있다. 따라서 여러 개의 분할을 만들고 재훈련을 할 수 있기 때문에 *대용량* 데이터 집합에 대해서도 교차검증을 수행할 가치가 있다. 이 기법은 모형이 양호하다는 것에 대한 신뢰도를 높여준다.

교차검증으로 인한 k개의 모형 중에서 최종 결과로 어떤 것을 선택해야 하는가? 아마도 검정 데이터에 대해 가장 성능이 좋은 것을 사용할 수 있을 것이다. 그러나 더 좋은 대안은 *모든* 데이터에 대해 다시 학습을 하고 덜 아낌없이 학습된 모형만큼이나 좋을 것이라고 믿는 것이다. 이것이 이상적인 것은 아니지만 만약 충분한 데이터를 얻을 수 없다면 여러분이 얻은 것을 가지고 최선을 다해야 한다.

훈련 및 평가를 위해 소규모 데이터 집합을 확대하는 데 도움이 될 수 있는 몇 가지 다른 아이디어가 있다.

- **사전분포로부터 음성 인스턴스를 만들어라:** 분류기를 구축하여 누가 대통령후보자가 될 자격이 있는지 파악하고자 한다고 가정하자. 대통령후보자(양성 인스턴스)에 대한 실제 사례는 거의 없다. 그러나 엘리트 집단이 너무 작아 임의의 사람(random person)은 거의 확실하게 자격이 없을 것이다. 양성 인스턴스가 드물 때 다른 모든 인스턴스들은 음성일 가능성이 매우 높으며, 필요에 따라 훈련 데이터를 제공하기 위해 레이블을 붙일 수 있다.
- **비슷하지만 인공적인 인스턴스를 만들기 위해 실제 인스턴스를 교란하라:** 과대적합을 피하기 위한 유용한 비결은 레이블이 있는 인스턴스를 왜곡하기 위해 랜덤 잡음을 추가하여 새로운 훈련 데이터의 인스턴스를 만드는 것이다. 그런 다음 원래 결과 레이블을 새로운 인스턴스로 유지한다.

  예를 들어, 스캔한 문자를 인식하도록 광학 문자 인식(OCR) 시스템을 학습하려고 한다고 가정하자. 어떤 사람이 수백 개의 문자 이미지에 레이블을 붙이는 임무를 부여받았다. 우리는 잡음을 무작위로 추가하고, 관심 영역을 회전/평행이동/확장시킴으로써 이 임무를 수백만 개의 이미지로 확대할 수 있다. 이러한 인공 데이터에 대해 학습된 분류기는 원래 주석이 달린 데이터로 제한된 분류기보다 훨씬 더 강인하다.
- **할 수 있는 한 부분적 신용을 주어라:** 훈련 및 테스트 인스턴스가 원하는 것보다 적으면 각 인스턴스로부터 가능한 한 많은 정보를 짜내야 한다.

  분류기가 제안된 레이블 외에 결정에 대한 신뢰도를 측정하는 값을 출력한다고 가정하자. 신뢰 수준은 분류기가 레이블을 정확하게 맞추었는지를 넘어서 분류기를 평가할 수 있는 추가적인 해석을 제공한다. 대선 관련 문제에 대해 부정확한 신뢰도 값을 가지고 32명을 정확하게 맞추고 13명을 틀리게 맞춘 분류기보다 정확한 신뢰도 값을 가지고 30명을 정확하게 맞추고 15명을 틀리게 맞춘 분류기를 훨씬 더 신뢰한다.

7.6 | 전쟁 이야기: 100% 정확도

반바지와 운동화에 어울리지 않는 어두운 파란색 정장을 입고 있는 두 사업가는 대학에서 약간 불편해 보였다. 그들의 이름은 파블로와 후안이었다. 그들은 그들의 비전을 현실로 만들기 위해 우리가 필요했다.

"비즈니스 세계는 여전히 서류상으로 작동한다."라고 파블로는 설명했다. 그는 어두운 색의 정장을 입은 사람이었다. "우리는 아직 종이에 인쇄된 월스트리트의 모든 금융 문서를 디지털화하는 계약을 맺고 있다. 컴퓨터가 스캔을 하도록 하려면 우리에게 많은 돈을 지불해야 한다. 지금 그들은 단지 그들이 그 일을 제대로 했는지 확인하기 위해서 각 문서를 세 번 타이핑할 사람들을 고용한다."

그것은 흥미롭게 들렸으며 그들은 그것을 실현시킬 자원을 가지고 있었다. 그러나 한 가지 주의 사항이 있었다. "우리 시스템은 어떤 오류도 만들어 낼 수 없다. 가끔 '모른다'라고 말할 수는 있다. 그러나 시스템이 문자를 분류할 때마다 100% 정확해야 한다."

"문제 없다." 저자는 그들에게 말했다. "100% 정확도를 *나는 장담할 수 없다*, 그리고 나는 여러분의 설계명세서에 맞는 시스템을 설계할 수 있다."

파블로는 눈살을 찌푸렸다. "그러나 그것은 많은 돈이 들 것이다. 우리가 만들고 싶은 시스템 안에서 이미지 *I don't know*는 인간 운영자들이 읽을 수 있도록 운영자들에게 전달된다. 그러나 우리는 모든 것을 읽도록 그들에게 돈을 지불할 여유가 없다."

저자와 동료들은 그 일을 하기로 동의했으며 시간이 지나면서 합리적인 OCR 시스템을 처음부터 개발하였다. 그러나 한 가지가 나를 귀찮게 했다.

"당신에게 돈을 준 월스트리트 사람들은 영리하지 않는가?"라고 어느 날 나는 파블로에게 물었다.

"채찍처럼 똑똑하다."라고 그는 대답했다.

"그러면 여러분이 100% 정확한 OCR 시스템을 구축할 수 있다고 말했을 때 어떻게 그들이 그것을 믿을 수 있었을까?"

"그들은 내가 전에 그 일을 했었다고 생각했기 때문이다."라고 그는 웃으며 말했다.

파블로의 이전 회사는 그 당시 텔레비전 모니터로부터 가격 데이터를 디지털화 하는 박스를 만든 것으로 보인다. 이 경우 문자들은 모두 같은 글꼴과 크기로 만들어진 정확한 비트 패턴이었다. TV 신호는 이미징, 불완전한 형태의 프린터 잉크 얼룩, 짙은 반점 또는 접힌 부분에서 전혀 오류가 없는 디지털 신호였다. 불확실성의 원인이 없기 때문에 완벽한 비트 패턴(이미지)과 또 다른 완벽한 비트 패턴(장치 글꼴의 문자) 간의 정확한 일치를 테스트하는 것은 간단한 일이었다. 그러나 비록 두 문제 모두 문자를 읽는 것과 관련이 있다 하더라도 이 문제는 OCR과는 아무 상관이 없다.

우리의 합리적인 OCR 시스템은 비즈니스 문서로 할 수 있는 일을 했다. 그러나 물론 100% 정확도를 얻을 수는 없었다. 마침내 월스트리트 사람들은 다시 사업을 필리핀으로 가져갔다. 그곳에서 각 문서를 입력하기 위해 3명을 고용하였으며 입력 결과가 일치하지 않는 경우 3명 중 2명의 결과가 일치할 때 그것으로 결정했다.

우리는 방향을 바꿔 식료품점 쿠폰의 약속에 이끌려 소비자가 제출한 손글씨로 작성한 설문양식을 읽는 사업에 들어갔다. 이 문제는 더 어려웠지만 위험 부담이 그다지 높지 않았다: 그들은 우리에게 한 설문지당 고작 0.22달러를 지불하였는데 완벽을 기대하지 않았다. 우리는 교도소 노동력을 사용하여 데이터를 입력하였다. 우리는 죄수들 중 한 명이 설문양식에서 발견한 주소로 협박 편지를 보냈을 때 잠시 휴식을 취했다. 그러나 우리의 자동화조차도 이러한 양식을 한 번에 0.40달러 미만의 비용으로 읽을 수 없었다.

여기서의 근본적인 교훈은 모든 합리적인 문제에 대해 어떤 패턴인식 시스템도 항상 100% 정확도를 가지지는 않는다는 것이다. 절대로 틀리지 않는 유일한 방법은 예측을 하지 않는 것이다. 시스템을 더 잘 활용하기 위해 시스템이 얼마나 잘 작동하고 어디에서 실수를 하는지를 측정하기 위해 세심한 평가가 필요하다.

7.7 | 모의실험 모형

데이터 중심 모형은 아니지만 광범위하게 다양한 현상을 이해하는 데 매우 중요한 것으로 판명된 원리우선 모형의 중요한 클래스가 있다. *모의실험(simulation)*은 실세계 시스템과 프로세스를 복제하려고 하는 모형이므로 이들의 행동을 관찰하고 분석할 수 있다.

모의실험은 시스템에 대한 우리의 이해의 타당성을 입증하는 데 중요하다. 시스템의 동작 복잡성을 파악하는 간단한 모의실험은 시스템이 어떻게 작동하는지 오컴의 면도날로 설명해야 한다. 유명한 물리학자 리차드 파인만(Richard Feynman)은 "내가 만들 수 없는 것은 나는 이해할 수 없다."라고 말했다. 모의실험을 할 수 없고 관측된 결과에서 일정 수준의 정확성을 얻을 수 없는 것을 여러분은 이해할 수 없다.

*몬테카를*로 모의실험은 대체 현실을 인공적으로 만들기 위해 난수를 사용한다. 약간 불안정한 조건 하에서 한 사건(event)을 수백만 번 복제하면 결과 집합에 대한 확률분포를 생성할 수 있다. 이것은 통계적 유의성에 대한 순열검정의 아이디어였다. 우리는 또한 5.5.2절에서 무작위 동전 던지기는 타자가 안타를 쳤거나 또는 아웃(out) 되었을 때를 모방할 수 있음을 보았다. 따라서 모의 경력을 만들고 그 경력에서 어떤 일이 일어났는지를 관찰할 수 있었다.

효과적인 몬테카를로 모의실험을 구축하기 위한 핵심은 적절한 이산(discrete) 사건 모형을 설계하는 것이다. 모형은 각 결정 또는 사건 결과를 복제하기 위해 새로운 난수를 사용한다. 여러분은 이동(transportation) 모형에서 왼쪽으로 갈지 아니면 오른쪽으로 갈지 결정해야 할 수도 있다. 이때 동전을 던져라. 건강 모형 또는 보험 모형은 특정 환자가 오늘 심장마비를 일으킬지 여부를 결정해야 할 수도 있다. 이때 적절한 가중치를 가진 동전을 던져라. 금융 모형에서 주가는 매 순간마다 상승하거나 또는 하강할 수 있다. 이것은 다시 동전 던지기 문제가 될 수 있다. 농구선수는 슛을 성공하거나 또는 실패할 수도 있다. 슛의 성공 여부는 슈팅 실력과 수비수의 능력에 따라 달라질 가능성이 있다.

이러한 모의실험의 정확도는 앞면과 뒷면에 할당된 확률에 따라 달라진다. 이것은 각 결과가 얼마나 자주 발생 하는지를 관리한다. 50/50을 의미하는 공정한 동전을 사용하는 것에만 국한되지 않는다. 대신 확률은 모형의 상태를 고려한 사건 발생 가능성의 가정을 반영할 필요가 있다. 이러한 매개변수는 데이터에서 사건이 발생할 때마다 사건의 분포를 관찰함으로써 통계분석을 사용하여 설정된다. 몬테카를로 모의실험의 가치 중 하나는 특정 매개 변수를 변경하고 어떤 일이 발생하는지를 보여줌으로써 대체 현실과 놀 수 있게 해준다.

효과적인 모의실험의 중요한 측면은 평가이다. 프로그래밍 오류와 모형화의 부적절함은 흔히 있는 일이다. 따라서 이러한 일이 발생하면 어떤 모의실험도 받아들여질 수 없다. 핵심은 시스템의 관측값들의 하나 이상의 클래스를 모형에 직접 통합하지 못하게 하는 것이다. 이것은 표본밖 데이터에 대한 동작을 제공하므로 우리는 모의실험 결과의 분포를 이러한 관측값들과 비교할 수 있다. 만약 그들이 일치하지 않는다면 여러분의 모의실험은 그저 거짓일 뿐이다. 모의실험을 사용하지마라.

7.8 | 전쟁 이야기: 계산된 베팅

도박이 있는 곳에 돈이 있고 그리고 돈이 있는 곳에 모형이 있다. 어린 시절 플로리다로 가족 여행을 하는 동안 저자는 하이알라이 스포츠에 대한 열정을 키웠다. 그리고 어른이 되어 수리적 모형을 구축하는 방법을 배우면서 나는 스포츠에 대한 수익성 높은 베팅 시스템을 개발하는 것에 집착하게 되었다.

하이알라이는 바스크(Basque)가 기원인 스포츠이다. 적대적 선수들 또는 팀들 중 한 명 또는 한 팀이 마침내 공을 놓치고 점수를 잃을 때까지 그들이 공을 벽에 던지고 그것을 잡는 것을 교대로 하는 스포츠이다. 던지기와 잡기는 바구니 또는 *세스타*(*cesta*)로 이루어지고, 공 또는 *펠로타*(*pelota*)는 염소가죽과 단단한 고무로 만들어지며, 벽은 화강암이나 콘크리트로 되어 있다. 이러한 구성 요소들은 빠르고 흥미진진한 행동을 만들어 낸다. 그림 7.11을 참고하라. 미국에서 하이알라이는 경기 결과에 대한 도박을 허용하는 플로리다주와 가장 관련이 많다.

하이알라이를 특별히 흥미롭게 만드는 점은 유일하고 *매우* 독특한 점수 시스템이다. 하이알라이의 각 시합(match)은 선수들의 경기 순서를 반영하기 위해 1부터 8까지 번호가 매겨진 8명의 선수들을 필요로 한다. 각 시합은 선수 1과 선수 2가 경기를 하고 나머지 선수들은 줄 서서 참을성 있게 기다리는 것으로 시작된다. 모든 선수들은 각각 0점으로 게임을 시작한다. 시합에서 각 점수는 두 명의 선수, 즉 승자가 될 선수 및 패자가 될 선수와 관련이 있다. 패자는 라인의 끝에 가는 반면 승자는 시합의 승리를 주장할 정도로 충분히 점수를 축적할 때까지 자기의 점수를 합계에 더하고 다음 점수를 기다린다.

이러한 득점 시스템이 모든 다른 선수들에게 똑같이 공정하지 않을 것이라는 것은 어린 나에게도 분명했다. 대기열에서 여러분이 경기를 일찍부터 시작하면 여러분은 더 많은 경기를 할 수 있는 기회를 얻게 되고, 심지어 선수들이 시합 후반에 점수의 가치를 두 배로 증가시키기 위해 추가한 클러지(kludge)조차도 득점 시스템을 완벽하게 고칠 수 없다. 그러나 이러한 편향의 강점을 이해하면 나는 내기에서 유리할 수 있다.

하이알라이를 위한 베팅 시스템을 구축하고자 하는 저자의 노력은 매우 독특한 득점 시스템을 모의실험하면서 시작되었다. 하이알라이 시합은 다음과 같은 흐름 구조로 설명되는 일련의

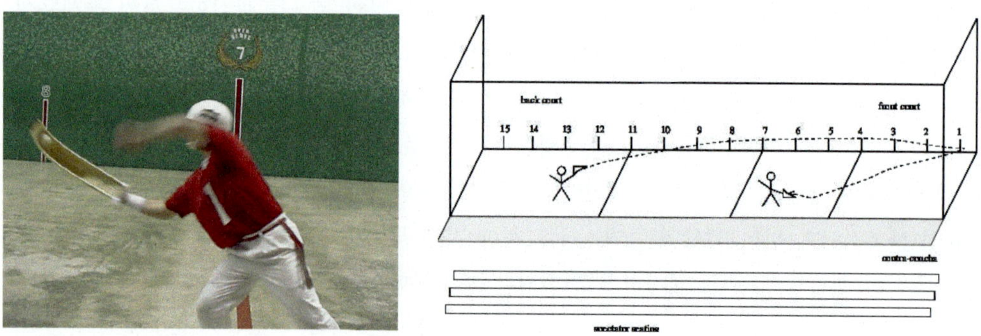

그림 7.11: 하이알라이(jai-alai)는 핸드볼처럼 빠르고 흥미진진한 볼 게임이지만 베팅을 할 수 있다.

이산 사건으로 구성된다:

> 현재 선수들을 1과 2로 초기화하라.
> 선수 대기열을 {3, 4, 5, 6, 7, 8}로 초기화하라.
> 각 선수의 점수 합계를 0으로 초기화하라.
> 현재 승자의 점수가 7점 미만인 한 다음을 진행하라
> {
> 누가 다음 점수를 얻는지를 결정하기 위해 난수를 선택하라.
> 모의실험한 점수의 우승자의 합계에 1을 더하라
> (또는 7번째 점수를 초과할 경우 2를 더하라).
> 모의실험한 점수의 패자를 대기열의 끝에 배치하라.
> 대기열의 맨 앞에 있는 선수를 다음 선수로 결정하라.
> }
> 현재 점수의 승자를 시합의 승자로 결정하라.

여기서 더 정교하게 해야 할 유일한 단계는 두 선수 사이의 점수를 모의실험하는 것이다. 만약 시뮬레이션의 목적이 득점 시스템의 편향이 시합 결과에 어떻게 영향을 미치는지 확인하는 것이 라면 모든 선수가 똑같이 실력이 있는 경우를 고려하는 것이 가장 합리적이다. 각 선수에게 자신과 관련된 각 점수를 얻을 50/50 확률을 주기 위해 우리는 누가 승자가 되고 누가 패자가 되는지를 결정하는 동전을 던질 수 있다.

저자가 좋아하는 프로그래밍 언어로 하이알라이 모의실험을 구현하였고 1,000,000개의 하이알라이 게임에서 모의실험을 실행했다. 모든 선수들이 똑같이 실력이 있다는 가정 하에 모의실험은 각 베팅 결과가 얼마나 자주 수익을 냈는지를 설명하는 통계량의 표를 생성하였다. 그림 7.12는 8개의 시작 위치 각각에 대한 모의실험된 승리의 회수를 설명한다. 이 표에서 어떤 통찰력을 얻을 수 있는가?

Position	Simulated Wins	Simulated % Wins	Observed Wins	Observed % Wins
1	162675	16.27%	1750	14.1%
2	162963	16.30%	1813	14.6%
3	139128	13.91%	1592	12.8%
4	124455	12.45%	1425	11.5%
5	101992	10.20%	1487	12.0%
6	102703	10.27%	1541	12.4%
7	88559	8.86%	1370	11.1%
8	117525	11.75%	1405	11.3%
	1,000,000	100.00%	12,383	100.0%

그림 7.12: 하이알라이 모의실험에서 관측된 승리 편향은 실제 시합에서 관측된 결과와 잘 일치한다.

- 위치 1과 위치 2는 나머지 위치들보다 상당한 이점을 가진다. 위치 1과 위치 2의 선수들은 누구나 위치 7의 선수보다 1위, 2위, 3위를 할 가능성이 거의 두 배나 더 높다.
- 위치 1과 위치 2는 본질적으로 동일한 빈도수로 승리한다. 두 선수 모두 대기열 대신에 코트에서 게임을 시작하기 때문에 이것은 당연한 일이다. 선수 1과 선수 2가 매우 유사한 통계량을 가지고 있다는 사실은 모의실험의 정확성에 대한 우리의 신뢰도를 증가시킨다.
- 우리가 "단지" 100만 게임을 모의실험 했기 때문에 위치 1과 위치 2는 *동일한* 통계량을 가지고 있지 않다. 만약 여러분이 백만 번 동전을 던진다면 정확히 절반의 앞면과 절반의 뒷면이 나오지 않을 것이다. 그러나 우리가 동전을 더 많이 던지면 던질수록 앞면과 뒷면의 *비율*은 50/50에 가까워져야 한다.

  선수 1과 선수 2 사이의 모의실험 차이는 모의실험의 정확성에 대한 *제한 사항(limitations)*에 대해 알려준다. 우리는 관측된 값의 작은 차이에 의존하는 어떤 결론도 신뢰해서는 안된다.

모의실험의 정확성을 검증하기 위해 우리는 우리의 결과를 그림 7.12에서 12,000개 이상의 하이알라이의 실제 결과에 대한 통계량과 비교하였다. 표본 크기가 작은 상황에서도 결과는 기본적으로 모의실험과 일치한다. 위치 1과 위치 2는 실제 시합에서 가장 많이 승리를 했고 위치 7은 가장 적게 승리를 했다.

이제 우리는 하이알라이에서 각 베팅 기회가 수익을 낼 확률을 알았다. 이제 돈을 벌 준비가 되었는가? 불행히도 그렇지 않다. 위치가 하이알라이 시합의 결과를 결정하는 주요한 요인이라는 것을 우리가 입증했음에도 불구하고 책임감 있게 베팅하기 전에 극복해야 할 몇 가지 장애물을 여전히 가지고 있다.

- **선수 기술의 영향:** 분명히 좋은 선수는 자신의 위치에 상관없이 나쁜 선수보다 우승할 가능성이 높다. 하이알라이 시합의 결과를 예측하는 더 좋은 모형은 기술 수준을 대기열 모형에 포함시키는 것은 분명하다.
- **도박을 하는 대중들의 정교함:** 내가 알기 전에 많은 사람들이 위치 편향의 영향을 알았다. 사실, 데이터 분석에 따르면 하이알라이 도박을 하는 대중들은 위치의 영향을 크게 고려한 것으로 나타났다. 그러나 다행스럽게도 우리에게는 완전히 의미가 있는 것은 아니다.
- **하우스 컷:** 하이알라이 경기장은 베팅풀의 약 20%를 하우스 비율로 유지한다. 따라서 손익이 0이 되도록 우리는 평균적인 도박꾼보다 훨씬 더 잘해야만 했다.

저자의 모의실험은 어떤 결과가 가장 가능성이 있는지에 대한 정보를 제공했다. 모의실험은 최고의 베팅이 무엇인지를 스스로 식별하지는 못했다. 좋은 베팅은 사건의 발생 가능성과 그것이 발생할 때의 수익에 따라 달라진다. 도박에 참여하는 나머지 대중에 의해 수익이 결정된다. 최고의 베팅을 찾으려면 훨씬 더 노력해야 한다.

- 우리는 누가 더 좋은 선수인지 결정하기 위해 과거의 시합 데이터를 분석해야 했다. 일단 우리가 누가 더 좋은 선수인지 알게 되면 각각의 시합에 대한 모의실험을 더 정확하게 만들기 위해 우리는 모의실험의 동전 던지기에 편향될 수 있다.
- *다른* 도박꾼들의 선호도를 모형화하기 위해 우리는 수익 데이터를 분석해야 했다. 하이알라이에서는 일반 대중을 상대로 베팅을 하고 있기 때문에 특정 내기에 대한 수익을 예측하기 위해 그들의 생각을 모형화할 수 있어야 한다.
- 우리는 하우스 컷이 베팅풀에 미치는 영향을 모형화해야 했다. 수익성이 있는 특정 베팅은 여러분이 이러한 비용을 고려할 때 적자로 돌아간다.

결론은 초기 판돈으로 544%의 수익을 올리며 우리가 그것을 해냈다는 것이다. 우리의 도박 시스템에 관한 전체 기사는 저자의 책 "계산된 베팅(*Calculated Bets*)"[Ski01]에 소개되어 있다. 그것을 확인하라. 틀림없이 마음에 들 것이다. 성공적인 모형에 대해 읽는 것이 재미있지만 모형을 만드는 것은 훨씬 더 재미있다.

7.9 | 장 노트

실버(Silver) [Sil12]는 모형의 복잡성과 다양한 영역의 예측을 위한 훌륭한 소개이다. 수리적 모형화 문제에 관한 교과서에는 벤더(Bender) [Ben12]와 지오다노(Giordano) [GFH13]가 포함된다.

구글 독감 트렌드 프로젝트는 빅데이터 분석의 역량과 제한 사항에 대한 훌륭한 사례 연구이다. 원래 설명을 위해 긴즈버그(Ginsberg) 등 [GMP+09]을 참고하고, 모든 것이 어떻게 잘못되었는지에 대한 매력적인 사후 분석을 위해 레이저(Lazer) 등 [LKKV14]을 참고하라.

7.6절에 소개된 OCR 시스템의 기술적 측면은 사자클리스(Sazaklis) 등 [SAMS97]에 설명되어 있다. 저작권 연도 결정에 대한 연구 및 관련 평가환경 예제는 저자의 학생들인 비벡 쿨카니(Vivek Kulkarni), 파쓰 단디월라(Parth Dandiwala) 및 잉타오 티엔(Yingtao Tian) [KTDS17]에서 제공한다.

7.10 | 연습문제

모형의 특성

7-1. *[3]* 양자 물리학은 뉴턴 물리학보다 훨씬 더 복잡하다. 어느 모형이 오컴의 면도날 검정을 통과하는가? 그 이유는?

7-2. [5] 관심있는 모형들의 집합을 식별하라. 이들 각각에 대해 모형이 어떤 특성을 가지는지 결정하라.

(a) 이들이 이산 모형 또는 연속 모형인가?

(b) 이들이 선형 모형 또는 비선형 모형인가?

(c) 이들이 블랙박스 모형 또는 기술 모형인가?.

(d) 이들이 일반적 모형 또는 특수 목적 모형인가?

(e) 이들이 데이터 중심 모형 또는 원리 우선 모형인가?

7-3. *[3]* 실제로 사용된 원리 우선 모형 및 데이터 중심 모형의 예를 제시하라.

7-4. *[5]* 다음 *The Quant Shop* 도전 과제 중 하나 이상에 대해 원리 우선 모형 또는 데이터 중심 모형이 더 유망한 접근 방법인지 여부를 논의하라:

- *미스 유니버스*
- *영화 수입*
- *아기 체중*
- *예술품 경매 가격*
- *크리스마스의 눈*
- *슈퍼볼/대학 챔피언*
- *악귀 풀(Ghoul pool)*
- *미래의 금/오일 가격*

7-5. *[5]* 다음 *The Quant Shop* 도전 과제 중 하나 이상에 대해 전체 문제를 독립적으로 모형화할 수 있는 하위 문제로 분할하라.

- *미스 유니버스*
- *영화 수입*
- *아기 체중*
- *예술품 경매 가격*
- *크리스마스의 눈*
- *슈퍼볼/대학 챔피언*
- *악귀 풀(Ghoul pool)*
- *미래의 금/오일 가격*

평가 환경

7-6. *[3]* 가능한 모든 입력에 대해 *예(yes)*라고 대답하는 분류기를 구축한다고 가정하자. 이 분류기는 어떤 정밀도와 재현율을 얻는가?

7-7. *[3]* 정밀도와 재현율이 무엇인지 설명하라. ROC 곡선과 어떻게 관련되어 있는가?

7-8. *[5]* 너무 많은 위양성 또는 너무 많은 위음성을 갖는 것이 좋은가? 설명하라.

7-9. *[5]* 과대적합이 무엇이고 어떻게 제어하는지 설명하라.

7-10. *[5]* 분류에서 $f \leq 1/2$가 양성 원소의 비율이라고 가정하자. 아래의 특정 평가 척도를 최대화

하기 위해 원숭이가 양성으로 추측할 확률 p는 무엇인가? f의 함수로 나타내어라. 원숭이가 달성하는 p와 기대평가 점수를 모두 보고하라.

(a) 정확도

(b) 정밀도

(c) 재현율

(d) F-점수

7-11. *[5]* 교차검증이 무엇인가? k-겹 교차검증을 위해 k의 올바른 값을 어떻게 선택할 수 있는가?

7-12. *[8]* 모형을 훈련시키기에 충분한 데이터를 수집했는지 어떻게 알 수 있는가?

7-13. *[5]* 왜 훈련 데이터, 테스트 데이터, 검증(validation) 데이터 집합을 필요로 하고 어떻게 이들이 효과적으로 사용되는지 설명하라.

7-14. *[5]* 한 클래스가 매우 드문 이진(binary) 분류기를 훈련시키고 싶다고 가정해 보자. 그러한 문제의 예를 제시하라. 이 모형을 어떻게 훈련시켜야 하는가? 성능을 측정하기 위해 어떤 척도를 사용해야 하는가?

7-15. *[5]* 다음 *The Quant Shop* 도전 과제 중 하나 이상에 대해 기준 모형을 제안하라:

- *미스 유니버스*
- *영화 수입*
- *아기 체중*
- *예술품 경매 가격*
- *크리스마스의 눈*
- *슈퍼볼/대학 챔피언*
- *악귀 풀(Ghoul pool)*
- *미래의 금/오일 가격*

구현 프로젝트

7-16. *[5]* 다음과 같은 유형의 내기가 가능한 사건 중 하나의 결과를 예측할 수 있는 모형을 구축하라 그리고 후방 검정(backtesting)을 통해 이것을 엄격하게 분석하라.

(a) 미식축구, 농구 및 경마와 같은 스포츠.

(b) 축구 경기 또는 NCAA 농구 토너먼트와 같은 여러 이벤트가 포함된 합동 베팅(pooled bet).

(c) 특정 복권, 판타지 스포츠 및 포커와 같은 확률 게임.

(d) 지방선거 및 의회선거에 대한 선거 예측.

(e) 주식 또는 상품 가격 예측/거래.

엄격한 검정을 통해 여러분의 모형이 수익성 있는 도박에 충분히 강하지 않다는 것을 확인할 수 있으며, 이는 100% 맞을 것이다. 정직하라. 모의실험된 베팅을 적용할 때 여전히 이용 가능한 베팅 기회를 반영하기 위해 충분한 가격/확률을 사용하고 있는지 확인하라. 여러분의 모형이 실제로 수익성이 있다는 것을 저자에게 확신시키려면 돈을 조금 보내라. 그러면 당신을 믿을 것이다.

7-17. *[5]* 선호하는 프로그래밍 언어로 모형 평가 시스템을 구축하고 올바른 데이터를 이용하여 특정 문제에 대해 모형을 평가하라. 여러분의 환경은 성능 통계량, 오류 분포 및 혼동 행렬을 적절하게 보고해야 한다.

인터뷰 질문

7-18. *[3]* 다음 사건들의 사전 분포를 추정하라:

(a) 내일 해가 뜰 것이다

(b) 여러분의 나라와 관련된 주요한 전쟁이 내년에 시작될 것이다.

(c) 신생아는 100세까지 살 것이다.

(d) 당신이 결혼할 사람을 오늘 만날 것이다.

(e) 시카고 컵스는 올해 월드시리즈에서 우승할 것이다.

7-19. *[5]* 편향-분산 균형에 대해 이야기할 때 우리는 무엇을 의미하는가?

7-20. *[5]* 어떤 검사는 100%의 진양성 비율과 5%의 위양성 비율을 가진다. 이 모집단에서 1000명 중 1명이 검사가 식별하는 조건을 가지고 있다. 검사에서 양성 반응이 나온다면 이 사람이 실제로 그 조건을 가질 확률은 얼마나 될까?

7-21. *[5]* 좋은 데이터를 갖는 것과 또는 좋은 모형을 갖는 것 중 어느 것이 더 좋은가? 그리고 좋다는 것을 어떻게 정의하는가?

7-22. *[3]* 모형의 민감도를 검정하기 위해 데이터 집합에 잡음을 삽입하는 아이디어에 대해 어떻게 생각하는가?

7-23. *[5]* 어떻게 척도(metric)의 예측 능력을 정의하고 측정하는가?

캐글 도전 과제

7-24. 특정 연구비 신청이 지원되겠는가?

`https://www.kaggle.com/c/unimelb`

7-25. 누가 NCAA 농구 토너먼트에서 우승할까?

`https://www.kaggle.com/c/march-machine-learning-mania-2016`

7-26. 주어진 레스토랑의 연간 판매량을 예측하라.

`https://www.kaggle.com/c/restaurant-revenue-prediction`

CHAPTER

8

선형 대수

> 우리는 종종 수학이 "이론의 증명"으로 구성된다고 듣곤 한다. 작가의 일은 주로 "문장의 작성"에 불과한가?
>
> – 지안-칼로 로타(Gian-Carlo Rota)

데이터 사이언스 프로젝트의 데이터 부분은 여러분이 발견할 수 있는 모든 정보를 가능하면 큰 하나 이상의 데이터 행렬로 축소하는 것이다. 각 행렬의 행은 항목 또는 예제를 나타내고 열은 고유한 특징 또는 속성을 나타낸다.

선형 대수는 행렬의 수학으로, 수의 배치의 특성들과 그에 대해 적용되는 연산들을 다룬다. 이러한 이유로 인해 선형 대수는 데이터 사이언스의 언어가 된다. 많은 기계 학습 알고리즘들은 선형 대수를 통해 가장 잘 이해가 된다. 선형 회귀와 같은 문제에 대한 알고리즘들은 원하는 결과를 얻기 위해 행렬 곱셈의 체인을 곱해가는 단일 식으로 축소할 수 있다. 이러한 알고리즘들은 간단하면서도 위협적이라고 할 수 있는데, 구현하는 일은 하찮을 정도이지만 효율적이며 안정적으로 만드는 일은 어렵기 때문이다.

여러분은 아마도 선형 대수 과목을 수강했겠지만 많은 부분을 기억하지 못하고 있을 것이다. 여기서는 행렬에 대한 기초 연산, 이들이 유용한 이유, 이들이 수행하는 일에 대한 직관력을 구축하는 방법 등, 여러분이 알아야 하는 내용들을 복습하기로 한다.

8.1 | 선형 대수의 힘

선형 대수가 그렇게 강력한 이유는? 이것은 행렬의 작업을 규제하며 행렬은 어디에나 존재한다. 행렬로 표현되는 중요한 객체들은 다음과 같다.

- **데이터:** 수치 데이터 세트의 가장 일반적으로 유용한 표현은 $n \times m$ 행렬이다. n개의 행은 객체, 항목, 인스턴스를 표현하고, m개의 열 각각은 고유한 특징이나 차원을 표현한다.
- **기하학적 점 집합:** $n \times m$ 행렬은 공간상의 점의 클라우드를 표현한다. n개의 행 각각은 하나의 기하학적인 점을 표현하고, m개의 열은 차원을 표현한다. 특정 행렬 연산은 고유

한 기하학적 해석을 가지며 우리가 실제로 시각화하는 2차원 기하학을 더 고차원의 공간으로 일반화할 수 있도록 해준다.

- 연립 방정식: 선형 방정식은 상수 계수로 가중치를 부여한 변수의 합으로 다음과 같이 정의된다.

$$y = c_0 + c_1x_1 + c_2x_2 + \ldots c_{m-1}x_{m-1}$$

  n개 선형 연립 방정식은 $n \times m$ 행렬로 표현할 수 있고, 각 행은 방정식을 표현하고, 각 m개의 열은 한 특정 변수(c_0의 경우는 상수 "변수" 1)의 계수들과 연관이 된다. 각 방정식의 y값을 표현하는 일도 종종 필요하다. 이러한 경우는 보통 별도의 $n \times 1$ 행렬 또는 해값들의 벡터를 이용해 표현이 된다.

- 그래프와 네트워크: 그래프는 정점과 간선으로 구성이 되고, 간선은 $(i. j)$와 같은 정점의 순서 쌍으로 정의가 된다. n개의 정점과 m개의 간선을 가진 그래프는 $n \times m$ 행렬 M으로 정의할 수 있고, $M[i, j]$는 정점 i에서 정점 j로의 간선의 수(또는 가중치)를 나타낸다. 조합의 성질과 선형 대수 간에는 그래프의 경로들 간의 관계와 행렬의 곱셈, 정점 클러스터들이 해당 행렬의 고윳값/고유벡터와 관련되는 방법 등에 있어서 놀라울 정도로 연관성이 있다.

- 재배치 연산: 행렬은 일을 할 수 있다. 주의 깊게 설계된 행렬은 점의 집합에 대해 변환, 회전, 배율 조정과 같은 기하학 연산을 수행할 수 있다. 데이터 행렬에 적절한 순열 행렬을 곱하면 행과 열의 순서를 조정할 수 있다. 이동은 $n \times 1$ 행렬인 벡터를 통해 정의할 수 있고, 이들은 변환과 순열과 같은 연산을 인코딩할 수 있을 정도로 강력하다.

행렬의 편재성으로 인해 이들을 조작하기 위한 도구의 상당한 인프라가 갖추어진 상태이다. 특히 여러분이 선호하는 프로그래밍 언어에 대한 고성능 선형 대수 라이브러리가 존재하므로 여러분이 스스로 기초적인 알고리즘을 구현할 필요도 없다. 최고의 라이브러리 구현은 수치 정확도 조정, 캐시 미스, 어셈블리 언어 수준의 다중 코어의 활용 등의 번거로운 작업들을 최적화해준다. 우리는 선형 대수를 이용해 문제를 정의하면 되고 이러한 라이브러리에 알고리즘을 맡기면 된다.

8.1.1 선형 대수 수식의 해석

행렬의 곱셈으로 표현된 간단한 식들은 선형 회귀, 행렬 압축, 기하 변환과 같은 놀라운 일들을 처리할 수 있는 위력을 지니고 있다. 동등성의 풍부한 집합과 더불어 대수적 대체는 이러한 식들을 조작하기 위한 기계적인 방법을 제공한다.

그러나, 이러한 문자열을 저자가 실제로 이해하고 있는 방식으로 해석하기는 어렵다는 것을 발견하였다. 예를 들어, 최소 자승 선형 회귀 이면의 "알고리즘"은 다음과 같다.

$$c = (A^TA)^{-1}A^Tb$$

여기서 $n \times m$ 방정식은 $Ax = b$이고 w는 최고 적합 라인의 계수들의 벡터이다.

저자가 선형 대수를 도전적이라고 생각하는 이유는 그 명명법이다. 어떤 일이 벌어지고 있는지 제대로 알기 위해서는 직관적으로 알아야 하는 상이한 용어들과 개념들이 다수 존재한다. 그러나 하나의 더 큰 문제는 대부분의 증명이 적절한 이유로 인해 대수적이라는 것이다. 저자의 기호에 따르자면 대수적 증명은 사물이 동작하는 이유를 보여줄 만큼 직관적이지 않다. 대수적인 증명은 논쟁 이면의 아이디어를 이해하기 보다는 기계적인 방식으로 단계별로 검증하는 것이 더 쉽다.

본 교재에서는 오직 하나의 공식 증명만을 보일 것이다. 그리고 이론과 증명은 모두 틀리도록 디자인되었다.

이론 1. $2 = 1$

증명.

$$\begin{aligned} a &= b \\ a^2 &= ab \\ a^2 - b^2 &= ab - b^2 \\ (a+b)(a-b) &= b(a-b) \\ a+b &= b \\ 2b &= b \\ 2 &= 1 \end{aligned}$$

□

이러한 증명을 이전에 본적이 없다면 여러분이 개념적인 수준에서 $2 \neq 1$을 이해하고 있더라도 이 증명이 설득력이 있다는 것을 발견할 것이다. 각 라인은 직접적인 대수적 대체 과정을 통해 바로 앞의 라인을 뒤따르고 있다. 문제는 $(a - b)$를 제거하는 부분이며, 여기서는 실제로 0으로 나누기가 일어나기 때문이다.

이 증명의 교훈은 무엇인가? 증명은 아이디어에 대한 것이며, 대수적 조작은 아니다. 아이디어가 없다는 것은 증명이 없다는 것을 의미한다. 선형 대수를 이해하기 위해서 여러분의 목표는 직관력을 키우기 위해 우선 (대개 2차원의) 가장 흥미로운 사례를 검증하는 것으로 해야 하고, 다음으로 이것이 어떻게 고차원으로 일반화될 수 있을지를 상상하도록 노력해야 한다. 0으로 나누기처럼 항상 주의해야 할 특별한 경우들이 존재한다. 선형 대수에서 이러한 사례들은 차원 불일치와 고유 (불가역을 의미) 행렬을 포함한다. 선형 대수 이론은 적용 불가한 경우를 제외하고는 적용이 되며 병적인 경우보다 일반적인 경우에서 생각하는 것이 좋을 것이다.

8.1.2 기하와 벡터

$1 \times d$ 행렬을 의미하는 “벡터”를 기하학적 센스로는 원점으로부터 d 차원상의 주어진 점을 관통하는 방향성 빛으로 의미하는 유용한 해석이 존재한다.

그러한 각각의 벡터 v를 단위 길이로 정규화하면 (각 좌표를 v에서 원점까지의 거리로 나누어서) 그림 8.1과 같은 d-차원 구 위에 놓여진다. 평면상의 점들은 원으로, $d = 3$이면 실제 구로,

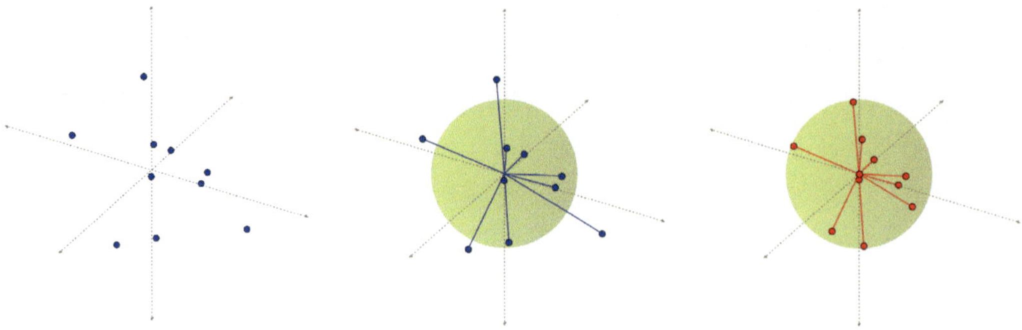

그림 8.1: 점들은 단위 구에 크기를 더한 벡터로 축소될 수 있다.

$d \geq 4$이면 그림으로 표현할 수 없는 *초구*(hypersphere)로 표현된다.

이러한 정규화는 유용한 작업이다. 점들간의 거리는 비교 목적을 위한 벡터간의 각도가 된다. 2개의 가까운 점은 원점을 통해 그들간의 작은 각도를 정의하게 된다. 즉, 작은 거리는 작은 각도를 의미한다. 크기를 무시하는 것은 일종의 비율 조정으로 모든 점들을 직접 비교할 수 있도록 해준다.

내적(*dot product*)은 벡터를 스칼라 양으로 축소하는 유용한 연산이다. 두 개의 길이가 n인 벡터 A와 B의 내적은 다음과 같이 정의된다.

$$A \cdot B = \sum_{i=1}^{n} A_i B_i$$

내적 연산은 벡터 A와 B간의 각도 $\theta = \angle AOB$를 계산하기 위해 사용할 수 있는데, 여기서 O는 원점을 의미한다.

$$\cos(\Theta) = \frac{A \cdot B}{||A||\ ||B||}$$

이 식의 의미를 살펴보기로 하자. $\| V \|$ 기호는 "V의 길이"를 의미한다. 단위 벡터의 경우 이 값은 정의에 의해 1이 된다. 일반적으로 이 값은 단위 벡터로 만들기 위해 V를 나눠야 하는 양이다.

그러나 내적과 각도의 관계는 무엇일까? 가장 간단한 경우로 0도 위치의 A와 $B = (x, y)$인 두 빛 사이에 정의된 각도를 고려해 보자. 단위 빛 $A = (1, 0)$이다. 이 경우 내적은 $1 \cdot x + 0 \cdot y = x$로 B가 단위 벡터일 경우 $\cos(\theta)$의 값이 된다. 우리는 이것이 일반적 B와 더 고차원에 대해 일반화된다는 믿음을 받아들일 수 있다.

따라서 작은 각도는 구 위에서 더 가까운 점을 의미한다. 그러나 우리가 아는 사실에는 또다른 관계가 존재한다. 라디안으로 표시된 코사인 함수의 다음과 같은 특별한 경우를 상기하라.

$$\cos(0) = 1, \ \ \cos(\pi/2) = 0, \ \ \cos(\pi) = -1.$$

코사인 함수의 값의 범위는 $[-1, 1]$로 상관계수의 값의 범위와 정확히 동일하다. 또한 그 해석도

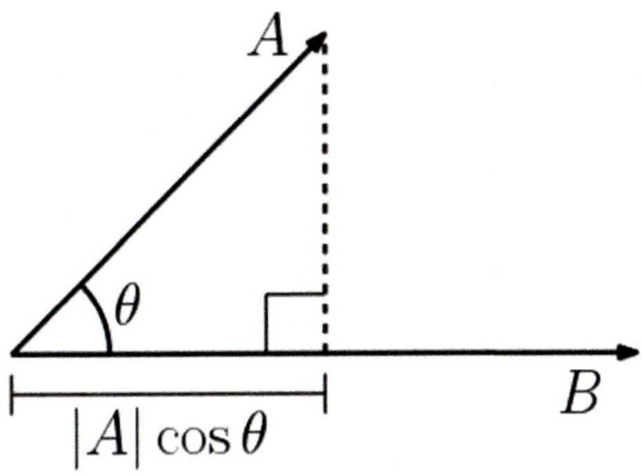

그림 8.2: 두 벡터의 내적은 그들간의 각도의 코사인 값을 정의한다.

동일하다. 두 개의 동일한 벡터는 완벽한 상관 값을 갖고, 대항 점들은 완벽한 음의 상관 값을 갖는다. 직교 점/벡터($\Theta = \pi/2$)들은 거의 상관이 없어진다.

코사인 함수는 정확하게 평균이 0인 두 변수의 상관관계를 나타낸다. 단위 벡터의 경우에는 $\|A\| = \|B\| = 1$이므로 A와 B 사이의 각도는 내적에 의해 완벽히 정의된다.

> **가정 학습** 두 벡터의 내적은 피어슨(Pearson) 상관 계수와 정확히 동일한 방법으로 유사도를 측정할 수 있다.

8.2 | 행렬 연산의 시각화

저자는 여러분이 변환, 곱셈, 역(도치)과 같은 기초적 행렬 연산에 대해 약간의 지식을 가지고 있다고 가정한다. 이 절은 개요 소개 보다는 복습에 해당한다.

더 나은 직관력을 제공하기 위해 행렬을 숫자 형태보다는 이미지로 표현하여 행렬에 대한 연산을 적용할 때 어떤 일이 발생하는 지를 볼 수 있도록 할 것이다. 그림 8.3은 기본 행렬 이미지인 아브라함 링컨 대통령(왼쪽)과 그의 기념관 건물(오른쪽)이다. 전자는 사람의 얼굴이고 후

그림 8.3: 행렬 이미지 예제: 링컨(왼쪽)과 기념관(오른쪽). 중간 이미지는 $\alpha = 0.5$인 왼쪽과 오른쪽의 선형 조합이다.

자는 특히 강한 행과 열을 포함한다.

절대적인 색이 문제가 되지 않도록 각 행렬 연산 사이에서 행렬을 조용히 재조정할 것임에 유의하라. 흥미로운 패턴은, 현재 행렬의 가장 작고 가장 큰 값을 의미하는, 밝고 어두운 값 사이의 차이에 의해 드러날 것이다. 또한 행렬의 원점 원소 $M[1, 1]$은 이미지의 왼쪽 상단 구석임에 유의하라.

8.2.1 행렬 덧셈

행렬 덧셈(matrix addition)은 가장 간단한 연산이다. 각각 차원이 $n \times m$인 행렬 A와 B에 대해 $C = A + B$는 다음을 의미한다.

$$C_{ij} = A_{ij} + B_{ij}, \text{ 모든 } 1 \leq i \leq n \text{과 } 1 \leq j \leq m \text{에 대해}$$

스칼라 곱셈(*scalar multiplication*)은, 아마도 행렬을 정규화하기 위해, 행렬의 모든 원소의 가중치를 동시에 변경하는 방법을 제공한다. 행렬 A와 숫자 c에 대해 $A' = c \cdot A$는 다음을 의미한다.

$$A'_{ij} = cA_{ij}, \text{ 모든 } 1 \leq i \leq n \text{ a과 } 1 \leq j \leq m \text{에 대해}$$

행렬 덧셈을 스칼라 곱셈과 결합하면 행렬에 대한 *선형 조합*(*linear combination*)을 수행할 수 있다. 공식 $\alpha \cdot A + (1 - \alpha) \cdot B$는 그림 8.3에 보인 것처럼 $A(\alpha = 1)$와 $B(\alpha = 0)$ 사이에서 부드럽게 변하도록 해준다. 이는 A 이미지에서 B 이미지로 모핑(morphing)할 수 있게 해준다.

행렬 M의 *전치*(*transpose*)는 행과 열의 위치를 교환하여 $a \times b$ 행렬을 $b \times a$ 행렬 M^T로 바꿔준다.

$$M^T_{ij} = M_{ji}, \text{ 모든 } 1 \leq i \leq n \text{과 } 1 \leq j \leq m \text{에 대해}$$

정방 행렬(square matrix)의 전치는 정방 행렬이므로 M과 M^T는 안전하게 함께 더하거나 곱할 수 있다. 일반적으로 전치는 행렬을 그 목표에 더하거나 곱하기 위해 방향을 조정하는 데 사용한다.

행렬의 전치는 일종의 180도 회전과 유사하므로 $(A^T)^T = A$가 된다. 정방 행렬의 경우, 행렬을 그 전치 행렬에 더하면 그림 8.4(오른쪽)에 보인 것처럼 대칭이 된다. 그 이유는 분명하다. $C = A + A^T$는 다음을 의미한다.

$$C_{ij} = A_{ij} + A_{ji} = C_{ji}$$

8.2.2 행렬 곱셈

행렬 곱셈은 벡터 내적의 집단 버전이다. 두 n-원소 벡터 X와 Y에 대해 내적 $X \cdot Y$는 다음과 같이 정의된다.

$$X \cdot Y = \sum_{i=1}^{n} X_i Y_i$$

그림 8.4: 링컨(왼쪽)과 그 전치(중간). 행렬과 그 전치 행렬의 합은 주 대각선을 따라 대칭이 된다(오른쪽).

내적은 두 벡터가 동기화되는 방식을 측정한다. 코사인 거리와 상관 계수 계산에서 이미 내적을 사용하였다. 내적은 벡터의 쌍을 단일 숫자로 축소한다.

이 두 벡터의 행렬 곱셈 XY^T는 내적 $X \cdot Y$를 포함하는 1×1 행렬을 만들어준다. 일반적인 행렬의 경우, 곱셈 $C = AB$는 다음과 같이 정의된다.

$$C_{ij} = \sum_{i=1}^{k} A_{ik} \cdot B_{kj}$$

이 곱셈이 성립하려면 A와 B의 내부 차원은 동일해야 한다. 즉, A가 $n \times k$이면 B는 $k \times m$ 차원을 가져야 한다. $n \times m$ 곱셈 행렬 C의 각 원소는 A의 i번째 행과 B의 j번째 열의 내적이 된다.

행렬 곱셈의 가장 중요한 성질은 다음과 같다.

- **교환 법칙이 성립하지 않는다:** 교환 법칙(commutativity)은 순서가 중요하지 않아 $x \cdot y = y \cdot x$임을 의미한다. 정수 곱셈에서는 교환 법칙이 성립하지만 행렬 곱셈에서는 순서가 문제가 된다. 비-정방 행렬 A와 B의 쌍에 대해, AB 또는 BA 중의 하나만 호환성이 있는 차원을 갖는다. 심지어는 정방 행렬 곱셈의 경우에도 다음의 곱셈과 같이 교환 법칙이 성립하지 않으며 그림 8.5의 공분산 행렬도 마찬가지이다.

$$\begin{bmatrix} 1 & 1 \\ 0 & 1 \end{bmatrix} \cdot \begin{bmatrix} 1 & 1 \\ 1 & 0 \end{bmatrix} = \begin{bmatrix} 2 & 1 \\ 1 & 0 \end{bmatrix} \neq \begin{bmatrix} 1 & 1 \\ 1 & 0 \end{bmatrix} \cdot \begin{bmatrix} 1 & 1 \\ 0 & 1 \end{bmatrix} = \begin{bmatrix} 1 & 2 \\ 1 & 1 \end{bmatrix}$$

- **행렬 곱셈은 결합 법칙이 성립한다:** *결합 법칙*(associativity)은 괄호를 사용하여 우리가 선

그림 8.5: 링컨 기념관 M(왼쪽)과 그 공분산 행렬. $M \cdot M^T$(중간) 중간에 있는 큰 블록은 M의 중간 줄무늬의 모든 행에 대한 유사도로부터 계산된 것이다. $M^T \cdot M$(오른쪽)의 조밀한 격자 패턴은 기념관 건물의 기둥들의 정규 패턴을 반영한다.

택한 상대적 순서대로 연산이 수행될 수 있도록 해준다. 곱셈 ABC의 계산은 $(AB)C$ 또는 $A(BC)$로 계산할 수 있다. 더 긴 행렬의 체인에서는 체인의 길이에 따라 괄호를 넣는 방법이 지수적으로 증가한다. 계산 결과는 아래에 보인 것처럼 모두 동일하다.

$$\left(\begin{bmatrix}1 & 2\\4 & 4\end{bmatrix}\begin{bmatrix}1 & 0\\0 & 2\end{bmatrix}\right)\begin{bmatrix}3 & 2\\1 & 0\end{bmatrix}=\begin{bmatrix}1 & 4\\3 & 8\end{bmatrix}\begin{bmatrix}3 & 2\\1 & 0\end{bmatrix}=\begin{bmatrix}7 & 2\\17 & 6\end{bmatrix}$$

$$\begin{bmatrix}1 & 2\\3 & 4\end{bmatrix}\left(\begin{bmatrix}1 & 0\\0 & 2\end{bmatrix}\begin{bmatrix}3 & 2\\1 & 0\end{bmatrix}\right)=\begin{bmatrix}1 & 2\\3 & 4\end{bmatrix}\begin{bmatrix}3 & 2\\2 & 0\end{bmatrix}=\begin{bmatrix}7 & 2\\17 & 6\end{bmatrix}$$

결합 법칙이 중요한 이유는 두 가지이다. 대수적인 관점에서는 체인에서 이웃한 행렬의 쌍을 식별하여 동등한 행렬로 대체할 수 있도록 해준다. 다른 이유는 계산적인 측면이다. 행렬 곱셈의 중간 결과 크기는 중앙 부근에서 커질 수 있다. A는 $1 \times n$, B와 C는 $n \times n$, D는 $n \times 1$인 $ABCD$를 곱한다고 하자. 전통적인 중첩-루프 행렬 곱셈 알고리즘을 사용하면 $(AB)(CD)$는 $2n^2 + n$ 연산이 소요된다. 그에 반해 $(A(BC))D$는 $n^3 + n^2 + n$ 연산을 필요로 한다.

고등학교에서 배운 중첩-루프 행렬 곱셈 알고리즘은 쉽게 프로그램으로 작성할 수 있으며 394페이지에 수록하였다. 그러나 이러한 프로그램을 작성할 필요는 없다. 여러분이 선호하는 프로그래밍 언어를 지원하는 고도로 최적화된 선형 대수 라이브러리 안에는 보다 빠르고 보다 수치적으로 안정적인 알고리즘이 존재한다. 여러분의 알고리즘을 즉흥적 로직을 사용하지 않고 대형 배열에 대한 행렬 곱셈으로 표현하는 일은 대부분의 컴퓨터 과학자들에게는 반-직관적이다. 그러나 이러한 방식이 실무에서는 상당히 큰 성능을 발휘할 수 있다.

8.2.3 행렬 곱셈의 응용

외형적으로 행렬 곱셈은 거추장스러운 연산이다. 저자는 처음에 선형 대수를 접하고 왜 숫자를 행렬 덧셈처럼 쌍별로 곱하면 안되는지를 이해하지 못하였다.

우리가 행렬 곱셈에 대해 신경을 써야 하는 이유는 이를 이용해 우리가 할 수 있는 일이 많기 때문이다. 이러한 주요 응용들을 여기서 살펴보기로 한다.

공분산 행렬

행렬 A를 전치 행렬 A^T로 곱하는 일은 매우 흔한 연산이다. 그 이유는 무엇인가? 한 이유는 그것을 곱할 수 있기 때문이다. A가 $n \times d$ 행렬이라면 A^T는 $d \times n$ 행렬이 된다. 그러므로 AA^T의 곱셈은 항상 가능하다. 물론 다른 방향으로, 즉 $A^T A$로 곱하는 것도 마찬가지로 가능하다.

두 가지 곱셈 모두 중요한 의미를 지니고 있다. A가 $n \times d$ 특징 행렬이라고 가정하고, 항목 또는 점을 의미하는 n개의 행으로 구성되며, d개의 열이 이러한 항목들의 관찰 특징이라고 하자.

- $C = A \cdot A^T$는 내적의 $n \times n$ 행렬로 점들 간의 "동기" 관계를 측정한다. 특정 C_{ij} 값은 항목 i와 항목 j의 유사도를 표현한다.

- $D = A^T \cdot A$는 내적의 $d \times d$ 행렬로 열 또는 특징들 간의 "동기" 관계를 측정한다. 이제 D_{ij}값은 특징 i와 특징 j의 유사도를 표현한다.

이 연산들은 공분산 행렬(convariance matrix)이라는 이름을 얻을 정도로 흔하게 수행된다. 이 용어들은 데이터 과학자들 간의 대화에 자주 등장하므로 익숙해지는 것이 좋다. 상관 계수를 계산할 때 보았던 공분산 공식은 다음과 같다.

$$Cov(X, Y) = \sum_{i=1}^{n}(X_i - \bar{X})(Y_i - \bar{Y})$$

따라서 엄밀하게 말하면 이 연산들은 A의 행들이나 열들이 평균 0의 값을 가지고 있을 때 공분산 행렬이 된다. 그럼에도 불구하고 행렬 곱셈의 크기는 특정 행 또는 특정 열의 쌍의 값들이 함께 움직이는 정도를 표현한다.

그림 8.5는 링컨 기념관의 공분산 행렬을 표현한다. 어두운 지역은 이미지에서 가장 유사도가 높은 행들과 열들을 정의한다. 이 공분산 행렬에서 보여지는 구조들이 어떤 이유로 인해 만들어졌는지를 이해하도록 노력해 보기 바란다.

그림 8.5(중간)는 $M \cdot M^T$로 행들의 공분산 행렬에 해당한다. 중간의 큰 어두운 상자는 기념관의 하얀 기둥 모두를 관통하는 임의의 두 행의 대형 내적을 표현한다. 이 밝고 어두운 띠들은 강한 상관관계를 가지고 있고 강하게 어두운 부분은 대형 내적에 기여한다. 하늘, 기둥 상단부, 계단에 해당하는 밝은 행들도 동등하게 상관관계가 높고 일관성이 있지만 그들의 내적을 충분히 커지게 할만한 어두운 영역이 부족하다.

오른쪽 이미지는 열들의 공분산 행렬인 $M^T \cdot M$에 해당한다. 행렬 열들의 모든 쌍들은 양이든 음이든 모두 강한 상관관계를 가지게 되지만, 하얀 기둥 열에 해당하는 행렬 열들은 낮은 가중치를 가져 작은 내적 값을 가진다. 이러한 결과가 밝고 어두운 줄무늬가 교차하는 체크 보드를 만들고 있다.

행렬 곱셈과 경로

정방 행렬은 전치시키지 않고도 자신과 곱할 수 있다. $A^2 = A \times A$는 행렬 A의 제곱(square)이라고 한다. 일반적으로 A^k는 행렬 A의 k번째 제곱이라고 한다.

행렬 A의 제곱들은 A가 그래프나 네트워크의 *인접 행렬*(*adjacency matrix*)을 표현할 때 매우 자연스러운 의미를 가진다. 인접 행렬에서는 (i, j)가 네트워크의 간선일 때 $A[i, j] = 1$이 된다. i와 j가 직접적인 이웃이 아니라면 $A[i, j] = 0$이 된다.

이러한 0/1 행렬에서 곱셈 A^2은 A에서 길이가 2인 경로의 수를 보여준다.

$$A^2[i, j] = \sum_{k=1}^{n} A[i, k] \cdot A[k, j]$$

(i, k)와 (k, j)가 모두 그래프의 간선일 때 i에서 모든 중간 정점 k를 거쳐 j로 가는 길이가 2인 경로는 오직 하나이다. 이러한 경로 수의 합을 위의 내적을 통해 계산한다.

행렬의 제곱의 계산은 보다 일반적인 행렬에서도 의미가 있다. 이것은 각 원소의 가중치를 관련된 원소를 통해 퍼뜨리는 확산 효과가 있다. 이러한 경우는 Google의 유명한 PageRank 알고리즘이나 전염병 퍼짐과 같은 기타 반복적 절차에서 볼 수 있다.

행렬 곱셈과 순열

행렬 곱셈은 특정 행렬의 원소의 순서를 재배열하기 위한 용도로도 자주 사용된다. 고성능 행렬 곱셈 루틴은 엄청나게 빨라서 즉흥적 프로그래밍 로직보다 더 빨리 그러한 연산을 수행할 수 있다고 하였다. 또한 그러한 연산을 대수적 공식 표기법으로 기술하게 해주므로 함축적이고 가독성도 높다.

가장 유명한 재배열 행렬은 아무 일도 하지 않는다. 항등 *행렬(identity matrix)*은 주대각선만 1이고 나머지 부분은 모두 0인 $n \times n$ 행렬이다. $n = 4$의 경우 항등 행렬은 다음과 같다.

$$I = \begin{bmatrix} 1 & 0 & 0 & 0 \\ 0 & 1 & 0 & 0 \\ 0 & 0 & 1 & 0 \\ 0 & 0 & 0 & 1 \end{bmatrix}$$

$AI = IA = A$가 되며, 이는 항등 행렬 곱셈에서 교환 법칙이 성립함을 의미한다.

I의 각 행과 열은 오직 하나의 0이 아닌 원소를 가지고 있음에 유의하라. 이러한 성질을 가진 행렬을 순열 *행렬(permutation matrices)*이라고 부르며, 위치 (i, j)의 0이 아닌 원소는 원소 i가 순열의 위치 j에 있음을 의미한다. 예를 들어, 순열 (2, 4, 3, 1)은 다음과 같은 순열 행렬로 표현할 수 있다.

$$P_{(2431)} = \begin{bmatrix} 0 & 0 & 0 & 1 \\ 1 & 0 & 0 & 0 \\ 0 & 0 & 1 & 0 \\ 0 & 1 & 0 & 0 \end{bmatrix}$$

항등 행렬이 순열 $(1, 2, ..., n)$에 해당함에 주목하라.

여기서의 핵심은 A에 적절한 순열 행렬을 곱해 우리가 원하는 형태로 행과 열의 위치를 재배열할 수 있다는 것이다. 그림 8.7은 링컨 이미지에 소 대각선을 따라 1이 위치하는 "역" 순열 행렬 r을 곱했을 때 일어나는 일을 보여주고 있다. 행렬 곱셈에서는 교환 법칙이 성립하지 않으므로 $A \cdot r$과 $r \cdot A$의 결과는 다르다. 그 이유를 생각해 보아라.

공간에서 점의 회전

무엇인가에 올바른 행렬을 곱해주면 마술과 같은 일이 벌어진다. 2차원 평면상의 n개 점들의 집

$$P = \begin{pmatrix} 0 & 0 & 1 & 0 \\ 1 & 0 & 0 & 0 \\ 0 & 0 & 0 & 1 \\ 0 & 1 & 0 & 0 \end{pmatrix} \quad M = \begin{pmatrix} 11 & 12 & 13 & 14 \\ 21 & 22 & 23 & 24 \\ 31 & 32 & 33 & 34 \\ 41 & 42 & 43 & 44 \end{pmatrix} \quad PM = \begin{pmatrix} 31 & 32 & 33 & 34 \\ 11 & 12 & 13 & 14 \\ 41 & 42 & 43 & 44 \\ 21 & 22 & 23 & 24 \end{pmatrix}$$

그림 8.6: 행렬에 순열 행렬을 곱하면 행과 열을 재배열할 수 있다.

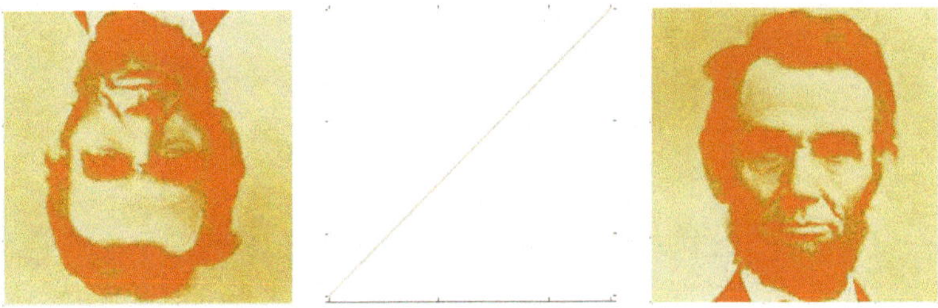

그림 8.7: 링컨 행렬 M에 대한 역 순열 행렬 r(중간)의 곱셈. 곱셈 $r \cdot M$은 링컨 얼굴의 위아래 위치를 바꿔놓고(왼쪽), $M \cdot r$은 그의 머리의 머리칼의 위치를 바꿔놓는다(오른쪽).

합을 $n \times 2$ 차원의 행렬 S로 표현하는 방법을 이미 설명하였다. 이러한 점들에 대해 올바른 행렬을 곱해주면 자연스러운 기하 변환이 가능해진다.

회전 행렬 R_θ는 원점을 중심으로 각도 θ만큼 점들을 회전시키는 변환을 수행한다. 2차원의 경우 R_θ는 다음과 같이 정의된다.

$$R_\theta = \begin{bmatrix} \cos(\theta) & -\sin(\theta) \\ \sin(\theta) & \cos(\theta) \end{bmatrix}$$

적절한 곱셈/회전 후에 점 (x, y)의 위치는 다음과 같이 변하게 된다.

$$\begin{bmatrix} x' \\ y' \end{bmatrix} = R_\theta \begin{bmatrix} x \\ y \end{bmatrix} = \begin{bmatrix} x\cos(\theta) - y\sin(\theta) \\ x\sin(\theta) + y\cos(\theta) \end{bmatrix}$$

$\theta = 180° = \pi/2$ 라디안의 경우 $\cos(\theta) = -1$이고, $\sin(\theta) = 0$이므로 그 결과는 $(-x, -y)$가 되어 이 점을 반대편 사분면으로 옮기게 된다.

$n \times 2$ 차원의 점 행렬 S의 경우 전치 함수를 이용해 그 행렬의 방향을 적절히 변경할 수 있다. 다음 식이 우리가 원하는 일을 해준다는 사실을 확인해 보아라.

$$S' = (R_\theta S^T)^T$$

임의의 차원에서 점들을 회전시키기 위해 일반화시킨 R_θ도 존재한다. 또한 임의 순서의 연속적인 변환들도 회전, 팽창, 반사 행렬의 체인을 곱하는 방식으로 실현이 가능하며, 이러한 방식으로 복잡한 조작을 함축적으로 표현할 수 있다.

8.2.4 항등 행렬과 역

항등 연산은 대수 구조에서 중요한 역할을 한다. 수치 덧셈에서는 0이 항등 원소로 $0 + x = x + 0 = x$가 된다. 곱셈에서는 1이 동일한 역할을 하며 $1 \cdot x = x \cdot 1 = x$가 된다.

행렬 곱셈에서는 항등 원소가 항등 행렬이며, 주 대각선의 값이 모두 1이 된다. 항등 행렬의 곱셈은 교환 법칙이 성립하므로 $IA = AI = A$가 된다.

역(inversion) 연산은 원소 x를 항등 원소로 변경시킨다. 수치 덧셈의 경우 x의 역은 $(-x)$인데 $x + (-x) = 0$이기 때문이다. 곱셈의 역 연산은 *나눗셈(division)*이라고 불린다. 하나의 수는 역수를 곱해 역으로 만들 수 있는데 $x \cdot (1/x) = 1$이기 때문이다.

그림 8.8: 링컨의 역은 사람의 얼굴로 보이지는 않지만(왼쪽) $M \cdot M^{-1}$은 항등 행렬을 생성한다. 수치 정확도 이슈로 인해 모듈로(modulo)의 작은 0이 아닌 항들이 존재한다.

행렬을 나눈다는 말은 사용하지 않는다. 그러나 행렬의 역 행렬은 자주 언급한다. I가 항등 행렬이라고 할 때, $A \cdot A^{-1} = I$가 성립하면 A^{-1}을 행렬 A의 *곱셈적 역*(*multiplicative inverse*)이라고 한다. $A \cdot A^{-1} = I$는 $A^{-1} = I/A$를 암시하므로, 역은 나눗셈의 중요한 특별 사례로 볼 수 있다. 실제로 이들은 동등 연산으로 볼 수 있는데, $A/B = A \cdot B^{-1}$이 성립하기 때문이다.

그림 8.8(왼쪽)은 링컨 그림의 역을 보이고 있고 마치 임의 잡음(random noise)처럼 보인다. 그러나 이 행렬에 이미지를 곱하면 수치 에러로 인해 배경과 겹쳐지는 얇은 주 대각선이 등장한다. 부동 소수점 계산은 내재적으로 부정확하며, 역을 구하는 알고리즘은 반복적으로 덧셈과 곱셈을 수행해서 계산 과정에서 에러가 누적이 된다.

행렬의 역을 계산하는 방법은? 2×2 행렬의 역 A^{-1}을 구하는 식은 다음과 같다.

$$A^{-1} = \begin{bmatrix} a & b \\ c & d \end{bmatrix}^{-1} = \frac{1}{ad - bc} \begin{bmatrix} d & -b \\ -c & a \end{bmatrix}$$

좀 더 일반적으로는 가우스 소거법을 이용한 선형 방정식을 풀어 행렬의 역을 구할 수 있다.

역을 구하는 이 공식은 대각선의 곱들이 동등하면, 즉 $ad = bc$가 되면 0으로 나누기가 발생한다. 이러한 행렬은 역을 구할 수 없는 *특이*(*singular*) 행렬이 된다. 수를 0으로 나눌 수 없으므로 특이 행렬은 역을 구할 수 없다.

역을 구할 수 있는 행렬을 *비-특이*(*non-singular*) 행렬이라고 하며, 주어진 행렬이 이러한 성질을 가지는 것이 더 좋다. 주어진 행렬에 대해 역을 구할 수 있는지 여부를 시험하려면 그 *결정자*(*determinant*)가 0이 아닌지 여부를 확인하면 된다. 2×2 행렬의 경우 결정자는 대각선 곱들 사이의 차이 값으로 역 공식의 분모에 해당한다.

결정자는 정방 행렬에 대해서만 정의가 되므로 정방 행렬만 역을 구할 수 있다. 결정자를 계산하는 비용은 $O(n^3)$이므로 대형 행렬의 경우는 비용이 높아지며 가우스 소거법을 이용해 행렬 자체의 역을 구하는 만큼의 비용이 든다.

8.2.5 행렬 역과 선형 시스템

선형 방정식은 상수 계수로 가중치를 부여한 변수의 합으로 정의된다.

$$y = c_0 + c_1 x_1 + c_2 x_2 + \dots c_{m-1} x_{m-1}$$

따라서 n개의 선형 연립 방정식은 $n \times m$ 행렬 C로 표현할 수 있다. 여기서 각 행은 방정식을 표현하고 m개의 각 열은 각 변수의 계수를 표현한다.

이러한 다항식 n개 모두는 $m \times 1$ 입력 벡터 X로 표현해 $C \cdot X$ 연산을 통해 깔끔하게 평가할 수 있다. 이 계산의 결과는 $n \times 1$ 벡터로 $1 \leq i \leq n$에 대해 n개 선형 방정식 각각의 $f_i(x)$값을 보여준다. 여기서 특별한 경우는 덧셈 항 c_0이다. 적절한 해석을 위해 X의 관련 열은 모두 1을 가져야 한다.

만약 X를 p개의 상이한 점을 포함하는 $m \times p$ 행렬로 일반화하면, 곱셈 $C \cdot x$의 결과는 $n \times p$ 행렬이 되며 단일 행렬 곱셈으로 모든 방정식에 대한 모든 점을 평가한다.

n개 연립 방정식에 대한 기본 연산은 해를 구하는 것이다. 즉, 각 방정식에 대해 목표 Y값을 만들어주는 X 벡터를 구하는 것이다. 해 값 Y를 표현하는 $n \times 1$ 벡터와 계수 행렬 C가 주어지면 $C \cdot X = Y$를 만족하는 X를 구하게 된다.

행렬 역은 선형 시스템의 해를 구하기 위해 사용할 수 있다. $CX = Y$의 양변에 C의 역 행렬을 곱하면 다음과 같아진다.

$$(C^{-1}C)X = C^{-1}Y \longrightarrow X = C^{-1}Y$$

따라서 연립 방정식은 C의 역 행렬을 구해 C^{-1}을 Y에 곱해서 구할 수 있다.

가우스 소거법은 선형 시스템을 풀기 위한 대안적 방법이다. 이 방법은 행렬 C가 항등 행렬이 될 때까지 방정식 행렬 C를 단순화하기 위한 행 덧셈/뺄셈 연산을 수행해서 해를 구한다. 이렇게 하면 모든 방정식은 $X_i = Y_i'$의 형태로 축소가 되므로 변수의 값들을 판독하는 일은 아주 쉬워진다. 여기서 Y'은 원래 목표 벡터 Y에 대해 이러한 동일 행 연산들을 적용한 결과이다.

행렬의 역 행렬의 계산은 그림 8.9에 보인 것과 동일한 방식으로 수행할 수 있다. 계수 행렬을 항등 행렬 I 형태로 단순화시키기 위해 행 연산들을 수행하여 역 행렬을 구하게 된다. 이 것은 도리안 그레이(Dorian Gray)의 알고리즘을 생각나게 하며, 계수 행렬 C가 항등 행렬로 미화가 되고, 목표 I는 역 행렬로 노화가 된다.[1]

$$[A|I] = \left[\begin{array}{ccc|ccc} 6 & 4 & 1 & 1 & 0 & 0 \\ 10 & 7 & 2 & 0 & 1 & 0 \\ 5 & 3 & 1 & 0 & 0 & 1 \end{array}\right] = \left[\begin{array}{ccc|ccc} 1 & 1 & 0 & 1 & 0 & -1 \\ 0 & 1 & 0 & 0 & 1 & -2 \\ 5 & 3 & 1 & 0 & 0 & 1 \end{array}\right]$$
$$= \left[\begin{array}{ccc|ccc} 1 & 0 & 0 & 1 & -1 & 1 \\ 0 & 1 & 0 & 0 & 1 & -2 \\ 5 & 3 & 1 & 0 & 0 & 1 \end{array}\right] = \left[\begin{array}{ccc|ccc} 1 & 0 & 0 & 1 & -1 & 1 \\ 0 & 1 & 0 & 0 & 1 & -2 \\ 0 & 0 & 1 & -5 & 2 & 2 \end{array}\right]$$
$$\rightarrow A^{-1} = \left[\begin{array}{ccc} 1 & -1 & 1 \\ 0 & 1 & -2 \\ -5 & 2 & 2 \end{array}\right]$$

그림 8.9: 행렬의 역은 가우스 소거법을 이용해 구할 수 있다.

[1]오스카 윌드(Oscar Wilde)의 소설 '*도리안 그레이의 그림*'에서 주인공은 아름다운 상태로 남아 있지만 그림은 세월이 가면서 끔찍하게 나이를 먹어 간다.

그러므로 행렬 역 연산을 이용해 선형 시스템을 풀 수 있고 행렬의 역을 구하기 위해 선형 시스템 해법을 사용할 수 있다. 따라서 두 개의 문제는 거의 동등하다. 역 행렬의 계산은 주어진 시스템 C에 대한 다중 Y 벡터의 평가를 단일 행렬 곱셈으로 축소시켜 비용을 낮춰준다. 또한 이러한 계산은 8.3.2절에서 논의할 LU-분해를 통해 좀더 효율적으로 수행할 수 있다. 가우스 소거법은 역 행렬보다 수치적으로 안정된 것이 입증되었으며 선형 시스템 해결에 일반적으로 선택되는 방법이다.

8.2.6 행렬 랭크

연립 방정식은 n개의 독립적 선형 방정식과 n개의 미지 값이 존재할 때 적절하게 *결정*(*determined*)된다. 예를 들어, 다음 선형 시스템은 적절하게 결정된다.

$$2x_1 + 1x_2 = 5$$
$$3x_1 - 2x_2 = 4$$

유일한 해는 점 $(x_1 = 2, x_2 = 1)$이다.

이에 반해, 방정식의 시스템은 다른 행들의 선형 조합으로 표현이 가능한 행들(방정식들)이 존재할 경우 *과소결정*(*underdetermined*)된다. 다음 선형 시스템은 두 번째 행이 첫 번째 행의 두 배인 상태이므로 과소결정된다.

$$2x_1 + 1x_2 = 5$$
$$4x_1 + 2x_2 = 10$$

선형 시스템의 무결정 시스템을 풀기 위한 정보는 충분하지 않다는 것은 명확한 사실이다.

행렬의 *랭크*(*rank*)는 선형적으로 독립적인 행의 수를 측정한다. $n \times n$ 행렬은 그 행렬에 대해 적절하게 정의된 모든 연산들에 대해 랭크 n이 되어야 한다.

행렬의 랭크는 가우스 소거법을 수행해 계산할 수 있다. 과소결정인 경우 행-축소 연산에서 일부 변수가 사라질 것이다. 과소결정 시스템과 특이 행렬 사이에도 관계가 있다. 특이 행렬은 결정자가 0임을 상기하라. 이것이 교차 곱셈의 차이 $(2 \cdot 2 - 4 \cdot 1)$가 0이 되는 이유이다.

특징 행렬은 종종 우리가 원하는 것보다 낮은 랭크를 갖는다. 예제 파일들은 중복된 항목들을 포함하는 경향이 있으며, 이러한 결과로 2개의 행이 동일한 값을 갖게 된다. 다중 열이 동일한 경우도 있다. 예를 들어, 각 레코드가 피트(feet)와 미터(meter)로 측정된 높이를 포함하는 경우에 그럴 수 있을 것이다.

이러한 상황은 반드시 발생하며 바람직하지 않은 상황이 된다. 링컨 기념관 이미지에 대한 일부 알고리즘들은 수치적으로 실패했다. 이 512×512 이미지는 랭크가 508에 불과하므로 모든 행이 선형적으로 독립인 상태가 아니다. 이를 완전 랭크 행렬로 만들기 위해서는 소량의 랜덤 노이즈를 추가해 심각한 이미지 왜곡 없이 랭크를 증가시켜야 한다. 이러한 방식으로 경고 메시지 없이 알고리즘을 통과할 수 있을지 모르지만 다른 수치적 문제가 발생할 수 있다.

선형 시스템은 "대부분" 낮은 랭크일 수 있고 이로 인해 수치 이슈로 인한 정확도 손실의 위험에 처하게 된다. 이는 *조건 수*(*condition number*)라고 하는 행렬 불변자에 의해 공식적으로 표현이 된다. 선형 시스템의 경우 조건 수는 $Y = AX$에서 Y의 작은 변화에 대해 X의 값이 얼마나 민감한 지를 측정한다.

여러분의 결과를 평가할 때 수치 계산의 예기치 못한 변덕에 주의하라. 예를 들어, 도출된 해 X에 대해 AX를 계산해 AX와 Y를 *실제적으로* 비교해 보는 것은 좋은 실무이다. 이론적인 차이는 0이 되어야 하나 실제로는 계산이 거칠다는 사실에 놀라게 될 것이다.

8.3 행렬 분할

행렬 A를 행렬 B와 C로 *분할*(factoring)하는 것은 나눗셈의 특정한 측면을 표현한다. 임의의 비-특이 행렬 M은 역 행렬 M^{-1}을 가지므로 항등 행렬 I는 $I = MM^{-1}$로 분할할 수 있다. 이는 (I와 같은) 일부 행렬은 분할이 가능하고, 더 많은 상이한 분할을 가질 수 있음을 입증한다. 이 경우 모든 가능한 비-특이 행렬 M은 상이한 분할을 정의한다.

행렬 분할은 데이터 사이언스에서 중요한 추상화이며 간결한 특징 표현과 토픽 모델링과 같은 아이디어로 이끌어준다. 행렬 분할은 LU-분해와 같은 특별한 분할을 통해 선형 시스템 해결에 중요한 역할을 한다.

불행히도 이러한 분할을 찾는 데는 문제가 존재한다. *정수(integers)* 분할은 어려운 문제이나 부동 소수점 수를 허용할 경우 그 복잡도가 사라진다. 행렬 분할은 더 어렵고 특정 행렬의 경우에는 정확한 분할이 불가능할 수도 있다. 특히 X와 Y가 지정된 차원을 갖는 경우 $M = XY$인 분할을 찾는 문제는 특히 그러하다.

8.3.1 분할이 행렬을 특징 짖는 이유?

다수의 중요한 기계 학습 알고리즘들은 행렬의 분할이라는 관점에서 바라볼 수 있다. 주어진 $n \times m$ 특징 행렬 A가 통상적인 관습대로 행은 항목/예제를 표현하고 열은 예제의 특징들을 표현한다고 하자.

행렬 A를 분할하여 $A \approx B \cdot C$ 형태의 곱으로 표현할 수 있고, B는 $n \times k$ 행렬이고 C는 $k \times m$ 행렬이라고 하자. 그림 8.10에 보인 것처럼 $k < \min(n, m)$으로 가정하는 것은 여러 가지 이유로 좋다.

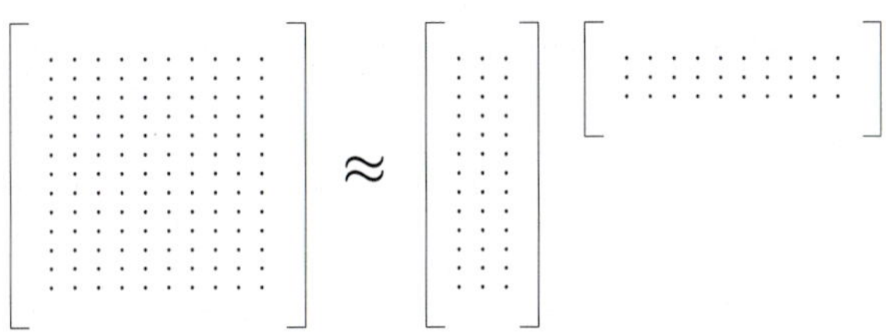

그림 8.10: 특징 행렬 $A \approx BC$로의 분할은 B를 항목에 대한 좀더 정확한 표현, C를 특징 A^T에 대한 좀더 정확한 표현으로 만들어준다.

- **B와 C 모두 행렬 A에 대한 함축된 표현을 제공한다:** 특징 행렬은 일반적으로 크기가 크며 작업하기에는 꼴사나울 정도이다. 분할은 대형 행렬의 모든 정보를 두 개의 더 작은 행렬로 인코딩하게 해주며, 두 행렬 모두 원래 행렬보다 더 작다.

- **B는 항목에 대한 더 작은 특징 행렬이 되며 A를 대체한다:** 분할 행렬 B는 원래 행렬 A와 같이 n개의 행을 가진다. 그러나 $k < m$이므로 열의 수는 훨씬 더 적어진다. 이는 A의 정보 "대부분"이 이제 B로 인코딩됨을 의미한다. 더 작은 열은 더 작은 행렬을 의미하며, 이러한 새 특징들을 이용한 모델 구축에서는 맞출 매개변수가 적어짐을 의미한다. 이러한 더 추상적인 특징들은 데이터 세트에 대한 간결한 기술로서 다른 응용에게는 더 흥미로운 값이 될 수 있다.

- **C^T는 특징에 대한 작은 특징 행렬이 되며 A^T를 대체한다:** 특징 행렬의 전치는 열/특징을 행/항목으로 전환한다. 분할 행렬 C^T는 이들을 표현하는 m개의 행과 k개의 열을 갖는다. 많은 경우에 m개의 원래 "특징들"은 그 자체로 모델링할만한 가치가 있다.

텍스트 분석에서 대표적 사례를 고려해 보자. 트윗(tweet)이나 소셜 메시지 포스트인 n개의 문서를 그 문서가 사용하는 어휘의 관점에서 표현한다고 하자. m개의 특징 각각은 하나의 고유한 어휘 단어를 표현하며, $A[i, j]$는 어휘 단어 w_j(예를 들어, 고양이)가 메시지 번호 i에 등장하는 횟수를 기록한다. 영어의 사용 어휘는 긴 꼬리를 가진 대규모 형태이므로 아마도 가장 빈번하게 사용되는 $m = 50,000$ 단어로 제한할 수 있을 것이다. 대부분의 메시지는 짧고 수백 단어 이내일 것이다. 따라서 특징 행렬 A는 매우 희소한 형태로 수많은 0을 포함할 것이다.

이제 $A = BC$로 분할한다고 하자. 내부 차원 k는 상대적으로 작다. $k = 100$이라고 가정하자. 각 포스트는 전체 50,000개 대신 백개만을 포함하는 B의 행으로 표현될 것이다. 이렇게 하면 의미 있는 방식으로 텍스트 간의 유사도를 비교하는 일이 훨씬 쉬워진다. 이 k 차원은 문서의 "토픽"으로 비유될 수 있고, 스포츠에 대한 모든 포스트는 관계에 대한 것과는 상이한 토픽의 집합을 강조하게 될 것이다.

행렬 C^T는 모든 어휘 단어에 대한 특징 벡터를 포함하는 것으로 생각할 수 있다. 이는 흥미로운 일이다. 유사한 문맥에서 사용되는 단어들은 유사한 토픽 벡터를 가질 것임을 기대할 수 있다. *노랑(yellow)*과 *빨강(red)*과 같은 칼라 단어들은 토픽 공간에서 상당히 유사할 것이며, *야구(baseball)*와 *성관계(sex)*의 거리는 상당히 멀 것이다.

단어-토픽 행렬은 언어를 특징으로 사용하는 문제에서는 잠재적으로 유용성이 높다. 소셜 메시지 포스트에 대한 연결은 많이 진행된 상태이므로 도서나 뉴스와 같은 다른 도메인에도 적용될 수 있다. 11.6.3절에 논의될 예정인 자연어 처리(natural language processing, NLP)에서도 이러한 압축된 *단어 삽입(word embeddings)*은 매우 강력한 도구임이 입증된다.

8.3.2 LU 분해와 결정자

*LU 분해(LU decomposition)*는 정방 행렬 A를 $A = L \cdot U$가 되는 하삼각과 상삼각 행렬 L과 U

그림 8.11: 링컨 기념관의 LU 분해(왼쪽)와 곱셈 $L \cdot U$(중간). LU 행렬의 행들은 계산 도중에 순열이 적용되지만 적절히 배열하면 이미지를 완전하게 복원할 수 있다(오른쪽).

로 분할하는 특별한 행렬 분할이다.

행렬은 주대각선 위나 아래가 모두 0이면 *삼각*(*triangular*) 행렬이 된다. 하삼각 행렬 L은 모든 0이 아닌 값이 주대각선 아래에 존재한다. 다른 분할 행렬 U는 상삼각 행렬이다. L의 주대각선은 모두 1이므로 분해 결과 전체를 원래 $n \times n$ 행렬 공간에 집어넣을 수 있다.

LU 분해의 주요 가치는 선형 시스템 $AX = Y$를 풀 때 유용하다는 것이며, 특히 동일한 A에 대해 상이한 Y를 가지는 다중 문제를 풀 때 유용하다. 행렬 L은 가우스 소거법을 이용해 주대각선 위의 모든 값들을 0으로 바꾼 결과이다. 이러한 삼각 형태에서는 나머지 방정식들을 직접 단순화시킬 수 있다. 행렬 U는 L의 구축 과정에서 적용된 행 연산들을 반영한다. U를 단순화시키고 Y에 L을 적용하는 것이 A를 직접 푸는 것보다 적은 작업을 필요로 한다.

LU 분해의 다른 중요성은 행렬의 결정자를 계산하는 알고리즘을 만드는 데 있다. A의 *결정자*(*determinant*)는 U의 주대각 원소의 곱이다. 이미 설명한대로 결정자가 0이면 행렬은 완전 랭크를 가질 수 없다.

그림 8.11은 링컨 기념관의 LU 분해를 설명한다. 2개의 삼각 행렬에는 가시적인 고유한 질감이 존재한다. (Mathematica의) 특정 LU 분해 함수는 주어진 시스템의 방정식들이 정보의 손실 없이 자리를 바꿀 수 있다는 사실을 이용하고 있다. 동일한 사실이 이미지에 대해서는 적용될 수 없지만 기념관의 흰색 기둥을 위치는 다르더라도 정확하게 재구성할 수 있다.

8.4 | 고윳값과 고유벡터

벡터 U에 정방 행렬 A를 곱하면 스칼라 값 l과 곱하는 것과 동일한 효과가 발생한다. 아래 예를 고려해 보자. 손으로 결과를 확인해 보라.

$$\begin{bmatrix} -5 & 2 \\ 2 & -2 \end{bmatrix} \cdot \begin{bmatrix} 2 \\ -1 \end{bmatrix} = -6 \begin{bmatrix} 2 \\ -1 \end{bmatrix}$$

$$\begin{bmatrix} -5 & 2 \\ 2 & -2 \end{bmatrix} \cdot \begin{bmatrix} 1 \\ 2 \end{bmatrix} = -1 \begin{bmatrix} 1 \\ 2 \end{bmatrix}$$

이 등식은 모두 동일한 2×1 벡터 U를 왼쪽과 오른쪽 편에 곱한 것이다. 한쪽의 U는 행렬 A에 의해 곱해지고, 다른 쪽에서는 스칼라 λ에 곱해진다. 이와 같이 $AU = \lambda U$가 성립하면 λ를 행렬 A의 *고윳값(eigenvalue)*이라고 하고, U를 그와 연관된 *고유벡터(eigenvector)*라고 한다.

이러한 고유벡터-고윳값 쌍은 흥미로운 것이다. 스칼라 λ가 전체 행렬 A와 동일하게 U에 대해 동일한 일을 할 수 있다는 것은 이 값이 매우 특별하다는 것을 의미한다. 고유벡터 U와 고윳값 λ는 모두 A에 대한 많은 정보를 인코딩하게 된다.

또한 일반적으로 임의의 행렬에 대해 다수의 고유벡터–고윳값 쌍이 존재한다. 위에서 두 번째 예도 동일한 행렬 A에 대해 적용이 되었으나 상이한 U와 λ를 만들고 있다.

8.4.1 고윳값의 성질

고윳값 이론은 이책의 범위를 벗어난 선형 대수의 심도 있는 내용으로 우리를 이끌게 된다. 여기서는 중요한 성질들을 요약만 하기로 한다.

- 각 고윳값은 연관된 고유벡터를 가진다. 이들은 항상 쌍으로 나타난다.
- 일반적으로 모든 완전 랭크 $n \times n$ 행렬에 대해서는 n개의 고윳값–고유벡터 쌍이 존재한다.
- 대칭 행렬의 고유벡터들의 모든 쌍은 평면상의 x와 y축이 직교인 것처럼 상호 *직교(orthogonal)*한다. 두 벡터는 그 내적이 0이면 직교한다. $(0, 1) \cdot (1, 0) = 0$이고, 앞의 예의 $(2, -1) \cdot (1, 2) = 0$이다.
- 이로부터의 결과는 고유벡터가 차원의 역할 또는 n-차원 공간의 *기저(base)* 역할을 할 수 있다는 것이다. 이것이 행렬에 대한 다수의 기하학적 해석으로 이어진다. 특히 임의의 행렬은 각 고윳값이 연관 고유벡터의 크기를 표현하는 형태로 인코딩될 수 있다.

8.4.2 고윳값의 계산

랭크-n 행렬의 n개의 상이한 고유벡터는 그 *특성 방정식(characteristic equation)*을 분할해서 구할 수 있다. 동등성 $AU = \lambda U$의 정의로부터 출발한다. 이 식에 항등 행렬 I를 곱해도 이 동등성이 유지가 된다.

$$AU = \lambda IU \rightarrow (A - \lambda I)U = 0$$

예제 행렬의 경우 다음과 같다.

$$A - \lambda I = \begin{bmatrix} -5-\lambda & 2 \\ 2 & -2-\lambda \end{bmatrix}$$

벡터 U에 임의의 스칼라 값 c를 곱해도 등식 $(A - \lambda I)U = 0$은 여전히 성립한다는 사실에 유의하라. 이는 해의 개수가 무한개임을 암시하며, 따라서 선형 시스템은 과소결정적이어야 한다.

이러한 상황에서 행렬의 결정자가 0이 되어야 한다. 2×2 행렬의 경우 결정자는 교차 곱 $ad - bc$이므로

$$(-5-\lambda)(-2-\lambda) - 2 \cdot 2 = \lambda^2 + 7\lambda + 6 = 0$$

이 된다. λ에 대해 2차 방정식을 풀면 $\lambda = -1$, $\lambda = -6$이 된다. 이를 일반화하면, 결정자 $|A - \lambda I|$는 차수가 n인 다항식이므로, 이 특성 방정식의 근은 A의 고윳값을 정의하게 된다.

임의의 주어진 고윳값과 관련된 벡터는 선형 시스템을 풀어서 계산할 수 있다. 우리 예의 경우 임의의 고윳값 λ와 연관 벡터 $U = \begin{bmatrix} u_1 \\ u_2 \end{bmatrix}$에 대해

$$\begin{bmatrix} -5 & 2 \\ 2 & -2 \end{bmatrix} \cdot \begin{bmatrix} u_1 \\ u_2 \end{bmatrix} = \lambda \begin{bmatrix} u_1 \\ u_2 \end{bmatrix}$$

임을 알고 있다. λ의 값을 고정하면 n개의 방정식과 n개의 미지수를 가진 방정식이 되므로 U의 값들을 구할 수 있다. $\lambda = -1$의 경우,

$$-5u_1 + 2u_2 = -1u_1 \longrightarrow -4u_1 + 2u_2 = 0$$
$$2u_1 + -2u_2 = -1u_2 \longrightarrow 2u_1 + -1u_2 = 0$$

이 되고, 그 해는 $u_1 = 1$, $u_2 = 2$가 되며, 이 값이 연관 고유벡터가 된다. $\lambda = -6$의 경우,

$$-5u_1 + 2u_2 = -6u_1 \longrightarrow 1u_1 + 2u_2 = 0$$
$$2u_1 + -2u_2 = -6u_2 \longrightarrow 2u_1 + 4u_2 = 0$$

이 되며, 이 방정식은 과소결정적이므로, $u_1 = 2$, $u_2 = -1$이 될 수 있고, 이 값의 임의의 상수배 값도 모두 고유벡터가 될 수 있다. 이는 말이 된다. U가 등식 $AU = \lambda U$의 양쪽에 모두 존재하므로 임의의 상수 c에 대해 $U' = c \cdot U$도 동일하게 정의를 만족시키게 된다.

고윳값/벡터 계산을 위한 더 빠른 알고리즘은 *QR 분해*라고 하는 행렬 분할 방법을 기초로 한다. 다른 알고리즘들은 선형 시스템 전체를 푸는 것을 피하려고 노력한다. 예를 들어, 한 대안적 방법은 U에 대한 더 좋은 근삿값을 계산하기 위해 수렴할 때까지 $U' = (AU)/\lambda$를 반복적으로 적용한다. 조건이 성립할 경우, 이 방법은 전체 선형 시스템을 푸는 것보다 훨씬 더 빠를 수 있다.

가장 큰 고윳값과 그 연관 벡터는 일반적으로 말해서 다른 것들보다 더 중요하다. 그 이유는? 이것이 행렬 A의 근삿값을 구하는데 가장 큰 기여를 하기 때문이다. 따라서, 고성능 선행 대수 시스템들은 k개의 가장 큰 (가장 작은) 고윳값을 구하기 위해 특별한 루틴을 사용하며, 그 다음으로, 각각에 대해 벡터들을 재구성하기 위한 반복적 방법들을 사용한다.

8.5 | 고윳값 분해

임의의 $n \times n$ 대칭 행렬 M은 n개의 고유벡터 곱셈의 합으로 분해될 수 있다. $1 \leq i \leq n$일 때 (λ_i, U_i)는 n개의 고유쌍이 된다. 관습적으로 크기별로 정렬을 해서 모든 i에 대해 $\lambda_i \geq \lambda_{i-1}$이다.

각 고유벡터 U_i는 $n \times 1$ 행렬이므로, 이를 그 전치 행렬과 곱하면 $n \times n$ 행렬 곱셈 $U_i U_i^T$가 된다. 이 행렬은 원래 행렬 M과 동일한 차원을 갖게 된다. 해당 고윳값으로 가중치를 부여한 이

행렬의 선형 조합을 계산할 수 있다. 사실상 이는 원래 행렬을 재구성하게 된다.

$$M = \sum_{i=1}^{n} \lambda_i U_i U_i^T$$

이 결과는 대칭 행렬에 대해서만 성립하므로 예제 이미지의 인코딩에는 사용할 수 없다. 그러나 공분산 행렬은 항상 대칭이 되고, 이 공분산 행렬은 원래 행렬의 각 행과 열의 기본적 특징을 인코딩한다.

따라서 공분산 행렬은 고윳값 분해를 통해 표현할 수 있다. 이는 원래 행렬보다 약간 더 많은 공간을 차지한다. 즉, 길이가 n인 n개의 고유벡터, n개의 고윳값, 대칭 행렬의 상삼각 위치의 $n(n+1)/2$개 원소, 주대각선의 공간이 필요하다.

그러나, 가장 큰 고윳값과 관련된 벡터들만을 이용해 행렬에 대한 양호한 근삿값을 얻을 수 있다. 가장 작은 값은 행렬 값에 거의 기여를 하지 않으므로 약간의 결과 에러를 감수하면 제거할 수 있다. 이러한 차원 감소 방법은 더 작고 더 효율적인 특징 집합 생성에 매우 유용하다.

그림 8.12(왼쪽)는 링컨 기념관의 공분산 행렬 M을 가장 큰 단일 고유벡터를 이용해, 즉 $U_1 \cdot U_1^T$로 재구성한 결과를 보인다. 연관 에러 행렬은 $M - U_1 \cdot U_1^T$가 된다. 고유벡터 하나만 해도 중앙의 대형 블록과 같은 특징을 복구할 정도로 재구성 작업에 매우 유용하다.

그림 8.12의 그림(오른쪽)은 지엽적 영역에서 에러가 발생함을 보여주고 있고, 이는 보다 민감한 세부 사항들은 그 인코딩에 추가적 벡터들을 필요로 함을 의미한다. 그림 8.13은 가장 큰 1개, 5개, 50개 고유벡터를 사용할 경우의 에러를 보인다. 더 세부적인 사항을 재구성할수록 에러

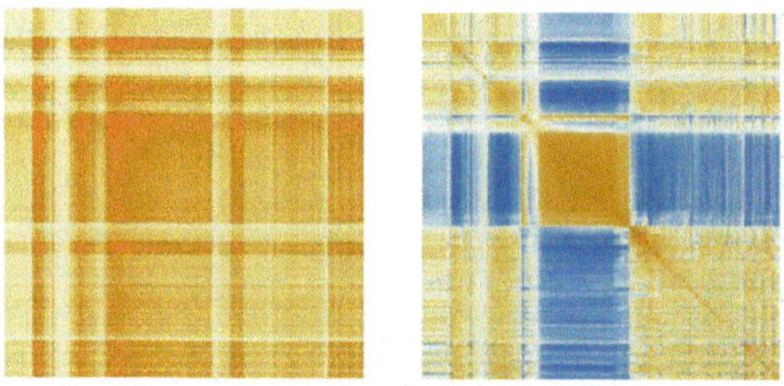

그림 8.12: 링컨 기념관의 가장 큰 고유벡터는 그 공분산 행렬의 대부분의 세부 사항을 포함하기에 충분하다.

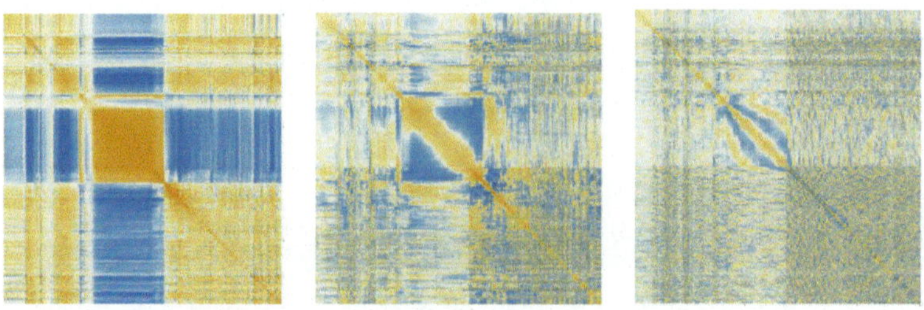

그림 8.13: 가장 큰 1개, 5개, 50개 고유벡터로부터 링컨 기념관을 재구성하는 데 발생하는 에러.

영역은 물론 에러의 크기도 더 작아진다. 50개의 고유벡터라고 하더라도 완벽한 행렬의 재구성에 필요한 512개의 10% 보다도 적지만 이 정도로도 상당히 좋은 근삿값을 얻게 된다.

8.5.1 특이값 분해

고윳값 분해는 매우 좋은 방법이나 대칭 행렬에 대해서만 적용이 가능하다. *특이값 분해(singular value decomposition)*는 보다 일반적인 행렬 분할 방법으로 단일 행렬을 벡터에 의해 정의되는 다른 행렬들의 합으로 유사하게 축소한다.

$n \times m$ 실수 행렬 M의 특이값 분해는 이 행렬을 각각 $n \times n$, $n \times m$, $m \times m$ 차원을 갖는 3개의 행렬 U, D, V로 분할한다. 이 분할은 다음과 같은 형태[2]를 갖는다. 중앙 행렬 D는 *대각(diagonal)* 행렬의 특성을 가져 모든 영이 아닌 값이 항등 행렬 I처럼 주대각선상에 존재한다.

$$M = UDV^T$$

이러한 분할을 찾는 방법을 걱정할 필요는 없다. 대신 그 의미에 집중하자. 곱셈 $U \cdot D$는 D의 모든 항이 주대각선을 제외하고는 0이므로 $U[i, j]$를 $D[j, j]$에 곱하는 효과를 가진다. 따라서 D는 U의 각 열의 상대적 중요성을 측정하는 것으로 해석할 수 있고, 또는 $D \cdot V^T$를 통해 V^T의 각 행의 중요성을 측정하는 것으로 해석할 수 있다. D의 이러한 가중치 값들을 M의 *특이값(singular value)*이라고 한다.

X와 Y를 각각 차원 $n \times 1$, $1 \times m$인 벡터라고 하자. *행렬의 외적(outer product)* $P = X \bigotimes Y$는 $P[j, k] = X[j]Y[k]$인 $n \times m$ 행렬이다. 전통적인 행렬 곱셈 $C = A \cdot B$는 이러한 외적의 합으로 다음과 같이 표현될 수 있다.

$$C = A \cdot B = \sum_k A_k \bigotimes B_k^T$$

여기서 A_k는 A의 k번째 열에 의해 정의되는 벡터이고, ${B_k}^T$는 B의 k번째 행에 의해 정의되는 벡터이다.

이를 모두 합쳐 행렬 M을 특이값 분해의 결과인 벡터들, 즉 $1 \leq k \leq m$일 때 $(UD)_k$와 $(V^T)_k$의 외적의 합으로 표현할 수 있다. 또한 특이값들 D는 각 외적이 M에 기여하는 정도를 나타내므로, M의 근삿값을 얻기 위해 가장 큰 특이값들과 연관된 벡터들만을 사용하는 것도 충분하다.

그림 8.14(왼쪽)는 링컨 얼굴의 처음 50개 특이값들과 연관된 벡터를 보인다. 주의 깊게 살펴보면 처음의 5개에서 10개까지의 벡터들이 그 뒤의 것들보다 더 뭉툭하며, 이는 앞의 벡터들이 행렬의 기본 구조의 윤곽을 표현하고 뒤의 벡터들이 더 세부적인 사항들을 추가함을 의미한다. 그림 8.14(오른쪽)은 행렬과 그 재구성 사이의 평균 제곱 오차가 추가 벡터의 포함에 따라 감소함을 보여준다.

이러한 효과는 재구성된 이미지를 보면 더욱 명확하다. 그림 8.15(왼쪽)는 완벽한 재구성에

---

[2] M이 볼록 수(convex number)를 포함하면 이는 $M = UDV^*$로 일반화되며, V^*는 V의 *켤레 전치(conjugate transpose)*를 의미한다.

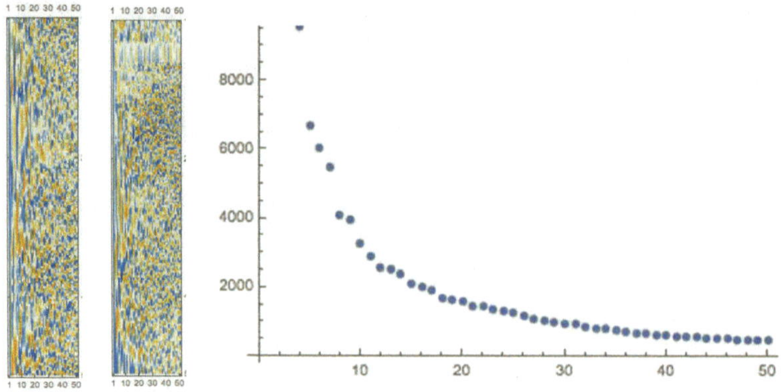

그림 8.14: 50개 특이값들에 대한 링컨 분해의 특이값 행렬들.

그림 8.15: 5개(왼쪽), 50개(중앙) 특이값들로부터 재구성된 링컨의 얼굴. $k = 50$에 대한 에러(오른쪽).

필요한 수의 1% 이내인 5개의 가장 강한 벡터로 구성한 링컨의 얼굴을 보이고 있다. 이 정도 만으로도 경찰의 범인 식별이 가능할 정도이다. 그림 8.15(중앙)는 50개 벡터를 포함한 보다 세부적인 결과를 보인다. 이는 인쇄한 이미지 정도의 품질에 해당한다. 그림 8.15(오른쪽)의 오차 도표는 손실된 세부 사항을 강조하고 있다.

가정 학습 특이값 분해(SVD)는 임의의 특징 행렬의 차원을 축소하기 위한 강력한 기법의 하나이다.

8.5.2 주성분 분석

주성분 분석(*Principal Components Analysis*, PCA)은 데이터 세트의 차원 축소와 밀접하게 관련된 기법이다. SVD처럼 데이터 세트를 표현하기 위해 벡터들을 정의한다. SVD처럼 연속적인 중요성에 따라 이들을 정렬해서 몇 개의 성분만을 이용해서 근사 표현을 재구성할 수 있도록 한다. PCA와 SVD는 밀접하게 관련이 되며 구분이 어려울 정도이다. 이들은 동일한 방법으로 동일한 일을 수행하지만 상이한 방향에서 유래가 되었다.

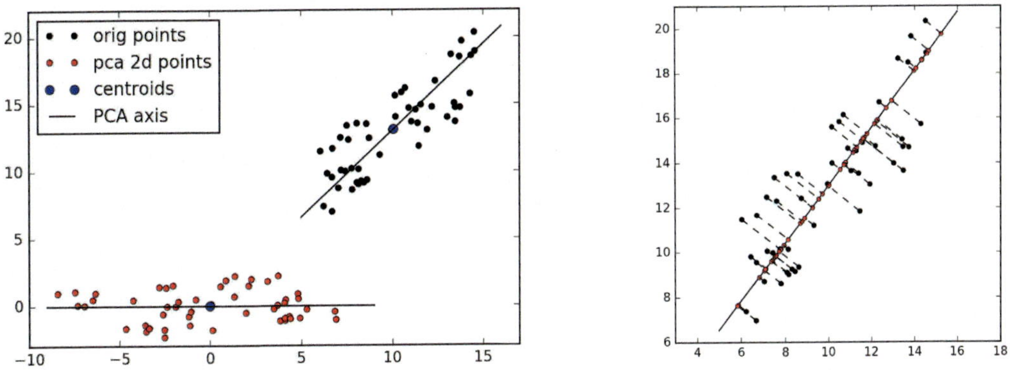

그림 8.16: PCA가 빨간 점들의 대안적 표현을 생성하기 위해 회전시킨 직교 축 상에 까만 점들을 투영하고 있다(왼쪽). 각 성분의 값들은 각 점을 적절한 축에 투영하여 얻게 된다(오른쪽).

주성분은 점들을 가장 잘 적합시키는 타원체의 축들을 정의한다. 이 축들의 집합의 원점은 점들의 중심이 된다. PCA는 최대 양의 분산을 설명할 수 있는 형태로 점들을 투영할 수 있는 방향의 식별에서 시작한다. 이는 중심을 통과하며 점들을 가장 잘 적합시키는 선으로 선형 회귀에 비유할 수 있다. 그리고 나서 각 점을 이 선으로 투영하여, 이 교차점이 중심에 대해 상대적으로 선상의 특정 위치를 정의하게 된다. 이제 이 투영된 위치가 그림 8.16에 보인 것처럼 새로운 표현에서 (주성분의) 첫 번째 차원을 정의하게 된다.

각 후속 성분에 대해, 모든 이전의 선들에 대해 직교이고 나머지 분산의 최대 양을 설명하는 선 l_k를 찾는다. 각 차원이 서로 직교라는 사실은 그들이 좌표 축의 역할을 한다는 사실을 의미하고, 이러한 성질을 고유벡터와 연결할 수 있다. 가장 현저한 방향을 우선적으로 선택하므로, 각 후속 차원은 점진적으로 그 중요성이 이전에 비해 약해진다. 후속 성분들은 점진적으로 약간의 세부 사항만을 추가하게 되므로, 이러한 차이가 충분히 작아지면 중단할 수 있다.

차원 x와 y가 가상적으로 일치한다고 가정하자. 회귀선은 이 두 차원에 대해 $y = x$로 투영되어 내려가므로, 이들은 크게 단일 차원으로 대체될 수 있다. PCA는 상관관계가 높은 것들을 저차원 공간으로 합치는 방식으로, 새로운 차원을 원래 차원의 선형 조합으로 구성한다. *통계 인자 분석*(*statistical factor analysis*)은 분산의 대부분을 설명하는 가장 중요한 직교 차원(상관관계에 의해 측정된)을 식별하는 기법이다.

상대적으로 적은 성분만으로도 점 세트의 기본 구조를 표현하기에 충분하다. 남아 있는 나머지들은 잡음일 가능성이 많으므로 데이터로부터 제거하는 것이 때로는 더 좋을 수도 있다. PCA(또는 SVD)를 통한 차원 축소 뒤에 더 적은 차원은 물론 더 맑은 데이터를 얻을 수 있다.

> **가정 학습** PCA와 SVD는 동일한 계산을 수행하는 본질적으로 상이한 두 개의 방법이다. 이들은 특징 행렬의 저차원 근사에서 동등하게 좋은 역할을 수행한다.

8.6 | 전쟁 이야기: 휴먼 인자

"*누가 더 중요한가*(*Who's Bigger*)"라고 하는 우리 책의 역사적 인물들에 대한 분석 과정에서 PCA와 SVD와 같은 차원 축소 방법의 위력을 보고 처음으로 놀랐다. (4.7절의 전쟁 스토리에서) Wikipedia의 구조와 내용을 분석한 방법을 상기해 보아라. 영어판에서 사람에 대한 800,000+ 기사 각각에 대해 PageRank, 기사 길이와 같은 6개 특징을 최종적으로 추출하였다. 이것은 사람들 각각을 6차원 특징 벡터로 감소시켰고, 이를 기반으로 그들의 상대적 중요성에 대한 판단을 위한 분석을 수행할 수 있다.

그러나 이러한 일은 우리가 생각한 것처럼 단순하지 않았다. 특정 변수에 따라 전혀 상관없는 사람이 높은 랭크를 가졌다. 이러한 상황을 해석할 방법이 명확하지 않았다.

공저자 챨즈(Charles)는 "우리 특징에는 너무나 큰 분산과 임의 잡음이 존재한다. 무슨일이 벌어지고 있는지를 실제로 보여주는 이 관찰 변수들의 기반이 되는 주요 인자를 식별해 보자"라고 하였다.

챨즈의 해법은 PCA의 변형의 하나인 *인자 분석*(*factor analysis*)이었고, 이 방법은 SVD의 변형의 하나이기도 하다. 이러한 기법들은 모두 특징 행렬을 더 작은 수의 변수나 인자의 집합으로 압축하며, 이러한 인자들이 전체 특징 행렬의 대부분의 분산을 설명하는 것을 목표로 한다. 우리는 인자 분석이 개개의 중요성을 정의하는 단일 기반 인자를 추출할 것이라고 기대하였다. 그 대신 우리의 입력 변수들은 데이터를 설명하는 두 개의 독립적인 인자를 생성하였다. 양 변수는 분산의 거의 비슷한 비율(31%와 28%)을 설명해주었고, 이는 이 숨은 변수들이 거의 동등한 중요성을 가짐을 의미한다. 그러나 멋진 사실은 이 인자들이 보여준 것에 있다.

인자들(또는 특이 벡터들, 또는 주요 성분들)은 원래 입력 특징의 선형 조합에 불과하다. 이들에게는 별도의 이름이 부여되지 않으므로 대개 인자 1, 인자 2와 같은 형태로 기술하게 된다. 그러나, 우리의 인자는 너무나 확연하여 챨즈가 *품격*(gravitas)과 *명성*(celebrity)이라는 이름을 부여했고, 그 이유는 그림 8.17을 보면 알 수 있다.

우리의 *품격* 인자는 PageRank의 두 개의 형식에서 비롯되었다(통계 용어로는 "반영(loads on)"하였다). 품격은 성취도-기반의 인식을 정확하게 표현하는 것으로 보인다. 이에 반해 *명성* 인자는 페이지 히트, 개정, 기사 길이와 같은 것을 좀 더 강하게 반영한다. 명성 인자는 평판의 인기도(일부는 저속하다고 표현할지 모르는)를 더 잘 표현한다. 가수, 배우, 기타 연예인의 중요도는 품격 보다는 명성에 의해 더 잘 측정이 된다.

품격과 명성의 차이를 느끼기 위해 그림 8.17에서 각 인자에 대해 가장 높은 랭크의 인물을 비교해 보아라. 왼쪽의 높은 품격의 인물들은 명확하게 구 시대의 비중이 있는 큰 업적을 가진 인사들이다. 이들은 철학자, 왕, 정치가들이다. 그림 8.17(오른쪽)에 나열된 이름들은 완벽한 유명인들로 상위 4명은 지구 상에서 그들의 이름밖에 없을 정도이다. 이들은 프로 레슬링 선수, 배우, 가수들이다. 명성-품격 미터에서 품격을 보여주는 유일한 두 사람은, 현대 유명인의 플라토닉 이상형에 속하는 브리트니 스피어스(*Britney Spears, 1981–*)[566]와 마이클 잭슨(*Michael Jacksonm 1958–2009*)[136]뿐이다. 이 무감독 방법이 레이블을 부여한 훈련 예제도 없이, 그리고

Highest Gravitas Ranking

Person	Grav.	Sig	Celeb/Grav
Napoleon	8	2	C G
Carl Linnaeus	13	31	C G
Plato	23	25	C G
Aristotle	27	8	C G
F. D. Roosevelt	30	43	C G
Plutarch	32	258	C G
Charles II	33	78	C G
Elizabeth II	35	132	C G
Queen Victoria	38	16	C G
William Shakespeare	42	4	C G
Pliny the Elder	43	212	C G
Tacitus	52	300	C G
Herodotus	58	123	C G
Charles V	61	84	C G
George V	64	235	C G

Highest Celebrity Ranking

Person	Celeb.	Sig	Celeb/Grav
The Undertaker	2	2172	C G
Vijay	8	4456	C G
Edge	10	2603	C G
Kane	13	2229	C G
John Cena	16	2277	C G
Beyoncé Knowles	19	1519	C G
Triple H	26	1596	C G
Rey Mysterio	36	2740	C G
Britney Spears	37	689	C G
Ann Coulter	45	3376	C G
Jesse McCartney	48	4236	C G
Roger Federer	57	743	C G
Ashley Tisdale	60	4445	C G
Michael Jackson	75	180	C G
Dwayne Johnson	78	1446	C G

그림 8.17: 품격과 명성 인자는 유명인을 두 유형으로 분할하는 일을 탁월하게 수행하였다.

이들이 무엇을 찾아야 할지에 대한 사전 지식도 없이 유명함의 두 가지 고유한 타입을 구분해냈다는 사실이 내게는 놀라웠다. 인자/벡터/성분들이 데이터에 존재하고 발견해야 할 무엇인가를 단순히 반영해주었다.

이 명성-품격 연속체는 차원 축소 방법의 위력에 대한 교육적 사례에 해당한다. 모든 인자/벡터/성분들은 정의에 의해 반드시 서로 직교해야 한다. 이는 그들 각각이 두 개의 상관 입력 변수들이 할 수 없는 상이한 것들을 측정함을 의미한다. 여러분의 응용에서 그 의미를 명확히 파악하기 위해 주성분에 대한 탐험적 데이터 분석을 수행하는 일은 도움이 될 것이다. 인자의 이름은 여러분이 고양이나 개처럼 마음대로 정할 수 있으므로 여러분이 좋아할 이름을 선택하라.

8.7 | 장 노트

선형 대수에 대한 개요를 소개하는 인기 있는 교재는 [LLM15, Str11, Tuc88]을 포함하여 상당히 많다. 클라인[Kle13]은 컴퓨터 과학을 위한 선형 대수에 대한 흥미로운 개요를 제공하고 있으며, 코딩 이론이나 컴퓨터 그래픽과 같은 프로그래밍과 응용을 강조하고 있다.

8.8 | 연습문제

기초 선형 대수

8-1. *[3]* 다음 성질을 만족하는 정방 행렬 A와 B의 쌍을 제시하라.

(a) $AB = BA$ (교환 법칙 성립)

(b) $AB \neq BA$ (교환 법칙 성립하지 않음)

일반적으로, 행렬 곱셈에서는 교환 법칙이 성립하지 않는다.

8-2. *[3]* 호환적인 행렬 A, B, C에 대해, 행렬 덧셈에서 결합 법칙이 성립함을, 즉 $(A + B) + C = A + (B + C)$임을 증명하라.

8-3. *[5]* 호환적인 행렬 A, B, C에 대해, 행렬 곱셈에서 결합 법칙이 성립함을, 즉 $(AB)C = A(BC)$임을 증명하라.

8-4. *[3]* A와 B가 차수가 동일한 대각 행렬일 때, $AB = BA$임을 증명하라.

8-5. *[5]* $AC = CA$이고, $BC = CB$이면, 다음이 성립함을 증명하라.

$$C(AB + BA) = (AB + BA)C$$

8-6. *[3]* 행렬 MM^T와 M^TM은 정방이고 대칭인가? 설명하라.

8-7. *[5]* $(A^{-1})^{-1} = A$임을 증명하라.

8-8. *[5]* 임의의 비-특이 행렬 A에 대해 $(A^T)^{-1} = (A^{-1})^T$임을 증명하라.

8-9. *[5]* 주어진 행렬의 LU 분할이 유일한가? 여러분의 답을 입증하라.

8-10. *[3]* 행렬 방정식 $Ax = b$를 푸는 방법을 설명하라.

8-11. *[5]* M이 역을 구할 수 없는 정방 행렬이면 LU 분할 $M = L \cdot U$에서 L이나 U가 그 대각선에 0을 가짐을 보여라.

고윳값과 고유벡터

8-12. *[3]* $M = \begin{bmatrix} 2 & 1 \\ 0 & 2 \end{bmatrix}$라고 하자. M의 모든 고윳값을 구하라. M이 두 개의 선형적으로 독립인 고유벡터를 가지는가?

8-13. *[3]* A와 A^T의 고윳값이 동일함을 증명하라.

8-14. *[3]* 대각 행렬의 고윳값이 대각 원소와 동일함을 증명하라.

8-15. *[5]* 행렬 A가 고유벡터 v와 고윳값 λ를 가지고 있다고 가정하라. v가 또한 A^2의 고유벡터임을 보이고 이에 해당하는 고윳값을 구하라. $2 \leq k \leq n$인 A^k의 경우는 어떠한가?

8-16. *[5]* A가 고유벡터 v를 가지는 역이 가능한 행렬이라고 하자. v가 또한 A^{-1}에 대한 고유벡터임을 보여라.

8-17. *[8]* MM^T의 고윳값이 M^TM의 고윳값과 같음을 보여라. 그들의 고유벡터도 동일한가?

구현 프로젝트

8-18. *[5]* 라이브러리 함수의 행렬 곱셈의 속도를 여러분 자신의 중첩 루프 알고리즘 구현과 비교하라.

- *임의의 $n \times n$ 행렬의 곱셈 속도에 대해 n이 커질 때 라이브러리가 얼마나 더 빠른지를 n의 함수로 표현하라.*

- *$n \ll m$인 $n \times m$과 $m \times n$ 행렬의 곱셈의 경우에는 어떠한가?*
- *캐시 성능 향상을 위해 B를 내부적으로 전치를 해서 모든 도트 곱셈이 행렬의 행을 따라 계산이 되도록 하면, $C = A \cdot B$를 계산하는 여러분의 구현의 성능을 얼마나 개선할 수 있는가?*

8-19. *[5]* 연립 방정식 $C \cdot X = Y$를 풀기 위한 가우스 소거법을 구현하라. 다음 사항에 대해 여러분의 구현을 인기 있는 라이브러리 루틴과 비교하라.

(a) 속도. 밀집과 희소 계수 행렬에 대해 실행 시간을 비교하라.

(b) 정확도. 수치 나머지 $CX - Y$의 크기는 특히 행렬의 조건 수가 증가함에 따라 어떻게 되는가?

(c) 안정도. 여러분의 프로그램은 특이 행렬에 대해 붕괴되는가? 특이 행렬에 약간의 임의 잡음을 추가해 생성한 특이 행렬에 가까운 행렬에 대해서는 어떠한가?

인터뷰 질문

8-20. *[5]* 수치 코드의 최적화에서 벡터화가 강력한 방법으로 간주되는 이유는 무엇인가?

8-21. *[3]* 특이값 분해란 무엇인가? 특이값이란 무엇인가? 특이 벡터란 무엇인가?

8-22. *[5]* "long"과 "wide" 포맷 데이터의 차이를 설명하라. 실무에서 이러한 각 값이 등장하는 경우는 언제인가?

캐글 도전 과제

8-23. 사람들이 그들의 뇌파 분석에서 보는 것이 무엇인지 설명하라.
`https://www.kaggle.com/c/decoding-the-human-brain`

8-24. 특정 학생이 주어진 질문에 정확하게 답변할 것인지를 결정하라.
`https://www.kaggle.com/c/WhatDoYouKnow`

8-25. 가속도계 데이터로부터 모바일 폰 사용자를 식별하라.
`https://www.kaggle.com/c/accelerometer-biometric-competition`

CHAPTER

9

선형회귀 및 로지스틱회귀

조명보다는 도움을 위해 술 취한 사람은 램프 기둥을 사용하는데 예측자는 통계를 사용한다.

– 앤드류 랭(Andrew Lang)

선형회귀는 훈련 데이터로부터 값 예측 및 분류를 위한 모형을 구축하기 위해 사용되는 가장 대표적인 "기계학습" 방법이다. 이 방법의 주요 특징을 타 방법 대비 비교해 보면 다음과 같다.

- 선형회귀는 아름다운 이론적 토대를 가지고 있지만 실제로는 이러한 대수적 공식화는 일반적으로 더 빠르고 더 발견적인 최적화를 위해 폐기된다.
- 선형회귀 모형은 정의에 따라 선형이다. 이것은 그러한 모형의 한계를 목격하고 다른 형태로 일반화하는 영리한 기법을 개발할 수 있는 기회를 제공한다.
- 선형회귀는 수백 개의 변수를 사용하는 모형구축과 대부분의 변수들이 무시될 수 있도록 해주는 벌점화(regularization) 기법을 동시에 장려한다.

선형회귀는 데이터 중심 모형을 구축하기 위한 기본 접근 방법으로 사용해야 하는 빵과 버터 같은 모형화 기법이다. 이러한 모형은 일반적으로 만들기 쉽고, 해석하기 쉬우며 실제 문제에서 좋은 성능을 보여준다. 충분한 기술과 노력을 통해 고급 수준의 기계학습 기법은 더 좋은 성능을 낼 수 있지만 이러한 보상은 종종 노력에 미치지 못한다. 먼저 선형회귀 모형을 만든 다음 더 좋은 결과를 얻기 위해 열심히 노력할 가치가 있는지 여부를 결정하라.

9.1 | 선형회귀

n개의 점으로 구성된 집합이 주어질 때 선형회귀는 그림 9.1에서처럼 점들과 가장 잘 근사되는 또는 *적합*(*fit*)하는 선을 찾는다. 우리가 이렇게 하고자 하는 이유는 많이 있지만, 그중 한 가지 목표는 단순화(simplication)와 압축(compression)과 관련된다. 그림 9.1에서처럼 우리는 xy-평면

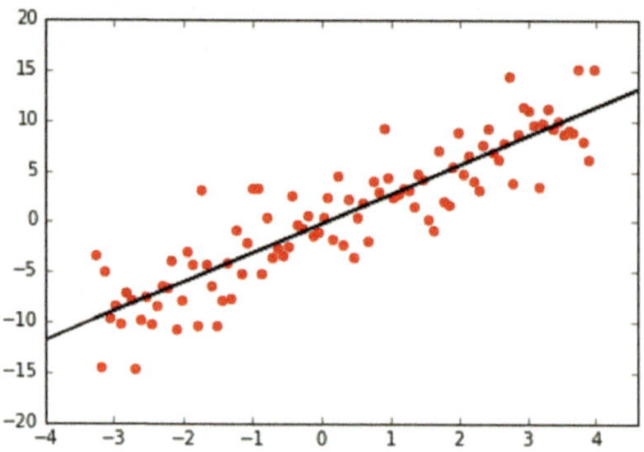

그림 9.1: 선형회귀는 점들의 집합과 가장 잘 적합하는 선을 생성한다.

에 있는 잡음 데이터 점(data point)의 집합을 깔끔한 직선으로 대체할 수 있다. 이 회귀 직선은 데이터의 트렌드를 보여주고 이상치의 위치와 크기를 강조하기 때문에 시각화에 유용하다.

그러나 우리는 값 예측을 위한 방법으로서의 회귀에 가장 관심이 있을 것이다. 각 관측된 점 $p = (x, y)$를 함수 $y = f(x)$의 결과로 간주할 수 있다. 여기서 x는 특징 변수(faeture variable)를 나타내고 y는 목표 변수(target variable)를 나타낸다. n개의 점들로 구성된 집합 $\{p_1, p_2, ..., p_n\}$이 주어질 때 우리는 이 점들을 가장 설명할 수 있는 $f(x)$를 찾고자 한다. 이 함수 $f(x)$는 점들을 보간하거나 모형화하여 가능한 모든 x'과 연관된 값 y', 즉 $y' = f(x')$를 추정하는 방법을 제공한다.

9.1.1 선형회귀와 쌍대성

회귀와 선형방정식의 해를 구하는 것 사이에는 흥미로운 연관성이 있다. 선형 시스템을 풀 때 우리는 n개의 주어진 직선 위에 놓여 있는 단일 점을 찾는다. 회귀에서는 대신 n개의 점이 주어질 때 “모든” 점 위에 놓이는 직선을 찾는다. 여기서 두 가지 차이점은 (a) 직선을 점으로 교환한다는 것과 (b) 제약조건 하에서 최상의 적합을 찾는 문제와 완전히 제한된 문제로 구분된다는 것이다.

점과 선을 구분하는 것은 사소한 것으로 입증된다. 왜냐하면 그것들은 모두 사실상 똑같기 때문이다. 2-차원 공간에서, 점 (s, t)와 선 $y = mx + b$는 각각 두 개의 매개변수 $\{s, t\}$와 $\{m, b\}$로 정의된다. 더욱이 적절한 *쌍대성*(*duality*) 변환에 의해 이 직선은 다른 공간에서의 점과 동일하다. 특히, 다음의 변환을 생각하라.

$$(s, t) \longleftrightarrow y = sx - t$$

이제 하나의 직선 위에 놓이는 점들의 집합은 한 점에서 교차하는 직선들의 집합에 매핑된다. 따라서 점들의 집합에 있는 모든 점들을 지나는 직선을 찾는 것과 직선들의 집합에 있는 모든 직선들이 통과하는 한 점을 찾는 것은 알고리즘적으로 동일하다.

그림 9.2는 하나의 예를 보여준다. 그림 9.2의 교차점(왼쪽)은 $p = (4, 8)$이며, 이 점은 오른쪽의 빨간색 직선 $y = 4x - 8$에 대응된다. 이 빨간색 점 p는 검은색 직선과 파란색 직선의 교

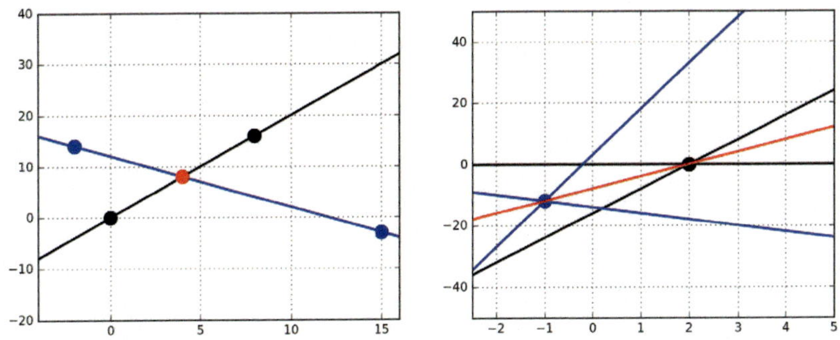

그림 9.2: 점들은 쌍대성 변환 하에서 직선들과 동등하다. 왼쪽 그림의 빨간색 점 (4, 8)은 오른쪽 그림의 빨간색 직선 $y = 4x - 8$로 매핑된다. 왼쪽 그림에서 동일 직선상에 있는 세 개의 점들의 두 집합은 오른쪽 그림에서 동일한 점을 통과하는 세 개의 직선들에 대응된다.

차점으로 정의된다. 쌍대 공간에서 이 직선들은 빨간색 직선 위에 있는 검은색 점과 파란색 점으로 변한다. 왼쪽 그림에서 동일 직선상에 있는 세 개의 점들 (두 개의 검은색 점 또는 두 개의 파란색 점과 한 개의 빨간색 점)은 오른쪽 그림의 공통점을 통과하는 세 개의 직선들 (한 개의 빨간색 직선과 두 개의 동일한 색깔의 직선)에 매핑된다. 이러한 쌍대성 변환은 의미 있는 방법으로 점과 선의 역할을 바꾼다.

선형회귀를 정의할 때 가장 큰 차이점은 *가능한 모든 점과 근접한* 직선을 찾는 것이다. 우리는 이런 일을 하기 위해 적당한 방법으로 오차를 측정하는 것에 대해 주의해야 한다.

9.1.2 선형회귀 오차

적합된 직선 $f(x)$의 *잔차(residual)*는 예측값과 실제값 사이의 차이이다. 그림 9.3에서처럼 특징 벡터 x_i와 해당 목표값 y_i에 대해 잔차 r_i는 다음과 같이 정의된다:

$$r_i = y_i - f(x_i)$$

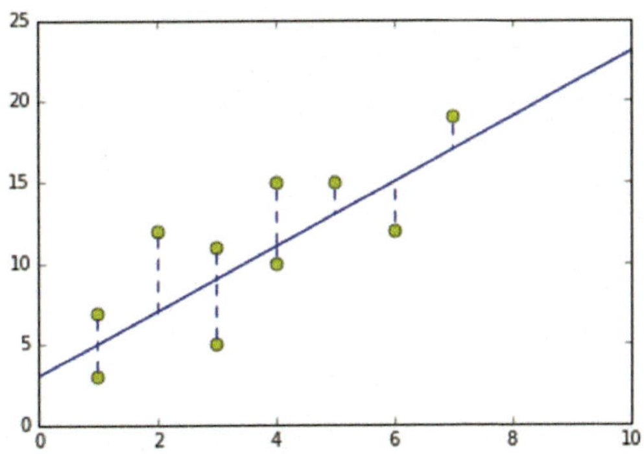

그림 9.3: 최소 제곱법에서 잔차(residual)는 직선과 점사이의 최단거리가 아니라 $y_i - f(x_i)$를 x축으로 투영한 것이다.

이 잔차를 앞으로 주의해서 다룰 것이나 이것이 오차를 정의하는 유일한 방법은 아니다. 실제로 직선과 가장 가까운 거리는 목표점을 통과하는 수직 이등분선에 의해 정의된다. 그러나 우리는 x_i로부터 y_i의 값을 예측하고자한다. 따라서 잔차는 우리의 목적에 맞는 오차(error)의 올바른 개념이다.

*최소 제곱회귀(least squares regression)*는 모든 점에 대한 잔차의 제곱합을 최소화한다. 이 척도가 사용되는 이유는 다음과 같다. 첫째, 잔차를 제곱하면 오차의 부호를 무시하므로 양수 및 음수 잔차가 서로 상쇄되지 않는다. 둘째, 이 방법은 가장 적합한 직선의 계수를 찾기 위한 정확한 형태의 식을 유도한다.

9.1.3 최적 적합 발견

선형회귀는 모든 훈련 데이터의 점에 대해 잔차 제곱합을 최소화하는 직선 $f(x)$를 찾는다. 즉, 다음 관계식을 최소화하는 계수 벡터 w를 찾는다.

$$\sum_{i=1}^{n}(y_i - f(x_i))^2, \text{ 여기서 } f(x) = w_0 + \sum_{i=1}^{m-1} w_i x_i$$

우리가 n개의 m차원 데이터 점들의 집합을 적합한다고 가정하자. 각 점의 첫 번째 $m-1$ 차원은 특징 벡터 $(x_1, ..., x_{m-1})$이고 마지막 값 $y = x_m$은 목표 변수 또는 종속 변수(dependent variable) 역할을 한다.

우리는 n개의 특징 벡터를 $n \times (m-1)$ 행렬로 만들 수 있다. 이 행렬의 첫 번째 열의 모든 원소 값을 1이 되게 하면 $n \times m$ 행렬 A를 만들 수 있다. 행렬 A의 첫 번째 열을 "상수" 특징으로 간주할 수 있다. 적절한 계수를 곱할 때 이것은 적합된 직선의 y-절편이 된다. 더욱이, n개의 목표값은 $n \times 1$ 벡터 b로 표현될 수 있다.

우리가 찾고자 하는 최적의 회귀 직선 $f(x)$는 $m \times 1$ 계수 벡터 $w = (w_0, w_1, ..., w_{m-1})^T$에 의해 정의된다. n개의 데이터 점을 이용하여 이 함수를 계산하면 예측값들의 $n \times 1$ 벡터 Ax를 얻게 된다. 따라서 $(b - Ax)$는 잔차들의 벡터가 된다.

최적의 적합된 직선의 계수를 어떻게 구할 수 있는가? 벡터 w는 다음과 같이 주어진다:

$$w = (A^T A)^{-1} A^T b$$

먼저 아래의 사항들을 생각해 보자. 우변의 차원은 다음과 같이 계산된다.

$$((m \times n)(n \times m))(m \times n)(n \times 1) \rightarrow (m \times 1)$$

이것은 벡터 w의 차원과 정확하게 일치한다. 그리고 $(A^T A)$는 데이터 행렬의 열/특징에 대한 공분산행렬을 정의한다. 이 행렬의 역행렬을 구하는 것은 선형방정식의 해를 구하는 것과 같다. 항 $A^T b$는 m개의 특징 변수들의 각각에 대한 데이터값들과 목표값들의 내적을 계산한다. 이것은 각 특징 변수가 목표 결과와 어떻게 상관되어 있는지에 대한 측정 방법을 제공한다. 왜 이것이 작동하는지 이해할 수는 없지만 이 방정식은 의미 있는 구성요소로 이루어져 있는 것은 분명하다.

> **가정 학습** 최소 제곱 회귀 직선이 $w = (A^T A)^{-1} A^T b$에 의해 정의된다는 사실은 회귀 문제를 해결하는 것이 역행렬을 구하고 행렬을 곱하는 것이라는 것을 의미한다. 이 공식은 작은 행렬에 대해서는 잘 작동한다. 그러나 실제 문제에서 경사 하강(gradient descent) 알고리즘이 보다 효율적인 것으로 판명되었다. 9.4절을 참고하라.

이제 $y = w_0 + w_1 x$ 형태의 최상-적합 직선을 찾는 단일 변수 x의 경우를 생각해 보라. 이 직선의 기울기는 다음과 같이 주어진다.

$$w_0 = \bar{y} - w_1\bar{x},\ w_1 = \sum_{i=1}^{n} \frac{(x_i - \bar{x})(y_i - \bar{y})}{\sum_{i=1}^{n}(x_i - \bar{x})^2} = r_{xy}\frac{\sigma_x}{\sigma_y}$$

최상-적합 직선은 점 $(\bar{x}, \bar{y})$를 지난다.

여기서 상관계수 r_{xy}와의 연결은 명백하다. 만약 x가 y와 상관되어 있지 않다면, 즉 $r_{xy} = 0$이면 w_1은 0이 되어야 한다. 비록 이들이 완벽하게 상관되어 있어도, 즉 $r_{xy} = 1$이어도 x를 y의 적당한 크기 범위로 가져 오기 위해 x의 크기를 조정해야 한다. 이것은 σ_x/σ_y의 역할이다.

선형회귀 공식은 어디서 오는 것인가? 최상-적합 직선에서 우리가 계수들의 어떤 것도 수정할 수 없으며 더 좋은 적합을 얻기를 희망한다는 것은 분명하다. 즉, 잔차 벡터 $(b - Aw)$는 각 변수 x_i와 관련된 벡터와 직교해야 한다. 그렇지 않으면 더 잘 적합하도록 계수를 수정할 수 있는 방법이 있을 것이다.

두 벡터가 직교한다는 것은 내적이 0이 된다는 것을 의미한다. A^T의 i번째 열과 잔차 벡터의 내적은 0이기 때문에 $(A^T)(b - Aw) = 0$이다. 여기서 0은 모든 원소들이 0인 영벡터이다. 따라서 간단한 계산에 의해 다음 관계식을 얻는다.

$$w = (A^T A)^{-1} A^T b$$

9.2 | 더 좋은 회귀 모형

n개의 점들의 행렬 A, $m - 1$개의 특징 변수 및 $n \times 1$ 목표값 벡터 b가 주어질 때 역행렬을 구하고 행렬을 곱하여 원하는 계수 벡터 w를 얻을 수 있다. 이것은 회귀 모형을 정의한다. 그러나 더 좋은 회귀 모형을 만들 수 있는 몇 가지 단계가 있다. 일부 단계들은 정확한 모형의 가능성을 높이기 위해 입력 데이터를 조작하는 것을 포함한다. 그러나 다른 일부 단계들은 우리의 모형이 어떤 것과 *비슷해야* 하는지에 대한 좀 더 개념적인 쟁점을 필요로 한다.

9.2.1 이상치 제거

선형회귀는 모든 훈련 데이터의 점에 대해 잔차 제곱합을 최소화하는 직선 $f(x)$를 찾는다. 즉, 다음 관계식을 최소화하는 계수 벡터 w를 찾는다.

$$\sum_{i=1}^{n}(y_i - f(x_i))^2,\ \text{여기서 } f(x) = w_0 + \sum_{i=1}^{m-1} w_i x_i$$

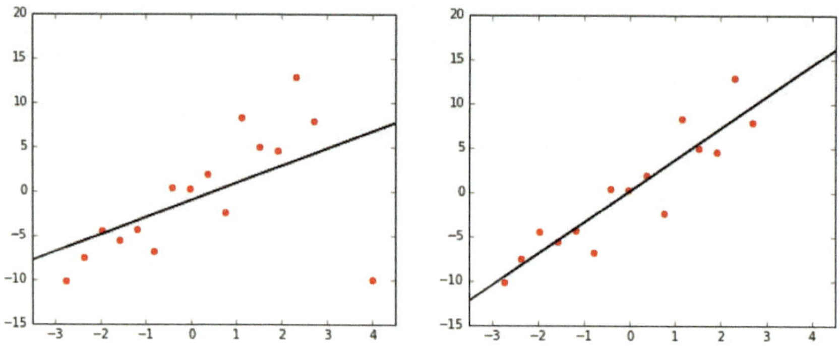

그림 9.4: 이상치(왼쪽)를 제거하면 훨씬 더 의미 있는 적합 결과(오른쪽)를 얻을 수 있다.

잔차 제곱합을 계산하는 데 제곱 함수를 사용하기 때문에 이상치는 적합에 큰 영향을 줄 수 있다. 예측값에서 거리 10만큼 멀리 있는 점은 적합된 직선에서 단지 1단위 정도 멀리 있는 점보다 잔차에 미치는 영향이 100배 더 크다. 이것이 적절하다고 주장할 수도 있지만 이상치는 최상-적합 직선의 모양에 큰 영향을 미친다는 것이 분명하다. 이것은 이상치가 신호가 아니라 잡음을 반영할 때 문제를 야기시킨다. 왜냐하면 회귀 직선이 좋은 데이터를 적합시키는 대신 나쁜 데이터에 적응하기 위해 그 궤도를 벗어나기 때문이다.

우리는 안스콤의 사중주와 함께 그림 6.3에서 이 문제를 처음 접했다. 네 개의 점집합 중 두 개는 한 개의 이상치를 포함하고 있기 때문에 마법을 달성했다. 이상치를 제거하면 적합된 직선은 데이터의 중심부를 통과한다.

그림 9.4는 왼쪽 그림처럼 오른쪽 하단에 이상치가 있는 경우와 오른쪽 그림처럼 이상치가 없는 경우에 대한 최상-적합회귀 직선을 보여준다. 왼쪽 그림과 오른쪽 그림에 대한 r^2은 각각 0.548과 0.917이다.

따라서 이상치를 식별하고 어떤 원칙적인 방법으로 이상치를 제거하면 우리는 보다 강인한 적합을 얻을 수 있다. 가장 간단한 방법은 먼저 점들의 전체 집합을 적합하고 그다음 점 p_i가 이상치인지를 결정하기 위해 잔차 $r_i = y_i - f(x_i)$를 사용하는 것이다. 그러나 이 점들을 삭제하기 전에 이 점들이 *정말로* 이상치인지를 확신하는 것이 중요하다. 그렇지 않으면 여러분은 삭제되지 않은 점들에만 잘 작동하는 적합된 직선을 가지게 될 것이다.

9.2.2 비선형함수 적합

선형 관계는 비선형 관계보다 이해하기 쉬우며 더 좋은 데이터가 없는 경우 기본 가정으로서 적절하다. 많은 현상들이 본질적으로 *선형이며* 종속 변수는 입력 변수와 거의 비례하여 증가한다.

- 소득은 일하는 시간의 양에 따라 거의 선형적으로 증가한다.
- 주택가격은 주택이 포함하고 있는 거주영역의 크기에 따라 거의 선형적으로 증가한다.
- 사람의 몸무게는 먹는 음식의 양에 따라 거의 선형적으로 증가한다.

선형회귀는 사실 기본적으로 선형 관계를 가지고 있는 데이터를 적합하고자 할 때 유용하다. 그러나 일반적으로 말해서 어떤 흥미로운 함수도 *완벽하게* 선형적이지는 않다. 사실, 오래된 통계학자의 법칙이 있는데, 이것은 만약 여러분이 함수가 선형이 되기를 원한다면 단지 두 점에서만 측정하라고 말하는 법칙이다.

우리가 선형함수를 뛰어 넘으면 우리가 모형화할 수 있는 함수 형태의 레퍼토리를 크게 증가시킬 수 있다. 선형회귀는 고차곡선이 아닌 직선을 적합한다. 그러나 우리는 x와 더불어 x^2과 관련된 추가 변수를 데이터 행렬에 추가함으로써 이차함수를 적합할 수 있다. 모형 $y = w_0 + w_1x + w_2x^2$은 이차함수이다. 그러나 이것은 비선형 입력값의 선형함수라는 사실을 유의하라. 적절한 고차원 변수를 데이터 행렬에 추가하고 이들의 선형 결합을 형성함으로써 우리는 임의의 복잡한 함수를 적합할 수 있다. $\sqrt{x}$, $\lg(x)$, x^3 및 $1/x$와 같은 적절한 변수들을 데이터 행렬에 포함시킴으로써 임의의 다항함수 및 지수함수/로그함수를 적합할 수 있다.

입력 변수 쌍 간의 비선형 상호작용을 반영하기 위해 추가 특징 변수들을 사용할 수도 있다. 사각형 A의 면적은 길이 × 너비로 계산된다. 즉, 이것은 A의 면적을 길이와 너비의 선형조합으로 정확하게 근사할 수 없음을 의미한다. 그러나 데이터 행렬에 면적 특징 변수를 추가하면 이러한 비선형 상호작용을 선형모형으로 포착할 수 있다.

그러나 모든 가능한 비선형 항을 명시적으로 포함시키면 다루기 어렵게 된다. $1 \leq i \leq k$에 대한 모든 제곱 x^i를 추가하면 데이터 행렬은 k배로 확대된다. n개의 변수에 대한 모든 곱의 쌍을 포함시키면 상황은 더 나빠지며 행렬은 $n(n + 1)/2$배 만큼 더 커진다. 어떤 비선형 항을 모형에 포함시켜야 하는지에 대해 신중해야 한다. 사실, 서포트 벡터 머신(support vector machine)과 같은 보다 강력한 학습 방법의 장점 중 하나는 명시적으로 열거하지 않고서도 비선형 항을 포함할 수 있다는 것이다.

9.2.3 특징 변수와 목표 변수의 단위 조정

원칙적으로 선형회귀는 모든 데이터 집합을 적합하는 최상의 선형모형을 찾을 수 있다. 그러나 올바른 모형을 찾을 수 있도록 최선을 다해야 한다. 이것은 일반적으로 표현력(expressibility), 해

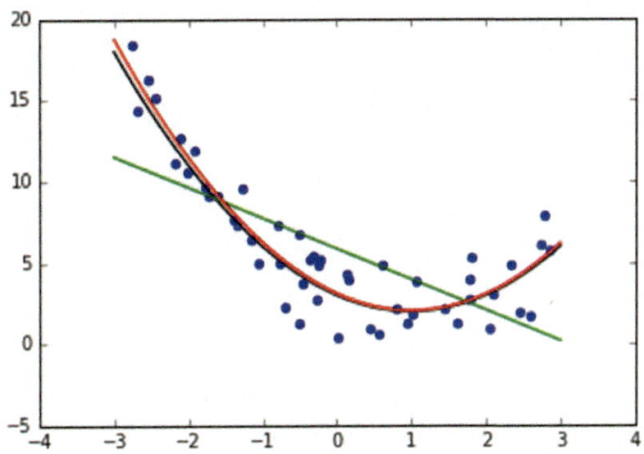

그림 9.5: 고차원 모형(빨간색)은 선형모형(녹색)보다 더 잘 적합한다.

석력(interpretability), 수치적 안정성(numerical stability)을 최적화하기 위해 데이터를 전처리하는 것을 포함한다. 여기서 문제는 넓은 수치 범위에 걸쳐 변화하는 특징 변수들은 이들을 모으기 위해 비슷한 범위의 계수를 필요로 한다는 것이다.

국가의 국민총생산을 인구 크기 x_1과 식자율(literacy rate) x_2의 함수로 예측하기 위해 모형을 만들고 싶다고 가정해 보자. 두 요인 모두 모형의 합리적인 구성요소처럼 보인다. 사실 두 가지 요인 모두 경제 활동량에 균등하게 기여한다. 그러나 그들은 완전히 다른 단위(scale)로 운영된다: 국가의 인구는 수만에서 수십억에 이르는 반면 글을 읽을 수 있는 사람의 비율은 정의에 따라 0과 1 사이이다. 따라서 다음과 같이 적합된 모형을 생각해 볼 수 있다.

$$GDP = \$10,000x_1 + \$10,000,000,000,000x_2$$

이 모형은 여러 가지 이유로 매우 좋지 않다.

- 이해하기 어려운(unreadable) 계수: 위의 방정식에서 x_2의 계수는 무엇인가? 10조가 되는 큰 숫자를 다루는 것도 어렵고, 어떤 변수가 결과에 더 중요하게 기여하는지 알기도 어렵다. x_1 또는 x_2 중 어떤 것인가?

- 수치적 부정확성(numerical imprecision): 최적화 알고리즘은 값이 넓은 범위에 걸쳐있을 때 문제가 된다. 부동소수점 숫자가 한정된 수의 비트로 표현된다는 것은 단순한 사실이 아니다. 더욱더 중요한 것은 많은 기계학습 알고리즘이 모든 변수에 대해 동시에 성립해야 하는 상수에 의해 매개변수화된다는 것이다. 예를 들어, 9.4.2절에서 설명될 경사 하강 탐색에서 고정된 스텝 크기를 사용하면 어떤 방향에서는 크게 지나쳐 가고(overshoot) 다른 방향에서는 미치지 못한다(undershoot).

- 부적절한 공식화(formulation): GDP를 예측하기 위해 위에 제시된 모형은 뭔가 이상하다. 내가 국가를 만들기로 결정했다고 가정해 보자. 그 국가에는 정확히 한 명의 국민이 있으며 그 국민은 글을 읽을 수 있다. 이 국가의 GDP는 \$10,000,000,010,000가 되어야 한다고 생각하는가?

  더 좋은 모형은 다음과 같을 수 있다:

  $$GDP = \$20,000x_1x_2$$

  이 모형은 x_1명의 국민 각자가 자신의 식자율에 따라 조정된 비율로 부를 창출하는 것으로 해석될 수 있다. 이것은 적절한 곱의 항을 갖는 데이터 행렬을 만드는 것을 요구한다. 그러나 목표 변수의 적절한 로그 척도화를 사용하면 모형이 선형회귀에서 직접 벗어날 수 있다.

우리는 이제 서로 다른 유형의 문제를 다루는 세 가지 다른 형태의 단위(scaling)를 생각할 것이다.

특징 변수 단위 조정: Z-스코어

이전에 각 특징 변수의 값을 개별적으로 단위를 조정하여 평균이 0이고 범위가 비교가능 하도록 하는 Z 스코어에 대해 논의했다. μ와 σ는 각각 주어진 특징 변수의 평균값과 표준편차라고하자. 그러면 x의 Z-점수는 $Z(x) = (x - \mu)/\sigma$이다.

회귀 분석에서 Z-스코어를 사용하면 해석 가능성에 대한 문제를 해결할 수 있다. 모든 특징 변수들이 비슷한 평균과 분산을 가질 것이기 때문에, 계수들의 크기는 예측값에 대한 관련 특징 변수의 상대적 중요성을 결정할 것이다. 사실, 적절한 조건하에서 계수는 각 특징 변수와 목표 변수의 상관계수를 반영한다. 더욱이 특징 변수들의 크기가 비슷한 범위에 있다는 것은 최적화 알고리즘의 작업을 단순화한다.

준선형 특징 변수 단위 조정

어린이가 받게 되는 교육 연수 y를 예측하기 위한 선형모형이 가구 소득의 함수라고 간주하자. 박사학위 취득까지 고려하면 교육 연수는 0과 12 + 4 + 5 = 21 사이의 값을 가질 수 있다. 가구 소득 x는 0과 빌 게이츠 소득 사이의 값을 가질 수 있다. 그러나 다음 형식의 모형

$$y = w_1 x + w_0$$

은 나의 자녀들과 빌 게이츠의 아이들 모두에 대해서 현명한 대답을 전혀 줄 수는 없다는 사실을 관측하라. 교육 수준에 대한 가구 소득의 실질적인 영향은 아마도 하위권에서 일어날 것이다. 빈곤선 이하의 어린이들은 평균적으로 고등학교를 졸업하지 못할 수도 있지만 중상류층 어린이들은 일반적으로 대학에 진학한다. 그러나 빌 게이츠 아이들을 수백년 또는 수천년 동안 학교에 다니도록 하지 않는다면 선형가중 변수로 이런 현상을 설명할 수는 없다.

최댓값/최솟값과 중앙값 사이의 큰 차이는 어떤 계수도 큰 값에 대해 폭발하지 않고 그 특징 변수를 사용할 수 없다는 것을 의미한다. 소득 수준은 멱법칙 분포를 따르며, Z-스코어는 선형변환이기 때문에 멱법칙 변수의 Z-스코어는 도움이 되지 않는다. 핵심은 이러한 특징 변수 x를 $\log(x)$ 및 $\sqrt{x}$와 같은 준선형함수로 바꾸거나 이러한 함수를 추가하는 것이다. 이러한 변환된 변수의 Z-스코어는 모형을 구축하는 데 훨씬 더 큰 의미가 있다.

준선형 목표 변수 단위 조정

소규모 특징 변수는 소규모 계수를 사용하여 실현될 수 있도록 소규모 목표 변수를 필요로 한다. Z-스코어로 단위가 조정된 변수로부터 GDP를 예측하려고 하면 엄청나게 큰 계수가 필요할 것이다. 어떻게 −3에서 +3까지 범위의 다양한 변수들의 선형 결합으로부터 수조 달러까지 얻을 수 있을까?

아마도 목표 변수의 값을 달러에서 수십억 달러로 척도화하는 것이 도움이 되겠지만 더 심각한 문제가 있다. 특징 변수들이 정규분포를 따를 때 여러분은 비슷한 분포를 갖는 목표 변수와 회귀분석을 하는 데 좋은 작업을 수행할 수 있다. GDP는 멱법칙 분포를 따를 가능성이 높다. 부유한 나라는 거의 없는 것에 비해 가난한 나라들이 많다. 정규분포를 따르는 변수들의 선형

결합은 멱법칙 분포를 따른 목표 변수를 효과적으로 실현할 수 없다.

해결책은 멱법칙 분포를 따르는 y의 로그 $\log_c(y)$를 예측하려고 시도하는 것이 일반적으로 y 자체를 예측하는 것보다 더 좋다는 것이다. 물론, 값 $c^{f(x)}$가 y를 추정하는 데 사용될 수 있지만, 전체 값의 범위에 걸쳐 의미 있는 예측을 할 가능성이 있다. 로그 $\log_c(y)$는 일반적으로 더 잘 작동하고 정규분포에 더 가깝게 된다.

그것은 또한 우리가 더 넓은 범위의 함수들을 암묵적으로 실현할 수 있게 해준다. 국내총생산을 예측하기 위한 "올바른" 함수는 실제로 다음과 같다고 가정하자.

$$GDP = \$20,000x_1x_2$$

이것은 상호작용 변수가 없는 선형회귀에 의해 실현될 수 없다. 그러나 다음 함수를 관측해 보라.

$$\log(GDP) = \log(\$20,000x_1x_2) = \log(\$20,000) + \log(x_1) + \log(x_2)$$

따라서 만약 특징 변수 행렬이 원래의 입력 변수의 로그를 포함한다면 임의의 교호작용 항의 로그는 실현될 수 있다.

9.2.4 상관관계가 높은 특징 처리

우리가 논의할 마지막 문제는 높은 상관관계를 가지고 있는 특징 변수들의 문제이다. 목표 변수와 높은 상관관계를 갖는 특징 변수들을 가지는 것은 좋다. 이렇게 하면 예측력이 좋은 예측모형을 구축할 수 있다. 그러나 서로 높은 상관관계가 있는 특징 변수들을 사용하면 문제가 발생할 수 있다.

데이터 행렬에 완벽한 상관관계가 있는 두 개의 특징 변수가 있다고 가정하자, 즉 환자의 키를 피트 단위로 측정한 x_1과 미터 단위로 측정한 x_2를 가정하자. 1미터는 3.28084피트이므로 이 두 변수는 완벽한 상관관계를 가지고 있다. 그러나 완벽한 상관관계를 갖는 특징 변수를 추가하면 예측을 위한 추가 정보가 제공되지 않기 때문에 이 두 변수들을 모두 사용하는 것은 모형에 도움이 되지 않는다. 만약 이러한 복제된 특징 변수들이 실제로 우리에게 가치가 있다면 데이터 행렬에 열을 추가함으로써 더욱더 정확한 모형을 만들 수 있다는 것을 의미한다!

그러나 상관관계가 있는 특징 변수들은 중립적이 아니라 모형에 해롭다. 종속 변수가 높이의 함수라고 가정하자. 좋은 모형은 x_1에만 의존하거나 x_2에만 의존하거나 또는 x_1과 x_2의 임의의 선형 결합에 의존하여 구축될 수 있다. 정답으로 보고할 수 있는 올바른 모형은 무엇인가?

이것은 혼란스럽지만 더 나쁜 상황이 발생할 수도 있다. 공분산 행렬의 행은 서로 종속관계를 가지게 된다. 따라서 이제 $w = (A^T A)^{-1} A^T b$를 계산하기 위해 특이 행렬(singular matrix)의 역행렬을 구해야 한다! 회귀 계산을 위한 수치적 방법은 실패하기 쉽다.

해결책은 적절한 공분산 행렬을 계산하여 과도하게 강한 상관관계를 가지는 특징 변수들의 쌍을 식별하는 것이다. 만약 그들이 숨어 있다면 여러분은 변수 중 하나를 제거 할 수 있다. 특징 변수들을 결합하여 이러한 상관관계를 완전히 제거하는 것이 더 좋다. 이것은 8.5.1절에서 논의한 특이값 분해와 같은 기법을 사용하여 차원 축소로 해결되는 문제 중 하나이다.

9.3 | 전쟁 이야기: 택시 운전사

저자는 저자의 인생에서 많은 것들이 자랑스럽지만 아마 뉴요커가 된 것이 가장 자랑스럽다. 나는 지구상에서 가장 흥미로운 도시, 우주의 진정한 중심에 살고 있다. 천문학자들은 공이 타임스퀘어에 떨어질 때 새해가 시작되고 새해는 빛의 속도로 뉴욕으로부터 세계로 퍼져 나간다고 말할 것이다.

뉴욕 택시 운전사는 그들의 실제적 지식과 사회적 경험 때문에 전 세계에서 존경받는다. 각 주행마다 운전사에게 팁을 주는 것이 관행이지만 그것이 얼마가 되어야 하는지에 대한 확립된 전통은 없다. 뉴욕 식당에서 웨이터에게 팁을 줄 수 있는 "적절한" 금액은 세금의 두 배로 올리는 것이지만 택시 팁에 대한 경험적 방법에 대해서는 알지 못한다. 저자의 알고리즘은 요금을 가장 가까운 금액으로 반올림한 다음 그가 얼마나 빨리 나를 그곳에 데려다 주느냐에 따라 몇 달러를 더 주는 것이다. 그러나 저자는 항상 확신할 수 없었다. 나는 구두쇠인가? 아니면 봉인가?

1.2.4절에서 논의한 택시 데이터 집합이 답을 줄 것을 약속했다. 그것은 날짜, 시간, 승차 및 하차 위치, 주행거리, 운임 및 팁 필드가 있는 8천만 개 이상의 레코드를 포함했다. 사람들이 더 오랜 운행 또는 더 짧은 운행에 대해 불균형적으로 돈을 지불하는가? 늦은 밤이나 주말에? 내가 하는 것처럼 다른 사람들도 빠른 운전사에게 보상하는가? 그것은 모두 데이터 안에 포함되어야 한다.

저자의 학생 올렉시 스타로프(Oleksii Starov)는 도전에 응했다. 심야 및 주말과 같은 조건을 분명하게 포착하기 위해 우리는 이진 변수를 설정했다. 여기서 1은 심야 운행을 나타내고 0은 다른 시간대의 운행을 나타낸다. 최종 회귀식의 계수는 다음과 같다.

variable	LR coefficient
(intercept)	0.08370835
duration	0.00000035
distance	0.00000004
fare	0.17503086
tolls	0.06267343
surcharge	0.01924337
weekends	−0.02823731
business day	0.06977724
rush hour	0.01281997
late night	0.04967453
# of passengers	−0.00657358

결과는 간단하게 설명될 수 있다. 단 하나의 변수, 미터기의 요금만이 중요하다. 이 모형은 요금의 17.5%를 팁으로 주며 다른 변수들은 아주 조금만 조정한다. 요금의 18.3%를 팁으로 주는 단일 매개변수 모형이 10개-요인 모형만큼 정확하다는 것을 입증했다.

요금과 주행거리(0.95) 및 요금과 주행시간 (0.88) 간의 상관관계가 매우 높았지만 이 두 가지 요인은 모두 요금이 계산되는 공식의 일부이다. 요금과의 이러한 상관관계는 너무 강해서 주행거리와 주행시간 중 어떤 변수도 많은 추가 정보를 제공할 수 없다. 실망스럽게도 우리는 하루 중 시간대 또는 그 밖의 다른 어떤 요인의 영향도 확인할 수 없었다. 왜냐하면 상관관계가 너무 약하기 때문이다.

데이터를 좀 더 자세히 살펴보면 데이터베이스의 모든 팁이 현금으로 지불되는 것이 아니라 신용카드로 지불된 것으로 나타났다. 매 현금 거래 후에 팁 금액을 미터기에 입력하는 것은 특히 12시간 교대할 때마다 최대한 많은 요금을 받기 위해 서두르는 경우 지루하고 시간이 오래 걸리는 작업이다. 더욱이 뉴욕의 택시 운전사들은 아무도 모르는 팁에 세금을 내고 싶지 않을 정도로 충분히 노련하고 사회적 경험이 많다.

저자는 항상 요금을 현금으로 지불하지만 신용카드로 지불하는 사람들은 얼마의 팁을 낼지 선택할 수 있는 메뉴를 접하게 된다. 서비스 품질을 반영하기 위해 선택사항을 고르는 대신 대부분의 사람들이 아무 생각 없이 중간 버튼을 누른다는 것을 데이터는 분명하게 보여 주었다.

10개의 변수에 대한 단순 선형회귀를 적합하기 위해 8천만 개의 운임 레코드를 사용하는 것은 불필요한 방법이다. 이 데이터를 더 잘 사용하면 특정 운행 클래스에 맞게 설계된 수백 또는 수천 개의 서로 다른 모형을 만들 수 있다. 아마도 각 도시의 우편번호 쌍 간의 운행을 위해 별도의 모형을 만들 수 있을 것이다. 그림 1.7에 설명된 팁의 규모에 대한 지도를 상기하라.

이러한 대용량 데이터 집합에 대한 최상의 적합을 찾는 데 몇 분이 걸렸다. 그러나 결국 완료되었다는 것은 일부 알고리즘이 역행렬 계산보다 더 빠르고 더 강인하다는 것을 의미했다. 이러한 알고리즘은 회귀를 다음 절에서 설명할 매개변수 적합 문제로 간주한다.

9.4 매개변수 적합으로서의 회귀

선형회귀에 대한 공식 $w = (A^T A)^{-1} A^T b$는 간결하고 우아하다. 그러나 이것을 실제 문제에서 계산을 위한 차선책으로 만드는 몇 가지 문제가 있다. 대용량 선형 방정식의 경우 역행렬 계산은 느리고 수치적 불안정성을 일으키기 쉽다. 더욱이 공식화는 부서지기 쉽다. 선형대수 마법은 더 일반적인 최적화 문제까지 확장되기가 어렵다.

그러나 선형회귀 문제를 공식화하고 해결할 수 있는 다른 방법이 있으며, 이 방법은 실제로 더 나은 것으로 입증되었다. 이 접근법은 더 빠른 알고리즘, 더 강인한 숫자로 이어지고 다른 학습 알고리즘에 쉽게 적용될 수 있다. 이 방법은 선형회귀를 *매개변수 적합*(*parameter fitting*) 문제로 모형화하고 이러한 매개변수에 대한 최상의 값을 찾기 위해 탐색 알고리즘을 사용한다.

선형회귀의 경우 우리는 가능한 모든 계수 집합에서 데이터 점들을 가장 잘 적합하는 직선을 찾고자 한다. 특히 모든 훈련 데이터 점에 대해 오차 제곱합을 최소화하는 직선 $y = f(x)$를 찾고자 한다. 즉, 다음과 같이 오차 제곱합을 최소화하는 계수 벡터 w를 찾고자한다.

$$\sum_{i=1}^{n}(y_i - f(x_i))^2, \text{ 여기서 } f(x) = w_0 + \sum_{i=1}^{m-1} w_i x_i$$

구체성을 위해 y를 단일 특징 변수 x의 선형함수로 모형화하려고 하는 경우부터 시작하자. 따라서 $y = f(x)$는 $y = w_0 + w_1 x$를 의미한다. 회귀 직선을 정의하기 위해 오차 또는 비용 또는 *손실*(*loss*), 즉 데이터 점의 값과 직선 사이의 편차의 제곱합을 최소화하는 매개변수 쌍 (w_0, w_1)

을 찾고자 한다.

(w_0, w_1)에 대한 *모든* 가능한 값의 쌍이 *일부* 직선을 정의하지만, 우리는 다음과 같이 정의되는 오차 또는 손실 함수 $J(w_0, w_1)$을 최소화하는 값을 원한다.

$$\begin{aligned} J(w_0, w_1) &= \frac{1}{2n}\sum_{i=1}^{n}(y_i - f(x_i))^2 \\ &= \frac{1}{2n}\sum_{i=1}^{n}(y_i - (w_0 + w_1 x_i))^2 \end{aligned}$$

오차 제곱합은 명확하다. 그러나 $1/(2n)$은 어디서 오는가? $1/n$은 이것을 행당 평균 오차로 바꾸고, 1/2은 기술적인 이유로 일반적인 관례이다. 그러나 $1/(2n)$은 최적화 결과에 아무런 영향을 미치지 않는다. 이 승수는 각 쌍 (w_0, w_1)에 대해 동일하며, 따라서 어떤 매개변수를 선택할지에 대해 말하지는 않는다.

그렇다면 w_0과 w_1에 대한 올바른 값을 어떻게 찾을 수 있는가? 일련의 무작위 값의 쌍들을 시도하여 최소 손실 $J(w_0, w_1)$를 갖는 값의 쌍을 선택할 수 있다. 그러나 최선의 해결책 또는 괜찮은 해결책을 찾지 못할 것 같다. 보다 체계적으로 탐색하려면 손실 함수의 특수한 성질을 활용해야 할 것이다.

9.4.1 볼록 매개변수 공간

위의 논의의 결과는 손실 함수 $J(w_0, w_1)$가 (w_0, w_1)-공간에서 곡면을 정의하며, 우리의 관심이 이 공간에서 가장 작은 $z = J(w_0, w_1)$ 값을 갖는 점 (w_0, w_1)에 있음을 의미한다.

먼저 $w_0 = 0$으로 설정하여 회귀 직선이 원점을 지나도록 단순하게 만든다. 이렇게 하면 하나의 매개변수, 즉 직선의 기울기 w_1을 찾는 문제가 된다. 어떤 기울기는 그림 9.6의 왼쪽 그림

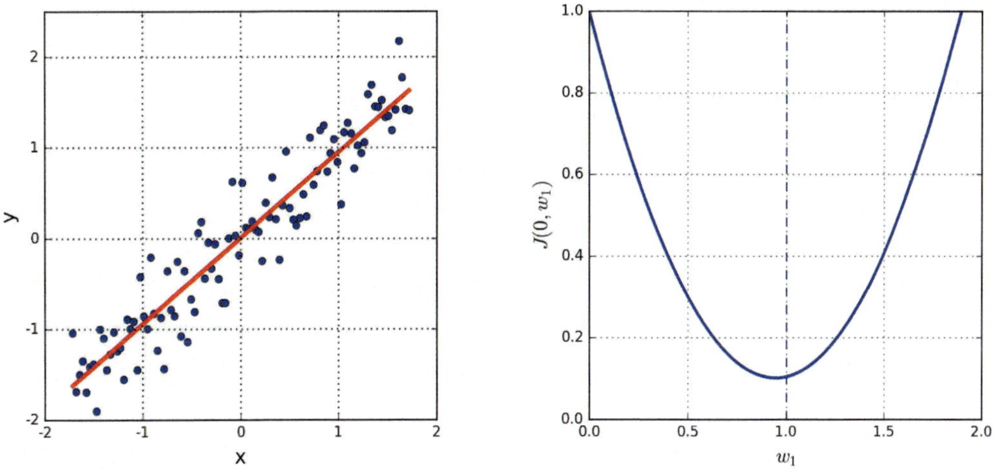

그림 9.6: 볼록 함수인 적합의 오차를 최소화하는 w_1을 구함으로써 최적의 회귀 직선 $y = w_1 x$ (왼쪽)를 찾을 수 있다.

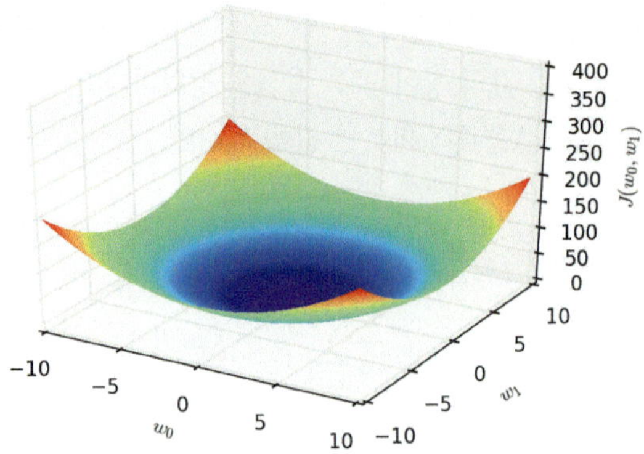

그림 9.7: 선형회귀는 볼록한 매개변수 공간을 정의하며 각 점은 가능한 직선을 나타내고 최솟점은 가장 적합한 적합 직선을 정의한다.

에 표시된 점들을 다른 기울기들보다 더 잘 적합하게 될 것이다. 직선 $y = x$가 원하는 적합이 될 것이다.

그림 9.6의 오른쪽 그림은 적합 오차(손실)가 w_1에 따라 어떻게 변하는지를 보여준다. 흥미로운 점은 오차함수가 포물선이라는 것이다. 이 함수는 곡선의 맨 아래에서 단일 최솟값을 갖는다. 이 최솟값에 대응되는 x 값은 회귀 직선에 대한 최상의 기울기 w_1을 정의한다. 이 값은 $w_1 = 1$이 된다.

볼록한(*convex*) 곡면에는 정확히 하나의 극솟값이 있다. 또한 볼록한 탐색 공간의 경우 극솟값을 쉽게 찾을 수 있다. 극솟값을 찾을 때까지 아래 방향으로 계속 탐색하면 하면 된다. 곡면상의 모든 점으로부터 작은 스텝을 취하여 곡면상의 가까운 점으로 이동할 수 있다. 어떤 방향으로 가면 더 큰 값에 도달하게 되고 다른 방향으로 가면 더 작은 값에 도달하게 될 것이다. 만약 더 작은 값에 도달하게 하는 단계를 찾게 되면 우리는 최솟값에 더 가까운 값을 얻을 수 있다. 그리고 우리가 최솟점에 서있을 때를 제외하고 항상 그러한 방향이 존재한다.

그림 9.7은 완전 회귀 문제에 대한 (w_0, w_1)-공간에서의 곡면을 보여준다. 손실 함수 $J(w_0, w_1)$은 직선의 두 매개변수에 대한 최적값을 정의하는 단일 최솟값 z를 갖는 사발처럼 보인다. 가장 좋은 점은 손실 함수 $J(w_0, w_1)$이 볼록 함수이며, 사실 모든 차원의 선형회귀 문제에 대해 이것은 여전히 볼록 함수가 된다.

주어진 함수가 볼록 함수인지 여부를 어떻게 알 수 있는가? 일변수 x 관련 미적분을 상기해 보자. 함수 $f(x)$의 *도함수*(*derivative*) $f'(x)$를 구하는 방법을 배웠다. 이 도함수는 모든 점에서 $f(x)$의 곡면 기울기에 해당한다. 이 도함수가 0일 때 극댓값 또는 극솟값을 얻게 된다. 도함수 $f'(x)$의 도함수인 *2차 미분* $f''(x)$를 생각해 보라. 2차 미분 $f''(x)$의 부호에 따라 최댓값 또는 최솟값 여부를 확인할 수 있다.

중요한 점은 도함수의 분석을 통해 어떤 함수가 볼록 함수인지 아닌지 알 수 있다는 것이다. 여기서 더 깊이 파고 들지는 않을 것이다. 그러나 일단 우리의 손실 함수가 볼록 함수이면, 우리는 *경사 하강 탐색*(*gradient descent search*)과 같은 절차를 신뢰할 수 있다. 경사 하강 탐색은 함수의 기울기를 구하여 기울기가 낮은 쪽으로 계속 이동하며 최댓값에 이를 때까지 반복하는 방법이다.

9.4.2 경사 하강 탐색

임의의 점에서 시작하여 반복적으로 아래쪽 방향으로 내려가는 것만으로 볼록 함수의 최솟값을 쉽게 찾을 수 있다. 더 이상 아래로 내려갈 수 없는 단 한 개의 점이 있다: 이 점이 최솟값이다. 그리고 최상 적합회귀 직선의 매개변수를 정의하는 것은 이 점이다.

그러나 언덕 아래로 인도하는 방향을 어떻게 찾을 수 있는가? 다시 한번, 일변수의 경우를 먼저 생각해 보자. $w_0 = 0$일 때 최상 적합 직선의 기울기 w_i을 구한다. 현재의 기울기 후보가 x_0이라고 가정하자. 이러한 제한적인 1차원 설정에서 왼쪽 또는 오른쪽으로만 이동할 수 있다고 가정하자. 각 방향에서 하나의 작은 스텝을 시도해 보자. 즉, 값 $x_0 - \epsilon$ 및 $x_0 + \epsilon$에서 작은 스텝을 시도해 보자. 만약 $J(0, x_0 - \epsilon) < J(0, x_0)$이면 내려가기 위해 왼쪽으로 이동해야 한다. 만약 $J(0, x_0 + \epsilon) < J(0, x_0)$이면 오른쪽으로 이동해야 한다. 만약 둘 다 사실이 아니라면 그것은 J를 줄이기 위해 더 이상 이동할 수 없다는 것을 의미하므로 최솟값을 찾았음에 틀림없다.

$f(x_0)$에서 아래로 내려가는 방향은 이 점에서의 접선의 기울기에 의해 정의된다. 양의 기울기는 최솟값이 왼쪽에 있어야 하고 반면 음수의 기울기는 최솟값이 오른쪽에 있어야 함을 의미한다. 기울기의 크기는 강하의 가파른 정도를 나타낸다. $J(0, x_0 - \epsilon)$이 $J(0, x_0)$와 얼마나 다를 것인가?

이 기울기는 그림 9.8에서처럼 점 $(x_0, J(0, x_0))$와 $(x_0, J(0, x_0 - \epsilon))$을 통과하는 유일한 직선을 구함으로써 근사될 수 있다. 이것은 정확히 도함수를 계산할 때 했던 작업이다. 각 점에서 곡선의 접선을 구체화한다.

일차원 이상의 경우를 생각할 때 더 넓은 범위의 방향으로 자유롭게 움직일 수 있다. 대각선 이동은 우리가 한 번에 여러 차원을 가로질러 갈 수 있게 해준다. 그러나 원칙적으로 축 지향적인 방향으로 각 개별 차원을 따라 다중 스텝을 밟음으로써 동일한 효과를 얻을 수 있다. 맨하탄 거리 격자를 생각해 보자. 이때 북-남 및 동-서 스텝의 조합을 통해 이동함으로써 원하는 곳 어디나 갈 수 있다. 이러한 방향을 찾으려면 각 차원을 따라 목적 함수의 편미분(partial derivative)

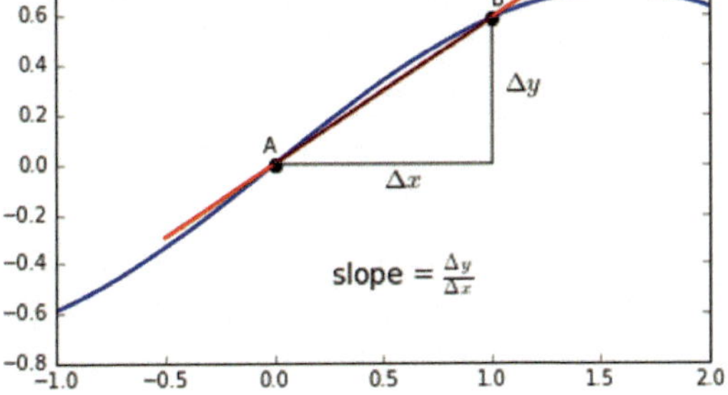

그림 9.8: 접선은 한 점에서 도함수를 근사한다.

2차원에서 경사 하강 탐색

수렴할 때까지 반복 {

$$w_0^{t+1} := w_0^t - \alpha \frac{\partial}{\partial w_0} J(w_0^t, w_1^t)$$

$$w_1^{t+1} := w_1^t - \alpha \frac{\partial}{\partial w_1} J(w_0^t, w_1^t)$$

}

그림 9.9: 경사 하강 탐색에 의한 회귀를 위한 의사 코드. 변수 t는 계산의 반복 번호를 나타낸다.

을 계산해야 한다.

$$\begin{aligned} \frac{\partial}{\partial w_j} &= \frac{2}{\partial w_j} \frac{1}{2n} \sum_{i=1}^{n} (f(x_i) - b_i)^2 \\ &= \frac{2}{\partial w_j} \frac{1}{2n} \sum_{i=1}^{n} (w_0 + (w_1 x_i) - b_i)^2 \end{aligned}$$

그러나 차원을 따라 지그재그로 움직이는 것은 느리고 서툴러 보인다. 수퍼맨처럼 한 번의 도약으로 건물을 뛰어넘기를 원한다. 편미분의 크기는 각 방향의 경사를 정의하며 결과 벡터(예컨대, 북쪽으로 한 스텝 이동함에 따라 왼쪽으로 세 스텝 이동)는 이 점에서 가장 빠른 길을 정의한다.

9.4.3 올바른 학습률은 무엇인가?

손실 함수의 미분은 회귀 문제를 풀 수 있는 매개변수를 지정하는 최솟값쪽으로 이동하는 올바른 방향으로 우리를 안내한다. 그러나 이것은 얼마나 멀리 이동해야 하는지는 알려주지 않는다. 이 방향의 값은 거리에 따라 감소한다. 뉴욕에서 마이애미까지 운전해서 가는 가장 빠른 방법은 남쪽으로 가지만 특정 지점에서 보다 자세한 설명이 필요할 것이다.

경사 하강 탐색은 최상의 방향을 찾고 한 스텝을 취한 다음 목표에 도달할 때까지 차례대로 반복한다. 스텝의 크기를 학습률(*learning rate*)이라고 하며 최솟값을 찾는 속도를 정의한다. 아주 작은 스텝을 취하고 지도를 반복적으로 살펴보는 것은 실제로 우리를 그곳에 데려다 줄 수 있지만 매우 느릴 뿐이다.

그러나 더 큰 것이 항상 더 좋은 것은 아니다. 만약 학습률이 너무 높으면 그림 9.10의 오른쪽 그림과 같이 최솟값을 뛰어넘을 수 있다. 이것은 각 스텝에서 구멍을 지나쳐서 튀어오르며 구멍을 향해 천천히 나아가는 것을 의미할 수도 있으며, 이전보다 더 높은 $J(w)$ 값으로 끝날 때 심지어 음의 방향으로 나아가는 것을 의미할 수도 있다.

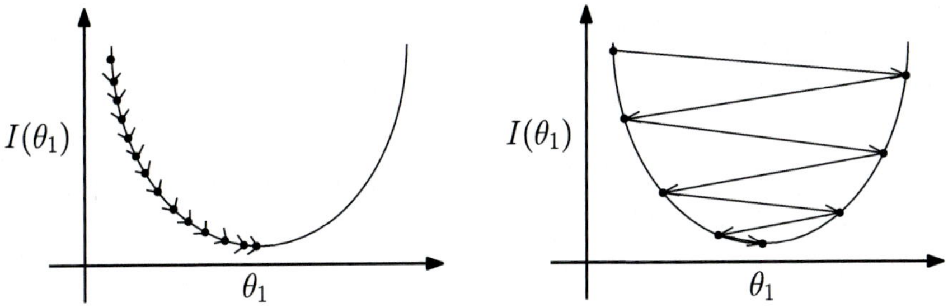

그림 9.10: 학습률/스텝 크기의 영향. 스텝 크기를 너무 작게 잡으면 수렴하기 위해 많은 반복을 필요로 하는 반면 스텝 크기가 너무 크면 최솟값을 지나치게 된다.

원칙적으로 탐색 초기에는 큰 학습률을 원하지만 목표에 가까워질수록 감소하는 학습률을 원한다. 그러므로 최적화 과정에서 손실 함수의 값을 관찰할 필요가 있다. 만약 진행 과정이 너무 느려지면 스텝 크기를 승수 (가령 3) 만큼 증가시키거나 또는 포기할 수 있다. 적합 직선을 위해 현재 매개변수 값을 충분히 좋은 것으로 받아들인다. 그러나 만약 $J(w)$ 값이 증가한다면 이것은 목표를 지나쳤다는 것을 의미한다. 따라서 스텝 크기가 너무 크기 때문에 학습률을 승수 (가령 1/3) 만큼 감소시켜야 한다.

이것에 대한 구체적 내용은 복잡하고 경험적이며 임시변통적이다. 그러나 다행스럽게도 경사 하강 탐색을 위한 라이브러리 함수는 학습률을 조정하기 위한 내장 알고리즘을 가지고 있다. 이러한 알고리즘은 아마도 최고 상태로 튜닝이 되어 있을 것이며 수행해야 할 일들을 일반적으로 잘 수행할 것이다.

그러나 곡면의 모양은 경사 하강 탐색이 성공적으로 전역 최솟값을 찾는 방법에 큰 차이를 만든다. 만약 사발 모양의 곡면이 접시처럼 상대적으로 납작하면 진정한 최저점은 잡음과 수치적 오차의 구름에 의해 가려질 수 있다. 결국 우리가 최솟값을 찾더라도 최솟값에 도착하는 데 아주 오랜 시간이 걸릴 수 있다.

그러나 손실 함수가 볼록 함수가 아닐 때 훨씬 더 나쁜 일이 발생한다. 즉, 그림 9.11에서처럼 많은 극솟값이 존재할 수 있다. 이러한 현상은 선형회귀의 경우에는 일어나지 않지만 앞으로

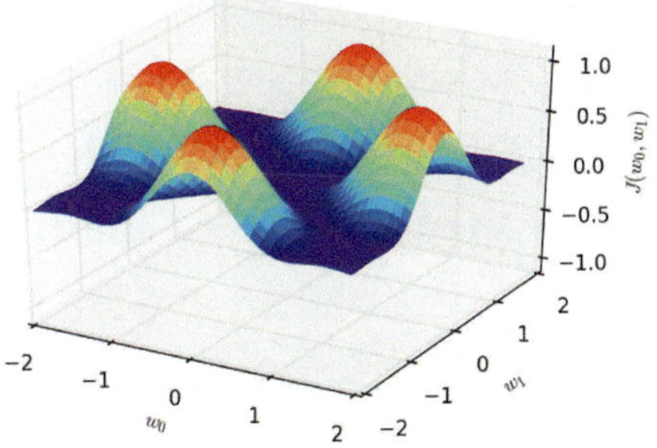

그림 9.11: 경사 하강 탐색은 볼록하지 않은 곡면에 대해서 극솟값을 찾지만 전역적 최적해를 보장하지는 않는다.

마주치게 될 다른 많은 흥미로운 기계학습 문제에서는 발생 가능하다.

국소 최적화는 볼록 함수가 아닌 함수에 대해 극솟값에 쉽게 빠질 수 있도록 한다. 우리가 계곡에 있는 숙소에서 스키 슬로프의 꼭대기에 도착하기를 원한다고 가정해 보자. 만약 우리가 숙소의 2층으로 올라가는 것으로 시작한다면 국소 최적값으로부터 자유롭기 위해 뒤로 물러설 수 있는 어떤 메커니즘이 없다면 영원히 갇히게 될 것이다. 이것은 담금질 기법(simulated annealing)과 같은 탐색 방법의 가치이다. 이 방법은 소규모 지역적 최적값에서 벗어나 전역적 목표를 향해 나아가는 길을 제공한다.

가정 학습 경사 하강 탐색은 더 이상 최적의 해를 보장하지 않지만 비볼록 최적화를 위해 실제로 유용하다. 대신, 다양한 초기 점으로부터 반복적으로 시작해서 찾은 최상의 지역 극솟값을 이용해 해를 정의하게 된다.

9.4.4 확률적 경사 하강

손실 함수에 대한 대수적 정의는 중요한 무언가를 숨기고 있다.

$$\frac{\partial}{\partial w_j} = \frac{2}{\partial w_j}\frac{1}{2n}\sum_{i=1}^{n}(f(x_i)-b_i)^2 = \frac{2}{\partial w_j}\frac{1}{2n}\sum_{i=1}^{n}(w_0+(w_1x_i)-b_i)^2$$

그것은 합계이다. 각 차원 j에 대한 최상의 방향 및 변화율을 계산하기 위해 *모든 n개*의 훈련 데이터 점을 반복해야 한다. 각 편미분을 평가할 때 각 스텝마다 예제의 수에 선형적인 시간이 필요하다! 택시 운전사 데이터 집합에 대한 선형회귀의 경우 이것은 목표 방향으로 한 걸음 더 나아가기 위한 절대적인 최적 방향을 식별하기 위해 8천만 개의 차이 제곱을 계산함을 의미한다.

이건 미친 짓이다. 대신, 우리는 미분을 추정하기 위해 소수의 예제만을 사용하고 결과 방향이 실제로 아래 방향으로 향하기를 바라는 근사법을 시도할 수 있다. 평균적으로 모든 데이터 점이 결국 방향에 대해 투표하게 될 것이기 때문이다.

*확률적(stochastic) 경사 하강*은 훈련 데이터 점의 작은 그룹을 무작위로 추출하고 현재 위치에서 미분을 추정하기 위해 이들을 사용하는 최적화 방법이다. 우리가 사용하는 그룹 크기가 작을수록 추정된 방향이 올바른지 좀 더 회의적일 수 있지만 계산은 더 빨라진다. 경사 하강을 위해 학습률과 그룹 크기를 최적화하면 볼록 함수에 대해 매우 빠른 최적화가 이루어진다.

탐색의 모든 단계에서 무작위로 선택하는 것은 많은 비용이 든다. 훈련 데이터 예제들의 순서를 무작위로 선택하고, 예제들이 인공적으로 제시되는 것을 피한 다음 단순히 목록을 따라 내려가면서 배치를 만드는 것이 더 좋다. 이 방법을 통해 우리는 모든 n개의 훈련 데이터 예제가 결국 최적화 과정에서 모든 예제를 반복적으로 제시하면서 탐색에 기여한다는 사실을 확신할 수 있다.

9.5 | 벌점화를 통한 모형 단순화

선형회귀는 $m - 1$개의 독립 변수 및 주어진 목표값에 의해 지정된 n개 데이터 점들의 집합에 대해 *가능한 최상의* 선형 적합을 결정하는 것이다. 그러나 "최상의" 적합은 우리가 *정말로* 원하는 것이 아닐 수도 있다.

문제는 이것이다. $m - 1$개 특징 변수의 대부분은 목표 변수와 상관관계가 없으므로 실제로 예측력이 없다. 일반적으로 이러한 변수는 작은 계수의 변수로 표시된다. 그러나 회귀 알고리즘은 이러한 값들을 사용하여 주어진 훈련 데이터 예제들에 대해 최소 제곱 오차를 줄이기 위해 직선을 미세하게 조정한다. 잡음(상관 관계가 없는 변수)을 사용하여 잡음(실제 상관된 변수들에 대한 단순한 모형으로부터의 잔차)을 계산하면 문제가 발생한다.

전쟁 이야기에 자세히 언급된 것처럼 대표적인 것은 택시 팁 모형에 대한 경험이다. 10개의 변수를 사용하는 완전 회귀 모형의 평균 제곱 오차는 1.5448이었다. 요금 변수만을 사용하는 단일 변수회귀 모형의 평균 제곱 오차는 약간 나빠진 1.5487이었다. 그러나 차이는 단지 잡음일 뿐이다. 오컴 또는 다른 사람의 면도날에 따르면 단일 변수 모형이 분명히 더 좋다.

무제약 회귀를 사용할 때 또다른 문제가 발생한다. 앞에서 상관된 특징 변수들이 얼마나 강하게 모호성을 모형에 도입하는지 보아왔다. 특징 변수 A와 B가 완벽하게 상관되어 있는 경우 두 특징 변수를 모두 사용하는 것은 둘 중 하나를 사용하는 것과 동일한 정확도를 얻게 되어 결과적으로 더 복잡하고 해석하기 어려운 모형이 된다.

회귀 분석에 다양한 특징 변수들을 제공하는 것은 좋지만 "가장 간단한 설명이 가장 좋다"는 사실을 기억하라. 가장 간단한 설명은 데이터 모형화를 잘 수행하는 최소 수의 변수에 의존한다. 이상적으로 우리의 회귀는 가장 중요한 변수를 선택하고 그들을 적합한다. 그러나 우리가 논의한 목적 함수는 오차 제곱합을 최소화하려고 시도한다. 우리는 벌점화를 통해 목적 함수를 바꿀 필요가 있다.

9.5.1 능형회귀

벌점화(regularization)는 계수를 작게 유지하는 모형을 선호하는 목적 함수에 2차항을 추가하는 기법이다. 훈련 데이터가 아닌 계수들의 함수인 두 번째 항을 갖는 손실 함수를 일반화한다고 가정하자.

$$J(w) = \frac{1}{2n}\sum_{i=1}^{n}(y_i - f(x_i))^2 + \lambda\sum_{j=1}^{m} w_j^2$$

이 공식에서 모형에 사용된 계수의 제곱합에 비례하여 벌점을 부가한다. 계수를 제곱함으로써 부호를 무시하고 크기에 초점을 맞춘다. 상수 λ는 벌점화 제약조건의 상대적 강도를 조정한다. λ가 클수록 계수의 크기를 줄이기 위해 최적화는 잔차의 증가를 희생하며 더욱더 열심히 작업을 한다. 결과적으로 상관관계가 없는 변수의 계수를 훈련 데이터 집합을 과대 적합하기 위해 사용하기 보다는 0으로 설정하는 것이 더 가치가 있다.

위의 손실 함수에서와 같이 계수의 제곱합에 벌칙을 주는 것은 *능형회귀*(*ridge regression*) 또는 *티호노프*(*Tikhonov*) *벌점화*라고 한다. 독립 변수가 적절히 표준화되어 평균 0이 되었다고 가정하면 계수의 크기는 목적 함수에 대한 값의 측정 방법이다.

능형회귀에 대한 매개변수를 어떻게 최적화할 수 있는가? 최소 제곱합 공식으로의 자연적 확장은 효과가 있다. Γ를 $m \times m$ "계수 가중치 벌점" 행렬이라 하자. 단순히 $\Gamma = I$이라 하자. 그러면 최소화하고자 하는 제곱합 손실 함수는 다음과 같아진다.

$$||Aw - b||^2 + ||\lambda \Gamma w||^2$$

표기법 $||v||$는 v의 *노름*(*norm*), 벡터 또는 행렬에 대한 거리 함수이다. 노름 $||\Gamma w||^2$은 $\Gamma = I$일 때 정확히 계수의 제곱합이다. 이 방법으로 볼 때 w를 최적화하기 위한 정확한 형태는 다음과 같다.

$$w = (A^T A + \lambda \Gamma^T \Gamma)^{-1} A^T b$$

따라서 정규 방정식은 벌점화를 다루기 위해 일반화될 수 있다. 그러나 우리는 손실 함수의 편미분을 계산할 수 있으며 큰 행렬에 대해 작업을 빠르게 수행하기 위해 경사 하강 탐색을 사용할 수 있다. 경우에 따라 능형회귀 및 그 사촌격인 LASSO 회귀를 위한 라이브러리 함수를 여러분의 문제를 위해 쉽게 사용할 수 있다.

9.5.2 LASSO 회귀

능형회귀는 작은 계수를 선택하도록 최적화된다. 제곱합 비용 함수 때문에 이것은 특히 가장 큰 계수에 벌점을 부가한다. 따라서 $y = w_0 + w_1 x_1$ 형태의 모형을 피할 수 있다. 여기서 w_0은 큰 양수이고 w_1은 상쇄하는 큰 음수이다.

비록 능형회귀가 계수의 크기를 줄이는데 효과적이지만 이 방법은 실제로 계수를 0으로 만들지 못하고 모형에서 변수를 완전히 제거하지도 못한다. 대안은 계수의 절대값의 합을 최소화하려고 시도하는 것이다. 이 방법은 큰 계수뿐만 아니라 작은 계수도 감소시키려고 한다.

LASSO(*Least Absolute Shrinkage and Selection Operator*) *회귀*는 능형회귀의 L_2 척도 대신 계수에 대한 L_1 척도를 최소화한다. LASSO를 사용하면 계수의 합이 얼마가 될지에 대한 제약조건 t를 지정할 수 있으며 최적화는 이 제약조건 하에서 오차 제곱합을 최소화한다.

$$J(w, t) = \frac{1}{2n} \sum_{i=1}^{n} (y_i - f(x_i))^2, \text{ 제약조건 } \sum_{j=1}^{m} |w_j| \le t$$

t의 값을 더 작게 지정하면 계수 w_j의 크기를 더욱 더 제한하여 LASSO를 엄격하게 만든다.

LASSO 회귀가 작은 계수를 0으로 만드는 방법의 예제로서 t의 특정 값에 대해 LASSO가 택시 팁 모형에 대해 수행한 모든 일을 관찰하라.

variable	LR coefficient	LASSO
(intercept)	0.08370835	0.079601141
duration	0.00000035	0.00000035
distance	0.00000004	0.00000004
fare	0.17503086	0.17804921
tolls	0.06267343	0.00000000
surcharge	0.01924337	0.00000000
weekends	−0.02823731	0.00000000
business day	0.06977724	0.00000000
rush hour	0.01281997	0.00000000
late night	0.04967453	0.00000000
# of passengers	−0.00657358	0.00000000

위에서 알 수 있듯이 LASSO는 계수의 대부분을 0으로 만들었기 때문에 보다 단순하고 강인한 모형을 만들 수 있다. LASSO는 무제약 선형회귀만큼 데이터를 잘 적합한다.

그러나 LASSO가 적극적으로 계수를 0으로 만드는 이유는 무엇인가? 이것은 L_1 척도의 원의 모양과 관련이 있다. 그림 10.2에서 볼 수 있듯이 L_1 원(원점에서 등거리에 있는 점들의 집합)의 모양은 둥글지는 않지만 꼭지점과 가장자리 및 면과 같은 저차원의 특징 변수를 가진다. 계수 벡터 w를 반지름 t의 L_1 원의 곡면 위로 제한하면 이러한 저차원 특징 변수 중 하나를 가질 가능성이 있으므로 사용되지 않는 차원은 계수 0을 얻게 된다.

LASSO 또는 능형회귀 중 어느 것이 더 효과적인가? 해답은 상황에 따라 달라진다는 것이다. 두 가지 방법 모두 가장 좋아하는 최적화 라이브러리에서 지원되므로 각 방법을 시도해 보고 어떤 일이 발생하는지 확인하라.

9.5.3 적합과 복잡도 간의 절충

벌점화 매개변수 λ 또는 t의 올바른 값을 어떻게 설정하는가? 충분히 작은 λ 또는 충분히 큰 t를 사용하면 훈련 오차를 최소화하는 계수를 선택하는 것에 작은 벌점을 준다. 대조적으로, 매우 큰 λ 또는 매우 작은 t를 사용하면 실질적인 모형화 오차를 희생하더라도 작은 계수를 보장한다. 이러한 매개변수를 조정하면 과대 적합과 과소 적합 사이의 균형을 찾을 수 있다.

적절한 벌점화 매개변수 t에 대한 넓은 범위의 값에 대해 이러한 모형을 최적화함으로써 t의 함수로서 평가오차 그래프를 얻을 수 있다. 적거나 작은 매개변수로 훈련 데이터를 잘 적합한 것은 많은 매개변수로 약간 더 잘 적합한 것보다 더 강인하다.

이러한 균형을 관리하는 것은 주로 취향의 문제이다. 그러나 모형 선택에 도움이 되는 몇 개의 척도가 개발되었다. 가장 유명한 것은 *아카이케 정보 기준*(*Akaike information criterion*, AIC)과 *베이지안 정보 기준*(*Baysian information criterion*, BIC)이다. 이 이름보다 더 깊이 파고 들지는 않을 것이기 때문에 이 시점에서 여러분이 이 척도를 부두교의 마법(voodoo)으로 생각해도 된다. 그러나 여러분의 최적화/평가 시스템은 그들이 생성한 적합 모형에 대해 이 척도들을 출력해서 매개변수의 수가 다른 모형들을 비교할 수 있도록 해준다.

비록 LASSO/능형회귀가 크기에 근거하여 계수에 벌점을 부가하지만 만약 정확히 k개의 매개변수를 원한다면 이 모형들은 명시적으로 매개변수를 0으로 설정하지 않는다. 모형에서 쓸모없는 변수를 제거해야 한다. 자동 특징 변수 선택 방법은 작은 계수를 0으로 설정하기로 결정할 수 있지만 특징 변수들의 모든 가능한 부분집합으로부터 모형을 구축하는 것은 일반적으로 계산상 불가능하다.

먼저 제거되어야 할 특징 변수는 (a) 작은 계수를 갖는 특징 변수, (b) 목적 함수와의 낮은 상관관계를 갖는 특징 변수, (c) 모형의 다른 특징 변수와 높은 상관관계를 갖는 특징 변수, (d) 목표와 분명한 관계를 가지지 않는 특징 변수들 이어야 한다. 예를 들어 한 유명한 연구는 미국의 국민총생산과 방글라데시의 연간 버터 생산량 사이에 강한 상관관계를 보여주었다. 현명한 모형 수립자는 자동화된 방법이 할 수 없는 방법으로 이 변수를 거부할 수 있다.

9.6 | 분류와 로지스틱회귀

우리는 종종 사전 정의된 클래스의 집합에 따라 항목에 올바른 레이블을 할당하는 문제에 직면한다.

- 이미지에 있는 차량이 자동차인가, 트럭인가? 주어진 조직 샘플이 암을 나타내는가, 아니면 양성인가?
- 이메일 스팸의 특정 부분인가, 아니면 사용자가 관심을 갖는 개인화된 콘텐츠인가?
- 소셜 미디어 분석은 관련 데이터로부터 사람들의 속성을 식별하려고 한다. 주어진 사람이 남성인가, 여성인가? 그들은 민주당원 또는 공화당원에 투표하는 경향이 있는가?

*분류*는 주어진 입력 레코드에 대한 올바른 레이블을 예측하는 문제이다. 분류는 레이블이 연속형 함수값이 아니라 이산형 값이라는 점에서 회귀와 다르다. 두 가지 가능성에서 정답을 고르는 것은 실수값을 예측하는 것보다 더 쉬운 것처럼 보일 수 있지만 훨씬 더 오류에 대해 예민해지기 쉽다.

이 절에서는 선형회귀를 사용하여 분류 시스템을 구축하는 방법을 개발할 예정이지만 이것은 시작에 불과하다. 분류는 데이터 사이언스에서 중요한 문제이며 다음 두 장에서 몇 가지 다른 방법을 살펴볼 예정이다.

9.6.1 분류를 위한 회귀

학습 데이터 인스턴스의 클래스 이름을 숫자로 변환함으로써 분류 문제에 선형회귀를 적용 할 수 있다. 지금은 두 개의 클래스 문제 또는 *이진 분류*(*binary classication*)에 관심을 집중하자. 9.7.2절에서 이것을 다중 클래스 문제로 일반화할 것이다.

클래스의 번호를 0/1로 지정하면 이진 분류기에 대해서 잘 작동한다. 관례적으로 "양성" 클래스는 0이고 "음성" 클래스는 1이다.

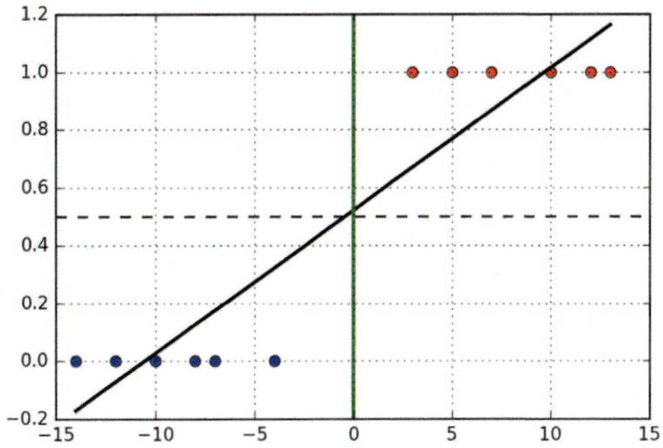

그림 9.12: 완전한 분리선 ($x = 0$)이 존재하더라도 최적의 회귀선은 클래스를 나눈다.

- 남자 = 0 / 여자 = 1
- 민주당원 = 0 / 공화당원 = 1
- 스팸 = 1 / 비스팸 = 0
- 암 = 1 / 정상 = 0

음성/1 클래스는 일반적으로 더 드물거나 더 특별한 경우를 나타낸다. 양성/음성은 어떤 특별한 의미를 부여하지는 않는다. 클래스의 크기가 같을 때 그 선택은 임의로 이루어진다.

그림 9.12와 같이 목표값이 0/1 레이블인 특징 변수 벡터 x에 대해 회귀 직선 $f(x)$를 학습하는 것을 고려할 수 있다. 여기에는 약간의 논리가 있다. 양성 훈련 데이터 예제와 비슷한 인스턴스는 음성 훈련 데이터 예제와 비슷한 인스턴스보다 낮은 점수를 받아야 한다. 우리는 $f(x)$가 반환하는 값을 레이블로 해석하기 위해 임계값을 지정할 수 있다: $f(x) > 0.5$는 x가 양성임을 나타내고, $f(x) > 0.5$는 음성 레이블을 지정한다.

그러나 이 공식에는 문제가 있다. 훈련 데이터에 다수의 “상당한 음성” 예제를 추가한다고 가정해 보자. 회귀 직선은 이러한 예제를 향해 기울어지므로 경계에 있는 예제들을 정확하게 분류하는 것을 위험에 빠뜨릴 수 있다. 이것은 불행한 일이다. 왜냐하면 이미 “상당한 음성” 예제를 적절히 분류했기 때문이다. 우리는 클래스를 나누고 경계선 역할을 하는 직선을 정말로 원한다.

9.6.2 결정 경계

분류는 특징 변수 공간을 여러 개의 영역으로 나누어서 같은 영역에 속하는 모든 점에 동일한 레이블이 할당되도록 하는 것이다. 영역은 경계에 의해 정의되므로 우리는 적합 대신 분리선을 찾는 회귀를 원한다.

그림 9.13의 왼쪽 그림은 이진 분류에 대한 훈련 데이터 예제가 어떻게 특징 변수 공간에서 나누어지는지를 보여준다. 정확한 분류는 데이터 점들 간의 영역의 응집성에 달려있다. 즉, 가까운 점들은 비슷한 레이블을 갖는 경향이 있으며 영역 간의 경계는 분명해야 함을 의미한다.

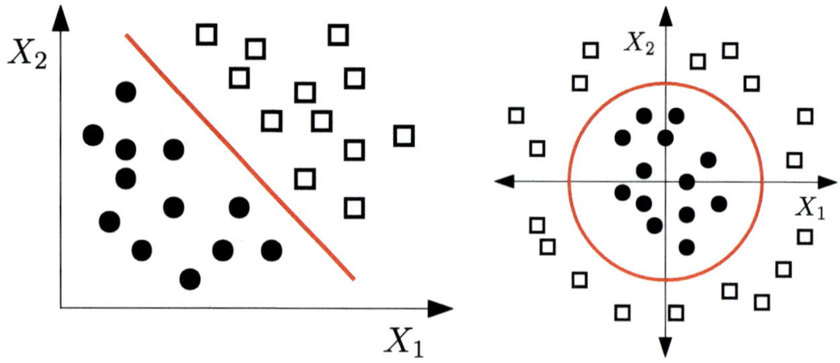

그림 9.13: 분리선은 특징 변수 공간에서 두 개의 클래스를 분할한다 (왼쪽). 그러나 비선형 분리자는 특정 훈련 데이터를 적합할 때 더 좋다 (오른쪽).

두 클래스는 특징 변수 공간에서 이상적으로 잘 분리될 것이다. 따라서 한 개의 직선이 클래스를 쉽게 구분할 수 있다. 그러나 일반적으로 이상치가 있을 수 있다. 데이터 점의 오분류에 벌점을 부가하면서 결과 분할의 "순수도"로 분류기를 평가할 필요가 있다.

만약 주어진 레이블로 모든 인스턴스를 포착하기 위해 복잡한 경계를 설계한다면 모든 점들의 집합이 완벽하게 분할될 수 있다. 그림 9.14를 참고하라. 이러한 복잡한 분리자는 보통 훈련 데이터를 과대 적합한다. 선형 분리자는 단순성과 강인성의 미덕을 제공한다. 이와 같이 *로지스틱회귀*를 사용하여 효과적으로 선형 분리자를 구축할 수 있다.

보다 일반적으로 만약 비선형이지만 복잡성이 낮은 결정 경계가 클래스 경계를 더 잘 분리한다면 우리는 이러한 결정 경계에 관심을 가질 수 있다. 그림 9.13의 오른쪽 그림에서 이상적인 분리 곡선은 직선이 아니라 원이다. 그러나 이 곡선은 x_1^2과 x_1x_2와 같은 2차 특징 변수의 선형 함수일 수 있다. 만약 9.2.2절에서 논의한 것처럼 데이터 행렬이 비선형 특징 변수와 관련된 열을 포함하는 경우 비선형 경계를 찾기 위해 로지스틱회귀를 사용할 수 있다.

9.6.3 로지스틱회귀

4.4.1절에서 소개한 로짓(logit)함수 $f(x)$를 생각해 보라:

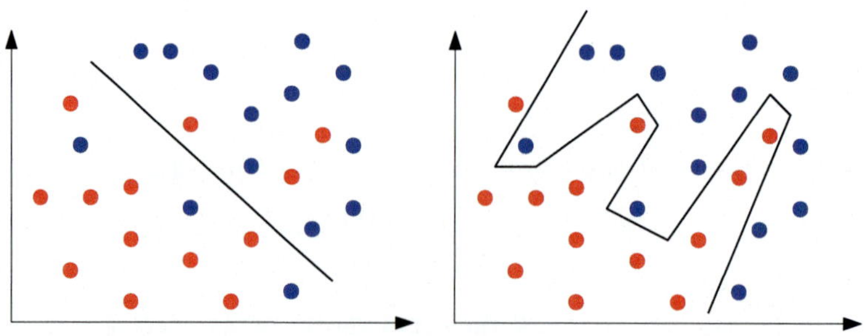

그림 9.14: 선형 분류기가 항상 두 개의 클래스를 분리할 수 있는 것은 아니다(왼쪽). 그러나 복잡한 경계를 사용하여 얻어진 완벽한 분리는 과대 적합을 반영한다(오른쪽).

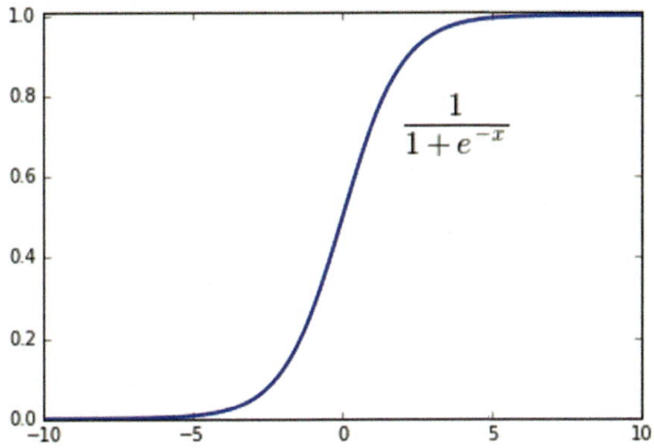

그림 9.15: 로짓함수는 점수를 확률로 사상한다.

$$f(x) = \frac{1}{1+e^{-cx}}$$

이 함수는 입력값으로 실수값 $-\infty \leq x \leq \infty$를 취하고 [0, 1] 상의 출력값, 즉 확률을 만들어낸다. 그림 9.15는 S자형 곡선인 로짓함수 $f(x)$를 보여주고 있는데, 양쪽 측면에서는 평평하지만 중앙에서는 가파르게 상승한다.

로짓함수의 모양은 분류 경계의 해석에 특히 적합하도록 만든다. 특히 x를 어떤 특정 점 p가 두 클래스를 구분하는 직선 l의 위/아래 또는 왼쪽/오른쪽에 위치하는 거리를 반영하는 점수라고 하자. $f(x)$는 점 p가 음성 레이블을 가질 확률을 측정한다.

로짓함수는 하나의 매개변수를 사용하여 점수를 확률로 사상(mapping)한다. 함수의 중요한 부분은 중앙 부분과 끝 부분이다. 로짓함수에서는 $f(0) = 1/2$이다. 이것은 경계 상에 있는 점의 레이블은 근본적으로 두 가지 가능성이 있는 동전던지기를 의미한다. 경계로부터의 거리가 크면 클수록 결정을 더욱 더 명확하게 할 수 있다. 따라서 $f(-\infty) = 1$과 $f(\infty) = 0$이다.

신뢰도는 거리의 함수로 조정 상수 c에 의해 조정된다. 0에 가까운 c의 값은 양성에서 음성으로 매우 점진적으로 전환하게 만든다. 대조적으로 c의 값이 매우 크면 로짓함수는 계단함수와 비슷해진다. 즉, 경계로부터의 거리가 매우 작아도 분류의 신뢰도는 매우 높아지게 된다는 것을 의미한다.

로짓함수를 분류를 위해 효과적으로 사용하려면 다음의 세 가지가 필요하다.

- 단일 변수를 넘어 $f(x)$를 완전 $(m - 1)$-차원의 입력 벡터 x로 확장.
- 점수 분포의 중간점을 설정하는 임계값 t (여기서는 0으로 설정).
- 변환의 가파름(steepness)을 조절하는 조정 상수 c의 값.

선형함수 $h(x, w)$를 데이터에 적합함으로써 세 가지를 모두 달성할 수 있다, 여기서

$$h(x, w) = w_0 + \sum_{i=1}^{m-1} w_i \cdot x_i$$

그다음 분류기를 만들기 위해 이 함수를 로지스틱 함수에 대입한다:

$$f(x) = \frac{1}{1 + e^{-h(x,w)}}$$

$h(x, w)$의 계수는 임계값 ($t = w_0$) 및 가파름 (c는 본질적으로 w_1에서 w_{m-1}까지의 평균) 매개변수를 표현하기에 충분히 풍부하다는 사실에 주목하라.

남은 유일한 질문은 어떻게 계수 벡터 w를 훈련 데이터에 적합하는가 하는 것이다. 각 입력 벡터 x_i에 대해 0/1 클래스 레이블 y_i를 받았음을 상기하자. 여기서 $1 \leq i \leq n$이다. 클래스 y_i가 음성일 확률, 즉 $y_i = 1$이 될 확률로 $f(x_i)$를 반환하는 데 적절한 비용을 부과하는 벌점 함수가 필요하다.

먼저 y_i가 실제로 1이 되는 경우를 고려해 보자. 이상적으로 이 경우에 $f(x_i) = 1$이 성립한다. 따라서 1보다 작아지면 벌점을 부과한다. 사실, $f(x_i) \to 0$일 때 공격적으로 벌점을 부과한다. 왜냐하면 원소 i가 실제로 클래스 1에 속할 때 분류기는 원소 i가 클래스 1에 속할 확률이 적다고 말하기 때문이다.

$y_i = 1$일 때 로그함수 $cost(x_i, 1) = -\log(f(x_i))$는 좋은 벌점 함수로 밝혀졌다. 2.4절에 있는 로그의 정의를 상기하자.

$$y = \log_b x \to b^y = x$$

그림 9.16에서 보듯이 임의의 합리적인 밑(base)에 대해 $\log(1) = 0$이다. 따라서 $f(x_i) = 1$일 때 벌점 0이 부과된다. 이것은 $y_i = 1$을 정확히 식별하기 위한 것이어야 한다. 한편 $b^{\log_b x} = x$이기 때문에 $x \to 0$일 때 $\log(x) \to -\infty$이다. 우리가 y_i를 더 잘못 분류할수록 이것은 $cost(x_i, 1) = -\log(f(x_i))$를 점점 더 심한 벌점으로 만든다.

이제 $y_i = 0$인 경우를 생각해 보자. 우리는 $f(x_i)$의 높은 값에 대해 분류기를 벌하기를 원한다. 즉 $f(x_i) \to 1$일 때 분류기를 더 많이 벌하기를 원한다. 따라서 올바른 벌점이 $cost(x_i, 0) = -\log(1 - f(x_i))$이라는 것을 확인할 수 있다.

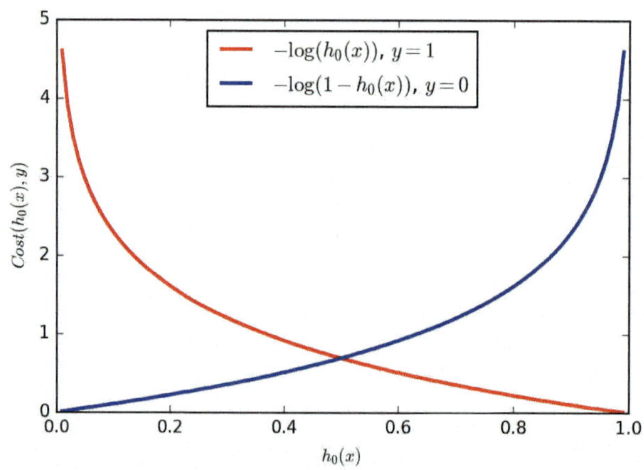

그림 9.16: 양성 원소(파란색)와 음성 원소(빨간색)에 대한 비용 벌점. 만약 확률 1로 정확한 레이블이 지정된다면 벌점은 0이지만 잘못 결정된 신뢰도의 함수로서 증가한다.

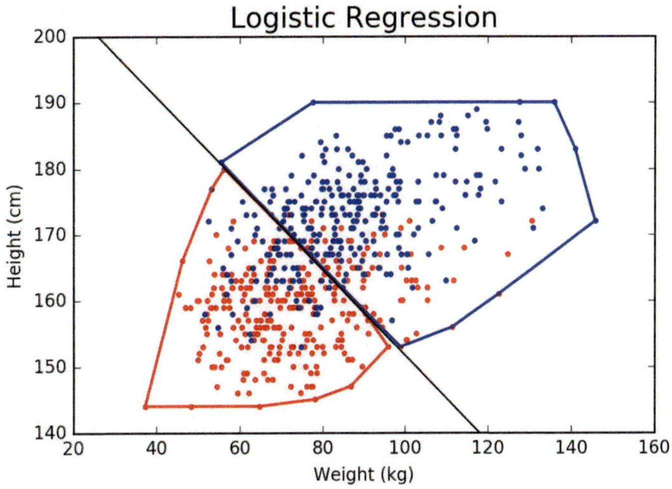

그림 9.17: 몸무게-키 공간에서 남자와 여자를 가장 잘 구분하는 로지스틱회귀 분류기. 빨간색 지역에는 229명의 여자와 63명의 남자가 포함되어 있으며, 파란색 지역에는 223명의 남자와 65명의 여자가 있다.

이 둘을 묶기 위해 $cost(x_i, 1)$와 y_i를 곱할 때 어떻게 되는지 주목하라. 가능한 값은 두 가지뿐이다. 즉 $y_i = 0$ 또는 $y_i = 1$이다. 벌점이 적용되지 않는 경우에 벌점이 0이 되기 때문에 이것은 원하는 효과를 갖는다. 비슷하게, $(1 - y_i)$를 곱하는 것은 반대 효과를 갖는다. $y_i = 1$일 때 벌점을 없애고 $y_i = 0$일 때 벌점을 적용한다. 비용을 적절한 지시(indicator) 변수로 곱하면 로지스틱회귀에 대한 손실 함수를 대수적인 공식으로 정의할 수 있다.

$$
\begin{aligned}
J(w) &= \frac{1}{n}\sum_{i=1}^{n} cost(f(x_i, w), y_i) \\
&= -\frac{1}{n}[\sum_{i=1}^{n} y_i \log f(x_i, w) + (1 - y_i)\log(1 - f(x_i, w))]
\end{aligned}
$$

이 손실 함수의 멋진 점은 손실 함수가 볼록하다는 것이다. 이 사실은 우리가 경사 하강법을 사용하여 훈련 데이터 예제를 가장 잘 적합하는 매개변수 w를 찾을 수 있다는 것을 의미한다. 따라서 두 클래스를 나누는 최상의 선형 분리기를 찾기 위해 로지스틱회귀를 사용할 수 있다. 로지스틱회귀는 이진 분류에 대한 자연스러운 접근 방법을 제공한다.

9.7 | 로지스틱 분류의 이슈

효과적인 분류기를 만드는 데 몇 가지 문제점이 있다. 이 문제점은 다음 두 장에서 살펴볼 로지스틱회귀 및 다른 기계학습 방법과 관련이 있다. 여기에는 불균형 클래스 크기와 다중 클래스 분류를 다루는 것과 독립된 분류기로부터 참 확률분포를 구축하는 것이 포함된다.

9.7.1 균형 훈련 클래스

어떤 국가의 법집행기관에게 큰 관심사인 다음의 분류 문제를 생각해 보라. 특정 개인 p에 대한 데이터가 주어지면 p가 테러범인지 또는 테러범이 아닌지를 결정하라.

사용 가능한 데이터의 품질은 분류기의 정확성을 결정하지만 그럼에도 불구하고 이 문제를 매우 어렵게 만드는 무언가가 있다. 일반 대중에서는 테러범들이 충분히 많지 않다는 사실이다.

미국에서 사람들은 전반적인 평화와 안보의 축복을 받았다. 만약 미국에 단지 300명 정도의 진짜 테러범만 있다면 놀라운 일이 아니다. 3억 명의 사람들이 살고 있는 나라에서 이것은 백만 명 중 단지 한 명만이 활동적인 테러범이라는 것을 의미한다.

이 불균형에는 두 가지 중요한 결과가 있다. 첫 번째는 *어떤* 의미 있는 분류기가 많은 위양성을 가질 수밖에 없다는 것이다. 비록 분류기가 99.999% 정확하다고 밝혀지더라도 분류기는 3,000명의 무고한 사람들을 테러범으로 분류할 것이다. 이것은 우리가 잡을 나쁜 사람 수의 10배이다. 정밀도와 재현율에 관한 비슷한 문제가 7.4.1절에서 논의되었다.

그러나 이러한 불균형의 두 번째 결과는 분류기를 학습할 때 사용할 수 있는 실제 테러범 관련 인스턴스가 많지 않다는 것이다. 양성/클래스-0의 예제로 사용할 수 있는 수만 명의 무고한 사람들이 있지만 음성/클래스-1의 예제로 사용할 수 있는 테러범은 수십 명에 불과하다.

이러한 경우 로지스틱 분류기가 무엇을 할지 생각해 보라. 모든 테러범을 무고한 사람으로 잘못 분류하는 것조차도 더 큰 클래스를 다루는 방법의 비용에 비해 손실 함수에 그렇게 많이 기여하지 않는다. 테러범들을 찾아내는 것보다 모든 사람들을 무고한 사람으로 구분하는 분리선을 유도할 가능성이 더 크다. 여기서의 교훈은 같은 수의 양성 및 음성 예제를 사용하는 것이 일반적으로 가장 좋다는 것이다.

그러나 한 클래스에 대한 예제를 찾기가 어려울 수 있다. 그렇다면 더 좋은 분류기를 만들기 위한 우리의 선택은 무엇인가?

- **더 큰 클래스의 예제를 버림으로써 강제로 균형 클래스를 만들어라:** 이것은 균형 클래스를 구현하는 가장 간단한 방법이다. 만약 여러분이 신뢰할만한 분류기를 만들기에 충분한 드문 클래스의 예제를 가지고 있다면 이 방법은 완벽하게 정당화된다. 우리가 필요로 하지 않는 과도한 인스턴스를 버림으로써 다수 클래스에 유리하지 않는 더 어려운 문제를 만들어낸다.

- **작은 클래스의 예제를 이상적으로 교란(perturbation)하여 복제하라:** 더 많은 훈련 데이터 예제를 얻는 간단한 방법은 테러범 관련 예제를 복제하여 훈련 데이터 집합에 삽입하는 것이다. 이 반복된 예제는 결국 테러범처럼 *보일* 것이다. 그리고 충분히 많은 예제를 추가하면 클래스를 균형 있게 만들 수 있다.

  그러나 이 방법에는 문제점이 있다. 이러한 동일한 데이터 레코드는 수치적 불안정을 야기할 수 있으며, 여분의 실제 테러범 한 명을 경계의 오른쪽으로 이동시키면 이 예제의 모든 복제물도 경계의 오른쪽으로 이동시키기 때문에 분명히 과대 적합을 하는 경향이 있

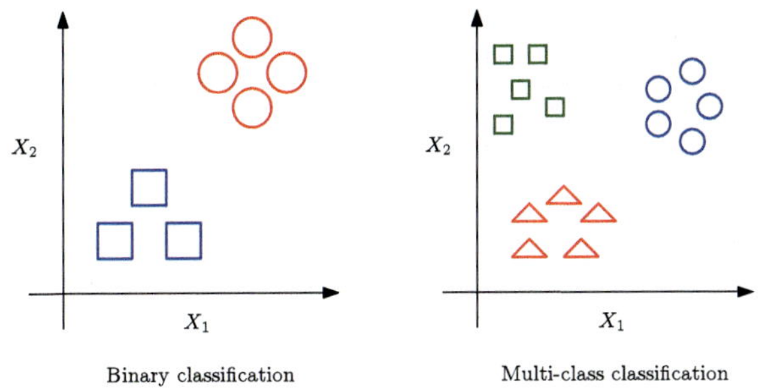

그림 9.18: 다중 클래스 분류는 이진 분류의 일반화이다.

다. 복제된 각 예제에 일정한 양의 무작위 잡음을 추가하는 것이 더 좋을 수 있다. 이것은 분류기가 테러범을 찾는 작업을 더 열심히 하도록 만들고 과대 적합을 최소화한다.

- **드문 훈련 데이터 예제를 더 큰 클래스의 인스턴스보다 더 중요하게 고려하라:** 매개변수 최적화를 위한 손실 함수는 각 훈련 데이터 인스턴스의 오차에 대한 별도의 항을 포함한다. 가장 중요한 인스턴스에 더 많은 가중치를 부여하는 계수 하나를 추가하면 볼록 최적화 문제가 되므로 확률적 경사 하강법에 의해 여전히 최적화될 수 있다.

이 세 가지 해결책의 문제점은 기저 확률 분포를 변경함으로써 분류기를 편향시키는 것이다. 베이지안 사전 분포를 지정함으로써 테러범이 일반 대중에서는 극히 드물다는 사실을 분류기가 아는 것이 중요하다.

물론 가장 좋은 해결책은 더 드문 클래스로부터 더 많은 훈련 데이터 예제를 모으는 것이지만, 이것이 항상 가능한 것은 아니다. 이러한 세 가지 기법들은 대안으로 등장시킬 수 있는 최선의 방법들이다.

9.7.2 다중 클래스 분류

클래스의 수가 3개 이상인 경우의 분류 문제를 자주 다루게 된다. 예컨대 주어진 영화의 장르를 식별하는 문제를 생각해 보자. 논리적인 가능성으로 *드라마*, *코미디*, *애니메이션*, *액션*, *다큐멘터리*, *뮤지컬이 있다*.

k-개의 클래스를 나타내는 자연스럽지만 잘못된 접근 방법은 0/1을 넘어서는 클래스 번호를 추가하는 것이다. 모발색의 분류 문제에서 우리는 *금색* = *10*, *갈색* = *1*, *빨간색* = *12*, *검은색* = *14* 등을 지정할 수 있을 것이다. 그런 다음 클래스 번호를 예측하기 위해 선형회귀 분석을 수행 할 수 있다.

그러나 이것은 일반적으로 나쁜 생각이다. *순서 단위*(*ordinal scale*)는 증가 또는 감소하는 값으로 정의된다. 만약 클래스의 순서가 순서 단위를 반영하지 않는다면 클래스의 번호는 회귀분석을 수행할 의미 있는 목표값은 아니다.

위의 모발색의 번호를 생각해 보라. *빨간색* 모발이 현재 정의된 대로 *갈색* 모발과 *검은색* 모

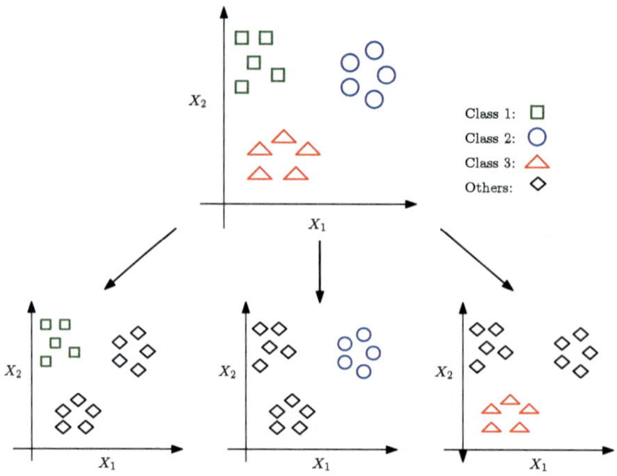

그림 9.19: 여러 개의 1-대-전체 분류기에 대한 다수결 투표는 일반적으로 다중 클래스 분류를 수행하는 최선의 방법이다.

발 사이에 있거나 또는 *금색* 모발과 *갈색* 모발 사이에 있어야 하는가? *회색* 모발은 좀 더 밝은 금색 모발의 색조인가, 가령 클래스 번호가 −1인가 또는 노화로 인해 비교할 수 없는 상태인가? 아마 회색 모발에 기여하는 특징 변수 (나이와 십대 어린이의 수)들은 금색 모발 관련 특징 변수 (미용실 노출 및 북유럽 조상)들과 완전히 직교한다. 만약 그렇다면 모발색을 연속형 변수로 적합하는 선형회귀 시스템은 이러한 색깔을 더 진한 검은색 모발과 분리할 수 없다.

어떤 클래스 집합은 순서 단위에 의해 적절하게 정의된다. 예를 들어, 사람들이 "스키너(Skiena)의 수업에서는 할 일이 너무 많다" 또는 "여러분은 이 영화에 몇 개의 별을 주는가?"와 같은 설문조사 질문에 등급을 매길 때 만들어진 클래스를 생각해 보라.

완전 동의 ↔ 대체로 동의 ↔ 중립적 ↔ 대체로 비동의 ↔ 완전 비동의
별 4개 ↔ 별 3개 ↔ 별 2개 ↔ 별 1개 ↔ 별 0개

그러한 *리커트 척도*에 의해 정의된 클래스는 순서척도 데이터이다. 따라서 이러한 클래스 번호는 회귀분석을 수행하기에 완벽하게 합리적하다. 특히, 인스턴스를 인접한 클래스에 잘못 할당하는 것은 인스턴스를 단위의 잘못된 *끝*에 할당하는 것보다 훨씬 문제가 적다.

그러나 일반적으로 클래스 레이블은 순서 단위가 아니다. 그림 9.19에서 볼 수 있듯이 다중 클래스 분류를 위한 더 좋은 아이디어는 다수의 1-대-전체(one-vs.-all) 분류기를 만드는 것이다. 가능한 각 클래스 C_i ($1 \leq i \leq c$)에 대해 우리는 C_i의 원소들을 다른 모든 클래스의 원소들의 합집합과 구분하기 위해 로지스틱 분류기를 학습시킨다. 새로운 원소 x와 관련된 레이블을 식별하기 위해 c개의 모든 분류기에 대해 이 원소를 시험하고 가장 높은 확률을 갖는 레이블 i를 반환한다.

이 접근 방법은 간단하고 합리적으로 보인다. 그러나 클래스가 많을수록 분류 문제는 더 어려워진다는 사실을 주목하라. 원숭이를 생각해 보라. 원숭이는 동전을 던져서 이진 분류 문제에

서 예제의 50%를 정확하게 레이블을 붙일 수 있을 것이다. 그러나 이제 100개의 클래스가 있다고 가정하자. 원숭이는 1%만 정확하게 추측할 것이다. 이제는 문제가 매우 어려워져서 우수한 분류기조차도 좋은 결과를 산출하는 데 어려움을 겪는다.

9.7.3 계층 분류

문제가 많은 수의 클래스를 포함할 때 정확도와 효율성을 모두 향상시키기 위해 클래스를 트리(tree) 또는 계층 구조로 그룹화하는 것이 좋다. 각 개별 범주가 리프 노드(leaf node)로 표시되는 이진트리를 만들었다고 가정하자. 각 내부 노드(internal node)는 왼쪽 자식노드(child node)와 오른쪽 자식노드를 구별하는 분류기를 나타낸다.

새로운 항목 x를 분류하기 위해 이 계층 구조를 사용하려면 루트 노드에서 시작한다. x에 대해 루트 분류기를 실행하면 x를 왼쪽 서브트리(subtree) 또는 오른쪽 서브트리에 속한 것으로 분류할 수 있다. 한 레벨 아래로 내려가서 x를 새로운 노드의 분류기와 비교하고 x에 할당된 레이블을 정의하는 리프 노드까지 되풀이하며 계속 진행한다. 걸리는 시간은 트리의 높이에 비례한다. 만약 우리가 모든 클래스와 명시적으로 비교한다면 클래스 수 c에 대해 선형으로 비례하는 대신 c에 대해 로그로 비례한다. 이러한 접근 방법에 기초한 분류기를 *의사결정 트리*라고 하며 11.2절에서 더 자세히 논의할 것이다.

이상적으로 이 계층 구조는 도메인 지식을 토대로 구축되어 유사한 클래스를 나타내는 범주들은 함께 그룹화되도록 할 수 있다. 계층 구조는 두 가지 이점을 가지고 있다. 첫째, 이것은 오분류가 여전히 유사한 클래스의 레이블을 만들 가능성을 더 높여준다. 둘째, 이것은 내부 노드가 더 정확하게 인식될 수 있는 고차원 개념을 정의할 수 있다는 것을 의미한다. 이미지 분류 문제에서 100개의 범주에 "자동차", "트럭", "보트", "자전거" 등이 포함되어 있다고 가정하자. 이러한 범주 모두가 "차량"이라고 하는 내부 노드의 자식일 때 이 노드에 대한 경로를 저해상도, 고정확도 분류기로 해석할 수 있다.

클래스의 수가 증가함에 따라 더욱 심각해지는 분류와 관련된 또 다른 위험이 있다. 어떤 클래스의 원소들이 다른 클래스보다 훨씬 더 많아질 수 있다. 가장 큰 클래스와 가장 작은 클래스의 크기 차이는 일반적으로 클래스 수와 함께 증가한다.

예를 들어, "록스타"는 무뚝뚝하고 지저분해 보이는 남자이며 분류기에게 유용한 특징 변수를 제공하는 경향이 있다는 사실에 동의하자. 그러나 무뚝뚝하고 지저분해 보이는 남자들 중 소수만이 록스타이다. 왜냐하면 극히 소수의 사람만이 이러한 힘든 직업에서 성공하기 때문이다. 레이블의 사전분포에 대해 적절한 감각을 가지고 있지 않는 분류 시스템은 희소한 레이블을 너무 자주 할당함으로써 많은 위양성을 만들어낸다.

새로운 증거에 직면하여 확률 분포에 대한 현재 우리의 이해를 새롭게 하는 것은 *베이지안 분석*의 핵심이다. 여기서 증거는 분류기에서 나온 결과이다. 견실한 사전 분포를 추론에 포함시킨다면 항목들이 희소한 클래스에 할당되기 위해 특별히 강력한 증거를 필요로 한다는 것을 확신할 수 있다.

9.7.4 분할 함수 및 다항회귀

우리가 선호하는 다중 클래스 분류 방법은 독립적인 단일 클래스 대 모든 로지스틱 분류기 $F_i(x)$ $(1 \leq i \leq c)$를 학습하는 것을 포함한다는 사실을 상기하라. 여기서 c는 서로 다른 레이블의 개수이다. 사소한 문제가 하나 남아 있다. 로지스틱회귀에서 얻게 되는 확률은 실제로 확률이 아니다. 그것을 실제 확률로 바꾸려면 *분할 함수(partition function)*에 대한 아이디어가 필요하다.

특정 항목 x에 대해, x에 대한 모든 가능한 레이블의 "확률"을 합하면 $T = 1$이 된다. 이때 다음 관계식이 성립한다.

$$T = \sum_{i=1}^{c} F_i(x)$$

이 분류기들은 모두 독립적으로 훈련되었으므로 그 합이 $T = 1$이 되도록 강요되지는 않는다.

하나의 해결책은 이러한 모든 확률을 적절한 상수, 즉 $F_i'(x) = F_i(x)/T$로 나누는 것이다, 이것은 서투른 해결책처럼 보일지도 모른다. 그러나 이것은 본질적으로 물리학자들이 분할 함수에 대해 언급할 때 하는 일이다. 분할 함수는 확률에 비례하는 것을 실제 확률로 전환시키는 분모로 작용한다.

*다항회귀(multinomial regression)*는 독립적인 단일 클래스 대 모든 분류기를 학습하는 보다 원칙적인 방법이므로 확률이 올바르게 계산된다. 다항회귀는 결과 값의 지수함수로 계산되는 로그 오즈 비율(log odds ratios)에 대해 올바른 분할 함수를 사용한다. 더 이상 언급하지 않겠지만 선호하는 기계학습 라이브러리에서 다항회귀 함수를 찾아 다중 클래스 회귀 문제에 직면했을 때 이 함수가 어떻게 작동하는지 알아보는 것이 합리적이다.

분할 함수 관련 개념은 베이지안 분석에서 발생한다. 종종 증거 E의 함수로서 가장 가능성이 높은 항목 레이블 A을 식별하는 도전에 직면한다. 다음의 베이즈 정리를 상기하자.

$$P(A|E) = \frac{P(E|A)P(A)}{P(E)}$$

이것을 실제 확률로 계산하려면 분모 $P(E)$를 알아야 한다. 분모는 계산하기 어려운 문제일 수 있다. 그러나 레이블 A가 레이블 B보다 더 가능성이 높은지를 결정하기 위해 $P(A|E)$를 $P(B|E)$와 비교할 때 $P(E)$가 두 식에서 같기 때문에 $P(E)$를 알 필요는 없다. 물리학자처럼 "분할 함수"에 대해 중얼 거리면서 우리는 분할 함수를 배제할 수 있다.

9.8 | 장 노트

선형회귀 및 로지스틱회귀는 통계학 및 최적화에서 정평이 나있는 주제이다. 선형회귀, 로지스틱회귀 및 그 응용에 관한 대표적인 교과서는 [JWHT13,Wei05]이다.

회귀 문제를 해결하기 위해 경사 하강법을 사용하는 것은 코세라(Coursera) 기계학습 수업에 설명된 것처럼 앤드류응(Andrew Ng)의 영향을 받았다. 저자는 이 주제에 대해 관심이 있는 사람들에게 그의 비디오 강의를 강하게 추천한다.

방글라데시의 버터 생산이 S&P 500 주가지수를 정확하게 예측한다는 발견은 라인베버(Leinweber) [Lei07] 때문이다. 불행히도, 대부분의 거짓된 상관관계와 마찬가지로 이것은 발견 직후 사실이 아닌 것으로 밝혀졌고 더 이상 예측력이 없다.

9.9 | 연습문제

선형회귀

9-1. *[3]* 입력 데이터 점의 어떤 것도 이 회귀선 위에 직접 위치하지 않지만 최적회귀 직선이 $y = x$인 6개 이상의 점에 대한 예제를 만들어라.

9-2. *[3]* 사과의 무게를 기준으로 사과의 유통기한을 예측하는 회귀 직선을 적합한다고 가정하라. 특정 사과의 경우 유통기한이 4.6일이라고 예측한다. 잔차는 −0.6일이다. 사과의 유통기한을 과대 추정했는가 아니면 과소 추정했는가? 여러분의 추론을 설명하라.

9-3. *[3]* 최상-적합 함수 $y = f(x)$, 즉 $y = w^2x + wx$를 찾기를 원한다고 가정하라. w의 최상의 값을 찾기 위해 어떻게 선형회귀를 사용할 수 있는가?

9-4. *[3]* 상수 계수 w에 대해 $y = w^2x$ 또는 $y = wx$인 $y = f(x)$ 형식의 최상의 적합 모형들을 선택하여 사용할 기회가 있다고 가정하라. 이들 중 어느 것이 더 일반적인가, 아니면 동일한가?

9-5. *[5]* 꼬리가 긴 분포가 무엇인지 설명하고 긴 꼬리를 갖는 관련 현상의 세 가지 예제를 제공하라. 이것들이 분류 문제와 회귀 문제에서 왜 중요한가?

9-6. *[5]* 선형대수학 라이브러리/패키지를 사용하여 정확한 회귀 해법 $w = (A^T A)^{-1} A^T b$을 구현하라. 기존 해법과 비교하여 성능이 얼마나 좋은가?

9-7. *[3]* 로짓함수의 상수 c에 대한 서로 다른 값들이 분류 확률에 미치는 영향을 경계로부터 0.01, 1, 2, 10 단위로 입증하라.

선형회귀 실험

9-8. *[5]* 선형회귀로 비선형 함수를 적합하는 효과를 실험해 보라. 주어진 (x, y) 데이터 집합에 대해 변수들의 집합이 다른 k의 범위에 대해 $\{1, x, ..., x^k\}$인 최상의 적합 직선을 구축하라. 적합 오차와 일반적 강인성 측면에서 모형이 이 과정에서 더 좋아지거나 더 나빠지게 되는가?

9-9. *[5]* 선형회귀에서 특징 변수 단위의 효과를 시험해 보라. 최소한 두 개의 특징 변수 (차원)가 갖는 데이터 집합에 대해 한 특징 변수의 모든 값에 10^k, $-10 \leq k \leq 10$를 곱하라. 이 작업으로 적합시 정확성이 손실되는가?

9-10. *[5]* 선형회귀에서 매우 높게 상관된 특징 변수들의 효과를 실험해 보라. 주어진 (x, y) 데이터 집합에 대해 x의 값을 작지만 증가하는 무작위 잡음의 양으로 복제하라. 새로운 열이 원래의

것과 완벽하게 상관될 때 무엇이 반환되는가? 무작위 잡음의 양이 증가하면 어떻게 되는가?

9-11. *[5]* 선형회귀에 대한 이상치의 영향을 실험해 보라. 주어진 (x, y) 데이터 집합에 대해 최상 적합 직선을 구축하라. 가장 큰 잔차를 갖는 데이터 점을 반복하여 삭제하고 다시 적합하라. 이 과정의 대부분에서 일련의 예측된 기울기가 상대적으로 안정적인가?

9-12. *[5]* 선형회귀/로지스틱회귀에 대한 벌점화의 효과를 시험해 보라. 주어진 다차원 데이터 집합에 대해 (a) 무벌점화, (b) 능형회귀, (c) LASSO 회귀로 최상 적합 직선을 구축하고 후자의 두 가지는 제약 조건의 범위를 부여하라. 매개변수의 크기와 수를 줄이면 모형의 정확도는 어떻게 변하는가?

구현 프로젝트

9-13. *[5]* 선형회귀/로지스틱회귀를 사용하여 다음 The Quant Shop 도전과제 중 하나에 대한 모형을 만들어라.

(a) *미스 유니버스*

(b) *영화 수입*

(c) *아기 체중*

(d) *예술품 경매 가격*

(e) *화이트 크리스마스*

(f) *축구 챔피언*

(g) *악귀 풀(Ghoul pool)*

(h) *금/석유 가격*

9-14. *[5]* NCAA 대학 농구 토너먼트 결과를 예측하는 것에 대한 이야기는 유익하다.

`http://www.nytimes.com/2015/03/22/opinion/sunday/making-march-madness-eashtml.`

그러한 로지스틱회귀 분류기를 구현하고 그것을 축구와 같은 다른 스포츠로 확장하라.

인터뷰 질문

9-15. *[8]* 확률적 경사 하강법을 사용하여 모형을 학습한다고 가정하라. 해에 수렴하고 있는지 아닌지를 어떻게 알 수 있는가?

9-16. *[5]* 경사 하강법은 항상 동일한 점에 수렴하는가?

9-17. *[5]* 선형회귀에는 어떤 가정이 필요한가? 만약 이러한 가정 중 일부가 위반되면 어떻게 될까?

9-18. *[5]* 로지스틱회귀 모형을 어떻게 학습시킬 수 있는가? 우리는 어떻게 계수를 해석하는가?

캐글 도전 과제

9-19. 재료 목록이 주어졌을 때 조리 중인 것이 무엇인 지를 식별하라.

https://www.kaggle.com/c/whats-cooking

9-20. 어떤 고객이 은행에 만족하는가?

https://www.kaggle.com/c/santander-customer-satisfaction

9-21. 임무를 수행하기 위해 노동자는 무엇에 접근해야 하는가?

https://www.kaggle.com/c/amazon-employee-access-challenge

CHAPTER

10

거리와 네트워크 방법

측정 자체가 목표가 되는 순간, 측정의 역할은 중단된다.

– 챨즈 굿하트 (굿하트의 법칙)

n개의 예제/행과 d개의 특징/열로 구성된 $n \times d$ 데이터 행렬은 자연스럽게 d-차원 기하 공간상의 n개의 점의 집합을 정의한다. 예제를 공간상의 점으로 해석하는 일은 마치 하늘의 별처럼 데이터에 대해 생각할 수 있는 강력한 방법을 제공한다. 어느 별이 태양에 가장 가까운가, 즉 최근접 이웃인가? 은하계는 데이터의 군집에 의해 식별되는 별들의 자연스러운 그룹이다. 어느 별이 우리의 태양과 은하수를 공유하는가?

공간상의 점들의 집합과 네트워크의 정점들 간에는 밀접한 관련이 있다. 종종 우리는 기하학적 점들의 집합으로부터 가까운 점의 쌍들 간에 간선을 연결해 네트워크를 구축한다. 역으로, 연결된 정점의 쌍들이 서로 가까운 위치에 오도록 정점들을 공간에 배치하는 방식으로 네트워크로부터 점들의 집합을 구축할 수 있다.

기하학적 데이터에 대한 최근접 분류와 클러스터링 등의 여러 중요한 문제들은 네트워크 데이터에 대해서도 쉽게 일반화가 된다. 따라서 이 장에서는 두 주제를 함께 다루어 그들 간의 시너지를 좀 더 잘 찾을 수 있도록 한다.

10.1 | 거리 측정

d 차원의 점 p와 q에 대한 기하학의 가장 기초적 이슈는 그들 간의 거리를 어떻게 가장 잘 측정하느냐 하는 것이다. 전통적인 *유클리드(Euclidean)* 거리 척도는 명확한 거리 측정 방법이므로 여기서 언급할 또다른 이슈가 있는지는 명확하지 않을 수 있다. 유클리드 행렬은 다음과 같이 정의된다.

$$d(p, q) = \sqrt{\sum_{i=1}^{d} |p_i - q_i|^2}$$

그러나 이외에도 고려해 볼 만한 합리적인 거리 표기법들이 존재하고 있다. 정말로, 거리 척도란 무엇일까? 이것은 임의의 점수 함수와 어떻게 다를까?

10.1.1 거리 척도

거리 측정은 상관 계수와 같은 유사도 점수와는 성장의 방향에 있어서 확연하게 다르다. 거리 척도는 항목들이 좀 더 유사할수록 더 작아지지만, 유사도 함수의 경우에는 그 역이 성립한다.

합리적인 거리 척도들에 대해서는 일부의 유용한 수학적 성질이 성립한다. 거리 측정이 다음의 성질을 만족할 경우에 *척도*(metrics)라고 한다.

- 양의 성질(positivity): 모든 x와 y에 대하여 $d(x, y) \geq 0$
- 동등성(identity): $x = y$일 경우에만 $d(x, y) = 0$
- 대칭성(symmetry): 모든 x와 y에 대하여 $d(x, y) = d(y, x)$
- 삼각 부등성(triangle inequality): 모든 x, y, z에 대하여 $d(x, y) \leq d(x, z) + d(z, y)$

이러한 성질들은 데이터에 대한 추론에서 중요하다. 다수의 알고리즘들은 거리 함수가 척도가 될 경우에만 정확하게 동작한다.

유클리드 거리는 척도에 해당하며, 이것이 이 조건이 우리에게 매우 자연스러운 이유이다. 그러나, 이와 동등하게 자연스러운 또다른 유사도 측정 방법들은 거리 척도가 아니다.

- 상관 계수(correlation coefficient): -1에서 1의 범위이므로 양의 성질을 만족하지 못한다. 그 자신과의 순서에 대한 상관 값도 1이므로 동등성도 만족하지 못한다.
- 코사인 유사도/도트 곱셈(cosine similarity/dot product): 상관 계수와 유사하게 양의 성질과 동등성을 만족하지 못한다.
- 방향 네트워크에서 여행 시간: 일방 통행로의 세계에서 x에서 y까지의 거리가 y에서 x까지의 거리와 같을 필요는 없다.
- 가장 싼 항공료: 이는 종종 삼각 부등성을 만족하지 못하는데 기괴한 항공료 정책으로 인해서 x에서 y로 가는 가장 싼 노선이 z를 통한 우회를 필요로 하기 때문이다.

이에 반해, 스트링 매칭에서 사용되는 편집 거리와 같은 잘 알려진 거리 함수들이 척도에 해당하는 지의 여부를 즉시에 확인하기에는 명확하지 않다. 가정을 하는 대신에 4개의 성질 각각을 만족하는 지를 증명 또는 반증을 해서 작업중인 방법을 이해하는 것이 좋다.

10.1.2 L_k 거리 척도

유클리드 거리는 L_k 거리 척도 또는 노름(norm)으로 알려진 좀 더 일반적인 거리 함수 계열의

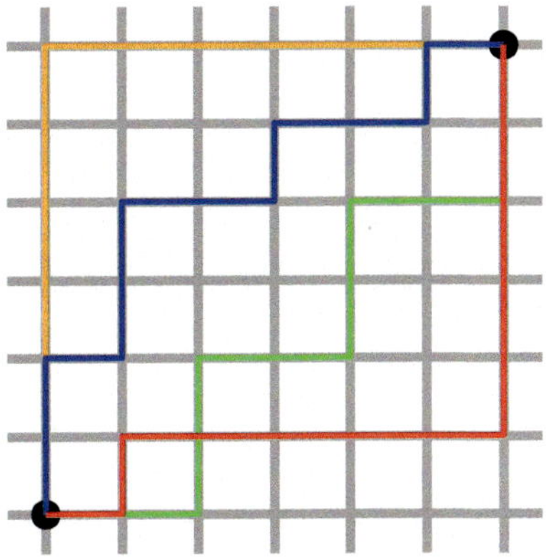

그림 10.1: 격자를 통한 다수의 상이한 경로들이 동등한 맨하탄(L_1) 거리를 가진다.

한 특별한 경우에 해당한다.

$$d_k(p,q) = \sqrt[k]{\sum_{i=1}^{d} |p_i - q_i|^k} = (\sum_{i=1}^{d} |p_i - q_i|^k)^{1/k}$$

매개변수 k는 가장 큰 것과 전체 차원 차이 간의 절충 방법을 제공한다. k의 값은 1에서 ∞ 사이의 어느 값이나 될 수 있고, 특히 많이 사용되는 값은 다음과 같다.

- **맨하탄 거리 ($k = 1$)**: 브로드웨이와 같은 예외적인 경우를 무시하면 맨하탄의 모든 스트리트(street)는 동-서로 배치되고 모든 애비뉴(avenue)는 북-남으로 배치되어 정규 격자 모양이 된다. 두 위치 사이의 거리는 북-남 차이와 동-서 차이의 합이 되는데, 그 이유는 높은 빌딩들이 지름길의 가능성을 차단하기 때문이다.

  마찬가지로 L_1 또는 *맨하탄* 거리는 차원들 간의 차이값들의 전체 합에 해당한다. 모든 것은 선형적이므로 두 차원 각각의 차이 1은 한 차원의 차이 2와 동일하게 된다. 대각선 단축은 사용할 수 없으므로 두 점 간에는 그림 10.1처럼 다양한 최단 경로가 존재하게 된다.

- **유클리드 거리 ($k = 2$)**: 가장 인기 있는 거리 척도로 더 작은 차원을 크게 압도하지 않으면서 가장 큰 차원의 차이에 더 큰 무게를 둔다.

- **최대 성분 ($k = \infty$)**: k의 값이 증가함에 따라 더 작은 차원의 차이들은 무관한 값으로 사라져간다. $a > b$라면 $a^k \gg b^k$가 된다. $a^k + b^k$의 k번째 루트는 $b^k/a^k \to 0$이므로 a로 접근한다.

  원점으로부터 점 $p_1 = (2, 0)$과 $p_2 = (2, 1.99)$의 거리를 고려해 보자.

  - $k = 1$의 경우, 거리는 각각 2와 3.99이다.
  - $k = 2$의 경우, 거리는 2와 2.82136이다.
  - $k = 1000$의 경우, 거리는 2와 2.00001이다.

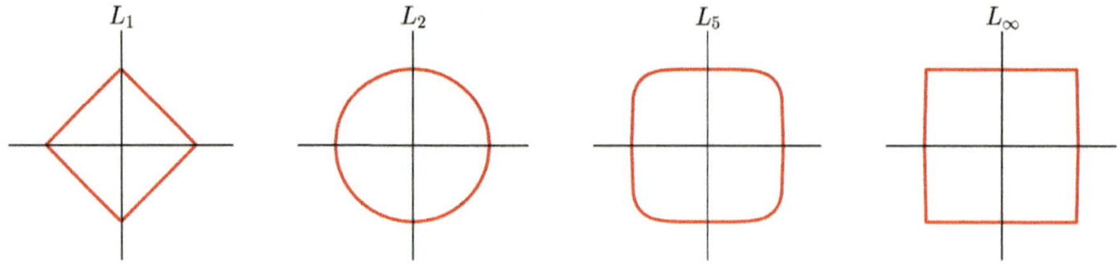

그림 10.2: k에 따른 동등한 거리 변화를 정의하는 모양

– $k = \infty$의 경우, 거리는 2와 2이다.

L_∞ 척도는 가장 큰 차원의 차이를 거리로 반환한다.

우리는 유클리드 세상에 살고 있으므로 유클리드 거리가 편안하다. 우리는 직각 삼각형의 변들은 $a^2 + b^2 = c^2$의 관계를 만족한다는 피타고라스 정리의 진실을 믿는다. L_k 거리의 세상에서 피타고리 정리는 $a^k + b^k = c^k$이 될 것이다.

마찬가지로 우리는 원이 둥글다는 표기가 편안하다. 원은 원점 p로부터 거리 r에 있는 점들의 집합으로 정의됨을 상기하라. 거리의 정의를 변경하면 원의 모양을 변경하게 된다.

L_k의 모양 "원"은 중심점 p에 대해 어느 점들이 동등한 이웃인지를 결정한다. 그림 10.2는 k에 따른 모양의 변화를 보인다. 맨하탄 거리($k = 1$)에서는 원이 다이아몬드처럼 보인다. $k = 2$에서는 친숙한 둥근 모양이 된다. $k = \infty$에서는 원이 축-지향 상자로 뻗어나간다.

$1 \leq k \leq \infty$로 변화함에 따라 다이아몬드에서 상자로의 부드러운 전이가 일어난다. k 값의 선택은 어느 원이 도메인 모델에 가장 적합한지를 선택하는 것과 같다. 고차원 공간에서 이러한 구분은 더욱 중요해진다. 모든 차원의 차이를 고려해야 할지, 기본적으로 가장 큰 것만 고려할지?

> **가정 학습** 올바른 k 값의 선택은 특히 고차원 공간의 경우 거리 함수의 유의미성에 지대한 영향을 미친다.

k번째 제곱 항의 합의 k번째 루트를 취하는 것은 결과 "거리" 값이 척도의 특성을 만족하는데 필요하다. 그러나, 다수의 응용에서는 공식에서 값을 사용하는 방식에 반해 $d(x, p) \leq d(x, q)$인지를 검사하는 방식의 비교를 위한 용도로 거리를 사용한다.

k번째 제곱을 수행하기 전에 각 차원의 거리의 절댓값을 취하므로 거리 함수 내부의 합은 항상 양의 값을 갖게 된다. k번째 루트/제곱 함수는 *단조적*(*monotonic*)이며, 이는 $x, y, k \geq 0$에 대해 다음이 성립함을 의미한다.

$$(x > y) \rightarrow (x^k > y^k)$$

따라서 합에 대해 k번째 루트를 취하지 않더라도 거리 비교의 순서는 변하지 않는다. 최근접 이웃 탐색과 같은 응용에서 다수의 거리 계산이 수행될 경우 상당한 시간이 소요되는 k번째 루트 계산을 생략하면 시간을 절약할 수 있다.

10.1.3 고차원 작업

$d > 3$인 고차원 공간에 대해서는 기하학적 느낌을 갖기가 어렵다. 우리가 할 수 있는 최선의 방법은 선형 대수를 통해 고차원 기하를 생각하는 것이다. 2/3-차원 기하의 이해를 지배하는 방정식들이 임의의 d에 대해 쉽게 일반화된다고 보면 된다.

차원을 우리가 이해 가능한 레벨로 축소하는 *투영*(projection) 방법을 통해 고차원 데이터 세트 작업에 대한 직관력을 얻을 수 있다. $d - 2$ 차원을 전체적으로 무시하고 데이터의 2차원 투영을 시각화해서 차원 쌍의 도트 도표를 연구하는 방식이 종종 도움이 된다. 주요 성분 분석(8.5.2절)과 같은 차원 축소 방법을 통해 밀접하게 상관이 있는 특징들을 합쳐서 보다 명확한 표현을 생성할 수 있다. 물론 이러한 과정에서 일부 세부사항이 손실될 수 있고, 해석에 따라 잡음이 되거나 미묘한 차이가 발생할 수 있다.

데이터 세트에서 차원의 수를 증가시키는 것은 각 차원이 전체에서 덜 중요한 부분이 된다고 암시적으로 말하는 것과 같다. 특징 공간에서 두 점 간의 거리를 측정하는 데 있어서 큰 d값은 점들이 서로 가까워질 수 있는(멀어질 수 있는) 방법들이 더 많이 존재함을 의미한다. 하나의 차원을 제외하고 다른 모든 차원에서는 거의 동등하다고 상상할 수 있다.

이러한 사실이 고차원 데이터 공간에서 거리 척도의 선택을 가장 중요하게 만든다. 물론 안전하고 표준적인 선택인 L_2 거리를 항상 고수할 수 있다. 그러나 다수의 차원에서 가까운 점들에 대한 보상을 원한다면 L_1에 가까운 척도를 선호하게 된다. 전체 비유사도에 대한 단일 필드가 존재하지 않고 모든 것이 유사하다면 아마도 L_∞에 가까운 것에 흥미를 가지게 될 것이다.

한 가지 고려할 사항은 이와 같은 특징들에 대해 임의로 추가한 잡음에 더 관심이 있는지 또는 큰 인위적 결과를 만드는 예외적 사건에 더 관심이 있는지의 여부이다. 전자의 경우라면 L_1은 모든 차원에서 거리에 잡음을 추가하게 되므로 바람직하지 않다. 인위적 결과는 L_∞를 의심하게 만들 수 있는데, 그 이유는 단일 열의 본질적인 에러가 전체 거리 계산을 지배할 수 있기 때문이다.

가정 학습 최선의 거리 척도를 선택하기 위해 자유를 활용하라. 데이터 세트에 대한 항목의 유사도를 구하는데 있어서 상이한 함수들이 어떻게 작동하는 지를 평가하라.

10.1.4 차원 평등주의

L_k 거리 척도는 암시적으로 모든 각 차원에 대해 동등한 가중치를 부여한다. 그러나 꼭 이렇게 할 필요는 없다. 도메인에 한정된 특정한 문제들의 경우 특정한 특징이 다른 특징들보다 더 유사도 결정에 중요할 수 있다. 이러한 정보를 계수 c_i로 표현해 각 차원에 대해 상이한 가중치를 부여할 수 있다.

$$d_k(p,q) = \sqrt[k]{\sum_{i=1}^{d} c_i |p_i - q_i|^k} = (\sum_{i=1}^{d} c_i |p_i - q_i|^k)^{1/k}$$

전통적인 L_k 거리는 이 일반화된 식에서 $1 \leq i \leq d$에 대해 $c_i = 1$인 특별한 경우로 생각할 수 있다. 차원별 가중치를 부여한 이 거리식도 척도 특성을 만족한다.

특정 점들의 쌍들 간에 예상 거리에 대해 명확한 배경 데이터가 있다면 계수 c_i를 훈련 세트에 가장 잘 매치시키기 위해 선형 회귀를 사용할 수 있다. 그러나 일반적으로는 차원 가중치 거리가 좋은 생각은 아니다. 특정 차원이 다른 차원에 비해 명확하게 더 중요하다고 볼수 있는 진정한 이유가 없다면 편견을 거리 함수에 인코딩하는 셈이 된다.

거리 계산 이전에 변수를 정규화하지 않으면 좀더 심각한 편견이 발생하게 된다. 거리를 미터나 km로 보고할 수 있는 선택의 여지가 있다고 하자. 거리 함수에서 30미터의 차이는 무게로는 $30^2 = 900$ 또는 $0.03^2 = 0.0009$로 백만배의 차이가 나게 된다.

올바른 방법은 거리 계산 이전에 Z-스코어를 이용해 각 차원의 값들을 정규화하는 것이다. 각 값 x_i를 Z-스코어 $z = (x - \mu_i)/\sigma_i$로 대체한다. 여기서 μ_i는 차원 i의 평균 값이고, σ_i는 표준편차이다. x_i의 기댓값은 모든 차원에 대해 0이 되며, 시작시 정규 분포였다면 확산은 강하게 통제가 된다. 특정 차원이, 예를 들어, 멱법칙 분포라면 좀더 엄중한 노력이 요구된다. Z-스코어를 계산하기 전에 먼저 로그를 적용하는 것과 같은 4.3절의 정규화 관련 기법을 복습하라.

가정 학습 차원 가중치 거리 척도의 가장 일반적인 용도는 제대로 정규화하지 못한 것을 덮기 위한 것이다. 이러한 함정에 빠지지 않도록 하라. 모든 차원이 결과에 동등하게 기여할 수 있도록 거리 계산을 하기 전에 원래 값을 Z-스코어로 변환하라

10.1.5 점 대 벡터

벡터와 점은 모두 수의 배열로 정의가 되지만 이들은 특징 공간에서 항목을 표현하기 위한 개념적으로 다른 방법들이다. 벡터는 크기로부터 방향을 분리하므로 점을 단위 구 표면 상의 점으로 정의한다고 생각할 수 있다.

이것이 중요한 이유를 이해하기 위해 단어-토픽 개수에서 최근접 문서를 식별하는 문제를 고려해 보기로 하자. 영어 어휘를 토픽에 따라 n개의 상이한 집합으로 분할했다고 가정하자. 각 어휘 단어는 오직 1개의 토픽에 해당한다고 하자. 우리는 기사 A를 단어의 백으로 표현할 수 있고 n-차원 공간의 점 p로 표현할 수 있다. 여기서 p_i는 기사 A에서 토픽 i와 관련된 단어의 수가 된다.

축구 관련 긴 기사와 축구 관련 짧은 기사가 가깝게 되기를 원한다면 이 벡터의 크기는 무시하고 방향만 보면 된다. 길이에 대한 정규화를 수행하지 않으면 토픽 공간에서 의미가 있는 클러스터가 만들어지는 대신에 모든 자잘한 짧은 길이의 문서들이 원점 주변에 몰리게 된다.

노름(norm)은 벡터 크기의 측정 방법으로 본질적으로 하나의 점만을 포함하는 거리 함수인데, 그 이유는 두 번째 점이 원점이기 때문이다. 벡터는 기본적으로 정규화된 점들이고 p의 각 차원의 값을 L_2-노름 $L_2(p)$로 나누면 p와 원점 O 사이의 거리가 된다.

$$L_2(p) = \sqrt{\sum_{i=1}^{n} p_i^2}$$

이러한 정규화 후의 각 벡터의 길이는 1이 되며 원점의 단위 구 상에 있는 점이 된다.

우리는 벡터의 쌍의 거리 비교에 사용할 수 있는 여러 개의 가능한 거리 척도를 가지고 있다. 첫 번째 클래스는 L_k 척도에 의해 정의가 되며 유클리드 거리를 포함한다. 이것이 동작하는 이유는 구의 표면상의 점들이 아직 공간상의 점들이기 때문이다. 그러나, 벡터들 간의 거리는 그들 간의 각도의 측면에서 보다 의미 있게 고려할 수 있다. 두 점 p와 q 사이의 *코사인 유사도(cosine similarity)*는 그들의 내적을 L_2-노름으로 나눈 값이 된다.

$$\cos(p, q) = \frac{p \cdot q}{||p||\ ||q||}$$

미리 정규화된 벡터들의 경우 이 노름은 1이 되므로 내적만 구하면 된다.

여기서 코사인 함수는 큰 값이 높은 유사도를 표현하므로 거리 측정 방법이 아닌 유사도 함수이다. *코사인 거리(cosine distance)*를 $1 - |\cos(p, q)|$로 정의하면 세 가지 척도 특성 중에서 삼각 부등성만을 만족하지 못하는 거리 측정 방법이 된다. 다음의 *각도 거리(angular distance)*는 진정한 거리 척도이다.

$$d(p, q) = 1 - \frac{\arccos(\cos(p, q))}{\pi}$$

여기서 arccos()은 역 코사인 함수 $\cos^{-1}()$이고, π는 라디안으로 가장 큰 각도 범위이다.

10.1.6 확률 분포 간의 거리

5.3.3절의 콜모고로프-스미르노프(Kolmogorov-Smirnov) 테스트는 2개의 표본의 세트가 동일한 확률 분포를 기반으로 하는지를 결정해준다는 사실을 상기하라.

이러한 사실은 분포의 쌍을 비교하고 그들 간의 유사도 또는 거리를 측정하는 방법이 종종 필요함을 암시한다. 전형적인 응용은 하나의 분포가 다른 분포를 얼마나 가깝게 근사적으로 표현할 수 있는 지를 측정하여 가능한 모델의 집합 중에서 최고의 모델을 선택하도록 하는 것이다.

원칙적으로 점에 대해서 기술된 거리 측정 방법들은 주어진 이산 변수 범위 R에 대한 두 개의 확률 분포 P와 Q의 유사도 측정에 적용될 수 있다.

R이 정확하게 d개의 가능한 값들 중에서 임의의 값을 가질 수 있다고, 즉 $R = \{r_1, ..., r_d\}$라고 가정하자. p_i (q_i)는 분포 $P(Q)$에서 $X = r_i$인 확률을 표현한다. P와 Q는 확률 분포이므로 다음이 성립한다.

$$\sum_{i=1}^{d} p_i = \sum_{i=1}^{d} q_i = 1$$

$1 \leq i \leq d$에 대한 p_i와 q_i 값의 스펙트럼은 P와 Q를 표현하는 d-차원 점들로 생각할 수 있고, 그 거리는 유클리드 거리로 계산할 수 있다.

확률 분포의 유사도 평가에 좀 더 잘 적용되는 특별한 측정 방법들이 존재한다. 이들은 특정 분포로부터 생성된 샘플의 값에 대한 불확실성의 측정 방법을 정의하는 정보 이론의 *엔트로피(entropy)* 표기법을 기반으로 한다. 이는 분산과 어느 정도 유사한 개념이다.

확률 분포 P에 대한 엔트로피 $H(P)$는 다음과 같다.

$$H(P) = \sum_{i=1}^{d} p_i \log_2(\frac{1}{p_i}) = -\sum_{i=1}^{d} p_i \log_2(p_i)$$

거리와 마찬가지로 엔트로피도 항상 음이 아닌 값을 갖는다. 위의 두 합의 값은 계산 방법에서만 다르다. p_i는 확률이라서 일반적으로 1보다 작으므로 $\log(p_i)$는 일반적으로 음수이다. 그래서 로그 이전에 확률의 역수를 취하거나 각 항의 부호를 바꾸면 모든 P에 대해 $H(P) \geq 0$이 된다.

엔트로피는 불확실성의 측정 방법이다. $p_1 = 1$이고 $2 \leq i \leq d$에 대해 $p_i = 0$인 분포를 고려해 보자. 이는 완전히 적재된 주사위를 던져서 d개의 면을 가지는 데도 불구하고 결과에 대한 불확실성이 존재하지 않는 경우와 같다. 이 경우 합에서 p_i 또는 $\log_2(1)$ 0들에 의해 모든 항이 제거가 되므로 $H(P) = 0$이 된다. 이제 $1 \leq i \leq d$에 대해 $q_i = 1/d$인 분포를 고려해 보자. 이는 최대로 불확실한 분포인 공정한 주사위 던지기가 되며, 여기서 $H(Q) = \log_2(d)$ 비트가 된다.

불확실성의 한 측면은 정보가 된다. 엔트로피 $H(P)$는 P로부터 하나의 표본이 노출된 후에 학습이 가능한 정보의 크기에 해당한다. 누군가가 여러분에게 이미 알고 있는 사실을 알려주면 아무것도 학습할 수 없게 된다.

확률 분포에 대한 표준 거리 측정 방법은 엔트로피와 정보 이론을 기반으로 한다. KL(Kullback-Leibler) 발산은 분포 P를 Q로 대체했을 경우에 얻은 불확실성이나 잃은 정보를 측정하며, 그 식은 다음과 같다.

$$KL(P||Q) = \sum_{i=1}^{d} p_i \log_2 \frac{p_i}{q_i}$$

$P = Q$라고 가정하자. 이 경우 얻거나 잃은 것이 없고, $\lg(1) = 0$이므로 $KL(P, P) = 0$이 된다. P에 대한 대체물 Q가 나빠질수록 $KL(P||Q)$는 더 커지게 되며 $p_i > q_i = 0$일 경우에 ∞로까지 커진다.

KL 발산은 거리 측정 방법을 닮았지만 대칭이 아니고($KL(P||Q) \neq KL(Q||P)$) 삼각 부등성도 만족하지 못해 척도가 아니다. 그러나 이것은 JS(Jensen-Shannon) 발산 $JS(P, Q)$의 기초를 제공한다.

$$JS(P,Q) = \frac{1}{2}KL(P||M) + \frac{1}{2}KL(Q||M)$$

여기서 분포 M은 P와 Q의 평균, 즉 $m_i = (p_i + q_i)/2$이다.

$JS(P, Q)$는 명확히 대칭이며 KL 발산의 다른 성질들을 보존한다. 또한 $\sqrt{JS(P, Q)}$는 놀랍게도 삼각 부등성을 만족하여 진정한 척도가 된다. 이것이 바로 확률 분포 간의 거리 측정을 위한 진정한 함수가 된다.

10.2 | 최근접 분류

거리 함수는 어느 점이 주어진 목표에 가장 가까운지를 식별할 수 있는 능력을 제공한다. 이는 거대한 힘을 제공하며 *최근접 이웃 분류(nearest neighbor classification)* 이면의 동력이 된다. 레이블이 부여된 훈련 예제의 집합이 주어지면 레이블이 없는 점 p에 대해 가장 유사한 훈련 예제를 찾고 가장 가까운 레이블을 가진 이웃으로부터 p의 클래스 레이블을 취하게 된다.

여기서의 아이디어는 단순하다. 주어진 질의 점 q에 대해 최근접 레이블 이웃을 그 대표로 사용한다. 분류 문제를 다루고 있다면 q에 최근접 이웃(들)과 동일한 레이블을 부여한다. 회귀 문제를 다루고 있다면 q에 최근접 이웃(들)의 평균/중앙 값을 부여한다. 이러한 예측은 (1) 특징 공간이 질문 대상인 원소의 특성을 일관성 있게 표현하며 (2) 거리 함수는 유사한 행들/점들을 접했을 때 유의미하게 인식한다고 가정하면 쉽게 방어할 수 있다.

성경에서는 여러분의 이웃을 사랑하라고 가르치고 있다. 분류에서 최근접 방법은 3개의 큰 장점을 가지고 있다.

- 단순성(simplicity): 최근접 방법은 로켓 과학이 아니다. 거리 척도 외에는 겁을 주는 수학이 없다. 어떤 일이 일어날지를 확실하게 알 수 있어 오류나 오인의 희생양이 되는 것을 피할 수 있으므로 이러한 사실이 중요하다.
- 해석 가능성(interpretability): 주어진 질의 점 q에 대한 최근접 이웃의 연구는 분류기가 그러한 결정을 한 이유를 명확하게 설명해준다. 이러한 결과에 동의하지 않는다면 체계적으로 오류를 수정할 수 있다. 이웃한 점이 부정확하게 레이블이 부여된 것인지? 여러분의 거리 함수가 q에 대한 논리적 동배 그룹에 속하는 항목을 집어내는 데 실패한 것인지?
- 비-선형성(non-linearity): 최근접 이웃 분류기는 단계적-선형인 결정 경계를 가지고 있으나 훈련 예제 집단에 따라 그림 10.3에 보인 것처럼 임의적으로 주름이 잡힐 수 있다. 단계적-선형 함수는 수학에서 배운 것처럼 조각들이 충분히 작아지면 부드러운 곡선으로 접

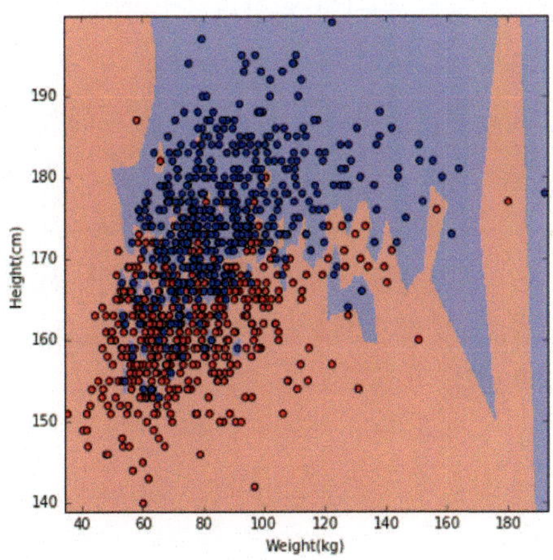

그림 10.3: 최근접 분류기의 결정 경계는 비선형적일 수 있다.

근한다. 따라서 최근접 이웃 분류기는 매우 복잡한 결정 경계를 실현할 수 있도록 해주며 정말로 너무나 복잡하여 간결한 표현이 존재하지 않는 곡면도 표현할 수 있다.

건전성과 효율성과 관련된 기술적 이슈를 포함하여 효과적인 최근접 이웃 분류기를 구축하기 위한 여러 가지 측면이 존재한다. 그러나 우선적으로 유추의 힘에 감사하는 법을 배워야 한다. 이 이슈를 다음 절에서 논의한다.

10.2.1 좋은 유추 찾기

특정 지능적 원리들은 유추(analogy)의 힘에 의존한다. 법률가들은 법으로 직접 사고하는 대신에 전례에 더 의존한다. 즉 존경받는 법관에 의해 사전에 결정된 판례들의 결과를 중시한다. 현재 사례에 대한 올바른 결정(나의 승리 또는 나의 패배)은 이전 사례들이 현재 당면한 문제와 기본적으로 가장 유사한 것으로 보여질 수 있는지 여부의 함수이다.

마찬가지로 다수의 의학 실무도 경험에 의존한다. 오래된 의사들은 여러분과 유사한 증후를 보였고 생존한 이전 환자들의 사례를 기억하여 그들에게 주어진 동일한 처방을 하게된다. 저자의 현재 의사(닥터 러너)는 이제 80대에 접어들었지만 저자는 의대에서 배운 최신의 방법만을 의존하는 젊은 의사들보다 내 의사를 더 신뢰한다.

최근접 이웃 방법으로부터 가장 큰 이점을 얻는 방법은 유추적 사고를 존중하는 학습을 포함한다. 집의 가격을 예측하는 올바른 방법은 무엇인가? 주차장의 면적, 침실의 수와 같은 특징들의 측면에서 각 주택을 기술할 수 있고 선형 회귀를 통해 각각에 대해 가격 가중치를 함께 더하도록 할 수 있다. 또는 유사한 이웃의 비교 가능한 주택을 찾아 우리가 보는 것과 유사한 것의 가격을 예측할 수 있다. 두 번째 방법이 유추적 사고(analogical reasoning)이다.

저자는 여러분이 도메인 지식과 흥미를 가지고 있는 데이터 세트를 가지고 최근접 이웃을 발견하기 위한 몇 가지 실험을 해보기를 권장한다. 저자에게 항상 영감을 주는 리소스의 하나는 http://www.baseball-reference.com으로 최근까지의 통계를 기반으로 각 선수별로 10명의 최근접 선수를 보고한다. 저자는 이 유추가 놀라울 정도로 연상적임을 알게 되었다. 여기서 식별된 선수들은 통계에서는 명확하게 잡히지 않는 유사한 역할과 스타일을 종종 보여주고 있다. 실제로 그렇다.

책, 영화, 음악 등 무엇이 되든 여러분이 잘 아는 또다른 도메인에 대해 이러한 시도를 해보아라. 최근접 이웃 방법과 유추의 힘을 느끼도록 하라.

가정 학습 여러분이 알고 있는 점들에 대한 10개의 최근접 이웃들을 식별하는 일은 주어진 데이터 세트의 강점과 한계를 이해하기 위한 훌륭한 방법이 된다. 이러한 유추를 시각화하는 일은 고차원 데이터 세트를 다루기 위한 첫 번째 단계가 되어야 한다.

10.2.2 *k*-최근접 이웃

주어진 질의 점 q를 분류하기 위해 최근접 이웃 방법은 q에 대해 레이블이 부여된 가장 가까운 점인 q'의 레이블을 리턴한다. 이는 특징 공간의 유사도가 레이블 공간의 유사도를 암시한다고 가정하면 합리적인 가설이 된다. 그러나, 이러한 분류는 오직 하나의 훈련 예제만을 기반으로 하므로 잠깐 멈출 필요가 있다.

좀더 건전한 분류 또는 해석은 다중 인접 이웃에 대한 투표를 따른다. 주어진 질의에 대해 가장 가까운 k개의 점을 발견한다고 가정하자. 여기서 k는 n의 크기에 따라 보통 3에서 50 정도의 범위에 이르는 값이 된다. 레이블이 부여된 점들의 배열과 k의 선택을 연결하면 특징 공간을 영역으로 구분하게 되며 특정 영역의 모든 점들은 동일한 레이블이 부여된다.

신장과 체중에 대한 데이터로부터 성별 분류기를 구축하려고 시도하는 그림 10.4를 고려하기로 하자. 일반적으로 말해서 여자는 남자에 비해 키가 작고 가볍지만 특히 결정 경계 부근에서는 다수의 예외가 존재한다. 그림 10.4와 같이 k를 증가시키면 더 부드러운 경계를 가진 더 큰 영역을 만들게 되어 좀더 건전한 결정을 표현하게 된다. 그러나 k가 더 커질수록 우리의 결정은 좀 더 일반적이 된다. $k = n$으로 선택하면 다수결 분류기에 대한 또다른 이름이 되어 버리며, 개별적 특징과 무관하게 각 점에 대해 가장 일반적인 레이블을 부여하게 된다.

k를 설정하는 올바른 방법은 레이블이 부여된 훈련 예제의 일부를 평가 집합으로 할당하고 매개변수 k의 상이한 값들로 실험을 수행해 최고의 성능이 달성되는 값을 찾는 것이다. k의 선택 후 이 평가 값들을 훈련/목표 집합으로 다시 포함시킬 수 있다.

이진 분류 문제의 경우 결정이 무승부가 되지 않도록 홀수인 k를 원하게 될 것이다. 일반적으로 양과 음의 투표의 수의 차이는 결정의 신뢰도에 대한 측정 방법으로 해석될 수 있다.

기하학적 최근접과 관련하여 잠재적인 비대칭의 문제가 존재한다. 모든 점은 최근접 이웃을 가지지만 이상치 점들의 경우 이러한 최근접 이웃들이 가깝지 않을 수 있다. 이러한 이상치 점들은 분류에서 사실상 과도한 크기의 역할을 하게 되므로 특징 공간에서 거대한 크기로 최근접 이웃을 정의하게 된다. 그러나 훈련 예제들을 적절히 선택한 상태라면 이는 특징 공간에서 점이 거의 발생하지 않는 비거주 영역이 될 것이다.

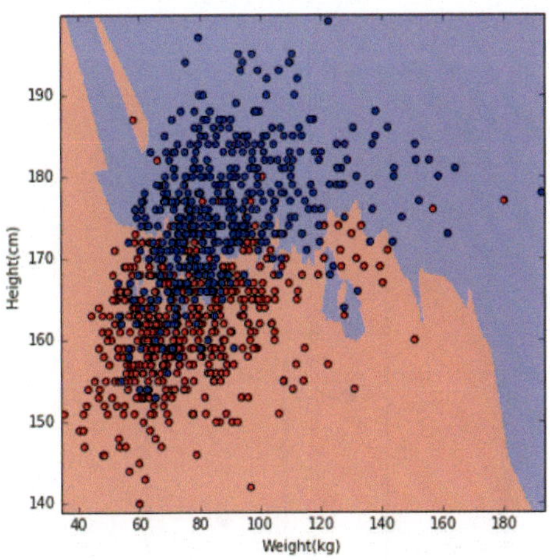

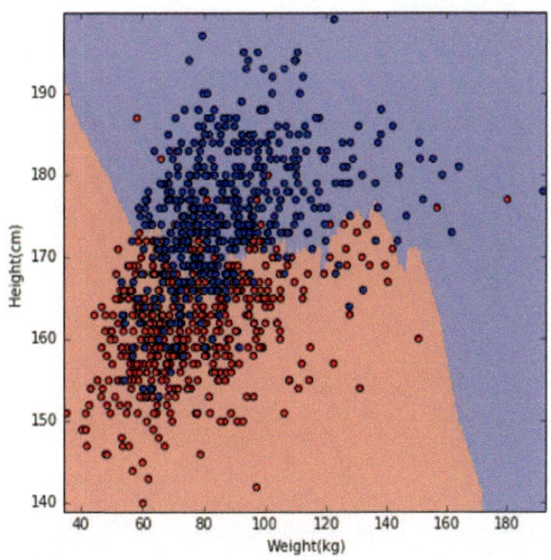

그림 10.4: k-NN을 이용한 성별 분류기의 결정 경계에 대한 k의 영향. $k = 3$(왼쪽)과 $k = 10$(오른쪽)을 그림 10.3의 $k = 1$과 비교하라.

최근접 분류의 아이디어는 k개 최근접 점들의 값의 평균을 구해서 함수 보간법으로 일반화할 수 있다. 부동산 웹사이트인 www.zillow.com에서는 최근접 이웃들로부터 주택 가격을 예측하기 위해서 이러한 방법을 사용한다. 이러한 평균치 기법은 거리 순위나 크기에 따라 점에 상이한 값을 부여하는 비-균일 가중치에 의해 일반화될 수 있다. 유사한 아이디어가 모든 분류 방법에 대해 적용 가능하다.

10.2.3 최근접 이웃의 발견

아마도 최근접 이웃 분류 방법의 가장 큰 한계는 실행 시간 비용일 것이다. d 차원의 질의 점 q를 n개의 훈련 점들과 비교하는 작업은 n개의 명시적 거리 계산을 수행해야 하므로 $O(nd)$의 비용이 들게 될 것이다. 수천 개 또는 심지어 수백만 개의 훈련 점들이 가용할 경우 이러한 탐색은 분류 시스템에 심각한 지연을 가져올 수 있다.

탐색 속도 개선을 위한 하나의 방법은 기하학적 자료 구조의 사용을 포함한다. 인기 있는 방법들은 다음과 같다.

- 보로노이 다이어그램(Voronoi diagram): 목표 점들의 집합에 대해 그들 주변의 공간을 셀로 분할하여 각 셀이 오직 하나의 목표 점만을 포함하도록 한다. 또한 각 셀의 목표 점이 셀 안의 모든 위치들에 대한 최근접 이웃이 되도록 한다. 이러한 분할을 *보로노이 다이어그램*이라고 하며, 그림 10.5(왼쪽)와 같다.

  보로노이 다이어그램의 경계는 점의 쌍 (a, b) 간의 수직 이등분선에 의해서 정의가 된다. 각 이등분선은 공간을 반으로 나누게 되며, 한쪽에는 a가, 다른 쪽에는 b가 포함된다. a의 반에 속한 모든 점들은 b 보다는 a에 가깝게 되고, 반대의 경우도 마찬가지이다.

  보로노이 다이어그램은 데이터에 대해 생각할 수 있는 멋진 도구이며 여러 좋은 성질을 가지고 있다. 특히 2차원의 경우 이를 구축하고 탐색하는 효율적인 알고리즘들이 존재한

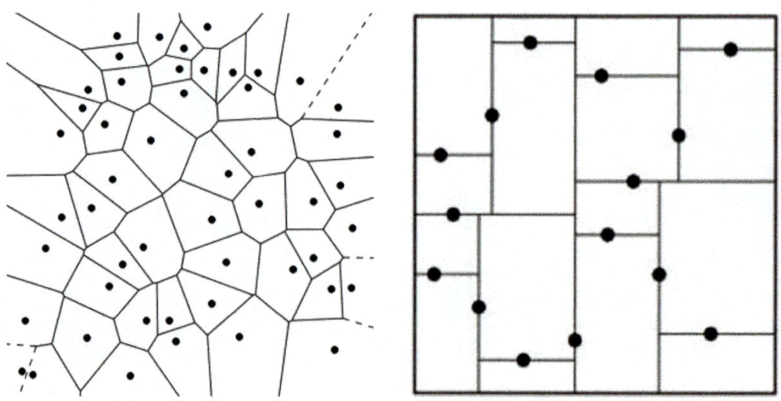

그림 10.5: 보로노이 다이어그램(왼쪽)과 kd-트리(오른쪽)를 포함하는 최근접 이웃 탐색에 대한 자료 구조.

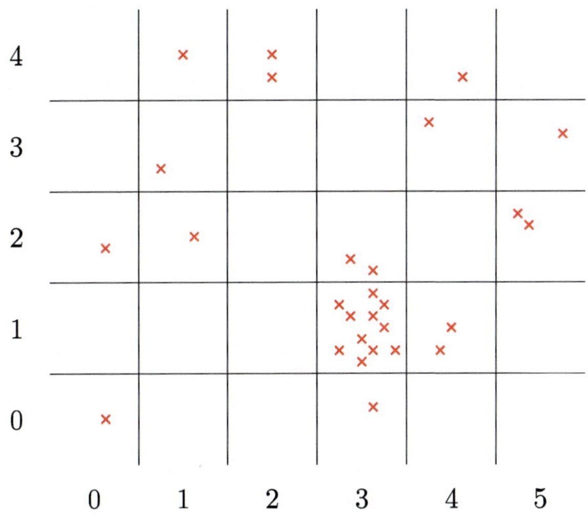

그림 10.6: 격자 인덱스 자료 구조는 점이 균일하게 분포되어 있을 때는 최근접 이웃에 대한 고속 접근을 제공하지만 일부 영역의 점들이 밀집한 상태로 클러스터를 형성할 때는 비효율적일 수 있다.

다. 그러나 차원이 증가하면 이러한 절차들은 급속하게 복잡해져서 2차원 또는 3차원을 초과하면 실용성이 떨어진다.

- 격자 인덱스(grid index): 각 차원의 범위를 r개의 간격 또는 버켓으로 분할해서 주어진 공간을 d-차원 상자로 구분할 수 있다. 예를 들어, 각 축이 확률이라서 0에서 1의 범위를 지니는 2차원 공간을 고려해 보자.

  이러한 간격은 공간에 대해 정규 격자를 정의하게 되며 각 훈련 점들을 해당 그리드 셀에 연관시킬 수 있다. 탐색 문제는 이제 배열 조사나 이진 탐색을 통해 점 q에 대한 올바른 격자 셀을 식별하고, 다음으로 그 셀의 모든 점들을 q에 대해 비교해 최근접 이웃을 식별하는 문제가 된다.

  이러한 격자 인덱스는 효과적일 수 있지만 잠재적인 문제가 있다. 첫째로, 그림 10.6과 같이 훈련 점들이 균일 분포가 아닐 수 있고 다수의 셀들이 공백일 수 있다. 비-균일 격자 구축을 통해 좀 더 균형이 잡힌 형태를 얻을 수 있지만 q를 포함하는 셀의 신속한 탐색이 어려워진다. 또한 q가 셀의 경계에 매우 가깝게 위치하는 경우 q의 최근접 이웃이 q와 동일한 셀에 속해 있다는 보장이 없다. 이는 절대적 최근접 이웃 발견을 위해 주변 셀들을 탐색해야 할 수도 있음을 의미한다.

- *Kd*-트리(*Kd*-tree): 탐색의 편의를 위해 공간을 계층적으로 나누어 분할하는 트리 기반의 자료 구조에는 여러 종류가 존재한다. 임의의 차원을 루트로 시작해서 *kd*-트리의 각 노드는 점을 그 차원에 따라 동등하게 분할하는 중앙 선/평면을 정의한다. 그러한 구성은 각 차원을 따라 각 면에서 발생하며 노드에 의해 정의되는 영역이 오직 하나의 훈련 점을 포함할 때까지 반복이 된다.

이 구성 계층은 탐색 지원에 이상적으로 적합하다. 루트에서 출발하여 질의 점 q가 중앙 선/평면의 왼쪽 또는 오른쪽 인지의 여부를 시험하게 된다. 이는 q가 어느 면에 존재하는지를 식별하고 트리의 어느쪽 면에서 계속할지를 알려준다. 탐색 시간은 트리를 따라가며 각 단계에서 주어진 점 집합을 반으로 분할하므로 $\log n$이다.

이러한 공간-분할 탐색 트리들은 다양하게 존재하며 여러분이 선호하는 프로그래밍 언어의 함수 라이브러리에도 하나 또는 그 이상이 구현되어 있을 것이다. 일부는 최근접과 같은 문제에 대해 더 빠른 탐색 시간을 제공할 것이며, 아마도 속도를 위해 정확도를 절충하는 형태가 될 것이다.

적절한 차원의 수(예를 들어 $2 \leq d \leq 10$)에서는 이러한 기법들이 최근접 이웃 탐색의 속도를 높여줄 것이지만 차원이 증가하면 덜 효과적이 될 것이다. 그 이유는 두 점이 서로 가까울 수 있는 방법의 수가 차원에 따라 급속하게 증가하여 q에 대한 최근접 이웃을 포함할 가능성이 없는 영역을 잘라내기가 더욱 어려워지기 때문이다. 충분히 높은 고차원 데이터의 경우 결정적 최근접 탐색이 궁극적으로 선형 탐색으로 축소된다.

10.2.4 지역 민감 해싱

보다 신속한 실행 시간을 달성하기 위해 정확한 최근접 이웃을 발견하는 것을 포기하고 좋은 추측 정도에 정착해야 한다. 유사도에 따라 인접한 점들을 버켓으로 묶고 주어진 질의 점 q에 대해 가장 적절한 버켓 B를 신속하게 찾는다. q와 버켓 안에 있는 점들 간의 거리만을 계산함으로써 $|B| \ll n$일 때 탐색 시간을 절약할 수 있다.

이것이 앞절에서 기술한 격자 인덱스 이면의 기본적 아이디어였으나 탐색 구조가 사실상 다루기 힘들고 불균형적이었다. 이 보다 좋은 방법이 해싱이다.

지역 민감 해싱(*locality sensitive hashing*, LSH)은 점이나 벡터를 입력으로 해서 수나 코드를 출력하는 해시 함수 $h(p)$에 의해서 정의된다. a와 b가 서로 가까우면 $h(a) = h(b)$일 가능성이 높아지고, a와 b가 멀리 떨어져 있으면 $h(a) \neq h(b)$일 가능성이 높아진다.

이러한 지역 민감 해시 함수는 소란스럽지 않게 격자 인덱스와 동일한 역할을 수행한다. 단순하게 이 1-차원 해시 값에 의해 버켓에 저장된 점의 테이블을 유지하고 질의 점 q에 대해 $h(q)$로 탐색을 수행해서 잠재적 일치를 조사한다.

이러한 지역 민감 해시 함수를 어떻게 구축할까? 아이디어는 점 대신에 먼저 벡터로만 제한하면 이해하기 쉽다. d-차원 벡터의 집합을 구의 표면 상의 점들로 생각할 수 있었고, $d = 2$일 경우 구는 원이었음을 상기하라.

그림 10.7처럼 이 원의 원점을 통과하는 임의의 선 l_1을 고려해 보자. 단순히 임의의 각도 $0 \leq \theta_1 < 2\pi$를 선택해서 임의로 l_1을 선택할 수 있다. 이 각도는 원점 O를 통과하는 선의 기울기를 정의하게 되며 θ_1과 O과 l_1을 완벽하게 명세하게 된다. 임의로 선택하면 l_1은 벡터를 전체적으로 분할하여 반 정도는 왼쪽에 나머지는 오른쪽에 포함하게 된다.

이제 동일한 특성을 공유하는 두 번째 임의 분할기 l_2를 추가한다. 이것은 모든 벡터들을 이

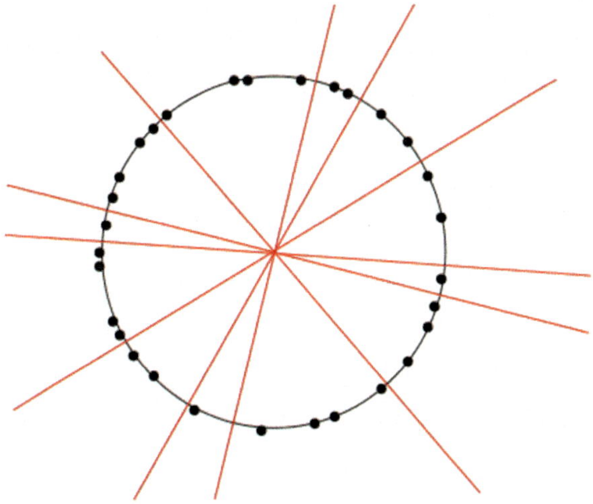

그림 10.7: 원 상에서 인접한 점들은 일반적으로 원점을 통과하는 임의의 선과 동일만 면에 배치가 된다. 각 점에 대한 지역-민감 해시 코드는 주어진 선의 순서에 대해 측면 테스트(왼쪽 또는 오른쪽)의 순서로 구성될 수 있다.

분할기 l_1과 l_2에 대해 상대적인 상태에 따라 {*LL*, *LR*, *RL*, *RR*}의 4개 영역으로 분할한다.

주어진 벡터 v의 최근접 이웃은 우리가 불행하거나 l_1이나 l_2가 이들을 분리해 놓지만 않았다면 v와 동일한 영역에 존재하게 될 것이다. v_1과 v_2가 모두 l의 동일 측면에 존재할 확률 $p(v_1, v_2)$는 v_1과 v_2 사이의 각도에 좌우된다. 특별히 $p(v_1, v_2) = 1 - \theta(v_1, v_2)/\pi$가 된다.

따라서 n개 점과 m개 임의 평면에 대해 최근접 이웃이 보존될 정확한 확률을 계산할 수 있다. m개 평면에 대한 L과 R의 패턴은 임의의 벡터 v에 대해 m-비트 지역 민감 해시 코드 $h(v)$를 정의한다. 여기서의 예제를 2개의 평면을 지나 더 긴 코드로 확장하면 각 버켓에 속한 점의 기대 수는 $n/2^m$으로 떨어지게 되고, m개 평면 중의 하나가 주어진 벡터를 그 최근접 이웃과 분리시킬 위험은 증가하게 된다.

이러한 방법은 2차원을 넘어서 쉽게 일반화될 수 있다. 초평면(hyperplane)이 주어진 평면과 수직인 수직 벡터 r에 의해 정의가 된다고 하자. 부호 $s = v \cdot r$은 질의 벡터 v가 속할 측면을 결정한다. 두 수직 벡터의 내적은 0이므로 v가 분리하는 평면에 속하면 $s = 0$이 된다. 또한 v가 이 평면 위에 존재하면 s는 양이 되고, v가 이 평면 밑에 존재하면 음이 된다. 따라서 i번째 초평면은 해시 코드에서 정확하게 1개의 비트에 기여하게 되고 $v \cdot r_i \leq 0$을 만족할 경우에만 $h_i(q) = 0$이 된다.

이러한 함수는 벡터를 넘어서 임의의 점의 집합에 대해 일반화할 수 있다. 또한 그 정확도는 각 항목에 대한 코드 워드의 다중 집합을 구축해서 개선할 수 있다. q가 참인 최근접 이웃과 최소한 하나의 코드 워드를 공유하고 있는한 궁극적으로 이 점들 모두를 포함하는 버켓을 만나게 된다.

LSH는 암호 응용이나 해시 테이블 관리에 사용되는 전통적인 해시 함수와는 정확히 상반되는 목표를 가지고 있음에 유의하라. 전통적 해시 함수는 유사한 항목의 쌍이 아주 상이한 값들을 가지도록 해서 변경을 인식하고 테이블의 전체 범위를 활용할 수 있도록 한다. 이와 반대로 LSH는 유사한 항목이 정확하게 동일한 해시 코드를 갖기를 원하며 충돌에 의해 유사도를 인식할 수 있다. LSH를 통한 최근접 이웃은 동일 버켓에 속한다.

지역 민감 해싱은 데이터 사이언스에서 최근접 이웃 이상의 다른 응용을 가지고 있다. 아마도 가장 중요한 응용은 비디오 또는 음악 스트림과 같은 복잡한 객체들로부터 압축된 특징 표현을 구축하는 것이다. 이러한 스트림의 간격으로부터 구성된 LSH 코드는 패턴 매칭이나 모델 구축을 위한 특징으로 사용하기에 잠재적으로 적합한 수치 값들을 정의한다.

10.3 그래프, 네트워크, 거리

그래프 $G = (V, E)$는 *정점*(*vertices*)의 집합 V에 대해 정의가 되며 V로부터 나온 정점들의 순서 또는 무순서 쌍인 *간선*(*edges*)의 집합을 포함한다. 도로 네트워크 모델링에서 정점은 도로/간선에 의해 직접 연결된 쌍인 도시나 분기점을 표현한다. 인간 상호작용 분석에서 정점은 보통 사람을 표현하고 관련된 사람의 쌍을 간선이 연결한다.

다수의 기타 현대적 데이터 세트들이 그래프 또는 네트워크를 통해 자연스럽게 모델링이 된다.

- 웹(WWW): 각 웹페이지가 그래프의 정점이 되고 웹페이지 x가 웹페이지 y에 대한 하이퍼링크를 포함하면 방향 간선 (x, y)가 포함된다.
- 제품/고객 네트워크: Amazon, Netflix, 골목의 채소 가게 등 모든 회사는 다수의 고객과 다수의 제품 유형을 가지게 된다. 하나는 고객을, 다른 하나는 제품을 표현하는 두 종류의 정점이 존재하게 된다. 간선 (x, y)는 고객 x가 제품 y를 구매한 것을 표현한다.
- 유전자 네트워크: 정점은 특정 유기체에서의 상이한 유전자/단백질을 표현한다. 동물에 대한 부품 리스트라고 생각할 수 있다. 간선 (x, y)는 부품 x와 y 사이에 상호작용이 있음을 표현한다. 아마도 유전자 x가 유전자 y를 통제하거나 단백질 x와 y가 합쳐져 더 큰 복합체를 형성할 수 있다. 이러한 상호작용 네트워크는 기반 시스템이 작동하는 방법에 대한 상당한 정보를 인코딩하게 된다.

그래프와 점 집합은 밀접하게 관련된 객체들이다. 양쪽 모두 집합의 항목을 표현하는 이산적 개체들(점 또는 정점)로 구성되어 있다. 양쪽 모두 거리와 관계의 중요한 표기를 근거리-원거리 또는 연결-독립의 형태로 표현한다. 점 집합은 그래프를 이용해 의미 있게 표현할 수 있고, 그래프도 점 집합으로 표현할 수 있다.

10.3.1 가중 그래프와 유도 네트워크

그래프의 간선은 *이진 관계*(*binary relations*)를 표현하고 각 간선 (x, y)는 x와 y 간의 관계의 존

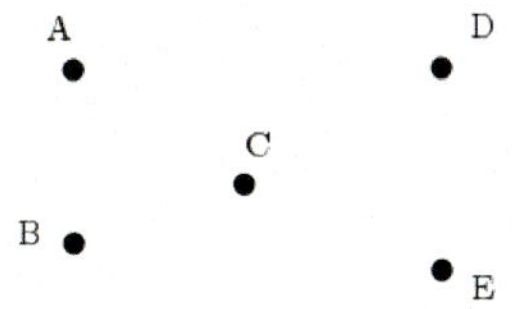

	A	B	C	D	E
A	0	6	7.2	13	14.8
B	6	0	6.3	14.3	13.0
C	7.2	6.3	0	8.1	7.6
D	13	14.3	8.1	0	4
E	14.8	13.0	7.6	4	0

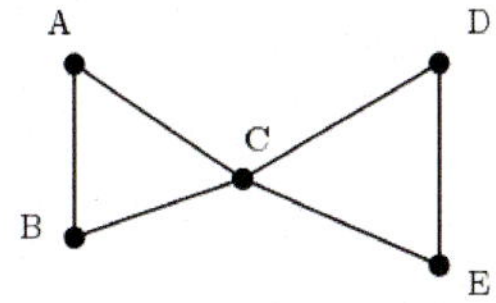

그림 10.8: 공간의 점 집합 간의 쌍간 거리(왼쪽)는 완전 가중치 그래프를 정의한다(중앙). 거리 기준으로 걸러내면 모든 긴 간선들이 제거되어 점들의 구조를 표현하는 희소 그래프가 남게 된다(오른쪽).

재를 표현한다. 웹페이지 간의 연결, 특정인이 특정 제품을 구입했다는 사실과 같이, 이러한 관계의 존재 자체가 우리가 알아야 할 전부일 수 있다.

그러나 종종 이러한 관계의 강도 또는 밀접도를 측정해야 할 경우가 존재한다. 도로 네트워크의 경우 각 도로 세그먼트는 길이 또는 주행 시간을 가지며 두 점 간의 주행을 위한 최적의 경로를 찾기 위해서는 꼭 필요한 정보이다. 모든 간선이 그와 관련된 수치 값을 가지는 경우 이러한 그래프를 가중(weighted) 그래프라고 한다.

이러한 가중치는 종종(항상은 아니고) 거리로 자연스럽게 해석이 된다. 공간상의 n개 점의 데이터 세트를 n개 정점의 완전 가중 그래프로 해석할 수 있고, 여기서 간선 (x, y)의 가중치는 공간상에서 점 x와 y 사이의 기하학적 거리로 볼 수 있다. 다수의 응용에서 이러한 그래프는 점들에 대한 모든 관련 정보를 인코딩한다.

그래프는 $n \times n$ *인접 행렬(adjacency matrix)*로 가장 자연스럽게 표현이 된다. 비-간선 기호를 x라고 정의하자. 행렬 M은 그래프 $G = (V, E)$를 표현하고, 정점 $i, j \in V$가 간선 $(i, j) \in E$에 의해 연결이 된 경우에만 $M[i, j] \neq x$가 된다. 무가중 네트워크의 경우, $x = 0$일 때 간선 기호는 보통 1이 된다. 거리 가중 그래프의 경우, 간선 (i, j)의 가중치는 두 정점 간의 여행 비용이 되며, $x = \infty$는 i와 j 간에 직접적인 연결이 없음을 의미한다.

네트워크에 대한 이러한 행렬 표현은 선형 대수의 모든 도구들을 가지고 조작할 수 있으므로 상당한 위력을 가진다. 그러나 불행하게도 네트워크의 정점이 수백 개를 넘어서면 $n \times n$ 행렬의 저장 비용이 증가한다. 대형 희소 그래프(sparse graph)를 다수의 정점과 상대적으로 적은 간선 연결 쌍으로 표현할 수 있는 보다 효율적인 방법이 존재한다. 여기서는 그래프 알고리즘을 세부적으로 다루지 않으므로 자세한 사항은 저자의 저서 *알고리즘 디자인 매뉴얼*[Ski08]을 참고하기 바란다.

그래프/네트워크의 그림은 종종 각 정점을 평면 상의 점으로 표현하고 간선을 표현하기 위해 정점인 점들 간에 선을 그린다. 이러한 *노드-링크 다이어그램(node-link diagram)*은 작업중인 네트워크 구조의 시각화에 상당한 가치가 있다. 이들은 *강제-방향 레이아웃(force-directed layout)*을 이용해 간선이 인접한 정점의 쌍을 가깝게 가져오도록 스프링처럼 작용하고 비-인접 정점들을 서로 밀어내도록 하는 알고리즘 방식으로 구성할 수 있다.

이러한 그림은 그래프 구조 간의 연결과 점 위치를 구성한다. *임베딩(embedding)*은 그래프 정점의 점 표현으로 구조의 일부 측면을 표현한다. 고윳값이나 특이값 분해(8.5절 참조)와 같은 특징 압축을 그래프의 인접 행렬에 대해 적용하면 각 정점의 점 표현 역할을 하는 저-차원 표현을 생성한다. 그래프 임베딩에 대한 다른 방법은 DeepWalk를 포함하며 11.6.3절에서 논의하기로 한다.

> **가정 학습** 점 집합은 그래프/거리 행렬에 의해 의미적으로 표현될 수 있고, 그래프/거리 행렬은 점 집합에 의해 의미적으로 표현될 수 있다(임베딩).

점 간의 거리에 의해 정의된 유전자 그래프는 저자가 *유도 네트워크(induced networks)*라고 부르는 그래프의 대표적인 클래스로 간선이 일부 외부 데이터 소스로부터 기계적인 방식으로 정의된다. 이는 데이터 사이언스에서 네트워크의 일반적인 소스이므로 여러분의 데이터 세트가 그래프로 전환되는 방법을 눈여겨보는 것이 중요하다.

거리 또는 유사도 함수는 항목의 집합에 대한 네트워크 구성에 일상적으로 사용된다. 일반적으로 각 정점을 그 k개의 최근접/최유사 정점으로 연결하는 간선에 흥미를 가지게 된다. k를 $k \approx 10$ 정도로 그다지 크지 않게 잡으면 큰 n 값에 대해서도 쉽게 작업이 가능한 희소 그래프를 얻게 된다.

이와는 다른 유형의 유도 네트워크도 존재한다. 전형적인 경우는 의미 있는 속성을 공통으로 가진 경우에 x와 y를 연결하는 것이다. 예를 들어, 동일한 회사에 재직을 했거나 유사한 시기에 동일한 학교를 다닌 두 사람을 연결하는 방식으로 이력서로부터 사람에 대한 유도 소셜 네트워크를 구성할 수 있다. 이러한 네트워크는 완전히 연결된 군집을 형성하는 정점들의 대형 부분집합이 존재하는 뭉툭한 구조를 가지게 된다. 결국, x가 y와 동일한 대학을 졸업하고, y가 z와 동일한 대학을 졸업하면, (x, z)도 그래프의 간선으로 존재해야 한다.

10.3.2 그래프 용어

그래프에 대한 작업을 위해서 알아야 할 중요한 용어들이 존재한다. 용어의 사용은 작업의 수행에서 중요한 부분이다. 그래프의 여러 기초적 성질은 그래프가 무엇을 표현하고 우리가 그것을 어떻게 이용해야 하는지에 영향을 미친다. 그래프 문제의 첫 번째 단계는 여러분이 다루는 그래프의 맛을 결정하는 것이다.

- **무방향 대 방향(Undirected vs. Directed):** 그래프 $G = (V, E)$는 간선 $(x, y) \in E$가 E 안에 (y, x)도 존재함을 암시하면 *무방향(undirected)* 그래프이다. 그렇지 않으면, 그래프는 *방향(directed)* 그래프이다. 도시 간의 도로 네트워크는 임의의 대형 도로가 보통 양방향의 차선을 가지고 있으므로 보통 무방향이다. 도시 내부의 거리 네트워크는 최소한 몇 개의 일방 거리가 존재하므로 거의 항상 방향 그래프이다. 웹페이지 그래프는 페이지 x에서 페이지 y로의 링크가 왕복일 필요는 없으므로 방향 그래프이다.

- **가중 대 무가중(Weighted vs. Unweighted):** 10.3.1절에서 논의한 대로 가중 그래프 G의 각 간선(또는 정점)에는 수치 값 또는 가중치가 부여가 된다. 도로 네트워크 그래프의 간선의 경우 응용에 따라 길이, 주행 시간, 속도 제한 등이 가중치로 부여될 것이다. 무가중

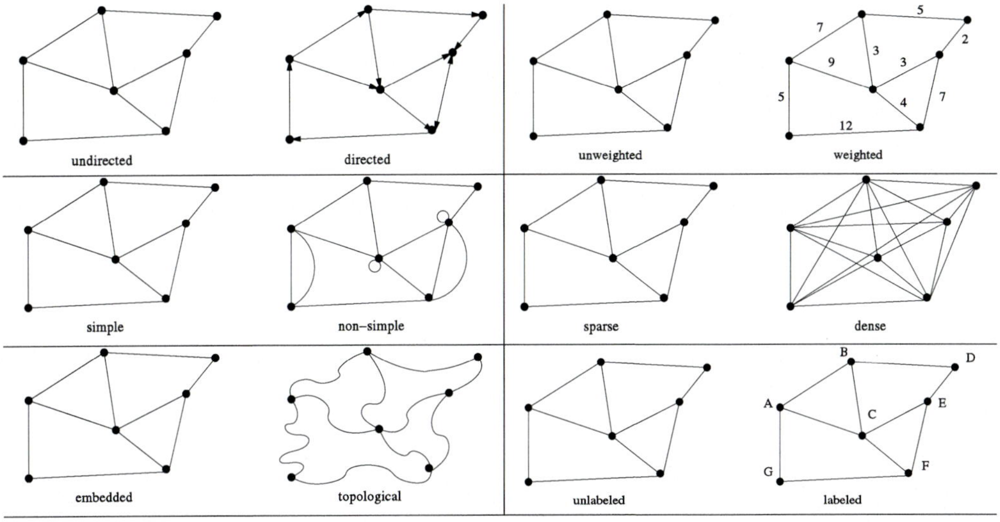

그림 10.9: 그래프의 중요한 성질/맛

그래프의 경우 다양한 간선이나 정점 간에 비용 구분이 없다.

거리 그래프는 본질적으로 가중 그래프이며 소셜/웹 네트워크는 일반적으로 무가중 그래프이다. 이러한 차이는 정점과 연관된 특징 벡터가 0/1이 될지 또는 정규화가 필요한 중요도의 수치 값이 될지의 여부를 결정한다.

- **단순 대 비-단순(Simple vs. Non-simple):** 일부 유형의 간선은 그래프에 대한 작업을 복잡하게 만든다. *자체 루프(self-loop)*는 오직 하나의 정점만을 포함하는 간선 (x, x)이다. 간선 (x, y)가 그래프에서 2번 이상 발생하면 *다중간선(multiedge)*이 된다.

  이러한 구조는 모두 특징 생성을 위한 전처리에서 특별한 주의를 요하게 된다. 이러한 구조를 피하는 그래프는 *단순(simple)* 그래프가 된다. 종종 분석의 시작 단계에서 자체 루프와 다중간선을 제거하는 방법을 찾게 된다.

- **희소 대 밀집(Sparse vs. Dense):** 전체적으로 가능한 정점 쌍(n개 정점을 가진 단순, 무방향 그래프의 경우 $\binom{n}{2}$)의 작은 일부만이 실제로 그들 간에 간선을 가지는 그래프는 희소(sparse)하다. 정점 쌍의 다수 부분이 간선을 정의하면 *밀집(dense)*하다고 한다. 희소 그래프와 밀집 그래프 간에 공식적인 경계는 존재하지 않지만, 보통 밀집 그래프는 이차 정도의 간선 수를 갖고, 희소 그래프는 선형 크기를 갖는다.

  희소 그래프는 보통 응용에 한정된 이유로 희소하다. 도로 네트워크는 도로 교차점으로 인해 희소 그래프가 된다. 저자가 들어본 가장 무서운 교차로는 9개의 다른 도로의 종료 지점이었다. k-최근접 이웃 그래프는 정확히 k인 정점 차수를 가진다. 희소 그래프는 인접 행렬 보다 훨씬 더 효율적인 표현을 가능하게 하므로 좀 더 큰 네트워크의 표현도 가능하다.

- **임베딩 대 위상(Embedded vs. Topological):** 정점과 간선에 기하하적 위치가 부여된 그

래프는 임베딩이 된다. 따라서, 주어진 그래프에 대한 그림 표현은 알고리즘 방식의 중요성을 가질 수도 있고 그렇지 않을 수도 있는 임베딩이 된다.

경우에 따라 그래프의 구조는 가중치가 점들 쌍간의 유클리드 거리에 의해 정의가 되는 거리 그래프의 정의에서 본 것처럼 그 임베딩의 기하학에 의해 완전히 정의가 된다. SVD에 의한 인접 행렬의 저-차원 표현도 그래프의 연결 정보를 상당 부분 표현하는 점 표현인 임베딩에 해당한다.

- 레이블 대 무레이블(Labeled vs. Unlabeled): 레이블 그래프의 경우 각 정점에 다른 정점과의 구분을 위해 유일한 이름이나 식별자가 부여된다. 무레이블 그래프의 경우 그러한 구분이 없다.

  데이터 사이언스 응용에서 등장하는 그래프들은 종종 교통 네트워크의 도시 이름처럼 자연스러운 그리고 의미 있는 레이블이 부여된다. 이들은 대표적 예제에 대한 식별자로 유용하며 필요 시 외부 데이터 소스에 대한 연결 역할을 한다.

10.3.3 그래프 이론

*그래프 이론(graph theory)*은 네트워크의 기초적 성질과 계산 방법을 다루는 수학에서 중요한 분야이다. 대부분의 컴퓨터 사이언스 학생들은 이산 수학이나 알고리즘 과목에서 그래프에 대해서 배운다.

최단 경로, 연결 컴포넌트, 신장 트리, 컷, 매칭과 위상 정렬을 찾는 전통적 알고리즘들은 합리적인 어떤 그래프에도 적용될 수 있다. 그러나, 이러한 도구들이 데이터 사이언스에서는 제대로 적용되지 못하고 있는 것 같다. 하나의 이유는 데이터 사이언스의 그래프는 매우 커서 그들을 이용해 수행 가능한 일의 복잡도를 제한하기 때문이다. 그러나 많은 부분은 단순히 근시안적이다. 사람들은 거리나 유사도 행렬이 다른 도구들의 장점을 활용할 수 있는 그래프에 불과하다는 사실을 보지 못하고 있다.

여기서는 이러한 근본적인 문제들과 데이터 사이언스의 연결을 살펴볼 것이다. 더 깊은 지식에 흥미를 가진 독자들은 저자의 알고리즘 책을 참고하기 바란다 [Ski08].

- 최단 경로(shortest paths): 거리 "행렬" m에 대해 $m[i, j]$의 값은 정점 i와 j 사이의 최소 길이 경로를 반영해야 한다. 쌍간 거리의 독립적 추정은 종종 비일관적이며 삼각 부등성을 만족할 필요가 없다는 사실에 유의하라. 그러나 $m'[i, j]$가 임의의 행렬 m에서 i로부터 j로의 *최단 경로 길이(shortest path distance)*를 반영하고 있다면 척도 특성을 만족해야 한다. 이 행렬이 원래보다 분석에 더 좋은 행렬이 된다.

- 연결 컴포넌트(connected component): 그래프의 분할된 각 조각을 연결 컴포넌트라고 한다. 주어진 그래프가 단일 컴포넌트인지 다중 조각인지 여부를 식별하는 것이 중요하다. 우선적으로, 어떤 알고리즘을 사용하던 간에 각 컴포넌트를 독립적으로 다룰 때 가장 좋은 성능을 얻을 수 있다. 분리된 컴포넌트들은 건전한 이유로 해서 독립적일 수 있다. 예

를 들어, 미국과 유럽 사이를 건너는 도로는 바다로 인해 존재하지 않는다. 그러나 분리된 컴포넌트들은 처리로 발생한 인위적 요소 또는 작업하기에는 불충분한 연결성 등의 문제를 표시할 수 있다.

- 최소 신장 트리(minimum spanning tree): 신장 트리는 그래프의 모든 정점들을 연결하는 간선의 최소 집합으로 그래프가 연결되어 있다는 증거가 된다. 최소 가중치 신장 트리는 그래프 구조의 가장 희소한 표현으로 시각화에 유용하게 사용할 수 있다. 10.5절에서는 신장 트리가 클러스터링 알고리즘에서 유용한 역할을 한다는 것을 보일 것이다.

- 간선 컷(edge cuts): 그래프의 클러스터는 정점의 부분집합 c로 정의되며 (a) c안에 있는 정점들의 쌍들 간에는 상당한 유사성이 존재하고, (b) c에 속한 정점들과 c 외부의 정점들 간에는 약한 연결성을 갖는 특징을 갖는다. $x \in c$이고 $y \notin c$일 때 간선 (x, y)는 클러스터를 그래프의 나머지 부분과 분리하는 컷을 정의한다. 이러한 컷을 찾는 일은 클러스터 분석에서 중요한 측면이 된다.

- 매칭(matchings): 각 정점을 유사한, 충직한 파트너와 결혼시키는 일은 여러 가지 방면에서 유용하다. 이러한 *매칭(matching)* 후에는 다양한 유형의 비교가 가능해진다. 예를 들어, 한 속성(예를 들어, 성별)만 다른 모든 유사한 쌍을 찾는 일은 그 변수가 특정 결과 변수(수입이나 수명)에 미치는 영향을 알게 해줄 수 있다. 매칭은 또한 네트워크의 유효 크기를 축소하는 방법을 제공한다. 매칭된 각 쌍을 그 중심을 표현하는 정점으로 대체해서 정점들의 반 만으로 전체를 대표하는 그래프를 구성할 수 있다.

- 위상 정렬(topological sorting): 순위 문제(4장 상기)는 일부 장점 기준에 따라 항목의 모임에 대해 순서를 부여한다. 위상 정렬은 방향 비-사이클 그래프(DAG)의 정점들을 정렬해서 간선 (i, j)는 i가 순서에서 j보다 앞섬을 암시하도록 한다. "i의 순위가 j보다 높아야 한다"는 형태의 제약 조건의 모임이 주어졌을 때 위상 정렬은 이러한 규정과 일관성이 있는 항목 순서를 정의한다.

10.4 | PageRank

그래프에서 정점의 상대적 중요성을 범주화하는 것이 가치가 있는 경우가 종종 존재한다. 아마도 가장 간단한 표기는 정점 v에서 그래프의 나머지를 연결하는 간선의 수인 정점의 *차수(degree)*를 기반으로 한다. 한 정점이 더 많이 연결이 될수록 그 정점은 아마도 더욱 중요할 것이다.

정점 v의 차수는 v와 연관된 항목을 표현하기 위한 좋은 특징이 된다. 그러나 더 좋은 것이 Google 검색 엔진 이면의 원초적 비밀 소스인 PageRank [BP98]이다. PageRank는 웹페이지의 텍스트 내용을 무시하고 페이지 간의 하이퍼링크의 구조에만 치중한다. 좀더 중요한 페이지(정점)는 당연히 그보다 덜한 페이지 보다 더 높은 진입-차수를 가져야 한다. 그러나 여러분에게 연결하는 페이지들의 중요성도 또한 문제가 된다. 여러분에게 직업을 추천해주는 대규모의 연락처를 갖는 것도 좋지만 그들중의 하나가 미국의 대통령이라면 훨씬 더 좋을 것이다.

PageRank는 네트워크를 따라가는 임의 산책에서 가장 잘 이해될 수 있다. 임의의 정점에서 출발해서 임의의 출력 링크를 가능성의 집합으로부터 임의로 균일하게 선택한다고 가정하자. 여기서 이 과정을 반복하여 각 단계에서 현재 위치의 임의의 이웃으로 점프를 한다고 하자. 정점 v의 PageRank는 임의의 정점에서 출발해서 이러한 임의의 단계들을 한참을 거쳐서 v에 도착하게 될 확률의 측정 방법이다. v의 PageRank($PR(v)$)에 대한 기본 공식은 다음과 같다.

$$PR_j(v) = \sum_{(u,v)\in E} \frac{PR_{j-1}(u)}{out - degree(u)}$$

이 식은 순환 식으로 j는 반복 번호이다. $1 \leq i \leq n$일 때, 네트워크의 각 정점 v_i에 대해 $PR_0(v_i) = 1/n$로 초기화한다. PageRank 값은 각 반복에서 변경되지만 놀라울 정도로 빨리 안정된 값으로 수렴한다. 무방향 그래프의 경우 이 확률은 본질적으로 각 정점의 진입 차수와 동일하지만, 방향 그래프의 경우 보다 흥미로운 일이 벌어진다.

본질적으로 PageRank는 모든 길이 로마로 통한다면 로마는 아주 중요한 장소가 될 것이라는 아이디어에 의존한다. 카운트가 되는 것은 여러분의 페이지로 가는 경로들이다. 이것이 PageRank가 뛰어난 이유이다. 즉, 다른 사람들이 여러분의 웹페이지로 링크를 하여야 하며 여러분이 자신에 대해서 떠드는 사항은 관련이 없어진다.

결과를 좀더 흥미롭게 만들기 위해 이 기본적 PageRank 식에 대해 다양한 개선안을 만들 수 있다. 네트워크에서 좀더 빠른 확산을 허용하기 위해 임의의 정점(연결된 이웃 대신)으로 점프하는 산책을 허용할 수 있다. p를 *감쇠 인자(damping factor)*라고 알려진, 다음 단계의 링크를 따라가는 확률이라고 하자. 그러면 식을 다음과 같이 개선할 수 있다.

$$PR_j(v) = \sum_{(u,v)\in E} \frac{(1-p)}{n} + p\frac{PR_{j-1}(u)}{\text{out-degree}(u)}$$

여기서 n은 그래프의 정점의 수이다. 다른 개선안은 네트워크 자체에 대한 변경을 수반한다. 모든 정점에서 단일 수퍼 정점으로 간선을 추가해서 임의 산책이 네트워크의 일부 작은 구석에서 함정에 빠지지 않도록 할 수 있다. 자체 루프와 병렬 간선(다중 간선)은 반복으로 인한 편차를 피하기 위해 삭제할 수 있다.

PageRank에 대한 선형대수적 해석도 존재한다. M을 정점-정점 전이 확률의 행렬이라고 하고, M_{ij}는 다음 단계가 i에서 j로 이동할 확률이라고 하자. 명확하게, i에서 j로 직접 간선이 있으면 $M_{ij} = 1/$진출-차수(i)가 되고, 그렇지 않으면 0이 된다. PageRank 벡터의 j번째 값 PR_j는 다음과 같이 계산이 된다.

$$PR_j = M \cdot PR_{j-1}$$

이 값이 수렴한 후에는 $PR = M \cdot PR$ 또는 $\lambda U = MU$가 되고, 여기서 $\lambda = 1$, U는 PageRank 벡터를 표현한다. 이것은 고윳값에 대한 정의 방정식이므로, PageRank 값의 $n \times 1$ 벡터는 링크에 의해 정의되는 전이 확률 행렬의 1차 고유벡터가 된다. 그러므로 고유벡터와 빠른 행렬

PageRank PR1 (all pages)	
1	Napoleon
2	George W. Bush
3	Carl Linnaeus
4	Jesus
5	Barack Obama
6	Aristotle
7	William Shakespeare
8	Elizabeth II
9	Adolf Hitler
10	Bill Clinton

PageRank PR2 (only people)	
1	George W. Bush
2	Bill Clinton
3	William Shakespeare
4	Ronald Reagan
5	Adolf Hitler
6	Barack Obama
7	Napoleon
8	Richard Nixon
9	Franklin D. Roosevelt
10	Elizabeth II

표 10.1: 2010 영어 Wikipedia에서 가장 높은 PageRank를 가진 역사적 인물들. 전체 Wikipedia 그래프에 대해서 유도된 결과(왼쪽)와 다른 사람에 대한 링크로 한정해서 얻은 결과(오른쪽).

곱셈을 계산하는 반복적 방법은 효율적인 PageRank 계산으로 이끌어준다.

가장 중앙의 정점들에 대해서는 PageRank가 얼마나 잘 작동할까? 일부의 직관력 제공을 위해 Wikipedia의 영어판으로부터 구성된 링크 네트워크에 대해 사람과 연관된 페이지에 치중하여 PageRank를 실행하였다. 표 10.1(왼쪽)은 가장 높은 PageRank를 가진 10명의 역사적 인물을 나열하고 있다.

PageRank가 높은 이 인물들은 매우 중요한 사람들로 쉽게 인식된다. 이들 중 가장 친숙하지 않은 사람은 아마도 칼 린네우스(Carl Linnaeus, 1707-1778)[46]일 것이다. 이 사람은 생물학의 "분류의 아버지"로 그 린네 체계(속 종, 예를 들어 호모 사피엔스)는 지구상의 모든 생명을 분류하는 데 사용이 되고 있다. 그는 위대한 과학자인데 PageRank에서 높게 평가되는 이유는 무엇일까? 그가 분류한 모든 식물과 동물 종에 대한 Wikipedia 페이지가 그를 링크하고 있으므로 수천 개의 생명체가 그의 페이지로 향한 현저한 경로들에 기여하고 있는 것이다.

린네우스 사례는 PageRank의 한 가능한 약점을 지적하고 있다. 식물과 기타 무생물 객체들이 가장 현저한 사람이 누구인지에 대한 투표에 참여하기를 진정 원하는가? 그림 10.10(왼쪽)은 버락 오바마[91]의 전체 PageRank 그래프의 부분집합을 보이고 있다. 예를 들어, 오바마와 관련된 링크들이 매우 합리적으로 보이기는 하나 공룡에 대한 Wikipedia 페이지에서 불과 두 클릭만에 오바마에 도달할 수 있다. 멸종된 동물이 대통령의 중심성에 기여해야 하는가?

주어진 네트워크에 대한 간선 집합의 추가와 삭제는 상이한 네트워크를 만들어내며, 이러한 결과의 일부는 PageRank를 이용한 기반 중요도를 더 잘 드러낸다. 사람을 연결하는 Wikipedia 간선만을 이용해 PageRank(PR2로 표기)를 계산한다고 가정하자. 이러한 계산은 장소, 조직, 하위 생물체로부터의 기여를 무시하게 된다. 그림 10.10(오른쪽)은 사람으로만 제한한 버락 오바마 [91]의 PageRank 그래프의 예제를 보이고 있다.

이 그래프의 PageRank는 그림 10.1(오른쪽)에 보인 약간 상이한 사람들의 집단을 우대하고 있다. 예수, 린네우스, 아리스토텔레스(384-322$_{\text{B.C.}}$)[8]는 사라지고, 다수의 중요 인사들과 직접 관계를 가지고 있는 3명의 최근 미국 대통령으로 대체되어 있다. PR1과 PR2 중 어느 버전의 PageRank가 더 좋은가? 양쪽 모두 상당한, 그러나 압도하지는 못하는 상관도(0.68)를 가지고 중

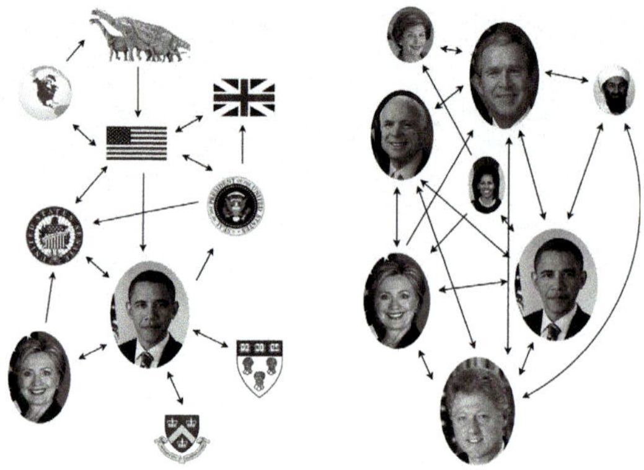

그림 10.10: 버락 오바마에 대한 PageRank 그래프. 모든 Wikipedia 페이지에 대한 그래프(왼쪽)와 사람으로 한정한 그래프(오른쪽)

심성을 합리적으로 표현하고 있으므로, 양쪽 모두 데이터 세트에서 잠재적 특징들로서 의미가 있다.

10.5 | 클러스터링

*클러스터링(clustering)*은 점들을 유사도에 따라 그룹으로 묶는 문제이다. 종종 항목들은 소수의 논리적 "소스" 또는 "설명"으로부터 등장하므로 클러스터링은 이러한 근원을 드러내기에 좋은 방법이다. 외계 종족이 대규모 인간의 신장과 체중 데이터를 마주치면 어떤 일이 벌어질지를 고려해 보자. 그들은 아마도 한쪽이 다른쪽보다 일관적으로 더큰 상이한 인구를 표현하는 2개의 클러스터가 있다는 것을 알아채게 될 것이다. 외계인들이 진정으로 공 위에 있다면 이 인구들을 "남자"와 "여자"로 부르게 될 것이다. 정말로 그림 10.11의 2개 신장-체중 클러스터는 하나의 특정 성별에 집중이 되어 있다.

2-차원 도트 도표에 대한 패턴은 일반적으로 상당히 쉽게 파악할 수 있지만 사람이 효과적으로 시각화하기 어려운 더 고차원인 데이터를 종종 다루게 된다. 이제 이러한 패턴 발견을 위한 알고리즘이 필요하다. 클러스터링은 아마도 흥미로운 데이터 세트에 대해 적용할 수 있는 첫 번째 방법이 될 것이다. 응용 분야는 다음과 같다.

- 데이터 축소(data reduction): 수백만 또는 수십억 개의 레코드를 다루는 일은 처리나 시각화 입장에서 거대한 일이다. 주어진 질의 점에 대한 최근접 이웃을 식별하는 계산 비용이나 수백만 개의 점을 가진 도트 도표를 이해하려고 시도하는 경우를 고려해 보자. 하나의 기법은 유사도에 따라 점들을 클러스터링하고 각 클러스터의 *중심(centroid)*이 전체 클러스터를 표현하도록 하는 것이다. 이러한 최근접 이웃 모델은 여러분이 클러스터의 합의 레이블을 보고하고 있고 신뢰도의 자연스러운 측정 방법, 즉 전체 클러스터에 대한 합의

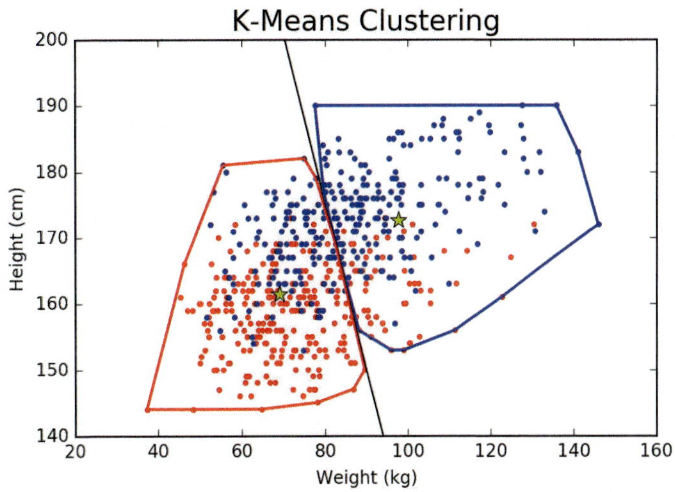

그림 10.11: 2-평균 클러스터링을 이용한 신장-체중 공간의 사람의 클러스터링. 왼쪽 클러스터는 240 여성과 112 남성을 포함하고 있고, 오른쪽 클러스터는 174 남성과 54 여성을 포함하고 있다. 이것을 동일 데이터 세트에 대해 로지스틱 회귀 분류기를 적용한 그림 9.17의 결과와 비교하라.

의 정확성을 사용하므로 상당히 건전할 수 있다.

- 이상치 탐색(outlier detection): 임의의 데이터 수집 절차로부터 등장하는 일부 항목은 다른 모든 것과 다를 수 있다. 아마도 이들은 데이터 입력 오류나 잘못된 측정을 반영하고 있을 것이다. 또는 예기치 못한 모집단의 혼합으로 인해 몇 개의 이상한 사과들이 전체 바구니를 잠재적으로 망가뜨릴 수 있다.

  *이상치 탐색(outlier detection)*은 불협화음인 항목들의 데이터 세트를 제거하는 문제로 그 결과로 남아 있는 것들은 이상적인 모집단을 더 잘 반영하게 된다. 클러스터링은 이상치를 발견하는데 유용한 첫 번째 단계이다. 해당 클러스터 중심으로부터 가장 먼 클러스터 요소는 실제로는 그 클러스터에 제대로 부합되지 않으며 다른 어디에도 더 잘 부합되지 않는다. 이러한 것들이 이상치의 후보가 된다. 다른 모집단으로부터의 침략자들은 그들 스스로 클러스터를 형성하는 경향이 있으므로 다른 모든 클러스터 중심들로부터 비정상적으로 멀리 떨어진 중심을 갖는 소형 클러스터들을 의심할 필요가 있다.

클러스터링은 적절한 클러스터들이 문맥과 보는 사람의 눈에 의해 좌우되므로 본질적으로 잘 정의되지 못한 문제이다. 그림 10.12를 살펴보아라. 여러분의 눈에 보이는 상이한 클러스터의 수는 몇 개인가? 일부는 3개, 일부는 9개, 또다른 사람들은 그 사이의 임의의 수라고 답할 것이다.

여러분이 몇 개의 클러스터를 보는지는 어느 정도는 여러분이 몇 개의 클러스터를 보기를 원하는 지에 달려있다. 사람은 총괄 분류자(lumper)와 세부 분류자(splitter)의 2개의 그룹으로 클러스터링할 수 있다. 세부 분류자는 개, 푸들, 테리어, 코카 스파니엘을 본다. 총괄 분류자는 개, 포유류를 본다. 세부 분류자는 좀더 흥미로운 결론을 끌어내지만 총괄 분류자는 그들의 데이

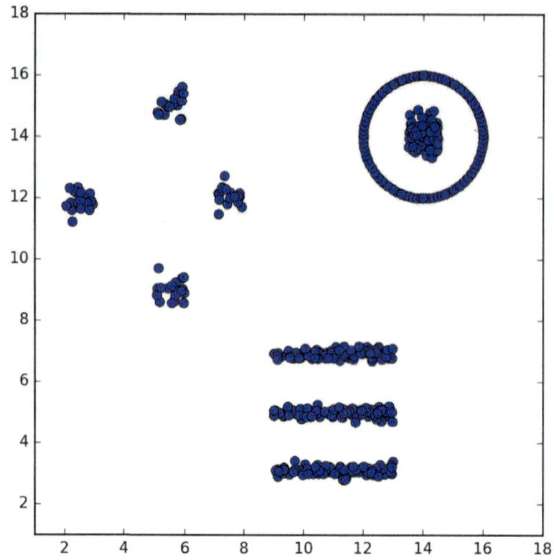

그림 10.12: 여기서 몇 개의 클러스터가 보이는가?

터에 대해 과적합할 가능성이 더 적다. 어떠한 사고 방식이 더 적절한지는 여러분의 과업에 의해 좌우된다.

다수의 상이한 클러스터링 알고리즘들이 개발이 되었고 아래의 절들에서 가장 대표적인 방법들(k-평균, 응집 클러스터링, 스펙트럼 클러스터링)을 살펴볼 것이다. 그러한 방법들 간의 차이에 지나치게 집착하기 쉽다. 여러분의 데이터가 충분히 강한 클러스터를 보인다면 어떤 방법이든지 그러한 모양을 발견할 것이다. 주어진 알고리즘이 매우 일관성이 빈약한 결과를 반환한다면 알고리즘 자체 보다는 여러분의 데이터 세트가 문제일 가능성이 많다.

> **가정 학습** 여러분이 발견하고자 하는 유사도를 정확하게 반영하는 거리 척도를 여러분이 사용하고 있는지 확인하라. 특정한 클러스터링 알고리즘의 선택은 기반이 되는 유사도/거리 측정 방법 보다는 훨씬 덜 중요한 경우가 많다.

10.5.1 k-평균 클러스터링

클러스터링 알고리즘이 답으로 리턴하는 것이 무엇인지에 대해서는 정확하게 정의하지 않았었다. 한 가지 가능한 방법은 각 점이 속한 클러스터의 이름을 레이블로 부여하는 것이다. k개의 클러스터가 있다면 1부터 k까지의 레이블을 부여할 수 있고, 이 경우 점 p의 레이블이 i라는 것은 이 점이 i번째 클러스터에 속함을 의미하게 된다. 이와 동등하게 k개의 분리된 점의 리스트를 출력할 수 있고, 이 경우 리스트 i는 i번째 클러스터에 속한 모든 점들을 표현하게 된다.

좀더 추상적인 방법은 각 클러스터의 *중심 점*(*center point*)을 보고하는 것이다. 우리가 생각하는 자연스러운 클러스터라면 가우스 형태의 영역을 가진 함축적인 형태로 점이 존재해야 하는 위치를 정의하는 이상적인 중심이 존재할 것이다. 이러한 중심들의 집합이 주어지면 점의 클

K-평균 클러스터링

초기 클러스터 센터로 $C_1, \ldots, C_k$의 k개 점을 선택
수렴할 때까지 반복 {
  $1 \leq i \leq n$에 대해 점 p_i를 가장 가까운 클러스터 중심 C_j로 매핑

  $1 \leq j \leq k$에 대해 C_j에 가장 가까운 점들의 중심 C'_j를 계산

  모든 $1 \leq j \leq k$에 대해 $C_j = C'_j$로 설정

}

그림 10.13: *k*-평균 클러스터링 알고리즘의 의사코드

러스터링은 쉬워진다. 즉 단순하게 각 점 p를 가장 가까운 중심 점 C_i에 할당하면 된다.

k-평균 클러스터링(*k-means clustering*)은 빠르고 이해하기 쉽고 효과적인 클러스터링 방법이다. 이 방법은 클러스터 중심 위치에 대한 추측으로 시작하며 좀 더 좋은 중심 추정치로 개선해 나간다.

이 알고리즘은 데이터에 대해 정확하게 k개의 클러스터가 존재한다는 가정하에 시작을 하고, 각 클러스터에 대한 초기 중심을 선택하게 된다. 아마도 n개의 점들 S로부터 k개의 점을 임의로 선택해서 이들을 중심이라고 부를 수도 있고, S의 경계 상자로부터 k개의 임의의 점을 선택할 수도 있다. 다음으로 n개의 점 각각을 k개의 중심 모두에 대해 시험을 해서 S의 각 점을 최근접 현재 중심에 할당한다. 이제 각 클러스터의 중심에 대한 더 좋은 추정치를 각 클러스터에 할당된 점들의 중심값으로 계산한다. 클러스터 할당이 충분히 안정될 때까지, 즉 이전 단계에 비해 변화가 없을 때까지 반복한다. 그림 10.13은 k-평균 절차의 의사 코드를 보이고 있다.

그림 10.14는 k-평균의 진행 상황을 애니메이션 형태로 보이고 있다. 클러스터 중심에 대한 초기 추측은 좋지 않아서 중심에 대한 점의 초기 할당은 실제 클러스터를 존중하는 대신 분할하고 있다. 그러나 상황은 신속히 개선이 되어 중심점이 점을 바람직한 방식으로 분리하는 지점으로 이동하게 된다. k-평균 절차가 최고의 가능한 k 중심 집합을 발견하며 종료할 필요까지는 없고, 논리적 중단 점을 제공하는 지역적으로 최적인 해 정도를 발견하면 된다. 상이한 임의 초기값을 가지고 전체 절차를 여러번 반복하여 전체중에서 최선의 클러스터링을 수용하는 것도 좋은 방법이다. *평균 제곱 오차*(*mean squared error*)는 각 점 P_i와 그 중심 C_j 간의 거리의 제곱의 합을 점의 수 n으로 나눈 것이다. 두 클러스터링 중 더 좋은 것은 평균 제곱 오차가 적은 것으로 또는 기타 적당한 오차 통계를 이용해 식별할 수 있다.

중심 또는 중심점?

중심 점에 대한 추정치를 점들의 집합 S'의 함수로 계산하는 방법에는 최소한 2개의 가능한 기준이 존재한다. 한 점의 집합의 *중심점*(*centroid*) C는 각 차원의 평균값을 취해서 계산한다. d번

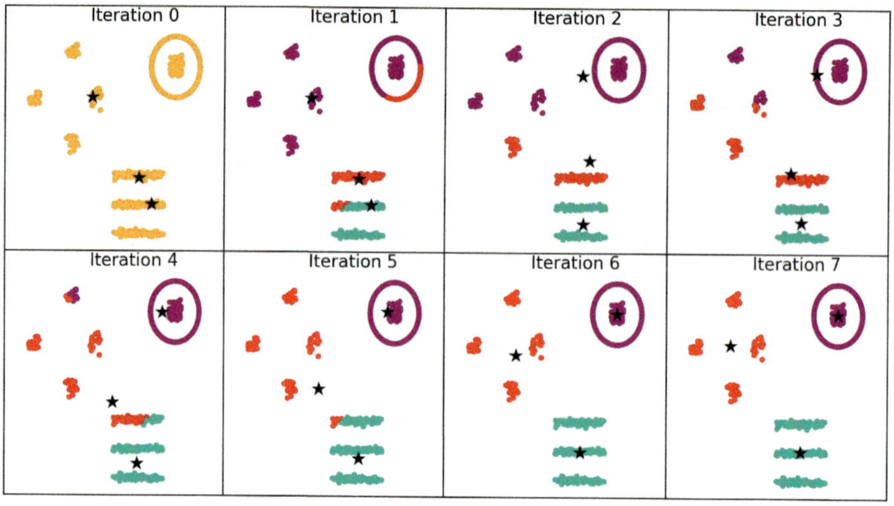

그림 10.14: 안정되고 정확한 클러스터링으로 수렴하는 k-평균($k = 3$)의 반복. 3개의 초기 클러스터 중심의 불행한 배치로 인해 7번의 완전한 반복이 필요하다.

째 차원의 경우 다음과 같이 계산한다.

$$C_d = \frac{1}{|S'|} \sum_{p \in S'} p[d]$$

중심점은 S'의 *무게 중심*(*center of mass*) 역할을 한다. 즉 이 점을 통해 정의된 벡터들의 합은 0이 된다. 이 균형 기준은 임의의 S'에 대해 자연스럽고 유일한 중심을 정의한다. 계산의 속도도 중심점을 이용하는 좋은 이유의 하나가 된다. S'의 n개의 d-차원 점들에 대해 계산 시간은 $O(nd)$ 시간이 되며, 이는 점들의 입력 크기에 대해 선형적임을 의미한다.

수치 데이터 점의 경우 적절한 L_k 척도(유클리드 거리와 같은)에 대한 중심점 이용이 잘 작동한다. 그러나 범주 데이터처럼 비-수치 속성을 가진 데이터 레코드를 클러스터링하는 경우에는 중심점이 잘 정의되지 않는다. 7명의 금발, 2명의 빨간 머리, 6명의 회색 머리 사람의 중심점이 무엇일까? 범주 속성에 대해 의미 있는 거리 함수를 구성하는 방법은 이미 논의하였다. 여기서의 문제는 유사도를 측정하는 것이 아니라 대표적 중심을 구축하는 것이다.

자연스러운 해법으로 *k-대표*(*k-medoids*) 알고리즘이 존재한다. 중심점을 정의하는 대신에 S'에서 최중심점 C가 클러스터 대표가 되도록 정의한다고 가정하자. 이 점은 클러스터에서 다른 모든 점에 대한 거리의 합을 최소화하는 점이다.

$$C = \arg\min_{c \in S'} \sum_{i=1}^{n} d(c, p_i)$$

클러스터 정의에 중앙점(centerpoint)을 사용하는 이점은 입력 점들이 식별 가능한 이름을 가진 항목에 해당하는 경우 클러스터에 잠정적인 이름과 고유성을 부여한다는 것이다.

최중앙 입력 예제를 중심으로 사용하면 의미 있는 거리 함수를 가지고 있는 경우 k-평균을 실행할 수 있다. 또한 중심점 대신에 중앙점을 선택해도 정확도를 많이 잃지 않게 된다. 최중앙점을 통한 거리의 합은 중심점 계산이 가능한 수치 예제의 경우 많아야 중심점의 2배가 된다. 중심점의 가장 큰 이점은 최중앙 정점 보다 n의 인자로 빠르게 계산이 될 수 있다는 것이다.

클러스터 표현을 위한 중심 정점의 이용은 k-평균을 그래프와 네트워크로 자연스럽게 확장할 수 있도록 해준다. 가중치 그래프의 경우, $D[i, j]$가 그래프의 정점 i에서 정점 j로 가는 최단 경로의 길이가 되는 행렬 D를 구축하기 위해 자연스럽게 최단 경로 알고리즘을 사용할 수 있다. 일단 D가 구축이 되면 거리 함수를 호출하는 대신에 이 행렬에서 거리를 읽어서 k-평균을 진행할 수 있다. 무가중 그래프의 경우, 그래프 거리 계산을 위해 너비 위주 탐색과 같은 선형 시간 알고리즘을 효율적으로 사용할 수 있다.

클러스터의 수?

k-평균 클러스터링의 해석에 본질적인 것은 *혼합 모델(mixture model)*의 아이디어이다. 관측된 모든 데이터가 단일 소스로부터 오는 대신에 k개의 상이한 모집단 또는 소스로부터 온다고 가정한다. 각 소스는 그 중심과 비슷한 점들을 생성하지만 약간의 변형 또는 에러가 있다. 데이터 세트가 가진 클러스터의 수가 몇 개인지는 기본적인 문제이다. 표본을 선택할 때 몇 개의 상이한 모집단을 사용한 것인지?

k-평균 알고리즘의 첫 번째 단계는 주어진 데이터 세트에서 클러스터의 수인 k를 초기화하는 것이다. 경우에 따라 필요한 클러스터 수에 대한 선입관을 가지고 있을 수도 있다. 균형이나 시각화의 경우 2 또는 3 정도이고, 대형 입력 파일을 분리 모델링을 위해 작은 집합들로 분할하

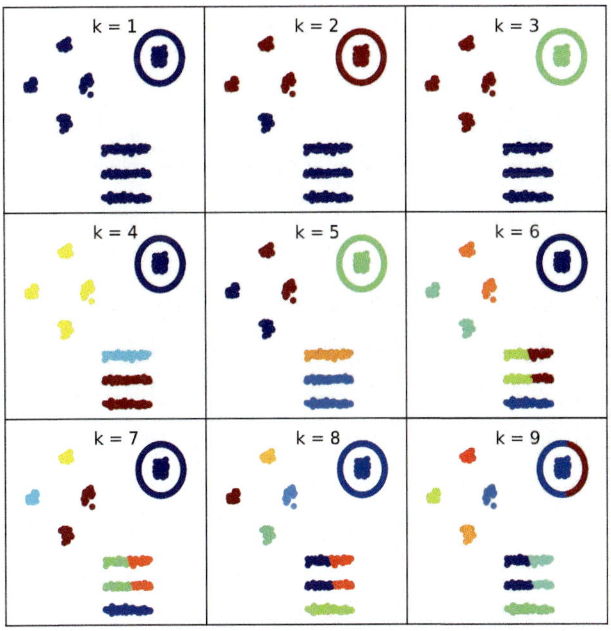

그림 10.15: $k = 1$부터 $k = 9$까지에 대한 k-평균 실행. "올바른" 클러스터링이 $k = 3$에서 발견이 된다. 큰 k에서는 중첩 원형 클러스터와 길고 얇은 클러스터를 적절히 구분하지 못하고 있다.

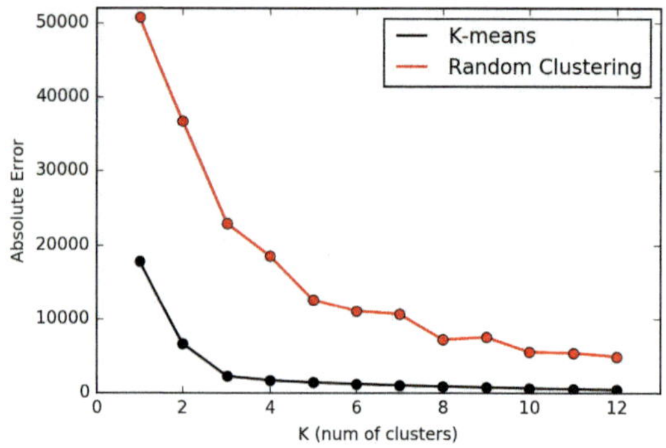

그림 10.16: 그림 10.12의 점 집합에 대한 *k*-평균 클러스터링의 오차 곡선. 3개의 주요 클러스터가 있음을 팔꿈치의 굴곡에서 알 수 있다. 비교를 위해 임의적 클러스터 중심들에 대한 오차 곡선도 있다.

는 경우에는 "다수"의 대리로서 100 또는 1000을 사용할 수 있다.

그러나 일반적으로는 대개 클러스터의 "정확한" 수를 알기 어려우므로 문제가 된다. 우선적으로 클러스터링을 수행하는 기본적인 이유도 데이터 세트의 구조에 대한 한정된 이해력 때문이다.

올바른 *k*를 발견하는 가장 쉬운 방법은 모두 다 시도해 보고 최고를 선택하는 것이다. $k = 2$부터 시작해 시간이 되는 한 더 고차까지 *k*-평균을 실행하고 결과 클러스터를 그들의 중심으로부터 점까지의 평균 제곱 오차(MSE)에 따라 평가해 본다. 이를 도표로 표현하면 그림 10.16과 같은 오차 곡선이 된다. 임의적 중심들에 대한 오차 곡선도 제공이 되고 있다.

두 오차 곡선들은 모두 클러스터 중심 수의 증가에 따라 점들의 MSE가 그 중심으로부터 감소함을 보이고 있다. 이 그림을 잘못 해석하면 중심 수 증가에 따라 MSE가 감소하므로 가능한 한 큰 *k*를 사용해야 한다고 생각할 수 있다. 이전의 *k*-평균 솔루션 안의 임의의 위치 *r*에 새로운 중심을 삽입하면 몇 개의 입력 점들에 대해 그 이전 중심 보다 더 가깝게 배치가 되면서 평균 제곱 오차를 감소시킬 수 있다. 이는 *r* 주변에 새로운 클러스터를 형성하게 되나 처음부터 $(k + 1)$ 중심을 가지고서 *k*-평균을 실행시켰다면 더 좋은 클러스터링이 구해졌을 것이다.

그림 10.16의 오차 곡선으로부터 우리가 찾는 것은 하향률(decline rate)이 감소하는 값 *k*이다. 이미 참인 소스의 수를 초과하므로 추가되는 각 중심은 이전의 논의에서의 임의 점과 같은 역할을 하게 된다. 오차 곡선은 타이핑 위치에서 팔의 모양처럼 보여야 한다. 어깨로부터 팔꿈치까지 급격하게 떨어지고 팔꿈치부터 손목까지는 느려진다. *k*가 정확히 팔꿈치에 위치하는 것이 좋다. 임의적 중심들에 대한 유사 MSE 오차와 비교하면 임의적 중심들에 대한 상대적 오차 감소율도 팔꿈치를 지나 보이는 것과 모양이 유사한 형태가 되므로 이 사실을 쉽게 식별할 수 있다. 하향 움직임이 느린 것은 추가적 클러스터들이 특별한 역할을 하지 못함을 의미한다.

새로운 각 클러스터 중심은 모델에 d 매개변수를 추가한다. *d*는 점 집합의 차원이다. 오컴의 면도날(Occam's razor)은 가장 단순한 모델이 최고라는 것을 말해주고 팔꿈치의 굴곡에서 *k*를 선택하는 철학적 기초가 된다. *아카이크 정보 기준*(*Akaike information criterion*, AIC) 처럼 매개변수의 수와 예측 오차를 사용하여 모델의 이점을 평가하는 공식적인 기준들이 존재한다. 그러나 실제로는 오차 곡선의 모양을 기반으로 적절한 k의 값을 선택하는 방법을 자신감 있게 사용해도 된다.

기대 최대화

k-평균 알고리즘은 *기대 최대화*(*expectation maximization*, EM)를 기반으로 한 학습 알고리즘 클래스의 가장 대표적인 사례이다. 이 방법을 세부적으로 설명하려면 보다 많은 공식 통계학을 필요로 한다. 주요 원리는 k-평균 알고리즘의 2개 논리적 단계, 즉 (a) 점들을 가장 가까운 추정 클러스터 중심으로 할당하고, (b) 이러한 점 할당을 클러스터 중심 추정치의 개선에 활용하는 단계에서 관찰이 될 수 있다. 할당 연산은 알고리즘의 기대 또는 *E-단계*이고, 중심점 계산은 매개변수 최대화 또는 *M-단계*이다.

명칭 "기대"와 "최대화"는 k-평균 알고리즘에서는 특별한 공명이 발생하지 않는다. 그러나, 이전 모델의 오차를 기반으로 단계별로 매개변수를 개선시켜 가는 반복적 매개변수-적합 알고리즘의 일반적 형식은 상당한 일을 수행하는 것으로 보인다. 예를 들어, 올바른 클래스로 할당이 되었다는 확신을 주는 훈련 예제가 상대적으로 적은, 부분적으로 레이블이 부여된 분류 데이터를 가지고 있을 수 있다. 이러한 훈련 예제를 기반으로 분류기를 구축하여 레이블이 없는 점들을 후보 클래스로 할당할 수 있다. 이는 아마도 더 큰 훈련 집합들을 정의하게 되므로 각 클래스에 대한 더 좋은 모델을 적합시킬 수 있어야 한다. 이제 점들을 재할당하고 다시 반복하면 더 좋은 모델로 수렴할 수 있다.

10.5.2 응집 클러스터링

다수의 데이터 소스들은 기반이 되는 계층(hierarchy)이나 분류(taxonomy)에 의해 정의되는 프로세스로부터 생성이 된다. 이것이 종종 진화적인 프로세스의 결과이다. 태초에는 하나만 존재했고 이것이 항목의 우주를 생성하기 위해 반복적으로 분기가 되었다. 모든 동물과 식물 종은 진화의 결과이고 인간의 언어, 문화/윤리 그룹화도 그러하다. 이 보다는 덜하지만 영화나 책과 같은 제품도 마찬가지이다. 이 책 자체도 "데이터 사이언스 교재"로 기술이 될 수 있고, 이것을 다시 "컴퓨터 과학 교재"의 떠오르는 하부 장르로 볼 수 있고, 이것을 다시 논리적으로 "공학 교재"에서 "교재"에서 "논픽션"에서 원래의 소스인 "책"으로 연결할 수 있다.

이상적으로 항목을 클러스터링하는 과정에서 이러한 진화적 역사를 재구성할 수 있다. 그 목표는 명확하게 *응집 클러스터링*(*agglomerative clustering*)이다. 이 것은 2개의 근접한 클러스터를 하나의 더 큰 수퍼-클러스터로 반복적으로 합병하는 상향식 방법의 모임으로, 리프가 개별 항목이고 루트가 우주를 정의하는 루트를 가진 트리를 정의한다.

그림 10.17은 유전자 표현 데이터에 대해 적용된 응집 클러스터링을 보이고 있다. 여기서 각 열은 특정 유전자를 표현하고 각 행은 특정 조건에서 각 유전자가 활성화된 정도를 측정하는 실험의 결과이다. 비유하자면 각 열은 각각의 사람을 표현하고 행의 하나는 선거 직후의 사람들의 정신을 평가한 것이다. 승리하는 정당의 지지자들은 평소보다 흥분이 되어 있고(녹색), 패배하는 팀의 지지자들은 침울해진 상태이다(적색). 나머지 사람들 대부분은 아무런 신경을 쓰지 않는다

그림 10.17: 유전자 표현 데이터의 응집 클러스터링

(흑색). 사람에 대해 비유한 것처럼 유전자도 마찬가지이다. 상이한 요인들이 유전자를 온/오프 시키고 있고, 유전자 표현 데이터의 분석은 유전자의 작동 원리를 드러낼 수 있다.

그림 10.17을 판독하는 방법은? 조사를 통해 유사한 조건에 대해 온과 오프가 되는 유사하게 작동하는 열의 블록들이 존재함을 명확하게 알 수 있다. 이러한 블록들의 발견이 유사성이 높은 영역들을 작은 분기로 표현하는 방식으로 행렬 위의 트리에 반영이 되어 있다. 이 트리의 각 노드는 두 클러스터의 합병을 표현한다. 노드의 높이는 합병되는 두 클러스터의 거리에 비례한다. 간선이 클수록 이 클러스터들이 합병되어야 할 필요성은 적어진다. 행렬의 열들은 이 트리 구조를 반영하기 위해서 교환된 상태라서 14차원(각 행이 하나의 고유한 차원을 정의)으로 정량화된 수백 개의 유전자를 시각화할 수 있도록 해주고 있다.

생물학적 클러스터링은 진화 프로세스의 결과이므로 종종 *덴도그램(dendogram)* 또는 *계통도(phylogenic trees)*와 관련이 된다. 여기에서 볼 수 있는 유사 유전자 표현 행동의 클러스터들은 특정 유전자의 반응을 특정한 조건으로 변화시키는 새로운 기능으로 발전하는 유기체의 결과들이다.

응집 트리의 사용

응집 클러스터링은 항목의 그룹핑 상단에 트리를 리턴한다. 이 트리의 가장 긴 간선들을 절단하면 k-평균과 같은 클러스터링 알고리즘이 생성하는 분리된 항목들의 그룹들이 남게 된다. 그러나 이 트리는 놀랄만한 것으로 항목 분할을 넘어서는 위력을 가지고 있다.

- 클러스터와 서브클러스터의 조직: 이 트리의 각 내부 노드는 그 하부의 모든 리프-노드 원소들로 구성된 하나의 특정 클러스터를 정의한다. 이 트리는 이 클러스터들 간의 계층을 기술하며, 가장 세분화된 특정 클러스터는 리프 부근에, 가장 일반적인 클러스터는 루트 부근에 놓이게 된다. 이상적으로 한 트리의 노드들은 명명 가능한 개념들을 정의하며 도메인 전문가가 설명할 수 있는 형태의 자연스러운 그룹핑이 만들어진다. 이러한 다양한 수준의 상세도는 중요한데, 클러스터링을 수행하기 전에는 알아채기 어려운 구조적 개념을 정의해주기 때문이다.

- 클러스터링 과정의 시각화: 이 응집 트리의 그림은, 특히 이 그림이 각 합병 단계의 비용을 반영하는 경우, 클러스터링 과정에 대해 많은 것을 알려준다. 이상적으로는 트리의 루

트 부근에 매우 긴 간선들이 존재하게 되며, 이는 가장 높은 수준의 클러스터들이 잘 분리가 되어 상이한 그룹에 속하게 된 것을 보여준다. 그룹핑이 잘 균형이 잡힌 것인지 또는 고수준의 그룹핑이 상당히 다른 크기를 갖는 지의 여부를 설명할 수 있다. 합병 기준(아래에서 논의)의 선택이 트리의 모양을 치우치게 할 수는 있지만, 소형 클러스터를 대형 클러스터로 합병하는 긴 체인은 일반적으로 나쁜 징후이다. 이상치는 루트 부근에서 긴 간선으로 연결되는 단일 원소 또는 소형 클러스터로 계통도 상에 잘 표현된다.

- **클러스터 거리의 자연스러운 측정:** 임의의 트리 T의 흥미로운 성질의 하나는 임의의 두 노드 x와 y간에는 T에서 오직 하나의 경로만이 존재한다는 것이다. 응집 클러스터링 트리에서 각 내부 정점은 그 하단의 두 서브트리를 합병하는 비용을 그와 연관된 가중치로 가진다. 임의의 두 리프 간의 "클러스터 거리"는 그들 간의 경로 상의 합병 비용의 합으로 계산할 수 있다. 트리 모양이 좋다면 이 거리는 x와 y와 관련된 레코드 간의 유클리드 거리 보다 더 의미가 있을 수 있다.

- **새로운 항목의 효율적 분류:** 클러스터링의 중요한 응용의 하나는 분류이다. 클러스터들의 분류 구축을 위해 가게의 제품을 응집 클러스터링하였다고 가정하자. 새로운 상품이 들어오면 어느 범주 아래로 분류하여야 할까?

  k-평균의 경우 c개 클러스터 각각은 그 중심점에 의해 범주화되므로, 신규 항목 q의 분류를 위해서는 최근접 클러스터를 식별하기 위해 q와 모든 c개 중심점 간의 거리를 계산해야 한다. 계층 트리는 잠재적으로 더 빠른 방법을 제공한다. 각 노드의 왼쪽과 오른쪽 서브트리의 모든 리프들의 중심점을 미리 계산했다고 가정하자. 새로운 항목 q에 대한 계층 상의 올바른 위치의 식별은 q와 루트의 왼쪽과 오른쪽 서브트리의 중심점을 비교하면서 시작한다. 두 중심점 중 q에 더 가까운 것이 트리의 적절한 측면을 정의하게 되고 한 레벨 아래에서 탐색이 재개된다. 이러한 탐색에 소요되는 시간은 리프의 수 대신에 트리의 높이에 비례한다. 시간이 n에서 $\log n$으로 개선이 되므로 훨씬 더 좋다고 할 수 있다.

이진 합병 트리는 본질적으로 어느 쪽이 왼쪽 자식이고 어느 쪽이 오른쪽 자식인지에 대한 구분이 없어서 동일한 구조에 대해 다양한 방법으로 그려질 수 있다는 사실을 이해하라. 이는 n개의 리프에 대해 트리에서 $n-1$개의 내부 노드들의 임의의 부분집합의 방향을 뒤집는 방식으로 2^{n-1}개의 상이한 순열이 가능함을 의미한다. 이러한 분류의 하나를 판독하면서 이러한 사실

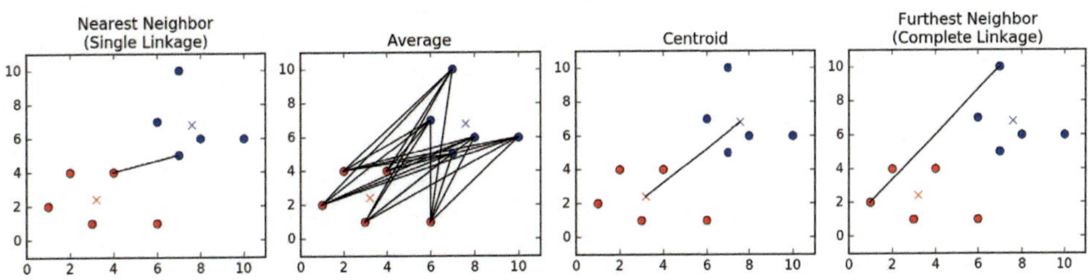

그림 10.18: 최근접 클러스터 쌍을 식별하기 위한 4개의 거리 측정 방법

을 확인해 보아라. 왼쪽-오른쪽 순서에서 멀어 보이는 두 항목을 다른 방식으로 뒤집었다면 이웃이 되었을 수도 있다. 분류상으로는 상당히 떨어져 있지만 왼쪽 서브트리의 가장 오른쪽 노드가 오른쪽 서브트리의 가장 왼쪽 노드 다음 노드일 수도 있다.

응집 클러스터 트리의 구축

기본적인 응집 클러스터링 알고리즘은 두 문장으로 기술할 수 있을 정도로 간단하다. 초기에 각 항목은 자기 자신의 클러스터로 할당이 된다. 두 개의 가까운 클러스터에 대해 그 위에 루트를 배치해 하나로 합병하고, 이를 오직 하나의 클러스터가 남을 때까지 반복한다.

이제 남은 것은 클러스터 간의 거리를 계산하는 방법을 명세하는 것이다. 클러스터가 단일 항목을 포함하는 경우 답은 쉽다. L_2와 같은 익숙한 거리 척도를 사용하면 된다. 그러나 2개의 사소하지 않은(non-trivial) 클러스터 간의 거리에 대해서는 다수의 합리적인 답변들이 존재하며, 방법에 따라 동일 입력에 대해 다른 모양의 트리가 만들어지고 결과 클러스터들의 모양에도 현저한 영향을 미친다. 그림 10.18에 보인 것처럼 대표적인 후보들은 다음과 같다.

- 최근접 이웃 (단일 링크): 클러스터 C_1과 C_2의 거리는 그들 간의 가장 가까운 점의 쌍에 의해서 정의된다.

$$d(C_1, C_2) = \min_{x \in C_1, y \in C_2} ||x - y||$$

이 척도를 이용하는 방법은 합병 결정이 클러스터 간의 가장 가까운 단일 링크만을 기반으로 하므로 *단일 링크 클러스터링*(*single link clustering*)이라고 한다.

그래프 G의 *최소 신장 트리*(*minimum spanning tree*)는 최소의 전체 비용으로 모든 정점들을 연결하는 G의 간선들로부터 유도된 트리이다. 단일 링크 기준을 갖는 응집 클러스터링은 본질적으로 크러스칼의 알고리즘과 동일하다. 크러스칼 알고리즘은 남아 있는 간선 중에서 구축 중인 트리에 대해 사이클을 형성하지 않는 가장 낮은 가중치의 간선을 반복적으로 추가하는 방식으로 그래프의 *최소 신장 트리*(*minimum spanning tree*, MST)를 생

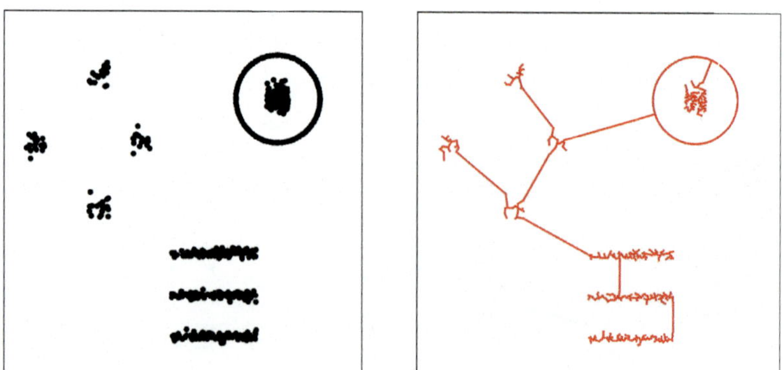

그림 10.19: 단일 연결 클러스터링은 네트워크에서 최소 신장 트리를 찾는 것과 동등하다.

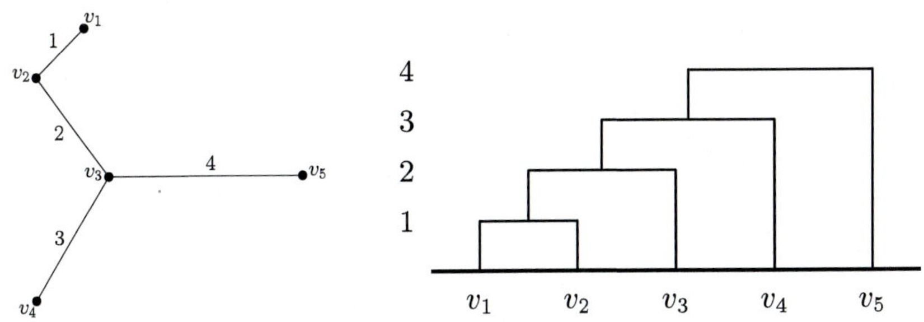

그림 10.20: 최소 신장 트리에 대한 크러스칼의 알고리즘은 오른쪽의 클러스터 트리에서 보여주는 것처럼 실제로 단일-연결 응집 클러스터링에 해당한다.

성한다.

MST(n 노드, $n-1$ 간선)와 클러스터 트리(n 리프, $n-1$ 내부 노드, $2n-2$ 간선) 간의 연결은 다소 민감하다. MST에서 가장 작은 것부터 가장 큰 것 까지 삽입된 간선의 순서가 그림 10.20에 보인 것처럼 클러스터 트리의 합병 순서를 기술하게 된다.

클러스터의 가장 이상적인 모양은 꽉 들어찬 원형 영역으로 k-평균 클러스터링처럼 중심점으로부터 방사하는 형태이다. 이에 반해, 단일 링크 클러스터링은 합병 결정이 경계 점의 근접성에만 의존하므로 상대적으로 길고 가는 클러스터를 생성하는 경향이 있다. 단일 링크 클러스터링은 빠르지만 이상치 점들이 두 개의 잘 정의된 클러스터를 흡수할 수 있으므로 오차 발생 가능성이 높다.

- **평균 링크(Average link):** 클러스터 신장 점들의 모든 쌍간의 거리를 계산해서 평균을 내어 단일 링크 보다 좀 더 건전한 합병 기준으로 사용한다.

$$d(C_1, C_2) = \frac{1}{|C_1||C_2|} \sum_{x \in C_1} \sum_{y \in C_2} ||x - y||$$

  이 방법은 단일 링크의 얇은 클러스터를 피하게 해주지만 더 큰 계산 비용이 소요된다. 평균 링크 클러스터링의 직접 구현은 n개 합병 각각이 남은 클러스터 중에서 최근접인 것을 재계산하기 위해 잠정적으로 $O(n^2)$ 간선을 다시 건드려야 하므로 $O(n^3)$이 소요된다. 이는 $O(n^2)$ 시간에 구현이 가능한 단일 링크 클러스터링에 비해 n배가 느리다.

- **최근접 중심점(Nearest centroid):** 각 클러스터의 중심점을 유지하고 가장 중심점이 가까운 클러스터 쌍을 합병한다. 이 방법은 2개의 장점을 가진다. 첫째, 클러스터의 이상치 점이 클러스터 크기(점의 수)에 의해 압도되므로 평균 링크와 유사한 클러스터를 생성하는 경향이 있다. 둘째, 두 클러스터의 중심점 비교는 가장 단순한 구현에서 모든 $|C_1||C_2|$ 점 쌍을 테스트하는 것에 비해 훨씬 더 빠르다. 물론 중심점은 모두 수치 값만을 갖는 레코드에 대해서만 계산이 가능하나, 이 알고리즘을 일반적인 경우에는 각 클러스터의 최중앙 점(중앙점)을 대표로 사용하도록 수정할 수 있다.

- 가장 먼 링크(Furthest link): 두 클러스터를 합병하는 비용은 그들 간에 가장 먼 점의 쌍이 된다.

$$d(C_1, C_2) = \max_{x \in C_1, y \in C_2} ||x - y||$$

이는 미친 방법처럼 보이지만, 먼 이상치 원소에 대한 합병에 벌칙을 부여하여 클러스터의 모양이 둥글어지도록 하는데 도움이 되는 기준이다.

어느 방법이 최고인가? 사업이 항상 그렇듯이 상황에 따라 다르다. 매우 큰 데이터 세트의 경우에는 가장 빠른 알고리즘에 관심을 두게 되므로 단일 링크 또는 최근접 중심점이 후보가 된다. 소형 또는 중간 크기의 데이터 세트의 경우에는 품질에 관심을 두게 되므로 좀 더 건전한 방법을 찾게 된다.

10.5.3 클러스터링의 비교

동일한 데이터 세트에 대해 여러 개의 클러스터링 알고리즘을 시도하여 목적에 맞는 최고의 것으로 보이는 방법을 사용하는 것은 흔한 일이다. 2개의 상이한 알고리즘에 의해 생성된 클러스터링은 두 알고리즘이 모두 합리적인 일을 수행한다면 상당히 유사할 것이다. 두 결과가 정확히 얼마나 유사한지를 측정하는 것은 종종 흥미로운 일이 될 것이다. 이는 클러스터링 자체에 대한 유사도 또는 거리 측정 방법을 정의할 필요가 있음을 의미한다.

모든 클러스터는 항목이 점이든 레코드이든 간에 그 항목의 부분집합에 의해 정의된다. 집합 s_1과 s_2의 *재커드 유사도(Jaccard similarity)* $J(s_1, s_2)$는 그들의 합집합과 교집합의 비율로 정의된다.

$$J(s_1, s_2) = \frac{|s_1 \cap s_2|}{|s_1 \cup s_2|}$$

두 집합의 교집합은 항상 그 원소들의 합집합 보다는 클 수 없으므로 $0 \leq J(s_1, s_2) \leq 1$이다. 재커드 유사도는, 예를 들어 2개의 상이한 거리 척도 하에서 한 점의 k 최근접 이웃의 유사도를 비교하거나 한 기준의 상위 원소들이 상이한 척도의 상위 원소들과 얼마나 자주 일치하는지를 알아야 할 때 일반적으로 유용한 측정 방법이다.

이 유사도 측정 방법은 *재커드 거리(Jaccard distance)*라고 하는 적절한 거리 척도 $d(s_1, s_2)$로 변환할 수 있다.

$$d(s_1, s_2) = 1 - J(s_1, s_2)$$

이 거리 함수는 0에서 1 사이의 값을 갖게 되지만 삼각 부등성을 포함한 척도의 모든 성질을 만족한다.

각 클러스터링은 전체 집합의 한 분할로 기술이 되며 여러 부품을 가질 수 있다. *랜드 인덱스(Rand index)*는 두 클러스터링 c_1과 c_2 간의 유사도에 대한 자연스러운 측정 방법이다. 클러스터링이 호환적이라면 c_1의 동일 부분집합에 속한 임의의 항목들의 쌍은 c_2의 동일 부분집합에도 포함이 되어야 한다. 또한 c_1의 상이한 클러스터에 속한 임의의 쌍은 c_2에서도 분리가 되어야 한다. 랜드 인덱스는 이러한 일관성 있는 항목의 쌍의 수를 카운트하여 쌍의 전체 수인 $\binom{n}{2}$로 나누어 0에서 1까지의 비율을 얻게 되고, 여기서 1은 동일한 클러스터링을 표시한다.

10.5.4 유사도 그래프와 컷-기반 클러스터링

그림 10.21에 반복 표현한 점 집합에서 몇 개의 클러스터가 보이는 지를 물었던, 클러스터링에 대한 초기 논의를 상기해 보자. 9개 클러스터에 대한 합리적 답변을 하려면 내부적인 클러스터링 알고리즘은 중앙 얼룩 주변의 링을 2개의 상이한 클러스터로 식별하거나 의심스럽게도 서로 가깝게 움직이는 2개의 선을 합치는 것을 피하기 위한 재주를 부릴 수 있어야 한다. k-평균은 그림 10.21(왼쪽)과 같이 항상 원형 클러스터를 찾고 긴 스트링 클러스터를 기꺼이 분리하므로 이러한 기회를 얻기 어렵다. 응집 클러스터링 절차도 정확하게 바른 임계값을 가진 단일 링크만이 올바른 작업을 할 가능성을 가지고 있으나 단일 근접 점 쌍에 의해 2개의 클러스터를 합병하는 오류를 쉽게 범할 수 있다.

클러스터는 항상 둥글지는 않다. 둥글지 않은 클러스터를 인식하기 위해서는 하나의 클러스터를 두 개로 절단하는 유혹을 받지 않도록 충분히 *연속인*(*contiguous*) 충분히 높은 *밀도*(*density*)의 점들을 필요로 한다. 우리는 적절한 유사도 그래프에서 *연결된* 클러스터들을 찾는다.

$n \times n$ *유사도 행렬*(*similarity matrix*) S는 각 원소 p_i와 p_j의 쌍이 닮은 정도의 점수를 표현한다. 유사도는 본질적으로 거리의 역이며 p_i와 p_j가 가까우면 p_i와 관련된 항목은 p_j와 관련된 항목과 유사해야 한다. 유사도를 0에서 1의 크기로 측정하는 것은 자연스러우며 0은 완전히 다른 것을, 1은 동일한 것을 의미한다. 이는 $S[i, j]$를 매개변수 β에 의해서 통제가 되는 거리의 역 지수 함수로 만들어 실현할 수 있다.

$$S[i, j] = e^{-\beta||p_i - p_j||}$$

$e^0 = 1$이고, $x \rightarrow \infty$일 때 $e^{-x} = 1/e^x \rightarrow 0$이므로 이것이 성립한다.

그림 10.21: 9-클러스터 예제에 대한 k-평균의 결과(왼쪽)와 컷-기반 스펙트럼 클러스터링(오른쪽). 스펙트럼 클러스터링이 연결된 클러스터를 정확하게 발견하고 k-평균은 그렇지 못하고 있다.

유사도 그래프(*similarity graph*)는 정점 i와 j의 각 쌍 간에 가중치 간선 (i, j)를 가지며 p_i와 p_j가 유사한 정도를 반영한다. 이는 정확하게 위에서 기술한 유사도 행렬이 된다. 그러나 모든 작은 항(일부 임계값 t에 대해 $S[i, j] \leq t$)을 0으로 만들어서 이 그래프를 희소하게 만들 수 있다. 이렇게 하면 그래프의 간선의 수를 크게 줄일 수 있다. 모든 $S[i, j] > t$에 대해 가중치를 1로 설정해 이 그래프를 무가중 그래프로 전환할 수도 있다.

그래프의 컷

유사도 그래프에서 실제 클러스터는 그래프의 나머지 부분에 느슨하게 연결된 밀집한 영역의 모양을 가진다. 하나의 클러스터 C는 클러스터 내부의 간선들의 함수인 가중치를 다음과 같이 가진다.

$$W(C) = \sum_{x \in C} \sum_{y \in C} S[i, j]$$

C를 그래프의 나머지 부분과 연결하는 간선들은 *컷*(*cut*)을 정의하며, 이는 한 정점을 C에, 다른 정점을 그래프의 나머지 부분 $(V - C)$에 둔 간선의 집합을 의미한다. 이 컷의 가중치 $W'(C)$는 다음과 같이 정의된다.

$$W'(C) = \sum_{x \in C} \sum_{y \in V - C} S[i, j]$$

그림 10.22와 같이, 이상적으로 클러스터들은 높은 가중치 $W(C)$를 가지고 작은 컷 $W'(C)$를 가진다. 클러스터 C의 *전도율*(*conductivity*)은 컷 가중치 대 내부 가중치의 비율($W'(C)/W(C)$)로, 더 좋은 클러스터는 더 낮은 전도율을 가지게 된다.

낮은 전도율을 가지는 클러스터의 발견은 하나의 도전 과제이다. 놀랍게도 선형 대수에서 도움을 얻을 수 있다. 유사도 행렬 S는 대칭 행렬이므로 8.5절에서 논의한 고윳값 분해를 적용할 수 있다. 출중한 고유벡터가 S를 대략적으로 표현할 수 있고 추가적인 고유벡터들이 근삿값을 점진적으로 개선할 수 있다. 가장 작은 고유벡터들을 삭제하면 해석에 따라 세부사항 또는 잡음을 제거하게 된다.

이상적인 유사도 행렬은 블록형 행렬이 되며 이는 각 클러스터 안에서 크게 유사한 쌍들의 밀집한 연결을 기대하고 다른 클러스터의 정점들에 대해서는 거의 간섭이 없기 때문이다. 이는 정점들의 클러스터를 위한 건전한 특징들의 정의에 S의 고유벡터를 사용할 것을 암시한다. 이

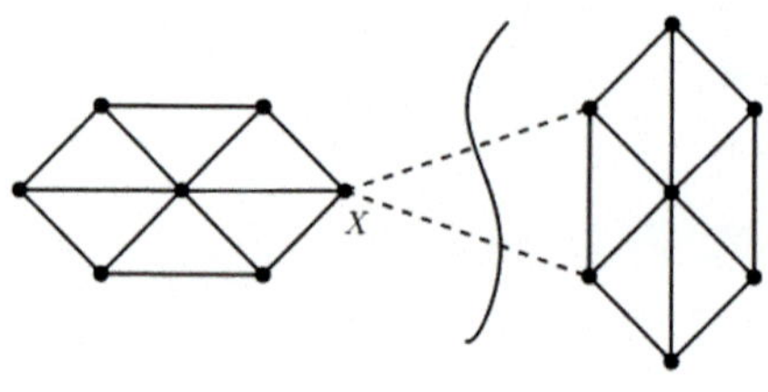

그림 10.22: 유사도 그래프에서 낮은 가중치 컷은 자연적 클러스터를 식별한다.

변환된 특징 공간에 대한 k-평균 클러스터링의 수행은 좋은 클러스터들을 복구하게 된다.

이러한 방법을 *스펙트럼 클러스터링*(*spectral clustering*)이라고 한다. *라플라시안*(*Laplacian*)이라고 부르는 적절하게 정규화된 유사도 행렬을 구축하는데, 여기서 $L = D - S$이고 D는 차수-가중치 항등 행렬로 $D[i, i] = \sum_j S[i, j]$가 된다. L의 가장 중요한 고유벡터들은 $n \times k$ 특징 행렬을 정의한다. 흥미롭게도 여기서의 클러스터링을 위해 가장 가치있는 고유벡터들은 라플라시안 행렬의 특별한 성질들로 인해서 *가장 작은* 0이 아닌 고윳값들을 가진다. 이 특징 공간에서 k-평균 클러스터링을 수행하면 높게 연결된 클러스터들이 생성이 된다.

가정 학습 여러분의 데이터에 대해 적합한 클러스터링 알고리즘은 무엇인가? 이를 위해 고려해야 할 다수의 가능성이 존재하지만 여러분이 해야 할 가장 중요한 결정은 다음과 같다.

- 사용해야 할 올바른 거리 함수는 무엇인가?
- 여러분의 변수를 적절히 정규화하기 위해서 할 일은 무엇인가?
- 여러분의 클러스터를 적절히 시각화하였을 때 의미 있게 보이는가? 알고리즘이 여러분의 마음을 읽을 수는 없으므로, 클러스터링이 결코 완벽할 수는 없다는 것을 이해하라. 여러분의 클러스터는 충분히 좋은가?

10.6 | 전쟁 이야기: 클러스터 폭격

안식년 동안 머물렀던 주요 미디어/기술 회사의 내 담당자는 그들의 자연어 처리(NLP) 그룹의 리더인 아만다 스텐트(Amanda Stent)였다. 그녀는 예외적으로 효율적이었고 과도하게 공손하였고 일반적으로 침착했다. 그러나 충분히 자극이 되면 분통을 터트리고 그녀의 격분한 목소리로 "제품 인간들!"이라고 중얼거리는 것을 들을 수 있었다.

랩에서 그녀의 임무의 일부는 언어 기술에서 전문 지식을 필요로 하는 회사 제품 그룹을 상대하는 것이었다. 여기서 공격자는 사용자들에게 그들이 관심을 가진 최신의 기사를 보여주는 책임을 가진 뉴스 제품을 담당하였다. 기사 클러스터링 모듈은 동일한 스토리/이벤트에 대해 작성된 모든 기사들을 그룹으로 묶어주는 역할을 하므로 이러한 노력에서 중요한 부분이었다. 사용자는 동일한 야구 게임이나 인터넷 미미(meme)에 대해 10개의 상이한 기사를 읽고 싶어 하지 않는다. 사용자에게 단일 기사 클러스터로부터의 반복된 스토리를 보여주는 것은 상당히 불쾌한 일로 그들을 우리 사이트로부터 떨어져나가게 했다.

그러나 기사 클러스터링은 클러스터 자체가 정확할 경우에만 도움이 된다. "이것이 그들이 클러스터링에 대해 불평하기 위해 찾아온 세 번째 경우이다. 이들은 무엇이 잘못된 것인지에 대해 특정 사례를 언급하지도 않고 클러스터들이 충분히 좋지 않다고 불평을 할 뿐이다. 그들은 신규 클러스터링 알고리즘에 관한 스택 오버플로에 대해 그들이 발견한 포스팅에 대한 링크를 내게 계속 보내오며 우리가 이것을 대신 사용해야 하는지를 묻곤 한다."

저자는 그녀를 위해 그들과 대화를 하는데 동의를 했다.

첫째, 저자는 제품 인력들에게 클러스터링이 나쁘게 정의된 문제의 하나이고 어떤 알고리즘을 그들이 사용했던 간에 그들이 감당해야 하는 일상적인 실수들이 존재할 것임을 알려주었다. 이것은 그들의 현재 클러스터링 알고리즘에 개선의 여지가 없음을 의미하는 것이 아니라 완벽에 대한 꿈을 완화시켜야 한다는 것이다.

둘째, 저자는 확실히 틀린 것에 대한 확실한 예제가 없이는 문제를 고치는 희망을 가질 수 없다고 말하였다. 저자는 그들에게 알고리즘에 의해 동일 클러스터로 분류가 되었으나 그렇지 않은 20개의 기사 쌍의 예제들을 요청하였다. 또한 자연스럽게 동일 클러스터에 속하지만 그 유사성이 알고리즘에 의해 인식되지 않은 또 다른 20개의 기사 쌍의 예제들을 요청하였다.

이것이 원하는 효과를 가져왔다. 이들은 내 요청이 현명하고 문제 진단에 필요하다는데 바로 동의하였다. 그들은 내게 바로 대응하겠다고 답변하였다. 그러나 이것은 그들에게도 많은 작업을 필요로 하였고 모든 사람이 너무나 많은 일로 바빠졌다. 저자는 그들로부터 다시 답변을 듣지는 못하였고 내 안식년의 나머지 시간을 생산적인 평화속에 지낼 수 있었다.

몇 달 후에 아만다가 제품 인력들과 다시 대화를 하였다고 전해왔다. 일부 인력이 그들의 클러스터링 모듈이 제목으로부터의 단어만을 특징으로 사용하고 실제 기사의 전체 내용을 무시하고 있다는 것을 발견했다고 한다. 알고리즘 자체에는 문제가 없었고 특징에만 문제가 있었으며 좀더 풍부한 특징 집합을 제공하면서 모듈이 훨씬 더 잘 작동하고 있다고 했다.

이 이야기의 교훈은 무엇인가? 사람은 자신의 한계를 알아야 하고 클러스터링 알고리즘도 마찬가지이다. Google News로 당장 찾아가서 기사의 클러스터를 주의깊게 살펴보아라. 여러분이 분별력있는 시야를 가지고 있다면 다수의 작은 에러를 발견할 것이고 일부는 실제로 당혹스러울 것이다. 그러나 더욱 놀라운 것은 이것이 큰 그림에 대해 잘 작동하고 있다는 것이며 여러분이 수천 개의 상이한 소스로부터 정보적이고 비-중복인 뉴스 피드를 알고리즘적으로 생성할 수 있다는 것이다. 효과적인 클러스터링은 결코 완벽하지는 않지만 막대한 가치를 지니고 있다.

두 번째 교훈은 특징 공학과 거리 함수가 특정 알고리즘의 접근법 보다 클러스터링에서 더욱 문제가 된다는 것이다. 제품 인력은 그들의 모든 문제를 해결할 고성능 알고리즘을 꿈꾸었지만 정작 제목에 대한 클러스터링만을 수행하고 있었다. 제목은 관심을 끌도록 고안이 되지만 스토리를 설명하지는 않는다. 역사적으로 최고로 꼽히는 "머리없는 시체가 스트립쇼 바에서 발견"이나 "포드(대통령)가 (뉴욕)시에 사망 선고"와 같은 신문 제목을 동일한 스토리와 연관된 좀더 진지한 쪽으로 연결하는 것은 불가능할 것이다.

10.7 | 장 노트

거리 계산은 점 집합 조작을 위한 알고리즘과 자료 구조를 연구하는 계산 기하학 분야의 기초의 하나이다. 계산 기하학에 대한 우수한 개요서들은 [O'R01, dBvKOS00]을 포함한다.

Samet[Sam06]은 kd-트리와 최근접 이웃 탐색을 위한 기타 공간 자료 구조의 최고의 참고서이다. 모든 주요한 (그리고 다수의 사소한) 변형들이 상당히 자세하게 소개되어 있다. 간략한 개관[Sam05]도 가용하다. Indyk[Ind04]는 랜덤 투영 방법을 기반으로 고차원의 근사적 최근접 이웃 탐색의 최신 결과들을 정리하고 있다.

그래프 이론은 그래프의 추상적 성질에 대한 연구 분야로서 West[Wes00]가 우수한 개요서 역할을 한다. 네트워크는 실세계 개체들 사이에서 그들에 대한 정보를 인코딩하는 실험적 연결을 표현한다. Easley와 Kleinberg[EK10]는 사회에서 네트워크 과학의 기초를 논의한다.

*클러스터 분석(cluster analysis)*으로도 알려진 클러스터링은 통계와 컴퓨터 과학의 전통적 주제이다. 대표적인 방법들은 Everitt 등[ELLS11]과 James 등[JWHT13]을 포함한다.

10.8 | 연습문제

거리 척도

10-1. *[3]* 유클리드 거리가 사실상 하나의 척도임을 증명하라.

10-2. *[5]* $p \geq 1$에 대해 L_p 거리가 척도임을 증명하라.

10-3. *[5]* $p \geq 1$에 대해 차원-가중치 L_p 거리가 척도임을 증명하라.

10-4. *[3]* (a) 코사인 거리가 진정한 거리 척도가 아니고 (b) 각도 거리가 거리 척도라는 사실을 확인하기 위하여 데이터를 가지고 실험해 보아라.

10-5. *[5]* 텍스트 문자열에 대한 편집 거리가 척도를 정의함을 증명하라.

10-6. *[8]* 길이 1인 선으로부터 균일하게 그리고 독립적으로 선택된 2개의 점 사이의 기대 거리가 1/3임을 보여라. 부분 점수를 위해 이 기대 거리에 대한 설득력 있는 상한과 하한을 설정하라.

최근접 이웃 분류

10-7. *[3]* 동점의 가능성을 가정할 때, 2차원에서 주어진 점 p가 가질 수 있는 최근접 이웃의 최대 개수는 무엇인가?

10-8. *[5]* 앞의 문제를 따라서, 2차원에서 주어진 점 p가 최근접 이웃으로 가질 수 있는 상이한 점들의 최대 개수는 무엇인가?

10-9. *[3]* 모든 점이 최근접 이웃에 따라 잘못 분류되는, 2차원에서 $n \geq 10$ 점을 가진 2-클래스 점 집합을 구성하라.

10-10. *[5]* 각 점을 3개의 최근접 이웃($k = 3$)을 이용하여 분류하는 방식으로 앞의 문제를 반복하라.

10-11. *[5]* 2-클래스, $k = 1$ 최근접 이웃 분류기가 최소한 3개의 양의 점과 최소한 3개의 음의 점을 가지고 훈련이 되었다고 가정하자.

(a) 이 분류기가 새로운 모든 예제에 대해 양의 레이블을 부여할 가능성이 있는가?

(b) $k = 3$이면 어떻게 되는가?

네트워크

10-12. *[3]* 다음 그래프에서 무엇이 최대 진입 차수와 진출 차수를 가진 노드들이 될 지를 설명하라.

(a) 간선 (x, y)가 x가 y에 전화를 걸음을 의미하는 전화 그래프

(b) 간선 (x, y)가 x가 y를 팔로우함을 의미하는 Twitter 그래프

10-13. *[3]* 네트워크의 정점 차수에 대한 멱법칙 분포는 새 간선이 높은 차수의 노드들에 연결될 가능성이 좀더 높다는 메카니즘인 *선호 첨부(preferential attachment)*로부터 기인한다. 다음 그래프 각각에 대해 정점 차수 분포가 무엇인지를 추측하고, 멱법칙 분포인 경우에는 선호 첨부 메카니즘이 어떠한 것인지를 기술하라.

(a) Facebook이나 Instagram과 같은 소셜 네트워크

(b) World Wide Web(WWW)의 사이트들

(c) 도시를 연결하는 도로 네트워크

(d) Amazon이나 Netflix의 제품/고객 네트워크

10-14. *[5]* 다음의 그래프-이론 성질들 각각에 대해 이 성질을 만족하는 실세계 네트워크의 사례와 만족하지 않는 사례를 제시하라.

(a) 방향 대 무방향

(b) 가중 대 무가중

(c) 단순 대 비-단순

(d) 희소 대 밀집

(e) 임베딩 대 위상

(f) 레이블 대 무레이블

10-15. *[3]* 임의의 단순 그래프에서 홀수 정점 차수를 가진 정점의 수가 항상 짝수 개임을 증명하라.

10-16. *[3]* PageRank 알고리즘의 단순한 버전을 구현하고 여러분이 선호하는 네트워크에 대해 테스트하라. 어느 정점들이 가장 중심적인 것으로 강조가 되는가?

클러스터링

10-17. *[5]* 위치 (4, 10), (7, 10), (4, 8), (6, 8), (3, 4), (2, 2), (5, 2), (9, 3), (12, 3), (11, 4), (10, 5), (12, 6)의 점들로 구성된 데이터 세트에서 다음 방법을 이용한 클러스터링을 보여라.

(a) 단일 링크 클러스터링

(b) 평균 링크 클러스터링

(c) 가장 먼 이웃 (완전 링크) 클러스터링

10-18. *[3]* 다음의 The Quant Shop 예측 도전과제 각각에 대해 최근접/유추 방법을 작업에 사용할 수 있도록 하는 가용 데이터를 제안하라.

(a) 미스 유니버스(Miss Universe)

(b) 영화 수입(Movie gross)

(c) 아기 체중(Baby weight)

(d) 예술품 경매 가격(Art auction price)

(e) 화이트 크리스마스(White Christmas)

(f) 축구 챔피언(Football champions)

(g) 악귀 풀(Ghoul pool)

(h) 금/석유 가격(Gold/oil prices)

10-19. *[3]* $k = 2$일 때, 다음 점들에 대해 수작업으로 k-평균 클러스터링을 수행하라.

$$S = \{(1, 4), (1, 3), (0, 4), (5, 1), (6, 2), (4, 0)\}$$

점들과 마지막 클러스터를 그려라.

10-20. *[5]* 단순 k-평균 알고리즘의 두 버전을 구현하라. 하나는 수치 중심점을 중심으로 사용하고 다른 하나는 중심이 데이터 세트의 입력 점이 되도록 제한하라. 그리고 실험하라. 어느 알고리즘이 평균적으로 빨리 수렴하는가? 어느 알고리즘의 더 낮은 절대 및 평균 제곱 오차를 가진 클러스터를 생성하고, 그 값은 얼마인가?

10-21. *[5]* s_1과 s_2가 n개의 항목으로 구성된 전체 집합으로부터 임의로 선택한 부분집합이라고 가정하자. 재커드 유사도 $J(s_1, s_2)$의 기댓값은 무엇인가?

10-22. *[5]* 사람, 대학, 회사, 영화 등의 존재 가능한 자연스러운 클러스터에 대해 여러분이 어느 정도 인지하고 있는 데이터 세트를 식별하라. k-평균이나 응집 클러스터링과 같은 하나 이상의 알고리즘으로 클러스터를 구하라. 결과 클러스터를 여러분이 가지고 있는 도메인 지식을 기반으로 평가하라. 좋은 결과가 만들어졌는가? 잘못된 것은 무엇인가? 알고리즘이 여러분 머릿속에 있는 것을 재구축하지 못한 이유를 설명할 수 있는가?

10-23. *[5]* 1차원에서 $n = 10$개의 점을 클러스터링한다고 가정하자. 점 p_i는 $x = i$의 위치를 가지고 있다. 이들 점에 대해 다음 방법을 이용해 구한 응집 클러스터링 트리는 무엇인가?

(a) 단일 링크 클러스터링

(b) 평균 링크 클러스터링

(c) 완전 링크/가장 먼 이웃 클러스터링

10-24. *[5]* 1차원에서 $n = 10$개의 점을 클러스터링한다고 가정하자. 점 p_i는 $x = 2^i$의 위치를 가지고 있다. 이들 점에 대해 다음 방법을 이용해 구한 응집 클러스터링 트리는 무엇인가?

(a) 단일 링크 클러스터링

(b) 평균 링크 클러스터링

(c) 완전 링크/가장 먼 이웃 클러스터링

구현 프로젝트

10-25. *[5]* 합병 기준(단일 링크, 중심점, 평균 링크, 가장 먼 링크)이 결과 클러스터 트리의 성질에 미치는 영향을 파악하기 위한 실험을 수행하라. 어느 방법이 가장 큰 트리를 만들어내는가? 가장 균형이 잡힌 것은? 실행 시간 비교 결과는? 어느 방법이 k-평균 클러스터링과 가장 일관성이 있는 결과를 생성하는가?

10-26. *[5]* d 차원의 n 점 중에서 질의 점 q의 최근접 이웃을 발견하는 상이한 알고리즘/자료 구조들의 성능을 실험하라. 각 방법이 생존하는 최대 d는 무엇인가? 정확한 최근접 이웃을 보장하는 방법에 비해 LSH를 기반으로 한 휴리스틱 방법들이 얼마나 더 빠르며, 정확도의 손실은 어느 정도인가?

인터뷰 질문

10-27. *[5]* 차원의 저주란 무엇인가? 이것이 거리나 유사도 측정 방법에 어떻게 영향을 미치는가?

10-28. *[5]* 클러스터링이란 무엇인가? 클러스터링을 수행하는 알고리즘의 예를 기술하라. 이것이 데이터 세트에 대해 적절한 클러스터를 생성하였는지의 여부를 어떻게 알 수 있는가?

10-29. *[5]* 주어진 데이터 세트에 대해 올바른 클러스터의 수를 어떻게 추정할 수 있는가?

10-30. *[5]* 비지도 및 지도 학습 간의 차이는 무엇인가?

10-31. *[5]* 데이터의 차원을 축소함으로써 데이터 세트의 상관 특징들을 어떻게 다룰 수 있는가?

10-32. *[5]* 지역 최적이 무엇인지를 설명하라. 이것이 k-평균 클러스터링에서 중요한 이유는 무엇인가?

캐글 도전 과제

10-33. 주어진 소셜 네트워크에서 누가 가장 영향력이 있는가?
`https://www.kaggle.com/c/predict-who-is-more-influential-in-a-social-network`

10-34. 온라인 소셜 네트워크에서 친구가 될 사람은 누구인가?
`https://www.kaggle.com/c/socialNetwork`

10-35. 고객이 구입할 가능성이 가장 높은 제품을 예측하라.
`https://www.kaggle.com/c/coupon-purchase-prediction`

CHAPTER

11

기계 학습

충분히 개선된 형태의 부정행위는 학습과 구별될 수 없다.

– 잰 샤우만(Jan Schaumann)

저자는 대부분의 경력 동안 기계 학습의 중요성에 대해 매우 의심을 했다. 저자는 지난 몇 년 동안 거창하기만 한 주장들과 그에 비해 빈약한 결과를 가지는 많은 강연을 끝까지 앉아 들었다. 그러나 흐름이 바뀌었음이 분명하다. 오늘날 컴퓨터과학 분야에서 가장 흥미로운 작업들은 기계 학습과 관련한 새로운 강력한 알고리즘들과 흥미로운 응용들을 중심으로 이루어진다.

이러한 변혁은 여러 가지 이유로 발생했다. 첫째, 이용 가능한 데이터의 양과 연산 능력 때문에 기계 학습 시스템은 오래된 접근법을 사용함에도 불구하고 흥미로운 일을 하기 시작했다. 이를 통해 확장성이 뛰어난 방법을 개발하고 데이터 리소스 및 시스템 개발에 대한 투자를 늘릴 수 있었다. 오픈 소스 소프트웨어의 문화는 칭찬을 받을 만한 가치가 있다. 왜냐하면 새로운 아이디어가 이용 가능한 도구로 매우 빠르게 변하기 때문이다. 오늘날 기계 학습은 엄청난 흥분과 함께 폭발적으로 인기가 증가하는 분야이다.

우리는 지금까지 데이터, 선형회귀 및 최근접 이웃 접근법을 기반으로 하는 모형을 구축하는 두 가지 방법을 상당히 광범위하게 설명했다. 많은 응용을 위해 이것은 여러분이 꼭 알아야 하는 것이다. 만약 여러분이 레이블이 있는 충분한 훈련 데이터를 가지고 있다면 모든 방법으로 좋은 결과를 얻을 수 있다. 하지만 그렇지 않다면 모든 방법이 실패할 것이다. 최상의 기계 학습 알고리즘의 영향은 차이를 만들 수 있지만 일반적으로 그 차이는 경계 부분에서만 나타난다. 이 교재의 목적은 여러분이 기어 다니는 것에서부터 걷는 것까지를 할 수 있도록 해주는 것이므로 보다 전문적인 책이 여러분에게 실행 방법을 가르쳐 줄 수 있다.

흥미롭고 중요한 기계 학습 알고리즘이 많이 개발되었다. 이 장에서는 이 방법들의 장단점을 이해하는 것을 목표로 검토를 진행한다.

- 성능(power) 및 표현력(expressibility): 기계 학습 방법이 지원하는 모형의 다양성과 복잡성 측면에서 기계 학습 방법은 서로 다르다. 선형회귀는 선형함수를 적합하는 반면에 최근접 이웃 방법은 임의의 곡선을 근사할 수 있을 정도로 충분히 많은 조각 단위로(piecewise)

선형 분리경계를 정의한다. 모형의 표현력이 좋을수록 모형은 더 정확해지지만 과대적합의 위험도 있다.

- 해석력(interpretability): 딥러닝과 같은 강력한 방법은 종종 완전히 해석 불가능한 모형을 만든다. 이러한 방법은 실제로 매우 정확한 분류를 제공할 수 있지만 왜 이 방법이 이런 결정을 내리는 지에 대한 설명은 전혀 제공하지 못한다. 대조적으로, 선형회귀 모형의 가장 큰 계수는 가장 강력한 특징 변수를 식별하며, 최근접 이웃의 구성원은 이러한 유사성에 대한 우리의 신뢰를 독립적으로 결정할 수 있게 해준다.

  저자는 개인적으로 해석력이 모형의 중요한 속성이라고 생각하며 일반적으로 저자가 이해하지 못하는 다소 더 정확한 모형보다 저자가 이해하는 성능이 다소 낮은 모형을 선택하는 것이 더 행복하다. 이것은 보편적으로 공유되는 의견은 아닐 수 있지만 여러분은 모형과 특정 응용 도메인을 실제로 이해하고 있는지 여부를 판단할 수 있다.

- 사용 편리성: 어떤 기계 학습 방법은 상대적으로 적은 매개변수 또는 선택 사항을 갖는 특징을 가진다. 이것은 모형이 즉시 사용될 수 있음을 의미한다. 이런 점에서 선형회귀와 최근접 이웃 분류는 모두 매우 간단하다. 반대로 서포트 벡터 기계(support vector machine, SVM)와 같은 방법들은 적절한 설정으로 알고리즘 성능을 최적화할 수 있는 훨씬 더 큰 여지를 제공한다. 저자는 기계 학습을 위해 사용 가능한 도구들이 더 사용하기 쉽고 더 강력한 형태로 개선될 것이라고 생각한다. 그러나 지금은 만약 사용자들이 자신이 무슨 일을 하는지를 모른다면 일부 방법들은 사용자들을 곤란한 상황에 처하게 할 수 있다.

- 훈련 속도: 여러분이 실제로 얼마나 많은 훈련 데이터를 사용할 수 있는지를 결정하는 데 필요한 매개변수를 모형이 적합시키는 속도는 모형에 따라 많은 차이가 난다. 전통적인 선형회귀 방법은 대형 모형에 적합하지 않을 수 있다. 대조적으로 최근접 이웃 방법은 적절한 탐색 데이터 구조를 구축하는 것 외에는 학습시간을 전혀 필요로 하지 않는다.

- 예측 속도: 새로운 질의(query) q를 분류하는 속도는 방법 마다 다르다. 선형회귀 및 로지스틱회귀는 단지 입력 인스턴스의 특징 변수들의 가중합 만을 계산하기 때문에 빠르다. 대조적으로 최근접 탐색은 상당한 양의 훈련 데이터 집합에 대해 q를 시험하는 것을 필요로 한다.

그림 11.1은 이 장에서 논의되는 접근 방법들을 위에서 설명한 5개의 평가 척도에 따라 평가했을 때의 저자의 주관적 순위를 보여준다. 이 순위는 절대적인 것이 아니며 합리적인 사고를 하는 사람들은 다른 의견을 가질 수 있다. 바라건대 그들은 유용한 방식으로 기계 학습 알고리즘들의 특성을 조사한다. 물론 어떤 하나의 기계 학습 방법도 다른 모든 방법보다 우위를 차지하지 않는다. 이러한 관측은 적절하게 명명된 "*No Free Lunch Theorem*"에서 공식화된다. 이 정리는 모든 문제에 대해 다른 모든 기계 학습 알고리즘보다 더 좋은 특정 단일 알고리즘이 존재하지 않는다는 것을 증명한다.

여전히 실무자의 사용 우선순위에 따라 방법의 순위를 매기는 것은 가능하다. 이 책의 (그리

방법	표현 능력	해석 용이성	사용 용이성	훈련 속도	예측 속도
선형 회귀	5	9	9	9	9
최근접 이웃	5	9	8	10	2
나이브 베이즈	4	8	7	9	8
의사결정 트리	8	8	7	7	9
서포트 벡터 기계	8	6	6	7	7
부스팅	9	6	6	6	6
그래픽 모델	9	8	3	4	4
딥러닝	10	3	4	3	7

그림 11.1: 5개의 평가 척도에 따른 기계 학습 방법의 10점 척도의 주관적 순위. 순위가 높으면 높을수록 더 좋은 모형이다.

고 그림 11.1의) 방법에 대한 저자의 순위는 사용/튜닝하기 쉽지만 가장 진보된 방법보다는 다소 낮은 분류 능력을 갖는 방법으로부터 시작한다. 일반적으로 말하면, 저자는 여러분이 쉬운 방법으로 시작하고 만약 정확성에서의 잠재적인 향상이 실제로 그 방법을 정당화한다면 순위 목록에 따라 계속해서 다음 방법을 시도하기를 권한다.

가능한 모든 기계 학습 알고리즘을 시도하고 가장 높은 정확도 또는 *F*1 점수를 제공하는 모형을 선택하는 자연스러운 유혹이 있기 때문에 이 장에서 설명할 자료를 오용하기 쉽다. 단일 라이브러리 호출을 통해 순조롭게 수행되므로 모든 모형이 훈련 데이터에 대해 거의 동일하게 작동한다는 것을 알 수 있다. 또한 방법들 사이의 성능 차이는 통찰력보다는 분산에 기인할 가능성이 높다. 이와 같은 실험을 위해 통계적 유의성 검정 방법이 개발되었다.

모형의 품질을 결정하는 가장 중요한 요인은 특징 변수들의 품질이다. 데이터 행렬의 적절한 준비와 관련된 3장에서 데이터 정제에 대한 많은 논의를 했다. 모형의 특징 변수들을 가공하기 위해 노력하는 딥러닝 방법에 대해 논의하기 전에 11.5.4절에서 특징 공학(feature engineering)에 대해 깊이 살펴본다.

마지막으로 한 가지 강조하자면 데이터 과학자들은 선호하는 프로그래밍 언어 또는 스포츠 팀과 비슷한 방식으로 그들이 선호하는 기계 학습 방법을 사용하는 경향이 있다. 그 이유는 경험 때문이다. 즉, 그들의 손에서 가장 잘 작동하는 특정 구현에 가장 익숙하기 때문이다. 그러나 그 일부는 마법적인 사고이다. 즉, 데이터 과학자들이 몇몇 예제에 대해 다른 라이브러리들보다 약간 우월한 하나의 라이브러리를 발견하였으며 부적절하게 일반화하였다는 사실이다.

이 함정에 빠지지 마라. 응용의 요구사항에 가장 잘 들어맞는 방법을 위의 기준에 따라 선택하고, 성능을 최적화하기 위해 다양한 방법으로 충분한 경험을 쌓아라.

11.1 | 나이브 베이즈

만약 $p(A \text{ and } B) = p(A) \cdot p(B)$이면, 두 사건 A와 B가 독립(*independent*)이라는 사실을 상기하자. 만약 A는 "내가 좋아하는 스포츠 팀이 승리한다"는 사건이고 B는 "주식시장이 오늘 상승한다"는 사건이면 A와 B는 아마 독립일 것이다. 그러나 이것은 일반적으로 사실이 아니다. A는 "이번 학기에 데이터 사이언스에서 A학점을 받는다"는 사건이고 B는 "이번 학기에 다른 과목에서 A학점을 받는다"는 사건의 경우를 생각해 보라. 이 사건들 사이에는 종속관계가 있다. 공부 또는 음주에 대한 열정이 서로 상관된 방식으로 교과목 성적에 영향을 준다. 일반적인 경우에 다음 관계식이 성립한다.

$$p(A \text{ and } B) = p(A) \cdot p(B|A) = p(A) + P(B) - p(A \text{ or } B)$$

만약 모든 것이 독립이면 확률의 세계는 훨씬 더 간단한 곳이 될 것이다. 나이브 베이즈 분류 알고리즘은 복잡한 조건부 확률을 계산하는 것을 피하기 위해 독립성을 가정한다.

11.1.1 공식화

벡터 $X = (x_1, ..., x_n)$를 m개의 클래스 $C_1, ..., C_m$ 중 하나로 분류하고자 한다고 가정해 보자. X가 주어질 때 가능한 각 클래스의 확률을 계산하려 한다. 그러면 X에 가장 높은 확률을 갖는 클래스의 레이블을 할당할 수 있다. 베이즈 정리에 의하면 다음 관계식이 성립한다.

$$p(C_i|X) = \frac{p(C_i) \cdot p(X|C_i)}{p(X)}$$

이 공식을 분석해 보자. 항 $p(C_i)$는 *사전(prior) 확률*이다. 즉, 이것은 특정 증거가 없을 때의 클래스 레이블에 대한 확률이다. 저자는 독자 여러분이 빨간 모발 보다 검은 모발을 가질 가능성이 더 많다는 것을 알고 있다. 왜냐하면 세상의 더 많은 사람들이 빨간 모발 보다 검은 모발을 가지고 있기 때문이다.[1]

분모 $p(X)$는 가능한 모든 입력 벡터 중에서 주어진 입력 벡터 X를 관측할 확률을 나타낸다. $p(X)$의 정확한 값을 계산하는 것은 다소 모험적인 것처럼 보이지만 일반적으로 불필요하다. 분모가 모든 클래스에 대해 동일하다는 사실을 기억하라. 여기서는 X에 대한 클래스 레이블을 만들려고 하기 때문에 $p(X)$의 값은 우리의 결정에 아무런 영향을 미치지 않는다. 가장 큰 확률을 갖는 클래스를 선택하는 것은 다음을 의미한다.

$$C(X) = \arg\max_{i=1,\ldots,m} \frac{p(C_i) \cdot p(X|C_i)}{p(X)} = \arg\max_{i=1,\ldots,m} p(C_i) \cdot p(X|C_i)$$

항 $p(X \mid C_i)$는 항목의 클래스가 C_i임을 알 때 입력 벡터 X를 관측할 확률이다. 이것을 계산하는 것 또한 다소 모험적인 것처럼 보인다. 어떤 사람이 남자일 때 그가 150파운드의 몸무게와 5피트 8인치의 키를 갖게 될 확률은 얼마인가? $p(X \mid C_i)$가 일반적으로 매우 작을 것이다. 그 클래스에 속하는 모든 입력 벡터들의 거대한 공간이 있으며, 그 중 하나의 입력 벡터만 주어진 항목에 해당된다.

[1]위키피디아는 세계 인구의 1~2%만이 빨간 모발을 가지고 있다고 주장한다.

Day	Outlook	Temp	Humidity	Beach?
1	Sunny	High	High	Yes
2	Sunny	High	Normal	Yes
3	Sunny	Low	Normal	No
4	Sunny	Mild	High	Yes
5	Rain	Mild	Normal	No
6	Rain	High	High	No
7	Rain	Low	Normal	No
8	Cloudy	High	High	No
9	Cloudy	High	Normal	Yes
10	Cloudy	Mild	Normal	No

P(X|Class)	Probability in Class	
Outlook	Beach	No Beach
Sunny	3/4	1/6
Rain	0/4	3/6
Cloudy	1/4	2/6
Temperature	Beach	No Beach
High	3/4	2/6
Mild	1/4	2/6
Low	0/4	2/6
Humidity	Beach	No Beach
High	2/4	2/6
Normal	2/4	4/6
P(Beach Day)	4/10	6/10

그림 11.2: 오늘이 해변으로 가기에 좋은 날인지 여부에 대한 나이브 베이즈 계산을 지원할 확률: 주변 확률 분포(오른쪽)가 주어진 표 형태의 사건(왼쪽).

그러나 이제 독립성을 가정하자. 그러면 다음 관계식이 성립한다.

$$p(X|C_i) = \prod_{j=1}^{n} p(x_j|C_i)$$

독립 확률의 세계를 믿는 사람은 아주 순진하다. 이러한 이유로 *나이브 베이즈*(*naive Bayes*)라는 이름이 지어졌다. 그러나 이러한 가정은 실제로 계산을 훨씬 쉽게 만든다. 이를 정리하면 다음과 같아진다.

$$C(X) = \arg\max_{i=1,\ldots,m} p(C_i) \cdot p(X|C_i) = \arg\max_{i=1,\ldots,m} p(C_i) \prod_{j=1}^{n} p(x_j|C_i)$$

이제 수치적 안정성을 위해 로그를 사용하여 곱을 합으로 변환한다. 확률의 로그값은 음수이다. 그리고 발생 가능성이 낮은 사건은 흔히 발생하는 사건보다 더 음수이다. 따라서 완전한 나이브 베이즈 알고리즘은 다음과 같이 공식화된다.

$$C(X) = \arg\max_{i=1,\ldots,m} (\log(p(C_i)) + \sum_{j=1}^{n} \log(p(x_j|C_i)))$$

클래스 레이블 i가 주어질 때 관측값 x_j의 조건부 확률 $p(x_j \mid C_i)$를 어떻게 계산할 것인가? 특히 x_j가 "빨간 머리카락"과 같은 범주형 변수인 경우 이 확률은 훈련 데이터로부터 쉽게 구해진다. 훈련 데이터 집합에서 클래스 i에 속하는 모든 인스턴스를 선택하고 속성 x_j를 갖는 인스턴스의 비율을 계산하면 된다. 이 비율은 $p(x_j \mid C_i)$의 합리적인 추정값을 정의한다. x_j가 "age = 18" 또는 "단어 dog가 주어진 문서에서 6번 발생했다"와 같은 수치 변수일 때 좀 더 상상력이 필요하다. 그러나 이 확률은 원칙적으로 x_j가 훈련 데이터 집합에서 얼마나 자주 관측되는지에 따라 계산된다.

그림 11.2는 나이브 베이즈 절차를 보여준다. 왼쪽 표는 기상 조건을 10번 관측한 표와 각 관측값이 해변으로 가는 날인지 아니면 집에 머무는 날인지를 보여준다. 오른쪽 표는 활동 결과가

주어질 때 기상 조건의 조건부 확률을 보여준다. 이 확률로부터 베이즈정리를 사용하여 다음과 같이 조건부 확률을 계산할 수 있다:

$$
\begin{aligned}
&P(\text{Beach}|(\text{Sunny,Mild,High})) \\
&\quad = (P(\text{Sunny}|\text{Beach}) \times P(\text{Mild}|\text{Beach}) \times P(\text{High}|\text{Beach}) \times P(\text{Beach}) \\
&\quad = (3/4) \times (1/4) \times (2/4) \times (4/10) = 0.0375
\end{aligned}
$$

$$
\begin{aligned}
&P(\text{No Beach}|(\text{Sunny,Mild,High})) \\
&\quad = (P(\text{Sunny}|\text{No}) \times P(\text{Mild}|\text{No}) \times P(\text{High}|\text{No})) \times P(\text{No}) \\
&\quad = (1/6) \times (2/6) \times (2/6) \times (6/10) = 0.0111
\end{aligned}
$$

결과는 0.0375 > 0.0111이기 때문에 나이브 베이즈는 우리에게 해변으로 가는 것을 선택하라고 말하고 있다. 이 특수한 조합 (Sunny,Mild,High)이 훈련 데이터에 나타난 것은 관련이 없다. 우리의 결정은 최근접 이웃 분류에서와 같이 하나의 단일 행이 아니라 집계(aggregate) 확률에 근거하고 있다.

11.1.2 카운트 0 처리 (할인)

특히 나이브 베이즈 알고리즘과 관련된 미묘하지만 중요한 특징 변수 준비 문제가 있다. 관측된 카운트(count)들은 일반적으로 꼬리가 긴 분포를 갖는데 희귀한 사건의 빈도수를 정확하게 포착하지 못한다.

이 문제는 수학자 라플라스(Laplace)가 처음 제기하였다. 그는 다음과 같은 질문을 던졌다. 내일 해가 뜨게 될 확률은 얼마인가? 확률이 1에 가깝지만 정확히 1.0은 아니다. 비록 3,650만 일 동안 또는 인간이 이러한 현상을 알아채기 시작한 이래로 매일 아침 태양이 시계처럼 떠오르지만, 이것은 영원히 그렇게 되지는 않을 것이다. 지구나 태양이 폭발할 때가 올 것이고, 그래서 오늘 밤에 태양이 떠오를 가능성은 작지만 0은 아니다.

유한 데이터 집합에서 아직 보지 못한 사건이 있을 수 있다. 100명에 대한 레코드가 있을 수 있다. 그들 중에 어느 누구도 빨간 머리를 가진 사람이 없다. 빨간 머리카락을 *갖는* 사람들을 분류하도록 요청받았을 때 빨간 머리카락의 확률이 0/100 = 0이라는 결론을 내리는 것은 곤란하다. 왜냐하면 그들이 각 클래스 그리고 모든 클래스에 있을 확률이 0이기 때문이다. 만약 전체 훈련 데이터 집합에서 클래스 C_2로 레이블이 붙여진 빨간 머리카락을 가진 사람이 정확히 한 명이 있다면 더욱 곤란하게 될 것이다. 우리의 나이브 베이즈 분류기는 미래의 모든 빨간 머리가 다른 증거에 관계없이 클래스 C_2에 속해야 한다고 결정할 것이다.

*할인(discounting)*은 아직 일어나지 않은 사건에 대한 확률을 분명하게 남겨둠으로써 그 사건들의 카운트를 조정하는 통계 기법이다. 가장 간단하고 가장 널리 사용되는 기법은 아직 일어나지 않은 사건을 포함하여 모든 결과의 빈도수에 1을 추가하는 *추가-1 할인(add-one discounting)*이다. 예를 들어, 항아리에서 공을 뽑는다고 가정하자. 빨간색 공 5개와 녹색 공 3개를 뽑은 다음

새로운 색의 공을 뽑게 될 확률은 얼마인가? 만약 추가-1 할인 기법을 사용하면 다음과 같이 계산된다.

$$P(\text{red}) = (5+1)/((5+1)+(3+1)+(0+1)) = 6/11,$$
$$P(\text{green}) = (3+1)/((5+1)+(3+1)+(0+1)) = 4/11,$$
$$P(\text{new-color}) = 1/((5+1)+(3+1)+(0+1)) = 1/11$$

표본 수가 적거나 클래스 수가 많은 경우 할인을 적용하면 확률이 다소 작아진다. 추가-1 할인 기법을 적용할 때 빨간색 공 하나를 뽑을 확률의 추정값은 5/8 = 0.625에서 6/11 5 0.545로 변한다. 그러나 이것은 더 안전하고 정직한 추정값이며, 우리가 충분한 표본을 본 후에 그 차이는 없어질 것이다.

다른 할인 방법들도 개발이 되었으며 추가-1 기법이 모든 상황에서 최상의 추정값은 아니라는 사실을 알고 있어야 한다. 카운트 할인 기법을 사용하지 않는 것은 문제를 야기하며 추가-1 기법을 사용한다고 해서 어느 누구도 해고되지 않을 것이다.

할인은 자연어 처리에서 특히 중요한데, 이 경우 전통적인 *단어 백*(*bag of words*) 표현은 문서를 언어의 전체 어휘(가령, 10만 단어)에 대한 단어 빈도수 벡터로 모델링한다. 단어 사용 빈도수는 멱법칙(지프의 법칙)에 의해 관리되기 때문에 꼬리 부분의 단어는 매우 드물다. 여러분은 전에 영어 단어 *defenestrate*를 본 적이 있는가?[2] 책 길이보다 작은 문서들이 10만 단어를 포함하기에는 너무 짧기 때문에 우리는 어디에서나 0을 보게 될 것이다. 추가-1 할인은 이러한 카운트 벡터를 합리적인 확률 벡터로 전환하여, 드물고 지금까지 보지 못한 단어들도 0이 아닌 확률을 갖게 된다.

11.2 | 의사 결정 트리 분류기

의사 결정 트리(*decision tree*)는 임의의 입력 벡터 X를 분류하기 위해 사용되는 이진 분기(binary branching) 구조이다. 트리의 각 노드(node)는 "$x_i \geq 23.7$?"와 같은 어떤 특징 변수 x_i에 대한 간단한 특징 변수 비교를 포함한다. 이러한 각 비교의 결과는 참이거나 거짓이며, 주어진 노드의 왼쪽 노드 또는 오른쪽 노드로 진행해야 하는지 여부를 결정한다. 이러한 구조는 더 광범위한 문제에 적용될 수 있기 때문에 가끔 *분류 및 회귀 트리*(*classication and regression trees*, CART)로 불려진다.

의사 결정 트리는 훈련 데이터 인스턴스들을 비교적 균일한 클래스 구성의 그룹으로 분할하기 때문에 의사결정이 쉬워진다. 그림 11.3은 타이타닉호의 난파선에서 생존할 확률을 예측하기 위해 설계된 의사 결정 트리의 예제이다. 각 행/인스턴스는 고유한 루트-리프 경로를 통해 분류된다. 여기서 루트에서의 테스트는 여자와 어린이에 대한 해군의 전통을 먼저 반영한다. 즉 여자

[2] 이것은 누군가를 창문 밖으로 던지는 것을 의미한다.

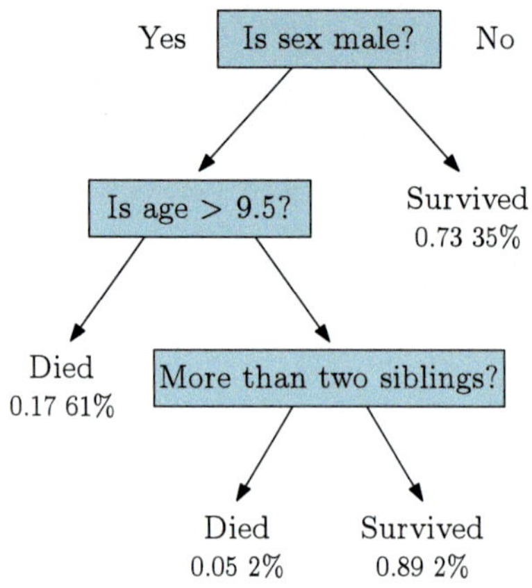

그림 11.3: 타이타닉호의 사망률을 예측하기 위한 간단한 의사 결정 트리.

의 73%가 생존했으므로 이 특징 변수만으로도 여자를 예측하기에 충분하다. 트리의 두 번째 수준은 어린이를 먼저 반영한다. 즉 10세 이상의 남자는 모두 운이 없는 것으로 간주된다. 더 젊은 사람들조차도 마지막 장애물 하나를 통과해야 한다. 그들은 일반적으로 그들을 위해 로비를 할 형제자매들이 있는 경우에만 구명 보트에 탈 수 있었다.

훈련 데이터에 대한 이 모형의 정확도는 무엇인가? 정확도는 인스턴스의 어떤 부분이 각 리프 노드에 있게 되는지와 리프 노드의 표본들이 얼마나 순수한지에 달려 있다. 각 노드의 포함(coverage) 백분율 및 순수도로 보강된 그림 11.3의 예제에서 이 트리의 분류 정확도 A는 다음과 같다:

$$A = (0.35)(73\%) + (0.61)(83\%) + (0.02)(95\%) + (0.02)(89\%) = 78.86\%$$

78.86%의 정확도는 이러한 간단한 의사결정 절차에서 나쁘지 않다. 우리는 1,317명의 승객 각각이 그들 자신에게 한 개의 리프 노드를 가지며 그 리프 노드에 그들의 최종 운명으로 레이블을 붙이는 트리를 완성함으로써 정확도를 100%까지 끌어올릴 수 있었다. 아마도 2등실에 탄 23세의 남자가 22세 또는 24세 남자보다 생존 가능성이 높았다. 이것은 트리가 훈련 정확도를 높이기 위해 활용할 수 있는 관측이었다. 그러나 이러한 복잡한 트리는 과대적합되어 의미가 없는 구조를 발견하게 된다. 그림 11.3의 트리는 해석 가능하고 강인하며 합리적으로 정확하다.

의사 결정 트리의 장점은 다음과 같다:

- 비선형성(non-linearity): 각 리프 노드는 의사 결정 공간의 일부를 나타내지만 복잡한 경로를 통해 도달한다. 이 논리 체인은 의사 결정 트리가 매우 복잡한 결정 경계를 나타낼 수 있게 한다.

- 범주형 변수 지원(support for categorical variables): 의사 결정 트리는 숫자 데이터 이외에 "머리 색깔 = 빨간색"과 같은 범주형 변수를 자연스럽게 사용한다. 범주형 변수는 대부분의 다른 기계 학습 방법에 잘 맞지 않는다.

- 해석력(interpretability): 의사 결정 트리는 설명 가능하다. 여러분은 의사 결정 트리를 읽고 이 모형의 추론이 무엇인지 이해할 수 있다. 따라서 의사 결정 트리 알고리즘은 여러분이 이전에 보지 못했던 데이터 집합에 대한 정보를 제공한다. 또한, 해석 가능성은 모형이 올바른 이유로 결정을 내리는지를 조사할 수 있게 해준다.
- 강인성(robustness): 가능한 의사 결정 트리의 수는 특징 변수 및 가능한 테스트의 수에 따라 기하급수적으로 증가한다. 이것은 우리가 원하는 만큼 만들 수 있다는 것을 의미한다. 많은 무작위 의사 결정 트리(CART)를 구축하고 각 트리의 결과를 주어진 레이블에 대한 투표로 사용하는 것은 강인성을 향상시키며, 분류에 대한 신뢰도를 평가할 수 있도록 한다.
- 회귀에 응용(application to regression): 의사 결정 트리에서 유사한 경로를 따르는 항목의 부분집합은 단순 레이블이 아닌 속성에서 유사할 가능성이 있다. 이러한 각 부분집합에 대해 리프 노드에 속하는 항목의 수칫값을 위한 특수 예측 모형을 구축하기 위해 선형 회귀를 사용할 수 있다. 이것은 아마도 모든 인스턴스를 사용하여 훈련된 보다 일반적인 모형보다 더 좋은 성능을 발휘할 것이다.

의사 결정 트리의 가장 큰 단점은 우아함이 부족하다는 것이다. 로지스틱회귀 및 SVM과 같은 학습 방법은 고급 확률론, 선형대수학, 고차원 기하학 등의 수학을 사용한다.

반대로 의사 결정 트리는 해커의 게임이다. 훈련 절차에는 조정해야 하는 많은 요인들이 있으며, 여러분이 그것들을 올바르게 조정하는 것을 돕는 이론은 상대적으로 적다.

그러나 의사 결정 트리 모형은 실제로 매우 잘 작동한다. *경사 강화 의사 결정 트리*(*Gradient boosted decision tree*, GBDT)는 현재 캐글(Kaggle) 대회에서 우승하기 위해 가장 자주 사용되는 기계 학습 방법이다. 우리는 이것을 단계적으로 다룰 것이다. 먼저 의사 결정 트리를 다루고 다음 절에서 부스팅을 다룬다.

11.2.1 의사 결정 트리 구축

의사 결정 트리는 하향식(top-down) 방식으로 구축된다. n개의 특징 변수와 m개의 클래스 C_1, ..., C_m 중 하나의 레이블을 갖는 훈련 인스턴스들의 집합으로부터 시작한다. 의사 결정 트리의 각 노드는 주어진 특징 변수에서 유도된 논리 조건인 이진 조건(predicate)을 포함한다.

이산값 v_i의 집합을 갖는 특징 변수는 "특징 변수 x_i는 v_{ij}와 같은가, 즉 $x_i = v_{ij}$?"라는 동일성 테스트를 통해 쉽게 이진 조건으로 바뀔 수 있다. 따라서 x_i와 관련된 $|v_i|$개의 서로 다른 조건들이 있다. 수치 특징 변수는 임계값 t를 사용하여 "특징 변수 x_i는 t보다 같거나 큰가, 즉 $x_i \geq t$?"라는 이진 조건으로 변환될 수 있다. 흥미로운 임계값 t의 집합은 x_i가 훈련집합에서 취하는 관측값들 사이의 갭(gap)에 의해 정의된다. 만약 x_i의 관측값들의 전체 집합이 (10, 11, 11, 14, 20)이면, 아마도 t에 대한 의미 있는 가능한 값은 $t \in (10, 11, 14)$ 또는 $t \in (10.5, 12.5, 17)$이다. 두 임계값 집합은 관측치의 같은 분할을 생성하지만, 학습 과정에서 보지 못한 미래 값으로 일

반화할 때 각 갭의 중간점을 사용하는 것은 타당해 보인다.

각 조건이 이 노드에서 도달할 수 있는 훈련 예제들의 집합 S를 분할하는 데 얼마나 잘 기여할지에 대해 그 조건을 평가하는 방법이 필요하다. 이상적인 조건 p는 클래스 레이블들이 분리되도록 하는 S의 *순수한 분할(pure partition)*이 될 것이다. 각 클래스 C_i의 모든 S 원소들은 트리의 한쪽 면에만 나타나지만, 그러한 순수도(purity)는 보통 가능하지 않다. 우리는 또한 S의 *균형 분리(balanced split)*를 만드는 조건을 원한다. 즉, 왼쪽 서브트리는 오른쪽 서브트리만큼 많은 S의 원소를 포함한다. 균형 분리는 분류를 더 빠르게 진행시키고 잠재적으로 더욱 강인하다. 임계값 t를 x_i의 최솟값으로 설정하는 것은 S에서 하나의 원소를 선택하며, 완전히 순수하고 최대로 불균형인 분리를 생성한다.

따라서 여기서의 선택 기준은 테스트에서 배운 것을 최대화하기 위해 균형과 순수도 모두를 보상해야 한다. 부분집합 S의 순수도를 측정하는 한 가지 방법은 무질서 또는 *엔트로피(entropy)*의 역이다. f_i는 클래스 C_i에 속하는 S의 비율을 나타낸다고 하자. 그러면 S의 정보이론 엔트로피 $H(S)$는 다음과 같이 계산된다.

$$H(S) = -\sum_{i=1}^{m} f_i \log_2 f_i$$

여기서 비율의 로그는 항상 음수이므로 음수 부호는 전체 값을 양으로 만들기 위해 존재한다.

이 수식을 분석해 보자. 가장 순수한 기여는 모든 원소가 단일 클래스에 속할 때, 즉 어떤 클래스 j에 대해 $f_j = 1$일 때 발생한다. $H(S)$에 대한 클래스 j의 기여도는 $1 \log_2(1) = 0$이며, 다른 모든 클래스의 기여도인 $0 \cdot \log_2(0) = 0$.과 동일하다. 가장 무질서한 경우의 버전은 m개의 모든 클래스가 동일하게 표현될 때, 즉 $f_i = 1/m$일 때이다. 그러면 위의 정의에 의해 $H(S)$는 $H(S) = \log_2(m)$이 된다. 엔트로피가 작을수록 노드는 분류가 더 잘된다.

하나의 노드에 적용될 수 있는 분리값은 그것이 시스템의 엔트로피를 얼마나 줄일 수 있는지 이다. 불리언 조건 p가 S를 두 개의 분리된 부분집합으로 분할한다고 가정하자. 즉, $S = S_1 \cup S_2$, $S_1 \cap S_2 = \emptyset$를 가정하자. 그러면 p의 *정보 이익(information gain)*은 다음과 같이 정의된다.

$$IG_p(S) = H(S) - \sum_{i=1}^{2} \frac{|S_i|}{|S|} H(S_i)$$

우리는 S의 최상의 분리기(splitter)로서 이 정보이익을 최대화하는 조건 p'를 찾는다. 트리의 양면이 평가되기 때문에 이 기준은 암묵적으로 균형분리를 선호한다.

순수도의 대안적 측정 방법이 정의되어 실제로 사용되고 있다. *지니(Gini)* 불순도는 다른 양 $(f_i(1 - f_i))$을 기반으로 한다. 순수분리의 경우, 즉 $f_i = 0$ 또는 $f_i = 1$의 경우 이 값은 모두 0이다.

$$I_G(f) = \sum_{i=1}^{m} f_i(1 - f_i) = \sum_{i=1}^{m}(f_i - f_i^2) = \sum_{i=1}^{m} f_i - \sum_{i=1}^{m} f_i^2 = 1 - \sum_{i=1}^{m} f_i^2$$

지니 불순도를 최적화하기 위한 조건 선택기준을 비슷하게 정의할 수 있다.

절차를 완성하려면 정지 조건이 필요하다. 언제 노드가 리프 노드라고 부를 만큼 충분히 순

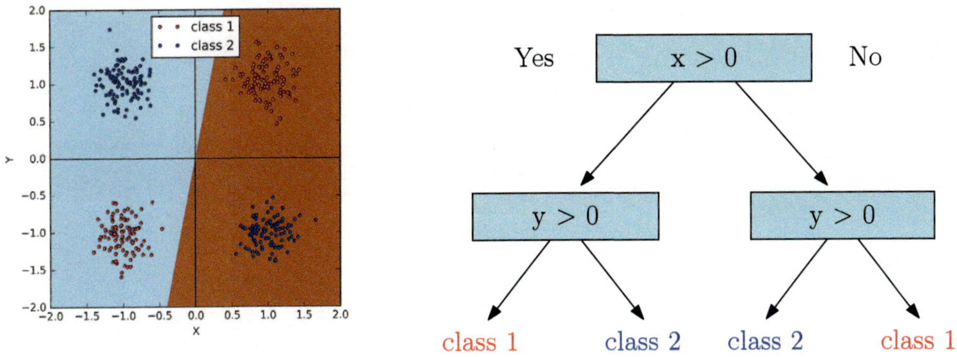

그림 11.4: 배타적 논리합 함수는 선형분류기에 의해 적합될 수 없다. 왼쪽 그림은 $x-y$ 공간의 4개의 자연적인 군집을 보여준다. 이것은 비록 작은 의사 결정 트리가 작업을 쉽게 수행하지만 로지스틱회귀는 의미 있는 구분자를 찾을 수 없음을 보여준다 (오른쪽 그림).

수한가? 정보 이익에 임계값 ϵ을 설정함으로써 다른 테스트에 대한 보상이 ϵ보다 작을 때 분할을 정지한다.

또 다른 전략은 모든 잎이 완전히 순수해질 때까지 전체 트리를 만들고, 최소의 정보 이익을 제공하는 노드를 제거함으로써 트리를 가지치기하는 것이다. 큰 집합은 루트 노드 부근에서 좋은 분리기를 가질 수는 없지만, 항목의 집합이 더 작아질수록 더 좋은 분리기가 등장하는 것이 일반적이다. 이 접근법은 진행 과정에서 너무 일찍 포기하지 않는 장점이 있다.

11.2.2 배타적 논리합 구현

일부 결정경계는 특정 기계 학습 접근법을 사용하여 적합하기가 어렵거나 심지어 불가능할 수 있다. 가장 악명이 높게도 선형분류기는 배타적 논리합(exclusive or, XOR)과 같은 단순한 비선형 함수를 적합하기 위해 사용될 수 없다. 논리함수 $A \oplus B$는 다음과 같이 정의된다.

$$A \oplus B = (A \text{ or } \bar{B}) \text{ or } (\bar{A} \text{ or } B)$$

2차원의 점 (x, y)에 대해 우리는 A가 "$x \geq 0$인가?"를 의미하고 B가 "$y \geq 0$인가?"를 의미하는 조건을 정의할 수 있다. 그림 11.4의 왼쪽 그림에 표시된 xy-평면의 반대 사분면에 $A \oplus B$가 참인 두 개의 서로 다른 영역이 있다. 하나의 직선으로 두 개의 영역을 분할해야 할 필요성이 있을 때 선형분류기는 XOR 연산이 불가능하다.

의사 결정 트리는 XOR을 인식할 만큼 충분히 강력하다. 사실, 그림 11.4의 오른쪽 그림에 있는 2-수준 트리는 작업을 수행한다. 루트 노드가 A가 참인지 또는 거짓인지를 테스트한 후에 B에 대한 두 번째 수준의 검정은 A에 이미 조건화되므로, 네 개의 리프 노드 각각은 적절한 분류를 허락하는 별도의 사분면과 연결될 수 있다.

비록 의사 결정 트리들이 XOR을 인식할 수 있지만, 이것은 XOR을 수행하는 트리를 찾는 것이 쉽다는 것을 의미하지는 않는다. XOR을 다루기 어렵게 만드는 것은 비록 올바른 루트 노드를 선택하더라도 여러분 자신이 더 좋은 분류를 진행하는 것을 볼 수 없다는 것이다. 위의 예제에서 "$x > 0$인가?"의 루트 노드를 선택하면 양쪽에서 클래스 순수도가 명확하게 향상되지 않는다. 정보 이익이 0이기 때문에 만약 우리가 다른 수준을 내다본다면 이 테스트의 값은 명백해진다.

의사 결정 트리 생성을 위한 경험적 방법은 XOR과 같은 문제를 해결하지 못한다. 이것은 어려운 상황에서 보다 정교하고 계산 비용이 많이 드는 트리 구축 절차의 가치를 암시한다. 이러한 트리 구축 절차는 이동 p의 가치를 지금 평가하지 않고 몇 번의 이동 후에 가치가 어떻게 될지를 평가하면서 컴퓨터 체스 프로그램처럼 앞을 내다본다.

11.2.3 의사 결정 트리의 앙상블

어떤 훈련 데이터 집합 S에 대해 구축할 수 있는 수많은 의사 결정 트리가 있다. 더욱이 만약 우리가 모든 리프 노드가 순수할 때까지 계속 정제한다면 각 리프 노드는 모든 훈련 예제를 완벽하게 분류할 것이다. 이것은 수백 또는 수천 개의 서로 다른 트리를 구축하고 각 트리에 대해 질의 항목 q를 평가하여 가능한 레이블을 반환하는 것을 의미한다. 각 트리가 독자적인 투표를 하도록 함으로써 가장 흔히 볼 수 있는 레이블이 올바른 레이블일 것이라는 확신을 얻게 된다.

이것이 집단적 사고를 피하기 위해서는 트리들이 다양해야 한다. 가장 좋은 트리를 찾는 결정론적 구축 절차를 반복적으로 사용하는 것은 가치가 없다. 왜냐하면 그것들은 모두 동일하기 때문이다. 각 노드에서 새로운 분리 차원을 무작위로 선택한 다음 조건을 정의하기 위해 이 변수에 대한 최상의 임계값을 찾는 것이 더 좋을 것이다.

그러나 무작위로 차원을 선택하는 경우에도 결과로 생기는 트리들은 종종 상호 연관성이 높다. 가장 좋은 방법은 비교적 작은 항목들의 무작위 부분집합에 대한 최상의 트리를 만드는 *배깅(bagging)*이다. 제대로 수행되면, 결과로 생기는 트리들은 서로 비교적 독립적이어야 하며 다양한 분류기를 제공하여 군중들의 지혜를 촉진해야 한다.

의사 결정 트리의 앙상블을 사용하는 것은 강인성 이외에 또 다른 이점이 있다. 트리들 사이의 합의 정도는 분류 결정에 대한 신뢰도의 측정 방법을 제공한다. 1,000개의 트리 중 501개 트리와 947개 트리의 다수 레이블에는 큰 차이가 있다.

이 비율은 확률로 해석될 수 있지만 더 좋은 신뢰도 측정 방법을 위해 로지스틱회귀에 이 수치를 제공하는 것이 더 좋을 수도 있다. 이진 분류 문제를 가정하여 f_i를 입력 벡터 X_i에 대해 클래스 C_1을 선택하는 트리의 비율을 나타낸다고 하자. 의사 결정 트리의 앙상블을 통해 전체 훈련 데이터 집합을 실행하라. 이제 f_i가 입력 변수이고 X_i의 클래스가 출력 변수인 로지스틱회귀 문제를 정의하라. 결과로 생기는 로짓 함수는 관측된 모든 일치 백분율에 대해 적절한 신뢰도 수준을 결정한다.

11.3 | 부스팅과 앙상블 학습

많은 수의 잡음이 있는 "예측 모형들"을 하나의 더 강력한 분류기로 모으는 아이디어는 군중뿐만 아니라 알고리즘에도 적용된다. 서로 다른 많은 특징 변수들이 모두 종속변수와 약하게 상관되어 있는 경우가 종종 있다. 그렇다면 그것들을 하나의 더 강력한 분류기로 결합할 수 있는 가장 좋은 방법은 무엇인가?

11.3.1 분류기를 사용한 투표

앙상블 학습(*ensemble learning*)은 서로 다른 많은 분류기를 하나의 예측 모형으로 결합하는 전략이다. 11.1절의 나이브 베이즈 접근법은 이러한 특성을 약간 가지고 있다. 왜냐하면 각 특징 변수를 하나의 개별적 약한 분류기로 사용하고 그것들을 곱하기 때문이다. 선형회귀와 로지스틱 회귀는 앙상블의 예측력을 최대화하기 위해 각 특징 변수에 가중치를 할당한다는 점에서 유사한 해석을 가진다.

그러나 좀 더 일반적으로, 앙상블 학습은 *투표*(*voting*)를 하는 아이디어를 중심으로 이루어진다. 주어진 인스턴스들의 무작위 부분집합에 대해 수백 또는 수천 개의 의사 결정 트리를 구축함으로써 의사 결정 트리가 집합체가 될 때 더 강력할 수 있다는 것을 알게 되었다. 대중의 지혜는 최고의 전문 지식을 갖는 개인의 생각보다는 다양한 생각으로부터 비롯된다.

민주주의는 1인 1표의 원칙에 기초한다. 최상의 행동 방침에 대한 교양 있고 사리에 맞는 여러분의 판단은 목소리가 큰 바보의 투표와 동등하게 중요하다. 민주주의는 사회의 역동성 측면에서 의미가 있다. 즉 공유된 결정은 일반적으로 이것이 당신에게 영향을 미치는 것만큼 바보에게도 영향을 미치기 때문에 공평성은 그 문제에 있어서 모든 사람들이 동등한 발언권을 가질 자격이 있다고 규정한다.

그러나 동일한 주장이 분류기에게는 적용되지 않는다. 여러 개의 분류기를 사용하는 가장 자연스러운 방법은 각 분류기에게 한 표를 제공하고 다수의 레이블을 취하는 것이다. 그런데 각 분류기가 동일한 표를 얻을 이유가 있는가?

그림 11.5는 가중치를 분류기에 할당하는 복잡성을 설명한다. 이 예제는 5명의 투표자로 구성되어 있으며 각 투표자는 5개의 항목을 분류한다. V_1을 제외한 모든 투표자는 정확도 60%를 가질 정도로 꽤 정확하며 투표자 V_1은 정확도 80%를 가진다. 다수결 선택은 최악의 개별 분류

Item/voter	V_1	V_2	V_3	V_4	V_5	Majority	Best weights
A	*		*	*	*	*	*
B	*		*	*	*	*	*
C	*	*		*	*	*	*
D	*	*					*
E		*	*				*
% correct	80%	60%	60%	60%	60%	60%	100%
best weight	1/3	1/3	1/3	0	0		

그림 11.5: 투표자가 똑같이 정확할지라도 투표에 대한 균등 가중치가 항상 최상의 분류기를 만들지는 않는다. 왜냐하면 어떤 인스턴스들(여기서, *D* 및 *E*)은 다른 인스턴스들보다 더 어렵기 때문이다. "*"는 해당 투표자가 주어진 항목을 정확하게 분류했음을 나타낸다.

기보다 더 좋지 않다. 그러나 만약 투표자 V_4와 V_5를 버리고 나머지 투표자들을 똑같이 다루면 하나의 완벽한 분류기가 만들어진다. 투표자 V_2와 V_3의 가치를 높이는 것은 전반적인 정확도가 아니라 가장 어려운 문제(D, 특히 E)에 대한 성능 때문이다.

분류기/투표자에게 가중치를 할당하는 세 가지 주요한 방법이 있다. 가장 간단한 방법은 과거에 정확하다고 판명된 분류기의 투표에 더 많은 가중치를 부여하는 방법으로 분류기 v_i에게 가중치 t_i/T를 할당한다. 여기서 t_i는 분류기 v_i가 정확하게 분류한 횟수이고 $T = \sum_{i=1}^{c} t_i$이다. 이러한 가중치 기법은 그림 11.5의 예제에 대해 다수결 원칙보다 더 좋지 않다는 사실을 주목하라.

두 번째 방법은 최상의 가중치를 찾기 위해 선형회귀/로지스틱회귀를 사용하는 것이다. 이진 분류 문제에서 2개의 클래스는 각각 0과 1로 표시된다. 실제 클래스 값을 예측하기 위해 각 분류기의 0-1 결과를 특징 변수로 사용한다. 이 방법은 정확한 답변과 상관관계가 있는 분류기를 선호하는 비균등 가중치를 찾지만 정확한 분류의 수를 최대화하려고 시도하지는 않는다.

11.3.2 부스팅 알고리즘

세 번째 아이디어는 *부스팅*(*boosting*)이다. 이 방법의 핵심은 인스턴스를 정확하게 맞추는 것이 얼마나 어려운지에 따라 인스턴스의 가중치를 평가하고 분류기들이 정확하게 맞추는 인스턴스들의 가중치를 바탕으로 분류기들에게 보상하는 것이다.

분류기의 가중치를 설정하기 위해 훈련 인스턴스들의 가중치를 조정한다. 쉬운 훈련 인스턴스들은 대부분의 분류기에 의해 정확하게 분류되므로 어려운 인스턴스를 정확하게 맞추는 것에 대해 분류기에 더 많은 보상을 한다.

대표적인 부스팅 알고리즘은 그림 11.6에 설명된 *에이다부스트*(*AdaBoost*)이다. 여기에서는 자세한 내용, 특히 매 회에서 가중치 조정에 대한 세부사항을 설명하지는 않을 것이다. 또한 분류기가 "$v_i \geq t_i$인가?"라는 형식의 비선형 분류기들의 조합으로, 즉 임계값 특징 변수들을 분류기로 사용하여 구축될 수 있을 것이라고 가정한다.

알고리즘은 $t = \{0, ..., T\}$에 대해 T회 진행된다. 처음에는 모든 훈련 예제(점)의 가중치가 같아야 하므로 모든 점 $x_1, ..., x_n$에 대해 $w_{i,0} = 1/n$이 되어야 한다. 여기서는 가능한 모든 특징 변수/임계값 분류기들을 고려하고 잘못 분류된 점들의 가중치들의 합 ϵ_t를 최소화하는 $f_i(x)$를 찾는다. 새로운 분류기의 가중치 α_t는 현재의 점집합에 대해 그 분류기가 얼마나 정확한지에 따라 달라진다. 한편 α_t는 다음과 같이 계산된다.

$$\alpha_t = \frac{1}{2}\ln\left(\frac{1-\epsilon_t}{\epsilon_t}\right)$$

점 가중치들은 $\sum_{i=1}^{n} w_i = 1$이 성립하도록 정규화되기 때문에 $\epsilon_t \leq 0.5$인 오차를 갖는 하나의 분류기가 항상 존재해야 한다.[3]

[3]두 개의 분류기를 생각해 보자. $x_i \geq t_i$일 때 하나의 분류기는 클래스 C_0를 선택하고, $x_i < t_i$일 때 다른 분류기는 클래스 C_1을 선택한다. 첫 번째 분류기는 정확히 두 번째 분류기가 틀렸을 때 맞으므로 두 개 중 하나는 적어도 50%가 되어야 한다.

AdaBoost

For t in $1 \dots T$:

- Choose $f_t(x)$:
  - Find weak learner $h_t(x)$ that minimizes ϵ_t, the weighted sum error for misclassified points $\epsilon_t = \sum_i w_{i,t}$
  - Choose $\alpha_t = \frac{1}{2} \ln \left(\frac{1-\epsilon_t}{\epsilon_t} \right)$
- Add to ensemble:
  - $F_t(x) = F_{t-1}(x) + \alpha_t h_t(x)$
- Update weights:
  - $w_{i,t+1} = (w_{i,t}) e^{-y_i \alpha_t h_t(x_i)}$ for all i
  - Renormalize $w_{i,t+1}$ such that $\sum_i w_{i,t+1} = 1$

그림 11.6: 에이다부스트 알고리즘의 의사코드.

다음 라운드에서, 잘못 분류된 점들의 가중치들은 그 점들을 더욱 중요하게 만들기 위해 강화(boosted)된다. $h_t(x_i)$는 x_i의 예측된 클래스, 즉 -1 또는 1이라고 하고 y_i는 정확한 클래스라고 하자. $h_t(x_i) \cdot y_i$의 부호는 클래스가 일치하는지(양수인지) 또는 일치하지 않는지(음수인지)를 반영한다. 그 다음 가중치를 다음과 같이 조정한다.

$$w'_{i,t+1} = w_{i,t} e^{-y_i \alpha_t h_t(x_i)}$$

그리고 $w'_{i,t+1}$는 합이 1이 되도록 다시 정규화된다. 즉,

$$C = \sum_{i=1}^{n} w'_{i,t+1} \text{ 및 } w_{i,t+1} = w'_{i,t+1}/C$$

가 성립한다.

그림 11.7의 예제는 세 개의 임계값 단일 변수 분류기들의 선형 조합으로서의 최종 분류기를 보여준다. 분류기들을 정확히 1개의 노드를 갖는 가장 간단한 의사 결정 트리라고 생각하라. 에이다부스트에 의해 지정된 가중치들은 균등하지 않다. 그러나 구성 원소 분류기들이 다수결 분류기와 다르게 동작을 하는 이러한 특별한 경우에 가중치들은 지나치게 한쪽으로 쏠리지 않는다. 임계값 테스트/의사 결정 트리의 이산형 특성으로 인해 만들어지는 비선형 결정 경계를 관측하라.

부스팅은 기본 분류기로 의사 결정 트리를 사용할 때 특히 유용하다. 인기 있는 *GBDT* 접근법은 일반적으로 각각 4개 내지 10개의 노드를 갖는 작은 트리들의 집합으로 시작한다. 이러한 트리는 데이터를 과대적합하지 않는 단순한 논리를 인코딩한다. 이러한 트리들의 각각에 할당된 상대적 가중치는 이전 라운드에서 만들어진 오차(잔차)를 적합하려고 시도하고 어려운 인스턴

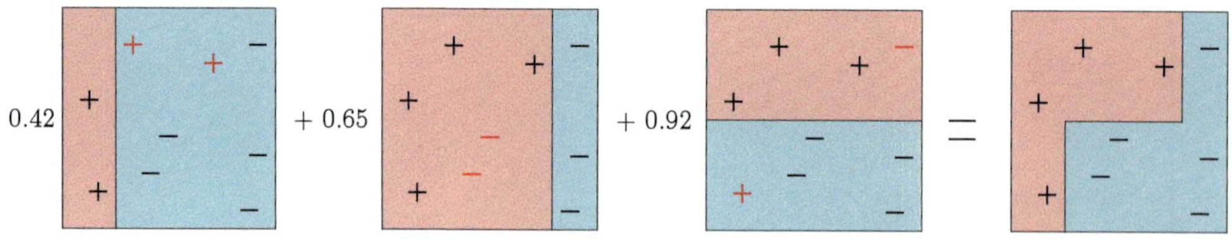

그림 11.7: 각 구성 분류기가 빨간색으로 강조 표시된 오분류 점을 가짐에도 불구하고, 최종 분류기는 모든 점을 올바르게 분류하는 가중 앙상블이 된다.

스들을 정확하게 분류한 트리들의 가중치를 증가시키는 학습 절차로부터 얻어진다.

부스팅은 모든 훈련 인스턴스를 정확하게 분류하기 위해 열심히 작업한다. 이것은 부스팅이 가장 어려운 인스턴스들을 분류하기 위해 특히 열심히 작업한다는 것을 의미한다. "어려운 사건들이 나쁜 법을 만든다"라는 격언이 있다. 이 격언은 결정하기 어려운 사건들이 후속 분석에 대한 좋지 않은 선례를 만든다는 것을 암시한다. 이것은 부스팅에 대한 중요한 주장이다. 왜냐하면 비록 이 방법이 실제 문제에서 일반적으로 좋은 성능을 보여주지만 이 방법은 과대적합하는 경향이 있기 때문이다.

훈련 데이터가 완전한 황금 기준(gold standard)이 아닐 때 과대적합의 위험이 특히 심하다. 인간의 클래스 주석달기는 종종 주관적이고 일관성이 없기 때문에 신호를 희생하고 잡음을 증폭시킨다. 최고의 부스팅 알고리즘은 벌점화를 통해 과대적합을 처리한다. 목표는 0이 아닌 계수의 수를 최소화하고 앙상블에서 임의의 한 분류기를 너무 많이 믿도록 하는 큰 계수를 피하는 것이다.

> **가정 학습** 부스팅은 약한 분류기를 효과적인 방법으로 활용할 수 있다. 그러나 훈련 인스턴스들의 일부에 주석을 잘못 달았을 때 부스팅은 특히 병적인 방식으로 작동할 수 있다.

11.4 | 서포트 벡터 기계

서포트 벡터 기계(support vector machine, SVM)는 비선형 분류기를 만드는 중요한 방법이다. SVM은 로지스틱회귀의 친척으로 간주될 수 있으며 2개의 레이블 클래스를 갖는 점들을 가장 잘 분리하는 직선/평면 l을 찾는다. 로지스틱회귀는 질의 점 q가 이 직선의 위 또는 아래에 놓여 있는지에 따라 q에 클래스 레이블을 할당한다. 또한 로지스틱회귀는 q에서 l까지의 거리를 q가 식별된 클래스에 속할 확률로 변환하기 위해 로짓함수를 사용한다.

로지스틱회귀의 최적화 문제는 모든 점에 대해 오분류 확률의 합을 최소화하는 것과 관련된다. 반대로 SVM은 두 클래스 사이의 최대 여백(margin)을 갖는 *선형 분리기*를 찾는 방식으로 작동한다. 그림 11.8은 직선으로 구분된 빨간색 점과 파란색 점을 보여준다. 이 직선은 최근접 훈련 데이터 점까지의 거리 d인 빨간색 점과 파란색 점 사이의 여백을 최대화한다. 이것은 두

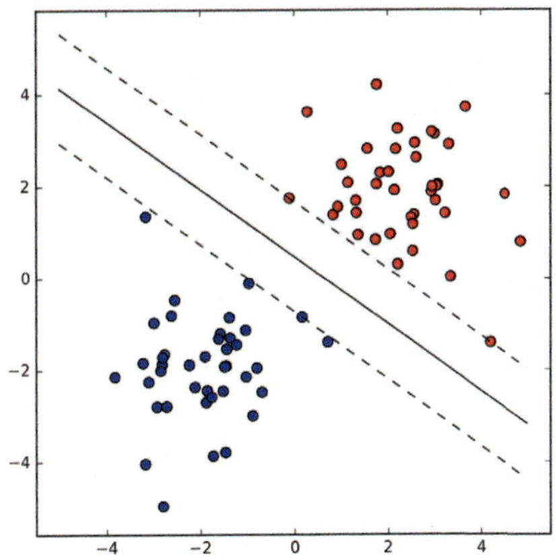

그림 11.8: SVM은 분리 직선 주위에 채널을 생성하는 가장 큰 여백으로 두 클래스를 구분한다.

클래스 간의 결정 경계를 구축하는 데 있어 자연스러운 목표이다. 왜냐하면 여백이 클수록 훈련 데이터 점이 잘못 분류되는 것에서 멀어지기 때문이다. 최대 여백 분류기는 두 클래스를 구분하는 가장 강인한 분리기이다.

빨간색 점들과 파란색 점들을 구분하는 최대 여백 분리기를 정의하는 데 도움이 되는 여러 가지 특성이 있다:

- 최적의 직선은 채널의 중간점에 있어야 하며 최근접 빨간색 점과 최근접 파란색 점 양쪽에서 거리 d만큼 떨어져 있어야 한다. 만약 그렇지 않다면 직선이 채널을 2등분할 때까지 직선을 이동하여 여백을 확대할 수 있다.

- 실제 분리 채널은 소수의 빨간색 및 파란색 점들과의 접촉에 의해 정의된다. 여기서 "소수"는 임의의 d-차원 면 위에 위치하는 $d + 1$개의 점을 피하면서 잘 정의된 점집합에 대해 점의 차원의 최대 두 배를 의미한다. 이것은 로지스틱회귀의 경우와는 다른데, 이 경우 모든 점이 직선의 최적 위치를 적합하는 것에 기여한다. 이 접점은 채널을 정의하는 *서포트 벡터(support vector)*이다.

- 빨간색 또는 파란색 점들의 볼록 집합 내부의 점들은 최대 여백 분리기에 전혀 영향을 미치지 않는다. 왜냐하면 우리는 모든 같은 색의 점들이 경계의 같은 쪽에 있기를 원하기 때문이다. 이 내부의 점들을 삭제하거나 이동시킬 수 있지만 최대 여백 분리기는 점 중 하나가 볼록 집합을 떠나 분리 띠(strip)에 들어갈 때까지 변경되지 않는다.

- 직선을 사용하여 항상 빨간색 점과 파란색 점을 완벽하게 구분할 수 있는 것은 아니다. 빨간색 점들의 볼록 집합 안에 한 개의 파란색 점이 있다고 상상해 보라. 하나의 직선을 사용하여 빨간색 점들로부터 이 파란색 점을 분리할 방법은 없다.

로지스틱회귀와 SVM 모두 두 개의 점집합을 분리하는 직선을 생성한다. 그림 11.9와 같이 이들은 서로 다른 기준에 따라 최적화되므로 다를 수 있다. 로지스틱회귀는 모든 점에 대해 집

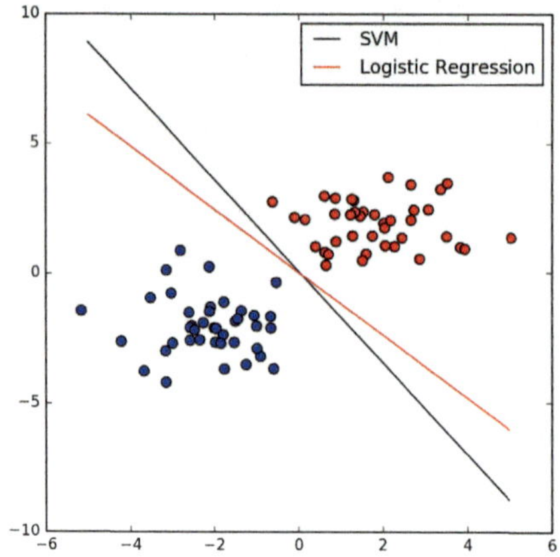

그림 11.9: 로지스틱회귀와 SVM은 서로 다른 최적화 기법을 사용하여 두 개의 점집합을 분리하는 직선을 생성한다.

계된 분류에 대한 전체 신뢰도를 최대화하는 분리기를 찾는 반면에 SVM의 넓은 여백 분리기는 두 집합 간의 가장 가까운 점들로 최상의 성능을 발휘한다. 두 방법 모두 일반적으로 비슷한 분류기를 생성한다.

11.4.1 선형 SVM

이러한 특성들은 *선형 SVM*의 최적화를 정의한다. 다른 직선/평면과 마찬가지로 분리 직선/평면은 입력 변수들의 벡터 x와 내적을 취하게 되는 계수들의 벡터 w에 대해 다음과 같이 표현된다.

$$w \cdot x - b = 0$$

두 개의 클래스를 분리하는 채널은 분리 직선에 평행하고 양쪽에서 등거리에 있는 두 개의 직선, 즉 $w \cdot x - b = -1$와 $w \cdot x - b = 1$에 의해 정의된다.

두 개의 직선 사이의 실제 기하학적 간격은 w, 즉 $2/||w||$에 따라 달라진다. 직관을 얻기 위해 2차원에서 기울기를 생각해 보자. 직선들이 수평선일 때 이 직선들은 거리 2만큼 떨어져 있지만 직선들이 거의 수직선이면 이 직선들은 거의 무시할 정도로 멀리 떨어져 있다. 이 분리 채널은 내부에 점을 포함하지 않아야 하고 파란색 점에서 빨간색 점을 분리해야 한다. 따라서 제약 조건을 추가해야 한다. 모든 빨간색 (클래스 1) 점 x_i는 다음 제약조건을 만족해야 한다.

$$w \cdot x - b \geq 1$$

반면에 모든 파란색 (클래스 -1) 점 x_i는 다음 제약 조건을 만족해야 한다.

$$w \cdot x - b \leq -1$$

만약 $y_i \in \{-1, 1\}$가 x_i의 클래스를 나타낸다면 이 제약 조건들은 다음 최적화 문제를 제공하기 위해 결합될 수 있다.

$$\max ||w||, \text{ 여기서 } y_i(w \cdot x_i - b) \geq 1 \quad \text{for all} \quad 1 \leq i \leq n$$

이 문제는 선형 프로그래밍과 비슷한 기법을 사용하여 해결할 수 있다. 채널은 경계와 접촉하는 점들에 의해 정의된다는 사실을 주목하라. 이 벡터들은 채널을 "지지"한다. 이러한 이유로 *서포트 벡터 기계*의 이름이 생겨났다. LibLinear 및 LibSVM과 같은 효율적인 소프트웨어의 최적화 알고리즘은 가장 넓은 채널을 찾기 위해 잠재적으로 분리 채널을 정의하는 서포트 벡터들의 부분집합들을 검색한다.

넓은 채널을 정의하고 잘못 분류된 점들을 벌하는 직선을 찾는 SVM에 대해 보다 일반적인 최적화 기준이 있음에 유의하라. 이런 종류의 쌍대-목적함수(소수의 점들을 오분류하면서 채널을 넓게 만든다)는 두 목표 사이에 균형을 유지하기 위해 하나의 상수를 갖는 벌점화의 한 형태로 간주될 수 있다. 경사 하강 검색은 이러한 일반적인 문제를 해결하는 데 사용될 수 있다.

11.4.2 비선형 SVM

SVM은 점들을 두 클래스로 분리하는 초평면(hyperplane)을 정의한다. 평면은 고차원에서 직선이며 선형대수를 사용하여 쉽게 정의된다. 그렇다면 이러한 선형 방법은 어떻게 비선형 결정경계를 만들 수 있는가?

주어진 점집합이 최대 여백 분리기를 가지려면 먼저 두 색깔의 점들은 직선으로 분리될 수 있어야 한다. 그러나 그동안 보아왔듯이 항상 그런 것은 아니다. 그림 11.10의 왼쪽 그림에 있는 사례를 생각해 보자. 빨간색 점들의 군집은 검은색 점들의 고리 모양의 군집에 의해 둘러싸여 있다. 어떻게 이러한 일이 일어날까? 주어진 목적지까지 충분히 가까이 있는지 여부에 따라 여행지를 *당일 여행*이나 *장거리 여행*으로 나눈다고 가정해 보자. 가능한 각 여행지의 경도와 위도는 그림 11.10의 왼쪽 그림과 똑같은 구조의 데이터를 만들어낸다.

핵심 아이디어는 d차원 점을 더 높은 차원의 공간으로 투영할 수 있다는 것이다. 이 고차원 공간에서는 점들을 분리할 수 있는 가능성이 더 많을 것이다. 일차원에서 직선을 따라 있는 n개의 빨간색/파란색 점들의 경우 이 점들을 분리하기 위한 $n-1$개의 흥미로운 방법이 있다. 각

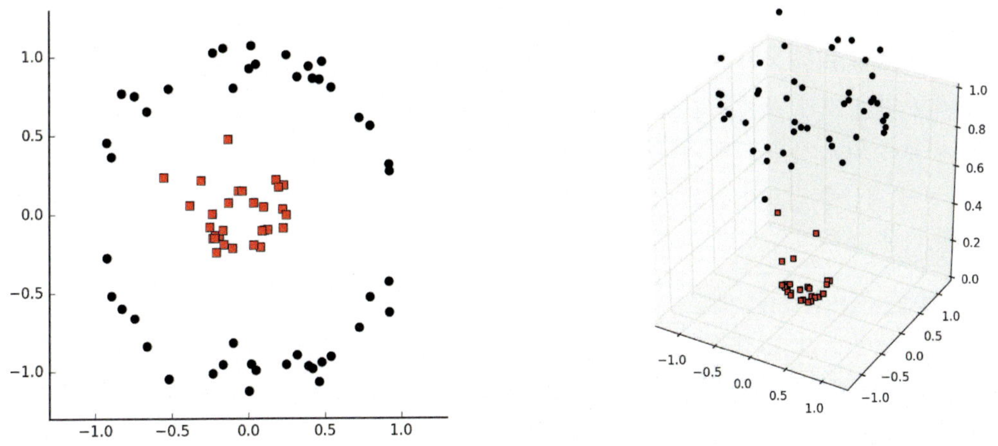

그림 11.10: 더 높은 차원으로 점들을 투영하면 고차원 공간의 점들을 직선으로 분리할 수 있도록 만들 수 있다.

방법은 $1 \leq i < n$에 대해 i번째 점과 $(i + 1)$번째 점 사이에 컷(cut)을 사용한다. 그러나 차원을 증가하면 분할의 자유도가 더 많아지기 때문에 2차원으로 이동하면 $\binom{n}{2}$개의 방법으로 확대된다. 그림 11.10의 오른쪽 그림은 변환 $(x, y) \rightarrow (x, y, x^2 + y^2)$을 통해 점들을 더 높은 공간으로 들어올리면 그 점들은 포물면에 위치하고 원래 공간에서는 분리할 수 없었던 클래스들을 선형으로 분리할 수 있게 해준다는 것을 보여준다.

만약 2개-클래스 점집합의 차원을 충분히 높게 들어올리면 항상 빨간색 점들과 검은색 점들을 분리하는 분리 직선이 생긴다. 사실, 합리적인 변환을 통해 n개의 점들을 n차원 공간에 배치하면 이 점들을 매우 간단한 방법으로 항상 선형으로 분리할 수 있다. 직관을 얻기 위해 2차원에서 두 점(1개의 빨간색 점과 1개의 파란색 점)의 특수한 경우를 생각해 보면 분명히 두 점을 구분하는 직선이 있어야 한다. 이 분리 평면을 원래 공간으로 투영하면 어떤 형태의 곡선 결정 경계가 생기므로 SVM의 비선형성은 입력이 어떻게 고차원 공간으로 투영되었는지에 따라 달라진다.

d차원의 n개의 점들을 n차원의 n개의 점들로 변환하는 한 가지 좋은 방법은 각 점을 n개의 모든 점까지의 거리로 표현하는 것이다. 특히, 각 점 p_i에 대해 원소가 $v_{ij} = dist(i, j)$ 인 벡터 v_i를 만들 수 있다. 여기서 v_{ij}는 점 p_i에서 점 p_j까지의 거리이다. 이러한 거리들의 벡터는 새로운 점 q를 분류하기 위한 강력한 특징 변수들의 집합으로 작용한다. 왜냐하면 같은 클래스의 점과의 거리는 다른 클래스의 점과의 거리와 비교하여 작아야 하기 때문이다.

이 특징 변수 공간은 참으로 강력하며, 원래의 $n \times d$ 입력 행렬을 새로운 $n \times n$ 특징 행렬로 변환하는 함수를 작성하는 것을 쉽게 생각할 수 있다. 여기서의 문제는 공간인데, 그 이유는 입력 점의 수 n이 일반적으로 차원 d보다 훨씬 크기 때문이다. 이러한 변환은 점의 수 n이 1,000 이하인 상당히 작은 점집합에 대해서만 가능하다. 더욱이, 이러한 고차원 점을 사용한 작업은 계산하는데 시간이 많이 걸린다. 왜냐하면 모든 가능한 거리를 계산하는 데 데이터 차원 d가 아니라 점의 수 n에 대해 선형 시간이 걸리기 때문이다. 그러나 놀라운 일이 일어난다.

11.4.3 커널

SVM을 위해 이러한 거리를 사용하는 특징 행렬을 *실제로* 계산할 필요가 없다. 사실, 최대 여백 분리기를 찾는 것과 관련된 최적화는 점들의 내적(dot product) 계산을 수행한다. 따라서 관련 점이 비교를 위해 사용될 때 거리 확장을 즉시 수행하는 것을 생각할 수 있다. 따라서 거리 행렬을 사전에 계산할 필요가 없고, 필요에 따라 d차원에서 n차원으로 점을 확장하고 거리 계산을 수행한 다음 그 확장을 버릴 수 있다.

이것은 공간이라는 장애물을 제거하는 데는 효과적일 수 있지만 여전히 계산 시간에 많은 비용을 지불해야 한다. 정말 놀라운 점은 *커널*(*kernel*)이라고 불리는 함수가 있다는 것이다. 이 함수는 고차원 벡터를 만들지 않고 고차원 벡터의 거리 계산을 반환한다. 커널과 함께 SVM을 수행하면 많은 추가 비용 없이 다양한 비선형 함수에서 최상의 분리기를 찾을 수 있다. 이와 관련된 수학은 이 책의 범위를 벗어난다.

가정 학습 커널함수는 d차원 점을 n차원으로 투영하여 분리되는 힘을 제공하여, d 단계 이상의 계산을 소모하지 않고 분리를 할 수 있도록 해준다.

SVM을 효과적으로 사용하기 위해서는 경험이 필요하다. 여기서 설명한 거리 커널 이외에도 다양한 커널 함수를 사용할 수 있다. 각 커널은 특정 데이터 집합에 대해 장점을 가지고 있으므로 최고의 성능을 얻기 위해서는 LibSVM과 같은 도구를 사용할 필요가 있다. SVM은 수백만 개가 아니라 수천 개의 점을 갖는 중간 규모의 데이터 집합에 대해 가장 잘 작동한다.

11.5 | 지도의 정도

훈련 데이터와 평가 데이터를 수집할 때 사용된 *지도(supervision)*의 정도와 성질에 기초한 기계 학습 접근 방식 사이에는 자연스러운 차이가 있다. 다른 분류법처럼 경계 주변에 약간의 애매함이 있어, 주어진 시스템이 무엇을 하고 무엇을 하고 있지 않는지에 대해 정확히 레이블을 붙이는 것은 불만족스러운 연습이 된다. 그러나 좋은 분류법(taxonomy)처럼 그것은 여러분의 생각을 인도할 수 있는 틀을 제공하고 더 좋은 결과를 가져올 수 있는 방법을 제안한다.

이 장에서 지금까지 논의된 방법은 클래스 레이블이나 목표 변수를 가진 훈련 데이터를 제공받는다고 가정하였고 분류기 또는 회귀 시스템을 학습시키는 작업에 치중하였다. 그러나 레이블이 부여된 데이터를 획득하는 것은 매우 어려운 일이다. 더 많은 데이터를 제공할수록 기계 학습 알고리즘은 일반적으로 성능이 향상되지만 주석을 다는 것은 종종 어렵고 비용이 많이 든다. 지도의 정도를 조정하는 것은 여러분의 분류기가 무슨 일이 일어나고 있는지를 들을 수 있도록 볼륨을 높이는 방법을 제공한다.

11.5.1 지도 학습

*지도 학습(supervised learning)*은 분류 및 회귀 문제를 위한 중요한 패러다임이다. 이 경우 특징 변수들의 벡터 x_i와 관련 클래스 레이블 또는 목표값 y_i를 제공받는다. 주석 y_i는 지도를 나타내며 일반적으로 훈련 데이터의 잠재적 양을 제한하는 수동 프로세스에서 유도된다.

특정 문제에서 훈련 데이터의 주석은 세상과 상호작용할 때의 관측값 또는 적어도 세상에 대한 모의실험에서 나온다. 구글의 알파고(AlphaGo) 프로그램은 바둑에서 세계챔피언을 물리치는 최초의 컴퓨터 프로그램이었다. 위치 평가 함수는 보드 위치를 취하고 그것이 얼마나 강한지를 추정하는 수를 계산하는 득점(scoring) 함수이다. 알파고의 위치 평가 함수는 인간 마스터에 의해 발표된 모든 게임을 이용하여 훈련되었지만, 훨씬 더 많은 데이터가 필요했다. 해결책은 본질적으로 자체 학습을 통해 위치 평가 도구를 구축하는 것이었다. 위치 평가는 각 리프 노드에서 평가 함수을 호출하기 전에 미리 여러 수 앞을 내다보는 탐색을 통해 실질적으로 향상된다. 탐색 없이 탐색 후의 점수를 예측하려고 하면 더 강력한 평가 함수가 만들어진다. 그리고 이러한 훈련 데이터를 생성하는 것은 스스로 경기를 수행하는 프로그램의 계산의 결과일 뿐이다.

환경으로부터 학습하는 이러한 아이디어를 *강화 학습*(*reinforcement learning*)이라고 한다. 이것을 모든 곳에 적용할 수는 없지만 기계적으로 주석이 달린 훈련 데이터를 생성하기 위한 현명한 접근 방법을 찾을 때 이것은 항상 가치가 있다.

11.5.2 비지도 학습

비지도 학습 방법은 신뢰할 수 있는 기준이 없는 레이블(클러스터) 또는 값(순위)를 제공함으로써 데이터에서 구조를 찾으려고 한다. 이 방법은 사람이 손대지 않은 데이터 집합을 이해하기 위한 탐험적 데이터 분석에 가장 적합하다.

모든 비지도 학습 방법의 모체는 10.5절에서 광범위하게 논의했던 *클러스터링*(*clustering*)이다. 클러스터링은 레이블이 없는 경우에도 분류를 위한 훈련 데이터를 제공하는 데 사용될 수 있다. 만약 발견된 클러스터가 실제 현상을 나타낸다고 가정하면 클러스터 ID를 주어진 클러스터의 모든 원소에 대한 레이블로 사용할 수 있다. 이것을 이제 클러스터 ID를 예측하는 분류기를 구축하기 위한 훈련 데이터로 사용할 수 있다. 클러스터 ID 예측은 이러한 개념과 관련된 이름이 없는 경우에도 유용하며, 입력 레코드 q에 대한 적절한 레이블을 제공한다.

토픽 모델링

비지도 학습 방법의 또 다른 중요한 클래스는 특정 단어로 작성된 문서와 관련된 *토픽 모델링*(*topic modeling*)이다. 문서는 주제 또는 주제의 혼합 형태로 작성된다. 이 책은 각기 다른 주제에 관한 장으로 나뉘어져 있지만, 야구에서 결혼식에 이르는 주제에 대해서도 다루고 있다. 그러나 주제가 무엇인가? 일반적으로 각 주제는 특정 단어 집합과 관련된다. 야구 관련 기사는 *hits*, *pitchers*, *strikeouts*, *bases*, *slugging* 등을 언급한다. *Married*, *engaged*, *groom*, *bride*, *love*, *celebrate*는 결혼과 관련된 단어이다. 어떤 단어들은 여러 가지 주제를 나타낼 수 있다. 예를 들어, *love*는 테니스와도 관련이 있고, *hits*는 갱단들과도 관련이 있다.

일단 일련의 주제 (t_1, ..., t_k)와 그것들을 정의하는 단어를 가지고 있다면, 주어진 문서 d와 관련된 특정 주제를 식별하는 문제는 상당히 간단해 보인다. t_i와 공통된 문서 d의 단어 발생 수를 계산하고 이것이 충분히 높을 때마다 성공을 보고한다. 수동으로 주제를 레이블로 표시한 일련의 문서가 주어진 경우 각 주제 클래스에 걸쳐 각 단어의 빈도수를 계산하여 각 주제와 가장 강력하게 연관된 단어 목록을 구성하는 것이 합리적일 것이다.

그러나 이것은 사실 지도 학습이다. *토픽 모델링*은 레이블이 지정되지 않은 문서로부터 주제와 단어 목록을 추론하는 비지도 접근 방법이다. 이러한 텍스트를 $w \times d$ 빈도수 행렬 F로 표현할 수 있다. 여기서 w는 어휘 크기이고, d는 문서 수이고, $F[i, j]$는 단어 i가 문서 j에 나타나는 횟수를 나타낸다. F를 $F \approx W \times D$로 분할한다고 가정하자. 여기서 W는 $w \times t$ 단어-주제 행렬이고, D는 $t \times d$ 주제-문서 행렬이다. W의 i번째 행의 가장 큰 원소는 단어 w_i가 가장 강하게 연결된 주제를 반영하는 반면에, D의 j번째 열의 가장 큰 원소는 문서 d_j에서 가장 잘 설명된 주제를 반영한다.

Text	T_1	T_2	T_3
The Bible	0.73	0.01	0.26
Data Sci Manual	0.05	0.83	0.12
Who's Bigger?	0.08	0.23	0.69

T_1		T_2		T_3	
Term	Weight	Term	Weight	Term	Weight
God	0.028	CPU	0.021	past	0.013
Jesus	0.012	computer	0.010	history	0.011
pray	0.006	data	0.005	old	0.006
Israel	0.003	program	0.003	war	0.004
Moses	0.001	math	0.002	book	0.002

그림 11.11: 토픽 모델링(LDA)의 설명. 3권의 책은 주제의 분포로 표현된다(왼쪽). 각 주제는 주제에 대한 중요도를 나타내는 가중치와 함께 단어 목록으로 표현된다(오른쪽). 문서는 단어로 구성되어 있다. LDA의 마법은 주제와 단어 할당을 비지도 학습 방식으로 동시에 추론한다는 것이다.

이러한 분할은 원하는 주제 수 t를 지정하는 것을 제외하면 완전히 비지도 학습 형태를 나타낸다. 이러한 근사 분할을 만드는 것은 복잡한 과정으로 보이지만 이렇게 해주는 다양한 방법들이 존재한다. 아마도 토픽 모델링을 위한 가장 인기 있는 방법은 LDA(*latent Dirichlet allocation*)라고 불리우는 접근법으로, 분할에 의해 엄격하게 생성되지는 않지만 비슷한 행렬 W와 D를 생성한다.

그림 11.11은 LDA의 간단한 예제를 보여준다. 세 권의 훌륭한 책들이 분석되었는데, 이 책들이 어떻게 세 개의 잠재적 주제들 중에서 구성되었는지를 보이는 목표를 가지고 있다. LDA 알고리즘은 각 단어가 각 주제에 얼마나 많이 기여를 하는지에 대한 가중치를 각 단어에 할당하는 비지도 방법으로 주제를 정의한다. 결과는 일반적으로 효과적이다. 각 주제의 개념은 가장 중요한 단어(오른쪽)에서 나온다. 그리고 각 책 내의 단어 분포는 세 개의 잠재적 주제(왼쪽)로 쉽게 나눌 수 있다.

이러한 분할적 사고방식은 문서를 넘어 모든 특징 행렬 F에 적용될 수 있다. 특이값 분해와 주성분 분석과 같은 행렬 분해 접근법은 똑같이 비지도적이며 데이터 집합의 고유한 구조를 유도한다.

11.5.3 준지도 학습

지도 학습과 비지도 학습 사이의 갭은 레이블이 있는 소량의 학습 데이터를 더 많이 확대하는 *준지도 학습*(*semi-supervised learning*) 방법에 의해 채워진다. 작은 수의 예제를 더 많은 수의 예제로 바꾸는 것을 종종 *부트스트래핑*(*bootstrapping*)이라고 한다. 준지도 학습 방법은 실질적인 훈련 데이터 집합을 만들기 위해 활용되어야 하는 방법을 상징한다.

레이블이 있는 소수의 예제 (x_i, y_i)와 레이블이 없는 많은 입력 벡터 x_j가 주어졌다고 가정하자. 훈련 데이터 집합으로부터 직접 모형을 만드는 대신 레이블이 없는 다량의 예제들을 분류할 수 있다. 이러한 미지의 예제들을 분류하기 위해 최근접 이웃 접근법을 사용하거나 여기에서 논의한 다른 접근법을 사용한다. 그러나 일단 분류하면 레이블이 정확하다고 가정하고 보다 더 큰 훈련 데이터 집합으로 다시 학습한다.

이러한 접근법은 신뢰할 수 있는 평가 데이터 집합을 갖추는 데 크게 도움이 된다. 부트스트랩 예제들로 학습된 모형이 원래 가지고 있던 예제들로 학습된 모형보다 더 좋은 성능을 발휘한다는 것을 입증할 필요가 있다. 만약 그 레이블이 쓰레기라면 수십억 개의 훈련예제들을 추가하는 것은 쓸모없는 일이다.

주석 없이도 훈련 데이터를 생성하는 다른 방법이 있다. 음성 예제보다는 양성 예제를 찾는 것이 더 쉬운 것처럼 보인다. 정확한 형식의 글쓰기와 부정확한 형식의 글쓰기를 구별하는 문법 교정기를 학습시키는 문제를 생각해 보자. 많은 양의 적절한 영어 예제를 쉽게 얻을 수 있다. 책과 신문에 출판되는 모든 것들은 일반적으로 좋은 예제이다. 그러나 부정확한 글쓰기의 언어 자료를 다수 확보하는 것은 더 어려워 보인다. 그러나 어떤 텍스트에 임의의 단어들을 무작위로 추가, 삭제, 대체해서 주어진 텍스트를 거의 항상 악화시킬 수 있다.[4] 출판된 모든 텍스트를 정확한 형식이라고 레이블을 달고 임의로 만든 텍스트를 부정확한 형식이라고 레이블을 달아서 주석을 달 수 있는 사람을 고용하지 않고서도 원하는 만큼 큰 훈련 데이터 집합을 만들 수 있다.

이러한 분류기를 어떻게 평가할 수 있는가? 평가를 위해 주석이 달린 데이터를 충분히 얻는 것이 일반적으로 가능하다. 왜냐하면 평가를 위해 필요한 데이터는 일반적으로 훈련 데이터보다 훨씬 적기 때문이다. 분류기를 사용하여 주석을 달 것을 제안할 수도 있다. 주석자가 조사할 가장 중요한 예제들은 분류기가 실수를 범할 수 있는 예제들이다. 부정확한 글쓰기로 분류된 출판 문장 또는 테스트를 통과한 무작위로 만든 문장은 인간 평가자에게 전달할 만한 가치가 있다.

11.5.4 특징 공학

*특징 공학(feature engineering)*은 기계 학습 알고리즘이 의도한 작업을 보다 쉽게 수행할 수 있도록 도메인 지식을 적용하는 정교한 기술이다. 분류(taxonomy)의 맥락에서 특징 공학은 지도 학습에서 중요한 부분으로 간주될 수 있으며, 여기서의 지도는 관련 목표 주석 y_i대신 특징 변수 벡터 x_i에 적용된다.

모형이 특징 변수들을 적절히 사용할 수 있도록 특징 변수들이 모형에 제공되는 것이 중요하다. 특수 용도의 지식을 학습하는 대신 그 지식을 데이터에 통합하면 비전문가에게는 속임수처럼 들릴 수 있다. 그러나 전문가들은 쉽게 학습할 수 없는 것들이 존재하므로 특징 집합에 더 명시적으로 담는 것이 좋다는 것을 이해하고 있다.

경매에서 미술품 가격을 책정하는 모형을 고려해 보자. 경매소가 소유자에게 지불하는 비용 외에 경매소는 낙찰자에게 수수료를 부과함으로써 돈을 번다. 다른 경매소는 다른 요율을 부과하지만 상당한 금액을 청구할 수 있다. 낙찰자에 대한 총비용은 구매 가격과 수수료로 나누어지기 때문에 수수료가 높을수록 입찰자가 소유자에게 지불할 수 있는 금액을 줄일 수 있어 구매가격을 낮출 수 있다.

그렇다면 예술품 가격 결정 모형에서 수수료를 어떻게 나타낼 수 있는가? 저자는 적어도 세 가지 접근 방식을 생각해 볼 수 있다. 그중 일부는 비참한 결과를 초래할 수 있다.

---

[4]이 페이지에서 시험해 보라. 한 단어를 임의로 선택하여 *red*로 바꾸어라. 그리고 다시 *the*로 바꾸어라. 그리고 마지막으로 *defenestrate*로 바꾸어라. 이러한 변화 이후의 텍스트보다 원래의 텍스트가 명확하게 더 잘 써졌는가?

- **수수료 비율을 특징으로 지정하라:** 하우스 컷(가령 10%)을 특징 집합에서 하나의 열로 표현하는 것은 선형 모형에서 사용하지 못할 수도 있다. 입찰자가 찍은 히트는 세율과 최종 가격의 곱이다. 그것은 가법 효과(additive effect)가 아니라 승법 효과(multiplicative effect)를 가진다. 따라서 만약 예술품의 가격 범위가 100달러에서 1,000,000달러 사이라면 그것은 의미 있게 활용될 수 없다.

- **실제 지급된 수수료를 특징으로 포함하라:** 만약 최종적으로 *지불된* 수수료를 특징으로 포함한다면 여러분은 경매 당시 알려지지 않은 데이터로 특징을 오염시킬 수 있다. 만약 모든 그림에 10%의 세금이 부과되고 지불된 세금이 특징이라면 완벽하게 정확한 (그리고 완전히 쓸모없는) 모형은 지불한 세금의 10배를 가격으로 예측한다!

- **회귀 목표 변수를 지불한 총금액으로 설정하라:** 구매자가 입찰하기 전에 수수료 비율과 부가 비용을 알기 때문에, 올바른 목표 변수는 지불한 총금액이어야 한다. 총구매 가격의 예측은 경매소의 규칙에 따라 구매 가격, 수수료, 세금으로 나중에 나눌 수 있다.

특징 공학을 데이터 정제의 도메인 종속 버전으로 간주할 수 있으므로, 3.3절에서 설명한 기법들이 모두 여기서 적용된다. 데이터 중심 모형을 실제로 구축해야 하는 시점에 도달했으므로 가장 중요한 사항들을 다시 살펴보기로 한다.

- **Z-스코어 및 정규화:** 비교 가능한 수치 범위 상에서 정규분포를 따르는 값들이 일반적으로 최상의 특징 변수를 만든다. 범위를 비교할 수 있게 하려면 평균을 빼고 표준편차로 나누어 값을 Z-스코어, 즉 $Z = (x - \mu)/\sigma$로 변환하라. 멱법칙 변수를 더욱 정규분포로 만들기 위해 특징 변수 집합에 있는 x를 $\log x$로 대체하라.

- **누락된 값을 대체하라:** 여러분의 데이터에 누락된 값이 없는지 확인하라. 만약 누락된 값이 있으면 누락된 값을 의미 있는 추측 또는 추정 값으로 대체하라. 누군가의 몸무게가 −1인 것을 기록하는 것은 모든 모형을 엉망으로 만드는 방법이다. 가장 단순한 대체 방법은 각 누락된 값을 관련 열의 평균으로 대체하고, 일반적으로 충분하지만 보다 강력한 방법은 레코드의 다른 변수를 기초로 누락된 값을 예측하기 위해 모형을 학습한다.

- **차원 축소:** *벌점화*는 과대적합을 방지하기 위해 모형이 관련 없는 특징 변수들을 버리도록 강요하는 방법이다. 모형을 적합하기 전에 데이터 집합에서 특징 변수들을 제거하여 관련 없는 특징 변수들을 제거하는 것이 훨씬 더 효과적이다. 특징 변수 x가 여러분의 모형과 관련이 없는 경우는 언제인가? 목표 변수 y와의 상관관계가 높지 않고, x가 y에 영향을 줄 수 *있는* 이유를 설명할 수 있는 질적 이유의 결여가 둘 다 훌륭한 지표이다.

  특이값 분해와 같은 차원 축소 기법은 큰 특징 변수 벡터를 보다 강력하고 간결한 표현으로 축소하는 탁월한 방법이다. 장점으로는 빠른 훈련시간, 더 작은 과대적합 및 관측값으로부터의 잡음 감소가 있다.

- **비선형 조합의 명시적 포함:** 특징 변수들의 곱 또는 비율은 상황에 따라 자연스럽게 해석

된다. 면적 또는 부피는 길이, 너비 및 높이의 곱이지만 명시적으로 특징 행렬에서 하나의 열을 만들지 않는 한 선형 모형의 일부가 될 수 없다. 스포츠에서 기록한 경력 득점 또는 급여의 총액과 같은 총계는 일반적으로 나이 또는 기간이 다른 항목들 간에 비교할 수 없다. 그러나 총액을 비율(가령, 게임당 점수 또는 시간당 달러)로 변환하는 것이 더 의미 있는 특징 변수들을 만든다.

이러한 곱과 비율을 정의하려면 도메인별 정보가 필요하며 특징 공학 과정에서 신중하게 생각해야 한다. 여러분은 비선형 분류기보다 올바른 조합을 더 많이 아는 경향이 있다.

여기서 부끄러워 하지마라. 좋은 모형과 나쁜 모형의 차이는 일반적으로 특징 공학의 품질에 달려 있다. 고급 기계 학습 알고리즘은 매력적이지만 결과를 만드는 것은 데이터 준비이다.

11.6 | 딥러닝

여기에서 지금까지 공부한 기계 학습 알고리즘은 몇 가지 이유로 *거대한* 데이터 집합에 대해 실제로 잘 확장되지 않는다. 선형회귀와 같은 모형은 일반적으로 비교적 적은 수의 매개변수, 예컨대 각 열에 하나의 계수를 갖는다. 따라서 수많은 훈련 예제들의 혜택을 받을 수 없다. 만약 데이터가 좋은 선형 적합을 가진다면 여러분은 작은 데이터 집합으로 선형 적합을 찾을 수 있다. 그리고 그렇지 않다면, 여러분은 아무튼 선형 적합을 찾기를 원하지 않았을 것이다.

*딥러닝*은 기계 학습에서 매우 흥미로운 최근의 개발이다. 딥러닝은 1980년대 인기가 많았던 접근법인 *신경망*을 기반으로 하는데 그 후 사실 유행에 뒤떨어졌다. 그러나 지난 5년 동안 무언가 일이 일어났고, 갑자기 다층 (심층) 신경망이 컴퓨터비전과 자연어 처리의 고전적 문제에 대한 전통적인 접근법을 크게 능가하기 시작했다.

정확히 왜 이런 일이 일어났는지는 여전히 수수께끼로 남아 있다. 데이터의 양과 계산 속도가 엄청난 양의 훈련 데이터를 활용할 수 있는 능력이 부족한 자원을 다루는 데 더 효과적인 방법을 극복한 한계점을 넘어서는 만큼 근본적인 알고리즘 혁신이 있었던 것 같지는 않다. 그러나 이러한 이점을 활용하기 위해 인프라가 빠르게 발전하고 있다. 구글의 *텐서플로*와 같은 새로운 오픈소스 소프트웨어 프레임워크를 사용하면 학습을 신속하게 진행하도록 설계된 특수 목적의 프로세서에 네트워크 아키텍처를 쉽게 지정할 수 있다.

딥러닝을 다른 접근법과 구별하는 것은 딥러닝이 일반적으로 특징 공학을 피한다는 것이다. 신경망의 각 층은 일반적으로 이전 층의 출력을 입력으로 받아들이고 신경망의 상단으로 올라감에 따라 점진적으로 높은 수준의 특징을 제공한다. 딥러닝은 입력에서부터 최종 결과까지를 이해하는 계층 구조를 정의하는 역할을 하며, 실제로 하나의 작업을 위해 설계된 신경망의 끝에서 두 번째 층은 관련 작업에 유용한 높은 수준의 특징을 제공한다.

왜 신경망은 그렇게 성공적인가? 아무도 잘 모른다. 많은 작업에서 이러한 신경망의 전체적인 가중치가 실제로 필요하지 않다는 징후가 있다. 신경망이 하는 일은 결국 좀 더 분명한 방법을 사용하여 이루어질 것이다. 신경망은 수백만 개의 매개변수를 적합하기 위해 수백만 개의 훈련 예제를 사용하는 방법을 찾기 때문에 과대적합하는 경향이 있다. 그러나 신경망은 일반적으로 지식을 인코딩하기 위해 보다 덜 정밀한 방법을 사용함으로써 과대적합을 피할 수 있다. 필요 시 숨김없이 말하기 위해 텍스트의 긴 문자열을 명시적으로 기억하는 시스템은 약하고 과대적합하는 반면에, 이러한 문구를 좀 더 느슨한 방식으로 표현하는 시스템은 보다 더 유연하고 일반화될 가능성이 있다.

딥러닝은 빠르게 발전하고 있는 분야이다. 이러한 신경망의 핵심 특성은 무엇인가? 왜 신경망은 갑자기 성공하게 되었는가?

가정 학습 딥러닝은 엄청난 양의 훈련 데이터가 있는 도메인에 가장 적합하지만 매우 흥미로운 기술이다. 따라서 대부분의 데이터 사이언스 모형은 이 장의 앞부분에서 자세히 설명한 전통적인 분류 및 회귀 알고리즘을 사용하여 계속해서 만들어질 것이다.

11.6.1 네트워크와 깊이

그림 11.12는 딥러닝 네트워크의 구조를 보여준다. 각 노드 x는 모든 입력에 대해 주어진 함수 $f(x)$의 값을 계산하는 계산 단위(unit)를 나타낸다. 지금은 이것을 모든 입력을 더하고 합을 출력하는 단순한 가산기라고 생각하라. 각 방향 에지(edge) (x, y)는 노드 x의 출력을 신경망의 상위 노드 y의 입력으로 연결한다. 또한 각 에지는 관련 계수 $w_{x,y}$를 가진다. 노드 y에 실제로 전달되는 값은 $w_{x,y} \cdot f(x)$이다. 이것은 노드 y가 입력값의 가중합을 계산하는 것을 의미한다.

그림 11.12의 왼쪽 열은 입력 변수들의 집합을 나타낸다. 우리가 신경망에게 예측을 하도록 요청할 때마다 입력 변수들의 값이 변한다. 이것을 신경망의 인터페이스로 생각하라. 여기에서 다음 단계로의 연결은 입력값을 계산할 모든 노드로 입력값을 전달한다. 오른쪽에는 이러한 계산의 결과를 제공하는 하나 또는 그 이상의 출력 변수가 있다. 입력층과 출력층 사이에는 은닉층(*hidden layer*)이 있다. 모든 가중치 계수, 신경망 구조 및 입력 변수의 값이 주어지면 계산은 간단하다. 신경망의 가장 낮은 단계의 값을 계산하고, 전방향으로 전달하며 그리고 다음 단계에서 최상위 층에 도달할 때까지 반복한다.

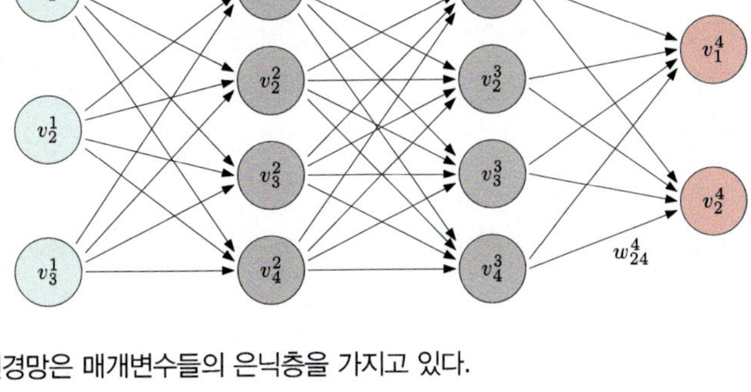

그림 11.12: 심층 신경망은 매개변수들의 은닉층을 가지고 있다.

신경망을 *학습한다*는 것은 가중치 매개변수 $w_{x,y}$를 조정하는 것을 의미한다. 에지가 많을수록 더 많은 매개변수를 학습해야 한다. 원칙적으로 학습은 훈련 코퍼스 (x_i, y_i)를 분석하고 입력 x_i가 주어질 때 출력 노드가 y_i에 가까운 값을 생성하도록 에지의 가중치 매개변수를 조정하는 것을 의미한다.

네트워크 깊이

어떤 의미에서 신경망의 깊이는 모델링되는 개체와 관련된 개념적 계층구조와 일치해야 한다. 우리가 가져야 하는 이미지는 신경망의 상위층으로 올라감에 따라 연속적으로 변형되고, 필터링되고, 압축되고, 더 좋은 형태로 바뀌는 입력이다. 일반적으로 노드 수는 상위층으로 올라감에 따라 점진적으로 감소해야 한다.

우리는 각 층이 추상화 수준을 제공한다고 생각할 수 있다. 이미지가 고양이 그림을 포함하는지 아닌지를 결정하는 이미지에 대한 분류 문제를 생각해 보자. 연속적인 추상화 수준의 관점에서 생각하면 이미지는 픽셀, 인접 패치, 에지, 텍스처, 영역, 단순한 개체, 복합 개체, 장면으로 구성될 수 있다. 이것은 적어도 여덟 수준의 추상화가 잠재적으로 이미지에 대한 신경망에 의해 인식되고 사용 가능하다는 주장이다. 비슷한 계층 구조는 문서 이해(문자, 단어, 구문, 문장, 단락, 구절, 절, 문서) 및 비슷한 복잡도의 다른 모든 인공 산출물에 존재한다.

사실, 특정 작업을 위해 학습된 심층 신경망은 신경망의 하위 수준의 출력을 전통적인 분류기를 위한 강력한 특징으로 나타냄으로써 가치 있는 범용 특징을 생성할 수 있다. 예를 들어, *이미지넷*(*Imagenet*)은 이미지의 객체 인식에 널리 사용되는 신경망이다. 1000개의 노드로 이루진 하나의 상위층은 해당 이미지가 1,000개 유형의 각 객체를 포함하는 신뢰도를 측정한다. 어떤 객체가 어느 정도로 빛을 내는지의 패턴은 일반적으로 이미지 유사성을 측정하는 것과 같은 다른 작업을 위해 유용하다.

이러한 각각의 레벨이 무엇을 나타내야 하는지에 대한 진정한 비전을 부과하지 않으며 단지 그러한 복잡성을 인식할 수 있는 잠재력이 존재하도록 연결해야 한다. 이웃 패치(patch)는 연결된 픽셀들의 작은 그룹의 함수인 반면에 영역은 소수의 연결된 패치로 이루어진다. 우리가 인식하고자 하는 것에 대한 어떤 의미는 이 위상을 설계하는 데에 영향을 미치지만, 신경망은 훈련 오류 또는 *손실*(*loss*)을 최소화하기 위해 학습 중에 해야 할 일을 수행한다.

심층 신경망의 단점은 신경망이 점점 커지고 깊어질수록 학습시키는 것이 더 어렵다는 것이다. 각각의 새로운 층은 새로운 가중치 매개변수 집합을 추가하기 때문에 과대적합의 위험을 증가시킨다. 에지와 관측된 결과 사이에 중간층 수가 증가함에 따라 예측 오차의 영향을 가중치에 올바르게 부과하는 것은 점점 어려워진다. 그러나 10개 이상의 층과 수백만 개의 매개변수를 갖는 신경망이 성공적으로 학습되었으며 일반적으로 신경망의 복잡도가 높아짐에 따라 인식 성능이 향상된다.

또한 신경망은 깊이가 증가함에 따라 예측을 하는 데 계산상 많은 비용이 든다. 왜냐하면 계산은 신경망 에지 수에 대해 선형 시간이 걸리기 때문이다. 이것은 끔찍한 일이 아니다. 왜냐하면 어떤 특정 수준의 모든 노드들이 여러 코어에서 병렬로 계산되어 예측 시간을 단축할 수 있

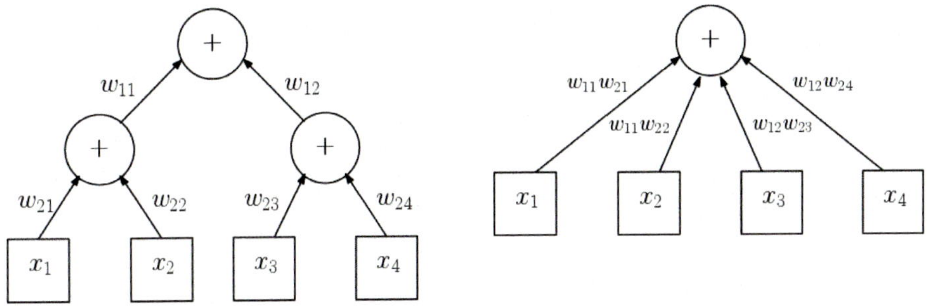

그림 11.13: 덧셈 신경망은 깊이로부터 이익을 얻지 못한다. 2층 신경망(왼쪽)은 동등한 1층 신경망(오른쪽)과 정확히 동일하게 함수를 계산한다.

기 때문이다. 학습 시간은 실제 계산상의 병목현상을 계산할 때 걸리는 시간이다.

비선형성

신경망의 은닉층까지 추상화 수준이 높아지는 것을 인식하는 이미지는 분명히 매력적이다. 그러나 그것이 사실인지 묻는 것이 공정하다. 신경망에 몇 개의 층을 추가하는 것은 *정말로* 계산 능력을 더 좋게 하는가?

그림 11.13의 예제는 그 반대를 주장하고 있다. 이 그림은 각각 두 개의 층과 세 개의 층으로 구성된 신경망을 보여 주지만, 두 신경망 모두 모든 입력에서 정확히 동일한 함수를 계산한다. 이것은 입력으로 들어가는 에지 수, 즉 노드 차수의 제약을 줄이기 위한 것을 제외하고는 여분의 층이 불필요하다는 것을 암시한다.

그것이 실제로 보여주는 것은 깊이를 이용하기 위해 더 복잡한 비선형 노드 *활성함수(activation function)* $\phi(v)$가 필요하다는 것이다. 비선형 함수는 덧셈 함수가 덧셈을 만들어내기 위해 구성되는 것과 같은 방법으로 구성될 수 없다. 이러한 비선형 활성함수 $\phi(v_i)$는 일반적으로 입력 x의 가중합

$$v_i = \beta + \sum_i w_i x_i$$

에 대해 작동한다. 여기서 β는 주어진 노드에 대한 상수이며 훈련 과정에서 학습된다. 이것은 다른 입력이 없는 경우 활성을 정의하기 때문에 노드의 *편향(bias)*이라고 불리운다.

층 l의 출력값 계산을 위해 층 $l-1$의 값의 가중합에 활성함수 ϕ를 적용하는 것은 성능에 중요한 영향을 미친다. 특히, 신경망 평가는 기본적으로 수준 당 하나의 행렬 곱셈을 포함한다. 이때 가중 합은 $|V_l| \times |V_{l-1}|$ 가중 행렬 W와 $|V_{l-1}| \times 1$ 출력 벡터 V_{l-1}을 곱하여 얻어진다. 결과로 생기는 $|V_l| \times 1$ 출력 벡터의 각 원소는 함수 ϕ를 사용하여 해당 층의 출력값을 준비한다. 행렬 곱셈을 위한 빠른 라이브러리는 이 계산의 핵심 부분을 매우 효율적으로 수행할 수 있다.

한 벌의 흥미로운 비선형 활성함수가 신경망을 구축하는 데 사용되었다. 그림 11.14에 소개

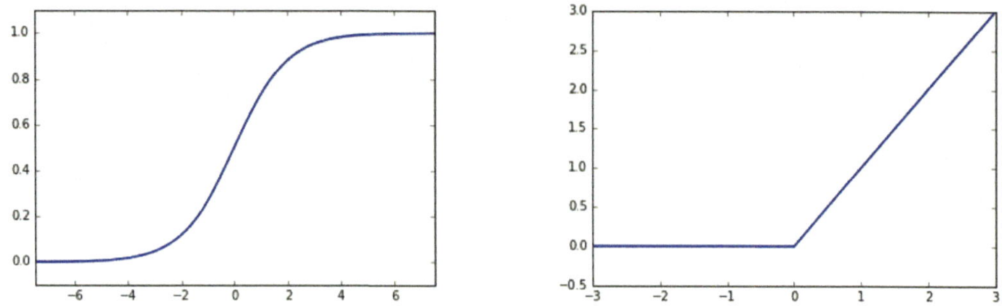

그림 11.14: 신경망의 노드에 대한 로지스틱 활성함수(왼쪽) 및 ReLU 활성함수(오른쪽).

된 가장 대표적인 두 개의 활성함수는 다음과 같다.

- 로짓(logit): 분류를 위한 로지스틱회귀에 대한 논의에서 우리는 다음과 같은 로지스틱 함수 또는 로짓을 본적이 있다.

$$f(x) = \frac{1}{1 + e^{-x}}$$

  이 단위는 출력이 범위 [0,1]로 제한되는 속성을 가지고 있다. 여기서 $f(0) = 1/2$이다. 또한 이 함수는 미분이 가능하기 때문에 결과로 생기는 신경망을 학습시키는 데 역전파(backpropagation)가 사용된다.

- ReLU(rectified linear units): 전기회로의 *정류기*(*rectier*) 또는 다이오드(diode)는 전류가 한 방향으로만 흐르게 한다. 이것의 반응 함수 $f(x)$는 그림 11.14 (오른쪽)처럼 x가 양수일 때 선형이며, x가 음수일 때 0이다.

$$\begin{aligned} f(x) &= x \text{ when } x \geq 0 \\ &= 0 \text{ when } x < 0 \end{aligned}$$

  $x = 0$에서의 이러한 구부러짐은 함수에서 선형성을 제거하기에 충분하며, 음수를 구동하여 이 유니트를 끄는 자연스러운 방법을 제공한다. ReLU 함수는 $x = 0$을 제외한 모든 x에서 미분 가능하지만 여전히 로짓과는 다른 반응 값을 가지며 단조 증가하고 한쪽으로는 한계 값이 없다.

저자는 왜 특정 함수가 특정 상황에서 더 잘 수행해야 하는 이유를 설명하는 이론을 실제로 잘 알지 못한다. 특정 활성함수는 실험에서 잘 작동했기 때문에 인기가 있었다. 이 활성함수는 신경망이 제대로 작동하지 않는다고 느낄 경우 변경할 수 있는 장치를 선택할 수 있다.

일반적으로 하나의 은닉층을 추가하면 신경망에 상당한 능력이 추가되지만 장점이 줄어들기도 한다. 이 이론은 은닉층이 없는 신경망은 선형으로 분리 가능한 클래스를 인식할 수 있는 능력을 가지고 있음을 보여준다. 그러나 우리는 더 강력한 분류기를 만들기 위해 신경망으로 눈을 돌리게 되었다.

> **가정 학습** 입력층과 출력층 사이에 많은 노드를 갖는 하나의 은닉층을 가지고 시작하라. 그러면 신경망은 강력한 특징을 만드는 압축된 표현을 학습하게 된다.

11.6.2 역전파

역전파(*backpropagation*)는 큰 훈련 데이터 집합에 대해 많은 수의 매개변수를 점진적으로 적합함으로써 매우 인상적인 결과를 얻는 신경망의 주요한 학습 절차이다. 9.4절에서 소개한 확률적 경사 하강법을 연상시킨다.

여기서의 기본적인 문제는 이것이다. 각 매개변수 w_{ij}^{l}에 대해 사전 값을 갖는 신경망이 주어진다. 이 매개변수는 노드의 출력 v_j^{l-1}이 노드 출력 v_l^l에 반영되기 전에 얻게 되는 승수(multiplier)를 의미한다. 또한 n개의 입력 벡터-출력값 쌍 (x_a, y_a)으로 구성된 훈련 데이터 집합이 주어진다. 여기서, $1 \leq a \leq n$이다. 이 신경망 모형에서 벡터 x_i는 입력층에 주어지는 값을 나타내고 y_i는 출력층의 목표값을 나타낸다. x_i에 대해 현재 신경망을 평가하면 출력벡터 v^l을 얻게 된다. 층 l에서 신경망의 오차 E_l은 다음과 같이 측정된다.

$$E_l = ||y_i - v^l||^2 = \sum_j (\phi(\beta + \sum_j w_{ij}^l v_{ij}^{l-1}) - y_{ij})^2$$

y_i를 더 잘 예측하고 E_l을 최소화할 수 있도록 가중치 w_{ij}^{l}의 값을 향상시켜야 한다. 이전 층 v^{l-1}로부터의 입력값이 고정되어 있으므로 위의 수식은 손실 E_l을 가중치의 함수로 정의한다. 확률적 경사 하강법에서처럼 w_{ij}^{l}의 현재 값은 오차곡면 상의 점 p를 정의하며 이 점에서 E_l의 미분은 오차를 줄이는 가장 가파른 하강 방향을 정의한다. *학습률*(*learning rate*)에 의해 정의된 방향으로 거리 d 만큼 하강하면 갱신된 가중치를 얻을 수 있다. v_l은 x_a로부터 y_a를 예측하는 더 좋은 작업을 수행한다.

그러나 이것은 출력층과 관련된 가중치만 변경한다. 이전 층으로 이동하려면 이전 신경망 평가가 이러한 노드들의 각각에 대한 출력을 입력의 함수로 제공했음에 유의하라. 동일한 학습 절차를 반복하기 위해 층 $l-1$의 각 노드에 대해 훈련예제로부터 y_a 역할을 수행할 목표 값이 필요하다. v^l를 계산하기 위해 y_a와 새로운 가중치가 주어지면 y_i를 정확하게 예측할 이러한 층들의 출력 값을 계산할 수 있다. 이러한 목표 값을 사용하여 이 수준에서 가중치를 수정할 수 있으며 입력층에 도달할 때까지 계속 역방향으로 전파할 수 있다.

11.6.3 단어 임베딩과 그래프 임베딩

관심 있는 여러 문제에 쉽게 적용할 수 있는 딥러닝 기술의 한 가지 특별한 비지도 학습 응용이 있다. 이것은 신경망에 익숙하지 않는 많은 사람들이 이용할 수 있다는 장점이 있다. *단어 임베딩*(*word embedding*)은 단어를 벡터로 표현할 때, 유사한 단어들은 유사한 값의 분포를 가지는 벡터로 표현되도록 하여 어휘의 *의미*를 표현하는 기술이다.

Source	1	2	3	4	5
Apple	iPhone	iPad	apple	MacBook	iPod
apple	apples	blackberry	Apple	iphone	fruit
car	cars	vehicle	automobile	truck	Car
chess	Chess	backgammon	mahjong	checkers	tournaments
dentist	dentists	dental	orthodontist	dentistry	Dentist
dog	dogs	puppy	pet	cat	puppies
Mexico	Puerto	Peru	Guatemala	Colombia	Argentina
red	blue	yellow	purple	orange	pink
running	run	ran	runs	runing	start
write	writing	read	written	tell	Write

그림 11.15: 단어 임베딩에서 최근접 이웃들은 유사한 역할과 의미를 갖는 용어들을 포착한다.

각 단어는 예컨대 100차원 공간의 단일 점으로 표시되므로 비슷한 역할을 하는 단어는 가까운 점들로 표현되는 경향이 있다. 그림 11.15는 *GloVe* 단어 임베딩[PSM14]에 따라 여러 가지 특징적인 영어 단어 중 5개의 최근접 단어를 보여 주고 있는데, 저자는 이 방법이 상당한 양의 각 단어의 의미들을 연관지어 포착한다는 데 여러분들이 동의할 것이라고 믿는다.

단어 임베딩의 기본 가치는 특정 기계 학습 응용에 적용할 수 있는 일반적인 특징들이라는 데 있다. 의미 있는 이메일 메시지와 스팸을 구분하는 문제를 다시 생각해 보자. 전통적인 단어 표현 모음에서 각 메시지는 희소 벡터 b로 표현될 수 있다. 여기서 $b[i]$는 단어 w_i가 메시지에 나타나는 횟수를 보고한다. 합리적인 영어 어휘 크기 w_i는 100,000 단어이며, b를 관련 용어 간의 유사성을 포착하지 않는 무시무시한 100,000차원 표현으로 바꾼다. 단어 벡터 표현은 더 낮은 차원으로 인해 훨씬 더 안정된다.

특이값 분해 또는 주성분 분석과 같은 알고리즘을 사용하여 M'이 M에 대한 정보의 대부분을 유지하는 방식으로 $n \times m$ 특징 행렬 M을 $n \times k$ 행렬 M'(여기서 $k \ll m$)로 압축할 수 있음을 보았다. 같은 방법으로 우리는 단어 임베딩을 $v \times t$ 단어-텍스트 발생 행렬 M의 압축으로 생각할 수 있다. 여기서 t는 코퍼스(corpus)의 문서 수이고, $M[i, j]$는 문서 j에 대한 단어 i의 관련성을 측정한다. 이 행렬을 $v \times k$로 압축하면 단어 임베딩의 형식이 된다.

즉, 신경망은 단어 임베딩을 구현하는 데 가장 널리 사용되는 방법이다. 입력층이 문서 훈련 데이터로부터 5개의 특정 단어 구문에 해당하는 5개의 단어 $w_1, \ldots, w_5$의 현재 임베딩을 받아들이는 신경망을 상상해 보라. 신경망의 임무는 옆에 있는 4개 단어의 임베딩으로부터 중간 단어 w_3의 임베딩을 예측하는 것일 수 있다. 역전파를 통해 신경망 노드의 가중치를 조정할 수 있으므로 이것은 특정 예제에 대해 정확도를 향상시킨다. 여기에서 핵심은 우리가 가장 낮은 수준을 지나서 역전파를 계속하여 실제 입력 매개 변수를 수정한다는 것이다! 이러한 매개변수는 주어진 구문에서 단어에 대한 임베딩을 나타내므로 이 단계는 예측 작업에 대한 임베딩을 향상시킨다. 많은 훈련 예제에 대해 이를 반복하면 전체 어휘에 대해 의미 있는 임베딩이 가능하다.

단어 임베딩의 인기에 대한 주된 이유는 *word2vec*이다. 이것은 기가바이트의 텍스트에 있는 수십만 개의 어휘에 대한 임베딩을 완전한 비지도 방식으로 빠르게 학습할 수 있다. 설정해야 하는 가장 중요한 매개변수는 원하는 차원의 수 *d*이다. 만약 *d*가 너무 작으면, 임베딩은 주어진 기호(symbol)의 의미를 충분히 포착할 수 없다. 만약 *d*가 너무 크면 표현은 다루기 힘들고 과대 적합한다. 일반적으로 적당한 차원은 50과 300 사이이다.

그래프 임베딩

*n*개 항목의 집합에 대해 정의된 $n \times n$ 유사도 행렬 *S*가 있다고 가정하자. *S*에서 *x*와 *y*의 유사도가 충분히 높을 때마다 에지 (*x*, *y*)를 선언함으로써 유사도 그래프 *G*의 인접 행렬을 구축할 수 있다. 이러한 큰 행렬 *G*는 특이값 분해 또는 주성분 분석을 사용하여 압축될 수 있지만 이것은 대규모 네트워크에서는 비용이 많이 든다.

word2vec과 같은 프로그램은 훈련 코퍼스의 기호 시퀀스로부터 표현을 구축하는 훌륭한 작업을 수행한다. 새로운 도메인에서 적용하기 위한 핵심은 특정 데이터 집합을 흥미로운 어휘를 통해 문자열에 매핑하는 것이다. *DeepWalk*는 "비슷한" 정점(vertex)들이 공간에서 가까이 위치하도록 각 정점에 대한 점을 표현하는 *그래프 임베딩*을 구축하는 접근 방식이다.

우리의 어휘는 1에서 *n*까지의 서로 다른 꼭지점 ID의 집합으로 선택될 수 있다. 그러나 그래프를 기호의 시퀀스로 표현할 수 있는 텍스트는 무엇인가? 임의의 정점에서 시작하여 반복적으로 임의의 이웃으로 점프하는 네트워크를 통해 임의 보행(random walk)을 구축할 수 있다. 이러한 보행은 정점-단어의 어휘를 통해 "문장"으로 생각할 수 있다. 이러한 임의 보행에 대해 *word-2vec*을 실행한 결과로 생성된 임베딩은 응용에서 매우 효과적인 특징을 제공한다.

DeepWalk는 시퀀스가 자연어에서 추출되었는지 여부에 상관없이 단어 임베딩이 시퀀스의 대규모 코퍼스로부터 의미를 포착하는 데 사용될 수 있는 방법을 보여주는 훌륭한 예제이다. 같은 아이디어가 다음의 전쟁 이야기에서 중요한 역할을 한다.

11.7 | 전쟁 이야기: 이름 게임

저자의 동생은 레스토랑 예약이나 온라인 양식에서 별명이 필요할 때마다 *Thor Rabinowitz*라는 이름을 사용한다. 이 전쟁 이야기를 이해하려면 먼저 왜 이것이 매우 재미있는지 이해해야 한다.

- *토르*(*Thor*)는 고대 노르웨이의 신이며, 최근에는 수퍼영웅 캐릭터이다. 세계적으로 적지 않은 사람들이 토르라는 이름을 가지고 있다. 대다수는 노르웨이인이다.
- *라비노위츠*(*Rabinowitz*)는 "랍비의 아들"이라는 뜻의 폴란드-유대인의 성이다. 세계적으로 적지 않은 사람들이 라비노위츠라는 이름을 가지고 있지만, 그들 중 어느 누구도 노르웨이인은 아니다.

결론은 그 이름을 가진 사람이 한 명도 없었다는 것이다. "토르 라비노위츠"를 인터넷에서 검색함으로써 사실을 쉽게 확인할 수 있다. 두 이름이 문화적으로 양립할 수 없기 때문에 이 이름을 언급하면 청취자의 인지적 부조화가 유발된다.

토르 라비노위츠의 망령이 이 이야기에 걸려있다. 저자의 동료 이판 후(Yifan Hu)는 의심스러운 기계에서 로그인하는 사용자가 실제로 그들 자신이 말한 사람인지를 증명할 수 있는 방법을 찾고 있었다. 만약 저자의 계정에 대한 다음 번 로그인 시도가 뉴욕에서 몇 년을 보낸 후 갑자기 나이지리아에서 온다면, 내 계좌를 훔치려고 시도하는 사람이 정말 저자인가 또는 나쁜 사람인가?

"그 나쁜 사람은 여러분의 친구가 누구인지 알지 못할 것입니다"라고 이판은 관측했다. "만약 우리가 여러분이 가짜 이름 목록에 있는 이메일 연락처 목록에서 친구 두 명의 이름을 알아보도록 요청한다면 어떨까요? 그들이 누구인지를 진짜 소유자만 알 것입니다."

"어떻게 가짜 이름을 알아낼까요?" 나는 물었다. "소유자의 연락처에 없는 다른 사람들의 이름을 사용할 수 있는가요?"

"절대 아니오."라고 이반이 말했다. "우리가 나쁜 사람에게 고객들의 이름을 보여주면 고객들은 화를 낼 것입니다. 그러나 우리는 이름과 성을 골라 뽑아서 이들을 함께 붙여 이름을 만들 수 있습니다."

"그러나 토르 라비노위츠는 아무도 속이지 못할 것입니다."라고 저자는 반격하며 문화적 융합에 대한 필요성을 설명했다.

미묘한 문화적 동질성을 포착할 수 있도록 이름을 표현할 방법이 필요했다. 그는 단어 임베딩과 같은 무언가가 그 일을 할 수 있을 것이라고 제안했다. 그러나 우리는 이 정보를 암호화할 수 있는 텍스트를 훈련하는 것이 필요했다.

이반은 상황에 대처했다. 그는 2백만 명 이상의 사람들에 대해 가장 중요한 이메일 연락처의 이름들로 구성된 데이터 집합을 확보했다. 대표적인 개인들[5]의 연락처 목록은 다음과 같다.

- 브래드 피트: 안젤리나 졸리, 제니퍼 아니스톤, 조지 클루니, 케이트 블란쳇, 줄리아 로버츠.
- 도날드 트럼프: 마이크 펜스, 이바니카 트럼프, 폴 라이언, 블라디미르 푸틴, 미치 맥코넬.
- 시진핑: 후진타오, 장쩌민, 펑리위안, 시밍쯔, 커링링.

각 이메일 연락처 목록을 이름 문자열로 처리한 다음, 이 문자열을 연결하여 200만 줄 문서의 문장으로 만든다. 이것을 word2vec에 넘겨주면 코퍼스에 나타나는 각 이름/성 토큰에 대해 임베딩을 학습한다. *John*과 같은 특정 이름 토큰은 성 또는 이름으로 나타날 수 있으므로 우리는 *John/1*의 경우를 *John/2*와 구분하기 위해 별도의 기호를 만들었다.

word2vec은 놀라운 인접성 특성을 갖는 각 이름 토큰에 대해 100차원 벡터를 생성하면서 작업을 간단히 수행했다. 동일한 성별과 관련된 이름이 서로 가까이 모여 있다. 그 이유는? 남자는 여자보다 일반적으로 대화상대 목록에 남자 친구를 많이 가지고 있으며 그 반대도 마찬가지이

[5]사용자 개인정보를 보호하기 위해 이 프로젝트 전반에 걸쳐 큰 주의를 기울였다. 이메일 계정 소유자의 이름은 데이터에 포함되지 않았고 모든 흔치 않은 이름은 걸러졌다. 잘못된 해석을 방지하기 위해 설명된 예제는 브래드 피트, 도날드 트럼프, 시진핑의 *진짜* 연락처 목록이 아니다.

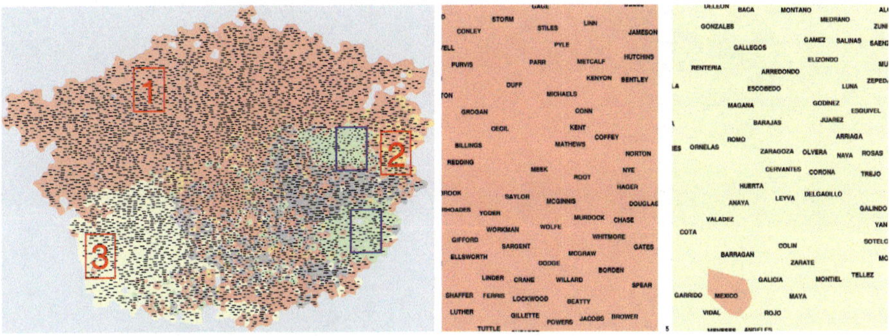

그림 11.16: 이메일 연락처 데이터에서 가장 빈번한 5,000개의 성에 대한 이름 임베딩의 시각화. 임베딩의 2차원 투영 보기(왼쪽 그림). 왼쪽에서 오른쪽으로의 삽화는 영국식 이름(가운데 그림)과 라틴 아메리카식 이름(오른쪽 그림)을 강조한다.

다. 이러한 동일 위치(co-location) 특성은 성별을 서로 끌어당겼다. 각 성별에서 우리는 민족 그룹별로 이름의 집단화도 볼 수 있다. 중국 이름 근처의 중국 이름과 터키어 이름 근처의 터키 이름. 유유상종(*homophily*)의 원리가 여기서도 성립한다.

이름은 정기적으로 유행을 탄다. 우리는 심지어 연령대별로 인기 있는 이름들의 클러스터링 현상을 볼 수 있다. 저자의 딸의 친구들은 모두 Brianna, Brittany, Jessica, Samantha와 같은 이름을 가지고 있다. 물론 이러한 이름 임베딩은 시간적으로도 밀접하게 군집화되기 때문에 공간적으로도 밀접하게 군집화된다. 이러한 어린이들은 비슷한 나이의 동배들과 가장 자주 의사소통하는 경향이 있다.

성 토큰과 비슷한 현상도 볼 수 있다. 그림 11.16은 100차원 이름 임베딩을 2차원으로 투영함으로써 그려진 가장 빈번한 5,000개의 성에 대한 지도를 보여준다. 미국 인구통계 데이터를 사용하여 나누어진 인종 분류에 따라 이름은 색으로 구분되었다. 그림 11.16의 각 그림은 문화적 그룹에 의한 지역적 동질성을 강조한다. 전반적으로 임베딩은 백인, 흑인, 라틴 아메리카, 아시아 이름을 큰 인접 지역에 명확하게 배치한다. 지도에는 두 개의 아시아 지역이 있다. 그림 11.17은 이러한 두 지역에 대한 삽입 그림을 보여준다. 하나의 클러스터는 중국 이름으로 이루어지고 다른 클러스터는 인디언 이름으로 이루어진다.

아주 소수의 *라비노위츠*와 아주 소수의 *토르*에 대응하는 이름 토큰은 임베딩 공간에서 멀리 떨어지게 된다. 그러나 인구통계학에서 인기 있는 이름 토큰은 동일한 인구통계의 성에 가깝게 위치한다. 왜냐하면 동일한 긴밀한 연관성이 개별 연락처 목록에 나타나기 때문이다. 따라서 특정 이름 토큰 x와 가장 가까운 성 토큰 y가 문화적으로 융화되므로 xy가 합리적인 발음의 이름으로 좋은 후보가 될 수 있다.

이 이야기의 교훈은 순서가 중요한 모든 긴 기호 시퀀스에 잠재되어 있는 구조를 쉽게 파악할 수 있는 단어 임베딩의 능력이다. word2vec과 같은 프로그램은 가지고 놀기도 매우 재미있고 사용하기도 매우 쉽다. 흥미로운 데이터 집합으로 실험해 보라. 그러면 여러분은 그것이 보여주는 특성에 놀라게 될 것이다.

그림 11.17: 이름 공간 두 개의 서로 다른 아시아 클러스터는 상이한 문화 그룹을 반영한다. 왼쪽은 중국/남아시아 이름을 보여주는 삽입 그림이다. 오른쪽은 인디언 가문의 이름 클러스터의 삽입 그림이다.

11.8 | 장 노트

기계 학습에 대한 훌륭한 소개는 비숍(Bishop) [Bis07]과 프리드만(Friedman) 등 [FHT01]을 포함한다. 딥러닝은 현재 기계 학습의 가장 흥미로운 분야이다. 딥러닝을 가장 종합적으로 다루는 책은 굿펠로우(Goodfellow), 벤지오(Bengio) 및 쿠르빌(Courville) [GBC16]이다.

워드 임베딩은 word2vec의 강력한 구현과 함께 미코로프(Mikolov) 등[MCCD13]에 의해 소개되었다. 골드버그(Goldberg)와 레비(Levy) [LG14]는 word2vec이 단어 공동 위치의 점별(pointwise) 상호 정보 행렬을 암시적으로 분할함을 보여주었다. 사실상 신경망 모형은 그것이 하고 있는 일에 대해 실제로 근본적인 것은 아니다. 그래프 임베딩에 대한 DeepWalk 접근법은 페로찌(Perozzi) 등[PaRS14]에 설명되어 있다.

타이탄 생존 예제는 캐글 대회 https://www.kaggle.com/c/titanic에서 나왔다. 가짜 이름 생성에 관한 전쟁 이야기는 야후 연구소의 Shuchu Han, Yifan Hu, Baris Coskun, Meizhu Liu의 연구 결과이다.

11.9 | 연습문제

분류

11-1. *[3]* 그림 11.2의 나이브 베이즈 분류기를 사용하여 (Cloudy,High,Normal)과 (Sunny,Low,High)가 해변에서 보내는 날인지 결정하라.

11-2. *[8]* 다중 클래스 텍스트 분류에 나이브 베이즈 기법을 적용하라. 특히 "*New York Times*

Developer API"를 사용하여 신문의 여러 섹션에서 최신 기사를 가져오라. 그런 다음 간단한 베르누이 모형을 단어 존재에 사용하여 뉴욕타임즈의 기사 문서가 주어질 때 기사가 어떤 섹션에 속하는지를 예측하는 분류기를 구현하라.

11-3. *[3]* 벌점화가 무엇이며, 이것은 기계 학습에서 어떤 종류의 문제를 해결하는가?

의사 결정 트리

11-4. *[3]* 다음 불리언 함수를 나타내는 의사 결정 트리를 제공하라.

(a) A 그리고 $\overline{B}$

(b) A 또는 (B 그리고 C)

(c) (A 그리고 B) 또는 (C 그리고 D)

11-5. *[3]* 각 항목이 관련된 레이블로 클래스 A 또는 클래스 B를 가지는 $n \times d$ 레이블 분류 데이터 행렬이 주어졌다고 가정하자. 아래의 각 문장에 대해 증거 또는 반례를 제시하라.

(a) A와 B를 완벽하게 구분하는 의사 결정 트리 분류기가 항상 존재하는가?

(b) 만약 n개의 특징 벡터가 모두 다르다면 A와 B를 완벽하게 구분하는 의사 결정 트리 분류기가 항상 존재하는가?

(c) A와 B를 완벽하게 구분하는 로지스틱회귀 분류기가 항상 존재하는가?

(d) 만약 n개의 특징 벡터가 모두 다르다면 A와 B를 완벽하게 구분하는 로지스틱회귀 분류기가 항상 존재하는가?

11-6. *[3]* 레이블이 지정된 n개의 2차원 점의 집합을 생각해 보자. "$x > c$인가?", "$x < c$인가?", "$y > c$인가?", "$y < c$인가?"와 같은 형식의 테스트를 사용하여 각각의 가능한 질의를 최근접 이웃 분류기와 똑같이 분류하는 유한 크기의 의사 결정 트리 분류기를 만들 수 있는가?

서포트 벡터 기계

11-7. *[3]* 1차원에서 최대 너비 분리선을 찾는 선형 시간 알고리즘을 제시하라.

11-8. *[8]* k차원에서 최대 너비 분리선을 찾는 $O(n^{k+1})$ 알고리즘을 제시하라.

11-9. *[3]* n개의 빨간색 및 파란색 점들의 주어진 집합 사이의 완벽한 분리선을 찾기 위해 SVM을 사용한다고 가정하자. 이제 서포트 벡터가 아닌 모든 점을 제거하고 남아 있는 점들에 대한 최상의 분리기를 찾기 위해 SVM을 사용한다고 가정하자. 이 분리선은 이전 것과 다를 수 있는가?

신경망

11-10. *[5]* 신경망 모형이 선형회귀를 구현할 수 있도록 망구조 및 노드 활성함수를 지정하라.

11-11. *[5]* 신경망 모형이 로지스틱회귀를 구현할 수 있도록 망구조 및 노드 활성함수를 지정하라.

구현 프로젝트

11-12. *[5]* 텍스트, 이미지의 색상 시퀀스, 어떤 장치의 이벤트 로그 등 흥미로운 기호 시퀀스를 포함하는 데이터 집합을 찾아라. 그들로부터 기호 임베딩을 구축하기 위해 word2vec을 사용하고 최근접 이웃 분석을 통해 탐색하라. 임베딩이 어떤 흥미로운 구조를 포착할 수 있는가?

11-13. *[5]* 영어 단어의 빈도수를 추정하는 다양한 할인 방법을 실험해 보라. 특히, 짧은 텍스트 파일 (1,000단어, 10,000단어, 100,000단어 및 1,000,000단어)의 빈도수가 대형 텍스트 코퍼스 (예컨대, 10,000,000단어)의 빈도수를 반영하는 정도를 평가하라.

인터뷰 질문

11-14. *[5]* 딥러닝이란 무엇인가? 전통적인 기계 학습과 구별되는 딥러닝의 특징은 무엇인가?

11-15. *[5]* 언제 랜덤 포레스트 대비 SVM을 사용하는가? 그 이유는?

11-16. *[5]* 50개의 작은 의사 결정 트리가 하나의 큰 의사 결정 트리보다 좋다고 생각하는가? 그 이유는?

11-17. *[8]* 문서의 표절을 식별하는 프로그램을 어떻게 만들어 낼 수 있는가?

캐글 도전 과제

11-18. 검색 결과는 사용자에게 얼마나 관련이 있는가?

`https://www.kaggle.com/c/crowdflower-search-relevance`

11-19. 영화 평론가가 영화를 좋아하거나 싫어했는가?

`https://www.kaggle.com/c/sentiment-analysis-on-movie-reviews`

11-20. 센서 데이터에서 현재 어떤 가전제품이 사용되고 있는지 확인하라.

`https://www.kaggle.com/c/belkin-energy-disaggregation-competition`

`https://www.kaggle.com/c/amazon-employee-access-challenge`

CHAPTER

12

빅 데이터: 규모의 달성

양의 변화는 질의 변화도 수반한다.

– 프리드리히 엥겔스(Friedrich Engels)

한번은 TV 프로그램에서 인터뷰했는데, *데이터*와 *빅 데이터*의 차이를 물었다. 잠시 생각한 후에, 저자는 그들에게 "크기"라고 대답해주었다. 저자는 지금도 같은 생각을 가지고 있다.

*아무것도 아닌 것*을 의미하는 단어 "*bupkis*"는 너무 작아서 중요하지 않다는 뜻의 이디시(Yiddish)어이다. '그 사람은 그 일의 대가로 사소한 것을 받았다(He got paid *bupkis* for it)'와 같은 문장에 사용된다. 아마도 영어에서 가장 유사한 말은 아주 적은 양 또는 금액을 의미하는 은어인 "땅콩"이라는 단어일 것이다.

일반적으로 말해서, 지금까지 이 책에서 다룬 자료의 양은 모두 아무것도 아닌 것(*bupkis*)에 해당한다. 인간이 주석을 단 훈련 세트는 수백에서 수천 개의 예로 구성되지만, 여러분이 사람들에게 비용을 지불하면서 수백만 개의 예로 구성된 훈련 세트를 만드는 것은 매우 어려운 일이다. 1.6절에서 논의했던 몇 년 동안의 뉴욕 택시 운행 기록은 8천만 건에 이른다. 그래도 여전히 아무것도 아닌 양이다. 여러분은 이것을 노트북에 쉽게 저장할 수 있고 몇 분이면 이 통계를 표로 만들기 위해 파일을 스캔할 수 있다.

유행어로서의 빅 데이터는 아마도 유효 기간이 다 되어 가지만, 방대한 데이터 세트에 대한 분석은 계속 진행될 것이다. "빅(big)"의 의미는 시간이 지남에 따라 더 커지겠지만, 현재는 약 1테라바이트부터 시작된다고 생각한다.

별로 인상적이지는 않다. 이 책을 집필하던 당시에는 100달러면 테라바이트급 디스크를 살 수 있었다. 아무것도 아닌 사소한 돈이다. 그러나 의미 있는 데이터 세트를 수집하여 이 디스크를 채우려면 아마도 대형 인터넷 회사 내부의 특권 접근이나 대량의 비디오가 필요할 것이다. 페타바이트 심지어는 엑사바이트 단위의 데이터와 정기적으로 씨름하는 조직도 많이 있다.

빅 데이터는 지금까지 고려한 프로젝트보다 더 큰 규모의 인프라가 필요하다. 컴퓨터 간에 엄청난 양의 데이터를 이동하려면 빠른 네트워크와 인내심이 필요하다. 순차 처리에서 벗어나고 다중 코어마저 넘어 클라우드에 있는 수많은 컴퓨터로 옮겨가야 한다. 이러한 연산들은 견고성

(robustness)까지 고려하도록 확장되어야 한다. 그 이유는 일부 하드웨어 구성 요소들이 답을 구하기도 전에 고장날 것이 거의 확실하기 때문이다.

12.1 | 빅 데이터란 무엇인가?

얼마나 커야 "빅"인가? 책에 제시한 어떤 숫자도 시간이 지나면 유효하지 않을 것이므로, "`http://www.internetlivestats.com/`"에서 우연히 발견한 2016년 통계를 보이도록 한다.

- 트위터: 하루 600만 트윗
- 페이스북: 16억 활성 이용자로부터 매일 600테라바이트의 데이터 입력
- 구글: 하루에 35억 검색 질의
- 인스타그램: 하루에 5,200만 건의 새로운 사진
- 애플: 1,300억 건의 앱 내려받기
- 넷플릭스: 하루에 1억 2,500만 시간의 TV 프로그램과 영화 스트리밍
- 이메일: 하루에 2,050억 건의 메시지

크기가 중요하다. 이러한 것들로 놀라운 일을 할 수 있다. 하지만 다른 중요한 것도 있다. 이 절에서는 빅 데이터를 처리하는 데 필요한 기술적이고 개념적인 복잡성에 대해 살펴볼 것이다.

가정 학습 빅 데이터는 일반적으로 상대적으로 적은 수의 열(특징)을 갖는 방대한 수의 행(레코드)으로 구성된다. 따라서 주어진 문제를 위한 하나의 모델만을 위해 빅 데이터를 이용하는 것은 너무 과도한 경우가 많다. 사용자별로 개인화된 맞춤형 모델을 학습하는 경우처럼 많은 개별 모델들에 적합한 경우에 그 가치가 있다고 할 수 있다.

12.1.1 나쁜 데이터로서의 빅 데이터

대규모 데이터 세트는 일반적으로 설계가 아닌 기회의 산물이다. 전통적인 가설 중심의 과학에서는 실험을 설계할 때 특정 질문에 대한 답을 구하는 데 필요한 자료만을 정확히 수집하도록 한다. 그러나 빅 데이터는 보통 별개의 사건에 대한 로그를 기록하거나 소셜 미디어를 통해 수백만 명의 사람들이 기여한 결과이다. 일반적으로 데이터 과학자들은 수집 과정에는 거의 관여하지 않으며, 다만 수집된 데이터를 돈으로 바꿀 수 있는 모호한 권한만을 가진다.

소셜 미디어 플랫폼이나 온라인 리뷰 사이트의 게시물로부터 여론을 판단하는 작업을 고려해 보자. 빅 데이터는 훌륭한 자원이 될 것이다. 그러나 정확한 결론을 도출하기 어렵게 만드는 다음과 같은 편향성과 한계가 있다.

- **대표성이 없는 참가자:** 주변의 모든 데이터 소스에는 샘플링 편향성이 내재해 있다. 특정 소셜 미디어 사이트에서 수집한 데이터는 이 사이트를 사용하지 않는 사용자를 반영하지 않으므로 지나치게 일반화하지 않도록 주의해야 한다.

  아마존 사용자들은 월마트에서 물건을 사는 사람들보다 훨씬 더 많은 책을 사며, 그들의 정치적 성향과 경제적 상황 또한 다르다. 인스타그램(너무 젊다), 뉴욕타임즈(너무 진보적이다), 폭스 뉴스(너무 보수적이다), 월스트리트저널(너무 부유층이다) 등의 데이터를 분석한다면 편향성은 있지만, 세상에 대한 매우 다른 관점들을 볼 수 있다.

- **스팸 및 기계 생성 콘텐츠:** 빅 데이터 소스는 대표성이 없는 경우보다 더 나쁘다. 종종 의도적으로 오해를 일으키도록 조작하기도 한다.

  방대한 양의 데이터를 생성할 수 있는 규모의 온라인 플랫폼이라면 이를 악용하여 경제적 이익도 쉽게 얻을 수 있다. 돈을 받은 리뷰어들의 집단은 매일 매일 가짜로 날조된 제품 리뷰를 쏟아 내고 있다. 봇(bot) 프로그램은 기계적으로 작성된 트윗과 긴 분량의 텍스트를 쏟아 내고 심지어는 그것들의 주요 소비자가 되기도 한다. 웹사이트에서 보고된 상당 부분의 검색 적중률(hit)은 사람보다는 기계적인 크롤러(crawler) 때문이다. 네트워크를 통해 전송되는 전자 메일의 90%는 스팸이다. 여러 단계에서 작동하는 스팸 차단기의 효과로 인해 여러분들에게는 보이지 않을 뿐이다.

  스팸 차단은 모든 소셜 미디어 분석에서 데이터 정제 과정의 필수적인 부분이다. 만약 스팸을 제거하지 않는다면, 단순한 오도가 아니라 거짓말을 하는 것이다

- **과도한 중복성:** 인간의 많은 활동은, 매우 적은 비율의 항목들이 전체 활동의 대부분을 차지한다는, 멱법칙 분포를 따른다. 뉴스와 소셜 미디어들은 카다시안 가족[1]과 유명 연예인들의 최근 실수들에 집중하여 수천 개의 관련된 기사들로 뒤덮여 있다. 이들 대부분은 다른 기사들과 거의 똑같을 것이다. 전체 기사가 그들 중 하나의 기사보다 얼마나 더 많은 것을 말해 줄까?

  이러한 불평등한 범위(unequal coverage)의 법칙은 우리가 주변 소스를 통해 보고 있는 많은 데이터가 이미 이전에 보았던 것임을 의미하고 있다. 이러한 중복을 제거하는 것은 많은 응용에서 필수적인 정제 단계이다. 어떤 사진 공유 사이트든 내가 일하는 건물의 사진은 하나도 없겠지만, 엠파이어스테이트 빌딩의 이미지는 수천 개를 가지고 있을 것이다. 그러한 이미지로 분류기를 훈련하면 상징 건물에 대해서는 좋은 특징들을 만들어 낼 수 있다. 하지만 좀 더 일반적인 작업에는 유용할 수도 있고 그렇지 않을 수도 있을 것이다.

- **시간적 편향에 대한 민감성:** 제품은 경쟁과 소비자 수요의 변화에 대응하여 변화한다. 이러한 개선은 사람들이 이러한 제품을 사용하는 방식을 바꾸기도 한다. 주변의 데이터 수집의 결과로 생성된 시계열은 제품이나 인터페이스에 대한 여러 가지 변경으로 잘 인코딩할

1 (역주) Kardahian's – 미국의 연예인 가족

수는 있겠지만, 이로 인해 인위적 요소와 신호를 구별하기 어려워지는 문제도 발생한다.

악명 높은 예로 구글의 독감 동향 분석 사례를 들 수 있다. 구글은 검색 엔진 질의를 기반으로 수년간 독감 발생을 성공적으로 예측했다. 하지만 그 후로 모델의 성능이 떨어지기 시작했다. 그 한 가지 요인은 구글이 탐색 과정에 관련된 질의를 추천하는 자동 완성 메커니즘을 추가한 것이다. 이로 인해 검색 질의의 분포가 변화되어 변경 전의 시계열 데이터와 뒤따르는 데이터를 비교할 수 없게 되었다. 이러한 효과 중 일부는 주의 깊은 정규화를 통해 완화될 수 있지만, 종종 너무 과도하게 처리되어 의미 있는 종단 분석(longitudinal analysis)을 방해하기도 한다.

가정 학습 빅 데이터는 가지고 있는 데이터이다. 좋은 데이터는 당면 과제에 적합한 데이터이다. 만약 우리가 중요하게 생각하는 질문에 제대로 대답하지 못한다면 빅 데이터는 나쁜 데이터이다.

12.1.2 세 개의 V

경영 컨설팅 관련 전문가들은 빅 데이터를 설명하는 수단으로 빅 데이터의 3V 개념을 고수해 왔다. 3V는 *볼륨*, *다양성*, *속도* 특성이다. 이 개념들은 빅 데이터의 차이점을 설명할 수 있는 기반을 제공하고 있다. 3V는 다음과 같다.

- 볼륨(volume): 빅 데이터가 소규모 데이터보다 더 크다는 것은 말할 필요도 없다. 이 구분은 여러 분류 방법의 하나이다. 우리는 데이터를 스프레드시트로 표시하거나 하나의 컴퓨터에서 처리할 수 있는 세상에서 벗어났다. 이것은 더욱 정교한 컴퓨터 인프라의 개발이 필요하고, 효율성을 위해 분석 방법을 선형 시간 알고리즘으로 제한할 필요가 있다는 것을 의미한다.

- 다양성(variety): 주변 데이터 수집은 일반적으로 행렬 크기를 넘어서 이질적 데이터를 축적하는데, 이를 위해서는 종종 특별한 통합 기술이 필요하다.

  소셜 미디어를 고려해 보자. 게시물에는 텍스트, 링크, 사진, 비디오가 포함된다. 작업에 따라 이 모든 것들이 관련될 수 있다. 하지만, 텍스트 처리는 네트워크 데이터나 멀티미디어와는 매우 다른 기술을 필요로 한다. 영상과 비디오조차도 전혀 달라서 같은 처리 경로를 사용해서는 안 된다. 분석을 위해 이러한 자료들을 단일 데이터 세트에 의미 있게 통합하려면 상당한 연구와 노력이 필요하다.

- 속도(velocity): 주변 소스에서 데이터를 수집한다는 것은 시스템이 *활성화*되어 있고 항상 켜져 있어서 데이터를 계속 수집하고 있다는 것이다. 반면, 우리가 지금까지 연구해 온 데이터 세트는 일반적으로 *죽어 있는* 자료로서 한번 수집되어 나중에 분석할 수 있도록 파일에 쌓여있다는 것을 의미한다.

  라이브(live) 데이터는 결과를 수집하고, 인덱스를 구성하고, 접근하여 시각화할 수 있도록

> 하는 인프라가 구축되어 있어야 한다는 것을 의미한다. 이러한 작업은 보통 대시보드 시스템을 통해 수행된다. 라이브 데이터는 소비자가 그래프, 차트, API 등을 통해 최신 결과를 실시간으로 접근하기를 원한다는 것을 의미한다.
>
> 업계에 따라 실시간 접근에는 몇 초 또는 몇 밀리초 내에 데이터베이스 상태를 갱신해야 할 수도 있다. 특히, 고빈도 거래와 관련된 금융 시스템은 최신 정보에 대한 즉각적인 접근을 요구한다. 당신은 다른 사람과 경주를 하고 있고, 당신이 이길 때만 이익이 발생한다.
>
> 데이터 속도는 아마도 데이터 사이언스가 고전적 통계와 가장 크게 다른 부분일 것이다. 이 부분이 첨단 시스템 아키텍처에 대한 수요를 촉진하는 것으로, 최신 기술로 규모에 맞는 시스템을 구축하는 엔지니어가 필요하다.

경영 전문가들은 때때로 네 번째 V로 진실성(veracity)을 정의하기도 한다. 진실성은 기본 데이터를 얼마나 신뢰할 수 있는지에 대한 척도이다. 여기에서는 평범한 정제 수준을 넘어서서, 스팸과 수집 과정에서 발생한 인위적 요소들을 제거해야 하는 문제에 직면한다.

12.2 | 전쟁 이야기: 인프라 구조가 중요하다

내게 눈썹을 치켜세우는 순간 나는 미하일의 고충의 깊이를 알아차렸어야 했다.

저자의 박사 과정 학생인 미하일 바우틴은 아마도 내가 지금까지 본 프로그래머 중 최고일 것이다. 그는 정보학 분야의 제12회 국제 올림피아드에서 만점으로 *1위*를 차지했으며, 그해 그는 세계 최고의 고등학교 수준 프로그래머로 기록되었다.

그 당시 우리의 뉴스 분석 프로젝트인 리디아(Lydia)는 많은 기계에서 실행되는 상당한 인프라를 갖추고 있었다. 전 세계의 뉴스 원에서 수집한 텍스트는 정규화되고, 영어를 위한 자연어 처리(NLP) 과정을 거쳤다. 그다음, 추출한 개체와 그들의 감성(sentiment)을 텍스트에서 식별하고 이를 대형 데이터베이스에 저장하였다. 일련의 SQL 명령을 사용하여 이 데이터를 웹 페이지에 표시하거나 스프레드시트에서 실행할 수 있는 형식으로 추출하였다.

저자는 기계 번역이 어느 정도나 탐지 가능한 감성을 보존하는지 연구하고 싶었다. 그렇다면, 그 연구는 우리의 감성 분석을 영어 외의 다른 언어로 일반화할 수 있는 쉬운 방법을 제공할 수 있을 것이다. 다른 언어 번역기를 우리 작업 과정에 포함해 놓고 어떤 일이 일어나는지를 보는 것은 손쉬운 작업이었다.

저자는 이것이 시기적절하고 중요한 연구라고 생각했다. 그리고 실제로, 우리의 후속 논문 [BVS08]은 이 글을 쓸 당시에 155번이나 인용되었었다. 그래서 나는 이 프로젝트를 최고의 박사 과정 학생에게 주었고, 기술적인 문제들을 도와줄 수 있는 뛰어난 석사과정 학생도 지원하였다. 그 학생은 말없이 순순히 그 과제를 받아들였다. 하지만 그는 나를 보고 눈썹을 치켜세웠다.

3주 후 그 학생이 저자의 사무실에 찾아 왔다. 데이터베이스에서 뉴스 분석을 하기 위해 내 연구실에서 개발한 인프라는 구식이고 조잡하였으며, 규모 확장도 안 되었다. 그 학생은 화가 났다. 만약 저자가 그 학생에게 최신 기술을 사용하여 모든 것을 처음부터 다시 작성하도록 허락해 주지 않는다면, 그는 즉시 대학원을 떠날 작정이었다. 그 학생은 지난 3주 동안 세계적인 헤지 펀드 회사로부터 아주 좋은 일자리를 확보해 두었고 작별 인사를 하기 위해 내게 들른 것이었다.

모든 일이 충분하고 분명하게 설명된다면 나는 매우 합리적인 사람이 될 수 있다. 그렇다. 그 학생의 학위 논문 주제가 그런 인프라 구조에 관한 것이 될 수도 있다. 그 학생은 돌아가서 바로 작업을 시작했다.

첫 번째 다뤄야 할 문제는 모든 뉴스와 그에 관련된 감성 정보를 저장하는 중앙집중형 MYSQL 데이터베이스였다. 그것이 병목이었다. 컴퓨터 클러스터를 통해 분산 처리를 할 수 없었다. 그 학생은 모든 것을 분산 파일 시스템인 HDFS에 저장하였고 그 결과 판독과 기록 작업이 클러스터에 골고루 분산되어 행해짐으로써 병목 현상이 없어졌다.

두 번째 다뤄야 할 문제는 클러스터에서 다양한 작업을 컴퓨터에 배정할 때 주먹구구식으로 처리하는 것이었다. 신뢰할 수 없었다. 오류 복구 장치도 없었다. 그 학생은 모든 후위 처리 과정을 하둡을 이용하여 MapReduce 작업으로 재작성하였다.

세 번째 문제는 뉴스 기사와 그것에 관한 주석을 표현하기 위해 사용하는 전용의 파일 형식이었다. 결함이 있었다. 여기저기에 예외 사항이 있었다. 파서는 빈번히 엉뚱한 이유로 작동을 멈추었다. 이것이 G-d가 XML을 개발한 이유이다. XML은 구조화된 데이터를 정확하게 표현할 수 있도록 하고 그 구문을 분석하기 위한 다양한 기성 도구를 제공하고 있다. 그의 코드를 지나가는 모든 텍스트는 우선 XML 검사기를 통과하도록 했다. 그는 문제가 많은 Perl 스크립트의 사용도 거부했다. 하지만 NLP 분석에 Perl 스크립트가 사용되었으므로, 이 코드가 다른 곳에는 영향을 주지 않도록 완전히 격리시켰다.

너무 많은 부분이 변경되어서, 미하일도 자신의 인프라를 제대로 갖추는 데 시간이 걸렸다. 인프라를 교체한다는 것은 그것이 완성될 때까지 다른 어떤 프로젝트도 진행할 수 없다는 것을 의미한다. 아무런 실험 분석도 할 수 없어 초조해할 때마다 미하일은 헤지 펀드로부터 받은 그의 제안을 조용히 상기시켜 주고는 자신이 하던 일을 계속했다.

물론, 미하일이 옳았다. 새로운 인프라를 도입함에 따라 실험실에서 할 수 있는 일의 규모가 10배나 증가했다. 가동 중단 시간도 훨씬 줄어들었고, 전력 공급이 중단된 후 데이터베이스를 복구하기 위해 허둥거리는 일도 과거의 일이 되었다. 데이터에 대한 접근을 규제하기 위해 개발한 API는 모든 응용분석을 편리하고 논리적인 방식으로 할 수 있게 만들었다. 그의 인프라는 아마존 클라우드 환경으로 옮기는 과정에서도 깔끔하게 살아남았고, 전 세계 뉴스를 따라잡기 위해 밤마다 운영되고 있다.

여기서 집에 가져갈 교훈은 인프라 구조가 중요하다는 것이다. 이 책의 대부분은 통계, 기계 학습, 시각화와 같은 상위 개념에 관해 이야기하고 있으므로, 과학이 무엇인지, 배관 작업이 무엇인지에 관해 거들먹거리기는 쉽다. 그러나 효과적인 배관 없이는 문명이 제대로 돌아가지 않는다. 최신 소프트웨어 기술을 사용하여 구축된 깔끔하고, 효율적이며, 확장할 수 있고, 유지 관리가 쉬운 인프라 구조는 효과적인 데이터 사이언스를 위해 필수적이다. 리팩토링(refactoring)

처럼 기술적 문제를 감소시키는 작업이나 라이브러리나 도구를 최신 버전으로 업그레이드하는 일은 의미 없는 작업이나 미룰 수 있는 일이 아니다. 이러한 일들을 쉽게 할 수 있는 열쇠는 당신이 정말로 그것을 원하는 것이다.

12.3 | 빅 데이터를 위한 알고리즘

빅 데이터를 활용하려면 효율적인 알고리즘이 필요하다. 이 절에서는 빅 데이터와 관련된 기본적인 알고리즘 문제들인 점근적 복잡도(asymptotic complexity), 해싱, 대용량 데이터 파일의 I/O 성능을 최적화하기 위한 스트리밍 모델 등에 대해 간략히 살펴보겠다.

여기서 조합형 알고리즘의 설계와 분석을 포괄적으로 소개할 시간이나 공간이 없다. 하지만 만약 더 공부하고 싶다면 도서 “알고리즘 디자인 매뉴얼(*The Algorithm Design Manual*)”[Ski08]을 이러한 문제에 관한 훌륭한 책으로 자신 있게 추천할 수 있다.

12.3.1 Big Oh 분석

전통적인 알고리즘 분석은 *임의 접근 기계*(*Random Access Machine, RAM*)라 불리는 추상 컴퓨터에 기반을 둔다. 이러한 모델의 특징은 다음과 같다.

- 각각의 단순 연산은 정확히 한 단계를 차지한다.
- 각각의 메모리 연산은 정확히 한 단계를 차지한다.

그러므로 알고리즘에서 수행되는 연산을 세면 실행 시간을 알 수 있게 된다.

일반적으로 말하면, 알고리즘에 의해 수행되는 연산 수는 입력의 크기 n의 함수이다. 행렬에서 행의 수 n, n개의 단어로 구성된 텍스트, n개의 점으로 구성된 점 집합 등이 그 예이다. 알고리즘 분석은 n의 함수로 표현되는 알고리즘의 수행 단계 수를 추정하거나 그 한계를 찾아내는 과정이다.

for-루프에 의해 정의된 알고리즘의 분석은 상당히 간단하다. 루프의 중첩 깊이가 알고리즘의 복잡성을 정의한다. 1에서 n 사이의 단일 루프는 *선형 시간* 또는 $O(n)$ 알고리즘을 정의하고, 두 개의 중첩된 루프는 *제곱 시간* 또는 $O(n^2)$ 알고리즘을 정의한다. 중첩되지 않는 2개의 연속된 **for**-루프는 여전히 선형이다. 이러한 연산은 $n \times n = n^2$ 대신 $n + n = 2n$ 단계가 사용되기 때문이다.

기본적인 루프 구조 알고리즘의 예는 다음과 같다.

- **점 p의 가장 가까운 이웃 찾기:** p를 주어진 배열 a 내의 모든 n개 점과 비교해야 한다. p와 점 $a[i]$ 사이의 거리 계산을 위해서는 뺄셈과 d개의 제곱이 필요하다. 여기서 d는 점 p의 차원을 의미한다. 모든 n개의 점에 대해 반복하면서 가장 가까운 점을 찾는 데는 $O(d \cdot n)$ 시간이 걸린다. d는 일반적으로 상수로 간주할 수 있을 정도로 작으므로 이 문제는

선형(linear) 시간 알고리즘으로 간주한다.

- 집합에서 가장 가까운 점의 쌍: 모든 점 $a[i]$를 다른 모든 점 $a[j]$와 비교해야 한다. 여기서 $1 \leq i \neq j \leq n$이다. 이 문제는 $O(d \ . \ n^2)$ 시간이 걸리고, 앞 문제의 추론에 따라 제곱(quadratic) 시간의 알고리즘으로 간주한다.

- 행렬 곱셈: $x \times y$ 행렬에 $y \times z$ 행렬을 곱하면 결과로 $x \times z$ 행렬이 생성되며, 여기서 각각의 $x \ . \ z$ 항들은 두 개의 y 길이 벡터의 내적이다.

```
C = numpy.zeros((x, z))

for i in range(0,x-1):
    for j in range(0, z-1):
        for k in range(0, y-1):
            C[i][j] += A[i][k] * B[k][j]
```

  이 알고리즘은 $x \cdot y \cdot z$ 단계이다. 만약 $n = \max(x, y, z)$라면 이 알고리즘은 최대 $O(n^3)$ 단계를 가지며 3제곱(cubic) 시간 알고리즘으로 간주한다.

조건부 **while** 루프나 재귀적으로 수행하도록 정의된 알고리즘의 경우는 좀 더 정교한 분석이 필요한 경우가 많다. 간단한 예를 들어 설명하도록 한다.

- 두 숫자 더하기: 두 숫자를 더하는 것처럼 매우 간단한 연산은 조건문이 없다. 여기에는 실제 n 값이 없고 두 수만 있으면 된다. 따라서 이 문제는 상수 시간 또는 $O(1)$이 소요된다.

- 이진 탐색: n개의 항목을 포함하는 정렬된 배열 A에서 주어진 검색 키 k를 찾는다. 전화번호부에서 이름을 찾아보는 것에 대해 생각해 보자. 먼저 k를 중간 항목 $A[n/2]$와 비교해 보고 찾는 이름이 앞쪽 절반에 있는지 뒤쪽 절반에 있는지를 결정한다. 2.4절에서 논의한 바와 같이, 반으로 나눈 부분이 한 개의 원소만을 포함할 때까지 반복하는 횟수는 $\log_2(n)$이다. 따라서 이진 탐색은 $O(\log n)$ 시간에 실행된다.

- 합병 정렬: 총 n개의 항목이 포함된 두 개의 정렬 리스트를 선형 시간에 하나의 정렬 리스트로 합병할 수 있다. 두 리스트의 헤드 항목 중 더 작은 것을 정렬 순서의 첫 번째 원소로 선택한다. 그리고 이 과정을 반복하면 된다. 합병 정렬은 n개의 원소를 반씩 나누어 각각을 정렬한 후 다시 합병한다. 반으로 나눈 부분이 한 개의 원소만을 포함할 때까지 반복하는 횟수는 다시 $\log_2(n)$이다(2.4절을 보라). 모든 단계에서 모든 항목을 합병하면 $O(n \log n)$ 정렬 알고리즘이 된다.

알고리즘에 대해 너무 간단히 설명하여 충분히 이해하기는 어렵겠지만, 그래도 6가지 대표적인 알고리즘 복잡도를 소개했다. 이러한 복잡도 함수는 가장 빠른 속도에서 가장 느린 속도까지의 다음 순서로 정의된다.

$$O(1) \ll O(\log n) \ll O(n) \ll O(n \log n) \ll O(n^2) \ll O(n^3)$$

> **가정 학습** 빅 데이터 세트에 대해 수행되는 알고리즘은 선형이거나 선형에 가까운 $O(n \log n)$ 정도여야 한다. 제곱 복잡도의 알고리즘은 $n > 10{,}000$이면 거의 적용이 불가능해진다.

12.3.2 해싱

해싱은 제곱 시간 알고리즘을 선형 시간 알고리즘으로 바꿀 수 있는 기술로서, 우리가 다루길 원하는 규모의 데이터를 쉽게 취급할 수 있도록 한다.

우리는 10.2.4절에서 지역 민감 해싱(LSH: locality-sensitive hashing) 측면에서 해시 함수를 논의했다. *해시 함수* h는 개체 x를 취해서 특정 정수 $h(x)$로 매핑한다. 핵심은 $x = y$이면 $h(x) = h(y)$라는 것이다.

따라서 정수인 $h(x)$를 배열의 인덱스로 사용하면 유사한 객체들을 동일 장소에 모아둘 수 있다. 해시 함수가 잘 설계되었다면 보통 다른 항목은 다른 위치에 매핑된다. 하지만, 반드시 보장되는 것은 아니다.

우리가 해시하려는 개체는 종종 단순한 원소들이 배열된 것이다. 가령, 파일이나 텍스트 스트링은 문자들의 배열이다. 이러한 기본 구성 요소는 보통 숫자에 자연스럽게 대응된다. 예로 유니코드와 같은 문자 코드는 기호를 숫자로 매핑하고 있다. x를 해시하는 첫 번째 단계는 x를 정보 손실 없이 숫자로 표시하는 것이다. $n = |S|$ 글자 수를 갖는 x의 각 글자가 0과 $\alpha - 1$ 사이의 정수라고 가정해 보자.

숫자들의 벡터를 단일 대표 숫자로 변환하는 것이 해시 함수 $h(x)$의 작업이다. 이렇게 하는 좋은 방법은 벡터를 base-α 숫자로 생각하는 것이다. 그러면 해시 함수는 다음과 같이 정의할 수 있다.

$$h(x) = \sum_{i=0}^{n-1} \alpha^{n-(i+1)} x_i \pmod{m}$$

mod 함수(x mod m)는 x를 m으로 나눈 나머지를 반환하므로 0과 $m - 1$ 사이의 숫자를 만든다. base-α 숫자로 구성된 n 자리의 수는 매우 클 수밖에 없으므로 적당한 크기의 대표 코드를 얻으려면 나머지 값을 취해야만 한다. 여기서 원칙은 도박의 룰렛 회전판과 같다. 즉, 회전판 주변을 도는 공의 긴 경로는 결국 $m = 38$개의 슬롯 중 하나로 끝나는데, 이는 공의 경로를 회전판의 둘레로 나눈 나머지 길이에 의해 결정된다.

이러한 해시 함수는 놀라울 정도로 유용한데, 다음과 같은 주요 응용을 들 수 있다.

- **사전(dictionary) 유지 관리:** 해시 테이블은 배열 기반 자료구조로서 $h(x)$를 이용하여 객체 x의 위치를 정의하고, 적절한 충돌 해결 방법을 제공한다. 잘 구현된 해시 테이블은 실제로 상수 시간(또는 $O(1)$)의 탐색 시간을 보인다.

  이진 탐색보다 훨씬 좋으므로 실제로도 해시 테이블이 널리 사용된다. Python은 변수를 저장된 값에 연결하기 위해 내부적으로 해싱을 사용한다. 또한, MapReduce와 같은 분산 컴퓨팅 시스템의 기본 아이디어도 해싱이다. MapReduce는 12.6절에서 설명하기로 한다.

- **빈도수 계산:** 로그를 분석할 때 보편적인 작업은 단어 수 또는 페이지 적중 횟수와 같은 특정 이벤트의 빈도를 표로 만드는 것이다. 가장 빠르고 쉬운 접근 방식은 이벤트 유형을 키로 하는 해시 테이블을 만들고, 새로운 이벤트가 발생할 때마다 해당 카운터를 증가시키는 것이다. 적절히 구현된다면, 이 알고리즘은 분석할 총 이벤트 수에 대해 선형이다.

- **중복 제거:** 데이터 스트림의 중복 레코드를 식별하여 제거하는 것은 중요한 데이터 정제 작업이다. 만약 우리가 고객들의 이메일 주소 리스트를 관리한다면, 각 고객에게 한 번씩만 스팸 메일을 보내고자 할 때 필요한 작업이다. 다른 경우로 대용량의 텍스트로부터 단어 사전을 만들고 싶을 때도 사용할 수 있다.

  기본 알고리즘은 간단하다. 스트림의 각 항목에 대해 해당 항목이 해시 테이블에 이미 있는지 확인한다. 없으면 항목을 추가하고, 이미 있으면 무시하면 된다. 적절히 구현된 알고리즘은 분석할 총 레코드 수에 대해 선형 시간을 갖는다.

- **정규화(Canonization):** 종종 같은 객체를 여러 개의 다른 이름으로 지칭할 수 있다. 단어 어휘는 일반적으로 대소문자를 구분하지 않는다. 단어 "the"와 "The"는 같은 단어로 취급된다. 어떤 언어의 어휘를 결정하기 위해서는 다른 표현 형태를 통일해서 하나의 키에 매핑해야 한다.

  정규형 표현(*canonical representation*)을 구성하는 이 과정도 해싱으로 해석될 수 있다. 일반적으로, 이 과정은 소문자로 통일하기, 여백 제거, 불용어(stopword) 제거, 약어 확장 등과 같은 일을 수행하는 도메인별 단순화 기능을 필요로 한다. 그런 다음 기존 해시 함수를 사용하여 이러한 정규형 키를 해시할 수 있다.

- **암호화 해싱(cryptographic hashing):** 축약되고 되돌릴 수 없는(uninvertible) 표현을 구축함으로써, 인간의 행동을 감시하고 제한하는 데 해싱을 사용할 수 있다. 당신이 마지막으로 분석한 입력 파일이 변경되지 않고 그대로 임을 어떻게 증명할 수 있을까? 작업할 때 파일에 대한 해시 코드나 *체크섬*(*checksum*)을 구성하고 나중에 파일 해시와 비교할 수 있도록 이 코드를 저장해 놓으면 된다. 파일이 변경되지 않았다면 해시 코드나 체크섬이 원래와 같을 것이며, 만약 어떤 변경이 있었다면 다를 것이다.

  당신이 특정 상품에 대해 입찰하는 경우를 고려하자. 단, 모든 입찰이 다 들어오기 전에는 실제 입찰 가격은 공개하지 않는다고 가정한다. 우선 당신은 당신의 입찰 가격을 주어진 암호화 해시 함수를 이용하여 해시한 다음 그 결과 해시 코드를 제출한다. 마감 후에는 암호화하지 않은 입찰가를 다시 보낸다. 만약 공개 입찰가에 의심스러운 점이 있으면 공개 입찰가를 다시 해시하여 이전에 제출한 해시 코드와 일치하는지를 확인하면 된다. 중요한 점은 주어진 해시 함수에 대해 충돌하는 값을 만들기가 어렵다는 것이다. 즉, 같은 코드로 해시되는 다른 메시지를 쉽게 만들 수 없다는 것이다. 그렇지 않으면 첫 번째 대신 입찰가를 변경한 두 번째 메시지를 제출할 수 있다.

12.3.3 저장 장치 계층 보기

빅 데이터 알고리즘은 계산 성능보다는 저장장치의 속도나 대역폭에 영향을 받는 경우가 많다. 즉, 데이터가 필요한 곳에 도착하기를 기다리는 비용이 원하는 결과를 얻기 위해 데이터를 알고리즘으로 조작하는 비용을 초과한다는 것이다. 아직도 최신 디스크에서 1테라바이트의 데이터를 읽는 데 30분 정도 걸린다. 우수한 성능을 얻기 위해서는 정교한 알고리즘보다 지능적인 데이터 관리가 더 필요하다고 할 수 있다.

분석을 위해서는 컴퓨터 시스템 어딘가에 데이터가 저장되어 있어야 한다. 저장장치에는 다양한 유형이 있으며, 이들은 속도, 용량 및 지연 시간 등에서 큰 차이가 있다. *저장장치 계층* (*storage hierarchy*)에서 서로 다른 단계 간의 성능 차이는 매우 크므로 추상 시스템인 RAM 시스템에서도 이 차이를 무시할 수는 없다. 실제로, 디스크와 캐시 메모리의 접근 속도 비율은 대략 10^6이며, 이 차이는 지구 탈출 속도와 거북이 속도의 비율과 거의 같다!

저장장치 계층의 주요 단계는 다음과 같다.

- **캐시 메모리:** 최신 컴퓨터 구조는 현재 사용 중인 데이터의 작업 복사본을 저장하기 위해 레지스터와 캐시로 구성된 복잡한 시스템을 가지고 있다. 그중 일부는 프리패칭(prefetching)을 위해 사용한다. 즉, 나중에 필요할 걸 예상해서 최근에 접근한 메모리 위치를 기준으로 주변 데이터 블록도 함께 저장해 두는 것이다. 캐시 크기는 일반적으로 메가바이트 단위로 측정되고, 접근 시간은 기본 메모리보다 100에서 500배 정도 빠르다. 이러한 성능은 지역성(locality)을 이용한 계산에 큰 도움이 된다. 즉, 긴 계산 과정에서 간헐적으로 데이터를 사용하는 경우보다 짧은 시간에 특정 데이터 항목을 집중적으로 사용할 때 매우 유리하다는 것이다.
- **메인 메모리:** 연산의 일반적인 상태를 보관하는 곳으로 큰 자료 구조들이 불려와 유지된다. 메인 메모리는 일반적으로 기가바이트 단위로 측정되며, 디스크 장치보다 수백에서 수천 배 빠르게 작동한다. 최대한, 메인 메모리에 적합하면서 가상 메모리의 페이징 동작을 방지할 수 있는 자료 구조가 필요하다.
- **다른 컴퓨터의 메인 메모리:** 로컬 영역 네트워크의 지연 시간은 낮은 자릿수의 밀리초 단위로 실행되므로 디스크와 같은 보조기억 장치보다는 빠르다. 이는 해시 테이블과 같은 분산 데이터 구조는 네트워크상의 여러 컴퓨터에 효율적으로 유지할 수 있다는 것을 의미한다. 하지만 접근 시간은 메인 메모리보다 수백 배 느릴 수 있다.
- **디스크 저장 장치:** 보조기억장치는 테라바이트 단위로 측정할 수 있으며, 빅 데이터를 크게 만들 수 있는 용량을 제공한다. 회전 디스크와 같은 물리적 장치는 읽기 헤드를 데이터가 있는 위치까지 이동시키는 데 상당한 시간이 걸리지만, 일단 도착하면, 비교적 빠르게 큰 데이터 블록을 읽을 수 있다. 이것이 프리패칭의 이유이다. 즉, 나중에 필요할 것이라는 가정하에 많은 양의 파일을 메모리에 미리 복사하는 것이다.

지연 시간 문제는 일반적으로 대량 구매 할인과 같은 역할을 한다. 즉, 첫 번째 물건에 대해서는 큰 비용을 내지만 나머지는 훨씬 저렴하게 구매하는 것이다. 이를 잘 활용할 수 있도록 연산을 구성할 필요가 있는데, 다음과 같은 기술들을 이용한다.

- **파일과 자료 구조를 스트림으로 처리하기:** 프리패칭을 활용할 수 있도록 가능할 때마다 파일 및 자료 구조를 순차적으로 접근하는 것이 중요하다. 이는 논리적으로 가까운 원소가 기억 장치에서도 서로 인접해서 위치하게 되는 배열이 연결된 구조보다 더 낫다는 것을 의미한다. 즉, 전체 데이터 파일의 처리를 위해 각 항목을 한 번씩만 읽는다는 것이며, 그러기 위해서는 다음 항목으로 이동하기 전에 모든 필요한 계산을 다 수행해야 한다는 것이다. 데이터를 정렬하면 문제의 해당 위치로 바로 이동할 수 있다는 큰 장점이 있다. 임의 접근은 큰 비용이 든다는 점을 인식해야 한다. 하나씩 탐색하는 것과 전체를 순차적으로 쭉 훑어 나가는 것을 생각해 보라.

- **디렉토리 대신 대용량 파일 고려하기:** 문서의 말뭉치(corpus)를 문서별로 각자의 별도 파일에 구성할 수 있다. 이 방법은 인간에게는 논리적이지만, 수백만 개의 작은 파일이 있으면 컴퓨터에는 느린 방법이다. 각각의 작은 파일마다 별도의 디스크 접근이 필요하기 때문이다. 더 나은 방법은 그것들을 큰 파일 하나로 만들고 모든 사례를 한꺼번에 효율적으로 순차 처리할 수 있도록 하는 것이다.

- **간결하게 데이터 묶기:** 메인 메모리에 있는 데이터의 압축을 푸는 비용은 일반적으로 대용량 파일의 추가 전송 비용보다는 훨씬 적다. 이 점이 대용량 데이터 파일을 압축하는 데 드는 비용을 정당화하는 근거가 된다. 따라서 파일을 메모리에서 확장할 수 있을 정도의 충분히 작은 크기로 압축할 수 있는 외부 파일 압축 체계가 필요할 수도 있다.

  이는 간결하게 암호화될 파일 형식과 데이터 구조를 설계하는 것을 의미한다. 알파벳 4글자로 구성된 긴 스트링인 DNA 서열의 표현을 고려해 보자. 각 염기(base)를 표현하는 글자는 2비트로 표현할 수 있고, 네 개의 염기는 하나의 8비트 바이트로 표현할 수 있으며, 64비트 워드에는 32개의 염기를 표현할 수 있다. 이러한 데이터 크기 감소는 전송 시간을 크게 줄일 수 있으며, 압축과 압축을 풀기 위한 계산 작업에 가치를 부여한다.

  3.1.2절에서 파일 형식에 대한 가독성의 중요성을 강조했으며, 여기서도 그 의견은 변함이 없다. 소량의 크기 감축을 위해 가독성이나 구문 분석의 용이성을 잃어버리는 것은 가치가 없는 일이다. 하지만 파일의 크기를 절반으로 줄이는 것은 전송 속도를 두 배로 늘리는 것과 같다. 빅 데이터 환경에서는 중요할 수도 있다.

12.3.4 스트리밍과 단일 패스 알고리즘

데이터가 반드시 영구적으로 저장될 필요는 없다. 아니면 아예 저장되지 않을 수도 있다. 갱신 및 작업량이 매우 많은 응용에서는 데이터가 나타나는 즉시 통계치를 계산하고 원본을 폐기해 버릴 수도 있다.

스트리밍 또는 *단일 패스* 알고리즘에서는 입력되는 각 원소를 볼 기회가 한 번밖에 없다. 어느 정도의 기억장소는 있을 수 있지만, 대량의 개별 레코드를 저장하기에는 충분하지 않다. 따라서 각 원소가 입력되면 그 원소를 가지고 무엇을 해야 할지 바로 결정해야 하고, 그 후에는 사라져 버린다.

예로 지나가는 숫자 스트림의 평균을 계산한다고 가정해 보자. 어려운 문제는 아니다. 두 개의 변수를 유지하도록 하자. 현재까지의 합을 나타내는 s와 지금까지 처리한 항목의 수인 n이다. 각각의 새로운 항목 ai에 대해서 그 값을 s에 더하고, n을 증가시킨다. 누군가 스트림 A의 현재 평균 $\mu = \overline{A}$를 알아야 할 필요가 있을 때마다 s/n 값을 보고하면 된다.

스트림의 분산이나 표준 편차를 계산하는 것은 어떤가? 조금 더 어려울 것 같다. 아래 식을 기억해 보라.

$$V(A) = \sigma^2 = \frac{\sum_{i=1}^{n}(a_i - \bar{A})^2}{n-1}$$

문제는 전체 스트림의 평균 $\overline{A}$는 스트림의 끝까지 가지 않고는 알 수 없다는 점이고, 그 지점에 가면 이미 평균과 뺄셈을 해야 할 원래 원소들을 잃어버린 후라는 것이다.

그러나 모든 것을 잃은 것은 아니다. 다음 식처럼 제곱 평균에서 평균의 제곱을 빼는 분산의 다른 공식을 생각해 보라.

$$V(a) = (\frac{1}{n}\sum_{i=1}^{n}(a_i)^2) - (\bar{A})^2$$

n과 s 외에 각 원소의 제곱 값의 중간 합계를 계속 유지한다면, 분산을 계산하는 데 필요한 모든 요소를 확보하는 것이다.

스트리밍 모델에서는 계산 값을 정확하게 구할 수 없는 경우가 많다. 긴 순서 열에서 중간 값을 찾는 것과 같은 문제가 한 예이다. 메모리가 전체 스트림 원소의 절반 미만만을 저장할 수 있다고 가정해 보자. 아직 보지 못한 원소들의 스트림에 따라서, 우리가 삭제하기로 선택한 첫 번째 원소가, 그것이 무엇이든 간에, 중간 값이 될 수도 있다. 어떤 문제는 모든 데이터를 동시에 사용할 수 있어야만 해결될 수 있다.

하지만 정확한 값을 계산할 수는 없다 하더라도, 어떤 일을 할 만할 정도의 추정치를 찾을 수는 있다. 이러한 유형의 중요한 문제는 스트림에서 가장 자주 출현하는 항목을 식별하고, 서로 다른 원소의 수를 파악하며, 정확한 카운터를 유지할 메모리가 충분하지 않을 때도 원소의 빈도를 예측하는 것 등이다.

*요약화(sketching)*에는 순서 열의 부분적인 대표값을 추적하는 데 사용할 기억장소가 필요하다. 값별로 범주화된 항목의 빈도 히스토그램이거나 현재까지 확인한 값들로 구성된 작은 해시 테이블 등일 것이다. 요약(sketch)을 저장하는 메모리 양에 비례해서 추정치의 품질도 향상된다. *무작위 샘플링*은 요약을 만드는 데 매우 유용한 도구이며 12.4절의 주안점이다.

12.4 | 필터링과 샘플링

빅 데이터의 중요한 이점 중 한 가지는 그 양이 충분해서 데이터 대부분을 버릴 수 있다는 것인데, 분석을 더 완전하고 쉽게 하는데 꽤 유용한 장점이다.

데이터를 버리는 두 가지 방법인 필터링과 샘플링을 구별해 보자. *필터링*은 특정 기준에 근거하여 관련 데이터의 하위 집합을 선택하는 것을 의미한다. 예를 들어, 우리가 미국에서 어떤 응용을 위한 언어 모델을 만들고, 트위터의 데이터로 그것을 훈련하고 싶다고 가정해 보자. 영어는 트위터의 모든 트윗의 약 3분의 1을 차지하기 때문에 다른 언어로 된 트윗을 모두 필터링해서 제거해도 의미 있는 분석을 할 수 있다.

필터링은 특별한 형태의 정제 과정이라고도 생각할 수 있으며, 데이터가 잘못돼서 버리는 것이 아니라 해결하려는 문제와 관련이 없어서 삭제하는 것이다. 관련 없거나 해석이 어려운 데이터를 필터링하려면 응용 관련 지식이 필요하다. 영어는 미국에서 사용하는 기본 언어이므로 이런 방식으로 데이터를 필터링하기로 하는 것은 완전히 합리적인 것이다.

하지만 필터링에도 편향성이 있다. 미국 인구의 10% 이상이 스페인어를 사용한다. 그렇다면 언어 모델에 "*amigo*"(친구의 스페인어 표현)라는 말도 표현해야 하지 않을까? 우리가 원하는 결과를 얻기 위해서는 올바른 필터링 기준을 선택하는 것이 중요하다. 아마도 사용 언어 대신 출생 지역을 기준으로 하면 트윗을 더 잘 필터링할 수 있을 것이다.

반대로, *샘플링*은 도메인 관련 기준 없이 임의의 방법으로 적절한 크기의 하위 집합을 선택하는 것이다. 양질의 관련 데이터로 샘플링하는 것이 필요한 이유는 다음과 같다.

- 적절한 크기의 훈련 데이터: 일반적으로 단순하고 견고한 모델에는 매개 변수가 거의 없으므로 빅 데이터를 모델에 맞출 필요가 없다. 데이터를 편향되지 않은 방법으로 샘플링하면 모델에 맞는 효율적인 조정이 되고, 또 전체 데이터 세트를 대표하게 된다.
- 데이터 분할(partitioning): 모델을 잘 구축하기 위해서는 훈련, 테스트, 평가 데이터를 보통 60%, 20%, 20%의 비율로 완전히 분리해야 한다. 편향되지 않게 이러한 분할을 구축하는 것이 이 과정의 정확성을 위해 필요하다.
- 탐구적 데이터 분석과 시각화: 스프레드시트 크기의 데이터 세트는 빠르고 쉽게 분석할 수 있다. 편향되지 않은 샘플은 전체를 대표하면서도 이해가 가능하다.

효율적이고 편향되지 않은 방법으로 n개의 레코드를 샘플링하는 것은 보기보다는 미묘한 작업이다. 일반적으로 결정론적(deterministic) 접근 방식과 무작위적(randomized) 접근 방식 두 가지가 있으며, 다음 절에서 자세히 설명하도록 한다.

12.4.1 결정론적 샘플링 알고리즘

허수아비 샘플링 알고리즘은 *파일의 뒤를 잘라내서 샘플링하는 방법*(*sampling by truncation*)으로, 단순히 파일 앞에서부터 n개 레코드만 샘플로 사용하는 것이다. 이 방법은 간단하고 쉽게 *재*

현(*reproducible*)할 수 있는 특성이 있는데, 전체 데이터 파일을 가지고 있는 누구라도 쉽게 같은 샘플을 만들 수 있다.

그러나 파일에 있는 레코드의 순서는 어떤 의미 정보를 가지는 경우가 많다. 즉 잘린 샘플들은 다음과 같은 요인에 의해 미묘한 영향을 받는 경우가 있다는 것이다.

- 시간적 편향: 로그 파일은 일반적으로 파일 끝에 새 레코드를 추가하여 구성한다. 따라서 처음 n개의 레코드는 가장 오래된 기록이며 최근의 상황 변화를 반영하지 않는다.
- 어휘적 편향: 많은 파일이 기본 키 순서로 정렬되며, 이는 처음 n개의 레코드가 특정 모집단으로 편향됨을 의미한다. 이름 순서로 정렬된 직원 명부를 상상해 보라. 첫 n개 기록은 A로만 구성될 수 있는데, 이것은 우리가 아마도 아라비아 이름들을 너무 많이 샘플링하고 중국 이름은 적게 샘플링하는 것을 의미한다.
- 수치적 편향: 대개 파일은 ID 번호순으로 정렬되는데, ID 번호는 별 의미가 없는 것처럼 보인다. 그러나 ID 번호가 어떤 의미를 지닐 수도 있다. 인사 기록을 미국 사회 보장 번호에 따라 분류한다고 하자. 실제로, 사회 보장 번호의 처음 다섯 자리는 일반적으로 출생 연도와 출생지에 관한 함수이다. 따라서 잘라내기를 하면 지리적으로 또 나이에 편향된 샘플이 만들어진다.

  종종 데이터 파일은 작은 파일들이 결합하여 구성되는데, 그중 일부가 다른 파일보다 훨씬 많은 긍정적인 예로 구성되어 있을 수도 있다. 특히 병리학의 경우, 클래스 변수를 완전히 코드화하여 레코드 번호로 사용할 수도 있는데, 그 의미는 정확하지만, 전혀 쓸모없는 분류기가 클래스 ID를 특성으로 사용함으로 인해 나올 수도 있다는 것이다.

그래서 잘라내기는 일반적으로 좋지 않은 아이디어이다. 좀 더 나은 접근법은 *균일 샘플링*(*uniform sampling*)이다. 주어진 파일에서 n개 중 n/m개의 레코드 샘플을 찾는다고 가정하자. 단순한 접근 방법은 i번째 레코드에서부터 시작하는 것이다. 여기서 i는 1에서 m 사이의 값을 가진다. 그리고 i부터 시작해서 매 m번째 레코드를 샘플로 선택하는 것이다. 다른 말로 표현하면, 만약 $j \pmod{m} = i$이 되면, j번째 레코드를 출력한다는 것이다. 이러한 균일 샘플링은 다음과 같은 여러 관심사에 대한 해결책이 될 수 있다.

- 정확히 원하는 수의 샘플 레코드를 구한다.
- 파일과 i와 m 사이의 값만 주어지면, 누구라도 신속하게 재현해 낼 수 있다
- 여러 개의 서로 다른 샘플을 쉽게 구축할 수 있다. 만약 서로 다른 출발점 i로 이 과정을 반복하면, 독립적인 샘플들을 얻는다.

트위터는 이 방법을 사용하여 트윗에 대한 접근을 제공하는 API 서비스를 제어한다. 무료 수준 접근(the spritzer hose)은 100회 트윗을 할 때마다 한 번씩 접근을 허용해서 스트림의 1%를 할당한다. 전문가 수준 접근은 비용을 내는 금액에 따라 매 10번째 트윗 또는 그 이상의 트윗을

제공한다.

이 방법은 잘라내기보다는 낫지만, 여전히 잠재적으로 주기적인 시간적 편향이 존재할 수 있다. 만약 로그에서 매 m번째 레코드를 샘플링한다고 하면, 어쩌면 보게 될 항목이 매번 화요일 이벤트이거나 매일 밤 11시 이벤트와 관련되어 있을 수도 있다. 숫자로 정렬된 파일에서는 아래 자릿수에 같은 숫자들이 있는 항목들이 나올 위험이 있다. "000"으로 끝나거나 "8888"과 같이 반복되는 번호를 갖는 전화번호는 흔히 주거용보다는 업무용으로 사용되므로 샘플에 편향이 발생한다. m을 충분히 큰 소수로 지정하면 이러한 현상을 최소화할 수 있지만, 샘플링 편향을 방지하기 위한 유일하게 확실한 방법은 무작위 추출 방법을 사용하는 것이다.

12.4.2 무작위 샘플링과 스트림 샘플링

확률 p로 무작위로 레코드를 샘플링하면 뚜렷한 편향 없이 $p \cdot n$ 항목을 선택할 수 있다. 일반적으로 난수 생성기는 동일한 분포로 0과 1 사이의 값을 반환하므로, 샘플링 확률 p를 임계값으로 사용할 수 있다. 각 새 레코드를 검사할 때마다 새 난수 r을 생성하고, $r \leq p$이면, 이 레코드를 샘플로 받아들이고, $r > p$이면 무시한다.

무작위 샘플링은 일반적으로 타당한 방법론이지만, 특정한 기술적인 문제도 수반한다. 통계적 불일치로 인해 특정 지역이나 인구 통계가 모집단에 대해 상대적으로 더 많이 선택될 수는 있지만, 편향되지 않고 예측 가능한 정도로 유지되리라는 것은 보장한다. 무작위 샘플들은 서로 겹칠 수 있으며, 또 무작위 샘플링은 난수 생성기와 그 초기 값이 없으면 재현할 수 없다.

샘플로 선택된 최종 레코드 수도 임의성이 있어서 약간은 많거나 적을 수 있다. 만약 정확하게 k개의 항목만 필요하다면, 항목들의 무작위 순열을 구성한 후 처음 k개만 잘라내면 된다. 무작위 순열을 구성하기 위한 알고리즘은 5.5.1절에서 논의하였다. 알고리즘은 간단하지만 많은 양의 불규칙한 데이터 이동이 필요하므로 대용량 파일에 대해서는 바람직하지 않을 수 있다. 더 간단한 방법은 각 레코드에 난수 값을 가지는 새로운 필드를 추가하고 이 필드를 키로 정렬하는 것이다. 정렬된 파일에서 처음 k 레코드를 선택하는 것은 k개의 레코드를 무작위로 샘플링하는 것과 완전히 같은 효과가 있다.

스트림에서 고정 크기의 무작위 샘플을 얻는 것은 더 까다로운 문제다. 모든 항목을 끝까지 저장할 수 없기 때문이다. 실제로, n이 얼마나 될지조차 모른다.

이 문제를 해결하기 위해서는 균일하게 선택되는 샘플을 크기 k의 배열에 유지하고, 새로운 원소가 스트림에서 도착할 때마다 갱신하도록 한다. n번째 스트림 원소가 샘플에 속할 확률은 k/n이므로 난수 r이 $r \leq k/n$ 조건을 만족하면, 배열에 삽입하도록 한다. 이렇게 하려면 현재 테이블에 있는 한 원소를 삭제해야 하는데, 희생자를 선택하기 위해 또 다른 난수 생성기를 사용하게 된다.

12.5 | 병렬성

두 사람의 머리가 한 사람보다 낫고, 백 사람의 머리가 두 사람보다 낫다. 컴퓨팅 기술은 응용을 위해 여러 프로세싱 요소들을 수요에 따라 수용할 수 있도록 발전했다. 마이크로프로세서도 일상적으로 4개 또는 그 이상의 코어를 가지고 있어서 개별 시스템에서도 병렬성에 대해 생각해 볼 수 있다. 데이터 센터와 클라우드 컴퓨팅의 등장으로 필요에 따라 많은 컴퓨터를 쉽게 대여할 수 있게 되었으며, 소규모 운영자도 대규모 분산 인프라를 활용할 수 있게 되었다.

여러 대의 기계에서 동시에 컴퓨팅하는 방식에는 병렬과 분산 컴퓨팅이라는 두 가지 접근 방식이 있다. 여기서 차이점은 컴퓨터가 얼마나 밀접하게 결합(tightly-coupled)되어 있고, 작업이 CPU 중심인지 메모리/IO 중심인지의 여부다. 간단히 설명하면 다음과 같다.

- *병렬 처리(parallel processing)*는 하나의 기계에서 이루어지며, 스레드와 운영 체제 자원을 통해 통신하는 다중 코어와 (또는) 다중 프로세서를 포함한다. 이렇게 밀접하게 결합된 컴퓨팅은 흔히 CPU 중심이며 컴퓨터 간 데이터 이동보다는 사이클 수에 제약을 더 많이 받는다. 중요한 것은 특정 컴퓨팅 문제를 순차적으로 해결하는 것보다 더 빨리 해결한다는 것이다.
- *분산 처리(distributed processing)*는 네트워크 통신을 사용하는 많은 기계상에서 이루어진다. 잠재적인 규모는 엄청나지만, 통신이 많지 않은 느슨하게 결합된(loosely-coupled) 작업에 가장 적합하다. 분산 처리의 목표는 여러 CPU를 활용하는 것보다 여러 컴퓨터 간에 메모리와 보조기억장치 같은 자원을 공유하는 것이다. 디스크에서 데이터를 읽는 속도가 병목 현상을 일으킨다면 최대한 많은 시스템에서 서로 다른 여러 대의 디스크를 동시에 읽도록 하는 것이 좋다.

이 절에서는 병렬 컴퓨팅의 기본 원리와 이를 활용하기 위한 두 가지 비교적 간단한 방법인 데이터 병렬성과 그리드 검색을 소개하도록 한다. MapReduce는 빅 데이터에 대한 분산 컴퓨팅을 위한 주요 패러다임으로 12.6절의 주제가 될 것이다.

12.5.1 하나, 둘, 다수

원시 문화는 숫자에 대한 지식이 많지 않았고, 아마도 무엇인가를 셀 때 하나, 둘, 여러 개라는 단어를 사용했을 것이다. 이 방법은 병렬 컴퓨팅과 분산 컴퓨팅에 대한 생각에서도 매우 좋은 방법이다. 왜냐하면, 컴퓨터의 수가 늘어날수록 복잡성도 매우 빠르게 증가하기 때문이다.

- 하나: 컴퓨터의 모든 코어들을 사용하려고 하지만, 한 컴퓨터에서만 작업 중이다. 이것은 분산 컴퓨팅이 아니다.
- 둘: 로컬 네트워크를 통해 일부 컴퓨터 간에 작업을 수동으로 나누려고 할 수도 있다. 이 방법은 분산 컴퓨팅이라고 하기 어려우며, 특정 기술을 이용해 일반적으로 관리하는 것이다.
- 다수: 클라우드에서 수십에서 수백 대의 컴퓨터를 활용하기 위해서는, 이러한 자원을 효율적으로 관리할 수 있는 MapReduce와 같은 시스템을 사용하는 것 외에 다른 방법이 없다.

복잡성은 작업에 참여하는 에이전트 수에 따라 증가한다. 그 변화를 사교 모임의 규모에 빗대어 생각해 보자. 크기가 커짐에 따라 조정이 느슨해지고 예상치 못한 사건이 발생할 가능성이 커진다. 이러한 경향은 예기치 못한 일이 발생할 수밖에 없을 때까지 계속된다.

- 한 명: 개인적인 연락을 통해 쉽게 약속할 수 있다.
- 두 명 이상: 친구들과 저녁 식사를 하려면 적극적인 조정이 필요하다.
- 10명 이상: 단체 모임에는 책임자가 있어야 한다.
- 100명 이상: 결혼식 저녁 식사는 고정된 메뉴가 필요한데, 주방이 다양한 모든 주문을 관리할 수 없기 때문이다.
- 1,000명 이상: 어떤 지역 사회 축제나 거리행진에서 어느 사람도 대다수 참석자를 알지 못한다.
- 10,000명 이상: 중요한 정치적 시위 후에는, 아무리 평화롭게 진행되었더라도 누군가는 병원에서 밤을 보낼 것이다.
- 10만 명 이상: 어떠한 큰 스포츠 행사든, 관중 중 한 명은 아마도 심장 마비[BSC+11] 또는 귀가 중 교통사고로 사망할 것이다.

만약 앞의 내용 중 일부가 비현실적으로 들린다면, 전형적인 인간의 수명이 80년 × 365일/년 = 29,200일이라는 것을 상기하라. 하지만 아마도 이를 통해서 병렬화와 분산 컴퓨팅에 대한 몇 가지 과제를 찾을 수 있다.

- 조정: 작업 단위를 프로세서에 어떻게 할당해야 하는가. 특히 작업 단위가 작업자보다 많다면? 각 작업자의 노력을 어떻게 통합하여 하나의 결과를 만드는가?
- 통신: 작업자들은 어느 정도까지 부분적인 결과를 공유할 수 있는가? 모든 작업자가 자신들의 일을 끝냈는지 어떻게 알 수 있는가?
- 결함 감내(fault tolerance): 작업자가 그만두거나 사망하면 작업을 어떻게 재할당해야 하는가? 악의적이고 체계적인 공격이나 임의로 발생하는 장애로부터 보호해야 하는가?

> **가정 학습** 병렬 컴퓨팅은 통신과 조정 복잡성을 최소화하고 장애 확률이 낮을 때 잘 작동한다.

12.5.2 데이터 병렬성

*데이터 병렬성*은 여러 프로세서와 디스크에 데이터를 분할, 복제하고, 동일한 알고리즘을 각 조각에 대해 실행한 다음 그 결과들을 수집하여 최종 결과를 생성하는 과정을 포함한다. 마스터 컴퓨터가 여러 개의 슬레이브에 작업을 분배하고 결과를 모은다고 가정한다.

대표적인 작업은, 방대한 텍스트 말뭉치에서 단어가 나타나는 빈도를 계산하는 것처럼, 대규모 파일 모음으로부터 통계를 집계하는 것이다. 파일별 빈도는 전체에 대한 부분 결과로 독립적으로 계산할 수 있으며, 마지막에 파일별 빈도들을 단일 컴퓨터에 모아서 쉽게 계산할 수 있다. 이런 방법의 주된 장점은 단순성이다. 모든 계산 과정이 같은 프로그램을 실행하고 있기 때문이다. 프로세서 간 통신도 간단하다. 즉, 파일을 적절한 시스템으로 이동하고 작업을 시작한 다음 결과를 마스터 컴퓨터에 다시 보고한다.

멀티코어 컴퓨팅에 대한 가장 간단한 접근 방식도 데이터 병렬성이다. 데이터는 자연스럽게, 시간, 클러스터링 알고리즘, 자연적인 카테고리 등에 의해 설정되는 분할(partition)을 형성한다. 대부분의 집계 문제에서, 그림 12.1과 같이 모든 하위 문제들이 마지막에 합병될 수 있다면 레코드들을 임의로 분할할 수 있다.

좀 더 복잡한 문제의 경우에는 나중에 이러한 부분 결과를 결합하기 위한 추가 작업이 필요하다. 두 단계로 구성된 *k*-평균 클러스터링 알고리즘(10.5.1절)을 기억해 보자.

1. 각 점에 대해서 어떤 현재 클러스터 중심이 가장 가까운지를 식별한다.
2. 그 클러스터에 연관된 점들의 새 중심을 계산한다.

점들이 여러 컴퓨터에 분산되어 있다고 가정하면, 첫 번째 단계에서는 마스터가 각 컴퓨터에게 현재 중심에 대해 알려주고, 두 번째 단계에서는 각 슬레이브가 자신이 가지고 있는 분할에 있는 점들의 새로운 중심을 마스터에게 보고한다. 그런 다음 마스터는 수집된 중심들의 평균을 계산하고 종료한다.

12.5.3 그리드 탐색

병렬성을 활용하기 위한 두 번째 접근 방식은 동일한 데이터에 대해 다중의 독립된 실행을 수행하는 것이다. 우리는 많은 기계 학습 방법들이 최종 결과의 품질에 영향을 주는 매개변수를 가진다는 것을 보아 왔는데, 그 예로는 *k*-평균 클러스터링을 위해 적절한 클러스터의 수 k를 선택하는 것을 들 수 있다. 가장 좋은 것을 고르기 위해서는 모든 것을 다 시도해야 한다는 것을 의미하고, 각각의 실행은 여러 다른 컴퓨터에서 동시에 수행될 수 있다.

그리드 탐색(*grid search*)은 훈련 과정에서 올바른 메타-매개변수를 찾는 탐색이다. 학습 속도의 변화나 확률적 경사 하강법(stochastic-gradient descent)에서의 일괄처리 크기가 최종 모델의 품질에 얼마나 영향을 미치는지는 정확하게 예측하기 어렵다. 여러 개의 독립적인 적합(fit)들은 병렬로 실행될 수 있으며, 결국에는 평가에 따른 최상의 것을 선택하면 된다.

*k*개의 서로 다른 매개변수에 대한 공간을 효과적으로 탐색하는 것은 상호 작용 때문에 어렵다. 각 매개변수마다 최적값을 별도로 식별하였더라도 이들을 결합하면 최선의 매개변수 집합이 아닐 수 있다. 일반적으로 각 매개변수 p_i에 대한 타당한 최솟값과 최댓값 뿐만 아니라 이 매개변수에 대해 시험 되어야 할 값의 수 t_i도 사용자가 설정한다. 각 구간은 이 t_i에 의해 관리되는 동일한 간격의 값들로 분할된다. 그런 다음 그리드 탐색의 그리드를 설정하기 위해, 구간당 하나

의 값을 선택하여 만들 수 있는 모든 매개변수의 집합을 시도한다.

그리드 탐색에서 구한 가장 좋은 모델이 다른 모델보다 정말로 더 좋은지 얼마나 믿을 수 있을까? 종종 주어진 시험 세트에 대한 작은 성능 차이들을 설명하는 단순한 편차가 있으므로, 그리드 탐색이 성능을 가장 좋게 보이는 숫자를 선별하는 작업으로 바뀌기도 한다. 만약 여러분의 모델을 위해 그리드 탐색이 가능한 계산 자원을 가지고 있다면 자유롭게 진행하라. 하지만 시행착오의 한계는 인식하기 바란다.

12.5.4 클라우드 컴퓨팅 서비스

아마존 AWS, 구글 Cloud, 마이크로소프트 Azure와 같은 플랫폼을 사용하면 단기 또는 장기 작업을 위해 많거나 적은 수의 시스템을 쉽게 대여할 수 있다. 비용만 지불할 수 있다면 필요할 때 정확한 컴퓨팅 자원에 접근할 수 있는 기능을 제공한다.

하지만 이러한 서비스 제공 업체의 비용 모델은 다소 복잡하다. 일반적으로 프로세서 유형, 코어 수, 사용하는 메인 메모리를 기준으로 각 가상 컴퓨터에 대해 시간당 비용을 부과한다. 적당한 컴퓨터는 시간당 10에서 50센트 사이에 대여될 것이다. 장기 기억장소에 대해서는 개월당 기가바이트를 기준으로 비용을 지불하며, 접근 패턴에 따라 여러 가지 비용 단계가 있다. 또한 컴퓨터와 웹을 통한 데이터 전송 양에 적용되는 대역폭 요금도 지불해야 한다.

현물 가격 책정(spot pricing)과 예약 인스턴스(reserved instances)는 특수한 사용 패턴에 대한 시간당 비용을 낮출 수 있지만, 추가적인 주의 사항이 있다. *현물 가격 책정* 방식에서는 가장 높은 입찰자에게 컴퓨터가 가기 때문에, 당신보다 더 필요한 누군가가 당신의 업무를 방해할 위험성도 있다. *예약 인스턴스*는 시간당 가격을 낮추기 위해 일정 금액을 선불로 지불하는 것이다. 이 방식은 1년 내내 한 대의 컴퓨터가 필요한 경우에는 타당하지만, 어느 특정한 하루에 100대의 컴퓨터가 필요한 경우에는 맞지 않는다.

다행히 무료로 실험해 볼 수 있다. 모든 주요 클라우드 공급자는 새로운 사용자에게 약간의 자유 시간을 제공하므로 사용자는 여러 가지 설정을 시험해 본 후 자신에게 적합한 방식을 결정할 수 있다.

12.6 MapReduce

분산 컴퓨팅을 위한 Google의 MapReduce 패러다임은 Hadoop이나 Spark와 같은 오픈 소스 구현을 통해 폭넓게 사용되고 있다. 이 방법은 수백에서 심지어는 수천 개의 기계로 직접 확장이 가능하며 중복을 통한 결함을 허용하는 등 여러 장점을 가진 단순 프로그래밍 모델을 제공한다.

프로그래밍 모델 추상화의 레벨은 시간에 따라 꾸준하게 증가하고 있으며 사용자로부터 구현 세부사항을 숨기는 강력한 도구와 시스템에 의해 반영되고 있다. 여러분이 데이터 과학을 다중 컴퓨터 규모로 수행하고 있다면 여러분이 직접 프로그래밍을 하지는 않더라도 MapReduce 컴퓨팅이 사용되고 있을 것이다.

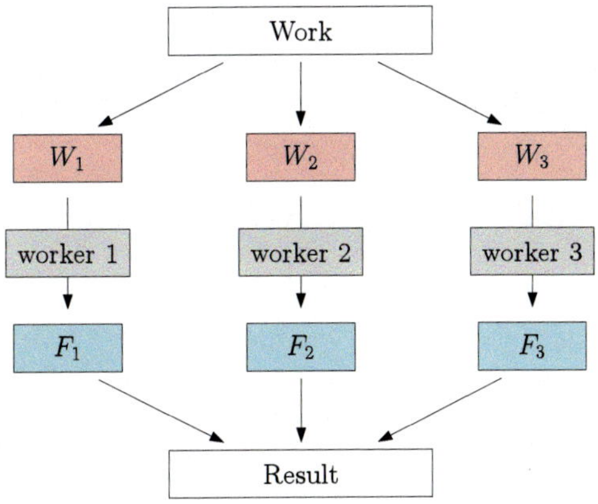

그림 12.1: 분할과 정복은 분산 컴퓨팅의 알고리즘적 패러다임이다.

대규모 데이터 사이언스 작업의 하나의 중요한 클래스는 다음의 기본 구조를 가지고 있다.

- 많은 수의 데이터 항목에 대해 반복. 여기서 항목은 데이터 레코드, 텍스트 문자열, 파일의 디렉토리 등.
- 각 항목에서 흥미가 있는 무엇인가를 추출. 특정 필드의 값, 각 단어의 빈도 카운트, 각 파일에서 특정 패턴의 출현/부재 등.
- 이러한 중간 결과를 모든 항목에 대해 집계하고 적절히 결합된 결과를 생성.

이러한 클래스의 문제의 대표적인 사례는 빈도수 카운팅, k-평균 클러스터링, PageRank 계산을 포함한다. 이들 모두는 직접적인 반복적 알고리즘으로 풀 수 있고 실행 시간은 입력 크기에 선형적으로 비례한다. 그러나 이러한 방법들은 파일이 단일 기계의 메모리에 맞지 않는 거대한 크기의 입력에 대해서는 부적절할 수 있다. 수십억의 트윗에 대한 단어 빈도수 카운팅, 수억 개의 Facebook 프로필에 대한 k-평균 클러스터링, 인터넷 상의 모든 웹사이트에 대한 PageRank 등 웹 규모의 문제들을 생각해 보라.

여기서의 전형적인 해법은 *분할과 정복(divide and conquer)*이다. 입력 파일을 m개의 상이한 기계로 분할하고, 이들 각각에 대해 병렬로 계산을 수행하며, 그 결과들을 적절한 기계 상에서 결합한다. 이러한 해법은 원리적으로 단어 카운팅에 대해 적용 가능하다. 그 이유는 거대한 텍스트 모임도 궁극적으로 상대적으로 작은 고유한 어휘 단어들과 연관 빈도 카운트의 파일들로 축소되기 때문이다. 이들을 쉽게 합쳐 전체 카운트를 생성할 수 있다.

그러나 PageRank 계산을 고려해 보자. 각 노드 v에 대해 x가 v를 가리키는 모든 노드 x로부터의 PageRank를 합해야 한다. 이러한 모든 x 정점들이 v와 동일한 기계에 배치될 수 있도록 그래프를 분리된 조각들로 절단하는 방법은 존재하지 않는다. 사물을 그들이 작업할 올바른 위치에 배치하는 것이 MapReduce가 무엇인지에 대한 핵심 사항이다.

12.6.1 MapReduce 프로그래밍

이러한 계산을 분배하는 핵심은 버켓으로 구성된 분산 해시 테이블을 설정하는 것으로 동일 키를 가진 모든 항목들이 동일 버켓으로 매핑이 된다.

- 단어 카운트: 전체 파일 집합에 대해 특정 단어 w의 전체 빈도를 카운트하기 위해 모든 파일에 대한 빈도 카운트를 w와 관련된 단일 버켓에 수집할 필요가 있다. 거기서 이들을 모두 합쳐서 전체 카운트를 생성한다.

- k-평균 클러스터링: k-평균 클러스터링에서 중요한 단계는 현재 중심점 c에 가장 가까운 점들의 새 중심점 c'를 갱신하는 것이다. c에 가장 가까운 모든 점들 p를 c와 연관된 단일 버켓으로 해싱한 후에, 이 버켓에서 한 번의 처리로 c'를 계산할 수 있다.

- PageRank: 정점 v의 새 PageRank는 모든 이웃 정점 x에 대한 구 PageRank의 합이 된다. 여기서 (x, v)는 그래프의 방향 간선이다. x의 PageRank를 모든 인접 정점 v의 버켓에 해싱하면 올바른 위치에 모든 필요한 정보를 수집하게 되고 이들을 통해 한 번에 PageRank를 갱신할 수 있게 된다.

이러한 알고리즘들은 2개의 프로그래머 작성 함수 *map*과 *reduce*를 통해서 명세가 될 수 있다.

- Map: 각 입력 파일에 대한 스윕(sweep)을 하고, 해싱 또는 키-값 쌍을 적절하게 *배출*(*emitting*)한다. 단어 카운트 매퍼(mapper)에 대한 다음의 의사코드를 고려해 보자.

```
Map(String docid, String text):
    for each word w in text:
        Emit(w, 1);
```

- Reduce: 특정 키 k에 연관된 값들의 집합을 통해 스윕을 하고, 적절한 집계와 처리를 한다. 단어 카운트 리듀서(reducer)에 대한 의사코드는 다음과 같다.

```
Reduce(String term, Iterator<Int> values):
    int sum = 0;
    for each v in values:
        sum += v;
```

MapReduce 프로그램의 효율성은 여러 사항에 의해 좌우되지만 하나의 중요한 목표는 배출의 수를 최소로 하는 것이다. 각 단어에 대한 카운트의 배출은 기계를 지나는 메시지를 트리거하므로 이러한 통신과 관련 버켓에 대한 기록은 대규모일 경우 비용이 많이 든다. 궁극적으로 더 많은 사항들이 맵이 될수록 더 많은 사항들이 리듀스된다.

이상적인 방식은 특정 입력 스트림의 카운트를 사전에 지역적으로 결합하여 파일당 고유한 단어 각각에 대한 전체 카운트만을 배출하는 것이다. 이는 맵 함수에 추가의 로직/자료 구조를 추가해 수행할 수 있다. 하나의 대안적인 아이디어는 네트워크 트래픽 감소를 위해 맵 단계 이

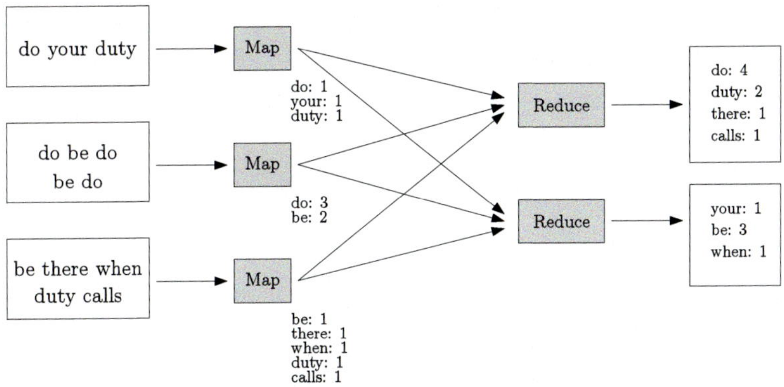

그림 12.2: 단어 카운트 실행. 맵 파일 크기의 축소를 위해 매핑 이전에 카운트 결합이 수행이 되었다.

후에, 그러나 프로세서 간 통신 이전에 메모리 상에서 미니-리듀서를 실행하는 것이다. 인메모리 계산에 대한 최적화는 MapReduce 스타일의 프로그래밍을 위한 Hadoop에 대비한 Spark의 주요 성능상의 이점의 하나이다.

그림 12.2는 3개의 매퍼와 2개의 리듀서를 이용해 단어 카운팅을 수행하는 MapReduce 작업의 흐름을 보이고 있다. 지역적인 결합이 진행이 되어 입력 파일에서 한 번 이상 사용된 단어(여기서는 *doc*와 *be*)에 대한 카운트가 리듀서로 배출되기 전에 표로 정리되어 있다.

그림 12.2에서 설명된 한 문제는 각 리듀스 작업에 할당된 작업의 양의 자연스러운 불균형인 스큐(skew)를 매핑하는 것이다. 이 간단한 예에서 상단 리듀서는 그 파트너에 비해 단어가 33%가 더 많고 카운트가 60% 더 큰 맵 파일이 할당된다. 직렬 실행 시간이 T인 작업에 대해 n개 프로세서를 이용한 완벽한 병렬화는 T/n의 실행 시간을 사용한다. 그러나 MapReduce 작업의 실행 시간은 가장 크고 가장 느린 조각에 의해 결정된다. 매퍼 스큐로 인해 평균 크기에 비해 종종 상당히 큰 편인 가장 큰 조각에 의해 운명이 정해진다.

매퍼 스큐의 하나의 소스는 내기의 운으로 동전을 n번 던져서 정확하게 앞면과 동일하게 뒷면이 나오는 경우가 드물다는 것이다. 좀더 심각한 문제는 키 빈도가 종종 멱법칙 분포라서 가장 빈번한 키가 카운트를 지배한다는 것이다. 단어 빈도 문제를 고려하고, 단어 빈도가 5.1.5절의 지프 법칙(Zipf's law)을 준수한다고 하자. 가장 빈번한 단어(*the*)의 빈도는 1000에서 2000까지의 천 단어의 합보다 커야 한다. 어떤 버켓이든 the를 포함하는 버켓은 이를 모두 수용하기 어려울 것이다.[2]

12.6.2 MapReduce 내부

이 모든 것이 다 좋다. 그러나 Hadoop과 같은 MapReduce 구현이 어떻게 모든 맵이 된 항목들이 올바른 장소로 갈 수 있도록 확신을 줄 수 있을까? 또한 그것이 어떻게 결함 감내 방식으로

[2] 이것이 언어에서 가장 빈번한 단어들을 불용(stop) 단어로 선언하여 텍스트 분석 문제의 특징에서 종종 삭제하는 이유의 하나이다.

작업을 프로세서에 할당하고 MapReduce 연산을 동기화할 수 있을까?

분산 해시 테이블(또는 파일 시스템)과 중재 처리와 자원 관리를 담당하는 실행 시간 시스템의 2개의 주요 컴포넌트가 존재한다. 이들에 대한 세부 내용은 아래와 같다.

분산 파일 시스템

대규모의 컴퓨터 모임은 CPU 뿐만 아니라 그들의 메모리 공간(RAM)과 지역 디스크 저장장치도 잡(job)의 공략에 기여할 수 있다. HDFS(Hadoop Distributed File System)와 같은 분산 파일 시스템은 분산 해시 테이블로 구현될 수 있다. 기계의 집합이 그들의 가용 메모리를 중재 실시간 시스템에 등록한 후에, 이들 각각에 대해 그들이 담당하는 특정 해시 테이블 범위를 할당할 수 있다. 그러고 나서 매핑을 수행하는 각 프로세스는 배출된 항목이 적절한 기계의 적절한 버킷으로 전달될 수 있도록 확신시킬 수 있다.

많은 수의 항목들이 단일 버킷으로 매핑될 수 있으므로 버킷을 디스크 파일로 표현하고 신규 항목을 뒷부분에 추가하는 방안을 선택할 수 있다. 디스크 접근은 느린 편이나 디스크 처리율이 합리적이므로 파일을 통한 선형 스캔도 일반적으로 감당할 만하다.

이러한 분산 해시 테이블의 한 가지 문제는 결함 감내로, 단일 기계 고장이 전체 계산을 무효화시킬 정도로 충분할 값들의 손실을 가져올 수 있다. 이에 대한 해법은 신뢰성을 위해 일반 하드웨어에 모든 것을 중복시키는 것이다. 특히 실행 시간 시스템은 하드웨어 고장 시 데이터 손실의 가능성을 최소화시키기 위해 각 항목을 3개의 상이한 기계에 중복시키게 된다. 실행 시간 시스템이 기계나 디스크의 고장을 감지하면 손실된 데이터를 이러한 사본들로부터 복제하여 파일 시스템의 건강을 회복하게 된다.

MapReduce 실행시간 시스템

Hadoop이나 Spark에 대한 MapReduce 환경의 또 다른 주요 컴포넌트는 다음과 같은 작업을 통제하는 소프트웨어 레이어인 *실행시간 시스템(runtime system)*이다.

- 프로세서 스케줄링: 어느 코어가 어느 맵 및 리듀스 작업을 실행하기 위해 할당될 것이고 어느 입력 파일 위에 할당될 것인가? 프로그래머는 한 번에 활성화가 가능한 매퍼와 리듀서의 수를 제안해서 도움을 줄 수 있지만 코어에 대한 작업의 할당은 실행 시간 시스템이 담당하게 된다.

- 데이터 분배: 이는 데이터를 다룰 수 있는 가용 프로세서로 데이터를 이동하는 것을 수반하지만 전형적인 맵과 리듀스 연산은 잠재적인 대형 파일을 통한 단순 선형 스윕을 필요로 한다. 한 파일의 이동은 우리가 원하는 연산을 지역적으로 수행하는 것보다 좀더 비용이 들 수 있다.

  따라서 *프로세스를 데이터로 이동*하는 것이 더 좋다. 실행 시간 시스템은 어느 자원이 어느 기계에 대해 사용 가능한지와 네트워크의 일반적 레이아웃에 대한 구성 정보를 가지고 있어야 한다. 이것은 어느 프로세스가 어디서 실행되어야 하는지에 대한 적절한 결정을 내릴 수 있어야 한다.

- **동기화:** 리듀서는 그들에 대한 맵이 할당될 때까지 실행할 수 없고 매핑이 수행된 이후까지는 완료할 수 없다. Spark는 맵과 리듀스의 동기화된 라운드를 넘어서는 보다 복잡한 작업 흐름을 허용한다. 이러한 동기화를 처리하는 것이 실행 시간 시스템이다.
- **에러와 결함 감내:** MapReduce의 신뢰성은 하드웨어나 통신 장애로부터의 부드러운 회복을 필요로 한다. 실행 시간 시스템이 워커 고장을 탐지하면 그 계산의 재시작을 시도한다. 이것이 실패하면 완료되지 않는 작업을 다른 워커에게 전송한다. 이러한 모든 일이 프로그래머의 개입 없이 완벽하게 발생하므로 딸꾹질이 드문 사건이 아니고 자주 발생하는 정도의 대규모인 기계의 네트워크로 계산을 확대할 수 있다.

레이어 상단의 레이어

HDFS와 Hadoop과 같은 시스템들은 다른 시스템이 그 상단에 구축될 수 있는 소프트웨어 레이어들에 불과하다. Spark는 Hadooop에 대한 경쟁자로 생각될 수 있지만 사실상 Hadoop 분산 파일 시스템의 이점을 살릴 수 있고 종종 그러할 경우 가장 효율적이다. 최근에 와서 저자의 학생들이 저-수준 MapReduce 작업을 작성하는 데 덜 시간을 들이고 있는 것으로 보이는데, 그 이유는 이들이 더 높은 추상화 레벨에서 작동하는 소프트웨어 레이어들을 사용하고 있기 때문이다.

완전한 빅데이터 생태계는 다수의 상이한 종들로 구성되어 있다. 하나의 중요한 클래스는 *NoSQL* 데이터베이스로 기계의 분산 네트워크 상에 구조적 데이터의 분배를 허용하여 다중 기계의 RAM과 디스크를 결합할 수 있도록 한다. 또한 이러한 시스템들은 사용자가 필요에 따라 추가적인 기계와 자원을 추가할 수 있도록 설계되어 있다. 이러한 유연성에 대한 비용은 대개 완전한 SQL이 아닌 단순한 질의 언어만을 지원한다는 것이나, 다수의 응용에서는 이 정도로도 충분한 것으로 보인다.

빅데이터 소프트웨어 생태계는 이 책에서 논의된 기초적인 문제들보다 훨씬 더 신속하게 발전하고 있다. Google 검색과 O'Reilly 책 카탈로그의 탐색은 여러분이 사업할 준비가 되어 있을 때 가장 최근의 기술을 드러낼 것이다.

12.7 | 사회 및 윤리적 암시

심각한 문제에 빠지는 우리의 능력은 크기에 따라 증가한다. 자동차가 자전거 보다는 심각한 사고가 나고 비행기가 자동차 보다 큰 사고가 난다.

빅데이터는 세계를 위해 큰 일을 할 수 있지만 개인과 사회를 크게 해칠 수 있는 위력을 가지고 있다. 스크랩처럼 작은 규모일 때는 무해한 행동들이 커지면 지적 자산 도용이 된다. 모델의 정확도를 과도적으로 우호한 형태로 기술하는 것이 파워포인트 발표에서는 흔한 일이지만 여러분의 모델이 신용 권한 또는 의료 처치에 대한 접근을 통제한다면 실제로 문제를 일으킨다. 이메일 계정에 대한 접근을 잃는 일은 바보같은 행동이지만 1억명의 고객에 대한 개인 데이터를 적절하게 보호하지 않는 일은 잠재적인 범죄가 된다.

공공적으로 우려하거나 우려해야 하는 사물의 유형들을 여러분이 인지할 수 있도록 빅데이터 세계에서 흔한 윤리적 우려에 대한 간략한 조사로 이 책을 마치려고 한다.

- 의사소통과 모델링의 무결성: 데이터 사이언스는 그 분석과 그 고용주 또는 일반 대중 사이에서 도관 역할을 한다. 다양한 시간-테스트 기법을 이용해 우리의 결과를 실제 보다 더 강하게 만들고 싶은 유혹이 존재한다.

  - 베이스라인에 대한 비교나 *p*-값 보고 없이 상관 또는 정확도 수준을 보고할 수 있다.
  - 좀 더 정확한 그림을 표현하는 대신에 다중 실험을 수행해 최고 결과만 표현할 수 있다.
  - 정보를 드러내는 대신에 불투명해지도록 시각화 기법을 이용할 수 있다.

  모든 모델 내부에는 가정과 약점이 내장되어 있다. 좋은 모델러는 그들 모델의 한계를 알고 있다. 그들이 할 수 있다고 신뢰하고 있는 것과 덜 확실하다고 느끼기 시작하는 위치를 알고 있다. 솔직한 모델러는 전체 그림을 논의하며, 그들이 알고 있는 것과 그들이 확신하지 못하는 것을 알려준다.

  이해의 충돌은 데이터 사이언스에서 진정한 관심사이다. 종종 연구를 시작하기도 전에 "올바른 답", 특히 상사가 가장 듣고 싶어 하는 결과를 알고 있을 수 있다. 여러분의 결과는 여론에 영향을 주기 위해 사용될 수도 있고 법 또는 정부 기관 앞에서 증언용으로 사용될 수도 있다. 정확한 보고와 결과의 확산은 윤리적 데이터 과학자의 본질적 행동이다.

- 투명성과 소유권: 전형적으로 회사와 연구 기관들은 데이터 사용 및 보유 정책을 출판하여 이 것들이 고객의 데이터로 신뢰할 수 있음을 보여준다. 이러한 투명성은 중요하지만 데이터의 상업적 가치가 명확해지면 바로 변경되는 경향이 있다. 종종 허가를 구하는 것보다 용서를 구하는 것이 쉬울 수 있다.

  사용자들은 그들이 생성한 데이터를 어느 정도까지 소유하는가? 소유권은 그들로부터 수집된 정보가 무엇인지를 알 수 있는 권리와 이 자료의 미래 사용을 금지할 수 있는 능력을 가지고 있음을 의미한다. 이러한 이슈는 기술적으로나 윤리적으로나 모두 어려워질 수 있다. 범죄자가 Google과 같은 검색 엔진으로부터 그들의 범죄에 대한 모든 참조를 요구할 수 있는가? 내 딸이 그녀의 허가 없이 남들에 의해 올려진 그녀의 사진을 삭제하도록 요구할 수 있는가?

  데이터 에러는 그들로부터 어떤 정보가 수집되었는지를 사람들이 접근하고 이해할 수 있는 메카니즘이 없이 전파되어 개인을 해칠 수 있다. 부정확하고 불완전한 재정 정보가 일부의 신용 등급을 망가뜨릴 수 있으나, 신용 기관은 법에 의해 각 사람의 레코드를 그들에게 제공하고 에러를 수정할 메카니즘을 제공하도록 강요받고 있다. 그러나, 데이터 주권은 파일의 합병 과정에서 보통 사라져서, 이러한 갱신이 결함 있는 데이터로부터 구축된 모든 파생 제품으로 돌아갈 필요가 없도록 하고 있다. 이것 없이, 여러분의 고객이 어떻게 여러분이 그들에 대해 가지고 있는 부정확한 정보를 발견하고 수정할 수 있을까?

- **번복 불가능 결정과 피드백 루프:** 모델을 절대적 탈락 기준으로 채용하는 것은, 특히 모델이 여러분이 실제로 측정하고자 하는 것의 대리에 불과한 도메인의 경우, 위험할 수 있다. 상관 관계는 인과 관계가 아니다. 하위 클래스의 이웃과 사는 사람은 체포될 가능성이 높으므로 특정 직원 후보를 고용하는 것이 위험하다고 제안하는 모델을 고려해 보자. 모든 고용주들이 그러한 모델을 사용하고 있다면 이러한 사람은 고용이 될 수 없고 자신의 결함 없이도 깊은 가난 속으로 몰리게 될 것이다.

  이러한 문제들은 일반적으로 번복 불가능하여 특히 위험하다. 이러한 모델의 희생자는 보통 호소할 수단이 없다. 모델의 사용자는 그들이 무엇을 놓치고 있는지, 얼마나 많은 좋은 후보가 추가적 고려 없이 제거가 되었는지를 알수가 없다.

- **모델-구동 편견과 필터:** 빅데이터는 각 개별 사용자에게 가장 잘 적합하도록 제품을 맞추는 것을 허용한다. Google, Facebook 등은 여러분의 데이터를 분석하여 그들의 알고리즘이 여러분이 가장 보고 싶어한다고 생각하는 결과를 보여준다.

  그러나 이러한 알고리즘들은 의심스러운 훈련 집합에 대한 기계 학습 알고리즘으로부터 가져온 부주의한 편견을 가지고 있다. 검색 엔진은 아마도 여자 보다는 남자에게 훨씬 더 좋은 직업 기회를 보여주거나 다른 기준으로 차별할 것이다.

  여러분이 보고싶다고 말하는 것을 정확하게 보여주는 것은 여러분이 정말로 볼 필요가 있는 정보를 보는 것을 방해할 수 있다. 이러한 필터들은 우리 사회에서 정치 양극화에 대한 일부의 책임을 가지고 있다. 여러분은 반대의 관점들을 살펴보는지, 또는 여러분 자신의 생각에 대한 메아리 방에 불과한지?

- **대형 데이터 세트의 보안 유지:** 빅데이터는 여러분의 하드 드라이브에 있는 스프레드시트보다 해커에게 더 큰 목표가 된다. 우리는 1억 개의 레코드를 가진 파일을 아무 것도 아닌 것(bupkis)이라고 언급하였으나 이는 미국 인구의 30%에 해당하는 개인 데이터를 표현할 수 있다. 이러한 크기의 데이터 위반은 비참할 정도의 빈도로 발생한다.

  1억 명의 사람들의 암호를 변경하기 위해서는 하나의 수정에 1분만 걸린다고 해도 190 man-year의 불필요한 노력이 필요하다. 그러나 대부분의 정보는 그렇게 쉽게 변경할 수 없고, 주소, ID 번호, 계좌 정보는 일생이 아니더라도 수년간 유지되므로, 데이터의 일괄 노출의 위험을 완전히 완화시키는 것은 불가능하다.

  데이터 과학자들은 자신의 조직의 보안 실무를 완전히 고수하고 잠재적 약점을 식별해야 할 의무를 가진다. 이들은 또한 암호화와 익명화를 통해 보안 위반의 위험을 최소화하는 책임을 진다. 그러나 아마도 가장 중요한 것은 불필요한 필드나 레코드의 요청을 피하는 것이며 (분명히 가장 수행하기 어려운 일이지만) 여러분 프로젝트에서 데이터에 대한 필요성이 사라지면 바로 그 데이터를 삭제하는 것이다.

- **집계 데이터의 사생활 유지:** 데이터 세트의 사생활을 보호하기 위해 이름, 주소, 식별 번호를 삭제하는 것으로는 충분하지 않다. 익명화된 데이터 마저도 직교 데이터 소스를 이용한 현명한 방법을 통해 효과적으로 역-익명화할 수 있다. 1.6절에서 소개한 택시 데이터 세트를 고려해 보자. 처음에는 승객 식별 정보를 포함하지 않고 있다. 그러나 이것은 탑승 GPS 좌표를 가지며 이를 이용해 소스로서 특정 주택을, 목표로서 특정한 도로 지점을 지목할 수도 있다. 이제 탑승한 사람이 누구인지, 그 사람이 기혼자일 경우 이 정보에 관심을 가진 사람이 누구인지에 대한 좋은 아이디어를 떠올릴 수도 있다.

  이와 관련된 한 실험이 유명 인사에 의한 특정 택시 탑승 정보들을 식별하였고, 그들의 목적지나 그들이 팁을 잘 주었는지의 여부를 발견하였다[Gay14]. Google을 이용해 택시를 이용하는 유명 인사의 파파라치 사진을 찾고 그 사진이 찍힌 시간과 장소를 추출해서 원하는 타겟을 포함한 정확한 탑승에 해당하는 레코드를 쉽게 식별하였다.

데이터 사이언스의 윤리적 이슈는 전문 기관에서도 데이터 사이언스 협회의 *데이터 사이언스 전문 행동 규범*(`http://www.datascienceassn.org/code-of-conduct.html`)과 미국 통계 협회의 *통계 실무를 위한 윤리 지침서*(`http://www.amstat.org/about/ethical-guidelines.cfm`)를 포함하여 최고 실무에 무게를 둘 정도로 충분히 중요하다.

이러한 문서를 읽어서 여러분 자신의 윤리적 이슈와 전문가 행동의 표준에 대한 감을 잡기 바란다. 사람들이 단지 코드 보다는 지혜를 위해 데이터 과학자로 전환한다는 것을 기억하라. 이러한 믿음이 가치가 있다는 것을 증명하기 위해 여러분이 할 수 있는 일을 수행하라.

12.8 | 장 노트

빅 데이터 분석 주제에 대한 책은 부족하지 않다. Leskovec, Rajarman, Ullman[LRU14] 책이 아마도 가장 포괄적이며 여기서 논의한 주제에 대해 어느 정도 더 깊은 논의를 할 수 있는 좋은 장소이다. 이 책과 동반 비디오는 `http://www.mmds.org`에서 얻을 수 있다.

저자가 좋아하는 소프트웨어 기술에 대한 소스는 O'Reilly Media로부터의 책들이다. 이 장의 문맥에서는 Hadoop[BK16]과 Spark를 이용한 데이터 분석[RLOW15]에 대한 책들을 추천한다.

O'Neil[O'N16]은 빅데이터 분석의 사회적 위험에 대해 경각심을 주는 조망을 제공하고 있으며, 해결 대상 문제를 과장하는 피드백 루프를 생성하는 대리 데이터 소스에 의존하는 불투명 모델의 남용을 강조한다.

디스크/캐시 속도와 거북이/탈출 속도의 비유는 마이클 벤더(Michael Bender)가 제공하였다.

12.9 | 연습문제

병렬 및 분산 처리

12-1. *[3]* 병렬 처리와 분산 처리의 차이점은 무엇인가?

12-2. *[3]* MapReduce의 혜택은 무엇인가?

12-3. *[5]* 대규모 정수 파일을 받아서 다음을 계산하는 MapReduce 알고리즘을 설계하라.

- *가장 큰 정수*
- *모든 정수의 평균*
- *입력에서 상이한 정수의 수*
- *정수의 최빈값(mode)*
- *정수의 중간값(median)*

12-4. *[3]* 10개의 리듀서 또는 100개의 리듀서가 존재할 때 맵 스큐가 더 큰 문제가 될 수 있다는 것을 기대할 수 있는가?

12-5. *[3]* 각 파일의 카운트를 배출하기 전에 합치는 경우 맵 스큐가 증가 또는 감소하는 문제를 기대할 수 있는가?

12-6. *[5]* 다음의 *The Quant Shop* 예측 도전과제 각각에 대해 합리적으로 존재하는 가장 큰 가능한 데이터 소스, 그것을 소유한 사람, 그 세계의 관점에서 숨어 있을 수 있는 편견에 대해 생각해 보아라.

(a) 미스 유니버스(*Miss Universe*)

(b) 영화 수입(*Movie gross*)

(c) 아기 체중(*Baby weight*)

(d) 예술품 경매 가격(*Art auction price*)

(e) 화이트 크리스마스(*White Christmas*)

(f) 축구 챔피언(*Football champions*)

(g) 악귀 풀(*Ghoul pool*)

(h) 금/석유 가격(*Gold/oil prices*)

윤리

12-7. *[3]* 빅데이터에서 사생활을 보호하기 위해 취할 수 있는 5개의 실제적인 방법은 무엇인가?

12-8. *[3]* Facebook이 여러분에 대해 가지고 있는 데이터에 대해 그 데이터를 사용할 수 있는 수용 가능한 경계는 무엇이라고 생각하는가? 여러분에게 수용 불가능한 사용 예를 들어보아라. 이것이 그들의 데이터 활용 동의에 의해 금지되어 있는가?

12-9. *[3]* 알고리즘이 사람 만큼 좋은 또는 사람보다 나은 결정을 할 것이라고 믿는 의사 결정의 예를 보여라. 어떠한 작업에 대해 사람의 판단을 알고리즘 보다 신뢰할 것인가? 그 이유는?

구현 프로젝트

12-10. *[5]* 우리가 논의한 스트림 샘플링 방법이 요구되는 분포로부터 실제로 균일 무작위 샘플을

생성하는가? 이들을 구현하고, 샘플을 그리고, 적절한 통계 테스트를 통해 그들을 실행하라.

12-11. *[5]* 2개 이상의 기계를 이용하여 Hadoop이나 Spark 클러스터를 설정하라. 단어 카운팅과 같은 기본 작업을 실행하라. 이것이 한 기계 상의 단순 잡(job)에 비해 실제로 더 빨리 실행이 되는가? 승리를 위해서 몇 개의 기계/코어가 필요한가?

12-12. *[5]* 단일 기계 이상의 처리를 합리화할 수 있는, 여러분이 접근할 수 있는 충분히 큰 데이터 소스를 발견하라. 그것을 이용해 여러분이 흥미를 가진 작업을 수행해 보아라.

인터뷰 질문

12-13. *[3]* 빅데이터의 정의는 무엇인가?

12-14. *[5]* 여러분이 처리해 본 가장 큰 데이터 세트는 무엇인가? 여러분이 한 일은 무엇이고 그 결과는 무엇인가?

12-15. *[8]* 다음의 20년 동안 지구에서 발생할 일이 무엇인지에 대한 다섯 가지의 예측을 제시하라.

12-16. *[5]* 데이터 사이언스에서 최고 실무의 일부 사례를 제시하라.

12-17. *[5]* 나쁜 목적으로 사용되는 가짜 리뷰 또는 가짜 Facebook 계정을 탐지할 수 있는 방법은?

12-18. *[5]* MapReduce 패러다임에서 맵 함수와 리듀스 함수가 하는 일은 무엇인가? 결합기(combiner)와 분할기(partitioner)가 하는 일은 무엇인가?

12-19. *[5]* 타이핑을 통해 로그인/암호를 제시하는 방식이 궁극적으로 사라질 것이라고 생각하는가? 이를 대체할 수 있는 방법은?

12-20. *[5]* 데이터 과학자가 주어진 데이터 세트로부터 아무런 결론을 도출할 수 없는 경우 그들의 상사/고객에게 무엇이라고 해야 하는가?

12-21. *[3]* 해시 테이블 충돌은 무엇인가? 이를 피할 수 있는 방법은? 이것은 얼마나 자주 발생하는가?

캐글 도전과제

12-22. 어느 고객이 반복적 구매자가 될 것인가?

`https://www.kaggle.com/c/acquire-valued-shoppers-challenge`

12-23. 어느 고객이 정크 메일을 보낼 가치가 있는가?

`https://www.kaggle.com/c/springleaf-marketing-response`

12-24. 어느 호텔을 주어진 여행자에게 추천할 것인가?

`https://www.kaggle.com/c/expedia-hotel-recommendations`

CHAPTER

13

맺음말

왕은 진지하게 말했다, "시작에서 시작하라", "그리고 끝에 다다를 때까지 계속 가라: 그리고 멈추어라."

– 루이스 캐롤(Lewis Carroll)

아마도 독자들은 이 책에 의해 최소한 부분적으로 계몽되었을 것이며 데이터의 위력에 대해 흥분이 남아 있을 것이다. 이러한 기술을 습득하는 가장 흔한 경로는 산업체에서 직업을 구하는 것이다. 이는 소중한 기회이지만 다른 가능성도 존재한다는 것을 인지하라.

13.1 | 취직

미래 데이터 과학자에 대한 직업 전망은 매우 유망한 것으로 예측되고 있다. 맥킨지 글로벌사에서는 이러한 수요를 "미국에서 깊은 분석 재능을 가진 사람은 2018년까지 예상 공급의 50%에서 60%까지 더 클 것"이라고 예측하고 있다. 직업 배치 사이트인 `www.glassdoor.com`은 현재 평균적으로 데이터 과학자의 급여가 정확하게 $113,436이라고 알려주었다. 하버드 비즈니스 리뷰는 데이터 과학자가 되는 것이 "21세기의 가장 매력적인 직업"이라고 하였다[DP12]. 이것이 저자가 주장하고 싶은 바이다!

그러나 이러한 주장들은 데이터 과학자가 정확히 무엇인지에 대해 폭넓게 공유할 수 있는 이해가 존재한다면 더 설득력이 있을 것이다. *데이터 과학자(data scientist)*라고 하는 공식 직함이 *소프트웨어 엔지니어(software engineer)*나 *컴퓨터 프로그래머(computer programmer)*와 같은 거대한 규모의 직업이 될 운명인지는 저자에게 명확하지 않다.

데이터 사이언스와 관련하여 응용 지식과 기술적 강점의 상대적 중요성에 따라 구분이 가능한 다양한 유형의 여러 직업이 존재한다고 말하는 것은 가능할 것 같다. 데이터 사이언스와 관련된 기본적 경력 트랙은 다음과 같다.

- **데이터 사이언스를 위한 소프트웨어 공학:** 고급 소프트웨어 개발 위치의 상당한 부분이

Google, Facebook, Amazon, 또는 은행과 헤지 펀드와 같은 금융 섹터의 데이터-중심 회사와 같은 빅데이터 회사에 존재한다. 이러한 직업은 데이터를 관리하기 위한 대규모 소프트웨어 인프라 구조를 구축하는 일에서 발생하며, 필요한 기술적 스킬과 경험을 습득하기 위해 보통 컴퓨터 과학의 학위를 필요로 한다.

- **통계학자/데이터 과학자:** 헬쓰 케어, 제조, 비즈니스, 교육, 정부/비영리 섹터의 경우 특히 훈련된 통계학자에 대한 다양한 직업 마켓이 항상 존재하고 있다. 이러한 세계도 지속적으로 성장하고 번영할 것이나 과거보다는 더 강한 계산 스킬을 요구할 것으로 보인다. 이러한 계산-지향 통계 분석가는 통계학에 대한 튼튼한 기초 위에 데이터 사이언스에 대한 훈련과 경험을 지니게 될 것이다.

- **정량적 비즈니스 분석가:** 비즈니스 전문가의 대규모 그룹이 마케팅, 판매, 광고, 관리 분야에서 일하며 제조-기반 또는 컨설팅 회사에서 주요 기능을 수행한다. 이러한 경력은 앞의 두 범주 보다 더 많은 비즈니스 도메인 지식을 필요로 하나 정량적 스킬에 대한 기대가 점차 증가하고 있다. 아마도 여러분을 마케팅을 위해 채용할 수는 있지만 데이터 사이언스/분석에 대한 배경이나 경험을 요구할 것이다. 또는 여러분을 인사 관리를 위해 채용할 수 있지만 여러분에게 직업 성능과 만족도에 대한 척도를 개발하는 것을 기대할 수도 있다.

이 책에서 논의된 내용들은 이러한 세 가지 경력 트랙 모두에서 본질적으로 중요하지만 학습해야 할 내용이 분명히 더 존재한다. 훈련하기 가장 쉬운 경력들은 가장 빨리 포화될 것이므로 교과목, 프로젝트, 실무를 통해 여러분의 스킬을 지속적으로 개발하라.

13.2 | 대학원 진학

이 책에서 논의된 아이디어와 방법들이 흥미롭다고 생각된다면 여러분은 아마도 대학원 진학에 대해 생각해 보아야 할 종류의 사람일 수도 있다.[1] 기술적 스킬은 고급 훈련 없이는 금방 낡아지고, 직업 세계에 들어간 후에는 전문적 훈련을 받을 시간을 찾기가 어려워진다.

데이터 사이언스의 대학원 프로그램은 컴퓨터 과학, 통계학, 비즈니스, 응용 수학 등의 관련 학과로부터 빠르게 등장하고 있다. 어느 유형의 프로그램이 여러분에게 가장 적절할 지는 여러분의 학부 훈련과 인생 경험에 의해 좌우된다. 각 프로그램의 초점에 따라 데이터 사이언스 프로그램이 요구하는 계산 및 통계적 배경은 크게 달라질 것이다. 일반적으로 말해서 프로그래밍, 기계 학습, 통계학의 측면에서 기술적으로 가장 어려운 프로그램이 미래에 대한 최고의 대비가 될 것이다. 이러한 요구를 최소화하는 프로그램들의 과대한 주장들을 주의하라.

대부분의 이러한 프로그램들은 석사 수준이지만, 평생을 바칠 수 있는 출중한 학생들은 박사

1이미 재학중이라면 더욱 좋다!

과정을 다닐 가능성을 고려해야 한다. 컴퓨터 과학, 기계 학습, 통계학의 대학원 연구는 여러분이 학부에서 배운 것에 대한 고급 주제의 과목을 포함하나, 더 중요한 것은 여러분이 선택한 영역에서 새로운 최초의 연구를 하게 된다는 것이다. 대부분의 합리적인 미국의 박사 프로그램은 합격한 모든 박사과정 학생에게 등록금을 지불하고, 이외에도 사치스럽지는 못해도 편안하게 살 만큼의 충분한 월급을 준다.

여러분이 강한 컴퓨터 과학 배경과 올바른 실력을 가지고 있다면 여러분의 연구를 Stony Brook에 와서 계속할 것을 추천한다! 우리 그룹은 전쟁 스토리에서 설명한 것처럼 데이터 사이언스 분야에서 다양한 흥미로운 주제에 대한 연구를 수행하고 있다. 사이트 `http://www.data-manual.com/gradstudy`를 살펴보기 바란다.

13.3 | 전문적 컨설팅 서비스

알고리스트 기술(Algorist Technologies)은 고객에게 데이터 사이언스와 알고리즘 설계 분야에서 단기적 전문가 도움을 제공하는 컨설팅 회사이다. 보통 알고리스트 컨설턴트들은 하루에서 3일 정도 호출이 되어 고객사의 자체 개발 직원들과 논의와 분석을 수행한다. 알고리스트는 여러 회사와 응용에 대해 상당한 성능 개선 기록을 보유하고 있으며 전문가 증인 서비스와 장기 컨설팅도 수행하고 있다.

알고리스트 기술이 제공하는 서비스에 대한 추가적인 정보를 원하면 `www.algorist.com/consulting`을 방문하기 바란다.

CHAPTER

14

참고문헌

[Abe13] Andrew Abela. *Advanced Presentations by Design: Creating Communication that Drives Action.* Pfeiffer, 2nd edition, 2013.

[Ans73] Francis J Anscombe. Graphs in statistical analysis. *The American Statistician*, 27(1):17–21, 1973.

[Bab11] Charles Babbage. *Passages from the Life of a Philosopher.* Cambridge University Press, 2011.

[Bar10] James Barron. Apple's new device looks like a winner. From 1988. *The New York Times*, January 28, 2010.

[Ben12] Edward A Bender. *An Introduction to Mathematical Modeling.* Courier Corporation, 2012.

[Bis07] Christopher Bishop. *Pattern Recognition and Machine Learning (Information Science and Statistics.* Springer, New York, 2007.

[BK07] Robert M. Bell and Yehuda Koren. Lessons from the Netflix prize challenge. *ACM SIGKDD Explorations Newsletter*, 9(2):75–79, 2007.

[BK16] Benjamin Bengfort and Jenny Kim. *Data Analytics with Hadoop: An Introduction for Data Scientists.* O'Reilly Media, Inc., 2016.

[BP98] Serge Brin and Larry Page. The Anatomy of a Large-Scale Hypertextual Web Search Engine. In *Proc. 7th Int. Conf. on World Wide Web (WWW)*, pages 107–117, 1998.

[Bra99] Ronald Bracewell. *The Fourier Transform and its Applications.* McGraw-Hill, 3rd edition, 1999.

[Bri88] E. Oran Brigham. *The Fast Fourier Transform.* Prentice Hall, Englewood Cliffs NJ, facimile edition, 1988.

[BSC+11] M. Borjesson, L. Serratosa, F. Carre, D. Corrado, J. Drezner, D. Dugmore, H. Heidbuchel, K. Mellwig, N. Panhuyzen-Goedkoop, M. Papadakis, H. Rasmusen, S. Sharma, E. Solberg, F. van Buuren, and A. Pelliccia. Consensus document regarding cardiovascular safety at sports arenas. *European Heart Journal*, 32:2119–2124, 2011.

[BT08] Dimitri Bertsekas and John Tsitsklis. *Introduction to Probability.* Athena Scientific, 2nd edition, 2008.

[BVS08] Mikhail Bautin, Lohit Vijayarenu, and Steven Skiena. International Sentiment Analysis for News and Blogs. In *Proceedings of the International Conference on Weblogs and Social Media*, Seattle, WA, April 2008.

[BWPS10] Mikhail Bautin, Charles B Ward, Akshay Patil, and Steven S Skiena. Access: news and blog analysis for the social sciences. In *Proceedings of the 19th International Conference on World Wide Web*, pages 1229–1232. ACM, 2010.

[CPS$^+$08] J Robert Coleman, Dimitris Papamichail, Steven Skiena, Bruce Futcher, Eckard Wimmer, and Steffen Mueller. Virus attenuation by genome-scale changes in codon pair bias. *Science*, 320(5884):1784–1787, 2008.

[CPS15] Yanqing Chen, Bryan Perozzi, and Steven Skiena. Vector-based similarity measurements for historical figures. In *International Conference on Similarity Search and Applications*, pages 179–190. Springer, 2015.

[dBvKOS00] Mark de Berg, Mark van Kreveld, Mark Overmars, and Otfried Schwarzkopf. *Computational Geometry: Algorithms and Applications.* Springer, 2nd edition, 2000.

[DDKN11] Sebastian Deterding, Dan Dixon, Rilla Khaled, and Lennart Nacke. From game design elements to gamefulness: defining gamification. In *Proceedings of the 15th International Academic MindTrek Conference: Envisioning future media environments*, pages 9–15. ACM, 2011.

[Don15] David Donoho. 50 years of data science. Tukey Centennial Workshop, Princeton NJ, 2015.

[DP12] Thomas H Davenport and DJ Patil. Data scientist. *Harvard Business Review*, 90(5):70–76, 2012.

[EK10] David Easley and Jon Kleinberg. *Networks, Crowds, and Markets: Reasoning about a highly connected world.* Cambridge University Press, 2010.

[ELLS11] Brian Everitt, Sabine Landau, Mmorven Leese, and Daniel Stahl. *Cluster Analysis.* Wiley, 5th edition, 2011.

[ELS93] Peter Eades, X. Lin, and William F. Smyth. A fast and effective heuristic for the feedback arc set problem. *Information Processing Letters*, 47:319–323, 1993.

[FCH$^+$14] Matthew Faulkner, Robert Clayton, Thomas Heaton, K Mani Chandy, Monica Kohler, Julian Bunn, Richard Guy, Annie Liu, Michael Olson, MingHei Cheng, et al. Community sense and response systems: Your phone as quake detector. *Communications of the ACM*, 57(7):66–75, 2014.

[Few09] Stephen Few. *Now You See It: simple visualization techniques for quantitative analysis.* Analytics Press, Oakland CA, 2009.

[FHT01] Jerome Friedman, Trevor Hastie, and Robert Tibshirani. *The Elements of Statistical Learning.* Springer, 2001.

[FPP07] David Freedman, Robert Pisani, and Roger Purves. *Statistics.* WW Norton & Co, New York, 2007.

[Gay14] C. Gayomali. NYC taxi data blunder reveals which celebs don't tip and who frequents strip clubs. http://www.fastcompany.com/3036573/, October 2. 2014.

[GBC16] Ian Goodfellow, Yoshua Bengio, and Aaron Courville. *Deep Learning.* MIT Press, 2016.

[GFH13] Frank R. Giordano, William P. Fox, and Steven B. Horton. *A First Course in Mathematical Modeling.* Nelson Education, 2013.

[Gle96] James Gleick. A bug and a crash: sometimes a bug is more than a nuisance. *The New York Times Magazine*, December 1, 1996.

[GMP+09] Jeremy Ginsberg, Matthew H Mohebbi, Rajan S Patel, Lynnette Brammer, Mark S Smolinski, and Larry Brilliant. Detecting influenza epidemics using search engine query data. *Nature*, 457(7232):1012–1014, 2009.

[Gol16] David Goldenberg. The biggest dinosaur in history may never have existed. FiveThirtyEight, http://fivethirtyeight.com/features/the-biggest-dinosaur-in-history-may-never-have-existed/, January 11, 2016.

[Gru15] Joel Grus. *Data Science from Scratch: First principles with Python.* O'Reilly Media, Inc., 2015.

[GSS07] Namrata Godbole, Manja Srinivasaiah, and Steven Skiena. Large-scale sentiment analysis for news and blogs. *Int. Conf. Weblogs and Social Media*, 7:21, 2007.

[HC88] Diane F Halpern and Stanley Coren. Do right-handers live longer? *Nature*, 333:213, 1988.

[HC91] Diane F Halpern and Stanley Coren. Handedness and life span. *N Engl J Med*, 324(14):998–998, 1991.

[HS10] Yancheng Hong and Steven Skiena. The wisdom of bookies? sentiment analysis vs. the NFL point spread. In *Int. Conf. on Weblogs and Social Media*, 2010.

[Huf10] Darrell Huff. *How to Lie with Statistics.* WW Norton & Company, 2010.

[Ind04] Piotr Indyk. Nearest neighbors in high-dimensional spaces. In J. Goodman and J. O'Rourke, editors, *Handbook of Discrete and Computational Geometry*, pages 877–892. CRC Press, 2004.

[Jam10] Bill James. *The New Bill James Historical Baseball Abstract.* Simon and Schuster, 2010.

[JLSI99] Vic Jennings, Bill Lloyd-Smith, and Duncan Ironmonger. Household size and the Poisson distribution. *J. Australian Population Association*, 16:65–84, 1999.

[Joa02] Thorsten Joachims. Optimizing search engines using clickthrough data. In *Proceedings of the Eighth ACM SIGKDD International Conference on Knowledge Discovery and Data Mining*, pages 133–142. ACM, 2002.

[Joh07] Steven Johnson. *The Ghost Map: The story of London's most terrifying epidemic – and how it changed science, cities, and the modern world.* Riverhead Books, 2007.

[JWHT13] Gareth James, Daniela Witten, Trevor Hastie, and Robert Tibshirani. *An Introduction to Statistical Learning.* Springer-Verlag, sixth edition, 2013.

[Kap12] Karl M Kapp. *The Gamification of Learning and Instruction: Game-based methods and strategies for training and education.* Wiley, 2012.

[KARPS15] Vivek Kulkarni, Rami Al-Rfou, Bryan Perozzi, and Steven Skiena. Statistically significant detection of linguistic change. In *Proceedings of the 24th International Conference on World Wide Web*, pages 625–635. ACM, 2015.

[KCS08] Aniket Kittur, Ed H Chi, and Bongwon Suh. Crowdsourcing user studies with mechanical turk. In *Proceedings of the SIGCHI Conference on Human Factors in Computing Systems*, pages 453–456. ACM, 2008.

[KKK+10] Slava Kisilevich, Milos Krstajic, Daniel Keim, Natalia Andrienko, and Gennady Andrienko. Event-based analysis of people's activities and behavior using flickr and panoramio geotagged photo collections. In *2010 14th International Conference Information Visualisation*, pages 289–296. IEEE, 2010.

[Kle13] Phillip Klein. *Coding the Matrix: Linear Algebra through Computer Science Applications.* Newtonian Press, 2013.

[KSG13] Michal Kosinski, David Stillwell, and Thore Graepel. Private traits and attributes are predictable from digital records of human behavior. *Proc. National Academy of Sciences*, 110(15):5802–5805, 2013.

[KTDS17] Vivek Kulkarni, Yingtao Tian, Parth Dandiwala, and Steven Skiena. Dating documents: A domain independent approach to predict year of authorship. Submitted for publication, 2017.

[Lei07] David J. Leinweber. Stupid data miner tricks: overfitting the S&P 500. *The Journal of Investing*, 16(1):15–22, 2007.

[Lew04] Michael Lewis. *Moneyball: The art of winning an unfair game.* WW Norton & Company, 2004.

[LG14] Omer Levy and Yoav Goldberg. Neural word embedding as implicit matrix factorization. In *Advances in Neural Information Processing Systems*, pages 2177–2185, 2014.

[LKKV14] David Lazer, Ryan Kennedy, Gary King, and Alessandro Vespignani. The parable of Google flu: traps in big data analysis. *Science*, 343(6176):1203–1205, 2014.

[LKS05] Levon Lloyd, Dimitrios Kechagias, and Steven Skiena. Lydia: A system for large-scale news analysis. In *SPIRE*, pages 161–166, 2005.

[LLM15] David Lay, Steven Lay, and Judi McDonald. *Linear Algebra and its Applications.* Pearson, 5th edition, 2015.

[LM12] Amy Langville and Carl Meyer. *Who's #1? The Science of Rating and Ranking.* Princeton Univ. Press, 2012.

[LRU14] Jure Leskovec, Anand Rajaraman, and Jeffrey David Ullman. *Mining of Massive Datasets.* Cambridge University Press, 2014.

[Mal99] Burton Gordon Malkiel. *A Random Walk Down Wall Street: Including a life-cycle guide to personal investing.* WW Norton & Company, 1999.

[MAV+11] J. Michel, Y. Shen A. Aiden, A. Veres, M. Gray, Google Books Team, J. Pickett, D. Hoiberg, D. Clancy, P. Norvig, J. Orwant, S. Pinker, M. Nowak, and E. Aiden. Quantitative analysis of culture using millions of digitized books. *Science*, 331:176–182, 2011.

[MBL+06] Andrew Mehler, Yunfan Bao, Xin Li, Yue Wang, and Steven Skiena. Spatial Analysis of News Sources. In *IEEE Trans. Vis. Comput. Graph.*, volume 12, pages 765–772, 2006.

[MCCD13] Tomas Mikolov, Kai Chen, Greg Corrado, and Jeffrey Dean. Efficient estimation of word representations in vector space. *arXiv preprint arXiv:1301.3781*, 2013.

[McK12] Wes McKinney. *Python for Data Analysis: Data wrangling with Pandas, NumPy, and IPython.* O'Reilly Media, Inc., 2012.

[McM04] Chris McManus. *Right Hand, Left Hand: The origins of asymmetry in brains, bodies, atoms and cultures.* Harvard University Press, 2004.

[MCP+10] Steffen Mueller, J Robert Coleman, Dimitris Papamichail, Charles B Ward, Anjaruwee Nimnual, Bruce Futcher, Steven Skiena, and Eckard Wimmer. Live attenuated influenza virus vaccines by computer-aided rational design. *Nature Biotechnology*, 28(7):723–726, 2010.

[MOR+88] Bartlett W Mel, Stephen M Omohundro, Arch D Robison, Steven S Skiena, Kurt H. Thearling, Luke T. Young, and Stephen Wolfram. Tablet: personal computer of the year 2000. *Communications of the ACM*, 31(6):638–648, 1988.

[NYC15] Anh Nguyen, Jason Yosinski, and Jeff Clune. Deep neural networks are easily fooled: High confidence predictions for unrecognizable images. In *Computer Vision and Pattern Recognition (CVPR), 2015 IEEE Conference on*, pages 427–436. IEEE, 2015.

[O'N16] Cathy O'Neil. *Weapons of Math Destruction: How big data increases inequality and threatens democracy.* Crown Publishing Group, 2016.

[O'R01] Joseph O'Rourke. *Computational Geometry in C.* Cambridge University Press, New York, 2nd edition, 2001.

[Pad15] Sydney Padua. *The Thrilling Adventures of Lovelace and Babbage: The (mostly) true story of the first computer.* Penguin, 2015.

[PaRS14] Bryan Perozzi, Rami al Rfou, and Steven Skiena. Deepwalk: Online learning of social representations. In *Proceedings of the 20th ACM SIGKDD International Conference on Knowledge Discovery and Data Mining*, pages 701–710. ACM, 2014.

[PFTV07] William Press, Brian Flannery, Saul Teukolsky, and William T. Vetterling. *Numerical Recipes: The art of scientific computing.* Cambridge University Press, 3rd edition, 2007.

[PSM14] Jeffrey Pennington, Richard Socher, and Christopher D. Manning. Glove: Global vectors for word representation. In *Empirical Methods in Natural Language Processing (EMNLP)*, pages 1532–1543, 2014.

[RD01] Ed Reingold and Nachum Dershowitz. *Calendrical Calculations: The Millennium Edition.* Cambridge University Press, New York, 2001.

[RLOW15] Sandy Ryza, Uri Laserson, Sean Owen, and Josh Wills. *Advanced Analytics with Spark: Patterns for Learning from Data at Scale.* O'Reilly Media, Inc., 2015.

[Sam05] H. Samet. Multidimensional spatial data structures. In D. Mehta and S. Sahni, editors, *Handbook of Data Structures and Applications*, pages 16:1–16:29. Chapman and Hall/CRC, 2005.

[Sam06] Hanan Samet. *Foundations of Multidimensional and Metric Data Structures.* Morgan Kaufmann, 2006.

[SAMS97] George N Sazaklis, Esther M Arkin, Joseph SB Mitchell, and Steven S Skiena. Geometric decision trees for optical character recognition. In *Proceedings of the 13th Annual Symposium on Computational Geometry*, pages 394–396. ACM, 1997.

[SF12] Gail M. Sullivan and Richard Feinn. Using effect size: or why the p value is not enough. *J. Graduate Medical Education*, 4:279282, 2012.

[Sil12] Nate Silver. *The Signal and the Noise: Why so many predictions fail-but some don't.* Penguin, 2012.

[Ski01] S. Skiena. *Calculated Bets: Computers, Gambling, and Mathematical Modeling to Win.* Cambridge University Press, New York, 2001.

[Ski08] S. Skiena. *The Algorithm Design Manual.* Springer-Verlag, London, second edition, 2008.

[Ski12] Steven Skiena. Redesigning viral genomes. *Computer*, 45(3):0047–53, 2012.

[SMB+99] Arthur G Stephenson, Daniel R Mulville, Frank H Bauer, Greg A Dukeman, Peter Norvig, Lia S LaPiana, Peter J Rutledge, David Folta, and Robert Sackheim. Mars climate orbiter mishap investigation board phase i report. *NASA, Washington, DC*, page 44, 1999.

[SRS+14] Paolo Santi, Giovanni Resta, Michael Szell, Stanislav Sobolevsky, Steven H Strogatz, and Carlo Ratti. Quantifying the benefits of vehicle pooling with shareability networks. *Proceedings of the National Academy of Sciences*, 111(37):13290–13294, 2014.

[SS15] Oleksii Starov and Steven Skiena. GIS technology supports taxi tip prediction. Esri Map Book, 2014 User Conference, July 14-17, San Diego, 2015.

[Str11] Gilbert Strang. *Introduction to Linear Algebra.* Wellesley-Cambridge Press, 2011.

[Sur05] James Surowiecki. *The wisdom of crowds.* Anchor, 2005.

[SW13] Steven S. Skiena and Charles B. Ward. *Who's Bigger?: Where Historical Figures Really Rank.* Cambridge University Press, 2013.

[Tij12] Henk Tijms. *Understanding Probability.* Cambridge University Press, 2012.

[Tuc88] Alan Tucker. *A Unified Introduction to Linear Algebra: Models, methods, and theory.* Macmillan, 1988.

[Tuf83] Edward R Tufte. *The Visual Display of Quantitative Information.* Graphics Press, Cheshire, CT, 1983.

[Tuf90] Edward R Tufte. *Envisioning Information.* Graphics Press, Cheshire, CT, 1990.

[Tuf97] Edward R Tufte. *Visual Explanations.* Graphics Press, Cheshire, CT, 1997.

[VAMM+08] Luis Von Ahn, Benjamin Maurer, Colin McMillen, David Abraham, and Manuel Blum. recaptcha: Human-based character recognition via web security measures. *Science*, 321(5895):1465–1468, 2008.

[Vig15] Tyler Vigen. *Spurious Correlations.* Hatchette Books, 2015.

[Wat16] Thayer Watkins. Arrow's impossibility theorem for aggregating individual preferences into social preferences. http://www.sjsu.edu/faculty/watkins/arrow.htm, 2016.

[Wea82] Warren Weaver. *Lady Luck.* Dover Publications, 1982.

[Wei05] Sanford Weisberg. *Applied linear regression*, volume 528. Wiley, 2005.

[Wes00] Doug West. *Introduction to Graph Theory.* Prentice-Hall, Englewood Cliffs NJ, second edition, 2000.

[Whe13] Charles Wheelan. *Naked Statistics: Stripping the dread from the data.* WW Norton & Company, 2013.

[ZS09] Wenbin Zhang and Steven Skiena. Improving movie gross prediction through news analysis. In *Proceedings of the 2009 IEEE/WIC/ACM International Joint Conference on Web Intelligence and Intelligent Agent Technology-Volume 01*, pages 301–304. IEEE Computer Society, 2009.

[ZS10] Wenbin Zhang and Steven Skiena. Trading strategies to exploit blog and news sentiment. In *Proc. Int. Conf. Weblogs and Social Media (ICWSM)*, 2010.

INDEX

찾아보기

번호

A

B

C

I

J

K

L

M

N

O

ㄴ

ㄷ

ㄹ

ㅁ

ㅂ

ㅅ

ㅊ

ㅋ